N. Zöllner (Hrsg.)

Hyperurikämie, Gicht und andere Störungen des Purinhaushalts

Unter Mitarbeit von U. Gresser

Mit Beiträgen von
B. H. Belohradsky G. Calabrese K.-W. Frey
M. Gonella U. Gresser W. Gröbner M. Gross
R. Hartung M. Hegemann J. D. Kark W. Löffler
K. L. Powell S. Reiter M. Schattenkirchner
H. Schuster E. Senn H. A. Simmonds W. Spann
R. W. E. Watts K. Wilhelm W. Wilmanns
G. Wolfram H. F. Woods W. G. Zoller N. Zöllner

Zweite, vollständig überarbeitete Auflage

Mit 201, teilweise farbigen Abbildungen
und 55 Tabellen

Springer-Verlag Berlin Heidelberg New York
London Paris Tokyo Hong Kong Barcelona

Prof. Dr. Nepomuk Zöllner
Medizinische Poliklinik der Universität München,
Pettenkoferstraße 8 a, D-8000 München 2

ISBN-13: 978-3-642-93423-0   e-ISBN-13: 978-3-642-93422-3
DOI: 10.1007/978-3-642-93422-3

CIP-Titelaufnahme der Deutschen Bibliothek
Hyperurikamie, Gicht und andere Storungen des Purinhaushalts/N. Zollner (Hrsg.). Unter Mit-
arb. von U. Gresser. Mit Beitr. von B H Belohradsky .. - 2, vollst überarb. Aufl - Berlin:
Heidelberg; New York, London; Paris. Tokyo, Hong Kong, Barcelona Springer, 1990

NE· Zollner, Nepomuk [Hrsg]: Belohradsky, Bernd H (Mitverf)

© Springer-Verlag Berlin Heidelberg 1990
Softcover reprint of the hardcover 2nd edition 1990

Satz- und Bindearbeiten G Appl, Wemding
2121/3140-543210 Gedruckt auf saurefreiem Papier

Inhaltsverzeichnis

Mitarbeiterverzeichnis

Prof. Dr. Bernd H. Belohradsky
Kinderklinik der Universität München, Lindwurmstraße 4,
D-8000 München 2

Dr. Giovanni Calabrese
Servizio de Nefrologia e Dialisi, Espirito Santo (Hospital),
Provinz Allessandria, I-15033 Casale Mon Ferrato

Prof. Dr. Kurt-Walter Frey
Elisabethstraße 48/5, D-8000 München 40

Prof. Dr. Marco Gonella
Servizio de Nefrologia e Dialisi, Espirito Santo (Hospital),
Provinz Allessandria, I-15033 Casale Mon Ferrato

Dr. Ursula Gresser
Medizinische Poliklinik der Universität München,
Pettenkoferstraße 8a, D-8000 München 2

Prof. Dr. Wolfgang Gröbner
Kreiskrankenhaus Balingen, Innere Abteilung, Tübinger
Straße 30, D-7460 Balingen

Dr. Manfred Gross
Medizinische Poliklinik der Universität München,
Pettenkoferstraße 8a, D-8000 München 2

Prof. Dr. Rudolf Hartung
Urologische Klinik und Poliklinik der Technischen
Universität, Ismaninger Straße 22, D-8000 München 80

Dr. Michael Hegemann
Stuntzstraße 1, D-8000 München 80

Prof. Dr. Jeremy D. Kark
Department of Social Medicine, School of Public Health &
Community Medicine, Hebrew University Hadassah Faculty
of Medicine, P. O. B. 12000, Jerusalem, Ein Karem,
IL-Israel il-91120

PD Dr. Werner Löffler
IV. Medizinische Abteilung, Städtisches Krankenhaus
München-Bogenhausen, Englschalkingerstraße 77,
D-8000 München 81

Dr. Ken L. Powell
Wellcome Research Laboratories, Langley Court,
Beckenham, GB-Kent BR3 3BS

PD Dr. Sebastian Reiter
III. Medizinische Klinik Mannheim, Wiesbadener
Straße 7-11, D-6800 Mannheim 31

Prof. Dr. Manfred Schattenkirchner
Medizinische Poliklinik der Universität München,
Pettenkoferstraße 8 a, D-8000 München 2

Dr. Herbert Schuster
Medizinische Poliklinik der Universität München,
Pettenkoferstraße 8 a, D-8000 München 2

Prof. Dr. Edward Senn
Klinikum Großhadern, Institut für Physikalische Medizin,
Marchioninistraße 15, D-8000 München 70

Prof. Dr. H. Anne Simmonds
Guy's Hospital, Clinical Science Laboratories, Guy's Tower
(17th & 18th Floors), GB-London-Bridge SE1 9RT

Dr. Wolfgang Spann
Medizinische Klinik Innenstadt, Ziemssenstraße 1,
D-8000 München 2

Prof. Dr. Richard W. E. Watts
14 Holly Lodge Gardens, Highgate, GB-London N6 6AA

Prof. Dr. Klaus Wilhelm
Chirurgische Klinik Innenstadt, Pettenkoferstraße 8 a,
D-8000 München 2

Prof. Dr. Wolfgang Wilmanns
Klinikum Großhadern, Medizinische Klinik III,
Marchioninistraße 15, D-8000 München 70

Prof. Dr. Günther Wolfram
Medizinische Poliklinik der Universität München,
Pettenkoferstraße 8 a, D-8000 München 2

Prof. Dr. H. Frank Woods
Royal Hallamshire Hospital, Glossop Road,
GB-Sheffield S10 2JF

Dr. Wolfram G. Zoller
Medizinische Poliklinik der Universität München,
Pettenkoferstraße 8 a, D-8000 München 2

Prof. Dr. Nepomuk Zöllner
Medizinische Poliklinik der Universität München,
Pettenkoferstraße 8 a, D-8000 München 2

An der Übersetzung der fremdsprachigen Manuskripte
waren beteiligt:

Dr. B. Gathof   Dr. I. Kamilli
Dr. U. Gresser   Dr. U. Kronawitter
Dr. M. Gross   Dr. C. Stautner-Brückmann
Dr. B. Heinrich

Medizinische Poliklinik der Universität München,
Pettenkoferstraße 8 a, D-8000 München 2

1 Einführung: Das Wesen der Gicht

N. Zöllner

Die Gicht ist eine der ältesten Krankheiten der Menschheit: Schon bei den alten Ägyptern will man Tophi, Harnsäuresteine und den Gebrauch von Colchicin nachgewiesen haben.

Die Gicht ist eines der bestaufgeklärten unter den häufigen Stoffwechselleiden: Wir kennen Enzym- und Transportdefekte, die ihr zugrundeliegen können, wir kennen die Grundzüge der Mechanismen des Gichtanfalls und der Harnsäuresteinbildung, und wir verstehen die Prinzipien ihrer Therapie bis in Einzelheiten der Pharmakodynamik und Pharmakokinetik. Noch 1906 mußte von Noorden schreiben, daß viele Einzelheiten bekannt seien, die dennoch kein einheitliches Bild ergäben. Erst mit der Anwendung der Isotopen von Kohlenstoff und Stickstoff auf den Purinstoffwechsel, mit den engagierten biochemischen Arbeiten von Buchanan und seiner Schule, mit der Entdeckung der urikosurischen Wirkung des Probenecids, mit den engagierten nierenphysiologischen Arbeiten von Gutman und Yü, vor allem aber mit dem fruchtbaren Streit zwischen Thannhauser und Stetten wurden die wesentlichen Fragen der Genese der Hyperurikämie geklärt.

Auf drei Jahrzehnte wissenschaftlicher Fragestellungen folgten in der Mitte unseres Jahrhunderts drei Jahrzehnte der experimentellen Aufklärung.

Die Gicht ist ein wichtiges Modell für das Zusammenwirken von Genetik und Umwelt bei der Entstehung von Krankheiten. Die überwiegende Mehrheit der Patienten konnte nur erkranken, weil zu einem pathologischen Erbgut eine purinreiche Ernährung hinzukam.

Und: Die Gicht hat der Forschung Impulse geliefert, die große neue Gebiete erschlossen. Störungen des Purinstoffwechsels finden wir nicht nur bei der Gicht sondern auch bei neuropsychiatrischen Leiden (Lesch-Nyhan-Syndrom, Catel-Schmidt-Syndrom), bei Steinleiden des Kindesalters (Adeninphosphoribosyltransferase-Mangel), bei Muskelkrankheiten (Adenosin-5-Phosphatdeaminase-Mangel), bei erblichen Immundefekten (Adenosindesaminase-Mangel). Die so erarbeiteten Einblicke in den Stoffwechsel eröffnen ihrerseits neue Zugänge zu Energiestoffwechsel, Onkologie und Immunologie. Auch wird die Rolle von Purinderivaten und ihres Umsatzes in der Regulierung des Intermediärstoffwechsels –

Abb. 1.1. *Links:* Albrecht von Wallenstein (*24. 9. 1583, † 25. 2. 1634);
rechts: Gottfried Wilhelm Freiherr von Leibniz (*1. 7. 1646, † 14. 11. 1716)

ihrerseits die Voraussetzung für viele physiologische Größen, z. B. die
Weite der vaskulären Endstrombahn – immer deutlicher.
Vieles von dem, was im Gefolge der Gichtforschung erarbeitet wurde,
gehört längst nicht mehr zur klinischen Medizin. Aber es lohnt sich doch,
darauf hinzuweisen und darüber nachzudenken, daß die wesentlichen
Teile unserer heutigen Kenntnisse über die Bedeutung des Purinstoffwechsels und seiner Störungen auf die Gichtforschung zurückgehen und
daß die wissenschaftliche Neugier auf die Gicht am Anfang einer Entwicklung stand, die innerhalb der letzten 40 Jahre zu Kenntnissen von
erheblicher Breite geführt hat, Kenntnissen, deren Bedeutung noch keine
Grenzen gefunden hat und die mit zunehmenden methodischen Möglichkeiten immer neue Gebiete der klinischen wie der theoretischen
Medizin erschließen.

1.1 Geschichtliches

Die Beschreibungen der Gicht reichen – sieht man vom Altertum ab –
angeblich bis in das 13. Jahrhundert zurück; aber es ist wohl zweifelhaft,
ob alles, was damals als Podagra oder Gutta bezeichnet wurde, mit der
Gicht, wie wir sie heute definieren, übereinstimmt. Ebenso zweifelhaft
wird es bleiben, ob alle jene geschichtlichen Größen, denen wir, beginnend mit Alexander dem Großen, eine Gicht zuschreiben, wirklich daran

Abb. 1.2. Gichtkranker

gelitten haben; manche Beschreibungen sind verblüffend zutreffend,
andere gar nicht. Was Luther gichtbrüchig nannte, hat mit der Gicht
nichts zu tun, und von Erasmus, der sich selber die Gicht wiederholt
zugeschrieben hat, z. B. in seinem berühmten Brief an Thomas Morus
(„Du hast Steine, ich habe die Gicht, da haben wir Schwestern geheira-
tet"), wissen wir seit seiner Sektion in unserem Jahrhundert, daß er nicht
an Gicht gelitten hat, sondern an einer anderen Arthropathie.
Es bleibt bemerkenswert, daß berühmte Gichtiker in den verschiedenen
Teilen Europas immer dann beschrieben wurden, wenn diese Gebiete in
Wohlstand lebten; jedoch werden die Reichen von jeher mehr beachtet.
Zu den bekannten deutschen Gichtikern gehören Luther, Leibniz und
Wallenstein; auch Moritz von Sachsen und Friedrich der Große sollen
an der Gicht gelitten haben. Für unser Buch haben wir zwei der wahr-
scheinlicheren Beispiele ausgewählt (Abb. 1.1).
In der Geschichte der medizinischen Illustrationen hat die Gicht breiten
Raum, ältere Beispiele geben die Abb. 1.2 und 1.3 wieder. Seit dem
18. Jahrhundert bis in unsere Zeit ist die Gicht auch Gegenstand der
Karikatur (Abb. 1.4–1.6); nach Talbott (1967) soll die Gicht sogar in den
Comics eine Rolle gespielt haben. Lassen Comics und Karikaturen in
erster Linie Rückschlüsse auf die Haltung einer Gesellschaft gegenüber
dem Kranken zu – wer den Schaden hat braucht für den Spott nicht zu
sorgen –, so liefern sie doch auch, allerdings überzeichnete Beschreibungen des Kranken in seiner Umwelt, während die eigentliche medizinische

3

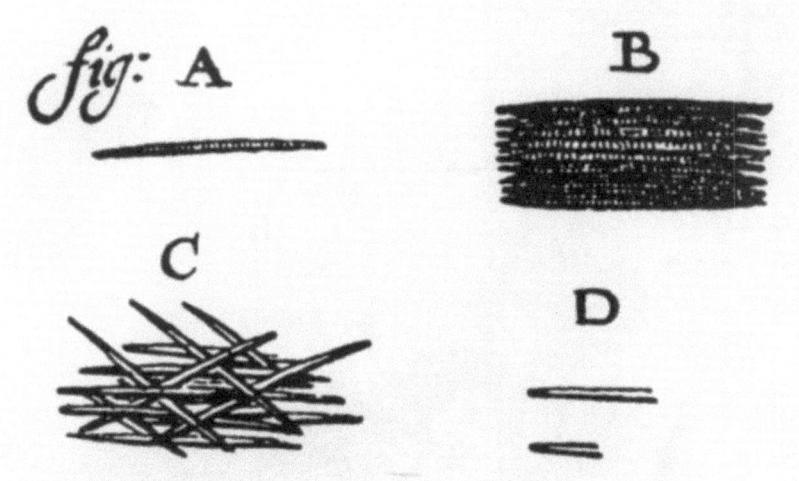

Abb. 1.3. Historische Darstellung von Harnsäurekristallen

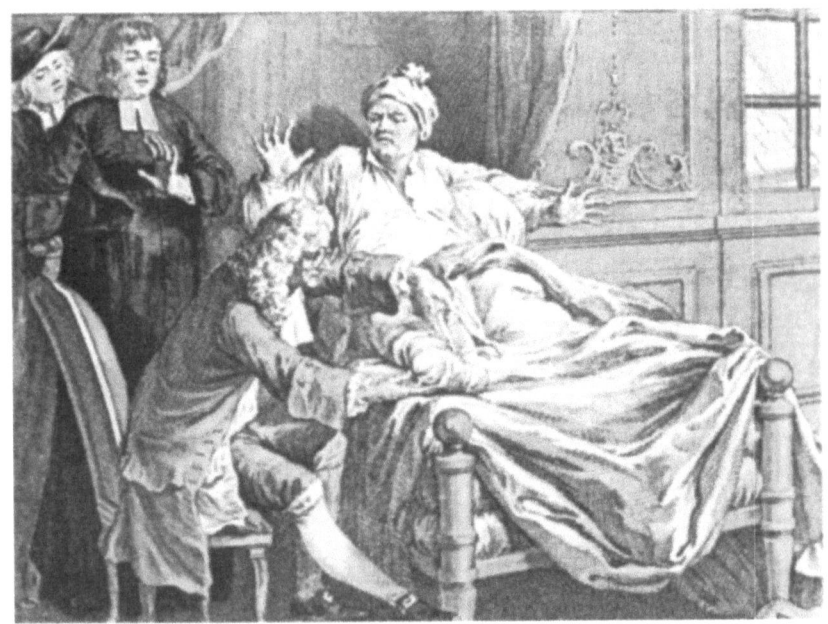

Abb. 1.4. Der Arzt untersucht den Gichtkranken

Abb. 1.5. Ein typischer Gichtpatient

Abb. 1.6. Teuflische Schmerzen beim Gichtanfall

Illustration diese Umwelt vernachlässigt oder sogar bewußt unterdrückt. Interessant ist es, medizinische Illustrationen aus dem letzten Jahrhundert zu betrachten: Sie zeigen nicht nur die Schwere der damaligen Fälle (Abb. 1.7) sondern machen auch deutlich, wie die Kunst des Zeichners, das Wesentliche hervorzuheben, der Linse des Photographen überlegen sein kann (Abb. 1.8).

Die Wissenschaft von der Gicht begann, wie bei anderen Krankheiten, mit einer präzisen Nosologie, und damit mit ihrer genauen klinischen Beschreibung durch Thomas Sydenham (1624–1689), der selbst lange an der Krankheit litt. Danach dauerte es mehr als ein Jahrhundert bis Wollaston 1797 über die Isolierung von Harnsäure, die Scheele 1776 entdeckt hatte, aus einem Gichttophus (angeblich einem eigenen) berichten konnte und damit die Beziehungen zwischen Harnsäure und Gicht erstmals beschrieb. Garrod konnte 50 Jahre später mit seinem berühmten Fadentest (Auskristallisierung von Harnsäure, 1856) nachweisen, daß bei Gicht die Harnsäurekonzentration im Blut erhöht ist; damit war die Hyperurikämie als ein chemisches Äquivalent der Gicht festgestellt.

Weitere Fortschritte wurden möglich durch die Schaffung der Purinchemie durch Emil Fischer und Albrecht Kossel. Bald wurde allgemein angenommen, daß die Hyperurikämie Ursache und nicht Ausdruck der Gicht ist, aber schlüssige Beweise dafür lieferten erst die Erfahrungen der Hungersnöte zweier Weltkriege und die Therapieerfolge harnsäurespiegelsenkender Medikamente wie Urikosurika und Allopurinol. McCarty zeigte dann 1962, daß Mikrokristalle der Harnsäure, wie sie beim Gichtanfall in den Leukozyten der Synovialflüssigkeit gefunden werden, auch bei Nichtgichtikern typische Anfälle auslösen können.

Als erste moderne Theorie der Ursache der Hyperurikämie schlug Thannhauser 1929 eine Ausscheidungsschwäche für Harnsäure vor, und zwar auf der Basis des Quotienten zwischen Harnsäurespiegel im Blut und Harnsäureausscheidung. Stetten und seine Mitarbeiter hielten, vornehmlich wegen falsch beurteilter Untersuchungen über die Harnsäureclearance (Zöllner 1960), die Ausscheidungstheorie für verfehlt und stellten ihr eine Theorie der Überproduktion gegenüber, die ihrerseits auf einem ungenügend belegten, vermehrten Einbau von markiertem Glyzin in die Harnsäure beruhte (Benedict et al. 1952). Es kam zu einer seinerzeit berühmten, erbittert geführten Kontroverse. Schließlich stellte es sich heraus, daß beide Seiten recht hatten und daß es sowohl Gichtfälle gibt, die durch verminderte Ausscheidung hervorgerufen werden, als auch andere, bei denen eine primäre Erhöhung der Harnsäurebildung vorliegt. Seegmiller und Mitarbeiter (Kelley et al. 1967) klärten einen Enzymdefekt auf (Hypoxanthin-Guanin-Phosphoribosyltransferase-Mangel), der zu vermehrter Harnsäurebildung führt, während viele, nicht zu nennende Arbeitsgruppen (Zusammenfassung bei Zöllner 1960) die Mechanismen

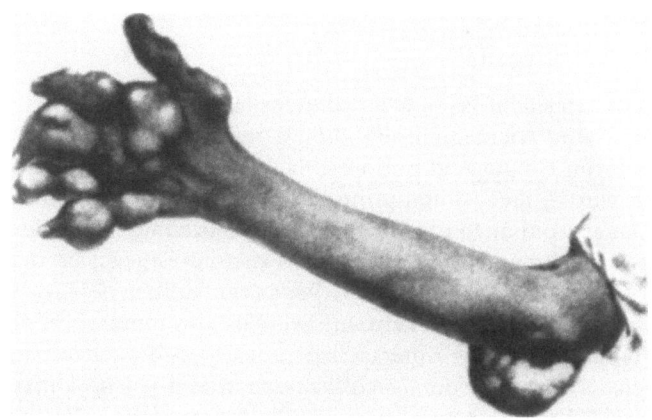

Abb. 1.7. Verkrüppelung durch Gicht

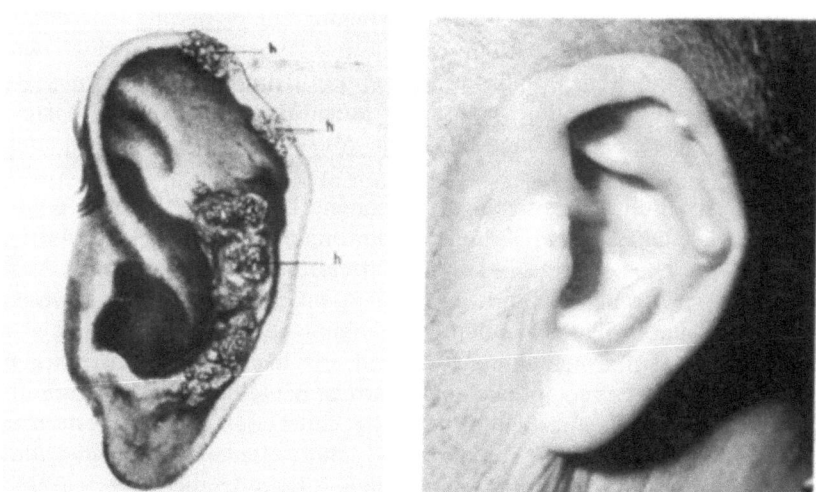

Abb. 1.8. Zeichnerische und photographische Darstellung von Gichttophi am Ohr

der Harnsäureausscheidung und ihrer Störung bei der Gicht studierten.
Heute wissen wir, daß die Gicht die Folge der Hyperurikämie ist, daß
aber die Hyperurikämie viele Ursachen haben kann (von denen viele,
aber nicht alle, auch zur Uraturolithiasis führen). Aus der Geschichte der
Gicht ist offensichtlich manches zu lernen.

1.2 Genetik

Die Genetik der Gicht ist zunächst die der Hyperurikämie.
Bei den meisten Patienten entsteht die Hyperurikämie durch das Zusammenwirken von Erbgut und purinreicher Ernährung, wie genauer darzulegen sein wird. Unter völlig purinfreier Diät sind Hyperurikämiker und auf die Dauer wohl auch die Gichtiker normourikämisch, wir fanden für sie Werte um 4,4 mg/dl, sehr nahe dem Harnsäurespiegel Normaler, der bei purinfreier Diät bei 3,25 mg/dl liegt (vgl. Zöllner 1976). Bei einer Population, die sich purinfrei ernährt, wäre es also unmöglich, die Genetik der Hyperurikämie zu untersuchen; auch in den purinarmen Jahren des letzten Krieges und der Nachkriegszeit waren solche Untersuchungen undurchführbar. Heute ist dagegen die Purinzufuhr so reichlich, daß dieses Hindernis nicht besteht, und wir können feststellen, daß unter den Blutsverwandten von Gichtkranken die Hyperurikämie bei der Hälfte der Männer und bei der Hälfte der Frauen jenseits der Menopause vorkommt. Wir folgern daraus, daß die Neigung zur Hyperurikämie dominant vererbt wird, daß zur Manifestation der Hyperurikämie jedoch eine reichlich purinhaltige Ernährung notwendig ist und daß die hormonale Situation der Frau vor der Menopause (auch Männer haben unter Östrogenzufuhr niedere Harnsäurewerte) die Ausbildung der Hyperurikämie verhindert.
Diese Feststellung hat erhebliche allgemeine Bedeutung, denn es ergibt sich aus ihr, daß in Bevölkerungen unter einer traditionellen Ernährung A eine Krankheit selten sein kann, während die Ernährung B zum Ausbruch dieser Krankheit führt. In Sizilien soll die Gicht selten gewesen sein, unter den Sizilianern in den USA kommt sie häufig vor; bei uns war die Gicht in den armen Jahren während und nach den beiden Kriegen dieses Jahrhunderts so gut wie ausgestorben, heute haben wir viel mit ihr zu tun. Die allgemeine Schlußfolgerung lautet, daß Änderungen einer Volksernährung zu einer Zunahme bis dahin seltener Krankheiten und sogar zum Auftreten neuer Krankheiten führen können und deshalb sorgfältiger wissenschaftlicher Bearbeitung bedürfen. Nicht jede wohlstandsbedingte Änderung der Ernährung ist der Gesundheit nützlich; diese Binsenweisheit wird durch die Erfahrungen mit der Gicht wissenschaftlich belegt.
Das Gesagte gilt für die übliche Form der Gicht. Bei den seltenen Enzymdefekten können die Erbgänge anders aussehen (z. B. streng geschlechtsgebunden), und wenn zwei Erbkrankheiten (z. B. hämolytische Anämie und Gicht) sich in einer Familie kombinieren, so kommen besondere Erbgänge heraus.

1.3 Definition der Gicht

Die Gicht ist eine ätiologisch uneinheitliche Krankheit, die durch erhöhte Harnsäurekonzentrationen im Extrazellularraum entsteht. Meßbarer Ausdruck dieser Konzentrationserhöhung ist die Hyperurikämie, d. h. eine Erhöhung der Serumharnsäure über 6,5 mg/dl. Die Gicht manifestiert sich am häufigsten an den Gelenken, geht aber auch oft mit einer Beteiligung der Nieren einher, die entweder auf die erhöhte Harnsäurekonzentration und Besonderheiten der renalen Harnsäureausscheidung oder eine mengenmäßig vermehrte Harnsäureausscheidung, eventuell auch auf eine Kombination dieser Faktoren zurückzuführen ist. Häufigste Ursache der Hyperurikämie ist eine vererbliche Änderung der Mechanismen der renalen Harnsäureausscheidung in Verbindung mit reichlicher Purinzufuhr. Andere Ursachen betreffen Enzymdefekte, die zu vermehrter Harnsäurebildung führen. All diese familiären Stoffwechseländerungen führen in einem großen Teil der Fälle zur Gicht, die dann als primär bezeichnet wird.

Als sekundäre Gicht faßt man Fälle zusammen, bei denen die zugrundeliegende Hyperurikämie durch Krankheiten zustandekommt, die zunächst nicht den Purinstoffwechsel betreffen, meist myeloproliferative Leiden mit vermehrter Harnsäurebildung (z. B. Polycythaemia vera) oder Krankheiten mit verminderter renaler Harnsäureausscheidung (z. B. Zystennieren).

Zu Beginn der Gicht ist die Hyperurikämie asymptomatisch, und bei manchen Menschen bleibt dies lebenslänglich so. Bilden sich ausreichend kleine Natriumuratkristalle, so kommt es zum Gichtanfall. Urate können sich jedoch auch ohne Anfall ablagern, und es entstehen Tophi, in den Knochen meist in Gelenknähe, darüber hinaus in Knorpel, Schleimbeuteln oder Sehnenscheiden. Bei den meisten Patienten ist auch die Niere beteiligt, auch Nierensteine sind häufig. Hypertonie ist nicht selten.

Unbehandelte Gichtiker wurden früher durch Anfälle und Tophusbildung oft schon im mittleren Lebensalter invalide; ihre Lebenserwartung war durch die Komplikationen der Hypertonie und durch Infekte der Harnwege mit Niereninsuffizienz begrenzt. Heute wird der richtig behandelte Patient nicht mehr invalide, und seine Lebensaussicht ist so gut wie normal. Aus einem schweren Leiden ist eine der Therapie zugängliche Anomalie geworden.

Literatur

Benedict JD, Roche M, Yü TF, Bien EJ, Gutman AB, Stetten D jr. (1952) Incorporation of glycine nitrogen into uric acid in normal and gouty man. Metabolism 1: 3

Kelley WN, Rosenbloom FM, Henderson JF, Seegmiller JE (1967) A specific enzyme defect in gout associated with overproduction of uric acid. Proc Nat Acad Sci USA 57: 1735

Talbott JH (1967) Gout, 3rd edn. Grune & Stratton, New York

Thannhauser SJ (1929) Lehrbuch des Stoffwechsels und der Stoffwechselkrankheiten. Bergmann, München

Zöllner N (1960) Moderne Gichtprobleme. Ätiologie, Pathogenese, Klinik. Ergeb Inn Med Kinderheilkd 14: 21

Zöllner N, Gröbner W (Hrsg) (1976) Gicht. Springer, Berlin Heidelberg New York (Handbuch der inneren Medizin, Bd VII/3)

2 Physiologie und Pathologie des Purinstoffwechsels

2.1 Purinbiosynthese und Harnsäurebildung*

H. A. Simmonds

Purine spielen bei nahezu allen biologischen Prozessen eine entscheidende Rolle. Das normale Endprodukt des Purinstoffwechsels beim Menschen ist die Harnsäure; die Aktivität der Urikase (die bei niederen Säugetieren Harnsäure in das besser lösliche Allantoin umwandelt) ging im Verlauf der Evolution verloren. Harnsäure entsteht aus den Purinbasen Xanthin und Hypoxanthin durch Einwirkung der Xanthinoxidase (Abb. 2.1). Fischer (1884) gab dieser wichtigen Gruppe von heterozyklischen Verbindungen den Namen Purin. Er wollte damit auf die Isolierung und Charakterisierung der reinen Harnsäure (purum uricum) durch Scheele ein Jahrhundert zuvor hinweisen (Hitchings 1978). Burian u. Schur (1900, 1910) waren die ersten, die zeigten, daß die Harnsäure, die täglich beim Menschen produziert und ausgeschieden wird, aus zwei Quellen stammt: aus dem Abbau der endogenen Purine und aus dem Abbau der mit der Nahrung aufgenommenen Purine (Abb. 2.2). Zelluläre Purine stammen im allgemeinen ausschließlich aus endogenen Quellen, die mit der Nahrung zugeführten Purine sind daran normalerweise nicht beteiligt. Die Nahrungspurine und ihre Effekte auf die Harnsäureproduktion des Menschen sind von Zöllner (1960), Zöllner u. Gröbner (1970 a, 1977) und Löffler et al. (1981) ausführlich untersucht worden. Diese Effekte werden in 1.3 beschrieben.

2.1.1 Rolle der Purinnukleotide, -nukleoside und -basen

Die Purine sind als *Nukleotid* durch Verbindung mit einer Pentose-Phosphat-Gruppe im Innern der Zelle wirkungsvoll verankert (Abb. 2.3). Ursprünglich wurde angenommen, daß alle biologisch wichtigen Reak-

---

* Übersetzt von U. Kronawitter.

11

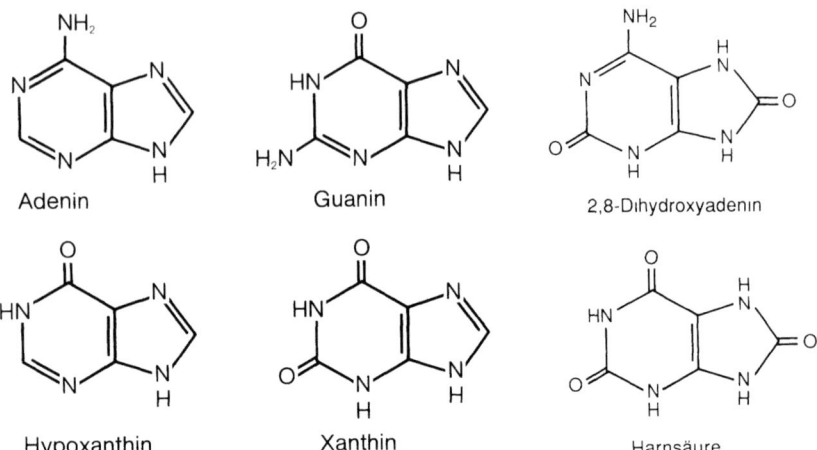

Adenin Guanin 2,8-Dihydroxyadenin

Hypoxanthin Xanthin Harnsäure

Abb. 2.1. Strukturformeln von Adenin, Guanin, 2,8-Dihydroxyadenin, Hypoxanthin, Xanthin und Harnsäure

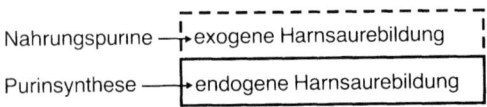

Nahrungspurine ——→exogene Harnsäurebildung

Purinsynthese ————→endogene Harnsäurebildung

Abb. 2.2. Herkunft der Harnsäure

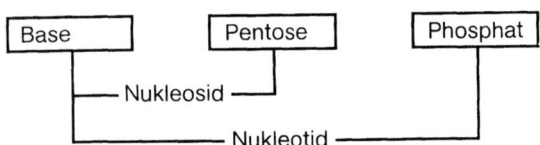

Abb. 2.3. Allgemeiner Bauplan von Nukleosiden und Nukleotiden

tionen intrazellulär auf der Ebene der Nukleotide stattfinden. In letzter Zeit richtet sich das Interesse jedoch auf die extrazellulären Funktionen der *Purinnukleoside* (Base plus Pentose) oder auf die *Basen* selbst. Die Pentose ist entweder eine Ribose oder eine 2'-Desoxyribose (Abb. 2.4), die über das C-Atom an Position 1 durch eine glykosidische C-N-Bindung an das N-Atom an Position 9 der Puringruppe gebunden ist (Abb. 2.5).

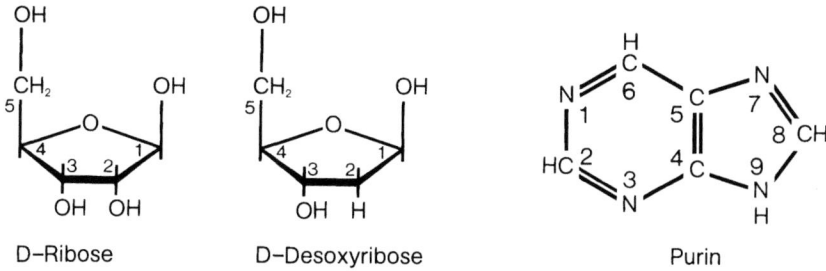

D-Ribose D-Desoxyribose Purin

Abb. 2.4 *(links).* Strukturformeln von Ribose und Desoxyribose

Abb. 2.5 *(rechts).* Strukturformel des Purins mit Numerierung der einzelnen Positionen im Ring

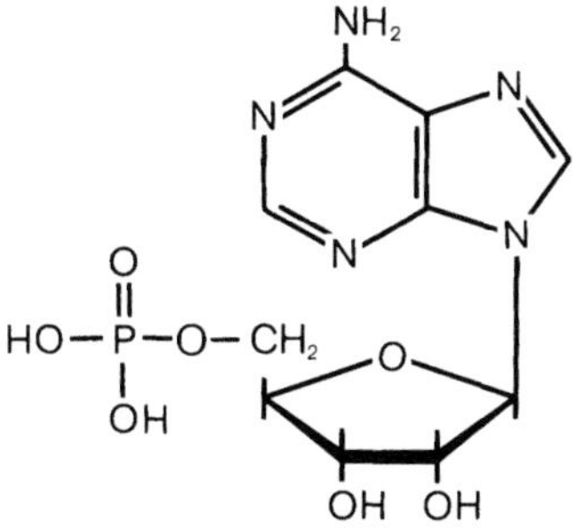

Adenosin-5-Monophosphat 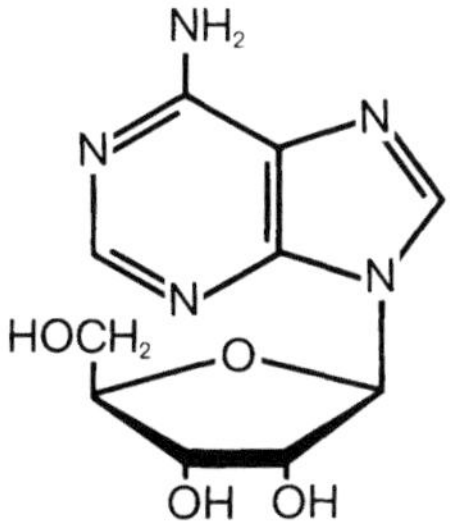 Adenosin

Abb. 2.6 *(links).* Strukturformel von Adenosin-5-monophosphat

Abb. 2.7 *(rechts).* Strukturformel von Adenosin

Die Bedeutung der Purindesoxyribonukleotide im *intrazellulären* Stoffwechsel als die Basis der Gene (DNS) und der Ribonukleotide im Energiehaushalt (ATP: Abb. 2.6), bei der Membran-Signaltransduktion, Translation und Proteinbiosynthese (GTP, cAMP, cGMP, RNS) sowie als Koenzyme (NAD, NADP, FAD etc.) ist allgemein anerkannt.

Ein Großteil der Arbeiten, die sich mit der *extrazellulären* Rolle der Purine beschäftigen, bezog sich auf die regulatorischen Funktionen des Adenosins (Abb. 2.7), besonders bei der Neurotransmission (einen Überblick liefern Gerlach u. Becker 1987). Weitere Forschungen wurden durch den Nachweis angeregt, daß sowohl Hypoxanthin und Adenin als auch Inosin, Guanosin und andere Nukleoside natürliche Liganden der Benzodiazepinrezeptoren sind (Niklasson 1983). Zunehmendes Interesse,

13

vor allem auf dem Gebiet der Onkogenese, gilt auch den Proteinen auf der Zelloberfläche, die bei der Membran-Signaltransduktion und Translation GTP binden und hydrolysieren.

2.1.2 Allgemeine Bedeutung des Purinstoffwechsels für die Harnsäureproduktion beim Menschen

Alle Zellen benötigen für ihr Wachstum und Überleben eine ausgewogene Versorgung mit Purinen. Der Purinstoffwechsel (Abb. 2.8) beinhaltet sowohl die De-novo-Synthese dieser Nukleotide als auch das wirkungsvolle Recycling der davon abstammenden Nukleoside oder Basen, die täglich entstehen (Muskelarbeit, Wundheilung, Erythrozytenalterung, Bereitstellung der wesentlichen Nahrung für das Gehirn etc.). Das nicht wiederverwendete Purin (2–4 mmol/Tag bei niedrigem Puringehalt der Nahrung) wird vornehmlich als Harnsäure ausgeschieden (s. 2.4) und normalerweise durch De-novo-Synthese ersetzt. Dieser Verlust stellt jedoch nur einen kleinen Anteil des endogenen Purins dar, das tatsächlich täglich abgebaut wird. Der Großteil wird über den sog. „salvage pathway" wiederverwendet.

Mittlerweile wurde nachgewiesen, daß der Purinstoffwechsel zwei zusätzliche und bisher unbekannte Aufgaben erfüllt: die Beseitigung von Adenin, dem Endprodukt des Polyaminwegs, und von Adenosin aus dem S-Methylierungsweg (Abb. 2.8). Letzterer ist an der Kreatinproduktion in der Leber beteiligt. Deshalb wird ein erheblicher Anteil des Purins täglich in Form von Adenosin (14–23 mmol/24 h) umgesetzt, von dem ein Teil offensichtlich an Proteine gebunden wird und deswegen einer weiteren Metabolisierung nicht zugänglich ist (Hershfield 1983). Auf diesem Weg kann auch eine kleine Menge Adenin produziert werden, doch der Großteil des endogen produzierten Adenins (etwa 1 mmol/24 h) stammt aus dem Polyaminweg (Simmonds et al. 1988 a).

2.1.3 Gewebsspezifität des Purinstoffwechsels

Das ursprüngliche Konzept vom Purinstoffwechsel und seiner Steuerung wie im folgenden beschrieben trifft offensichtlich nicht für alle Zellen zu. Der Purinstoffwechsel wird vielmehr durch zusätzliche gewebs- oder zellspezifische Enzyme und/oder Steuerungsmechanismen bestimmt, die von der Funktion der jeweiligen Zelle bzw. des Gewebes abhängen. Der menschliche Erythrozyt beispielsweise besitzt keine Adenylsuccinylsäure-Synthetase und kann weder die De-novo-Synthese noch den „salvage pathway" benutzen, um sein ATP aufrecht zu erhalten. Dazu ist er auf

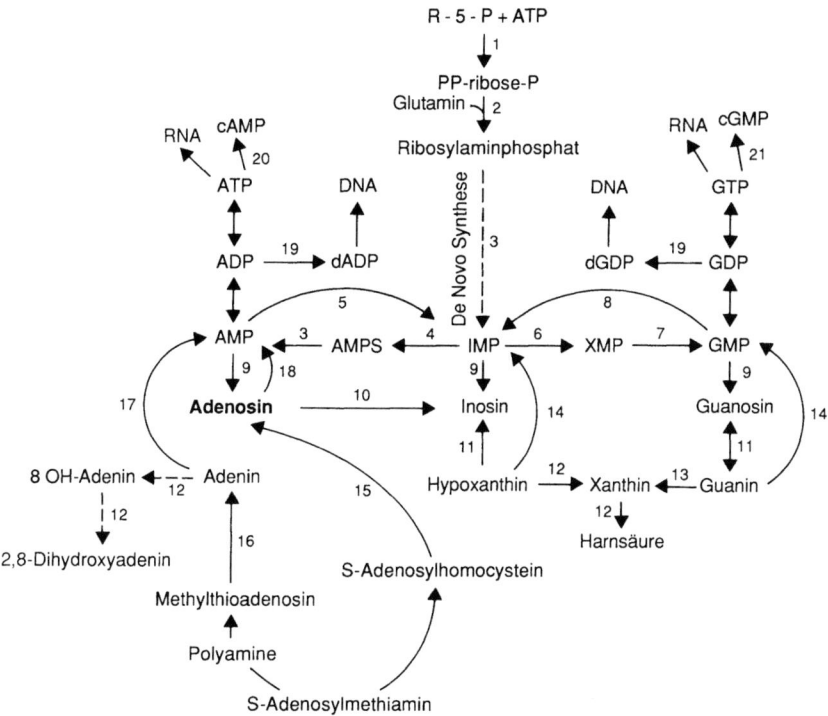

Abb. 2.8. Diagramm des menschlichen Purinstoffwechsels mit Darstellung der einzelnen Enzyme

1 Phosphoribosylpyrophosphat-Synthetase (EC 2.7.6.1.)
2 Amidophosphoribosyl-Transferase (EC 2.4.2.14)
3 Adenylsuccinylsäure-Lyase (EC 4.3.2.2)
4 Adenylsuccinylsäure (AMPS)-Synthetase (EC 6.3.4.4)
5 AMP-Desaminase (EC 3.5.4.6)
6 IMP-Dehydrogenase (EC 1.2.1.14)
7 GMP-Synthetase (EC 6.3.5.2)
8 GMP-Reduktase (EC 1.6.6.8)
9 5'-Nukleotidase (EC 3.1.3.5)
10 Adenosin-Desaminase (EC 3.5.4.4)
11 Purinnukleosid-Phosphorylase (EC 2.4.2.1)
12 Xanthinoxidase (EC 1.2.3.2)
13 Guanin-Desaminase (EC 3.5.4.3)
14 Hypoxanthinguaninphosphoribosyl-Transferase (EC 2.4.2.8)
15 S-Adenosylhomocystein-Hydrolase (EC 3.3.1.1)
16 Methylthioadenosin-Phosphorylase (EC 2.4.2.28)
17 Adeninphosphoribosyl-Transferase (EC 2.4.2.7)
18 Adenosinkinase (EC 2.7.1.20)
19 Ribonukleotid-Reduktase (EC 1.17.4.1)
20 Adenylatzyklase (EC 4.6.1.1)
21 Guanylatzyklase (EC 4.6.1.2)

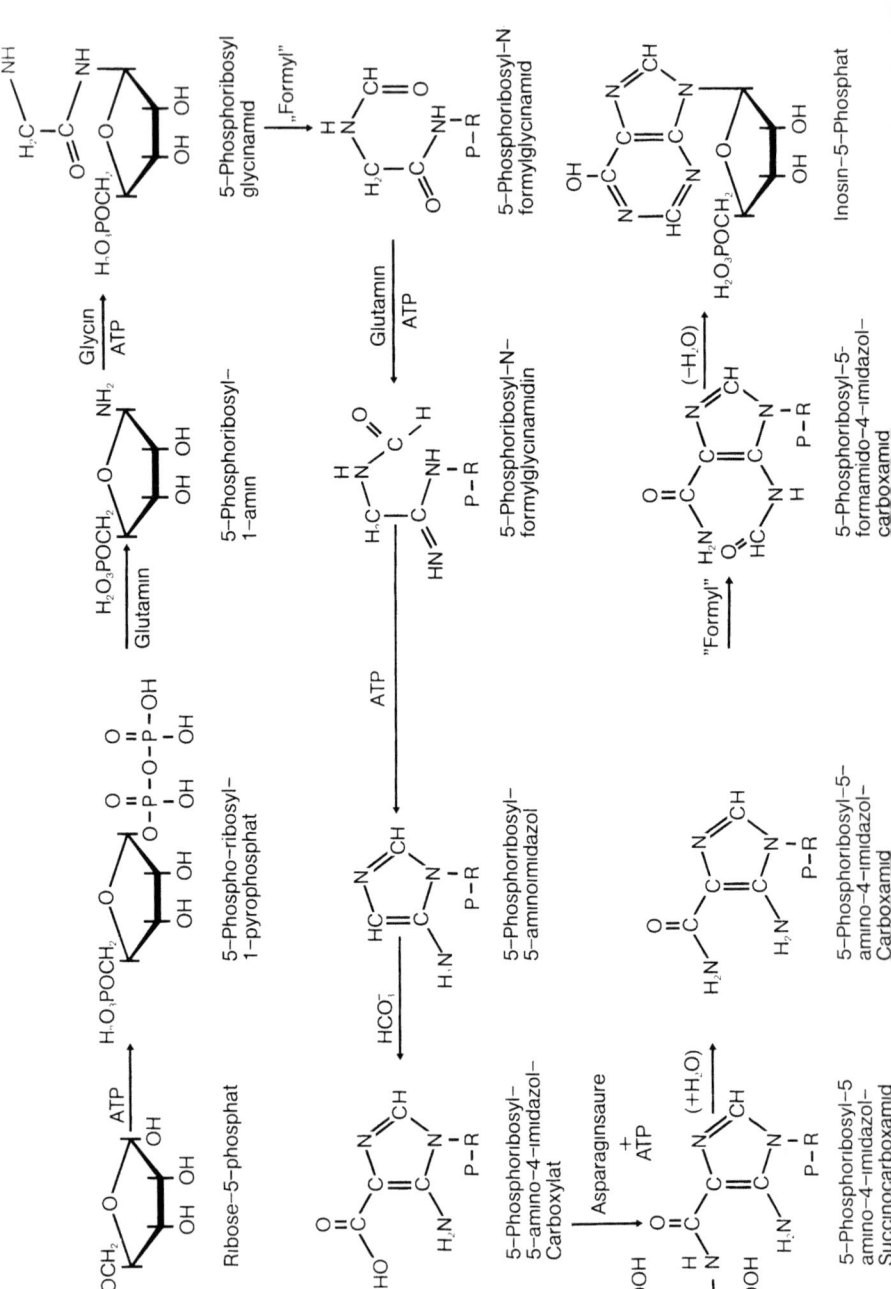

5-Phosphoribosyl glycinamid

„Formyl"

5-Phosphoribosyl-N formylglycinamid

Inosin-5-Phosphat

5-Phosphoribosyl-1-amin

Glutamin
ATP

5-Phosphoribosyl-N-formylglycinamidin

(−H₂O)

"Formyl"

5-Phosphoribosyl-5-formamido-4-imidazol-carboxamid

Glycin
ATP

Glutamin

5-Phospho-ribosyl-1-pyrophosphat

ATP

5-Phosphoribosyl-5-aminoimidazol

5-Phosphoribosyl-5-amino-4-imidazol-Carboxamid

Ribose-5-phosphat

ATP

HCO₃⁻

5-Phosphoribosyl-5-amino-4-imidazol-Carboxylat

Asparaginsäure
+
ATP

(+H₂O)

5-Phosphoribosyl-5-amino-4-imidazol-Succinocarboxamid

16

Adenosin angewiesen. Ebenso fehlen ihm die Guanase und die Xanthin-oxidase (Niklasson 1983). Ein großer Teil unseres Einblicks in die wirkliche Rolle und Bedeutung spezifischer Enzyme des Purinstoffwechsels beruht auf der Entdeckung von Personen, die bei einem dieser Enzyme einen erblichen Defekt aufweisen (Überblick bei Simmonds 1987). Dies war insbesondere wichtig für das Verständnis der Regulationsmechanismen der Purinbiosynthese, den Umsatz in bezug auf die Harnsäureproduktion (Abb. 2.8) und die Entwicklung der Gicht beim Menschen.

2.1.4 Purinnukleotidbildung

Vor der Diskussion der regulatorischen Prozesse soll zunächst ein Blick auf die *De-novo-Biosynthese* der Purine geworfen werden (Abb. 2.9): 5-Phosphoribosyl-1-Amin (PRA) ist das erste Reaktionsprodukt eines Weges, der in 10 Schritten ohne Verzweigung zur Bildung von Inosin-5'-Monophosphat (IMP) führt. In aufeinander folgenden Reaktionen werden Stickstoff- und Kohlenstoffatome angefügt, die von den Aminosäuren Glutamin, Glycin und Asparaginsäure stammen, sowie „Formyl"-Gruppen und Bikarbonat. So entsteht das Purinnukleotid IMP, von dem alle anderen Purinnukleotide abstammen (Hitchings 1978). Die Herkunft der verschiedenen Atome im Purinring ist in Abb. 2.10 dargestellt. Für diesen energetisch aufwendigen Prozeß werden 5 Moleküle ATP benötigt; er läuft normalerweise streng kontrolliert ab.

2.1.5 Kontrollfaktoren der Purinsynthese

Die Bildung von PRA scheint der limitierende Faktor der De-novo-Purinbiosynthese zu sein. Das Enzym PP-Ribose-P-Amidotransferase, das die PRA-Synthese katalysiert, kann entweder Glutamin oder Ammoniak als Substrat benutzen. Die Verfügbarkeit jeder dieser Substanzen kann unter bestimmten Bedingungen die Aktivität dieses Enzyms regulieren (Holmes 1978).
Ein weiterer Beleg für den limitierenden Charakter dieser Reaktion sind zwei erbliche Störungen des Purinstoffwechsels, die zu ausgeprägter Harnsäureüberproduktion führen: das Lesch-Nyhan-Syndrom (Mangel an Hypoxanthin-Guanin-Phosphoribosyltransferase, HGPRT) (Wyngaarden u. Kelley 1983) und die Überfunktion der Phosphoribosylpyro-

Abb. 2.9. Purinsynthese. (Aus Wyngaarden u. Kelley 1972)

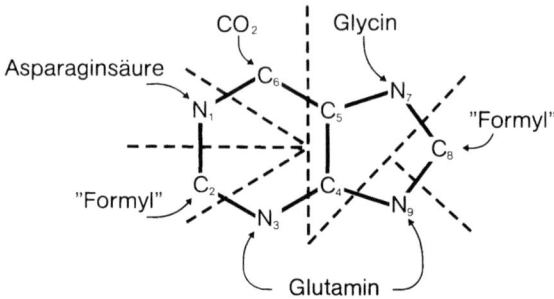

Abb. 2.10. Herkunft der Atome des Purinrings. (Aus Wyngaarden u. Kelley 1972)

phosphat-Synthetase (Becker et al. 1988). Die bei diesen Erkrankungen gewonnenen Daten bestätigen, daß die Konzentrationen von PP-Ribose-P und Ribonukleotiden gleich wichtige und entgegengesetzte Rollen bei der Kontrolle der De-novo-Synthese spielen. Die Aktivität der Amidotransferase wird durch die Mononukleotide gehemmt, durch PP-Ribose-P hingegen gesteigert.

Es konnte gezeigt werden, daß eine Zunahme der PP-Ribose-P-Konzentration zur Umwandlung der Amidotransferase von einer großen, katalytisch inaktiven Form in eine kleine, katalytisch aktive Form führt. Ribonukleotide haben den umgekehrten Effekt (Abb. 2.11). Dies ist die molekulare Basis für den entgegengesetzten Effekt dieser Verbindungen auf die Purinbiosynthese (Holmes 1978).

Weitere Kontrollfaktoren bestehen darin, daß ADP, GDP und andere Nukleotide die Aktivität der PP-Ribose-P-Synthetase hemmen und auf diese Weise die Verfügbarkeit von PP-Ribose-P kontrollieren, während das Enzym durch anorganisches Phosphat und Ribose-5-Phosphat stimuliert wird (Becker et al. 1988).

PP-Ribose-P ist auch notwendig für die Reutilisation und die Synthese von Purinen. Es spielt eine ebenso wichtige Rolle bei der Synthese von Pyrimidinen und Pyridinnukleotiden (Abb. 2.12). Ob die Verwertung auf diesen anderen Wegen direkt die Verfügbarkeit von PP-Ribose-P beeinflußt und damit auch auf die De-novo-Purinsynthese, ist unklar. Auf einige Zelltypen kann die umgekehrte Situation zutreffen: Zum Beispiel wurden bei den erblichen Störungen der HGPRT und dem Purinnukleosidphosphorylase (PNP)-Mangel erhöhte Spiegel von NAD und UDP-Glukose festgestellt. Diese Beobachtung wird den bei diesen Störungen erhöhten PP-Ribose-P-Spiegeln in den Erythrozyten zugeschrieben (Simmonds 1987).

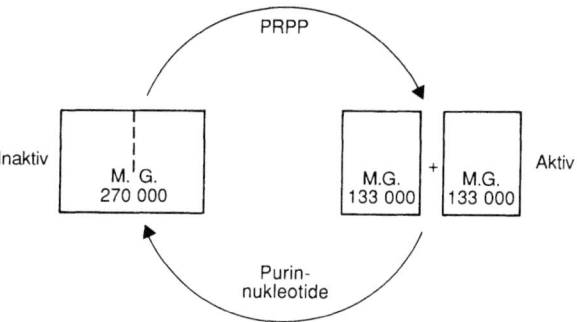

Abb. 2.11. Modell für die Kontrolle der PP-Ribose-P-Amidotransferase durch PP-Ribose-P und Purinribonukleotide

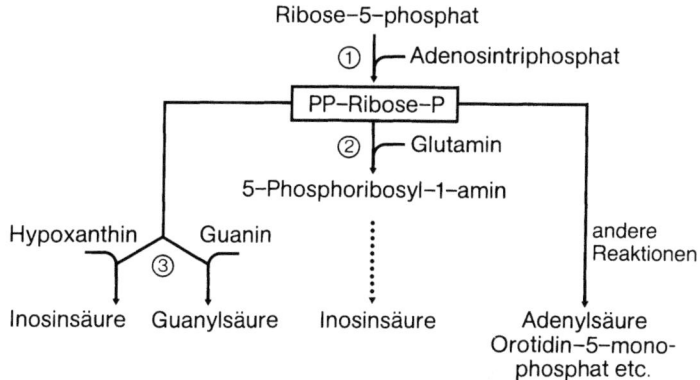

Abb. 2.12. Die Stellung von 5-Phosphoribosylpyrophosphat innerhalb des Purinstoffwechsels. *1* PRPP-Synthetase, *2* Glutamin-Phosphoribosylpyrophosphat-Amidotransferase, *3* HGPRTase

2.1.6 Umwandlung von Purinnukleotiden

Nach seiner Bildung kann IMP auf mehreren Wegen verstoffwechselt werden (Henderson 1978). Der Purinbasenanteil von IMP kann in die entsprechenden Adenin- oder Guanin-Nukleotidderivate, AMP oder GMP, umgewandelt werden. Diese können durch Interkonversionsreaktionen der Purinnukleotide in IMP zurückverwandelt werden (Abb. 2.13).

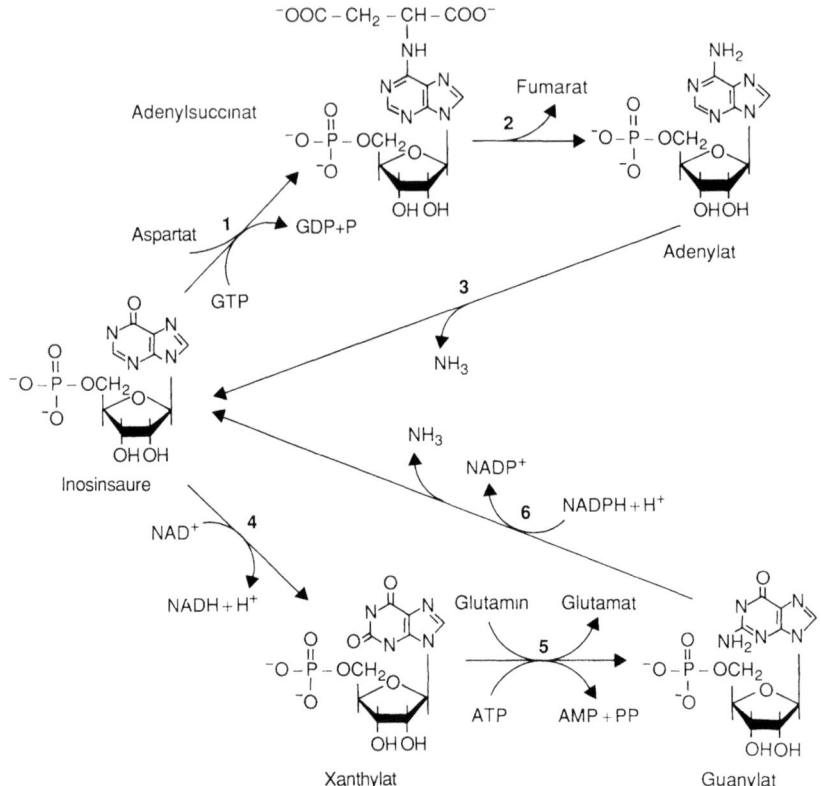

Abb. 2.13. Die Reaktion der Purinnukleotidumwandlung. *1* Adenylsuccinat-Synthetase (EC 6.3.4.4), *2* Adenylsuccinat-Lyase (EC 4.3.2.2), *3* Adenylat-Desaminase (EC 3.5.5.4), *4* Inosinsäure-Dehydrogenase (EC 1.2.1.14), *5* Guanylat-Synthetase (EC 6.3.5.2), *6* Guanylat-Reduktase (EC 1.6.6.8.)

Adeninnukleotidzyklus

Adenylsuccinylsäure (SAMP) ist ein Zwischenprodukt bei der Bildung von AMP aus IMP. Für die Reaktion werden die Aminosäure Aspartat sowie GTP als Energiequelle benötigt; sie wird von der Adenylsuccinyl-säure-Synthetase katalysiert (Henderson 1978). Der nächste Schritt wird durch die Adenylsuccinat-Lyase katalysiert und führt zur Freisetzung von Fumarat. Die Desaminierung von AMP zu IMP, katalysiert durch die Adenylat-Desaminase (AMPDA), wird durch GTP und P_i kontrolliert. Dieser Zyklus scheint im Skelettmuskel besonders wichtig zu sein. Er kann auch bei der Glykolyse und bei der Aktivität des Zitronensäurezyklus eine Rolle spielen (s. Kap. 13). Nach einer Fruktoseinfusion oder während eines Glykogenzusammenbruchs aufgrund einer Hypoglykämie, wie sie bei der Glykogenspeicherkrankheit Typ I vorkommt – dabei werden die Kontrollmechanismen über AMPDA in Gang gesetzt und der ATP-Abbau gefördert – werden P_i schnell verwertet. Dies wird als einer der verantwortlichen Faktoren für die rasche Zunahme der Harnsäureproduktion in beiden Situationen angenommen (Wyngaarden u. Kelley 1983).

Eine Unempfindlichkeit von AMPDA gegenüber diesen Kontrollmechanismen wurde bei einigen Patienten mit Hyperurikämie und Gicht vermutet (Hers u. van den Berghe 1979).

Guanosinnukleotidzyklus

Xanthylsäure (XMP) ist ein Zwischenprodukt bei der Bildung von GMP aus IMP (Henderson 1978). Für die Reaktion werden die Aminosäure Glutamin und ATP benötigt. Die Umwandlung von IMP in XMP, die von der IMP-Dehydrogenase katalysiert wird, erfordert NAD^+. Die Umwandlung von GMP in IMP hingegen, die von der GMP-Reduktase katalysiert wird, erfordert NADPH. Die IMP-Dehydrogenase scheint geschwindigkeitsbestimmend für die Bildung von GMP zu sein. Normalerweise ist die Aktivität gering, aber das Enzym ist schnell induzierbar. Es wird auch von einigen Analoga gehemmt und scheint für die Kontrolle der GTP-Spiegel extrem wichtig zu sein.

Produktion von Nukleotidtriphosphaten und Nukleinsäuresynthese

AMP oder GMP können zum Dinukleotid phosphoryliert werden und in ATP und GTP oder die entsprechenden Desoxyribonukleotide dADP und dGDP umgewandelt werden. In Geweben mit hohem Zellumsatz (z. B. Darmepithel, Haut, Knochenmark etc.) werden diese Nukleotide für die RNS- bzw. DNS-Synthese weiterverwendet (Abb. 2.14). Der Körper enthält etwa 5mal soviel RNS wie DNS (Bartlett 1977). Der Fluß von IMP zu AMP übertrifft denjenigen zu GMP im allgemeinen um mindestens das 5fache. Die Umwandlung von ATP zu GTP und umgekehrt tritt jedoch ebenfalls auf, je nach Verfügbarkeit und Bedürfnissen des jeweiligen Gewebes oder Organs. Einige Arbeiten zeigten, daß eine Hemmung der IMP-Dehydrogenase oder der Adenylsuccinylsäure-Synthetase den GTP- oder ATP-Spiegel senkt und zur Stimulation der De-novo-Synthese führt. Die Autoren vermuteten, daß Faktoren, die die Aktivität dieser Enzyme beeinflussen,

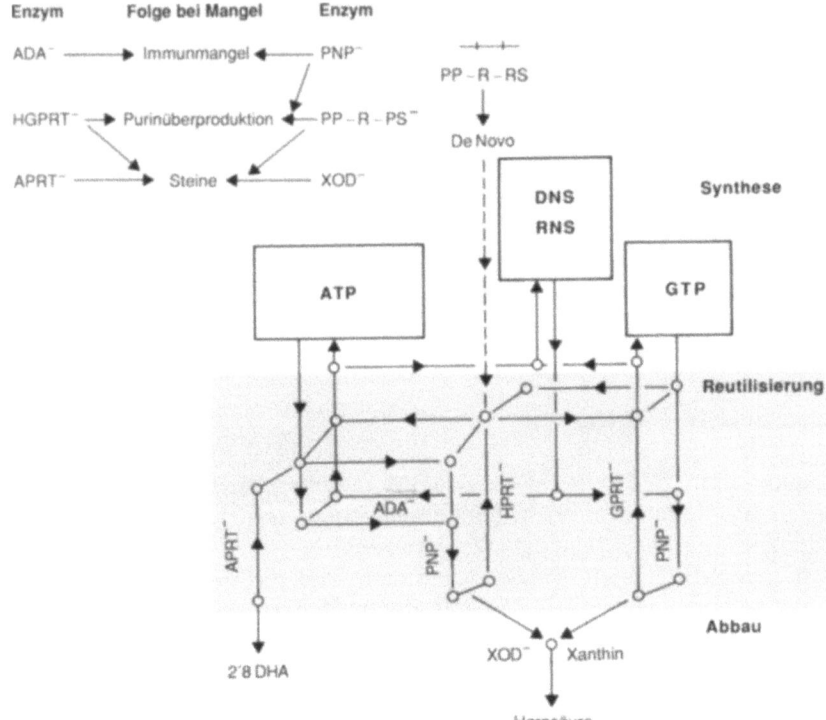

Abb. 2.14. Stoffwechselwege, die Synthese, Abbau und Reutilisierung der Purine betreffen. Sie sind unentbehrlich zur Aufrechterhaltung der vier wichtigen Purinpools im Körper: ATP, RNS, DNS und GTP

eine Harnsäureüberproduktion beim Menschen verursachen könnten (Willis u. Seegmiller 1980). Andere Autoren konnten diese Befunde nicht bestätigen. Sie gaben zu bedenken, daß dies möglicherweise auf unterschiedliche In-vitro-Bedingungen oder Zelltypen zurückzuführen sei (Allsop u. Watts 1985).

Adenin- und Guaninnukleotidzyklus enthalten mindestens 90% des gesamten Purins im Körper, die Guaninnukleotide stellen etwa 20% davon. Die im Gewebe gespeicherte Menge an IMP, XMP und SAMP ist normalerweise sehr klein. Der gesamte Adeninnukleotidpool im Körper ist auf etwa 15 mmol/kg geschätzt worden. Die höchste Adeninkonzentration wird vor allem als ATP im Skelettmuskel (10 mmol/kg) gefunden. Der gesamte ATP/ADP/AMP-Pool im Körper beträgt im Durchschnitt etwa 6 mmol/kg, während das Adenin in den Nukleinsäuren etwa 8 mmol/kg beträgt (Bartlett 1977).

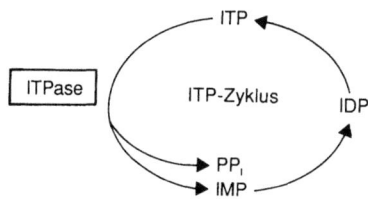

Abb. 2.15. Der ITP-Zyklus. Der Abbau von ITP zu IMP wird durch das Enzym Inosintriphosphat-Pyrophosphohydrolase (ITPase, EC 3.6.1.19) katalysiert. Die Enzyme, die die ITP-Bildung katalysieren, sind nicht sicher bekannt. Der erste Schritt könnte durch die Guanylatkinase aktiviert werden (EC 2.7.4.8), der nächste durch die relativ unspezifische Diphosphatkinase (EC 2.7.4.6)

Auch Di- und Triphosphate von IMP können gebildet werden, aber ITP scheint durch die ITP-Phosphohydrolase schnell zu IMP abgebaut zu werden. Die Bildung von ITP kann nur in Zellen von Personen nachgewiesen werden, die einen erblichen Defekt der ITPase-Aktivität aufweisen (Simmonds et al. 1988 b). Der Zweck dieses scheinbar nutzlosen ITP-Zyklus bleibt unklar (Abb. 2.15).

Literatur

Allsop J, Watts RWE (1985) Purine synthesis and salvage in brain and liver. Adv Exp Med Biol 195 B: 21–26

Bartlett GR (1977) Biology of free and combined adenine; distribution and metabolism. Transfusion 17: 339–353

Becker MA, Puig JG, Mateos FA, Jiminez ML, Kim M, Simmonds HA (1988) Inherited superactivity of phosphoribosylpyrophosphate synthetase: association of uric acid overproduction and sensorineural deafness. Am J Med 85: 383–390

Burian R, Schur H (1900, 1910) Ueber die Stellung der Purinkörper im menschlichen Stoffwechsel. Drei Untersuchungen. Pflugers Arch 80: 241, 187: 239

Duley JA, Simmonds HA, Hopkinson DA, Levinsky RJ (1990) Further evidence of a ,new' purine defect, inosine triphosphate (ITP) pyrophosphohydrolase deficiency in a kindred with adenosine deaminase deficiency. Clin Chim Acta (in press)

Fischer E (1884) Über die Harnsäure I. Ber Dtsch Chem Ges 17: 828–838

Gerlach E, Becker BF (eds) (1987) Topics and perspectives in adenosine research. Springer, Berlin Heidelberg New York Tokyo

Henderson JF (1978) Purine nucleotide interconversions. In: Kelley WN, Weiner IM (eds) Uric acid. Springer, Berlin Heidelberg New York, pp 75–91

Hers H-G, van den Berghe G (1979) Enzyme defect in primary gout. Lancet 1: 585–588

Hershfield MS (1983) S-adenosylhomocysteine hydrolase as a target in genetic and drug-induced deficiency of adenosine deaminase. In: Berne RM, Rall TW, Rubio R (eds) Regulatory function of adenosine. Martinus Nijhoff, The Hague, pp 171–179

Hitchings GH (1978) Uric acid: chemistry and synthesis. In: Kelley WN, Weiner IM (eds) Uric acid. Springer, Berlin Heidelberg New York, pp 1–20

Holmes EW (1978) Regulation of purine biosynthesis de novo. Chapter 2 In: Kelley WN, Weiner IM (eds) Uric acid. Springer, Berlin Heidelberg New York, pp 21–41

Löffler W, Gröbner W, Zöllner N (1981) Nutrition and uric acid metabolism: Plasma level, turnover, excretion. Fortschr Urol Nephrol 16: 8–18

Niklasson F (1983) Experimental and clinical studies on human purine metabolism. Acta Univ Uppsala (Abstracts of Uppsala Dissertations from the Faculty of Medicine) 473: 74

Simmonds HA (1987) Purine and pyrimidine disorders. In: Holton JB (ed) The inherited metabolic diseases. Churchill Livingstone, Edinburgh, pp 215–225

Simmonds HA, Sahota AS, Van Acker KJ (1988a) Adenine phosphoribosyltransferase deficiency and 2,8-dihydroxyadenine lithiasis. In: Scriver CR, Beaudet AL, Sly WS, Valle D (eds) The metabolic basis of inherited disease, 6th ed. McGraw-Hill, New York

Willis RC, Seegmiller JE (1980) Increases in purine excretion and rate of synthesis by drugs inhibiting IMP dehydrogenase and adenylosuccinate synthetase activities. Adv Exp Med Biol 122 B: 237–241

Wyngaarden JB, Kelley WN (1972) Gout. In: Stanbury JB, Wyngaarden JB, Fredrickson DS (eds) The metabolic basis of inherited disease, 3rd edn. McGraw Hill, New York, p 889

Wyngaarden JB, Kelley WN (1983) Gout. In: Stanbury JB, Wyngaarden JB, Fredrickson DS, Goldstein JL, Brown MS (eds) The metabolic basis of inherited disease, 5th edn. McGraw-Hill, New York, pp 1043–1115

Zöllner N, Gröbner W (1977) Dietary feedback regulation of purine and pyrimidine biosynthesis in man. In: Purine and pyrimidine metabolism in man. Ciba Foundation Symposium 48, pp 165–179

2.2 Purinabbau im Körper*

H. A. Simmonds

2.2.1 Abbau der Purinnukleotide

Der Abbau der Purinnukleotide betrifft sowohl die Polynukleotide DNS und RNS als auch die auf Adenin und Guanosin basierenden Mononukleotide. DNS hat die niedrigste Umsatzrate, Mononukleotide die höchste (Abb. 2.14).

Abbau der auf Adenin basierenden Nukleotide

In den meisten Geweben ist die DNS relativ stabil. Anhand zweier angeborener Störungen, die mit einem Immundefekt verbunden sind, konnte jedoch gezeigt werden, daß durch den Zelltod bzw. Umsatz von Zellen

---

* Übersetzt von U. Kronawitter.

24

des hämatopoetischen Systems (z. B. Ausstoßen des Kerns während der Erythrozytenreifung) normalerweise bedeutende Mengen von Desoxyribonukleotiden und Ribonukleotiden anfallen, die weiter abgebaut werden müssen. Eine Akkumulation würde das Immunsystem ernstlich gefährden (Simmonds 1987). Darüber hinaus haben diese Erkrankungen einen weiteren Punkt deutlich gemacht: Während Adeninribonukleotide überwiegend vor ihrem Abbau zuerst zu IMP desaminiert werden, ist Desoxy-AMP kein Substrat für AMPDA. Es muß durch die 5'-Nukleotidase (5'-NT) zu Desoxyadenosin (dAR) dephosphoryliert und auf der Nukleosidebene durch die Adenosin-Desaminase (ADA) desaminiert werden. Im Gegensatz zu Adenosin (AR) fördert das K_m die Desamination (Abb. 2.16). Bei einem ADA-Mangel kann jedoch dAR durch AK oder Desoxycytidinkinase (dCK) in dATP umgewandelt werden. Die Bedeutung der Ekto-5'-NT für die Bereitstellung von Purinen für die Nukleotidsynthese in Geweben mit schnellem Zellumsatz und -untergang (z. B. Thymus, Milz, Knochenmark) wurde nachgewiesen (Thompson 1986).

Nukleosidabbau

Obwohl Adenosin auch ein Substrat der ADA ist, wird es unter physiologischen Bedingungen durch die Adenosinkinase (AK) in AMP umgewandelt. Es wird nicht desaminiert, weil das K_m für die AK niedriger ist als das der ADA (Abb. 1.16). IMP, GMP und Desoxy-GMP werden

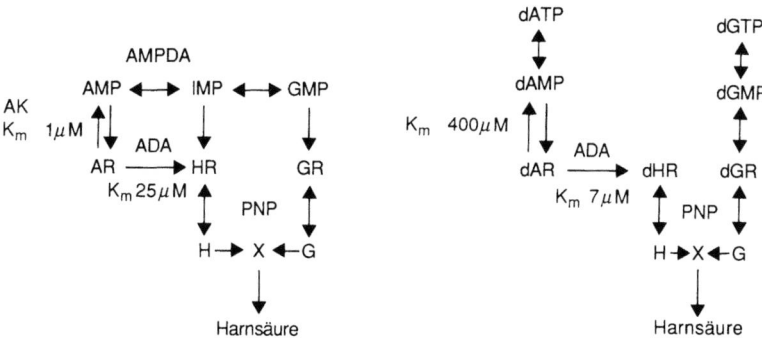

Abb. 2.16. Abbau von Adeninribonukleotiden. Dies geschieht grundsätzlich über die Adenylat-Desaminase (AMPDA), während die Adenindesoxyribonukleotide nicht auf diesem Weg verstoffwechselt werden können und durch die Adenosin-Desaminase (ADA, EC 3.5.4.4) abgebaut werden müssen. Inosin (HR) oder Desoxyinosin (dHR), die auf irgendeinem Weg gebildet wurden, werden durch die Purinnukleotid-Phosphorylase (PNP, EC 2.4.2.1) in Hypoxanthin umgewandelt

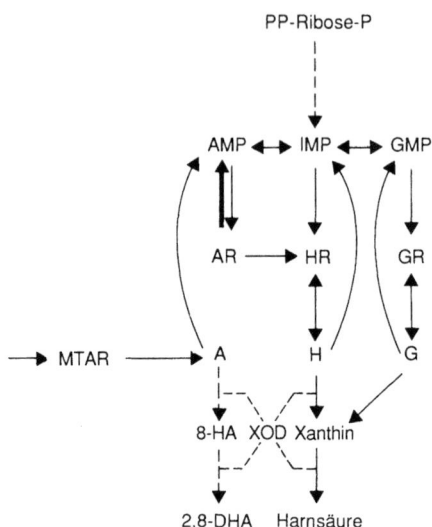

Abb. 2.17. Synthese- und Abbauwege der Mononukleotide AMP, IMP und GMP. Zusätzlich ist der Weg der Adeninbildung aus Methylthioadenosin (MTAR) dargestellt sowie der mögliche alternative Adeninabbau über das 8-Hydroxy-Zwischenprodukt zu 2,8-Dihydroxyadenin (2,8-DHA), der durch die Xanthinoxidase (XOD) vermittelt wird

direkt zu den entsprechenden Nukleosiden oder Desoxynukleosiden durch 5′-Nukleotidasen abgebaut. Sowohl ekto- als auch zytosolische Enzyme sind beschrieben worden (Thompson 1986). Im Gegensatz zu AR ist jedoch aus Studien über PNP-Mangel klar, daß es in menschlichen Zellen für die Nukleoside Inosin, Desoxyinosin und Guanosin keine Kinasen gibt. Dennoch kann Desoxyguanosin (dGR) durch dCK in dGTP umgewandelt werden (Simmonds 1987). Auch eine dGR-spezifische Kinase wurde gefunden. Der Hauptabbauweg für alle diese Nukleoside ist die Umwandlung in die Basen Hypoxanthin und Guanin durch PNP, die durch hohe intrazelluläre P_i-Spiegel und niedrige Ribose-1-Phosphat-Spiegel in den meisten Geweben begünstigt werden. PNP reagiert nicht mit Adenosin oder seinen Analoga in menschlichen Zellen.

2.2.2 Recycling von Purinbasen

Die Purinbasen Hypoxanthin und Guanin sind die einzigen beiden Basen, die aus dem Abbau der endogenen Purine durch Einwirkung der PNP stammen. Sie können entweder durch das Enzym HGPRT zu IMP oder GMP wieder aufgearbeitet (Abb. 2.17) oder zu Harnsäure abgebaut werden. Die Reutilisierung durch HGPRT scheint in den meisten Zellen der bevorzugte und wichtigste Stoffwechselweg zu sein.

Wiederverwendung von Hypoxanthin und Guanin

Die Bedeutung von HGPRT für die Wiederverwendung von Purinen und die Kontrolle der De-novo-Purinsynthese (Abb. 2.17) ist von den schweren klinischen Manifestationen her bekannt, die bei einem HGPRT-Mangel auftreten. Dieser Enzymdefekt führt zu einer ausgeprägten Purinüberproduktion und Harnsäurebildung (Wyngaarden u. Kelley 1983). Ebenso große Bedeutung hat die Kontrolle der PP-Ribose-P-Synthese, was sich an der starken Harnsäurebildung zeigt, die bei Personen auftritt, deren Synthetase resistent gegen die Feedbackhemmung ist.

Ursprünglich wurde angenommen, daß hohe PP-Ribose-P-Spiegel für eine beschleunigte Synthese verantwortlich sind, die auch bei einem PNP-Mangel beobachtet wird (Simmonds 1987). Jedoch wurde auch eine andere Hypothese vorgeschlagen – nämlich daß die bei PNP- und HGPRT-Mangel beobachtete beschleunigte Synthese auf einer Unterbrechung des „Inosinsäurezyklus" beruht. In diesem Zyklus wird IMP abgebaut und aus Hypoxanthin resynthetisiert (Abb. 2.18). Dazu ist es notwendig, daß nacheinander PNP und HGPRT einwirken. Wenn diese Enzyme defekt sind und der Zyklus deswegen nicht ablaufen kann, wird die Synthese vermutlich beschleunigt, um den Verlust an Nukleotiden auszugleichen (Willis et al. 1984).

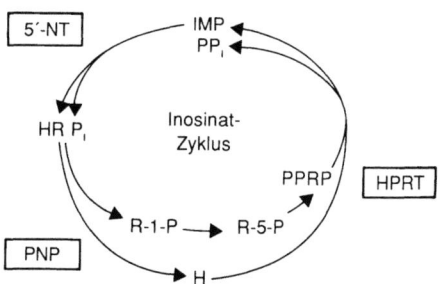

Abb. 2.18. Der Inosinatzyklus zeigt den Abbau von IMP zu HR, der durch die 5'-Nukleotidase (5'-NT, EC 3.1.3.5) in Gang gesetzt wird. Anschließend erfolgt die Umwandlung in H und Ribose-1-Phosphat (R-1-P) durch die PNP. R-1-P wird durch die Phosphoribomutase (EC 2.7.5.1) in Ribose-5-Phosphat (R-5-P) und dann PP-Ribose-P (PRPP) umgewandelt. IMP wird aus H und PRPP durch die HGPRT resynthetisiert

2.2.3 Purinabbau zu Harnsäure

Hypoxanthin und Guanin, die nicht über den oben beschriebenen „salvage pathway" reutilisiert werden, können zu Xanthin und weiter zu Harnsäure abgebaut werden (Abb. 2.17). Wie bereits früher erwähnt, ist das Ausmaß des Purinabbaus gering im Verhältnis zu der Menge Purin, die wiederverwendet wird.

Sowohl Hypoxanthin als auch Guanin werden zuerst zu Xanthin abgebaut. Die Umwandlung von Guanin in Xanthin wird durch die Guanin-Desaminase katalysiert. Hypoxanthin hingegen wird durch die Xanthinoxidase/-Dehydrogenase (XOD) in Xanthin und anschließend in Harnsäure umgewandelt. Die Aktivität dieses Enzyms befindet sich in vivo meist in der Dehydrogenaseform (Hitchings 1978). Während die Guanaseaktivität in den meisten Geweben vorhanden ist, ist die XOD interessanterweise beim Menschen auf Leber und Darmschleimhaut beschränkt. Kürzlich aufgestellte Behauptungen, eine deutliche Aktivität existiere auch im menschlichen Herzen, konnten nicht bewiesen werden (Eddy et al. 1987). Die Verwirrung beruht auf der Verwendung von Tiermodellen, bei denen anders als beim Menschen die XOD in vielen Geweben vorhanden ist (Simmonds et al. 1973).

Personen mit einem erblichen Mangel an XOD sowie Patienten, die mit dem XOD-Hemmstoff Allopurinol behandelt werden, scheiden 4- bis 5mal soviel Xanthin wie Hypoxanthin aus. Dies weist darauf hin, daß die Reutilisierung von Hypoxanthin beim Menschen normalerweise wirkungsvoller ist als die von Guanin. Es bestätigt außerdem, daß Xanthin wie auch Harnsäure ein Stoffwechselendprodukt ist. Es wird in vivo in keiner Weise wiederverwendet, obwohl es in vitro ein Substrat der HGPRT ist.

Ob XOD bei der Kontrolle der Harnsäurebildung eine Rolle spielt, war ebenfalls Gegenstand von Diskussionen. Es ist Gicht beschrieben worden, die mit einer erhöhten XOD-Aktivität einherging (Marcolongo et al. 1974).

2.2.4 Andere Reutilisierungsenzyme und die Harnsäureproduktion beim Menschen

Adeninphosphoribosyl-Transferase (APRT)

Die allgegenwärtige Verteilung des anderen Purin reutilisierenden Enzyms APRT in menschlichen Geweben hat den Untersuchern lange Kopfzerbrechen bereitet. Ursache dafür ist das offensichtliche Fehlen eines Weges für die Produktion von freiem Adenin aus Adenosin im Purinstoffwechsel menschlichen Gewebes (Abb. 1.17). Ein partieller Mangel dieses Enzyms wurde zuerst bei Patienten mit Hyperurikämie, Gicht und Fettstoffwechselstörungen bei der Untersuchung auf einen HGPRT-Mangel entdeckt. Obwohl jeder mögliche Zusammenhang widerlegt wurde, ist durch das gehäufte Auftreten von Gicht bei Erwachsenen mit partiellem APRT-Mangel diese Frage erneut aufgeworfen worden (Simmonds et al. 1988 a).

Die Rolle von APRT wurde erst klar aufgrund einer detaillierten Studie an Patienten, bei denen „Harnsäuresteine" vermutet wurden und denen APRT vollständig fehlte (s. Kap. 11). Die Harnsäureproduktion war bei diesem Defekt normal. Das bedeutet, daß die Reutilisierung von Adenin für die Kontrolle der De-novo-Synthese beim Menschen nicht wichtig ist. Die Akkumulation von Adenin und seinen unlöslichen Oxidationsprodukten während einer purinfreien Diät weist auf den endogenen Ursprung des Adenins hin. Anschließend durchgeführte Studien zeigten, daß vermutlich der Polyaminweg, bei dem Adenin ein Stoffwechselnebenprodukt ist, die wesentliche Quelle dieses Adenins ist (Abb. 2.17). Belastungsexperimente mit Adenin haben gezeigt, daß das Nahrungsadenin zu einem signifikanten Anstieg der Harnsäurespiegel führt (s. 2.4).

Adenosinkinase (AK)

Die Adenosinkinase muß aus zweierlei Gründen als ein ebenso wichtiges Reutilisierungsenzym angesehen werden: Erstens entstehen infolge der S-Adenosylmethionin einbeziehenden Methylierungsreaktionen erhebliche Mengen Adenosin (Hershfield 1983). Zweitens haben Studien an Patienten mit einem APRT-Mangel ergeben, daß die Reutilisierung von Adenosin die einzige Möglichkeit ist, um im menschlichen Erythrozyten den ATP-Spiegel aufrecht zu erhalten (Simmonds et al. 1988 a). Bei Patienten mit ADA-Mangel akkumuliert Adenosin nicht in größeren Mengen. Das bestätigt, daß Adenosin normalerweise reutilisiert und unter physiologischen Bedingungen nicht durch ADA abgebaut wird (Abb. 1.16). Auf diese Weise trägt Adenosin normalerweise nicht zur Harnsäureproduktion beim Menschen bei, obwohl das durch den Abbau von Desoxyadenosin auf diesem Weg möglich wäre.

Für Adenosin sind verschiedene physiologische Rollen bei der Regulation der kardialen, neurologischen, muskulären und respiratorischen Funktion sowie der Nierenfunktion vorgeschlagen worden (Überblick bei Gerlach u. Becker 1987). Die Adenosinrezeptoren wurden auf der Grundlage ihrer pharmakologischen Eigenschaften und ihrer Wechselwirkungen mit der Adenylatzyklase in 2 Gruppen eingeteilt. A_1-Rezeptoren hemmen die Aktivität der Zyklase, A_2-Rezeptoren stimulieren sie

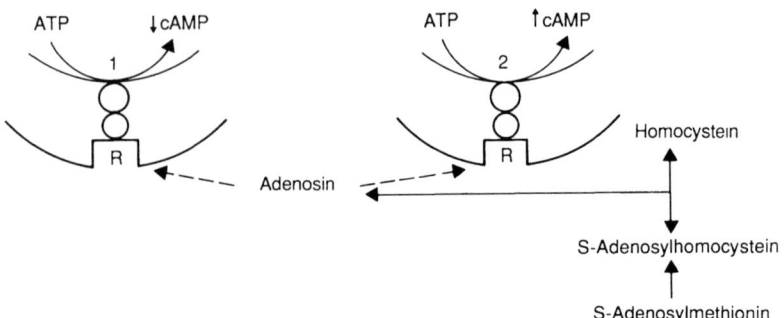

Abb. 2.19. Schematische Darstellung der Möglichkeiten von Adenosin, auf die Rezeptoren A_1 oder A_2 einzuwirken. Dadurch wird die Adenylatzyklase gehemmt bzw. stimuliert. Die Darstellung weist auf eine mögliche Quelle für dieses Adenosin hin

(Abb. 2.19). Die Quelle dieses Adenosins ist nicht mit Sicherheit bekannt, aber ein möglicher Kandidat dafür scheint die S-Methylierung zu sein. Ebenso unklar ist sein weiteres Schicksal, ebenfalls ob es abgebaut wird und zum Harnsäurepool beiträgt. Offensichtlich sind die Wege, die zur Bildung und zum Abbau der Purinnukleotide führen, komplex. Viele Faktoren können sowohl den Ursprung als auch die Menge der produzierten und im Urin ausgeschiedenen Harnsäure bei Gesunden bestimmen.

Literatur

Duley JA, Simmonds HA, Hopkinson DA, Levinsky RJ (1990) Further evidence of a ,new' purine defect, inosine triphosphate (ITP) pyrophosphohydrolase deficiency in a kindred with adenosine deaminase deficiency. Clin Chim Acta (in press)

Eddy LJ, Stewart JR, Jones HP, Engerson TD, McCord JE, Downey JM (1987) Free radical-producing enzyme, xanthine oxidase, is undetectable in human hearts. Am J Physiol 253: H 709-H 711

Gerlach E, Becker BF (eds) (1987) Topics and perspectives in adenosine research. Springer, Berlin Heidelberg New York Tokyo

Hershfield MS (1983) S-adenosylhomocysteine hydrolase as a target in genetic and drug-induced deficiency of adenosine deaminase. In: Berne RM, Rall TW, Rubio R (eds) Regulatory function of adenosine. Martinus Nijhoff, The Hague, pp 171-179

Hitchings GH (1978) Uric acid: chemistry and synthesis. In: Kelley WN, Weiner IM (eds) Uric acid. Springer, Berlin Heidelberg New York, pp 1-20

Marcolongo R, Marinello E, Pompucci G, Pagani R (1974) The role of xanthine oxidase in hyperuricaemic states. Arthritis Rheum 17: 430-438

Simmonds HA (1987) Purine and pyrimidine disorders. In: Holton JB (ed) The inherited metabolic diseases. Churchill Livingstone, Edinburgh, pp 215-225

Simmonds HA, Rising TJ, Cadenhead A, Hatfield PJ, Jones AS, Cameron JS (1973)

Radioisotope studies of purine metabolism during the administration of guanine and allopurinol in the pig. Biochem Pharmacol 22: 2553–2563

Simmonds HA, Sahota AS, Van Acker KJ (1988 a) Adenine phosphoribosyltransferase deficiency and 2,8-dihydroxyadenine lithiasis. In: Scriver CR, Beaudet AL, Sly WS, Valle D (eds) The metabolic basis of inherited disease, 6th ed. McGraw-Hill, New York

Thompson LF (1986) Ecto-5'-nucleotidase can use IMP to provide the total purine requirements of mitogen-stimulated human T cells and human B lymphoblasts. Adv Exp Med Biol 195 B: 467–473

Willis RC, Kaufman AH, Seegmiller JE (1984) Purine nucleotide reutilisation by human lymphoblast lines with abberrations of the inosinate cycle. J Biol Chem 259: 4157–4161

Wyngaarden JB, Kelley WN (1983) Gout. In: Stanbury JB, Wyngaarden JB, Fredrickson DS, Goldstein JL, Brown MS (eds) The metabolic basis of inherited disease, 5th edn. McGraw-Hill, New York, pp 1043–1115

2.3 Der Einfluß von Purinen in der Nahrung auf den Purinstoffwechsel

W. Gröbner, G. Wolfram

Untersuchungen über den Einfluß von Nahrungspurinen auf den Purinstoffwechsel sollten grundsätzlich nur mit Versuchsdiäten durchgeführt werden, deren Puringehalt berechnet werden kann, besser noch, deren gesamte Zusammensetzung bekannt ist. Die Versuchsdiäten müssen dabei isoenergetisch sein, d. h. das Körpergewicht konstant halten, da Änderungen der Energiezufuhr auch Effekte auf den Harnsäurestoffwechsel ausüben können. Es ist notwendig, die einzelnen Versuchsperioden so lange fortzusetzen, bis ein Steady state der untersuchten Parameter eintritt.

Unter einer isoenergetischen purinfreien Formeldiät beobachteten Zöllner u. Griebsch (1973) bei 11 gesunden Versuchspersonen innerhalb von 10 Tagen einen Abfall des Serumharnsäurespiegels von durchschnittlich 4,9 mg/dl auf 3,1 mg/dl, während die renale Harnsäureausscheidung von 500–600 mg/Tag auf durchschnittlich 330 mg/Tag abfiel (Abb. 2.20). Werden einer solchen isoenergetischen purinfreien Formeldiät Purine in Form von Ribonukleinsäure (RNS) zugesetzt, so kommt es über einen Bereich von 0–4 g RNS-Zulage zu einem dosisabhängigen Anstieg der Serumharnsäure (Abb. 2.21) und renalen Harnsäureausscheidung. Wird der gleiche Versuch mit Desoxyribonukleinsäure (DNS) durchgeführt, so erhält man grundsätzlich die gleichen Resultate (Abb. 2.21). Der Anstieg von Serumharnsäure und renaler Harnsäureausscheidung unter DNS-Zufuhr ist im Vergleich zur RNS-Zufuhr jedoch geringer (Abb. 2.21).

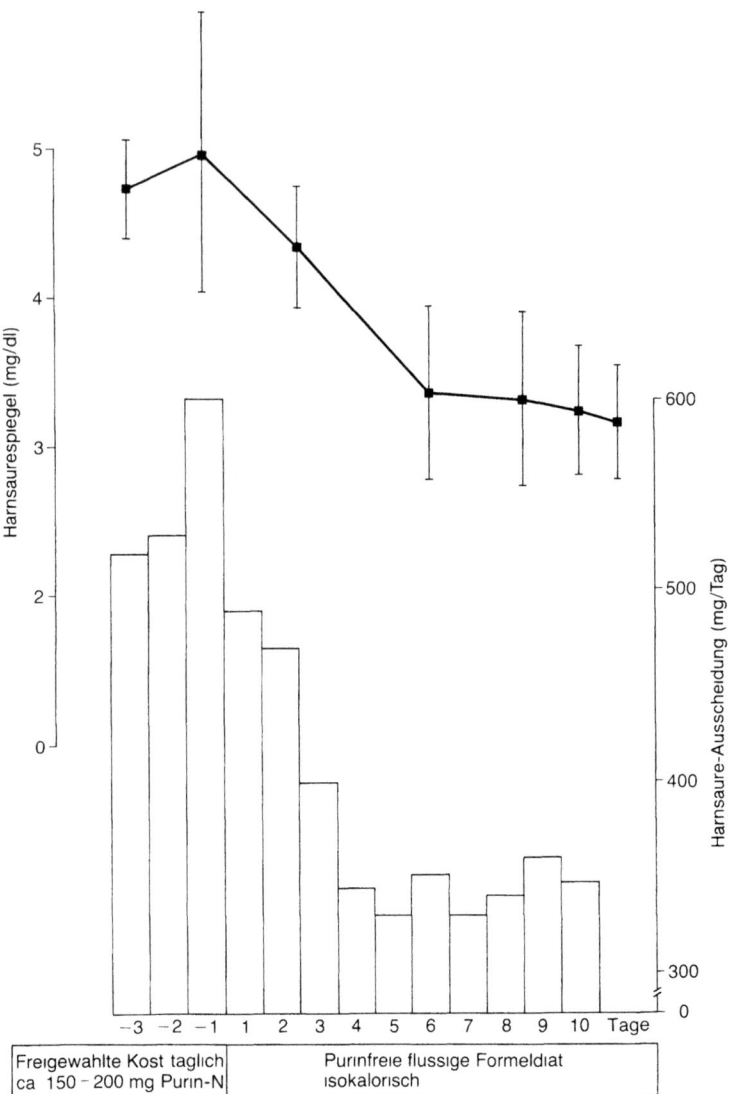

Abb. 2.20. Verhalten der Serumharnsäure und renalen Harnsäureausscheidung unter isoenergetischer purinfreier Formeldiät bei 11 gesunden Versuchspersonen. (Nach Zöllner u. Griebsch 1973; Zöllner 1976)

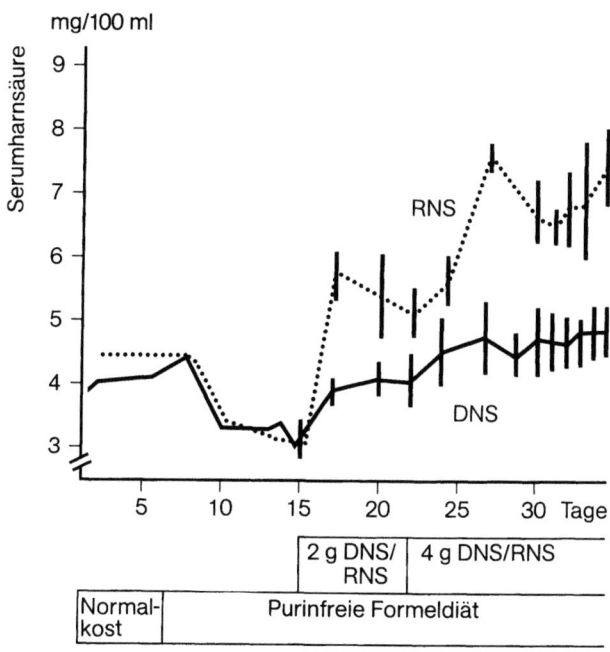

Abb. 2.21. Verhalten der mittleren Serumharnsäurespiegel (mit Standardabweichung des Mittelwerts) bei Zufuhr von RNS und DNS. (Nach Zöllner et al. 1972)

Berechnungen der von Zöllner et al. (1972) gewonnenen Untersuchungs-resultate ergaben, daß 1 g RNS zu einem Anstieg der Serumharnsäure um 0,9 mg/dl führt, während unter der gleichen Dosis DNS der Anstieg nur 0,4 mg/dl beträgt (Abb. 2.22). Die entsprechenden Werte für die renale Harnsäureausscheidung betragen 140 mg/Tag pro 1 g RNS bzw. 68 mg/Tag pro 1 g DNS (Abb. 2.23).

Diese Ergebnisse zeigen, daß zwischen dem Anstieg der Serumharnsäure und der renalen Harnsäureausscheidung sowie der verabreichten RNS-bzw. DNS-Dosis eine lineare Beziehung besteht, wobei der Schnittpunkt der Geraden mit der Ordinate den jeweiligen Wert für die Serumharn-säure bzw. renale Harnsäureausscheidung ohne Purinzulage angibt. Diese Befunde sind mit einer Hemmung der Purinsynthese durch Nah-rungspurine unter der Annahme vereinbar, daß die Hemmung der Purin-synthese proportional zur verabreichten RNS- bzw. DNS-Dosis verläuft (Abb. 2.24 Hypothese I). Wahrscheinlich ist die Purinsynthese jedoch bereits unter purinfreier Diät maximal gehemmt (Abb. 2.24, Hypo-these III). Dafür sprechen die Ergebnisse zusätzlicher Experimente, die unter denselben Versuchsbedingungen mit Purinnukleotiden durchge-

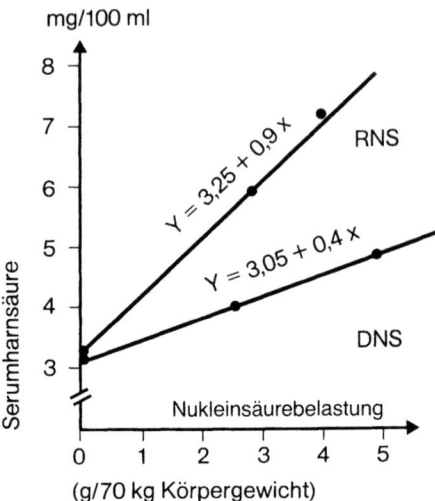

Abb. 2.22. Lineare Regression zwischen der Höhe der RNS- und DNS-Belastung und dem Serumharnsäurespiegel. (Nach Zöllner et al. 1972)

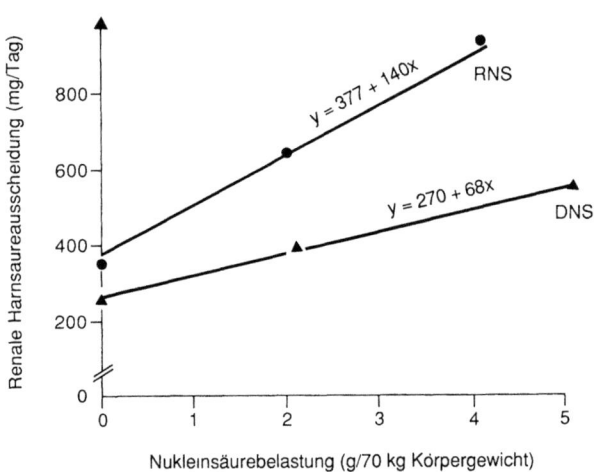

Abb. 2.23. Quantitative Beschreibung der Beziehung zwischen renaler Harnsäureausscheidung und RNS- bzw. DNS-Belastung. (Nach Zöllner et al. 1972)

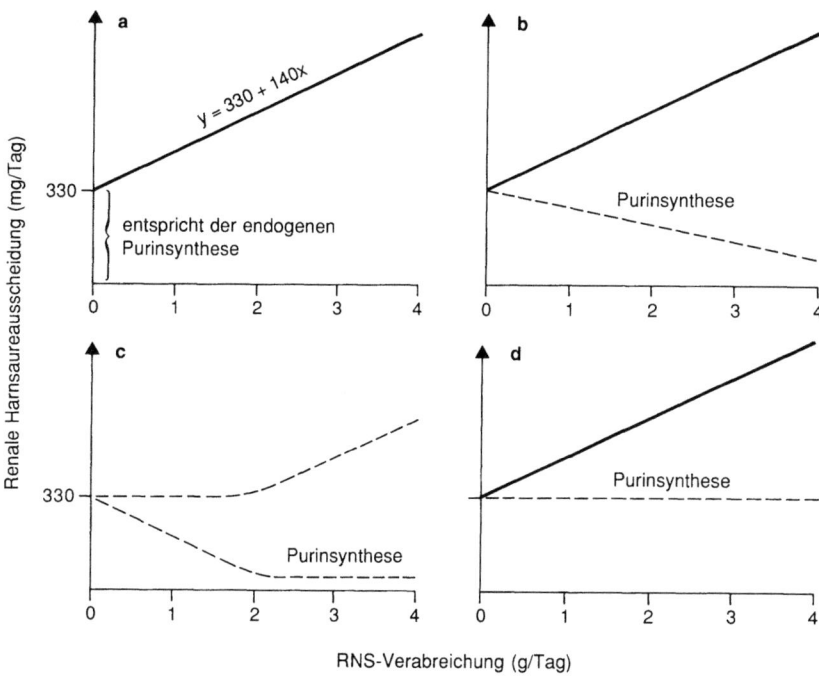

Abb. 2.24 a–d. Hypothesen über den Einfluß von Nahrungspurinen auf die renale Harnsäureausscheidung. **a** Experimentelles Untersuchungsergebnis: Der Anstieg der renalen Harnsäureausscheidung ist proportional zur verabreichten Purinmenge. **b** Hypothese I: Die Hemmung der Purinsynthese ist proportional zur verabreichten Purindosis. **c** Hypothese II: Die Purinsynthese wird durch Nahrungspurine bis zu einer bestimmten Menge maximal gehemmt. **d** Hypothese III: Die Purinsynthese wird durch endogene Purine maximal gehemmt und durch Nahrungspurine nicht beeinflußt. Für diese Hypothese sprechen die unter standardisierten Bedingungen durchgeführten Untersuchungsergebnisse. (Aus Zöllner u. Gröbner 1977)

führt wurden (Zöllner et al. 1972). Werden nämlich einer isoenergetischen purinfreien Formeldiät Adenosin-5-Phosphat (AMP) oder Guanosin-5-Phosphat (GMP) zugesetzt, so zeigt sich, daß 80% der verabreichten Nukleotide im Urin als Harnsäure wiedergefunden werden. Da etwa 20% der im Körper gebildeten Harnsäure in den Verdauungstrakt ausgeschieden wird, darf man annehmen, daß die Resorption von AMP und GMP aus dem Verdauungstrakt quantitativ vollständig ist. Somit stützen diese mit Purinnukleotiden durchgeführten Untersuchungen die Hypothese, daß die Purinsynthese des Menschen nicht durch exogene Purine beeinflußt wird, also bereits unter purinfreier Ernährung maximal gehemmt ist. Die Hypothese, daß Nahrungspurine bis zu einer bestimmten Menge die Purinsynthese maximal hemmen, ist also mit den Untersuchungsergebnissen von Zöllner et al. (1972) nicht vereinbar (Abb. 2.24, Hypothese II).

Diese Schlußfolgerungen von Zöllner u. Gröbner (1977) stimmen mit den Ergebnissen von Löffler et al. (1982) überein, die unter Verwendung von ^{15}N-Harnsäure bei gesunden Versuchspersonen unter standardisierten Ernährungsbedingungen den Einfluß von Nahrungspurinen auf Poolgröße, Umsatz und Ausscheidung der Harnsäure untersuchten. Seegmiller et al. (1968) dagegen fanden nach oraler Verabreichung von Adenin einen verminderten Einbau von ^{15}N-Glycin in die Urinharnsäure. Sie schlossen aus ihren Daten, daß Adenin die Purinsynthese hemmt. Die Versuchsdauer erstreckte sich jedoch nur über 7 Tage, und in Anbetracht der Tatsache, daß ^{15}N-markierte Harnsäure über einen langen Zeitraum ausgeschieden wird, ist eine Extrapolation dieser Ergebnisse auf die Gesamtpurinproduktion nur von begrenztem Wert.

Literatur

Löffler W, Gröbner W, Medina R, Zöllner N (1982) Influence of dietary purines on pool size, turnover and excretion of uric acid during balance conditions - isotope studies using ^{15}N-uric acid. Res Exp Med (Berl) 181: 113

Seegmiller JE, Klinenberg JR, Miller J, Watts RWE (1968) Suppression of glycine - ^{15}N incorporation into urinary uric acid by adenine-8-^{13}C in normal and gouty subjects. J Clin Invest 47: 1193

Zöllner N (1976) Diätetik der Gicht - experimentelle Grundlagen und praktische Anwendung. Verh Dtsch Ges Inn Med 82: 727

Zöllner N, Griebsch A (1973) Influence of various dietary purines on uric acid production. In: Urinary calculi. Proceedings of the international symposium on renal stone research, Madrid 1972. Karger, Basel New York, S 84–88

Zöllner N, Gröbner W (1977) Dietary feedback regulation of purine and pyrimidine biosynthesis in man. CIBA Found Symp 48: 165

Zöllner N, Griebsch A, Gröbner W (1972) Einfluß verschiedener Purine auf den Harnsäurestoffwechsel. Ernährungsumschau 3: 79

2.4 Renale und extrarenale Harnsäureausscheidung

W. Löffler

Über die Nieren werden bei physiologischen Plasmaspiegeln nach Untersuchungen mittels Isotopenverdünnungstechnik ungefähr zwei Drittel der Harnsäure ausgeschieden, der Rest wird in den Magen-Darm-Trakt sezerniert und dort bakteriell abgebaut (Abb. 2.25). Die renale Harnsäureausscheidung wird durch vielerlei therapeutische Maßnahmen und

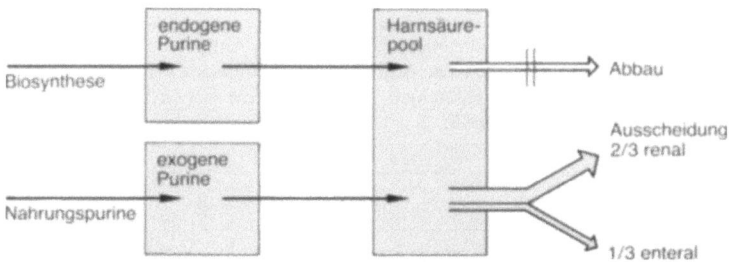

Abb. 2.25. Purinbiosynthese und Nahrungspurine (endogene bzw. exogene Uratquote) speisen den Harnsäurepool. Die Ausscheidung der Harnsäure erfolgt über Nieren und Darm. Die Fähigkeit zum Harnsäureabbau ist beim Menschen verlorengegangen

Stoffwechselvorgänge beeinflußt. Über Änderungen der enteralen Ausscheidung durch solche Einflüsse gibt es dagegen nur spärliche Anhaltspunkte.

2.4.1 Renale Harnsäureausscheidung

Bei der renalen Harnsäureausscheidung sind 3 Mechanismen beteiligt. Nach Filtration an der Glomerulusmembran wird die Harnsäure im proximalen Tubulus rückresorbiert und – ebenfalls im proximalen Tubulus – wieder sezerniert. Die Ausscheidung beträgt 5–10% der filtrierten Menge beim Gesunden unter Normalkost. Dies entspricht einer renalen Harnsäureclearance von $8,7 \pm 2,5$ ml/min (Gröbner u. Zöllner 1976). Die renale Clearance ist bei Gichtpatienten durchschnittlich geringer, die Werte von Gesunden und Patienten mit familiärer Hyperurikämie überschneiden sich jedoch in einem weiten Bereich (Tabelle 2.1).

Harnsäurefiltration

Die Harnsäure wird glomerulär zu einem hohen Prozentsatz, möglicherweise vollständig filtriert. Eine vollständige Filtration ist nur dann möglich, wenn keine Bindung an Plasmaproteine vorliegt. Eine solche Bindung wurde verschiedentlich postuliert, die Angaben schwankten jedoch zwischen 0 und 40% je nach Versuchsanordnung (Bennhold et al. 1938; Wolfson et al. 1949; Gutman u. Yü 1961; Alvsaker 1966; Sheik u. Moller 1968).
Bluestone et al. (1969) leiteten aus In-vitro-Untersuchungen ab, daß urikosurisch wirksame Arzneimittel die Harnsäure aus ihrer Plasmaprotein-

37

Tabelle 2.1. Renale Harnsäureclearance bei gesunden Männern und bei männlichen Gichtpatienten mit normaler Nierenfunktion. Alle Angaben sind auf eine Körperoberfläche von 1,73 m² bezogen. Die Mittelwerte sind deutlich verschieden, die Streuungen der Einzelwerte überschneiden sich jedoch in einem weiten Bereich. (Literaturzusammenstellung aus Löffler 1986)

Zitat	Gesunde Männer		Gichtpatienten	
	n	$\bar{x} \pm SD$	n	$\bar{x} \pm SD$
Gutman u. Yü (1957)	61	8,7 ±2,5	150	7,5±2,4
Nugent u. Tyler (1959)	7	8,5 ±1,2	6	6,2±0,8
Lathem u. Rodnan (1962)	8	7,55±0,9	11	6,0±2,2
Seegmiller et al. (1962)	7	8,4 ±1,4	10	5,1±1,25
Houpt u. Ogryzlo (1964)	22	7,0	30	5,0
Snaith u. Scott (1971)	46	5,8 ±2,1	46	3,6±1,3

bindung verdrängen. Postlethwaite et al. (1974) zeigten, daß Salizylate während Hämodialyse zu einer Verbesserung der Harnsäuresenkung im Plasma führten und werteten dies als indirekten Beweis für die These, daß eine Plasmaproteinbindung der Harnsäure in vivo existiert. Die Mehrheit aller Arbeiten spricht jedoch dafür, daß die Plasmaproteinbindung der Harnsäure in vivo, d. h. bei 37 °C, so gering ist, daß sie nach Meinung der meisten Autoren sowohl unter physiologischen als auch pathologischen Bedingungen (Gicht und Hyperurikämie) vernachlässigt werden kann (Yü u. Gutman 1953; Kovarsky et al. 1976; Levinson u. Sorenson 1980).

Trotz einer Plasmaproteinbindung von 10% bei Mikroinjektionsuntersuchungen (Abramson u. Levitt 1975) läßt sich bei direkter Bestimmung der Uratkonzentrationen in Plasmawasser und glomerulärem Filtrat kein Unterschied, also eine effektiv vollständige Filtration feststellen (Roch-Ramel et al. 1976). Dies wird mit der Freisetzung aus der Plasmaproteinbindung an der glomerulären Membran aufgrund des dort aufgebauten Gibbs-Donnan-Potentials erklärt (Kahn u. Weinman 1985).

Neuere In-vivo-Untersuchungen haben dazu keine weiteren Gesichtspunkte erbracht (Morozzi et al. 1986; Taddeo et al. 1987). Nachdem bei Steigerung der glomerulär filtrierten Harnsäuremenge um ein Mehrfaches die tubuläre Rückresorption vollständig ist (Anhebung der Plasmaharnsäure Gesunder durch orale Purinzufuhr auf bis zu 20 mg/dl; Steele u. Rieselbach 1967; Gutman et al. 1969; Sorensen u. Levinson 1980), kommt letztlich der Frage, ob in vivo eine Plasmaproteinbindung von wenigen Prozent existiert, wahrscheinlich keine Bedeutung für die Regulation des Plasmaspiegels oder der Ausscheidung zu; sie ist vor allem im Hinblick auf Therapieentscheidungen irrelevant.

Tubulärer Harnsäuretransport

Bereits 1924 schloß Mayrs aus Tierexperimenten, daß bei der renalen Harnsäureausscheidung aktive Transportmechanismen beteiligt sein müssen. Nachdem mit Einführung der Inulinclearance die glomeruläre Filtration zuverlässig bestimmt werden konnte, zeigte sich, daß beim Menschen und bei mehreren Tierarten die ausgeschiedene Harnsäuremenge nur einen Bruchteil der filtrierten darstellte, daß in den Nieren also neben der Filtration auch eine Rückresorption stattfinden mußte. Berliner et al. (1950) infundierten gesunden Versuchspersonen Lithiumurat und fanden eine stetige Zunahme des ausgeschiedenen Anteils der filtrierten Harnsäuremenge mit steigender Plasmakonzentration. Sie deuteten dies als Folge entweder einer Änderung der Proteinbindung der Plasmaharnsäure, einer Verminderung der Rückresorption filtrierter Harnsäure oder einer Kombination beider Mechanismen. Ebenfalls 1950 beschrieben Praetorius u. Kirk einen Patienten mit abnorm niedriger Serumharnsäure, dessen renale Harnsäureclearance die glomeruläre Filtrationsrate um 46% übertraf. Ein solcher Wert ist nur zu erreichen, wenn zusätzlich zur Filtration Harnsäure tubulär sezerniert wird.

Die Entdeckung der paradoxen Harnsäureretention (Yü u. Gutman 1955) verhalf dann endgültig der Hypothese zum Durchbruch, daß die renale Harnsäureausscheidung am besten mit Hilfe eines Dreikomponentensystems von Filtration, Rückresorption und Sekretion zu erklären sei (Gutman u. Yü 1957). Unter paradoxer Harnsäureretention versteht man die Eigenschaft verschiedener Arzneimittel, die renale Harnsäureausscheidung in niedriger Dosierung zu hemmen und in hoher Dosierung zu verbessern. In mittlerer Dosierung bleibt die Ausscheidung unbeeinflußt. Heute weiß man allerdings, daß dies nicht lediglich eine Frage der gleichzeitigen Hemmung verschiedener Transportwege in unterschiedlichem Ausmaß ist, sondern daß dabei auf molekularer Ebene komplizierte Interaktionen stattfinden.

Gutman u. Yü veröffentlichten 1961 ihre Dreikomponentenhypothese, die besagt, daß Harnsäure fast vollständig filtriert, durch aktiven Transport zum größten Teil rückresorbiert und schließlich wieder sezerniert wird. Von diesen drei Komponenten war nur die Größe der Filtration zuverlässig zu bestimmen. Der Anteil, den Rückresorption und Sekretion an der Harnsäureelimination hatten, konnte nicht angegeben werden.

Normale Harnsaureausscheidung

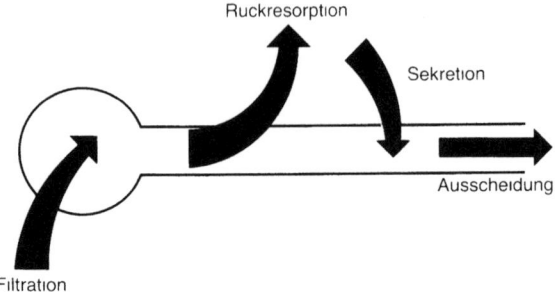

Hemmung der Harnsäuresekretion

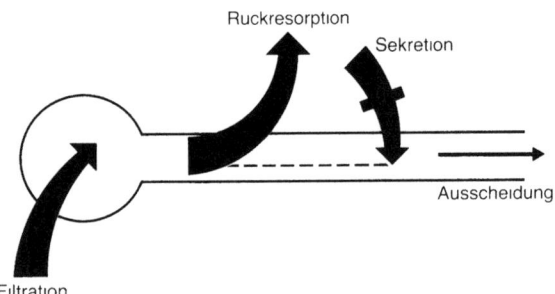

Wirkung der Urikosurika

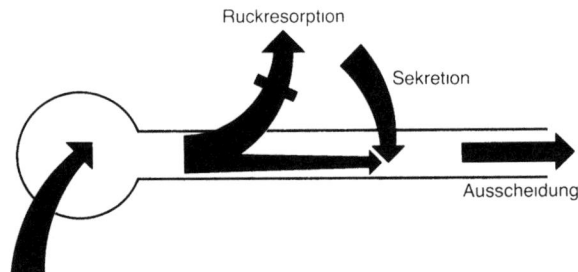

Abb. 2.26. Dreikomponentenhypothese der renalen Harnsäureausscheidung. Bei Hemmung der tubulären Sekretion ist die Ausscheidung vermindert, da die Rückresorption unbeeinflußt bleibt. Durch hohe Dosen von Pyrazinamid läßt sich die renale Harnsäureausscheidung weitgehend verhindern. Man nahm deshalb an, daß dieses Medikament die tubuläre Sekretion blockiert

Die antiurikosurische Wirkung von Pyrazinamid (Yü et al. 1957) schien näherungsweise Berechnungen zu erlauben.

Zur Bestimmung der Größe von Rückresorption und Sekretion beschrieben Steele u. Rieselbach (1967) den Pyrazinamid-Suppressionstest (Abb. 2.26). Dabei wird die maximale Abnahme der renalen Harnsäureausscheidung unter Pyrazinamid untersucht. Die Interpretation des Tests setzt voraus, daß tubuläre Rückresorption und Sekretion zwei voneinander unabhängige Mechanismen sind und daß Pyrazinamid die Sekretion selektiv hemmt. Unter diesen Bedingungen stellt die durch Pyrazinamid hervorgerufene Abnahme der renalen Harnsäureausscheidung ein Maß für die Sekretion, die Restausscheidung (als Teil der filtrierten Menge) ein Maß für diejenige Harnsäuremenge dar, die nicht rückresorbiert wurde. Da eine Steigerung der Rückresorption durch Pyrazinamid nicht ausgeschlossen werden kann (urikosurische Wirkung bei einigen Tierspezies), ist die Abnahme der Ausscheidung ein Mindestmaß für die Sekretion, die Restausscheidung stellt die maximal nicht rückresorbierte Harnsäuremenge dar.

Es zeigte sich, daß die Verringerung der renalen Harnsäureausscheidung durch Pyrazinamid der Serumkonzentration proportional war, wenn bei gesunden Versuchspersonen die Serumharnsäure durch andere Arzneimittel angehoben oder gesenkt wurde. Unabhängig von der Serumkonzentration wurde die Harnsäure nahezu vollständig rückresorbiert. Die tubulären Transportmechanismen waren also in der Lage, auf ein größeres Harnsäureangebot sowohl mit einer Zunahme der Rückresorption als auch einer Zunahme der Sekretion zu reagieren. Dabei schien die Sekretion der für die Harnsäureausscheidung entscheidende Mechanismus zu sein (Steele u. Rieselbach 1967; Gutman et al. 1969).

Gutman et al. fanden 1959 bei Patienten mit Niereninsuffizienz und Normalpersonen unter gleichzeitiger Anwendung von Sulfinpyrazon, osmotischer Diurese und Harnsäureinfusionen eine renale Harnsäureausscheidung von bis zu 123% der filtrierten Menge. Eine vollständige Hemmung der Rückresorption war unter diesen Bedingungen nicht wahrscheinlich. Die Autoren hatten deshalb geschlossen, daß die sezernierte Menge möglicherweise größer ist als die ausgeschiedene Menge und zusätzlich eine Rückresorption auf gleicher Höhe mit oder distal des Sekretionsorts im Tubulus stattfindet. Diese Beobachtung stellte den damals allgemein anerkannten Grundsatz in Frage, daß eine renal bedingte Hypourikämie Folge einer verminderten Rückresorption proximal der Stelle der Sekretion ist.

Dieser Grundsatz galt auch für die Wirkung der Urikosurika. Es war danach zu erwarten, daß bei gleichzeitiger Gabe von Urikosurika und Pyrazinamid die durch Urikosurika hervorgerufene Mehrausscheidung der Harnsäure mengenmäßig unverändert bliebe. Um ein Beispiel zu nennen: Ein Patient scheidet über die Nieren 400 mg Harnsäure pro Tag aus, unter einem Urikosurikum steigt die Ausscheidung vorübergehend auf 1000 mg. Bei Gabe von Pyrazinamid sinkt die Ausscheidung von 400 auf 100 mg pro Tag. Nach der Dreikomponentenhypothese ist damit bei kombinierter Gabe von Urikosurikum und Pyrazinamid eine Ausscheidung von 700 mg zu erwarten. Sowohl im Tierversuch als auch beim Menschen (Steele u. Boner 1973; Diamond u. Paolino 1973) führte jedoch Pyrazinamid bzw. Pyrazinkarbonsäure zu einer weitgehenden Hemmung der urikosurischen Wirkung. In unserem Beispiel würde also die renale Harnsäureausscheidung von 100 mg/Tag unter Pyrazinamid durch das Urikosurikum nicht verändert werden.

Diese Beobachtungen waren nur dadurch zu erklären, daß auf gleicher Höhe mit und/oder distal vom Ort der Sekretion nochmals eine Rückresorption stattfindet, daß also die renale Harnsäureausscheidung ein Vierkomponentensystem darstellt (Abb. 2.27).

Der direkte Nachweis der Existenz der verschiedenen Transportmechanismen ist beim Menschen nicht zu führen. Im Tierexperiment konnte jedoch gezeigt werden (Greger et al. 1971), daß im distalen Teil des proximalen Tubulus eine höhere Harnsäurekonzentration bestand als nach der berechneten Filtration maximal zu erwarten war. Da die Ausscheidung wesentlich geringer als die filtrierte Menge war, mußte distal des Orts der Sekretion Harnsäure resorbiert worden sein (Abb. 2.27). Dieser Ort der „postsekretorischen" Rückresorption konnte bis jetzt nicht eindeutig festgelegt werden.

Die Existenz sowohl einer prä- als auch einer postsekretorischen tubulären Resorption beim Menschen läßt sich aus den angeführten klinischen und pharmakologischen Untersuchungen ableiten. Erzeugt man beim Gesunden durch Zufuhr von Ribonukleinsäure eine experimentelle Hyperurikämie, so kann unabhängig von der Serumharnsäurekonzentration die renale Harnsäureausscheidung durch Pyrazinamid auf weniger als 2% der filtrierten Menge gesenkt werden. Die präsekretorische Rückresorption ist also unabhängig von der filtrierten Menge nahezu vollständig (Jenkins u. Rieselbach 1974). Die ausgeschiedene Harnsäure dagegen stellt denjenigen Anteil der sezernierten Menge dar, der der postsekretorischen Rückresorption entgeht.

Aus den oben geschilderten Untersuchungen darf nicht geschlossen werden, daß beim Menschen die Harnsäure aus dem Nierentubulus in zwei abgegrenzten Bereichen, prä- und postsekretorisch, rückresorbiert wird und daß von diesen beiden Transportsystemen nur das distale (postsekretorische) durch Urikosurika gehemmt werden kann. Die Wirkung der Urikosurika hängt von der Sekretion ins Tubuluslumen ab, wegen der hohen Plasmaproteinbindung kommen wirksame Konzentrationen erst im Bereich der „postsekretorischen" Rückresorption zustande. Es han-

Normale Harnsäureausscheidung

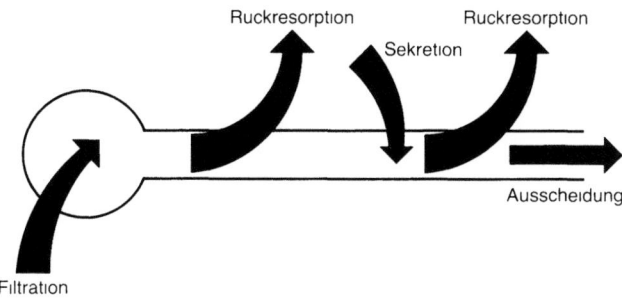

Hemmung der Harnsauresekretion

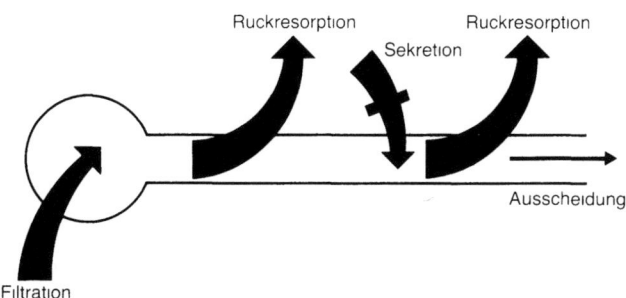

Wirkung der Urikosurika

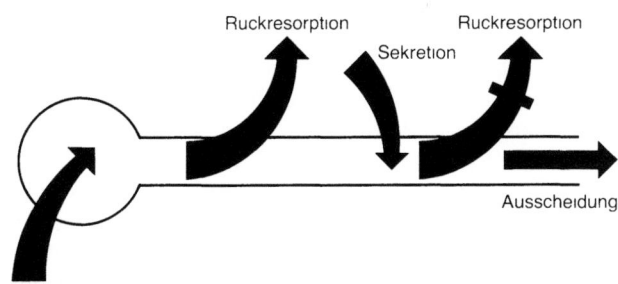

Abb. 2.27. Die Vierkomponentenhypothese besagt, daß nach der tubulären Sekretion Harnsäure ein zweites Mal rückresorbiert wird. Die ausgeschiedene Harnsäuremenge ist deshalb kein Maß für die Sekretion wie nach der Dreikomponentenhypothese, sondern stellt nur einen Bruchteil der sezernierten Menge dar

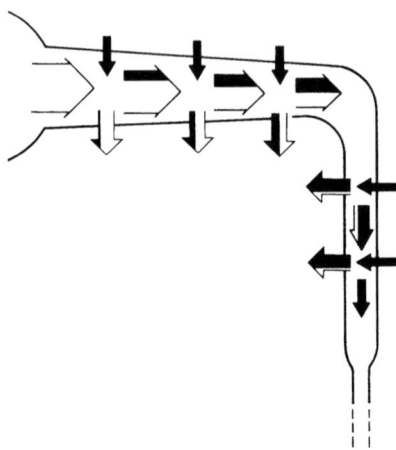

Abb. 2.28. Bidirektionaler tubulärer Harnsäuretransport. Die filtrierte Harnsäure *(offene Pfeile)* wird nach und nach rückresorbiert, gleichzeitig aber schon sezerniert *(geschlossene Pfeile)*. Anfangs ist der Anteil der sezernierten Harnsäure an der rückresorbierten Menge gering, distal wird fast nur noch sezernierte Harnsäure resorbiert. Zur Ausscheidung kommt ausschließlich sezernierte Harnsäure. (Nach Lang et al. 1980)

delt sich also nicht um unterschiedlich beeinflußbare Mechanismen, sondern um eine Konzentrationsabhängigkeit am Ort der Wirkung.

Tierexperimentelle Untersuchungen haben gezeigt, daß sich tubuläre Sekretion und Rückresorption von Harnsäure nicht voneinander trennen lassen. Es liegt somit ein bidirektionaler Transport vor (Zusammenfassung bei Lang 1977) (Abb. 2.28). Der tubuläre Harnsäuretransport bei verschiedenen Tierspezies ist dabei nicht grundlegend verschieden, die Unterschiede betreffen lediglich das Ausmaß der jeweiligen Beteiligung von Sekretion und Rückresorption (Hatfield et al. 1976). Einige Tierexperimente sprechen dafür, daß Harnsäure noch in der Henle-Schleife rückresorbiert wird (Greger et al. 1974), also eine echte „postsekretorische" Rückresorption vorliegt. Beim Menschen ist deren Nachweis jedoch kaum zu führen. Es spricht vieles dafür, daß mit Hilfe des Pyrazinamidsuppressionstests ein System untersucht wird, das in vivo offensichtlich nicht besteht, sondern durch die beschriebenen pharmakologischen Manipulationen erst erzeugt wird.

Aus nierenphysiologischen Untersuchungen der letzten zwei Jahrzehnte ergab sich ein völlig neues Konzept der tubulären Harnsäurebehandlung. Verschiedene Arbeitsgruppen beschrieben einen Austausch von Urat gegen Anionen sowohl über die luminale als auch über die basolaterale Membran der Tubuluszelle. Welches Anion physiologischerweise beim

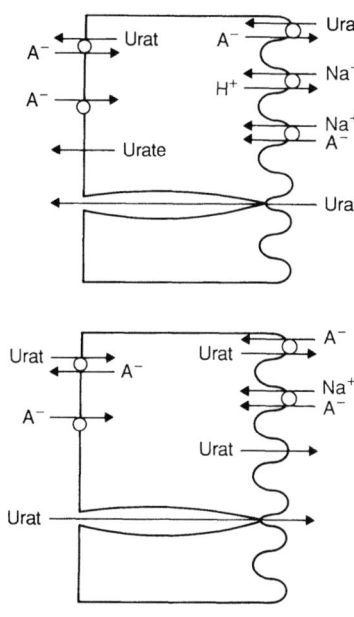

Abb. 2.29. Tubulärer Harnsäuretransport. *Oben:* Rückresorption, *unten:* Sekretion. Anionen *(A⁻)* können durch Natriumkotransport vom Lumen oder vom Interstitium aus in die Tubuluszelle gelangen und über einen Anionenaustauscher sowohl über die luminale als auch basolaterale Membran der Zelle gegen Harnsäure ausgetauscht werden. (Nach Kahn u. Weinman 1985)

basolateral　　　　　**luminal**

Austausch gegen Harnsäure die wichtigste Rolle spielt, ist bisher nicht geklärt. Nach Guggino et al. (1983) sowie Kahn u. Weinman (1985) kommen beim Transport über die luminale Membran OH^- und HCO_3^- in Betracht. Greger (1989) hält dies jedoch wegen der vergleichsweise niedrigen Konzentrationen im Zytosol nicht für wahrscheinlich.

Guggino u. Aronson (1985) sowie Kahn u. Weinman (1985) haben die Hypothese aufgestellt, daß eine dreifache Kopplung des Transports über die Zellmembranen vorliegt. Danach erfolgt zunächst die Aufnahme eines Anions in die Tubuluszelle über die luminale und/oder basolaterale Membran durch Natriumkotransport. Anschließend erfolgt die Entfernung aus dem Zytosol im Austausch gegen Harnsäure durch ein natriumunabhängiges Anionenaustauschersystem (Abb. 2.29). Es wurde nachgewiesen, daß dieser Anionentauscher durch übliche Hemmstoffe des Anionentransports, aber auch durch Probenecid und Furosemid gehemmt werden kann (Kahn u. Weinman 1985).

Der Transport über die basolaterale Membran ist, wohl aufgrund größerer technischer Probleme (Greger 1989), weniger gut untersucht als derjenige über die luminale. Nach Kahn et al. (1985) handelt es sich ebenfalls um ein Anionentauschersystem, dessen Eigenschaften sich aber von demjenigen der luminalen Membran unterscheiden. Es soll gegen

Hemmstoffe des Anionentransports und gegen Probenecid weniger sensitiv und durch PAH unbeeinflußbar sein. Bei Untersuchungen von Ullrich u. Rumrich (1988) an der intakten Niere mittels Stop-flow-Technik wurden dagegen verschiedene Anionentransportsysteme sehr gut charakterisiert. Danach konkurrieren Urat und PAH um dasselbe System. Untersuchungen an basolateralen Membranvesikeln (Shimada et al. 1987) ergaben, daß auch in diesem „PAH-System" (so bezeichnet wegen der hohen Affinität zu PAH bei ihren Untersuchungen) Anionen zunächst durch Natriumkotransport in die Zelle gelangen, ehe sie im Austausch gegen Urat wieder freigesetzt werden.

Die Transporte über die luminale und basolaterale Membran können nach diesem Konzept also nicht unabhängig voneinander ablaufen. Das durch Kotransport in die Zelle gelangte Anion wird je nach seinen Konzentrationsverhältnissen – intraluminal, intrazellulär und peritubulär im Interstitium – und nach seinen Affinitäten zu den einzelnen Schritten des Transports entweder über die luminale (verbesserte Rückresorption von Urat) oder über die basolaterale Membran vermehrt ausgetauscht (beschleunigte Sekretion).

PZA besitzt in hoher Dosierung bei einigen Primaten urikosurische Wirkung, was von Guggino u. Aronson (1985) mit einem solchen Kotransport/Anionenaustausch sowohl über die luminale als auch über die baslaterale Membran erklärt wurde. Sie konnten zeigen, daß niedrige Konzentrationen von Pyrazinkarbonsäure die Urataufnahme in die Membranvesikel des Bürstensaums – also die Rückresorption - stimulierten, hohe Konzentration die Aufnahme hemmten. Sie interpretierten dies so, daß bei niedrigen Dosen von Pyrazinkarbonsäure dieses durch Kotransport in die Zelle gelange und durch Rücktausch die Urataufnahme stimuliere. Bei höheren Dosen sollte die Urataufnahme durch Blockierung der Bindungsstellen vermindert werden. Pyrazinamid bzw. Pyrazinkarbonsäure hätten damit an der Tubuluszelle prinzipiell gleichartige Wirkungen wie Urikosurika, die eine paradoxe Retention aufweisen.

Die in einem solchen System sich abzeichnenden vielfältigen Möglichkeiten der Interaktionen machen es nahezu unmöglich, die Hemmung oder Verbesserung der tubulären Harnsäureausscheidung einem bestimmten Schritt zuzuordnen und die Nettowirkung eines neuen Arzneimittels vorauszusagen. Die seit langem bekannte Hemmung der renalen Harnsäureausscheidung durch Laktat zum Beispiel, bisher als Konkurrenz um die Sekretion interpretiert, läßt sich demnach ebenso gut als beschleunigte Rückresorption von Urat im Austausch gegen Laktat erklären. Bei der familiären Hyperurikämie kann demnach eine Verbesserung der Rückresorption als Ursache der verminderten Harnsäureclearance nicht ausgeschlossen werden, was auch aufgrund der Ergebnisse mit Pyrazinamid in der Literatur vereinzelt diskutiert wurde (Stapleton et al. 1981). Vielleicht handelt es sich aber auch um ein Krankheitsbild mit unterschiedlicher Pathogenese – teils verminderte Sekretion, wie bei gichtkranken Küken nachgewiesen (Zmuda u. Quebbemann 1975), teils verbesserte Rückresorption. Jedenfalls gewinnen die alten Arbeiten von Gutman u. Yü (1963) über Veränderungen des Glutaminstoffwechsels der Nieren und der renalen Ammoniakausscheidung bei familiärer Hyperurikämie durch diese Untersuchungen neue Aktualität.

Die entscheidende Rolle bei der Entstehung einer Nettorückresorption kommt wohl dem luminalen Anionenaustauscher zu. Spezies mit einer Nettosekretion von Urat wie Kaninchen und Schweine besitzen nach Untersuchungen an Membranvesikeln des Bürstensaums von Tubuluszellen diesen Transport über die luminale Membran nicht (Werner et al. 1986). Bei keiner der untersuchten Spezies mit Nettosekretion von Urat wurde durch Pyrazinkarbonsäure die renale Harnsäureausscheidung reduziert (Werner et al. 1986).

Isolierte Störungen des tubulären Harnsäuretransports beim Menschen

Störungen des tubulären Harnsäuretransports können zur Verminderung oder Verbesserung der renalen Harnsäureausscheidung führen. Im ersten Fall handelt es sich um eine sehr häufige Krankheit, die familiäre Hyperurikämie. Im zweiten Fall, der angeborenen renalen Hypourikämie, können möglicherweise sowohl eine Störung der Rückresorption als auch eine Beschleunigung der Sekretion zugrundeliegen. Daneben gibt es Hypourikämien als Symptom einer Grundkrankheit oder als Folge medikamentöser Therapie. Sowohl primäre als auch (nicht medikamentös bedingte) sekundäre Hypourikämien sind äußerst selten.

Hypourikämien als isolierte Störungen des Harnsäurestoffwechsels wurden erstmals zu Anfang der 50er Jahre beschrieben. Zwei Gruppen können unterschieden werden, nämlich Hypourikämien mit normaler oder gering vermehrter (Praetorius u. Kirk 1950) und solche mit verminderter renaler Harnsäureausscheidung (Dent u. Philpot 1954). Letztere beruhen auf einer verminderten Aktivität eines Enzyms des Purinabbaus, der Xanthinoxidase.

Maßnahmen zur Verbesserung der renalen Harnsäureausscheidung

Neben den Urikosurika führen eine Reihe von Maßnahmen bzw. Substanzen (Medikamente, normale Nahrungsbestandteile, körpereigene Substanzen) zu einer Verbesserung der renalen Harnsäureausscheidung.

Eine Senkung des Harnsäureserumspiegels zu therapeutischen Zwecken ist dadurch nicht in ausreichendem Maße möglich. Es können jedoch einzelne dieser Maßnahmen und Substanzen zur Unterstützung der medikamentösen Behandlung der Hyperurikämie herangezogen werden.

Grundsätzlich kann eine Verbesserung der renalen Harnsäureausscheidung durch eine Erhöhung der glomerulären Filtration, durch Hemmung der tubulären Rückresorption oder durch Steigerung der Sekretionsrate zustande kommen.

Steigerung der glomerulären Filtration

Die glomeruläre Filtration der Harnsäure kann gesteigert sein durch ein erhöhtes Harnsäureangebot im Glomerulus oder eine erhöhte glomeruläre Filtrationsrate. Im ersten Fall sind bei gesteigerter Harnsäurefiltration Inulin- und Kreatininclearance unverändert, im zweiten Fall sind sie erhöht.

Ein erhöhtes Harnsäureangebot im Glomerulus ist vorhanden, wenn ein erhöhter Harnsäureplasmaspiegel vorliegt oder die Harnsäure aus ihrer Plasmaproteinbindung verdrängt wird. Whitehouse et al. (1973) beobachteten, daß in vitro die meisten Urikosurika und einige andere Medikamente die Harnsäure aus ihrer Plasmaproteinbindung verdrängen (Probenecid, Salizylate, Sulfinpyrazon, Phenylbutazon, Indometacin, Warfarin, Thiopurinol). Einige endogene Metabolite hatten die gleiche Wirkung (freie Fettsäuren, freies Bilirubin und Bilirubinkonjugate). Diese Untersuchungen wurden allerdings bei $+4\,°C$ durchgeführt und können deshalb nicht als Beweis für eine Plasmaproteinbindung der Harnsäure angeführt werden.

Vermehrte Eiweißzufuhr mit der Nahrung führt einerseits (beim Tier) zu einer Steigerung der glomerulären Filtrationsrate (Schmidt-Nielsen 1958; O'Connor u. Summerill 1976 a, b), andererseits beim Menschen zu einer erhöhten renalen Harnsäureausscheidung bei gleichzeitigem Abfall der Serumharnsäurekonzentration (Löffler et al. 1980). Es erscheint deshalb möglich, daß eine erhöhte glomeruläre Filtrationsrate die renale Harnsäureausscheidung verbessert.

Bei den genannten Untersuchungen bestanden allerdings ausnahmslos Bedingungen, die außer der glomerulären Filtrationsrate auch den tubulären Transport beeinflussen. Die glomerulär filtrierte Harnsäuremenge kann jedoch – wie bereits erwähnt – bis zum Vierfachen der Norm ansteigen, ohne daß die vollständige („präsekretorische") tubuläre Rückresorption vermindert wird. Es kann deshalb aus den gegenwärtig bekannten Daten nicht abgeleitet werden, daß eine erhöhte glomeruläre Filtrationsrate per se zu einer verbesserten renalen Harnsäureausscheidung führt. Für eine Verbesserung der Harnsäureausscheidung durch Steigerung der glomerulären Filtration spricht allerdings die Steigerung der Harnsäureclearance während der ersten Stunden einer diuretischen Therapie, die auf erhöhte Stromstärke im Tubuluslumen zurückgeführt wird.

Verbesserung der tubulären Harnsäuresekretion

Eine Steigerung der tubulären Harnsäuresekretion gilt bisher nur für die Hyperurikämie infolge eines erhöhten Harnsäureangebots als erwiesen. Yü et al. (1970) leiteten aus Untersuchungen mit Hilfe des Pyrazinamid-Suppressionstests ab, daß Röntgenkontrastmittel, das Urikosurikum Benzbromaron und Glyzin zu einer Steigerung der tubulären Harnsäuresekretion führen. Diese Ergebnisse sind jedoch auch in herkömmlicher Weise – als Hemmung der Rückresorption – interpretierbar.

Hemmung der tubulären Harnsäurerückresorption

Die Hemmung der tubulären Harnsäurerückresorption durch Urikosurika ist die einzige Möglichkeit einer therapeutisch nutzbaren medikamentösen Verbesserung der renalen Harnsäureausscheidung. Das Urikosurikum Probenecid war das erste Medikament überhaupt, das eine harnsäuresenkende Dauertherapie erlaubte (Gutman u. Yü 1951). Das verwandte Longacid wurde von Buchborn u. Wenk (1954) in Deutschland eingeführt.

Außer durch Medikamente kann durch eine Wasserdiurese die tubuläre Harnsäurerückresorption beeinflußt werden. Mit zunehmendem Harnvolumen steigt die renale Harnsäureausscheidung aufgrund einer verminderten Rückresorption an. Man ging früher davon aus, daß sich oberhalb des Grenzwerts von etwa 1 ml/min (ungefähr 1,5 l/Tag) die Harnsäureausscheidung nicht weiter steigern läßt (Brochner-Mortensen 1937). Dies ist inzwischen widerlegt (Emmerson et al. 1977). Lang et al. (1980) fanden bei Steigerung des Harnflusses durch Wasserdiurese keine Änderung der Harnsäuretagesclearance. Bei eigenen Untersuchungen (Löffler et al. 1983 a) bestand zwischen Harnsäureausscheidung im Tagesurin und den zugehörigen Harnvolumina unter kontrollierten diätetischen Bedingungen (Formeldiät) keine signifikante Beziehung. Diese Ergebnisse stehen im Einklang mit experimentellen Untersuchungen, wonach eine Steigerung des Harnflusses nur dann mit einer Verbesserung der Harnsäureclearance einhergeht, wenn die Versuchsbedingungen zu einer Erweiterung des Extrazellulärraums führen. Es ist also wahrscheinlich, daß Dauerdiurese keinen Vorteil in der Gichtbehandlung bietet, soweit es die Höhe der Serumharnsäure betrifft, sondern lediglich die Löslichkeit der Harnsäure in den Harnwegen verbessert. Die urikosurische Wirkung der Diuresesteigerung im akuten Versuch beim Menschen war wohl in vielen Fällen eine Folge der erhöhten Stromstärke im Lumen des proximalen Tubulus durch Erweiterung des Extrazellulärraums, nachdem zur Flüssigkeitsbelastung Mineralwässer verwendet wurden. Die Wirkung der luminalen Stromstärke konnte durch Mikroperfusionsuntersuchungen im Tierexperiment eindeutig belegt werden (Lang 1977).

Der Einfluß von Blut- und Harn-pH

Die Harnsäure liegt im Blut bei pH 7,4 zu 99% in Form von Natriumurat vor (Zöllner 1957). Die Dissoziationskonstante der Harnsäure liegt bei 5,75. Im Urin kommen deshalb durch geringfügige Änderungen des pH große Änderungen der physikochemischen Eigenschaften der auszuscheidenden Harnsäure zustande.

Bisher ist nicht geklärt, ob eine Änderung des Urin-pH per se einen Einfluß auf die renale Harnsäureausscheidung hat. Lang (1977) beobachtete bei Mikroperfusionsuntersuchungen an Tubuli der Rattenniere keine Änderung der luminalen Harnsäurekonzentration, wenn das pH der Perfusionslösungen von 5,8 auf 6,8 angehoben wurde. Zwar führen metabolische und respiratorische Azidose zur Hyperurikämie infolge einer verminderten renalen Harnsäureclearance (Scott 1966; Isomäki u. Kreus 1968), und eine metabolische Alkalose wirkt gering urikosurisch (Gutman et al. 1956), die Hyperurikämie infolge einer Azidose ist jedoch mit einer kompetitiven Hemmung der tubulären Harnsäureausscheidung durch saure Stoffwechselprodukte erklärbar. Im zweiten Fall läßt sich die Urikosurie ebenfalls als sekundärer Prozeß erklären. Beim Schwartz-Bartter-Syndrom wird die häufige Hyperurikämie meist auf Störungen des tubulären Elektrolyttransports zurückgeführt. Verbesserung der Rückresorption aufgrund der Hypovolämie halten wir für die wahrscheinlichere Ursache.

2.4.2 Enterale Harnsäureausscheidung und bakterielle Urikolyse

Der Harnsäurestoffwechsel des Menschen und einiger höherer Affen unterscheidet sich von dem anderer Säugetiere dadurch, daß die Harnsäure durch körpereigene Enzyme nicht in nennenswertem Maße abgebaut werden kann. In Organen und Organextrakten des Menschen wurde dies von Wiechowski (1908) und Sorensen (1960), in Blut und Blutbestandteilen von Bien u. Zucker (1955) nachgewiesen.

Dem standen Untersuchungen gegenüber, die bereits um die Jahrhundertwende gezeigt hatten, daß beim Menschen parenteral zugeführte Harnsäure nur zu ungefähr zwei Dritteln unverändert, bei anderen Säugern jedoch nahezu vollständig als Allantoin im Urin wiedergefunden wird (Zusammenfassung bei Thannhauser u. Dorfmüller, 1918). Bei parenteraler Zufuhr anderer Purine (subkutane Injektion von Adenosin und Guanosin beim Menschen; Thannhauser u. Bommes, 1914) fand sich ebenfalls der größere Teil als Harnsäure im Urin wieder. Bei oraler Zufuhr kristallisierter, reiner Purine oder purinreicher Nahrungsmittel fand man dagegen lediglich zwischen 10 und 50%, im Mittel 30–35% der Purine als Urinharnsäure und 1–6% unverändert im Stuhl wieder (Thannhauser u. Dorfmüller 1918).

Es bestand somit ein Gegensatz zwischen der Unfähigkeit menschlicher Gewebe, Harnsäure abzubauen, und den Untersuchungen in vivo, wo sowohl mit oraler als auch mit parenteraler Purinzufuhr ein Harnsäuredefizit gefunden wurde. Für den Harnsäureabbau im menschlichen Körper prägte Schittenhelm (1905) den nichts vorwegnehmenden und heute noch gebräuchlichen Begriff der „Urikolyse" zu einer Zeit, als über die Produkte des Harnsäureabbaus nichts bekannt war. Daß es sich dabei wie beim Säugetier um Allantoin handelt, wurde von Wiechowski (1909) nachgewiesen.

Heute weiß man, daß bei Mensch und Tier grundsätzlich die gleichen Mechanismen wirksam sind. Führt man Harnsäure oder andere Purine beim Säugetier (ausgenommen einige Hominiden) parenteral zu, so werden sie nahezu quantitativ als Summe von Harnsäure (unter 10%) und Allantoin (über 90%) durch die Nieren ausgeschieden. Beim Menschen führt die niedrige renale Clearance von Harnsäure zu vermehrter enteraler Ausscheidung.

Der enteralen Harnsäureausscheidung und bakteriellen Urikolyse wurde seit Beginn der Erforschung des Purinstoffwechsels vergleichsweise wenig Interesse entgegengebracht. Dies mag zum einen die beträchtlichen methodischen Schwierigkeiten widerspiegeln, zum andern aber auch die Tatsache, daß die renale, nicht die enterale Harnsäureausscheidung die für die Regulation des Plasmaspiegels entscheidende Größe ist. Auch heute noch ist man auf Arbeiten aus der Zeit der Jahrhundertwende angewiesen, will man eine einigermaßen abgerundete Darstellung der vorhandenen Kenntnisse geben.

Bereits Baginski (1884) und Schindler (1889) (beide zitiert von Thannhauser u. Dorfmüller 1918) hatten festgestellt, daß nach Einwirkung von Fäulnisbakterien auf Purine diese nur noch in Spuren nachgewiesen werden können. Siven (1914) impfte Bouillonröhrchen mit Reinkulturen von E. coli und fand nach 2 Tagen nur noch Bruchteile des vorherigen Puringehalts. Untersuchungen von Thannhauser u. Bommes (1914) sowie Thannhauser u. Dorfmüller (1917) ergaben, daß die Enzyme der Darmsekrete zwar Nukleinsäuren zu Nukleotiden spalten, sie konnten jedoch keine freien Purinbasen im Reaktionsgemisch nachweisen. Die Enzyme der Darmmukosa spalteten Nukleotide zu Nukleosiden, freie Basen wurden hier ebenfalls nicht gefunden (Bielschowsky u. Klemperer 1932). Thannhauser u. Dorfmüller (1918) ließen ein Gemisch von Darmbakterien auf Purinnukleoside einwirken und konnten zeigen, daß danach 70-100% des Purinstickstoffs in Form von Ammoniak vorlagen. Aus ihren Ergebnissen schlossen sie, „daß nach oraler Nucleinsäuregabe beim Menschen ein wesentlicher Teil des Harnsäuredefizits in der Purinbilanz und die gleichzeitige Harnstoffmehrausscheidung auf die bakterielle Purinolyse im Darm zurückzuführen ist". Dieser Satz hat heute noch uneingeschränkt Gültigkeit.

Es bedurfte der Entdeckung der Antibiotika und der Einführung von Isotopentechniken, um die Rolle der intestinalen Flora beim Harnsäureabbau endgültig zu klären. Mittels Isotopenverdünnungstechnik (Benedict et al. 1949) wurden zunächst die Ergebnisse früherer Bilanzuntersuchungen bestätigt, wonach beim Gesunden die renale Harnsäureausscheidung ungefähr zwei Drittel der Gesamtausscheidung ausmacht. Geren et al. (1950) führten einer gesunden Versuchsperson ^{15}N-markierte Harnsäure oral und i. v. zu. Nach oraler Gabe fanden sich im Urin 47% der Isotope in Form von Harnstoff, 9% unverändert als Harnsäure und 1,3% als Ammoniak. Nach intravenöser Injektion waren nur Spuren der Isotope in Harnstoff oder Ammoniak enthalten.

Die intestinale Bakteriostase wurde erstmals von Wyngaarden u. Stetten (1953) zur Untersuchung der enteralen Harnsäureausscheidung angewandt. Ihre Ergebnisse lassen vermuten, daß die von ihnen durchgeführte antibiotische Behandlung zwar das Wachstum einiger der untersuchten Bakterienstämme vollständig hemmte, dies jedoch ohne nennenswerten Einfluß auf den Harnsäureabbau insgesamt blieb.

Durch gleichzeitige Anwendung von markierter Harnsäure und Antibiotika gelang es schließlich Sorensen (1960) zu beweisen, daß die Urikolyse beim Menschen vollständig auf den Abbau durch die normale bakterielle Flora des Darms zurückgeführt werden kann. Bei seinen Untersuchungen waren nach i. v.-Injektion ^{14}C-markierter Harnsäureisotope in Allantoin, Allantoinsäure, Harnstoff sowie im Kohlendioxid der Atemluft vorhanden. Es werden beim bakteriellen Harnsäureabbau also sämtliche Schritte der Phylogenese, wo Enzyme verlorengingen, rückwärts durchlaufen.

Bei inaktiver Darmflora belief sich bei der Untersuchung Sorensens die kumulative Isotopenausscheidung im Urin in Form von Abbauprodukten sowie im Kohlendioxid der Atemluft auf 22,5%, unter Bakteriostase im gleichen Zeitraum auf 3,0%. Die fehlende Isotopenmenge unter Bakteriostase war als Harnsäure im Stuhl enthalten. Als Folge des bakteriellen Abbaus wird Harnsäure in Stuhlproben Gesunder nur unregelmäßig und höchstens in Mengen von wenigen Milligramm pro Tag gefunden. Stellt man eine fast vollständige intestinale Bakteriostase her, so wird mit und ohne Purinzulage nahezu die Hälfte der ausgeschiedenen Harnsäure im Stuhl gefunden (Abb. 2.30); ein Wert, der infolge der dabei ablaufenden entzündlichen Veränderungen mit schweren Diarrhöen durch zusätzliche Sekretion ins Lumen falsch hoch sein dürfte.

Die Harnsäureausscheidung in den Darm erfolgt beim Menschen zum größeren Teil über Speichel und Galle, wo die Konzentration nur wenig unter derjenigen im Plasma liegt. Im Speichel wurden Harnsäurekonzentrationen von 0,5–4,6, bei geringem Speichelfluß bis 9,2 mg/dl, in Lebergalle von 1,0–4,4 mg/dl gemessen, in Magensaft und Pankreassekret dagegen vergleichsweise niedrige Konzentrationen (Tabelle 2.2). Nach Mertz und Thongbhoubesra (1972) hängt die Harnsäureausscheidung mit dem Magensaft von dessen Azititätsgrad ab und weist alle Merkmale eines passiven Transports durch nichtionische Diffusion auf.

Untersuchungen mittels Isotopenverdünnungstechnik ergaben, daß die Harnsäureausscheidung in den Darm bei gesunden Männern ungefähr ein Drittel der Gesamtausscheidung beträgt. Vergleicht man die Ergebnisse bei Gruppen von Gesunden oder Patienten, die sich von gesunden Männern durch ihre renale Harnsäureclearance unterscheiden, so zeigt sich, daß die fraktionelle renale Ausscheidung bei höherer renaler Clearance (gesunde Frauen) höher, bei Abnahme der renalen Clearance geringer ist, die fraktionelle enterale Ausscheidung also zunimmt (Tabelle 2.3). Vermehrte enterale Harnsäureausscheidung kann somit die Verminde-

Tabelle 2.2. Harnsäurekonzentration in Sekreten des Magen-Darm-Trakts [mg/dl]

Transsudate	
Synovialflüssigkeit	Wie Serumkonzentration ± 2
Liquor cerebrospinalis	Männer 0,37, Frauen 0,27
Kammerwasser	0,11–0,45
Sekrete	
Sperma	6,0
Muttermilch	6,6
Speichel	1,3–4,6; bei geringem Speichelfluß bis 9,2
Galle (Lebergalle)	1,0–4,4
Magensaft	0,5–1,9
Pankreassaft	0,2 e
Schweiß	Kinder 0,2, Erwachsene Spuren
Harn	20–70
Fruchtwasser	15. Schwangerschaftswoche 4,0
	40. Schwangerschaftswoche 10,4
	44. Schwangerschaftswoche 9,2

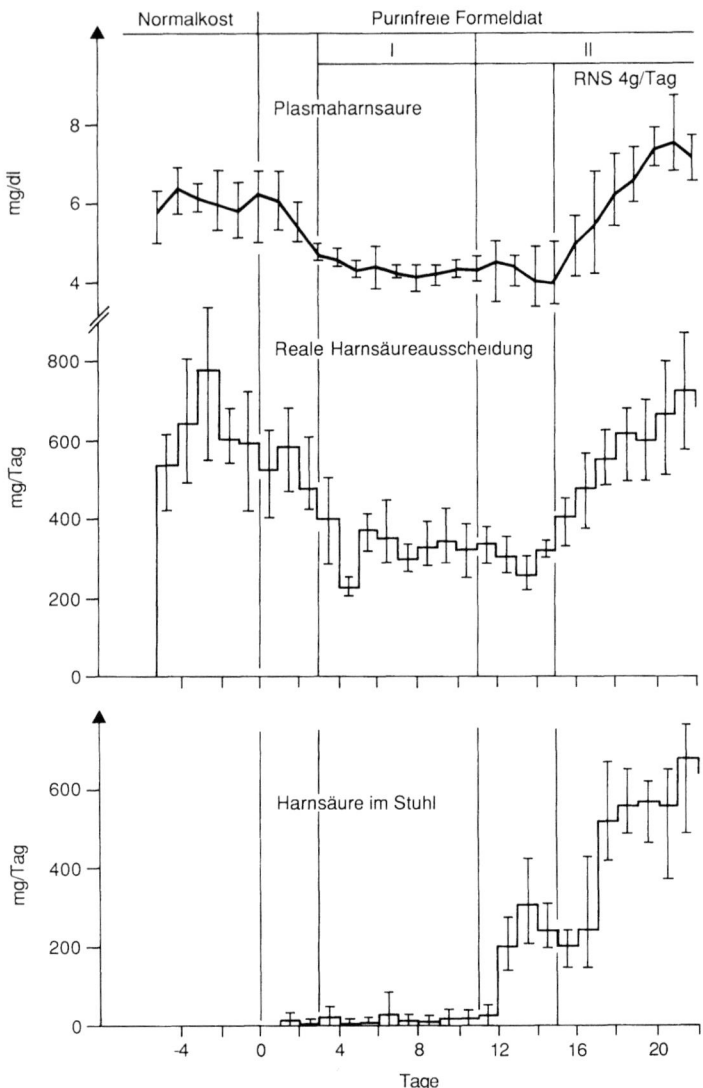

Abb. 2.30. Harnsäureausscheidung über Nieren und Darm ohne und mit intestinaler Bakteriostase. Mittelwerte und Bereich der Werte von 3 Gesunden. Nach Untersuchungen unter Normalkost nahmen die Probanden eine purinfreie Formeldiät ein. Nach den ersten Tagen der Beobachtung unter Formeldiät wurde eine antibiotische Therapie begonnen. Das Regime I führte nicht zu einer signifikanten Mehrausscheidung von Harnsäure mit dem Stuhl, unter der zweiten Antibiotikakombination stieg die Ausscheidung innerhalb von 24 h auf nahezu die Werte der renalen Ausscheidung. Orale Zufuhr von Ribonukleinsäure änderte das Verhältnis von renaler zu enteraler Ausscheidung nicht. (Nach Löffler 1986)

Tabelle 2.3. Fraktioneller Umsatz des Harnsäurepools und fraktionelle renale Harnsäureausscheidung. Der fraktionelle Umsatz des Harnsäurepools stellt ein Maß für die Ganzkörperclearance der Harnsäure dar und folgt der renalen Clearance. Je niedriger die Clearance, desto niedriger ist die fraktionelle renale und desto höher die fraktionelle enterale Ausscheidung der Harnsäure. (Nach Löffler et al. 1983 b)

	n	k (1/Tag)	Renale Ausscheidung (% der Gesamtausscheidung)
Gesunde			
Frauen	6	$0{,}85 \pm 0{,}12$	71 ± 12
Männer	46	$0{,}64 \pm 0{,}14$	65 ± 12
Patienten			
Hyperurikämie (nur Männer)	7	$0{,}51 \pm 0{,}13$	58 ± 18
Gicht mit normaler Nierenfunktion (nur Männer)	43	$0{,}46 \pm 0{,}11$	54 ± 15
Sekundäre Gicht bei Niereninsuffizienz	16	$0{,}33 \pm 0{,}09$	35 ± 12

rung der renalen Ausscheidung bei Gicht und Nierenkrankheiten teilweise kompensieren (Sorensen 1962). Nach i. v.-Injektion kohlenstoffmarkierter Harnsäure tritt dies als höhere Isotopenausscheidung in Form von Kohlendioxid der Atemluft in Erscheinung (Pollycove et al. 1957). Über Veränderungen der enteralen Harnsäureausscheidung durch medikamentöse Therapie oder andere Maßnahmen liegen keine Untersuchungsergebnisse vor. Möglicherweise folgt aber die enterale Ausscheidung nicht nur passiv den Veränderungen der Harnsäurekonzentration im Plasma, sondern stellt einen aktiven Transport dar. Jedenfalls wird nach i. v.-Injektion markierter Harnsäure eine hohe Isotopenkonzentration in der Galle gefunden (Buzard et al. 1955), was ohne aktiven Transport aus dem Plasma in die Galle nicht gut zu erklären ist.

Literatur

Abramson RG, Levitt MF (1975) Micropuncture study of uric acid in rat kidney. Am J Physiol 228: 1597–1605
Alvsaker JO (1966) Uric acid in human plasma. V. Isolation and identification of plasma proteins interacting with urate. Scand J Clin Lab Invest 18: 227–239
Benedict JD, Forsham PH, Stetten D (1949) The metabolism of uric acid in the normal and gouty human studied with the aid of isotopic uric acid. J Biol Chem 181: 183–193
Bennhold H, Kylin E, Rusznyak I (1938) Die Eiweißkörper des Blutplasmas. Steinkopff, Dresden

Berliner RW, Hilton JG, Yü TF, Kennedy TJ (1950) The renal mechanism for urate excretion in man. J Clin Invest 29: 396–401

Bielschowsky F, Klemperer F (1932) Experimentelle Studien über den Nucleinstoffwechsel. XXX. Mitteilung. Über die fermentative Aufspaltung der Hefenucleinsäure mit Nucleotidase aus Darmschleimhaut. Hoppe-Seylers Z Physiol Chem 211: 69–74

Bien EJ, Zucker M (1955) Uricolysis in normal and gouty individuals. Ann Rheum Dis 14: 409–411

Bluestone R, Kippen I, Klinenberg JR (1969) Effect of drugs on urate binding to plasma proteins. Br Med J IV: 590–593

Brøchner-Mortensen K (1937) Uric acid in blood and urine. Acta Med Scand Suppl 84: 1–269

Buchborn E, Wenk M (1954) Harnsäureausscheidung unter Longacid beim Gesunden und bei chronischer Gicht. Klin Wochenschr 32: 564–565

Buzard J, Bishop Ch, Talbott JH (1955) The fate of uric acid in the normal and gouty human being. J Chron Dis 2: 42–49

Dent CE, Philpot GR (1954) Xanthinuria. An inborn error (or deviation) of metabolism. Lancet I: 182–185

Diamond HS, Paolino JS (1973) Evidence for a postsecretory reabsorptive site for uric acid in man. J Clin Invest 52: 1491–1499

Emmerson BT, Ravenscroft PJ, Williams G (1977) The effect of urine flow rate on urate clearance. Adv Exp Med Biol 76 B: 23–29

Geren W, Bendich A, Bodansky O, Brown GB (1950) The fate of uric acid in man. J Biol Chem 185: 21–31

Greger R (1989) Purine excretion. In: Wolfram G (ed) Genetic and therapeutic aspects of lipid and purine metabolism. Springer, Berlin Heidelberg New York Tokyo, pp 71–77

Greger R, Lang F, Deetjen P (1971) Handling of uric acid by the rat kidney. I. Microanalysis of uric acid in proximal tubular fluid. Pflugers Arch 324: 279–287

Greger R, Lang F, Deetjen P (1974) Urate handling by the rat kidney. IV. Reabsorption in the loops of Henle. Pflugers Arch 352: 115–120

Gröbner W, Zöllner N (1976) Uricosurica. In: Zöllner N, Gröbner W (Hrsg) Gicht. Springer, Berlin Heidelberg New York (Handbuch der inneren Medizin, 5. Aufl, Bd 7/III, pp 491–535)

Guggino SE, Martin GJ, Aronson PS (1983) Specificity and modes of the anion exchanger in dog renal microvillus membranes. Am J Physiol 244: F 612–F 621

Guggino SE, Aronson PS (1985) Paradoxical effects of pyrazinoate and nicotinate on urate transport in dog renal microvillus membranes. J Clin Invest 76: 543–547

Gutman AB, Yü TF (1951) Benemid (p-((di-n-propylsulfamyl))-benzoic acid) as uricosuric agent in chronic gouty arthritis. Trans Assoc Am Physicians 64: 279–288

Gutman AB, Yü TF (1957) Renal function in gout. With a commentary on the renal regulation of urate excretion, and the role of the kidney in the pathogenesis of gout. Am J Med 23: 600–622

Gutman AB, Yü TF (1961) A three-component system for regulation of renal excretion of uric acid in man. Trans Assoc Am Physicians 74: 353–365

Gutman AB, Yü TF (1963) An abnormality of glutamine metabolism in primary gout. Am J Med 35: 820–831

Gutman AB, Yü TF, Sirota JH (1956) Contrasting effects of bicarbonate and diamox, with equivalent alkalinization of urine, on salicylate uricosuria in man. Fed Proc 15: 85

Gutman AB, Yü TF, Berger L (1959) Tubular secretion of urate in man. J Clin Invest 38: 1778–1781

Gutman AB, Yü TF, Berger L (1969) Renal function in gout. III. Estimation of tubular secretion and reabsorption of uric acid by use of pyrazinamide (pyrazinoic acid). Am J Med 47: 575-592

Hatfield PJ, Simmonds HA, Cameron JS (1976) Uric acid transport in the pig kidney. In: Silbernagl S, Lang F, Greger R (Hrsg) Amino acid transport and uric acid transport. Thieme, Stuttgart, pp 156-159

Isomäki H, Kreus K-E (1968) Serum and urinary uric acid in respiratory acidosis. Acta Med Scand 184: 293-296

Jenkins P, Rieselbach RE (1974) Unique characteristics of the mechanism for reabsorption of filtered versus secreted urate. J Clin Invest 53: 36 a

Kahn AM, Weinman EJ (1985) Urate transport in the proximal tubule: in vivo and vesicle studies. Am J Physiol 249: F 789-F 798

Kahn AM, Shelat H, Weinman EJ (1985) Urate and p-aminohippurate transport in rat renal basolateral vesicles. Am J Physiol 249: F 654-F 661

Kovarsky J, Holmes EW, Kelley WN (1976) Absence of significant urate binding to human serum proteins. Clin Res 24: 331 A

Lang F (1977) Parameter und Mechanismen der Harnsäurebehandlung in der Rattenniere. Habilitationsschrift, Universität Innsbruck

Lang F, Greger R, Oberleithner H, Griss E, Lang K, Pastner D, Dittrich P, Deetjen P (1980) Renal handling of urate in healthy man in hyperuricaemia and renal insufficiency: circadian fluctuation, effect of water diuresis and of uricosuric agents. Eur J Clin Invest 10: 285-292

Levinson DJ, Sorensen LB (1980) Renal handling of uric acid in normal and gouty subjects: evidence for a 4-component system. Ann Rheum Dis 39: 173-179

Löffler W (1986) Harnsäurebildung und Harnsäureumsatz bei Gesunden unter dem Einfluß verschiedener Nahrungsfaktoren und bei Patienten mit seltenen Störungen des Harnsäurestoffwechsels. Habilitationsschrift, Universität München

Löffler W, Gröbner W, Zöllner N (1980) Influence of dietary protein on serum and urinary uric acid. Adv Exp Med Biol 122 A: 209-213

Löffler W, Gröbner W, Wolfram G, Zöllner N (1983 a) Die endogene Harnsäuresynthese des Menschen. Verh Dtsch Ges Inn Med 89: 678-679

Löffler W, Simmonds HA, Gröbner W (1983 b) Gout and uric acid nephropathy: Some new aspects in diagnosis and treatment. Klin Wochenschr 61: 1233-1239

Mayrs EB (1924) Secretion as a factor in elimination by the bird's kidney J Physiol 58: 276-287

Mertz DP, Thongbhoubesra T (1972) Experimentelle Studien über die physiologischen Ausscheidungsbedingungen von Harnsäure im menschlichen Magensaft. Ärztl Forschung 26: 131-136

Morozzi G, D'Amato MS, Fioravanti A, Renieri A, Taddeo A, Marcolongo R (1986) The sex steroids' influence on uric acid binding to human plasma proteins. Adv Exp Med Biol 195 A: 393-403

O'Connor WJ, Summerill RA (1976 a) The effect of a meal of meat on glomerular filtration rate in dogs at normal urine flows. J Physiol 256: 81-91

O'Connor WJ, Summerill RA (1976 b) The excretion of urea by dogs following a meat meal. J Physiol 256: 93-102

Pollycove M, Tolbert BM, Lawrence JH, Harman D (1957) Uric acid metabolism: The oxidation of uric acid in normal subjects and patients with gout, polycythemia and leukemia. Clin Res Proc 5: 38-39

Postlethwaite AE, Gutman RA, Kelley WN (1974) Salicylate-mediated increase in urate removal during hemodialysis: Evidence for urate binding to protein in vivo. Metabolism 23: 771-777

Praetorius E, Kirk JE (1950) Hypouricemia: With evidence for tubular elimination of uric acid. J Lab Clin Med 35: 865-868

Roch-Ramel F, Chomety-Diez F, de Rougemont D, Tellier M, Widmer J, Peters G (1976) Renal excretion of uric acid in the rat: a micropuncture and microperfusion study. Am J Physiol 230: 768-778

Schittenhelm A (1905) Ueber das uricolytische Ferment. Hoppe-Seylers Z Physiol Chem 45: 161-165

Schmidt-Nielsen B (1958) Urea excretion in mammals. Physiol Rev 38: 139-168

Scott JT (1966) Factors inhibiting the excretion of uric acid. Proc Roy Soc Med 59: 310-312

Sheikh MI, Moller IV (1968) Binding of urate to proteins of human and rabbit plasma. Biochim Biophys Acta 158: 456-458

Shimada H, Moeves B, Burckhardt G (1987) Indirect coupling of Na^+ of p-aminohippuric acid uptake into rat renal basolateral membranes vesicles. Am J Physiol 253: F 795-F 801

Sorensen LB (1960) The elimination of uric acid in man studied by means of C14-labelled uric acid. Scand J Clin Lab Invest 12: Suppl 54, 1-214

Sorensen LB (1962) The pathogenesis of gout. Arch Int Med 109: 379-390

Sorensen LB, Levinson DJ (1980) Isolated defect in postsecretory reabsorption of uric acid. Ann Rheum Dis 39: 180-183

Stapleton BF, Nyhan WL, Borden M, Kaufman IA (1981) Renal pathogenesis of familial hyperuricemia: Studies in two kindreds. Pediatr Res 15: 1447-1453

Steele TH, Rieselbach RE (1967) The renal mechanism for urate homeostasis in normal man. Am J Med 43: 868-875

Steele TH, Boner G (1973) Origins of the uricosuric response. J Clin Invest 52: 1368-1375

Taddeo A, Morozzi G, Lalumera M, Marcolongo R (1987) Role of free and bound uric acid in gout. Klin Wochenschr 65 (Suppl X): 7

Thannhauser SJ, Bommes A (1914) Experimentelle Studien über den Nucleinstoffwechsel. II. Mitteilung. Stoffwechselversuche mit Adenosin und Guanosin. Hoppe-Seylers Z Physiol Chem 91: 336-343

Thannhauser SJ, Dorfmüller G (1917) Experimentelle Studien über den Nucleinstoffwechsel. IV. Mitteilung. Hoppe-Seylers Z Physiol Chem 100: 121-147

Thannhauser SJ, Dorfmüller G (1918) Experimentelle Studien über den Nucleinstoffwechsel. 5. Mitteilung. Über die Aufspaltung des Purinrings durch Bakterien der menschlichen Darmflora. Hoppe-Seylers Z Physiol Chem 102: 148-159

Ullrich KJ, Rumrich G (1988) Contraluminal transport systems in the proximal renal tubule involved in secretion of organic anions. Am J Physiol 254: F 453-F 462

Werner D, Martinez F, Roch-Ramel F (1986) Urate and p-aminohippurate transport in the brush border membrane of the pig kidney. J Pharm Exp Therap 237: 636-643

Whitehouse MW, Kippen I, Klinenberg JR, Schlosstein L, Campion DS, Bluestone R (1973) Increasing excretion of urate with displacing agents in man. Ann NY Acad Sci 226: 309-318

Wiechowski W (1908) Ueber die Zersetzlichkeit der Harnsäure im menschlichen Organismus. Arch Exp Pathol Pharmakol 60: 185-207

Wiechowski W (1909) Das Vorhandensein von Allantoin im normalen Menschenharn und seine Bedeutung für die Beurteilung des menschlichen Harnsäurestoffwechsels. Biochem Z 19: 368-383

Wolfson WQ, Hunt HD, Levine R et al. (1949) The transport and excretion of uric acid in man. V. A sex difference in urate metabolism. J Clin Endocrinol 9: 749-767

Wyngaarden JB, Stetten D (1953) Uricolysis in normal man. J Biol Chem 203: 9-21

Yü TF, Gutman AB (1953) Ultrafiltrability of plasma urate in man. Proc Soc Exp Biol Med 84: 21-24

Yü TF, Gutman AB (1955) Paradoxical retention of uric acid by uricosuric drugs in low dosage. Proc Soc Exp Biol Med 90: 542-547

Yü TF, Berger L, Stone DJ, Wolf J, Gutman AB (1957) Effect of pyrazinamide and pyrazinoic acid on urate clearance and other discrete renal functions. Proc Soc Exp Biol Med 96: 264–267

Yü TF, Kaung C, Gutman AB (1970) Effect of glycine loading on plasma and urinary uric acid and amino acids in normal and gouty subjects. Am J Med 49: 352–359

Zmuda MJ, Quebbemann AJ (1975) Localization of renal tubular uric acid transport defect in gouty chickens. Am J Physiol 229: 820–825

Zöllner N (1957) Nucleinstoffwechsel. In: Zöllner N (Hrsg) Thannhausers Lehrbuch des Stoffwechsels und der Stoffwechselkrankheiten, 2. Aufl. Thieme, Stuttgart, S 512–580

2.5 Harnsäurepool und Harnsäureumsatz

W. Löffler

Die Gesamtmenge der im Körper vorhandenen Harnsäure wird als Harnsäurepool bezeichnet. Seine Größe ist abhängig von der Harnsäurezufuhr in den Pool einerseits, der Ausfuhr andererseits. Beim Menschen gelangt Harnsäure sowohl durch Oxidation von Purinen, die der Körper selbst gebildet hat, als auch durch Oxidation von Nahrungspurinen in den Pool. Die Zufuhr in den Pool wird durch die Harnsäurekonzentration in den Körperflüssigkeiten nicht beeinträchtigt, dagegen ist die Ausscheidung konzentrationsabhängig. Da die körpereigene Synthese nicht durch exogene Purinzufuhr beeinflußt wird (ausgenommen experimentelle Versuchsanordnungen), ist die Größe des Harnsäurepools letzten Endes eine Funktion der Purinzufuhr mit der Nahrung einerseits und der Ausscheidungsmechanismen andererseits, es sei denn, es liegt eine pathologisch vermehrte endogene Synthese zugrunde. Diese kann angeboren (z. B. Lesch-Nyhan-Syndrom) oder erworben sein (Leukämien und Polyzythämien, hämolytische Anämien, Infekte, zytostatische Therapie).

Als Harnsäureumsatz wird die pro Zeiteinheit durch den Pool fließende Harnsäuremenge bezeichnet. Eine Bestimmung dieser Größe ist nur dann sinnvoll, wenn Zufuhr und Ausscheidung gleich groß sind, d. h. ein Stoffwechselgleichgewicht besteht, oder der Pool zu Beginn und am Ende des betrachteten Zeitraums gleich groß ist. Man kann den Harnsäureumsatz als pro Zeiteinheit umgesetzten Teil des Pools oder als pro Zeiteinheit umgesetzte Harnsäuremenge angeben. Der Harnsäurepool ist während des Tagesablaufs keine konstante Größe. Zu bestimmten Zeiten, z. B. nach Zufuhr purinhaltiger Mahlzeiten oder nach Alkoholgenuß, nimmt er zu, zu anderen Zeiten nimmt er ab. Diese Schwankungen sind jedoch im Verhältnis zur Poolgröße gering. Die für den Umsatz geeignete Zeiteinheit ist der Tag, da beim erwachsenen Menschen jeweils nach 24 h der annähernd gleiche Stoffwechselzustand wieder hergestellt ist, es sei denn, es liegen besondere experimentelle oder krankhafte Bedingungen vor. Die Messung des Harnsäureumsatzes erfolgt also am zweckmäßigsten als Pool/Tag oder mg/Tag.

2.5.1 Einflüsse der Ernährung
bei der Untersuchung des Harnsäurestoffwechsels

Der Einfluß der Ernährung auf den Harnsäurestoffwechsel ist an anderer Stelle ausführlich beschrieben (s. 2.3). Hier sollen lediglich einige Prinzipien erwähnt werden, die bei der Untersuchung von Harnsäurepool und -umsatz beachtet werden müssen.

Untersuchungen des Harnsäurestoffwechsels müssen unter definierten Ernährungsbedingungen erfolgen. Die Nahrungszufuhr muß isoenergetisch sein, da Änderungen der Energiezufuhr den Harnsäurestoffwechsel beeinflussen. Die Zufuhr einer purinfreien Nahrung führt zu einer minimalen Harnsäurebildung und -ausscheidung, die als endogene Uratquote bezeichnet wird. Werden Purine zugelegt, so kommt es zu einer zusätzlichen Harnsäureausscheidung, der exogenen Uratquote. Es ist notwendig, die einzelnen Versuchsperioden so lange fortzusetzen, bis ein Gleichgewicht der untersuchten Parameter eintritt, also Zufluß in und Abfluß aus dem Pool identisch sind. Sowohl unter purinfreier Diät als auch nach Zulage von Purinen erreichen Serumharnsäure und renale Harnsäureausscheidung nach 7–10 Tagen konstante Werte (Zöllner et al. 1972; Löffler et al. 1983 a). Mit den Messungen wird deshalb frühestens nach 7 Tagen begonnen.

Zu beachten sind bei der Zusammenstellung einer Basisdiät der Eiweißgehalt (urikosurische Wirkung der Nahrungsproteine), der Fettgehalt (Hemmung der renalen Harnsäureausscheidung durch Ketonkörper bei fettreicher Ernährung), der Elektrolytgehalt (Änderung der tubulären Rückresorption der Harnsäure in Abhängigkeit von der Größe des Extrazellulärraums) sowie der Harnfluß, der unabhängig von Änderungen des Extrazellulärraums bei starken Schwankungen die Harnsäureausscheidung beeinflussen kann. Alkoholgenuß muß unterbleiben (vermehrte Harnsäurebildung durch Abbau von Adeninnukleotiden, zusätzlich bei hohen Dosen Hemmung der renalen Harnsäureausscheidung durch Laktat; zunächst urikosurische Wirkung als Folge der Diurese, später als Folge des Flüssigkeitsverlusts verminderte Harnsäureclearance durch erhöhte tubuläre Rückresorption; hoher Puringehalt von Bieren).

Formeldiäten, deren Zusammensetzung sich nach einer durchschnittlichen mitteleuropäischen Ernährung richtet (Zöllner et al. 1972), sind deshalb für Untersuchungen des Harnsäurestoffwechsels am besten geeignet. Sollen Untersuchungen unter Purinbelastung durchgeführt werden, so setzt man der purinfreien Basisdiät definierte Purine zu (z. B. Ribonukleinsäure, Nukleotide).

Bei Urinsammelperioden von weniger als 24 h ist die Tagesrhythmik der renalen Harnsäureausscheidung zu beachten (Maximum am frühen Nachmittag).

2.5.2 Indikationen zur Untersuchung des Harnsäurestoffwechsels in vivo mittels Isotopentechniken

Die Bestimmung von Poolgröße und Umsatz sowie indirekt der intestinalen Ausscheidung der Harnsäure kann mittels Isotopentechniken erfolgen. Die direkte Messung der intestinalen Harnsäureausscheidung ist wegen der bakteriellen Urikolyse nur unter hochdosierter Antibiotikatherapie möglich.

Isotopentechniken sind zur Untersuchung von Bedingungen geeignet, die mit einer Änderung der Synthese und/oder des Verhältnisses von renaler und enteraler Ausscheidung der Harnsäure einhergehen. Eine vermehrte endogene Harnsäurebildung läßt sich bei fortgeschrittener Niereninsuffizienz manchmal nur mit Hilfe markierter Harnsäure nachweisen, da in diesen Fällen aus der renalen Ausscheidung nicht auf die Gesamtausscheidung geschlossen werden kann.

Die Bestimmung allein der Poolgröße der Harnsäure ist keine Indikation zur Anwendung von Isotopen. Die Poolgröße ist, solange keine Harnsäureablagerungen in Geweben bestehen, der Serumharnsäurekonzentration proportional und kann aus dieser und dem Körpergewicht berechnet werden (s. unten). Der mit Hilfe von Isotopen bestimmte Pool gibt nur die Menge der in Lösung befindlichen Harnsäure an. Die Tophi stellen einen zweiten Pool mit sehr viel langsamerem und wahrscheinlich inhomogenem Umsatz dar, dessen Größe nur dann annähernd bestimmt werden kann, wenn die Isotopenkonzentration in verschiedenen Schichten der Tophi über längere Zeit wiederholt gemessen wird.

2.5.3 Methoden zur Bestimmung von Harnsäurepool und Harnsäureumsatz

Bestimmung von Pool und Umsatz nach dem Isotopenverdünnungsprinzip

Die Methode zur Bestimmung des austauschbaren Harnsäurepools und seines Umsatzes mit Hilfe markierter Harnsäure wurde von Benedict et al. (1949) eingeführt. ^{15}N-, ^{14}C- oder ^{13}C-markierte Harnsäure wird intravenös als Bolus injiziert und der Isotopengehalt der aus 8- oder 12-h-Portionen isolierten Urinharnsäure über mehrere Tage gemessen. Die Berechnung der Poolgröße erfolgt nach dem Verdünnungsprinzip:

$$a \cdot I_i = (A + a) \cdot I_0,$$

$$A = a \cdot (\frac{I_i}{I_0} - 1).$$

a: Menge der injizierten Harnsäure (mg).
I_i: Isotopenkonzentration der injizierten Harnsäure.
A: Poolgröße.
I_0: Isotopenkonzentration der Körperharnsäure unmittelbar nach vollständiger Durchmischung von vorhandener und injizierter Harnsäure.

In der angegebenen Gleichung sind a und I_i bekannt, I_0 muß im Experiment ermittelt werden. Dazu wird nicht die Serumharnsäure, sondern die leichter zu gewinnende Urinharnsäure herangezogen. Technische Einzelheiten wurden mehrfach ausführlich dargestellt (Löffler u. Gröbner 1988a; dort weitere Literatur).
Nach Injektion der markierten Harnsäure nimmt durch Ausscheidung und Neubildung der Isotopengehalt der Körperharnsäure laufend ab. Geht man davon aus, daß zu jeder Zeit t die Isotopenanreicherung (stabile Isotope) bzw. die spezifische Aktivität (radioaktive Isotope) von Urinharnsäure und Körperharnsäure identisch sind, so kann aus dem Abfall des Isotopengehalts der Urinharnsäure auf die Injektionszeit extrapoliert werden.
Sind Poolgröße und fraktioneller Umsatz des Pools während der Untersuchung konstant, so ergibt die Auftragung des natürlichen Logarithmus der Isotopenkonzentration der Urinharnsäure gegen die Zeit eine Gerade (Abb. 2.31). Der fraktionelle Umsatz k, die Steigung der Geraden, stellt denjenigen Anteil des Pools dar, der täglich ausgeschieden und durch neugebildete Harnsäure ersetzt wird.
Die Gerade hat die Steigung

$$k = - \frac{\ln I_1 - \ln I_2}{t_2 - t_1},$$

oder

$$k = - \frac{\ln I_0}{t},$$

wenn für I_1 die Konzentration I_0 und für I_2 die Konzentration 1 ($\ln 1 = 0$, also der Schnittpunkt der Geraden mit der Abszisse) eingesetzt wird, die nach der Zeit t ($= t_2$) erreicht ist.

Es läßt sich zeigen, daß die Größe $\ln \frac{I_0}{t}$ identisch ist mit dem fraktionel-

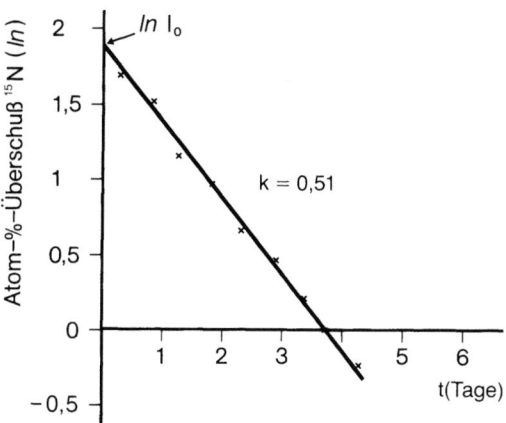

Abb. 2.31. Auswertung eines Isotopenversuchs: Halblogarithmische Auftragung der Isotopenkonzentration gegen die Zeit; durch Rückwärtsextrapolation erhält man die Konzentration zur Zeit $t = 0$

len Umsatz des Harnsäurepools pro Zeiteinheit (Wyngaarden u. Kelley 1983): Die Isotopenkonzentration des Pools zu einer beliebigen Zeit t ist

$$I_t = I_0 \cdot e^{-kt}.$$

Logarithmiert erhält man

$$\ln I_t = \ln I_0 - kt$$

oder

$$k = \frac{\ln I_0 - \ln I_t}{t}.$$

Wird für I_t wieder die Konzentration 1 eingesetzt, so erhält man wie bei der ersten Ableitung $k = \ln \dfrac{I_0}{t}$.

Die Größe k beschreibt also den pro Zeiteinheit ausgeschiedenen und durch neugebildete Harnsäure ersetzten Teil des Pools. Die Angabe einer Ausscheidung pro vorhandener Menge entspricht bei konstanter Größe des Verteilungsraums der betreffenden Substanz der Angabe einer Ausscheidung pro vorhandener Konzentration. Die Größe k ist somit ein Maß für die Ganzkörperclearance der Harnsäure. Im Gegensatz zur renalen Clearance einer Substanz ist k von der Körpermasse unabhängig, da bei gleichbleibender Serumkonzentration der Harnsäure sowohl Poolgröße als auch Ausscheidung mit der Körpermasse ansteigen.

Das Produkt aus Poolgröße und fraktionellem Umsatz des Pools $(A \cdot k)$ ergibt den Harnsäureumsatz in mg/Tag. Die Bruchstücke der im menschlichen Körper abgebauten Harnsäure werden nicht in nennenswertem Maße zur Purinbiosynthese verwendet. $A \cdot k$ ist deshalb im Stoffwechselgleichgewicht mit der Harnsäurebildung identisch. Aus dem Produkt $A \cdot k$ und der Serumkonzentration kann die Ganzkörperclearance in ml/min berechnet werden.

Ein Teil der umgesetzten (neugebildeten) Harnsäure wird in den Darm ausgeschieden und bakteriell abgebaut, entgeht also dem direkten Nachweis. Dieser Anteil entspricht der Differenz zwischen umgesetzter Menge $A \cdot k$ und der im Harn ausgeschiedenen, enzymatisch bestimmten Harnsäuremenge.

Die Berechnung der Poolgröße A wird durch Ungenauigkeiten von I_0 beeinflußt. Die Berechtigung zur Rückwärtsextrapolation auf I_0 beruht auf der Annahme, daß die injizierte Harnsäure rasch in alle Flüssigkeitsräume diffundiert, so daß die Isotopenkonzentration der Urinharnsäure von Anfang an der in einer vollständig durchmischten Körperharnsäure entspricht. Bishop et al. (1951 a) haben jedoch gezeigt, daß in einigen Fällen während des ersten Tages die Ausscheidung markierter Harnsäure rascher abnimmt als in den folgenden Tagen. Diese Autoren unterscheiden deshalb einen „immediate" von einem „apparent pool". Wegen der Unsicherheit von I_0 darf man den Poolberechnungen aus Isotopenuntersuchungen nur eine annähernde Genauigkeit zuerkennen. Die mittels Isotopenuntersuchungen berechneten Poolgrößen liegen über denjenigen, die mit Hilfe des Harnsäureraums, des Körpergewichts und der Serumharnsäure ermittelt werden (Zöllner 1960).

Ein weiterer Einwand gegen die dargestellte Bestimmung von Pool und Umsatz betrifft die Annahme, daß der Pool A konstant sei. Dies ist nicht der Fall, da A durch die Injektion markierter Harnsäure um den Betrag a vergrößert wird. Die injizierte Harnsäuremenge muß also zusätzlich ausgeschieden werden, so daß der fraktionelle Umsatz k zu hoch bestimmt wird (Zöllner 1960). In Übereinstimmung mit diesen Überlegungen läßt sich aus den verfügbaren Literaturangaben eine schwach signifikante Korrelation zwischen k und der injizierten Harnsäuremenge berechnen $(p < 0,05; r = 0,46; n = 26)$ (Löffler u. Gröbner 1988 a). Daraus ergibt sich eine Zunahme von k um 0,02/Tag, wenn 80 mg Harnsäure injiziert werden. Demnach sind diese Veränderungen auch bei Verwendung stabiler Isotope, wo bis zu 200 mg Harnsäure pro Experiment injiziert wurden (Scott et al. 1969), minimal und können in der Regel unberücksichtigt bleiben.

Bei Gesunden gibt der austauschbare Harnsäurepool die tatsächlichen Verhältnisse mit ausreichender Genauigkeit wieder. Bei Gichtpatienten mit Tophi ist dies jedoch nicht der Fall, da sich Harnsäure in den Tophi niemals vollständig mit der injizierten markierten Harnsäure äquilibriert. Bei tophöser Gicht ist k also kein Maß für die Ganzkörperclearance allein, sondern gleichzeitig für Verteilungsvorgänge im Körper. Diese beiden Prozesse lassen sich quantitativ nicht voneinander abgrenzen. Sorensen (1962) fand bei einem Patienten mit schwerer tophöser Gicht nach dem Isotopenverdünnungsprinzip eine Poolgröße von 2397 mg. Nach einem Zweikompartimentmodell berechnete er einen Austausch der Harnsäure eines Tophus von 815 mg/Tag, die in den Tophi enthaltene Harnsäuremenge schätzte er auf das 300fache des austauschbaren Pools.

Ausführliche Diskussionen möglicher Fehlerquellen finden sich bei Bishop et al. (1951 a), Zöllner (1960), Löffler (1986) sowie Löffler u. Gröbner (1988 a).

Berechnung des Harnsäurepools aus Körpergewicht und Plasmaharnsäure

Folgende Gleichung beschreibt nach Zöllner (1960) die Größe des Harnsäureraums unter Berücksichtigung eines Hämatokrits von 45%:

$$\text{Harnsäureraum} = 0{,}234 \cdot \text{Körpergewicht (kg)} + 0{,}5 \cdot \frac{0{,}45}{0{,}55} \cdot 0{,}05$$
$$= 0{,}254 \cdot \text{Körpergewicht (kg)}$$

Der Bromidraum (0,234 · Körpergewicht) wurde gewählt, weil sich Harnsäure in physiologischen pH-Bereichen wie ein einwertiges Anion verhält, das frei im Extrazellulärraum diffundiert. Zusätzlich geht in diese Gleichung das halbe Erythrozytenvolumen ein, da von einer intraerythrozytären Harnsäurekonzentration entsprechend der halben Plasmakonzentration ausgegangen wurde. Die Mindestmenge an Harnsäure im Körper kann deshalb berechnet werden als

$$\text{Mindestpool} = 0{,}254 \cdot \text{Körpergewicht (kg)} \cdot \text{Plasmaharnsäure (mg/l)},$$

wobei kg = l gesetzt wird.

Die nach obiger Gleichung berechneten Werte stimmen mit den bei Isotopenuntersuchungen ermittelten gut überein, liegen jedoch in der Regel niedriger (Tabelle 2.4). Die Berechnung setzt eine lineare Beziehung zwischen Poolgröße und Plasmaharnsäure voraus. Diese wurde bei Isotopenuntersuchungen nachgewiesen (Scott et al. 1969; Abb. 2.32). Aus den mitgeteilten Daten läßt sich außerdem eine lineare Beziehung zwischen Poolgröße und renaler Ausscheidung errechnen. Die renale Ausscheidung steigt mit dem fraktionellen Umsatz an (Abb. 2.33).

Mit Hilfe der Ergebnisse aus Isotopenuntersuchungen wurde versucht,

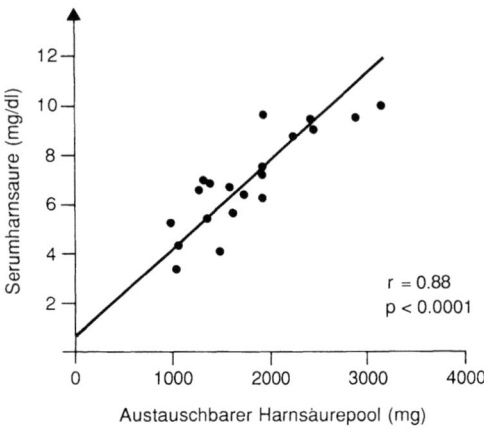

Abb. 2.32. Beziehung zwischen Serumharnsäure und der nach dem Isotopenverdünnungsprinzip ermittelten Größe des Harnsäurepools. (Nach Scott et al. 1969)

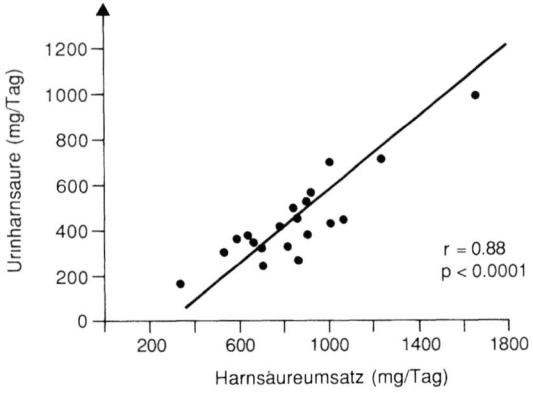

Abb. 2.33. Beziehung zwischen renaler Harnsäureausscheidung und der umgesetzten Gesamtmenge der Harnsäure. (Nach Scott et al. 1969)

die Größe des Harnsäureraums neu zu definieren (Löffler 1986; Löffler u. Gröbner 1988a). Bei Berechnung der linearen Regression der mittels Isotopenuntersuchung gefundenen Poolgrößen gesunder Männer auf die Plasmakonzentration ergibt sich eine Poolgröße von 171 mg bei einer Plasmakonzentration von 0, während bei der Poolberechnung nach Zöllner (1960) die Gerade durch den Nullpunkt geht. Betrachtet man nun die Menge 171 mg als denjenigen Teil des Pools, der bei der Berechnung des „Mindestpools" nach Zöllner nicht erfaßt wird, und setzt die Regres-

Tabelle 2.4. Größe des Harnsäurepools Gesunder, berechnet aus Isotopenversuchen *(A)* und aus dem Harnsäureraum *(B)*. (Aus Zöllner 1960)

Geschlecht	Gewicht [kg]	Serumharnsäure [mg/dl]	Pool [mg]	
			A	B
♂	73	6,0	1340	1110
♂	62	6,2	1170	980
♂	76	4,4	1150	850
♂	88	4,6	940	1030
♂	75	5,4	1270	1030
♀	51	4,3	650	560
Mittelwerte der Männer	75		1174	1000

sionsgerade in die von Zöllner angegebene Gleichung ein, so ist die Poolgröße

$$A \text{ (mg)} = 171 \text{ mg} + 0{,}264 \cdot \text{Körpergewicht (kg)} \cdot \text{Plasmaharnsäure (mg/l)}.$$

Bleibt die Menge 171 mg unberücksichtigt, und wird der Mittelwert der mittels markierter Harnsäure bestimmten Poolgrößen in die Zöllnersche Gleichung eingesetzt, so ergibt sich

$$A \text{ (mg)} = 0{,}314 \cdot \text{Körpergewicht (kg)} \cdot \text{Plasmaharnsäure (mg/l)}$$

als Verteilungsraum der Harnsäure also die Größe $0{,}314 \cdot$ Körpergewicht.
Mit Hilfe beider Modifikationen ergeben sich also durchschnittlich gleiche Poolgrößen wie bei Untersuchungen nach dem Isotopenverdünnungsprinzip. Beide Modifikationen führen bei einer Plasmakonzentration der Harnsäure von 4,9 mg/dl zum gleichen Ergebnis. Bei einer Plasmakonzentration von 6,5 mg/dl ergibt die zweite einen um 4%, bei 9 mg/dl um 8% höheren Wert als die erste. Mittels beider Modifikationen läßt sich also mit großer Genauigkeit abschätzen, welche Poolgröße bei der Anwendung markierter Harnsäure zu erwarten wäre. Lediglich bei sehr niedrigen oder sehr hohen Plasmakonzentrationen liefert diese Berechnung unzuverlässige Werte.

Schätzung des Harnsäureumsatzes aus der Größe der renalen Harnsäureausscheidung

Geht man davon aus, daß etwa ein Fünftel bis ein Drittel der gebildeten Harnsäure extrarenal ausgeschieden wird, so ist:

Harnsäureumsatz (mg/Tag) = renale Harnsäureausscheidung
(mg/Tag)·(1,25 bis 1,5)

Wir fanden unter purinfreier, isoenergetischer Diät eine mittlere renale Harnsäureausscheidung von 252 mg/Tag bei gesunden Frauen und 326 mg/Tag bei gesunden jungen Männern (Löffler et al. 1983 a). Dies entspricht nach der angegebenen Gleichung einer endogenen Harnsäurebildung von 315–378 mg/Tag bei den Frauen und 408–489 mg/Tag bei den Männern. Die Berechnung kann natürlich nur angewendet werden, wenn die renale Harnsäureausscheidung ungestört ist.

Bestimmung der endogenen Harnsäurebildung mit Hilfe markierter Substrate der Purinbiosynthese

Wird eine Substanz, die bei der Purinbiosynthese als Substrat dient, in markierter Form zugeführt, so läßt sich damit eine Isotopenanreicherung der Urinharnsäure erzielen. Im Stoffwechselgleichgewicht unter purinfreier Diät entspricht die Menge der aus dem markierten Substrat in die Harnsäure übergegangenen Isotope der gleichzeitig gemessenen Größe der endogenen Harnsäurebildung.

Die Pools dieser Substrate werden nur zu einem kleinen Teil für die Purinbiosynthese verwendet. Die Menge der aus Harnsäurevorläufern stammenden und in Form von Harnsäure ausgeschiedenen Isotope kann deshalb nicht als absolutes Maß für die Purinbiosynthese gelten. Es lassen sich jedoch in Grenzen Rückschlüsse auf Veränderungen der Purinbiosynthese ziehen, wenn bei der gleichen Versuchsperson die Menge der als Harnsäure ausgeschiedenen Isotope unter verschiedenen Bedingungen bestimmt wird. Dabei muß der Pool des verwendeten Substrats konstant bleiben.

Untersuchungen der endogenen Harnsäurebildung mittels markierter Substrate der Purinbiosynthese sind nur sinnvoll, wenn gleichzeitig mit Hilfe unterschiedlich markierter, intravenös verabreichter Harnsäure der Harnsäureumsatz bestimmt wird. Andernfalls kann, da die Größe der extrarenalen Ausscheidung unbekannt ist, aus Veränderungen der Isotopenausscheidung in Form von Urinharnsäure nicht auf eine Änderung der endogenen Harnsäurebildung geschlossen werden. Eine Untersuchung, die diesen Mangel aufweist und deshalb von Beginn an fehlinterpretiert wurde, ist diejenige von Bien et al. (1953).

Lediglich im Falle einiger angeborener Enzymdefekte ist der Isotopeneinbau in die Urinharnsäure so exzessiv vermehrt, daß allein daraus eine vermehrte endogende Synthese diagnostiziert werden darf. Diese ist dann allerdings auch an der Größe der renalen Harnsäureausscheidung zu erkennen und bedarf nur selten der Bestätigung durch Isotopentechniken.

Den Untersuchungen mittels markierter Substrate der Purinbiosynthese liegt die Annahme zugrunde, daß der vermehrte Einbau von Isotopen in die Harnsäure ein Beweis für vermehrte Bildung des Endprodukts aus dem Substrat ist. Bei In-vitro-Untersuchungen, wo alle Metaboliten frei diffundieren können und die Größe des Substratpools bekannt ist, trifft diese Annahme zu. Die Auswertung entsprechender Untersuchungen am Menschen wird aber durch biologische Variable beeinflußt, die nur zum Teil abzuschätzen, zum Teil jedoch nicht ausreichend bekannt sind. Bei Verwendung von Glyzin führt die Verdoppelung des Glyzinpools (100 mg/kg; Watts u. Crawhall 1959) nicht zu einer Steigerung der Harnsäurebildung (Wyngaarden u. Kelley 1978). Abbildung 2.34 gibt eine Übersicht über Isotopentechniken zur Untersuchung des menschlichen Harnsäurestoffwechsels.

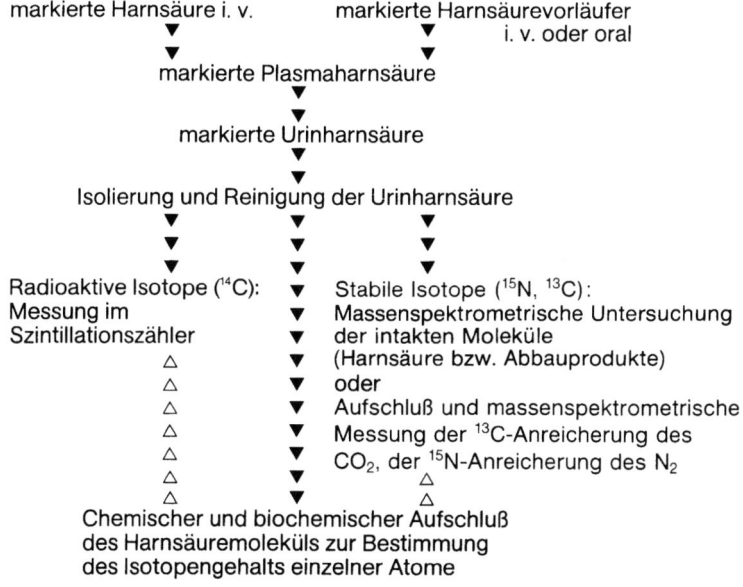

Abb. 2.34. Allgemeine Methodik der Untersuchung des menschlichen Harnsäurestoffwechsels mit Hilfe von Isotopen

2.5.4 Größe von Harnsäurepool und Harnsäureumsatz beim Menschen

Normalbefunde

Die Poolgröße gesunder Männer beträgt unter purinarmer Diät zwischen 800 und 1600 (1163 ± 223) mg (Tabelle 2.5). Diese Angaben beziehen sich auf 46 Untersuchungen bei 44 Männern, deren Ergebnisse in der Literatur mitgeteilt wurden (Löffler et al. 1982). Allerdings war hier die eingangs erwähnte Bedingung, nämlich eine Vorperiode von mindestens 7 Tagen zur Einstellung eines Stoffwechselgleichgewichts, nur bei einem Teil der Untersuchungen eingehalten worden. Und die Angaben zur Diät lassen vermuten, daß nicht alles, was als purinarm bezeichnet wurde, die entsprechenden Kriterien erfüllte. Der Mittelwert dürfte deshalb zu hoch bestimmt worden sein. Unter purinfreier Formeldiät fanden wir bei eigenen Untersuchungen Poolgrößen zwischen 562 und 728 mg (Löffler et al. 1984). Bei gesunden Frauen wurden Poolgrößen zwischen 541 und 687, durchschnittlich 616 mg gefunden (n = 6).

Der fraktionelle Umsatz des Harnsäurepools beträgt bei gesunden Männern $0,64 \pm 0,14$/Tag (0,40-0,96/Tag; n = 46). Die Harnsäurebildung ist, bezogen auf Körpergewicht oder Körperoberfläche, bei Frauen und Männern nahezu gleich (Löffler et al. 1983a). Bei Frauen ist deshalb entsprechend der niedrigeren Serumkonzentration (höheren renalen Clearance) der fraktionelle Umsatz des Pools größer als bei Männern (0,74-1,04, durchschnittlich 0,85/Tag) (Löffler et al. 1983b). Wie bereits erwähnt, wird jedoch die Umsatzrate bei Isotopenversuchen zu groß bestimmt, so daß man als mittlere Umsatzrate k = 0,6 oder 60% des Pools pro Tag für Männer und 0,8 bzw. 80% für Frauen angeben kann.

Aus diesen Angaben errechnet sich für gesunde Männer ein mittlerer Harnsäureumsatz von 744 (purinarme Diät) bzw. 421 mg/Tag (purinfreie Diät), für gesunde Frauen von 530 mg/Tag. Bezogen auf das Körpergewicht sind dies bei den drei von uns untersuchten jungen Männern unter purinfreier Diät 5,6, 6,6 und 7,4 mg/kg KG am Tag, bei den beiden Frauen 7,6 und 9,3 mg/kg KG am Tag.

Im Falle der renalen Harnsäureausscheidung läßt sich eine Geschlechtsdifferenz nicht mehr feststellen, wenn jene auf den Grundumsatz bezogen wird (Löffler et al. 1987a). Ähnliches gilt vermutlich für den Harnsäureumsatz, doch reicht in den verfügbaren Arbeiten die Beschreibung der Versuchspersonen und vor allem der Diät nicht aus, um anhand eines größeren Kollektivs solche Berechnungen anstellen zu können.

Man hat die niedrigere Serumharnsäurekonzentration bei gesunden Frauen im Vergleich zu gesunden Männern auf einen urikosurischen (oder die höhere Serumharnsäure der Männer auf einen die tubuläre Ausscheidung hemmenden) Faktor zurückgeführt. Änderungen der rena-

Tabelle 2.5. Harnsäurepool und Harnsäureumsatz bei Gesunden (Zusammenfassung aus der Literatur; Männer n = 46, Frauen n = 6)

	Poolgröße A [mg]	Fraktioneller Umsatz k [1/Tag]	Fraktionelle Harnsäure- ausscheidung $\dfrac{U \cdot V}{A \cdot k} \cdot 100$
Männer			
Mittelwert	1163	0,64	65
Standardabweichung	223	0,14	12
Frauen			
Mittelwert	616	0,86	71
Standardabweichung	58	0,12	12

Tabelle 2.6. Fraktioneller Umsatz des Harnsäurepools *(k)* und fraktionelle renale Harnsäureausscheidung bei Gesunden und bei Patienten, die sich durch ihre renale Harnsäureclearance unterscheiden (x ± SD). (Nach Löffler et al. 1983 b)

	n	k [1/Tag]	$\dfrac{U \cdot V}{A \cdot k} \cdot 100$
Gesunde Frauen	6	0,85 ± 0,12	71 ± 12
Gesunde Männer	46	0,64 ± 0,14	65 ± 12
Hyperurikämie (nur Männer)	7	0,51 ± 0,13	58 ± 18
Gicht, normale Nierenfunktion	43	0,46 ± 0,11	54 ± 15
Sekundäre Gicht bei Niereninsuffizienz	16	0,33 ± 0,09	35 ± 12

len Clearance sind gleichbedeutend mit einer Änderung des Verhältnisses von renaler und enteraler Harnsäureausscheidung (gemessen in Prozent des Umsatzes), d. h. der renal ausgeschiedene Teil des Harnsäureumsatzes wird unter urikosurischem Einfluß größer, der enterale Anteil kleiner. Die in Tabelle 2.6 zusammengefaßten Ergebnisse zeigen bei einer deutlich höheren Umsatzrate k der Frauen einen gegenüber den Männern nur unwesentlich veränderten renal ausgeschiedenen Teil des Umsatzes. Es bleibt zu klären, ob dies ein Zufallsergebnis bei dem untersuchten Kollektiv darstellt oder auf eine aktive Sekretion von Harnsäure in den Gastrointestinaltrakt hinweist.

Veränderungen durch Nahrungsfaktoren

Nahrungspurine führen dosisabhängig zu einem Anstieg von Serumharnsäurekonzentration und renaler Harnsäureausscheidung. Die Größe des

Anstiegs ist abhängig von der Art der Purine, sie ist jedoch bei allen untersuchten Purinen linear. Untersucht man mit Hilfe der Isotopenver-dünnungsmethode gesunde Probanden zum einen unter purinarmer Diät, zum anderen unter oraler Purinbelastung, so findet man eine erhöhte Umsatzrate (k_p). Hat die Purinbelastung zu einer Verdopplung der Serumharnsäurekonzentration geführt, so ist unter diesen Bedingun-gen auch die Poolgröße auf das Doppelte angestiegen ($A_p = 2 A$). Berech-net man nun die Umsatzrate $A \cdot k$ (Annahme: $k_p = 1,25 \cdot k$), so erhält man $A_p \cdot k_p = 2,5 \, A \cdot k$. Im Stoffwechselgleichgewicht ist also die Syntheserate auf das 2,5fache, die Poolgröße aber nur auf das Doppelte angestiegen. Dieses „Mißverhältnis" ist durch eine Beschleunigung der renalen Harn-säureausscheidung unter Purinbelastung zu erklären, die als erhöhte renale Harnsäureclearance berechnet werden kann und im Isotopenver-such als erhöhte Umsatzrate (k_p) bestimmt wird (Abb. 2.35). Bei familiä-rer Hyperurikämie dürfte diese Erhöhung des fraktionellen Umsatzes nicht oder nur in vermindertem Umfang nachweisbar sein, was bisher nicht überprüft wurde.

Bereits seit Anfang dieses Jahrhunderts ist bekannt, daß der Eiweißge-halt der Nahrung den Harnsäurestoffwechsel beeinflussen kann. Die konstant vermehrte renale Harnsäureausscheidung unter purinreicher Diät hatte zu der Empfehlung an Gichtpatienten geführt, nicht nur die Zufuhr von purinhaltigem Eiweiß, sondern auch die Proteinzufuhr insge-samt zu begrenzen. Neuere Untersuchungen unter Fomeldiät zeigten, daß zwar die renale Harnsäureausscheidung bei vermehrter Proteinzu-fuhr ansteigt, im Schwankungsbereich der üblichen Zusammensetzung unserer Nahrungsmittel die Serumharnsäurekonzentration jedoch abfällt (Löffler et al. 1980).

Es kommt also unter eiweißreicher Diät zu einer Verminderung des Harnsäurepools, der gleichzeitige Anstieg der renalen Harnsäureaus-scheidung bedeutet, daß die Umsatzrate k stark ansteigt. Dies wurde von Bowering et al. (1969) im Isotopenversuch bestätigt. Die beschleunigte renale Ausscheidung der Harnsäure beruht zumindest teilweise auf der urikosurischen Wirkung der aus der Nahrung stammenden Aminosäuren (Matzkies u. Berg 1977). Eine gering vermehrte renale Harnsäureaus-scheidung ist damit vereinbar, da eine rein urikosurische Wirkung ja gleichbedeutend mit einer Umverteilung zugunsten der renalen Ausschei-dung ist. Bien et al. (1953) glaubten mittels einer Isotopeneinbaustudie den Beweis erbracht zu haben, daß unter proteinreicher Diät zusätzlich die endogene Synthese gesteigert ist. Wir halten diese noch immer in Standardwerken (Wyngaarden u. Kelley 1983) zu lesende Deutung der Ergebnisse für eine Fehlinterpretation. Die Zunahme der renalen kumu-lativen Isotopenausscheidung unter proteinreicher Diät ohne Änderung der maximalen Isotopenkonzentration ist mit der Umverteilung zugun-

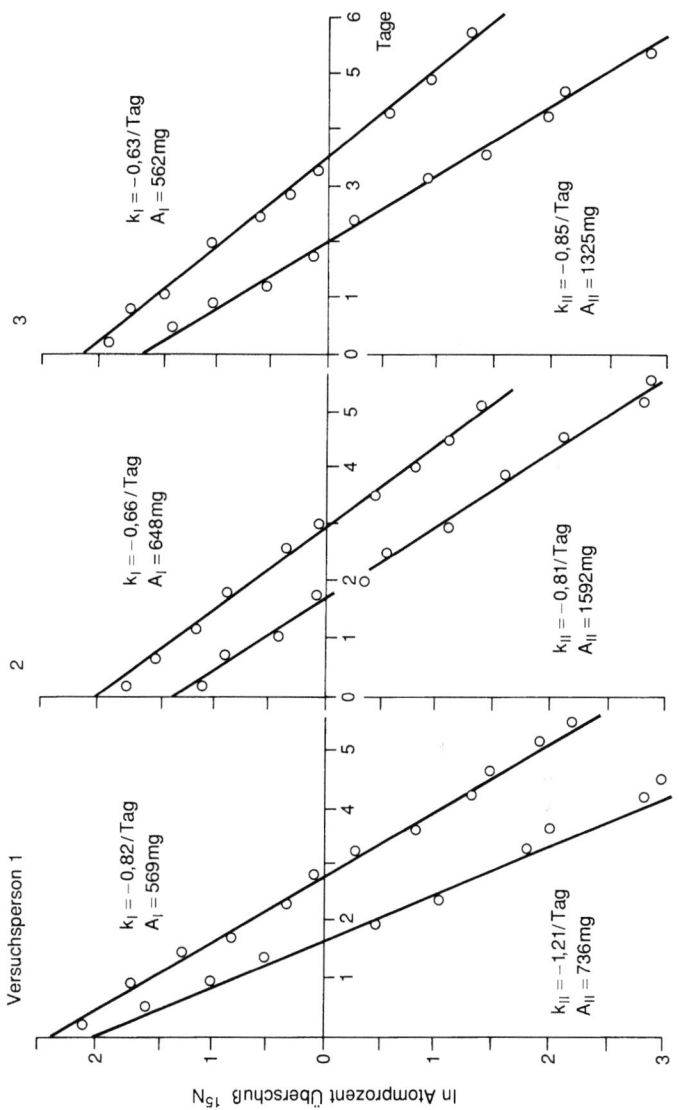

Abb. 2.35. Zunahme des fraktionellen Harnsäureumsatzes durch orale Zufuhr von Purinen. (Nach Löffler et al. 1982)

sten der renalen Ausscheidung als Folge der urikosurischen Wirkung sehr gut vereinbar.

Fettreiche Diät, Alkoholgenuß, Fasten, vermindertes Urinvolumen sowie über ein bestimmtes Maß hinausgehende körperliche Aktivität haben die gemeinsame Eigenschaft, die renale Harnsäureausscheidung zu hemmen.

Infolgedessen steigen Serumkonzentration und Poolgröße an, der fraktionelle Umsatz sinkt. Bleibt die Harnsäuresynthese unbeeinflußt, so bleibt auch die umgesetzte Menge, das Produkt A·k, konstant. Während einer Fastenperiode, bei gesteigerter körperlicher Aktivität und bei Alkoholgenuß trägt neben der Hemmung der renalen Harnsäureausscheidung durch die begleitende Ketoazidose die vermehrte Harnsäurebildung zur sekundären Hyperurikämie bei.

Veränderungen durch Krankheiten

Die familiäre Hyperurikämie ist im Vergleich zur physiologischen Situation gekennzeichnet durch eine verminderte Harnsäureausscheidung bei gleichem Serumspiegel bzw. durch eine höhere Serumkonzentration bei gleicher Ausscheidung. Diese Harnsäureretention entspricht einer Vergrößerung des Pools. Scott et al. (1969) fanden bei 15 Gichtpatienten ohne nachweisbare Tophi einen Mittelwert von 2027 (1248–3199) mg. Bei schwerer tophöser Gicht wurden Poolgrößen bis zu 31 g errechnet (Benedict et al. 1950).

Bei tophöser Gicht läßt sich die halblogarithmische Darstellung der Isotopenkonzentration der Urinharnsäure oftmals in zwei Komponenten zerlegen, wovon die eine einer Umsatzrate k und einer Poolgröße im Bereich von Normalpersonen entspricht. Die zweite, flacher verlaufende Komponente ist Ausdruck des langsamen Umsatzes der in Geweben abgelagerten Harnsäure. Durch Rückwärtsextrapolation erhält man aus dieser Kurve ein kleines I_0 und damit einen großen Pool. Abbildung 2.36 zeigt die halblogarithmische Darstellung des Isotopengehalts der Urinharnsäure bei einem Gichtpatienten, die keine Gerade ergab (Sorensen 1962). Durch gleichzeitige Messung des Isotopengehalts der in einem Hauttophus abgelagerten Harnsäure wurde bei diesem Patienten nach einem Zweikompartimentmodell der Pool der abgelagerten Harnsäure errechnet. Er betrug ungefähr das 300fache des rasch mischbaren Pools.

Anders verhält es sich mit dem Umsatz der Harnsäure. Die umgesetzte Harnsäuremenge ist bei Patienten ohne nachweisbare Harnsäureablagerungen in Geweben gleich groß wie die bei Normalpersonen. Scott et al. (1969) fanden bei den von ihnen untersuchten Normalpersonen einen täglichen Umsatz von durchschnittlich 693 (552–838) mg und bei Patienten ohne Tophi von 800 (616–1000) mg. Dies gilt natürlich nur für die Hyperurikämie infolge eines renalen Sekretionsdefekts und nicht für die seltenen Fälle von vermehrter endogener Harnsäurebildung infolge eines Enzymdefekts. Bei Enzymdefekten sowie bei sekundärer Hyperurikämie durch vermehrten Zellverfall kann der Harnsäureumsatz 2 g/Tag über-

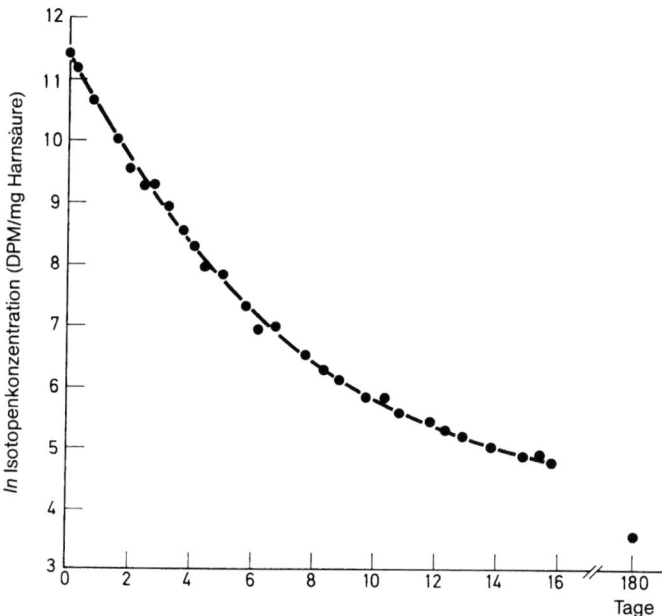

Abb. 2.36. Isotopenverdünnungsmethode: Halblogarithmische Darstellung der Isotopenkonzentration der Urinharnsäure bei einem Patienten mit tophöser Gicht. Aufgrund des langsamen Umsatzes der in Tophi abgelagerten Harnsäure enthält die Urinharnsäure noch nach 6 Monaten Isotope. (Nach Sorensen 1962)

schreiten. Der auf das Körpergewicht bezogene Umsatz betrug bei Patienten mit Hypoxanthin-Phosphoribosyltransferasemangel bis zu 50 mg/kg (Erwachsene; Kelley et al. 1969) bzw. bis zu 80 mg/kg (Lesch u. Nyhan 1964). Da in den Nieren kein Sekretionsdefekt für Harnsäure besteht, ist die Clearance gesteigert, der gesamte Pool kann bei Erwachsenen in weniger als einem Tag umgesetzt werden (k > 1/Tag). Bei Kindern mit Enzymdefekten liegen die Werte aufgrund der besseren renalen Clearance noch wesentlich höher. Lesch u. Nyhan (1964) maßen in 2 Fällen 1,61 und 2,06/Tag.

Entsprechendes wie für die familiäre Hyperurikämie gilt zunächst für die Niereninsuffizienz. Die Störung der renalen Harnsäureausscheidung führt zur Verminderung des fraktionellen Umsatzes k, die Poolgröße ändert sich parallel zur Serumkonzentration. Bei fortschreitender Niereninsuffizienz sind zusätzliche Faktoren wie verminderte Harnsäurebildung infolge Urämie (Tabelle 2.7) und Verdünnungseffekte durch Flüssigkeitsretention zu berücksichtigen.

Setzt man den fraktionellen Umsatz des Harnsäurepools in Beziehung

Tabelle 2.7. Endogene Harnsäurebildung (in mg/Tag) bei 14 Patienten mit Urämie. Bestimmung nach dem Isotopenverdünnungsprinzip. (Nach Clarkson 1966)

	Klinischer Schweregrad		
	mild	mäßig	schwer
Zahl der Untersuchten	4	4	6
Mittelwert	654	554	398
Streuung	578–778	350–675	357–457

zur renalen Clearance, so ergibt sich bei einer Clearance von 0 ein fraktioneller Umsatz von ungefähr 0,25 bis 0,3/Tag. Dies ist der hypothetische fraktionelle Umsatz, der durch die extrarenale Harnsäureausscheidung bei völligem Fehlen der renalen Ausscheidung aufrechterhalten werden kann.

Treffen vermehrte Harnsäurebildung und Niereninsuffizienz zusammen (Gichtniere bei Enzymdefekten), so kann bei sehr hohem Umsatz (> 1000 mg/Tag) der fraktionelle Umsatz des Pools im Normalbereich liegen. Wird durch Purinzulagen bei gesunden Männern ein gleich hoher Umsatz erzeugt, so ist der fraktionelle Umsatz erhöht und liegt in der Größenordnung desjenigen von Patienten mit Enzymdefekten, deren Nierenfunktion normal ist bzw. in der Größenordnung der bei gesunden Frauen gefundenen Werte (Löffler et al. 1987 b).

Veränderungen durch Arzneimittel

Unter Therapie mit Xanthinoxydasehemmern sinken Serum- und Urinharnsäure ab, im neuen Gleichgewicht ist der fraktionelle Umsatz k gegenüber der Situation vor Therapiebeginn fast unverändert, der Harnsäurepool A ist kleiner geworden. Infolgedessen ist die umgesetzte Menge A·k ebenfalls kleiner. Da A·k im Stoffwechselgleichgewicht der Syntheserate entspricht, ist also die Harnsäurebildung vermindert, was aufgrund der Hemmung der Xanthinoxydase zu erwarten war. Unter Allopurinolbehandlung wäre bei Gesunden aufgrund des Abfalls der Serumkonzentration und damit des Rückgangs der tubulären Sekretionsleistung ein Abfall des fraktionellen Umsatzes zu erwarten. Dies ist jedoch nicht der Fall (Edwards et al. 1981). Wir konnten bei Verwendung von purinfreier Formeldiät einen geringen urikosurischen Effekt von Allopurinol zeigen (Löffler u. Gröbner 1988 b).

Zu Beginn einer urikosurischen Behandlung steigt dagegen der Harnsäureumsatz vorübergehend stark an, bis sich bei kleinerem Pool und kleine-

Tabelle 2.8. Einfluß urikosurisch wirksamer Maßnahmen auf den fraktionellen Umsatz des Harnsäurepools und die fraktionelle renale Harnsäureausscheidung. Bei der Untersuchung von Bishop et al. (1954) handelte es sich um eine Patientin mit M. Wilson, alle übrigen waren gesunde Probanden

	k [1/Tag]		$\dfrac{U \cdot V}{A \cdot k} \cdot 100$	
	Kontroll-versuch	Urikos-urische Wirkung	Kontroll-versuch	Urikos-urische Wirkung
Nahrungseiweiß				
Bowering et al.	0,61	1,14	46	88
(1969)	0,52	1,01	56	78
	0,65	1,35	78	86
Probenecid				
Bishop et al.				
(1951 b)	0,67	2,46	72	90
Bishop et al.				
(1954)	1,78	2,34	72	86
Phenylbutazon				
Wyngaarden (1955)	0,46	1,08	82	93
	0,77	1,21	80	93

rer Umsatzrate k ein neues Gleichgewicht eingependelt hat. Das Produkt $A \cdot k$ ist dann unverändert, also ist auch die Harnsäurebildung unverändert. Tabelle 2.8 zeigt die Wirkung urikosurischer Maßnahmen auf den fraktionellen Umsatz des Pools und die fraktionelle renale Harnsäureausscheidung.

Literatur

Benedict JD, Forsham PH, Stetten D (1949) The metabolism of uric acid in the normal and gouty human studied with the aid of isotopic uric acid. J Biol Chem 181: 183–193

Benedict JD, Forsham PH, Roche M, Soloway S, Stetten D (1950) The effect of salicylates and adrenocortocotropic hormone upon the miscible pool of uric acid in gout. J Clin Invest 29: 1104–1111

Bien EJ, Yü TF, Benedict JD, Gutman AB, Stetten D (1953) The relation of dietary nitrogen consumption to the rate of uric acid synthesis in normal and gouty man. J Clin Invest 32: 778–780

Bishop C, Garner W, Talbott JH (1951a) Pool size, turnover rate, and rapidity of equilibration of injected isotopic uric acid in normal and pathological subjects. J Clin Invest 30: 879–888

Bishop C, Rand R, Talbott JH (1951b) The effect of benemid (p-((di-N-propylsulfamyl))-benzoic acid) on uric acid metabolism in one normal and one gouty subject. J Clin Invest 30: 889–894

Bishop C, Zimdahl WT, Talbott JH (1954) Uric acid in two patients with Wilson's disease (hepatolenticular degeneration). Proc Soc Exp Biol Med 86: 440-441

Bowering J, Calloway DH, Margen S, Kaufmann NA (1969) Dietary protein level and uric acid metabolism in normal man. J Nutr 100: 249-261

Clarkson BA (1966) Uric acid related to uraemic symptoms. Proc EDTA 3: 3-7

Edwards NL, Recker D, Airozo D, Fox IH (1981) Enhanced purine salvage during allopurinol therapy: an important pharmacologic property in humans. J Lab Clin Med 98: 673-683

Kelley WN, Greene ML, Rosenbloom FM, Henderson JF, Seegmiller JE (1969) Hypoxanthine-guanine phosphoribosyltransferase deficiency in gout. Ann Int Med 70: 155-206

Lesch M, Nyhan WL (1964) A familial disorder of uric acid metabolism and central nervous system function. Am J Med 36: 561-570

Löffler W (1986) Harnsäurebildung und Harnsäureumsatz bei Gesunden unter dem Einfluß verschiedener Nahrungsfaktoren und bei Patienten mit seltenen Störungen des Harnsäurestoffwechsels. Habilitationsschrift, Universität München

Löffler W, Gröbner W (1988a) Die Bestimmung von Synthese, Poolgröße und Umsatz der Harnsäure - Methoden und Normalwerte. Lab med 12: 131-137

Löffler W, Gröbner W (1988b) A study of dose-response relationships of allopurinol in the presence of low or high purine turnover. Klin Wochenschr 66: 153-159

Löffler W, Gröbner W, Zöllner N (1980) Influence of dietary protein on serum and urinary uric acid. Adv Exp Med Biol 122A: 209-213

Löffler W, Gröbner W, Medina R, Zöllner N (1982) Influence of dietary purines on pool size, turnover, and excretion of uric acid during balance conditions. Isotope studies using 15 N-uric acid. Res Exp Med (Berl) 181: 113-123

Löffler W, Gröbner W, Wolfram G, Zöllner N (1983a) Die endogene Harnsäuresynthese des Menschen. Verh Dtsch Ges inn Med 89: 678-679

Löffler W, Simmonds HA, Gröbner W (1983b) Gout and uric acid nephropathy: Some new aspects in diagnosis and treatment. Klin Wschr 61: 1233-1239

Löffler W, Gröbner W, Medina R, Zöllner N (1984) Isotope studies of uric acid metabolism during dietary purine administration. Adv Exp Med Biol 165A: 317-321

Löffler W, Spann W, Gröbner W, Wolfram G, Zöllner N (1987a) Normal values of uric acid in plasma and urine during ingestion of a purine-free diet. Klin Wochenschr 65 (Suppl X): 8

Löffler W, Simmonds HA, Metges C, Gibson T, Zöllner N, Fairbanks LD, Morris G (1987b) Uric acid production and turnover in patients with gout and renal insufficiency of rare origin. Klin Wochenschr 65 (Suppl X): 6-7

Matzkies F, Berg G (1977) The uricosuric action of amino acids in man. Adv Exp Med Biol 76B: 36-40

Scott JT, Holloway VP, Glass HI, Arnot RN (1969) Studies of uric acid pool size and turnover rate. Ann Rheum Dis 28: 366-373

Sorensen LB (1962) The pathogenesis of gout. Arch Int Med 109: 379-390

Watts RWE, Crawhall JC (1959) The first glycine metabolic pool in man. Biochem J 73: 277-286

Wyngaarden JB (1955) The effect of phenylbutazone on uric acid metabolism in two normal subjects. J Clin Invest 34: 256-262

Wyngaarden JB, Kelley WN (1978) Gout. In: Stanbury JB, Wyngaarden JB, Fredrickson DS (eds) The metabolic basis of inherited disease, 4th edn. McGraw-Hill, New York, pp 916-1010

Wyngaarden JB, Kelley WN (1983) Gout. In: Stanbury JB, Wyngaarden JB, Fredrickson DS, Goldstein JL, Brown MS (eds) The metabolic basis of inherited disease, 5th edn. McGraw-Hill, New York, pp 1043-1114

Zöllner N (1960) Moderne Gichtprobleme. Ätiologie, Pathogenese, Klinik. Erg Inn Med Kinderheilkd 14: 321–389

Zöllner N, Griebsch A, Gröbner W (1972) Einfluß verschiedener Purine auf den Harnsäurestoffwechsel. Ernährungs-Umschau 3: 79–82

2.6 Vererbung und Molekulargenetik

H. Schuster

Gicht ist eine genetisch determinierte Stoffwechselstörung. Bereits im Altertum war bekannt, daß sie in Familien gehäuft auftritt. Wie viele Stoffwechselkrankheiten ist die Gicht aber meistens das Resultat mehrerer krankheitsbegünstigender Faktoren. Neben dem genetischen Defekt müssen zur Manifestation der Krankheit Umweltfaktoren wie die Ernährung hinzukommen. Deswegen wird nicht jeder Träger der Erbanlage klinisch krank.

Vererbliche Stoffwechselstörungen entstehen durch Mutation eines oder mehrerer Gene, die die Information für die Synthese von Proteinen und deren Funktion kodieren. Obwohl die genetische Ausstattung eines Menschen bei der Zeugung feststeht, kann sich ein Gendefekt bereits bei der Geburt manifestieren wie die Phenylketonurie, über Jahre klinisch stumm bleiben wie die familiäre Hypercholesterinämie oder überhaupt nicht in Erscheinung treten wie bei der heterozygoten Überträgerin der Hämophilie.

Normalerweise verursachen unterschiedliche Mutationen in einem Gen identische Erkrankungen, können aber auch zu sehr verschiedenen klinischen Bildern führen. Zahlreiche, in den letzten Jahren durchgeführte Untersuchungen über die Stoffwechselwege bei Hyperurikämie und Gicht lieferten Beweismaterial für die genetische Heterogenität der Gicht. Nur selten ist ein einziger Enzymdefekt die Ursache. In diesen Fällen läßt sich ein regelmäßiger Erbgang in der Familie verfolgen. In den meisten Fällen von Gicht zeigt sich jedoch kein regelmäßiger Erbgang, weil mehrere Gendefekte, die nur zu geringen quantitativen Abweichungen der Proteinfunktion führen, unabhängig voneinander vererbt werden und erst in der Summe vieler Faktoren einschließlich der Umweltfaktoren das Krankheitsbild Gicht hervorrufen.

Für den Kliniker macht eine positive Familienanamnese zusammen mit anderen anamnestischen Erhebungen und klinischen Befunden die Diagnose einer Erbkrankheit wahrscheinlicher, sie beweist dies aber nie. Was erwartet also der Kliniker vom Genetiker? Er soll zum einen helfen, differentialdiagnostische Fragen zu klären, indem er Erbfaktoren nachweist oder ausschließt, und er soll andererseits den genetischen Einfluß auf Krankheiten und dessen Modulation durch Umweltfaktoren erforschen. Nicht jeder Patient mit Hyperurikämie ist behandlungsbedürftig, der Nachweis eines bestimmten Gendefekts kann im Einzelfall aber Patienten mit besonders schlechter Prognose identifizieren, um diese präventiv zu behandeln oder genetisch zu beraten.

Seit Beginn unseres Jahrhunderts hat sich die Genetik Schritt für Schritt von einer rein veranschaulichenden Wissenschaft zu einer praktisch nutzbaren medizinischen Disziplin gewandelt. Ausgehend von den Beobachtungen, daß Kinder manchmal, keineswegs immer, ihren Eltern sehr ähnlich sehen, Erkrankungen in Familien gehäuft auftreten oder sogar einfache Gesetzmäßigkeiten zeigen wie die Hämophilie, die immer nur bei Männern auftritt, jedoch von deren Müttern und Schwestern übertragen wird, entwickelte sich eine überzeugende, übergreifende Theorie der Vererbungslehre.

Mendel verbesserte das methodische Vorgehen durch Zuchtexperimente, indem er die Ergebnisse als Folge zufälliger Kombinationen von Grundeinheiten interpretierte. Die Grundeinheiten, heute Gene genannt, begründen das Kernstück der genetischen Theorie. Den endgültigen Durchbruch des Genkonzepts brachte aber erst die Aufklärung des genetischen Codes, die Analyse von Transkription und Translation sowie die Chromosomenforschung. Das molekulare Verständnis von Genen und den von ihnen determinierten Proteinen hat schließlich die Genetik von der Grundlagenforschung zur Anwendung in die Klinik gebracht.

2.6.1 Vererbung

Heute ist die Gicht nahezu gleichmäßig über die ganze Bevölkerung aller westlichen Nationen verbreitet. Das war nicht immer so. Es gab Zeiten, in denen die Gicht nur selten auftrat. Als die Nahrungsresourcen ungleich verteilt waren, war die Gicht eine Krankheit der Reichen.

Im Gegensatz zu Erkrankungen mit einheitlichem Phänotyp ist es deshalb schwierig, die Häufigkeit der Gicht in der Bevölkerung zu bestimmen. Denn die Gicht ist eine heterogene Gruppe von Erkrankungen, die sich von der asymptomatischen Hyperurikämie über verschiedene klinische Stadien entwickelt. Die verschiedenen Manifestationen können zudem einzeln oder in Kombination auftreten.

Man findet eine Erhöhung der Serumharnsäure in 2–18% der Bevölkerung (Hall et al. 1967). Das Vollbild der Gicht entwickeln aber unter den gleichen Bedingungen nur 0,13–0,37% der Menschen mit Hyperurikämie. Zur Erklärung: Die Gicht ist eine Erkrankung erwachsener Männer, nur etwa 5% sind Frauen. Vor der Pubertät und vor dem 30. Lebensjahr tritt die Gicht nur sehr selten auf.

Patienten mit Gicht berichten in 6–18% der Fälle über das Auftreten der Gicht in ihrer Familie. Bei intensiver Befragung kann man aber bei bis zu 75% positive Angaben erhalten. Auch wenn sich die Häufigkeit der Hyperurikämie in der allgemeinen Bevölkerung wie in Familienuntersuchungen gut bestimmen läßt, ist der Einfluß verschiedener Gene, die die Harnsäurekonzentration beeinflussen, nur schwer zu analysieren, weil Umweltfaktoren die Harnsäurekonzentration ebenso ändern wie genetische Faktoren. Familienangehörige mit gleicher Erbanlage können deshalb nicht immer aufgrund ihres Phänotyps als solche erkannt und gesunde von erkrankten Familienangehörigen unterschieden werden. Um den Einfluß eines einzelnen Erbfaktors mit nur geringer Auswirkung auf die Harnsäurekonzentration zu studieren, müßten alle anderen beeinflussenden Faktoren konstant gehalten werden, eine Forderung, die sich praktisch nicht erfüllen läßt.

2.6.2 Molekulargenetik

DNS-Diagnostik

Die DNS-Diagnostik setzt die Kenntnis des Gens voraus, das die Krankheit verursacht, eine Aufgabe, die oft der Suche nach der Stecknadel im Heuhaufen vergleichbar ist, wenn man bedenkt, daß das menschliche Genom 100 000 Gene enthält. Glücklicherweise besitzt DNS eine Eigenschaft, die die Suche nach einem Gen wesentlich erleichtert: Wird nämlich DNS erhitzt, trennen sich die Doppelstränge in Einzelstränge auf. Beim Abkühlen haben diese die Tendenz, sich wieder in Doppelstränge aneinanderzulagern. Diese Reaktion ist hochspezifisch und geschieht nur zwischen komplementären DNS-Strängen, die die gleiche genetische Information tragen.

Die Entdeckung von Restriktionsenzymen hat es möglich gemacht, die sehr großen DNS-Moleküle der 46 menschlichen Chromosomen in kleinere Fragmente zu schneiden und einzelne Gene aus diesen Riesenmolekülen zu isolieren. Restriktionsenzyme werden aus Bakterien gewonnen und schneiden DNS an spezifischen DNS-Sequenzen. Das Enzym EcoRI, isoliert aus dem Bakterienstamm Escherichia coli erkennt die DNS-Sequenz

5' ..GAATTC.. 3',
3' ..CTTAAG.. 5'.

Das Enzym EcoRI schneidet Doppelstrang-DNS zwischen dem ersten Nukleotid „G" und dem zweiten Nukleotid „A". Derart erzeugte Bruchstücke aus der gesamten menschlichen DNS können dann in Bakterien eingebaut und mit diesen in hinreichender Menge hergestellt werden, um die Nukleotidsequenz zu bestimmen oder als Genprobe verwendet werden. Aus einer Vielzahl verschiedener Genfragmente kann mit einer Genprobe jede beliebige DNS-Sequenz aufgespürt und ihrerseits isoliert und vermehrt werden.

Leider ist es zu aufwendig, immer ein Gen zu sequenzieren, um eine bestimmte Diagnose zu stellen. Man kann jedoch Unterschiede in der Lokalisation von Enzymerkennungsstellen als genetische Marker verwenden, um in Familienuntersuchungen den Erbgang von Genen zu untersuchen und damit die Anwesenheit oder Abwesenheit bestimmter Gene erkennen. Sequenzanalysen von Genen haben gezeigt, daß genetische Variabilität der DNS viel häufiger ist als ursprünglich angenommen; dies trifft vor allem für solche Enzymerkennungsstellen zu, die zwar zu einer Änderung der Nukleotidsequenz, nicht aber zu einer Aminosäuresubstitution im Protein führen. Theoretisch kann mit solchen Restriktionsenzympolymorphismen (RFLPs) jede Erkrankung, die durch eine Änderung eines bestimmten Gens hervorgerufen wird, durch DNS-Analyse diagnostiziert werden. Die DNS wird dazu aus peripheren Blutzellen isoliert, die hochmolekulare genomische DNS wird anschließend mit Restriktionsenzymen fragmentiert, und die DNS-Fragmente werden der Größe nach elektrophoretisch getrennt und auf Nylonmembranen übertragen. Die Nylonmembranen werden mit einer radioaktiv markierten Genprobe des jeweils zu untersuchenden Gens inkubiert, wobei die markierte Genprobe Fragmente des Gens erkennt, die die gleiche genetische Information tragen und sich mit diesen zu neuer Doppelstrang-DNS konformiert (hybridisiert) (Abb. 2.37). Die Genprobe hybridisiert nicht mit Genbruchstücken, die nicht völlig in ihrer Basensequenz zur Probe komplementär sind, weil bei entsprechenden thermischen Bedingungen die Bindungsenergie nicht ausreicht, um eine stabile Bindung zwischen Einzelsträngen auszubilden.

Da Variationen in der Lokalisation von Enzymerkennungsstellen zu verschieden großen Genfragmenten führen und kleinere Bruchstücke elektrophoretisch schneller getrennt werden als größere, können unterschiedliche Gene aufgrund unterschiedlicher Bandenmuster ihrer Restriktionsenzymfragmente unterschieden werden. Die radioaktiv markierten DNS-Doppelstränge aus den Fragmenten des gesuchten Gens und der Proben-DNS können zum Schluß mit Hilfe der Autoradiographie sichtbar gemacht werden, weil die Strahlung der markierten Proben-DNS zu einer Schwärzung auf Röntgenfilmen führt (Abb. 2.37).

Es ist wichtig, darauf hinzuweisen, daß Restriktionsenzyme nicht die

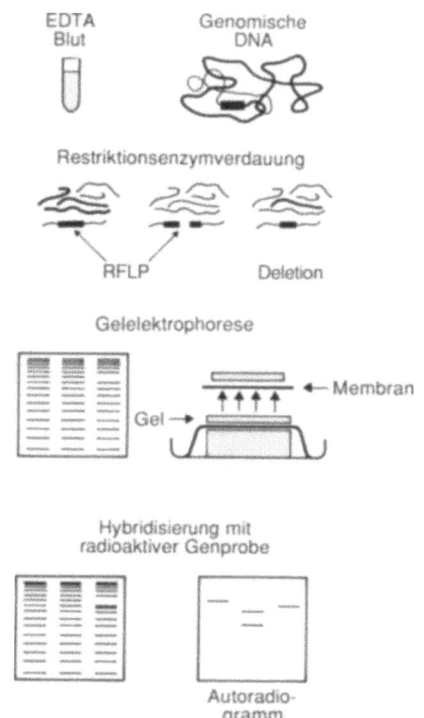

Abb. 2.37. Southern-Blot-Analyse
genomischer DNS

Mutation im Gen selbst erkennen, weil sie in der Regel in nicht protein-
kodierenden Bereichen von Genen liegen. Variable Enzymerkennungsstellen (RFLPs) dienen lediglich als neutrale Marker, um verschiedene
Gene auf dem väterlichen und mütterlichen Chromosom zu unterscheiden. Primär ist nicht bekannt, ob ein defektes Gen auf einem Chromosom mit oder ohne vorhandenem Marker liegt. Diese Information muß
aus der Analyse des Stammbaums gewonnen werden, indem festgestellt
wird, welches Chromosom jeweils von kranken und gesunden Familienangehörigen vererbt wird.
In Fällen, in denen ein genetischer Defekt durch größere strukturelle
Änderungen eines Gens zustande kommt, wie Insertionen oder Deletionen, bei denen ein größeres Genfragment verloren gegangen ist, kann im
Gegensatz zu Störungen durch Austausch einer einzelnen Base der genetische Defekt direkt nachgewiesen werden. Denn unterschiedlich große
Genbruchstücke fallen durch ein verändertes Bandenmuster auf dem
Autoradiogramm auf (Abb. 2.37). Im Gegensatz zu RFLPs, die durch
einen Basenaustausch zustande kommen, wobei eine neue Restriktions-
enzymstelle geschaffen oder zerstört wird, ist bei größeren strukturellen

83

Änderungen die Lokalisation von Enzymerkennungsstellen unverändert. Lediglich die zwischen zwei Enzymerkennungsstellen gelegene DNS-Sequenz ist von unterschiedlicher Länge und repräsentiert damit den genetischen Defekt.

2.6.3 Monogenetische Defekte mit Hyperurikämie und Gicht

Zwei spezifische Enzymdefekte des Purinstoffwechsels, auf die im folgenden weiter eingegangen wird, verursachen Gicht: Hypoxanthin-Guanin-Phosphoribosyl-Transferase (HPRT) und Phosphoribosylpyrophosphat-Synthetase (PRPP). Mutationen in den Genen dieser Enzyme führen immer zur Krankheitsmanifestation und sind für die Ausprägung der Erkrankung verantwortlich. Da beide Gene auf dem X-Chromosom lokalisiert sind, läßt sich der Erbgang in Familien von Müttern, die das defekte Gen tragen, ohne selbst zu erkranken (Carrier), zu deren Söhnen verfolgen, die immer erkranken. Männer mit einem defekten Gen für diese Enzyme erkranken immer, da sie im Gegensatz zu Frauen von X-chromosomal lokalisierten Genen nur eine Ausführung besitzen.

Mehrere definierte Störungen in diesen Genen, die ausschließlich über eine Überproduktion an Harnsäure zur Gicht führen, sind bisher bekannt. Beim HPRT-Mangel wird durch verminderte oder aufgehobene Enzymaktivität die Harnsäuresynthese stimuliert, beim PRPP-Synthetase-Defekt kommt es zu einer Steigerung der Enzymaktivität (Tabelle 2.9). Auch wenn diese Störungen nur bei einer Minderzahl der Patienten mit Gicht auftreten, soll doch im folgenden näher darauf eingegangen werden, weil die bekannten Mechanismen die Erforschung weiterer ätiologischer und pathogenetischer Faktoren erleichtert. Besonders bei jungen Patienten mit Gicht lohnt sich die Suche nach monogenetisch vererbten Störungen im Purinstoffwechsel, weil hier Umweltfaktoren nur wenig oder keinen Einfluß auf die Krankheitsmanifestation ausüben. Im Falle des kompletten HPRT-Mangels kommt es zu einer besonders schweren Form der Gicht, die als Lesch-Nyhan-Syndrom bekannt ist und deren schwere neurologische Symptomatik eine genetische Beratung notwendig macht. Der derzeitige Stand der DNS-Diagnostik kann hier an einem Beispiel erläutert werden.

HPRT-Defekt

Hypoxanthin-Guanin-Phosphoribosyl-Transferase katalysiert die Umwandlung von Hypoxanthin zu Inosinsäure und Guanin zu Guanin-säure. Mutationen in diesem Gen führen zu verminderter oder völlig auf-

Tabelle 2.9. Monogenetische Störungen mit Hyperurikämie und Gicht

Gen	Enzymdefekt	Genlokus	Häufigkeit
HPRT	Partieller Aktivitätsmangel	X-Chromosom	0,5–1% bei Gicht
	Kompletter Aktivitätsmangel		1 : 100 000
PRPP-Synthetase	Erhöhte Enzymaktivität	X-Chromosom	?

Tabelle 2.10. Mutationen im HPRT-Gen

HPRT	Mutation		Klinik
Toronto	50	Arg→Gly	Gicht
London	109	Ser→Leu	Gicht
Ann Arbor	?	?	Nephrolithiasis
München	103	Ser→Arg	Gicht
Kingston	193	Asp→Asn	Lesch-Nyhan

gehobener Enzymaktivität als biochemisch nachweisbarer Störung und Überproduktion von Harnsäure mit nachfolgender Gicht als klinischer Störung. Die schwerste Form des HPRT-Mangels, bei der kein Enzymprotein mehr nachweisbar ist, verursacht das Lesch-Nyhan-Syndrom aus Hyperurikämie, Gicht und neurologischen Störungen. Mutationen, die zu einer verminderten Enzymaktivität führen, verursachen Hyperurikämie und Gicht mit diskreten oder keinen neurologischen Symptomen.

Das Gen für HPRT liegt auf dem langen Arm des X-Chromosoms zwischen den Genen für PRPP-Synthetase und Glukose-6-Phosphat-Dehydrogenase. Der molekulare Aufbau des Gens und fünf verschiedene Defekte, die durch einzelne Aminosäuresubstitution zu funktioneller Inaktivität des Enzyms führen, sind bekannt (Tabelle 2.10). Die DNS des Gens ist als Genprobe erhältlich und kann zur Diagnostik eingesetzt werden.

Da Patienten mit Lesch-Nyhan-Syndrom körperlich und geistig schwer behindert sind, stellt sich für den Genetiker die Frage, bei gesunden Trägerinnen den Gendefekt nachzuweisen. Dies kommt entsprechend dem X-chromosomalen Erbgang bei Schwestern, Tanten mütterlicherseits und den Töchtern von erkrankten Männern in Frage.

Abbildung 2.38 zeigt den Stammbaum einer Modellfamilie mit Lesch-Nyhan-Syndrom. Der Sohn ist erkrankt, die Mutter muß demnach heterozygote Überträgerin des defekten Gens sein. Da die Familie noch 2 weitere Töchter hat, soll ermittelt werden, ob bei den Töchtern eben-

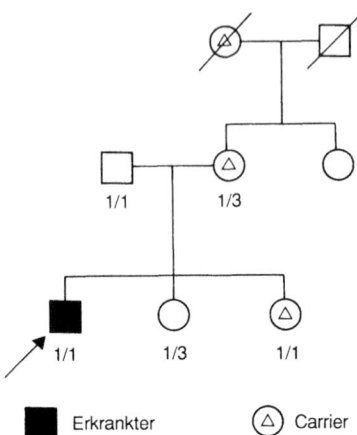

Abb. 2.38. Stammbaum einer Modellfamilie mit Lesch-Nyhan-Syndrom und Restriktionsenzymanalyse des HPRT-Gens

■ Erkrankter   △ Carrier

falls ein defektes Gen nachweisbar ist; deren Söhne würden nämlich unweigerlich ein Lesch-Nyhan-Syndrom entwickeln.

Um diese Frage zu beantworten, wird DNS isoliert und bei allen Familienangehörigen eine DNS-Analyse mit dem Restriktionsenzym BamHI durchgeführt. Die Genprobe erkennt 3 verschiedene, mit BamHI erzeugte Fragmentmuster, die wie folgt interpretiert werden können: Individuen mit 2 Fragmenten von 25 kb und 22 kb Länge werden als B1 B1 genotypisiert. Individuen mit 2 Fragmenten von 25 kb und 12 kb werden als B2 B2 genotypisiert und Individuen mit 2 Fragmenten von 22 kb und 18 kb als B3 B3. Entsprechend besitzen Individuen mit 2 verschiedenen Genen kombinierte Bandenmuster (Abb. 2.39).

Zur Analyse des Stammbaums wird zuerst festgestellt, an welches Chromosom das defekte Gen gekoppelt ist. Da der von der Erkrankung betroffene Sohn 2 als B1 genotypisierte Chromosomen besitzt, muß das defekte Gen auf einem B1-Chromosom liegen. Die Mutter ist als B1 B3 zu genotypisieren, dadurch sind die beiden Chromosomen unterscheid-

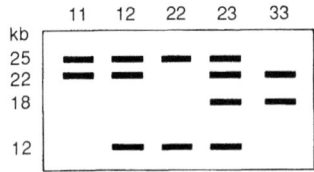

Abb. 2.39. Schematisiertes Bandenmuster dreier Allele des HPRT-Gens nach Restriktionsenzymverdauung mit BamHI wie sie mit einer 1,6 kb großen Genprobe der cDNS des HPRT-Gens dargestellt werden können. (Genprobe isoliert von Jolly et al. 1983)

bar, und die Vererbung auf die Töchter kann studiert werden. Die ältere Tochter ist als B1 B3 genotypisiert und hat demnach das gesunde B3-Chromosom der Mutter vererbt bekommen. Sie ist deshalb nicht Carrier und kann kein defektes Gen weitervererben. Die jüngere Tochter hat das den Gendefekt tragende B1-Chromosom der Mutter vererbt bekommen, ist Carrier und wird das defekte Gen auf alle ihre männlichen Nachkommen weitervererben.

PRPP-Synthetase

1972 wurde erstmals eine erhöhte Enzymaktivität der Phosphoribosylpyrophosphat-Synthetase (PRPP-Synthetase) als Ursache von vermehrter Harnsäureproduktion gezeigt. In der Folge sind einige weitere Familien mit demselben Enzymdefekt bekannt geworden, in denen vermehrte Aktivität der PRPP-Synthetase zu einer gesteigerten Harnsäureproduktion und nachfolgender Gicht führte. Fünf verschiedene Enzymdefekte sind bekannt, die alle erhöhte Aktivität zeigen und zur Beschleunigung der Purinsynthese führen. Während die biochemischen Änderungen des Moleküls gut untersucht sind, ist über das Gen bisher wenig bekannt. Aufgrund des Erbgangs kann die Lokalisation auf dem X-Chromosom bestimmt werden, auf dem langen Arm zwischen α-Galaktosidase und HPRT. Durch Isolierung und Klonierung des Gens wird sicher in Zukunft auch für diese Störung im Purinstoffwechsel eine Genprobe zur Verfügung stehen.

Literatur

Gibbs DA, Headhouse-Benson CM, Watts RWE (1986) Family studies of the Lesch-Nyhan-syndrome: the use of a restriction fragment length polymorphism (RFLP) closely linked to the disease gene for carrier state and prenatal diagnosis. J Inher Metab Dis 9: 45–58

Hall AP, Barry PE, Dawber TR, McNamara M (1967) Epidemiology of gout and hyperuricemia: A long term population study. Am J Med 42: 27

Jolly DJ, Okayama H, Berg P, Esty AS, Filpula D, Bholen P, Johnson GG, Shively JE, Hunkapillar T, Friedmann T (1983) Isolation and characterisation of a full-length expressible cDNA for the human hypoxanthine phosphoribosyltransferase locus in man. Proc Acad Sci 80: 477–481

Mertz DP (1983) Gicht: Grundlagen, Klinik und Therapie, 4. Aufl. Thieme, Stuttgart

Wyngaarden JB, Kelley WN (1987) Gout, in: Stanbury JB, Wyngaarden JB, Fredrickson DS, Goldstein JL, Brown MS (eds) The metabolic basis of inherited disease, 5th edn. McGraw-Hill, New York

3 Klinik der Gicht

3.1 Hyperurikämie

N. Zöllner

3.1.1 Definition

Als Hyperurikämie bezeichnet man Harnsäurekonzentrationen im Plasma oder Serum, die über dem Normalbereich liegen. Die Feststellung einer Hyperurikämie setzt zum einen eine zuverlässige Methode für die Harnsäurebestimmung voraus, zum anderen erfordert sie eine Festlegung dessen, was als normal bezeichnet wird.

Die Grenzen des Normalen können verschieden definiert werden. Die einfachste Definition ist eine statistische, bei der die Ergebnisse einer Population, die nach den üblichen medizinischen Kriterien als gesund zu bezeichnen ist, für die Festlegung des Normalwertbereichs verwendet werden. Eine zweite, mit der statistischen Definition nicht notwendigerweise übereinstimmende Definition des Normalen kommt aus der klinischen Erfahrung, eine weitere aus der Pathophysiologie. Man kann als normal aber auch jene Bereiche bezeichnen, die mit einer möglichst langen Gesundheit bzw. einer möglichst hohen Lebenserwartung verbunden sind. Die Gicht ist ein Beispiel für meist übersehene Schwierigkeiten bei der Beurteilung eines „Laborwerts".

Zu den methodisch bedingten Unterschieden in der Definition des Normalwerts treten physiologische Beeinflussungen, die dazu führen, daß die Grenzen des Normalen bei Männern und Frauen verschieden liegen, daß sie altersabhängig sein können und daß die Umwelt einschließlich der Nahrungsaufnahme (als einer Art Verbindung mit der Umwelt) eine erhebliche Rolle spielt. Es muß also erörtert werden, wie die verschiedenen genannten Faktoren die Festlegung der Grenzen des Normalen bzw. des Normalwertbereichs beeinflussen und wieviele Gesichtspunkte deshalb in die Beantwortung der Frage, ob ein zuverlässig erhobener Harnsäurewert hyperurikämisch oder normal ist, eingehen. Für Klinik und Praxis wird sich eine pragmatische Lösung ergeben, die in erster Linie auf der klinischen Erfahrung und der pathologischen Physiologie beruht. Wissenschaftliche Arbeiten, die ohne genaue Angabe der Definitionen zwischen normalen Harnsäurewerten und Hyperurikämie unterscheiden oder gar Befunde bei „Hyperurikämikern" den Befunden bei „Normalen" gegenüberstellen, sind ziemlich wertlos. Selbstverständlich ist ein Harnsäurespiegel über 10 mg/dl immer als hyperurikämisch anzusehen, ein Spiegel um 4 mg/dl immer als normal. Aber gerade im Falle der Harnsäure liegt die Mehrheit der erhobenen klinisch-chemischen Befunde dazwischen. Man muß also wissen, wie man die Grenze des Normalen definiert hat, und im Falle einer wissenschaftlichen Mitteilung muß man diese Definition in die Mitteilung einbringen.

Statistische Festlegung des Normalwertbereichs

Die übliche Definition des Normalwertbereichs besagt, daß er die überwiegende Mehrzahl der Werte, die bei gesunden Personen gefunden werden, umfaßt. Man hat sich geeinigt, daß im Normalwertbereich 95% aller Befunde, die bei Gesunden erhoben werden, zu liegen haben, gleichgültig ob die Verteilung der Werte einer Normalverteilung entspricht oder nicht. Handelt es sich um eine statistische Normalverteilung, so liegen 95,45% aller Beobachtungen innerhalb des Bereiches $\bar{x} \pm 2s$ (Abb. 3.1); läßt sich eine so einfache Behandlung der Daten nicht erreichen, so schneidet man bei einer kumulativen Auftragung aller Werte die unter-

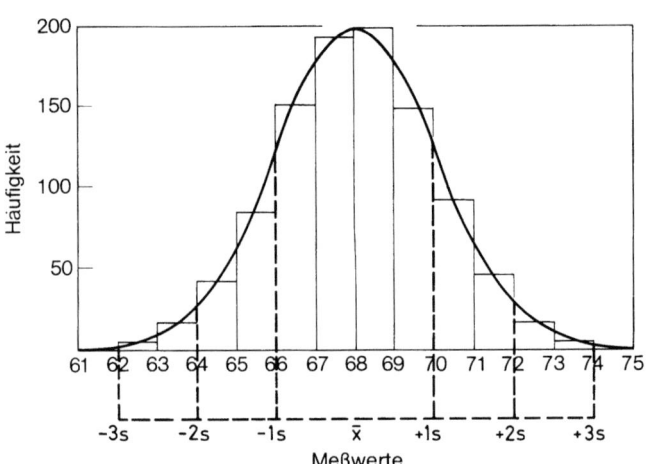

Abb. 3.1. Histogramm von 1000 (hypothetischen) Meßwerten und die entsprechende Kurve der Normalverteilung

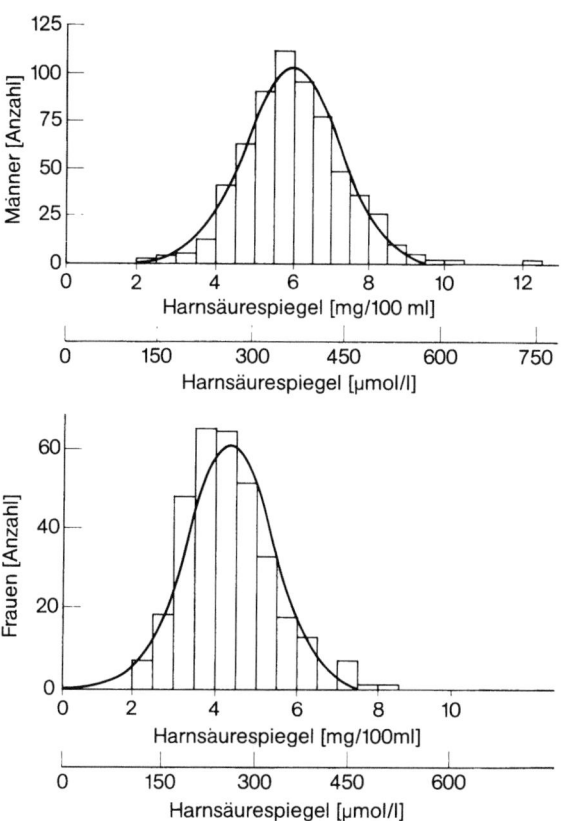

Abb. 3.2. Häufigkeitsverteilung der Harnsäureplasmaspiegel bei Männern *(oben)* und Frauen *(unten)* im Vergleich zu einer an den Mittelwert angepaßten Normalverteilung. *Ordinate:* Anzahl; *Abszisse:* Harnsäureplasmaspiegel in mg/100 ml und µmol/l. Der Maßstab der Ordinate ist bei Frauen gegenüber Männern vergrößert. (Nach Griebsch u. Zöllner 1973)

sten und obersten 2,5% der Werte von Gesunden aus dem Normalwertbereich heraus. Bei diesen beiden Vorgehensweisen liegen jeweils 2,27 bzw. 2,5% der bei Gesunden bzw. anscheinend Gesunden gefundenen Werte jeweils oberhalb bzw. unterhalb der Grenzen des Normalwertbereichs. Dies bedeutet, daß jeder Vierzigste fälschlich als hyperurikämisch im statistischen Sinne bezeichnet wird. (Selbstverständlich kann man die Normalwertgrenzen weiter stecken, aber je weiter man diese Grenzen steckt, desto undeutlicher werden die Abgrenzungen gegenüber krankhaften Werten. Die Festlegung auf die 95%-Grenze bedeutet einen Kompromiß, dessen Brauchbarkeit jeweils zu prüfen ist. Keinesfalls handelt

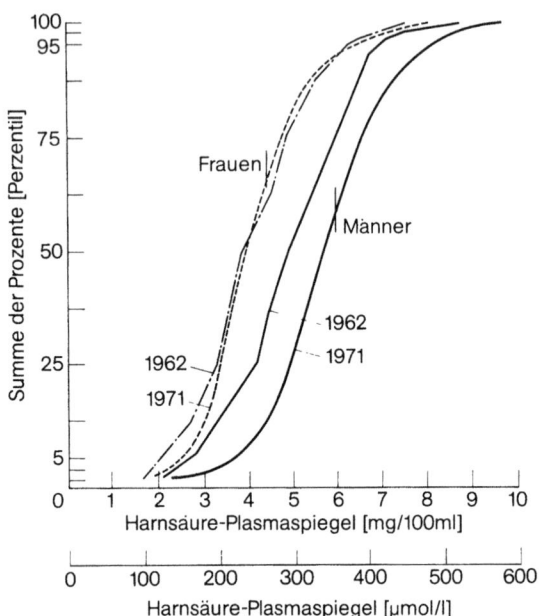

Abb. 3.3. Kumulative Auftragung der Harnsäurespiegel. Diese Art der Auftragung macht Abweichungen von der statistischen Normalverteilung deutlich. Vor allem bei den Frauen ist der untere Teil der Kurve steiler, und der durch den senkrechten Strich gekennzeichnete Mittelwert liegt über 50%, wo er bei echter Normalverteilung liegen müßte

es sich bei den statistischen Normalwertbereichen, die bei gesunden Personen gewonnen wurden, um „harte Daten", die im Einzelfall eine Entscheidung über krank oder gesund erlauben.) Die Anwendung des Gesagten auf die Bewertung der Serumharnsäure findet man in Abb. 3.2. Beim ersten Blick sieht es so aus, als ob eine statistische Normalverteilung vorläge. Genaueres Hinsehen zeigt jedoch, besonders bei den Werten, die bei Frauen gewonnen wurden, daß auf der linken Seite der Kurve das Histogramm über die Kurve hinausragt, während es rechts vorwiegend unter der Kurve liegt. Da bei der Normalverteilung der häufigste Wert und der Mittelwert identisch sein müssen, beweist die Darstellung, daß bei der Harnsäure keine Normalverteilung vorliegt, die Kurve vielmehr statistisch gesehen „schief" ist: Das Histogramm ist ehrlicher als die rein rechnerische Angabe von x̄ und s. Werden die gleichen Werte in einer Summen-Häufigkeits-Kurve aufgetragen (Abb. 3.3), so kommt man zum gleichen Ergebnis. Abbildung 3.3 zeigt nicht nur noch sinnfälliger als Abb. 3.2, daß der Normalbereich der Harnsäurewerte

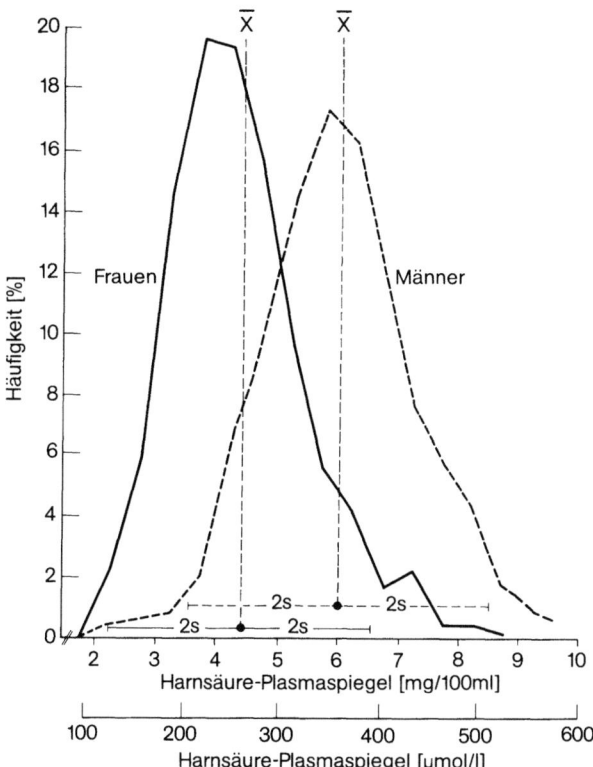

Abb. 3.4. Relative Häufigkeitsverteilung der Harnsäureplasmaspiegel 1971 bei Männern und Frauen in Prozent der jeweiligen Gesamtzahl; $\bar{x}$: Mittelwert

beim weiblichen Geschlecht anders liegt als beim männlichen, sie zeigt vor allem auch, daß einzelne seltene Extremwerte den „Normalwertbereich" mitbestimmen.

Von Abb. 3.3 ausgehend gelangt man zu Abb. 3.4, in der die relativen Häufigkeiten dargestellt sind. Auch hier sind wieder die häufigeren Werte niedriger als die Mittelwerte und zeigen, daß der Mittelwert durch eine verhältnismäßig kleine Zahl von „Normalpersonen" mit höheren Harnsäurewerten bestimmt wird. Unabhängig von der verwendeten statistischen Methode ergeben sich bei der Normalbevölkerung Grenzwerte der Hyperurikämie, die bemerkenswert ähnlich sind (Tabelle 3.1). Wir können daraus zunächst einmal schließen, daß für die Auswertung der Befunde, d. h. die Darstellung des Normalwertbereichs, die statistische Methode keine allzu große Rolle spielt, zumindest bei Männern. Wir

Tabelle 3.1. Statistische Festlegung der oberen Grenze des Normalwertbereichs für Harnsäure aufgrund einer Bevölkerungsuntersuchung in Süddeutschland 1971. (Nach Griebsch u. Zöllner 1973)

	Definition der Hyperurikämiegrenze	
	$\bar{x} + 2s$	97,5%
Männer		
mg/dl	8,44	8,60
μmol/l	502	512
Frauen		
mg/dl	6,47	7,10
μmol/l	385	422

haben nun zu betrachten, welche anderen Faktoren die statistischen Festlegungen beeinflussen.

Bereits Abb. 3.3 und Tabelle 3.1 zeigen, daß unabhängig von der Methodik der Auswertung ein Geschlechtsunterschied besteht, der schon lange bekannt ist. Solche Geschlechtsunterschiede sind auch bei anderen Normalwertbereichen bekannt, z. B. beim Serumcholesterin oder beim Grundumsatz. Eine Durchsicht der Literatur ergibt aber weitere Abhängigkeiten, z. B. bei Frauen vor allem vom Lebensalter (wahrscheinlich im Zusammenhang mit der Menopause), während bei Männern keine deutliche Altersabhängigkeit festgestellt werden kann. Der Normalwertbereich bei Frauen ist also von der Altersverteilung des gewählten Kollektivs abhängig. Eine interessante weitere Abhängigkeit ergibt sich bei Betrachtung des Körpergewichts. Wenngleich die Streuung ziemlich groß ist, so kann doch statistisch zuverlässig festgestellt werden, daß mit zunehmendem Körpergewicht auch die obere Grenze des Normalwertbereichs der Serumharnsäure ansteigt. Dementsprechend wird man wiederum, selbst bei gegebener Altersunabhängigkeit, in einem Sportlager mit Normalgewichtigen einen niedrigeren Normalwertbereich feststellen als in einem Ferienhotel mit einem hohen Anteil übergewichtiger Männer.

Die Überlegungen lassen sich fortspinnen. So haben Griebsch u. Zöllner (1973) gezeigt, daß unter den Berufsgruppen, die mit Lebensmitteln zu tun haben, speziell bei Köchen, die Harnsäurewerte deutlich höher lagen als in der gesamten Bevölkerung, obwohl das Durchschnittsgewicht der Köche nur wenig höher als das der untersuchten Gesamtbevölkerung war. Nimmt man nun noch hinzu, daß verhältnismäßig harmlose Arzneimittel wie Salizylate und Arzneimittel, die regelmäßig genommen werden, wie Ovulationshemmer, die Harnsäurespiegel beeinflussen, so wird verständlich, daß die rein statistische Aufarbeitung von noch so sorgfältig gewonnenen Werten von Personen, deren Gesundheitszustand auch objektiv gut ist, zwar zu statistisch sauberen Werten führen kann, aber nicht zu biologisch oder klinisch brauchbaren Werten führen muß. Dies entwertet die Bedeutung solcher Untersuchungen keinesfalls, vor allem nicht ihre demographischen Aspekte, die mannigfaltig, z. B. in bezug auf die Ernährung, ausgewertet werden können.

In neuen, unveröffentlichten Untersuchungen meiner Klinik haben Gresser et al. (1990) an 3200 Blutspendern und Blutspenderinnen für Männer als Mittelwert der Serumharnsäure 5,9 mg/dl, für Frauen 4,2 mg/dl festgestellt. Die obere Grenze des statistischen Normalwertbereichs ($\bar{x}$ + 2s) betrug für Männer 8,22 mg/dl, für Frauen 6,08 mg/dl, dies in guter Übereinstimmung mit Griebsch u. Zöllner (1973). Auch die Altersabhängigkeit der Serumharnsäurewerte bei Frauen bestätigte sich in vollem Umfang an 1103 Proben.

Pathophysiologische Definition der Hyperurikämie

Wird im Plasmawasser das Löslichkeitsprodukt des Natriumurats überschritten, so können Uratkristalle ausfallen, die für die Manifestation der Gicht verantwortlich sind. Diese grundsätzliche Betrachtung haben Peters u. van Slyke bereits 1946 angestellt und damals für das Natriumurat eine Löslichkeit im Plasmawasser (bei einem pH-Wert von 7,4 und der bekannten Ionenkonzentration) von 6,4 mg/dl (380 µmol/l) berechnet. Diese Werte gelten wohlgemerkt für das Plasmawasser, eine virtuelle Lösung, die im Körper nicht vorkommt.

Über die Löslichkeit der Harnsäure im Plasma ist wenig bekannt. Klinenberg et al. (1963) geben an, Lösungen von 8,5 mg/dl hergestellt zu haben; sie bezeichnen diese Lösungen als übersättigt. Die Befunde von Klinenberg et al. erklärten, daß im Plasma Harnsäurekonzentrationen festgestellt wurden, die über der „Löslichkeitsgrenze" liegen.

Für das Verständnis der Gicht sind die Werte von Peters u. van Slyke entscheidend, denn die interstitielle Flüssigkeit ist eiweißarm und dürfte mit ihrer Löslichkeit für Natriumurat in der Nähe des für das Plasmawasser berechneten Wertes liegen. Dies stimmt mit der klinischen Beobachtung überein, daß Gichtanfälle im allgemeinen nur bei Harnsäurespiegeln über 6,5 mg/dl auftreten.

Klinische und prognostische Abgrenzung der Hyperurikämie

Die Definition des Normalwertbereichs leitet sich ausschließlich aus der Untersuchung anscheinend Gesunder ab. Der Bereich der Werte, die bei Kranken gewonnen werden, überlappt sich mit dem Normalwertbereich.

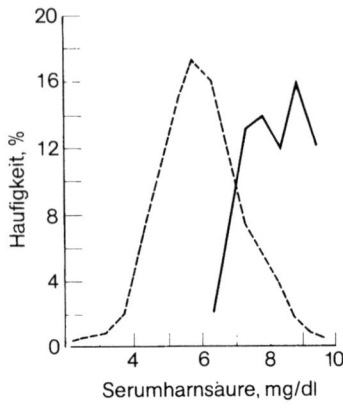

Abb. 3.5. Häufigkeitspolygone der Serumharnsäure von Gesunden (Süddeutschland 1971) und Gichtpatienten (Daten aus der amerikanischen Literatur). Die gewählte Darstellungsweise läßt die Überschneidung der Kollektive erkennen

Abbildung 3.5 zeigt dies unter Verwendung des süddeutschen Normalwertbereichs von 1971 und Angaben über die Harnsäurespiegel von Gichtpatienten aus der amerikanischen Literatur. Dementsprechend weisen seit längerer Zeit Autoren darauf hin, daß im Bereich von 6,0 bis 8,0 mg/dl oder von 6,5 bis 8,5 mg/dl (unsere eigenen Erfahrungen) eine Grauzone besteht, deren Harnsäurewerte sowohl bei Gesunden als auch bei Gichtkranken vorkommen.

Diese Überlappungen sähen wahrscheinlich anders aus, wenn man vor Gewinnung des Normalwertbereichs die Träger des Gens der familiären Hyperurikämie eliminieren könnte. Hierzu fehlen jedoch noch handhabbare Heterozygotentests. Ebenfalls anders lägen die Überlappungen, wenn es gelänge, die mit der Hyperurikämie verbundenen zukünftigen Risiken vorab zu erkennen und auch Personen aus Risikogruppen aus dem Normalwertbereich in korrekter Weise zu eliminieren.

Letzten Endes werden sich die Überlappungen zwischen einem Patientenkollektiv und dem Normalwertbereich immer dann ändern, wenn Umwelteinflüsse auf den Harnsäurespiegel, speziell die Ernährung, sich ändern.

Nach unseren eigenen klinischen Beobachtungen kommen Gichtanfälle bei Harnsäurespiegeln unter 6,5 mg/dl äußerst selten vor. Bis 1973 beobachteten wir 2 Fälle, seither keine mehr. Der Anteil lag bereits 1973 unter 1%. Heute gehen wir davon aus, daß bei einem Gichtanfall Werte unter 6,5 mg/dl nur dann gefunden werden, wenn der Patient unter einer Therapie steht, die den Harnsäurespiegel senkt, oder wenn er kurz vor dem Anfall seine Ernährungsweise drastisch geändert hat; es ist bekannt, daß für eine gewisse Zeit nach der Einleitung einer den Harnsäurespiegel senkenden Therapie noch Gichtanfälle auftreten können.

Definition der Hyperurikämie für den Gebrauch in der Praxis

Weil die Gicht und die Nephrolithiasis die wichtigsten und bei langfristigem Bestehen der Hyperurikämie fast unausweichlich auftretenden Folgen der Hyperurikämie sind, muß die Definition der (pathologischen) Hyperurikämie von der Gicht ausgehen. Man muß alle Harnsäurewerte über 6,5 mg/dl als hyperurikämisch bezeichnen.

Für differenziertere Betrachtungsweisen lohnt es sich jedoch auch in der Praxis, die anderen Normalwertgrenzen, wie sie in Tabelle 3.1 dargestellt sind, im Auge zu behalten. So kann bei Frauen die Erhöhung der Plasmaharnsäure auf Werte zwischen der oberen Normalwertgrenze und 6,5 mg/dl Ausdruck einer anderen Krankheit, die mit Hyperurikämie einhergeht, sein. Bei den Männern liegt der entsprechende Fall anders: Für die Diagnose einer durch eine Krankheit verursachten Hyperurikämie wird man eine Erhöhung über die statistischen Normalwertbereiche fordern müssen. Die Grauzone zwischen Hyperurikämie, die zur Gicht führen kann (6,5 mg/dl), und der statistischen Hyperurikämiegrenze (Tabelle 3.1) ist bei den Männern ein Bereich, in dem zwischen dem potentiellen Gichtiker und der ernährungsbedingten Hyperurikämie schwer unterschieden werden kann.

3.1.2 Diagnose der Hyperurikämie

Chemie der Harnsäurebestimmung (Methoden)

Alle modernen Methoden zur Bestimmung der Harnsäure beruhen auf der spezifischen Oxidation dieser Substanz durch Urikase zu Allantoin.

$$Harnsäure + 2\ H_2O + O_2 \rightarrow Allantoin + CO_2 + H_2O_2.$$

Bei dieser Reaktion wird der Sechserring der Harnsäure aufgebrochen, die Doppelbindungen verschwinden aus dem verbleibenden Ring, und es entsteht Wasserstoffperoxid.

Die älteren Methoden zur Bestimmung der Harnsäure beruhten auf der Reduktion von Phosphorwolframsäure durch Harnsäure, wobei ein blauer Farbstoff entstand. Die Methode war jedoch weder ganz quantitativ noch sehr spezifisch. Man konnte sie sehr viel spezifischer machen, indem man die Reaktion einer Probe mit Phosphorwolframsäure sowohl vor als auch nach der Einwirkung von Urikase durchführte und die Harnsäure aus der Differenz bestimmte.

Methoden dieser Art sind immer noch im Gebrauch, vor allem in angelsächsischen Ländern. Ihr Vorzug sind Einfachheit und geringe Störanfäl-

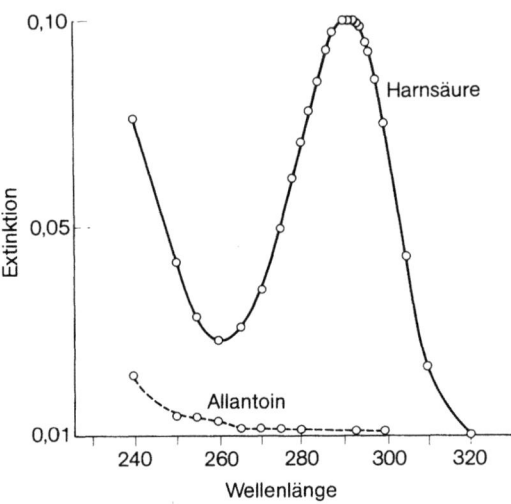

Abb. 3.6. Verschwinden des Harnsäurespektrums bei pH 9,3 unter der Einwirkung der Urikase

ligkeit, ihr Nachteil eine gewisse Umständlichkeit; außerdem sind die Ergebnisse häufig etwas zu niedrig. Es handelt sich jedoch bei dieser Differenzmethode durchaus um eine enzymatische Methode, deren Resultate wissenschaftlich verwendet werden können, wenn sie sorgfältig durchgeführt wird.

Wegen methodischer Vorbehalte gegen die Phosphorwolframsäuremethode haben wir (Zöllner 1963) in Deutschland die direkte Bestimmung des Verschwindens der Harnsäure aus dem Serum unter Urikaseeinwirkung durch Photometrie im Ultraviolettbereich eingeführt. Diese Methode beruht darauf, daß Harnsäure bei 293 nm ein Absorptionsmaximum hat, während Allantoin dort kein Licht absorbiert (Abb. 3.6). Die Methode bestimmt also die Oxidation der Harnsäure direkt und ist dementsprechend nach wie vor als die Referenzmethode anzusehen. Sie ist mehrfach modifiziert worden; für eine leicht greifbare Beschreibung wird auf Scheibe et al. (1974) verwiesen.

Die Nachteile der Methode bestehen neben dem verhältnismäßig hohen apparativen Aufwand (UV-Spektrophotometer, Quarzküvetten) in der Notwendigkeit, äußerst sorgfältig zu arbeiten, weil sich die Harnsäurekonzentration als kleine Differenz großer Extinktionswerte ergibt. Ihr Vorteil ist die absolute Spezifität.

Heute ist die gängigste Methode eine Bestimmung, bei der nicht das Verschwinden der Harnsäure (oder das Auftreten des Allantoins) gemessen, sondern bei der das Oxidationsprodukt Wasserstoffperoxid weiter umgesetzt wird. Unter der Einwirkung der Katalase oxidiert Wasserstoffperoxid eine stöchiometrische Menge Methanol zu Formaldehyd.

$$H_2O_2 + CH_3OH \rightarrow 2H_2O + HCHO.$$

Anschließend wird Formaldehyd mit Acetylaceton und Ammoniak umgesetzt, wobei ein gelber Farbstoff entsteht, dessen Intensität der Harnsäurekonzentration proportional ist.

Diese Methode (vgl. Scheibe et al. 1974) ist die heute wohl meist gebrauchte. Da der gebildete Farbstoff im sichtbaren Licht (bei 405 nm) absorbiert wird, sind die apparativen Voraussetzungen wesentlich geringer, außerdem ist der Test kommerziell erhältlich. Unserer eigenen Erfahrung nach stimmen die Ergebnisse mit denen der direkten spektrophotometrischen Bestimmung weitgehend überein. Nachteilig ist die Erhöhung des Leerwerts durch Arzneimittel, die in der Gichtbehandlung verwendet werden, so daß bei der Analyse von Gichtikerseren sorgfältig und im Duplikat bestimmt werden sollte. Doppelwerte, die nicht ausreichend gut übereinstimmen, sollten, wie auch bei der spektrophotometrischen Bestimmung, verworfen werden.

Voraussetzungen für die Probennahme

Für diagnostische Zwecke, besonders aber für Zwecke der Beurteilung einer Therapie, sollten Harnsäurebestimmungen grundsätzlich nur an dem morgens entnommenen Nüchternserum durchgeführt werden. Der methodische Grund hierfür ist, daß eine Trübung des Serums durch resorbierte Triglyzeride (Chylomikronen) die Bestimmungsgenauigkeit verringert. Der physiologische Grund ist eine deutliche Tagesrhythmik, die es nicht erlaubt, Unterschiede zwischen Werten, die zu verschiedenen Tageszeiten gewonnen wurden, zuverlässig auf therapeutische Maßnahmen zu beziehen.

Die grundsätzliche Beschränkung der Analyse auf den Frühnüchternwert bedeutet nicht, daß die Untersuchung von Proben, die zu anderen Tageszeiten gewonnen wurden, zwecklos ist. Speziell beim Gichtanfall wird man vor Einleitung der Behandlung eine Blutprobe abnehmen (es sei denn, die Diagnose ist ohnedies sicher) und mit der Abnahme nicht erst bis zum nächsten Morgen warten, geschweige denn die Therapie so lange zurückstellen. Leider enthalten einige Bücher über die Bewertung von Laboruntersuchungen den Vermerk, daß Nüchternblut nicht notwendig ist; dies ist falsch. Für wissenschaftliche Zwecke und für Verlaufsbeurteilungen ist sogar der Frühnüchternwert notwendig.

Am häufigsten wird Harnsäure im Zusammenhang mit Diagnose und

Therapie der Gicht und der Nephrolithiasis bestimmt, daneben bei Durchuntersuchungen zur Beurteilung eines Gesundheitsrisikos. In all diesen Fällen hat man darauf zu achten, daß der Patient vor der Blutabnahme seine Lebensgewohnheiten nicht ändert. Dies bedeutet, daß vor der Blutabnahme die Eßgewohnheiten, wie sie in den letzten Wochen und Monaten bestanden haben, beibehalten werden müssen. Dies bedeutet auch, daß der für den Patienten übliche Alkoholkonsum am Tage vor der Untersuchung nicht geändert und eine chronische Arzneimitteltherapie vor der Blutabnahme nicht abgesetzt werden darf. Ändert man nämlich eine dieser drei genannten Größen, so ändert man auch den Frühnüchternwert der Harnsäure und kann keine Rückschlüsse auf die Situation ziehen, in der sich der Patient zur Zeit seiner Erkrankung bzw. seiner Untersuchung befand.

Wird unter den geschilderten Bedingungen eine Hyperurikämie festgestellt, so kommen neben den genannten drei Faktoren (Ernährung, Alkohol, Medikamente) nur noch Krankheiten als Ursache in Betracht. Stellt sich also die Frage, ob eine Hyperurikämie exogen (d. h. durch einen der drei Faktoren bedingt) oder endogen (d. h. krankheitsbedingt) ist, so kann man, falls diese Frage nicht klinisch zu entscheiden ist, durch Verringerung der exogenen Faktoren eine Lösung finden. Dies ist allerdings nur selten notwendig. Immerhin lohnt es sich gelegentlich festzustellen, ob bei einer Nephropathie die Hyperurikämie auf die Nierenkrankheit oder auf die verwendeten Saluretika zurückzuführen ist oder ob bei einem Patienten mehr das Essen oder mehr das Trinken für die Hyperurikämie verantwortlich gemacht werden muß.

Normourikämie ist das Ziel der Behandlung. Nicht ganz selten ist sie allerdings auch das Resultat einer Behandlung mit Arzneimitteln, die nicht gegen die Hyperurikämie eingesetzt wurden, zu deren Nebenwirkungen aber eine Erhöhung der Harnsäureausscheidung gehört. Dies ist für die Diagnostik der Gicht bzw. einer früher bestehenden Hyperurikämie insofern wichtig, als in den ersten Monaten nach erreichter Normalisierung der Harnsäure im Plasma und Interstitium Gichtanfälle noch auftreten können. Ein normaler Harnsäurespiegel beim behandelten Patienten schließt also die Diagnose Gichtanfall nicht aus, falls diese Behandlung erst in den letzten Monaten vor dem Gichtanfall in Gang gesetzt wurde. Als Ursachen für die Normalisierung früherer hyperurikämischer Harnsäurespiegel kommen, neben der gezielten Therapie der Hyperurikämie, mäßige Reduktionsdiäten, die aus anderen Gründen eingehalten werden, Beginn einer Alkoholabstinenz, z. B. im Rahmen der Behandlung einer Hepatopathie, Behandlung mit Dicumarol- bzw. Phenylindandionderivaten zur Senkung des Prothrombinspiegels, Zufuhr von Muskelrelaxanzien und sogar die Wirkung einiger oraler Antidiabetika in Frage. Ganz sicher ist man vor Überraschungen nie, und eines der wirksameren urikosurischen Medikamente wurde ganz zufällig entdeckt, als man bei normourikämischen Patienten unter diesem Medikament, das seinerzeit unter anderer Indikation gegeben wurde, Gichtanfälle fand.

3.1.3 Differentialdiagnose der Hyperurikämie

Heute müssen Essen und Trinken als die häufigsten Ursachen einer mäßigen Hyperurikämie angesehen werden. Der differentialdiagnostische Wert einer mäßigen Hyperurikämie ist dadurch stark eingeschränkt, und zwar um so mehr je deutlicher der Patient Zeichen der Überernährung bzw. des reichlichen Alkoholkonsums zeigt.

Für die Differentialdiagnose zwischen einzelnen Krankheiten ist die Bestimmung der Harnsäure verhältnismäßig unwichtig. Sie ist wichtig für die Diagnose der Gicht und der Uratnephrolithiasis, und sie kann gelegentlich zu einer genaueren Beschreibung von Funktionsstörungen der Niere mit herangezogen werden. Neben ihrer Bedeutung in der Diagnostik der Gicht hat sie aber einen beachtlichen Wert als Suchtest, denn eine Hyperurikämie weist nicht ganz selten auf Ernährungsschäden bzw. auf unerwartete Krankheiten des hämatopoetischen Systems oder des Stoffwechsels hin. So wird man nach Feststellung einer Hyperurikämie im Bereich von 6,5 bis 8,5 oder 9 mg/dl prüfen, ob eine Adipositas oder ein vermehrter Alkoholkonsum vorliegt und gegebenenfalls den Patienten darauf hinweisen, daß er seine Gesundheit gefährdet. Im Laufe der Jahre haben wir aber auch zunächst unerwartete hämatologische Krankheitsbilder festgestellt, frühzeitig gewisse Nierenleiden diagnostiziert und gelegentlich Stoffwechselraritäten gefunden.

Läßt sich eine Hyperurikämie nicht ohne weiteres auf eine familiäre Gicht oder auf Überernährung zurückführen, so empfiehlt es sich zur Feststellung der häufigeren Formen der Hyperurikämie, zunächst einmal an Krankheiten des hämatopoetischen Systems und der Nieren zu denken. Diagnostisch genügen hierfür zunächst eine sorgfältige Anamnese, eine genaue Auswertung des Differentialblutbilds und eine Bestimmung von Kreatinin, Harnstoff-N und Kalium im Serum. Tabelle 3.2 gibt die Vielfalt der Ursachen einer Hyperurikämie wieder. In Abschnitt 3.1.4 wird unter dem Titel Fließgewicht erläutert werden, daß bei der Hyperurikämie immer eine Überproduktion oder eine verminderte Ausscheidung oder eine Kombination aus beiden vorliegen muß.

Tabelle 3.2. Ursachen der Hyperurikämie

Vermehrte Harnsäurebildung aus exogenen Purinen
- Überernährung
- Bevorzugung nukleinsäure- bzw. purinreicher Lebensmittel

Vermehrte Harnsäurebildung aus endogenen Purinen
- Vermehrter Purinumsatz bei erhöhtem Zellkernumsatz
  Polyzythämie
  Osteomyelosklerose mit myeloischer Metaplasie
  Akute Leukämien
  Chronische myeloische Leukämien
  Zytostatische Therapie und Bestrahlungen
  Remission von Anämien, speziell Perniziosa und hämolytischen Anämien
- Vermehrter Purinumsatz bei Störungen der Purinsynthese bzw. des Nukleotid-stoffwechsels
  Mangel an Hypoxanthin-Guanin-Phosphoribosyltransferase (HGPRTase) (partiell oder komplett) bei primärer juveniler Gicht oder Lesch-Nyhan-Syndrom
  Vermehrung der Phosphoribosylsynthetase
  Rasche Zufuhr von Fruktose, Sorbit oder Xylit
- Störungen des Kohlenhydratstoffwechsels
  Mangel an Glukose-6-phosphatase bei Glykogenose Typ I
- Vermehrte Harnsäurebildung unbekannter Genese

Verringerte Ausscheidungskapazität der Nieren
- Verringerung der funktionierenden Nephronen bei chronischen Nephropathien mannigfacher Genese
- Verminderung der Nierendurchblutung, z. B. bei der Hypothyreose
- Bleinephropathie
- Störung der Tubulusfunktion (verminderte Sekretion und/oder vermehrte Rückresorption) bei
  Hyperlaktatämie
    Hohe Alkoholspiegel
    Mangel an Glukose-6-phosphatase
    Schwangerschaftstoxikose
    Sarkoidose
  Hyperbetahydroxybutyratämie
    Fasten
    Diabetische Ketoazidose
  Bleinephropathie
  Arzneimittel
    Salizylate in niedriger Dosis, Pyrazinamid
    Saluretika
  Bartter-Syndrom

Pathophysiologisch nicht zuzuordnende Hyperurikämien
- Down-Syndrom
- Psoriasis

Vorgehen bei ungeklärter Hyperurikämie

Führen Ernährungs- und Arzneimittelanamnese sowie die Untersuchungen des blutbildenden Systems und der Nierenfunktion nicht zur Klärung einer Hyperurikämie, die man auch nicht mit einer Gichtikerfamilie in Zusammenhang bringen kann, so ist im Interesse des Patienten, seiner eventuellen Therapie, aber auch im Interesse des ärztlichen Verständnisses eine weitere Klärung unerläßlich. Diese weitere Klärung muß stationär erfolgen, da nur unter diesen Bedingungen eine genaue Überwachung des Patienten und eine präzise Harnsammlung möglich, wenngleich auch nicht immer gesichert sind. Wir haben in den meisten so untersuchten Fällen normale Verhältnisse gefunden und nachträglich feststellen müssen, daß Medikamente, über die mit dem Arzt nicht gesprochen wurde, ungenaue Anamnesen, ungenaue Voruntersuchungen der Hämatologie und der Ausscheidungsfunktionen, aber gelegentlich auch beabsichtigter Unterschleif für die Hyperurikämie verantwortlich waren. Raritäten haben wir auf diesem Wege im Laufe der Jahre nur wenige entdeckt. Dagegen haben wir vielen Patienten durch ein genaues Verständnis des Pathomechanismus ihrer Hyperurikämie ebenso helfen können wie ihren behandelnden Ärzten.

Die eigentliche Fragestellung bei der genaueren Abklärung einer anderweitig nicht zu deutenden Hyperurikämie ist, ob die Hyperurikämie mit einem vermehrten Harnsäureumsatz einhergeht oder nicht. Ein vermehrter Harnsäureumsatz ist, entsprechend dem Fließgleichgewicht der Harnsäure, durch die Messung der Harnsäureausscheidung im Steady state festzustellen.

Die zwei wichtigsten Voraussetzungen für die Feststellung des Steady state sind zuverlässige Nahrungsaufnahme und zuverlässige Analyse der Harnsäureausscheidung im Harn. Dementsprechend muß der Patient darüber belehrt werden, daß er die vom Krankenhaus zur Verfügung gestellte Nahrung voll zu verzehren hat, aber nichts darüber hinaus verzehren darf. Er muß, meist gemeinsam mit der Stationsschwester, genauestens über die Technik der Gewinnung eines 24-h-Harns informiert werden, und er ist täglich zu wiegen, weil zu einem Steady state des Stoffwechsels auch gehört, daß die Nahrungszufuhr dem momentanen Energiebedarf entspricht, isoenergetisch ist.

Werden die genannten Bedingungen gut eingehalten, so erreicht die Harnsäuretagesausscheidung innerhalb weniger Tage einen Wert, der nur noch gering schwankt (Abb. 3.7). Sind innerhalb dieses zeitlichen Bereichs der beinahe konstanten Harnsäureausscheidung auch noch Körpergewicht und Plasmaharnsäure konstant, dann darf ein ausreichendes Fließgleichgewicht angenommen werden, und man kann aus der Harnsäureausscheidung schließen, ob der Patient einen vermehrten

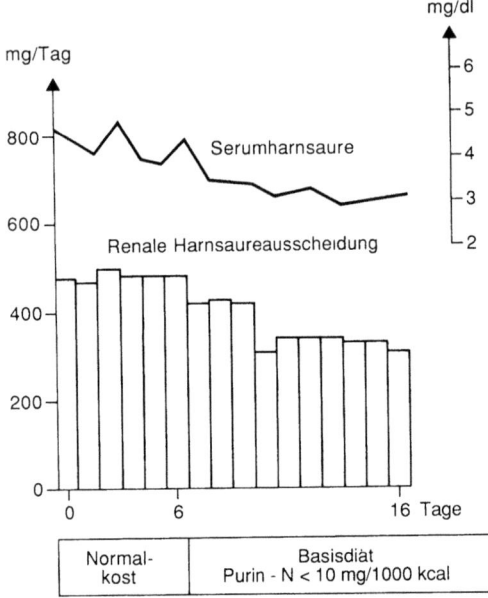

Abb. 3.7. Verhalten von Serumharnsäure und Harnsäureausscheidung im 24-h-Urin unter Normalkost und streng purinarmer Basisdiät

Harnsäureumsatz hat oder nicht. Bei dieser Beurteilung muß die Harnsäure im Serum unberücksichtigt bleiben, es sei denn, daß Einschränkungen der Nierenfunktion vorliegen und man annehmen muß, daß die renale Ausscheidung der Harnsäure verringert, die enterale erhöht ist. Aber diese Fälle bedürfen nicht der weiteren Abklärung im Sinne dieses Kapitels.

Ist unter den angegebenen Bedingungen einer üblichen Krankenhauskost die Harnsäureausscheidung normal, so handelt es sich, wenn weiterhin eine Hyperurikämie besteht, um einen Defekt der Ausscheidung. Bei den meisten dieser Patienten liegt eine Gicht bzw. eine familiäre Hyperurikämie vor, gelegentlich findet man bei eingehender Analyse doch noch eine funktionelle oder anatomische Schädigung der Nieren. Nicht ganz selten kommt es vor, daß unter den stationären Bedingungen eine Hyperurikämie verschwindet; dann wird man guten Gewissens dem Patienten sagen dürfen, daß seine Hyperurikämie auf eine zu reichliche Purinzufuhr bzw. einen zu hohen Alkoholkonsum zurückzuführen ist.

Besteht unter den genannten Bedingungen eine vermehrte Ausscheidung von Harnsäure fort, so liegt das Problem komplizierter. Als Erklärungsversuche kommen nämlich neben der zunächst naheliegenden Annahme einer vermehrten Harnsäureproduktion auch Untersuchungsfehler in

104

Frage oder ein nur vorgetäuschter Steady state, z. B. im Zusammenhang mit einer Veränderung des extrazellulären Flüssigkeitsvolumens. Man wird deshalb diese selteneren Patienten mit einer vermehrten Harnsäureausscheidung in eine zweite Untersuchungsphase überführen, in der man die Purinzufuhr auf nahe Null reduziert und dann die „endogene Uratquote" mißt. Hierzu eignen sich Formeldiäten, wie sie sowohl für wissenschaftliche Versuche angegeben (Zöllner et al. 1966, Mattson et al. 1982) als auch in den letzten Jahren für Sondenernährungen als sogenannte molekulare oder niedermolekulare Diäten in Anwendung gekommen sind. Soweit ihre Eiweißanteile als Milcheiweiß deklariert sind, können diese Diäten verwendet werden; gelegentlich empfiehlt sich eine Rückfrage beim Hersteller. Jedenfalls ist es aber richtig, während der Untersuchungsperiode die Art der gewählten Formeldiät nicht zu ändern. Sondennahrungen, die als Kohlenhydrat nicht Maltodextrin oder Glukose, sondern Fruktose, Sorbit oder Xylit enthalten, sind für Untersuchungen des Harnsäurestoffwechsels ungeeignet.

Nach Beginn der zweiten Periode wartet man wieder das Auftreten des Steady state ab, entsprechend den oben angegebenen Kriterien. Besonders sorgfältig achtet man dabei auf die Gewichtskonstanz während der eigentlichen Steady-state-Periode; eine Gewichtsänderung zu Beginn der Sondenernährung ist fast die Regel und weist lediglich auf eine Änderung des Wasserhaushalts hin.

Unter zuverlässig eingehaltener purinfreier Diät gehen bei allen Personen, die nicht vermehrt Harnsäure bilden, die Plasmaharnsäurewerte in den Bereich zwischen 3,0 und 3,5 mg/dl zurück, auch wenn gelegentlich Werte bis zu 5,5 mg/dl festgestellt werden.

Die Harnsäuretagesausscheidungen fallen im Mittel auf Werte um 320 mg ab, auch hier kommen höhere Werte vor, doch liegen diese selten über 420 mg/Tag.

Der Formeldiätversuch erlaubt eine endgültige Entscheidung, ob ein Patient vermehrt Harnsäure bildet oder nicht. Er erlaubt aber auch, und dies ist der Vorteil gegenüber dem Stoffwechselversuch mit Lebensmitteln, eine Kontrolle, ob der Patient seine Diät einhält, denn die Diät ist auch bezüglich Kalium und Stickstoff konstant, so daß die Kalium- und Harnstoff-N-Spiegel im Blut ebenfalls sehr konstant werden, ebenso die Ausscheidungen dieser Stoffe im Urin; ein Unterschleif ist unter diesen Bedingungen für den Laien so gut wie unmöglich. Entsprechen die Befunde nicht den Erwartungen, so darf allerdings nicht sofort Unterschleif angenommen werden, sondern das Pflegepersonal ist sorgfältig über die genaue Einhaltung der Versuchsbedingungen, speziell der Gewinnung des 24-h-Harns zu befragen. Häufig wird der Nachtharn nicht zuverlässig der ihm zugehörigen 24-h-Portion zugeteilt. Man achte deshalb darauf, daß der Patient zu einer vorgegebenen Morgenzeit den

Nachtharn der Probe des Vortags zugibt. Eine Bestimmung der Kreatininausscheidung kontrolliert die Genauigkeit der Sammlungen.

Harnsäure bildet im Harn eine übersättigte Lösung und fällt bei Aufbewahrung des Harns aus. Es ist deshalb notwendig, den Harn in Gefäßen aufzubewahren, deren Wände Harnsäure nicht absorbieren; hierzu eignen sich neue Glasgefäße am besten. Am zweckmäßigsten nimmt man Gefäße, die sich auch zum Umrühren gut eignen, weil nach Abschluß der Sammelperiode sehr energisch umgerührt werden muß, ehe ein aliquoter Teil für das Laboratorium entnommen wird. Im Anschluß an die Entnahme der Probe für das Laboratorium (die im Laboratorium wieder sorgfältig geschüttelt werden muß, ehe man sie verdünnt) stellt man die Tagesmenge unter Berücksichtigung der an das Laboratorium abgegebenen Menge fest. Ob eine Hemmung des Bakterienwachstums nötig ist, ist unentschieden. Die wirksamste Bakteriostase erreicht man wahrscheinlich mit der Aufbewahrung der Probe im Kühlschrank. Die Zugabe von Salzsäure war früher üblich, die Zugabe von Verbindungen wie Toluol reicht nicht aus. Da die üblichen Bakterien, die im Harn vorkommen, als Stickstoffquelle den reichlichen Harnstoff ohnedies bevorzugen, wird die Bedeutung der Bakteriostase für die Bestimmung der Harnsäureausscheidung meist überschätzt. Selbstverständlich muß man, wenn man mehrere Harnproben bis zur Analyse sammelt, diese einfrieren. Bei gefrorenen Proben ist doppelt sorgfältig darauf zu achten, daß sie vollständig aufgetaut werden, ehe man sie der Analyse zuführt, weil in einer teilweise aufgetauten Probe die Harnsäurekonzentrationen in der wäßrigen Phase und im Eis verschieden sind.

3.1.4 Pathogenese der Hyperurikämie: das Fließgleichgewicht der Körperharnsäure

> „Pool: deep still place in river".
> Eine der Definitionen im Concise Oxford Dictionary,
> 6th edn. Clarendon Press, Oxford, 1976

Harnsäure fließt durch den Körper wie Wasser durch einen Brunnen, Zuflüsse füllen das Becken, Abflüsse sorgen für die Leerung (Abb. 3.8). Der Wasserspiegel im Brunnen ergibt sich aus der Größe der Zuflüsse und dem Querschnitt der Abflüsse. Er steigt und fällt, bis die Spiegelhöhe über den Abflüssen einen Druck erzeugt, der den Abfluß dem Zufluß gleich macht. Sind Zufluß und Abfluß gleich, so steht der Wasserspiegel still, es besteht ein Fließgleichgewicht, ein Steady state. Nimmt aus irgendeinem Grund ein Zufluß zu oder ab, so ändert sich die Spiegelhöhe, bis ein neues Fließgleichgewicht erreicht wird, und Analoges

Abb. 3.8. Ein etwas ungebräuchlicher Brunnen, wie er vor allem in südlicheren Ländern gefunden wird, mit je zwei Zuflüssen und Abflüssen

gilt, wenn einer der Ausflüsse verändert wird. Die Wassermenge (der Pool) im Brunnen spielt bei diesem Fließgleichgewicht eine Rolle, weil sie die Spiegelhöhe mitbestimmt. Von der Wassermenge im Becken hängt es unter anderem aber auch ab, wie vollständig zufließendes Wasser sich mit dem vorhandenen mischt, ehe es den Abfluß erreicht.

In den vorangehenden Kapiteln wurden die chemischen Vorgänge geschildert, die dazu führen, daß dem Körper Harnsäure zufließt, die Mechanismen der Harnsäureausscheidung wurden diskutiert, und die mathematische Behandlung des Harnsäuredurchflusses durch den Körper wurde erläutert. Die Bedeutung dieser Ausführungen für das Verständnis der Pathogenese der Hyperurikämie läßt sich am Modell des Brunnens leicht erklären. Zunächst die Zuflüsse: Harnsäure entsteht immer und ausschließlich durch die Oxidation von Purinen, aber sie hat im Körper doch zwei deutlich verschiedene Vorläufer: die Nahrungspurine einerseits, die körpereigene Purinsynthese andererseits, deutlich verschieden nach dem Ort ihres Stoffwechsels, wohl aber auch nach den intermediären Abläufen. Der eine Zufluß, körpereigene Bildung, wird aufgedreht, wenn z. B. der Zellumsatz bei einer akuten Leukämie zunimmt, der andere geht mit der Menge und Art der Nahrungspurinzufuhr auf und zu. Werden die Nahrungspurine (bei normaler Energiezufuhr) auf Null reduziert, so entspricht die Zufuhr der körpereigenen Purinsynthese. Wartet man das neue tiefere Fließgleichgewicht, das sich nach einiger Zeit einstellt, ab, so ist die Ausscheidung wieder gleich der Zufuhr; sie wird als endogene Uratquote bezeichnet.

Die Abflüsse: Harnsäure wird renal und enteral ausgeschieden. Die renale Ausscheidung, im Tierversuch recht gut aufgeklärt, besteht aus einer Folge von Filtrations-Rückresorptions- und Sekretionsvorgängen, deren Zusammenspiel bewirkt, daß um so mehr Harnsäure renal ausge-

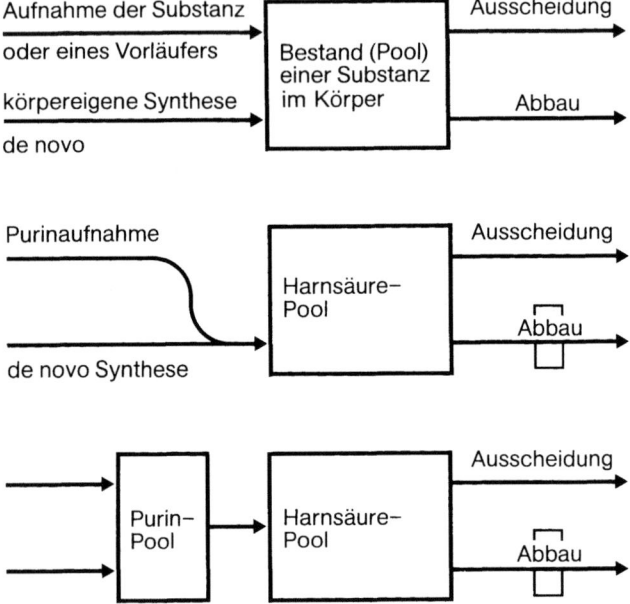

Abb. 3.9. Grundmodell eines „Stoffwechselpools" *(oben)* und Adaptation des Modells an die Situation des Harnsäurestoffwechsels *(Mitte* und *unten)*

schieden wird, je höher die Serumharnsäurekonzentration oder – um im Bild zu bleiben – der Serumharnsäurespiegel ist. Die verschiedenen Komponenten der enteralen Ausscheidung und ihrer Mechanismen sind weniger gut bekannt, wohl auch z. B. zwischen Parotis und Magen verschieden, aber auch hier kann als gesichert gelten, daß mindestens einige der ausscheidenden Organe um so mehr ausscheiden, je höher die Harnsäurespiegel sind. Die Ähnlichkeit mit dem Brunnen ist also auch von der Ausscheidung her gesehen gegeben.

Vergleiche soll man nicht zu weit treiben. Zwar fließen im Brunnen wie im menschlichen Stoffwechsel Mengen (hier Wasser, da Harnsäure) pro Zeiteinheit durch den Pool, aber die die Ausscheidung treibende Kraft ist der Art nach verschieden, im Brunnen der Druck der Wassersäule über dem Abfluß, während die Harnsäureausscheidungsvorgänge konzentrationsabhängig sind.

Jedes grundsätzliche Modell eines Stoffwechselpools (Abb. 3.9 oben) sieht auch einen Abbau vor. Aber einen körpereigenen Abbau der Harnsäure (abgesehen von unbedeutenden biochemischen Raritäten) gibt es nicht, seitdem den Primaten in ihrer Phylogenese die Urikase verlorenging, und dies macht die Situation bei der Harnsäure so übersichtlich wie bei kaum einer anderen organischen Verbindung im Körper. Abbildung 3.9 Mitte und unten geben alternative Darstellungen der Zuflüsse zum Harnsäurepool wieder. Zunächst stellen sie dar, daß Harnsäure aus allen Vorläufern durch eine gemeinsame Reaktion

$$\text{Xanthin} \xrightarrow{\text{Xanthinoxidase}} \text{Harnsäure}$$

entsteht, daß also insofern unser Modell in Abb. 3.8 eine Vereinfachung darstellt: Die Zuflüsse treffen sich wie in vielen Waschbecken in einer gemeinsamen Röhre. Offen bleibt die Frage, ob vor dem eigentlichen Zufluß zum Harnsäurepool Nahrungspurine und endogene Purine sich in einem eigenen Pool voll mischen können. Diese Frage ist noch nicht endgültig entschieden. Wahrscheinlich entspricht aber das Schema in der Mitte der Wirklichkeit mehr als das unten.

Hyperurikämie kommt bei normalen Ausscheidungsmechanismen – und dies soll Abb. 3.10 nochmals zeigen – zustande, wenn die Harnsäurebildung, hier durch Erhöhung der Nahrungspurine, zunimmt. Bei jedem Gesunden kann eine Hyperurikämie erzeugt werden, wenn nur genug resorbierbare Purinquellen der Nahrung zugelegt werden: Die Ausscheidung entspricht zwar im Fließgleichgewicht der Zufuhr, aber sie erfolgt erst bei der Überschreitung der oberen Grenze des Normalwertbereichs, der Normgrenze. Hyperurikämie kann aber auch zustande kommen, wenn die Wirksamkeit der Ausscheidungsmechanismen reduziert ist, wie bei den meisten Fällen der Gicht, bei manchen Nierenkrankheiten oder unter dem Einfluß gewisser Medikamente, und dies bei einer Purinzufuhr, die beim Gesunden keine Hyperurikämie erzeugt (Abb. 3.11). Legt man bei eingeschränkter Harnsäureausscheidung der Nahrung Purine

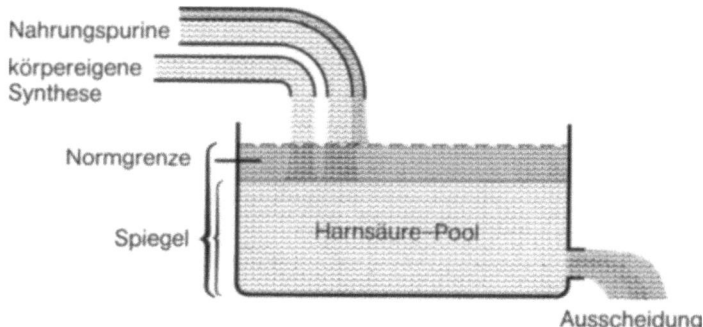

Abb. 3.10. Beeinflussung der Größe des Harnsäurepools und der Harnsäureausscheidung durch Änderung der Zufuhr; hier am Beispiel vermehrter Nahrungspurine

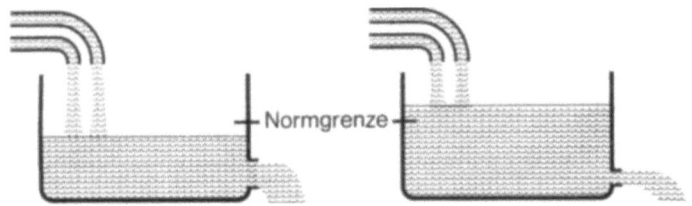

Normgrenze

Abb. 3.11. Beeinflussung der Größe des Harnsäurepools durch Beeinträchtigung der Ausscheidungsmechanismen; Modell für das Zustandekommen der Hyperurikämie bei Gichtikern und ihren hyperurikämischen Verwandten

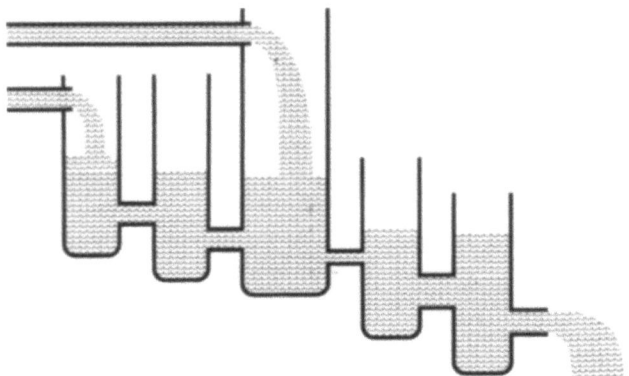

Abb. 3.12. System von Fließgleichgewichten mit zwei Zuflüssen und mehreren miteinander verbundenen Behältern

zu, so steigt der Harnsäurespiegel stärker als beim Gesunden an, verringert man die Purinzufuhr sehr stark, so kann auch bei eingeschränkter Ausscheidung der Harnsäurespiegel unter die Normgrenze sinken. Letztlich läßt sich aus dem Modell ableiten, welche therapeutischen Möglichkeiten bestehen, nämlich Verringerung der Zufuhr zum Pool durch Reduktion der Nahrungspurine oder Hemmung der Xanthinoxidase, Verbesserung der Ausscheidung durch Urikosurika. Und die Abbildung läßt auch erkennen, daß bei jeder dieser Maßnahmen ein neues Fließgleichgewicht sich einstellen wird.

Fassen wir zusammen: Die Höhe des Harnsäurespiegels, d. h. die Konzentration der Harnsäure im Plasma und im Interstitium, resultiert aus Bildung und Ausscheidung der Substanz. Nichts spricht dafür, daß zwischen Purinzufuhr bzw. Purinsynthese (oder der Xanthinoxidation) einerseits und Harnsäureausscheidung andererseits ein Regelmechanismus eingeschaltet ist. Der Spiegel der Harnsäure wird nicht wie z. B. der der Glukose geregelt, er resultiert. Und das gleiche gilt für die Hyperurikämie, deren Zustandekommen damit gut zu erklären ist. Daran ändert nicht, daß unsere Modelle wohl etwas zu einfach waren und daß für das eine Fließgleichgewicht der Harnsäure, von dem gesprochen wurde, Fließgleichgewichte einzusetzen sind wie etwa im letzten Bild (Abb. 3.12).

Literatur

Gresser U, Gathof B, Zöllner N (1990) Serumharnsäurewerte süddeutscher Blutspender 1989. Ein Vergleich mit vorangehenden Untersuchungen von Blutspendern seit 1962 und mit anderen vergleichbaren Populationen. Klin Wochenschr 68: (in press)

Griebsch A, Zöllner N (1973) Normalwerte der Plasmaharnsäure in Süddeutschland. Z Klin Chem Klin Biochem 11: 346

Klinenberg JR, Goldfinger SE, Miller J, Seegmiller JE (1963) The effectiveness of a xanthine oxidase inhibitor in the treatment of gout. Arthritis Rheumat 6: 779

Mattson FH, Pearson J, Cortez S (1982) Liquid formula diets for human metabolic studies. Am J Clin Nutr 36: 1087

Peters JP, van Slyke DD (1946) Quantitative clinical chemistry. Interpretations. Williams & Wilkins, Baltimore

Scheibe P, Bernt E, Bergmeyer HU (1974) Harnsäure. In: Bergmeyer HU (Hrsg) Methoden der enzymatischen Analyse. Verlag Chemie, Weinheim

Zöllner N (1963) Eine einfache Modifikation der enzymatischen Harnsäurebestimmung. Z Klin Chem 1: 178

Zöllner N (1976) Sekundäre Hyperurikämie und sekundäre Gicht. In: Zöllner N, Gröbner W (Hrsg) Gicht. Springer, Berlin Heidelberg New York (Handbuch der Inneren Medizin, Bd VII/3, S 164)

Zöllner N, Wolfram G, Londong W (1966) Untersuchungen über die Plasmalipide bei extrem fettarmer, kohlenhydratreicher Kost. Z Ges Exp Med 140: 24

3.2 Von der Hyperurikämie zur Gicht

N. Zöllner

Das Löslichkeitsprodukt von Natriumurat in wäßriger Lösung beträgt $4,9 \cdot 10^{-5}$M; bei einer Uratkonzentration von 6,4 mg/100 ml (380 µmol/l) ist das Plasmawasser gesättigt. Ob darüber hinaus einer Bindung von Harnsäure an Plasmaproteine eine Bedeutung zukommt, ist fraglich. Selbst wenn man aber eine solche Eiweißbindung mit 5% veranschlagt – und mehr kommt nicht in Frage –, dann bedeutet eine Harnsäurekonzentration von 7 mg/100 ml Plasma eine obere Grenze, deren Überschreitung zur Ausfällung von Urat führen kann. Harnsäure diffundiert frei

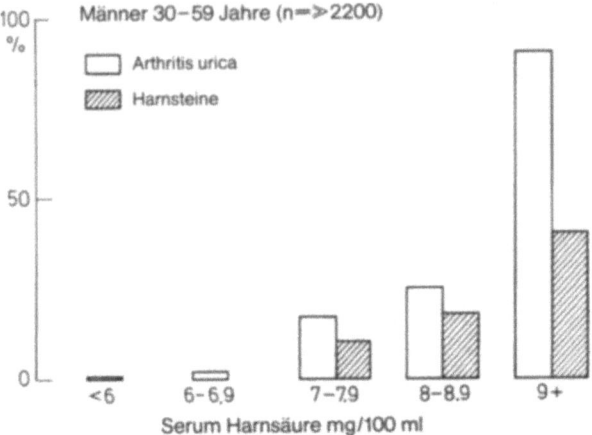

Abb. 3.13. Häufigkeit von Gichtanfall (☐) und Nierensteinen (▨) in Abhängigkeit von der Höhe des Harnsäurespiegels. Die prospektiv gewonnenen Werte aus der Framingham-Studie beziehen sich auf die jeweilige Personengruppe; den Erfahrungen bei Personen mit sehr hohen Harnsäurewerten liegt also eine kleinere Stichprobe zugrunde als den Erfahrungen mit den normalen Harnsäurewerten

durch die Extrazellulärräume, ihre Konzentration im Plasmawasser und in der interstitiellen Flüssigkeit ist gleich.

Es ist schon lange bekannt, daß Urate übersättigte wäßrige Lösungen bilden können, z. B. bei der Harnbildung oder im Zusammenhang mit pH-Verschiebungen. Aus solchen übersättigten Lösungen fällt bei pH 7,4 früher oder später Urat aus, als Aggregate mehr oder minder großer Kristalle, aber auch als sehr kleine Kristalle (Mikrokristalle).

Die Ausfällung von Uraten als Mikrokristalle ist die Voraussetzung für den Gichtanfall; die Ablagerung von Kristallen in Knorpel, Knochen oder Niere führt zur Tophusbildung und zur chronischen Gicht. Die Nephrolithiasis bei der Gicht ist die Folge der Harnsäurepräzipitation in den Tubuli wie in den ableitenden Harnwegen. Das Risiko klinischer Manifestationen der Gicht nimmt mit steigender Harnsäurekonzentration im Serum kontinuierlich zu (Abb. 3.13).

3.2.1 Pathogenese des akuten Gichtanfalls

Bereits in der Mitte des vorigen Jahrhunderts vermutete Garrod, daß der Gichtanfall durch die Ausfällung von Natriumurat innerhalb eines Gelenks ausgelöst wird. Erste Hinweise auf eine Phagozytose der Uratkristalle durch Leukozyten als Teil der entzündlichen Reaktion im

Gelenk erbrachten die Arbeiten von His (1900) und Freudweiler (1901). Beiden Forschern gelang im Tierversuch die Provokation eines gichtähnlichen Anfalls durch intraartikuläre Injektion von Uratkristallen. Weitgehend in Vergessenheit geraten, erlebten diese Befunde ihre Renaissance, als McCarthy und Hollander (1961) in der Synovialflüssigkeit während des Gichtanfalls Natriumurate unter dem Polarisationsmikroskop als negativ doppelbrechende Kristalle nachweisen konnten. Auf dem Höhepunkt der Arthritis waren zahlreiche Uratkristalle von polymorphkernigen Leukozyten und anderen mononukleären Zellen phagozytiert und damit intrazellulär gelegen. In einem eindrucksvollen Selbstversuch bewies McCarthy (1962) die Auslösung des Gichtanfalls durch Injektion von Uratkristallen in das eigene Gelenk. Wie üblich wurden in weiteren Publikationen die grundlegenden Verdienste europäischer Wissenschaftler nicht berücksichtigt. Erst Kelley (1981) und Wyngaarden u. Kelley (1982) wiesen auf die offensichtlichen Prioritäten hin.

Kristallinduzierte Arthritis

Dem akuten Gichtanfall vergleichbare entzündliche Reaktionen sind nicht nur nach Injektion von Natriumurat, sondern auch bestimmter anderer Kristalle (Kalziumoxalat, -pyrophosphat, Natriumorotat, Steroide) bei Versuchen an Menschen und Tieren hervorgerufen worden. Die auslösenden Kristalle müssen eine kritische Größe von $0,5-8,0 \, \mu m$ besitzen. Darüber hinaus dürfte die Art der Kristalle eine wesentliche Rolle spielen; Kristalle wie Diamantstaub können ebensowenig eine Arthritis auslösen wie amorphe Urate. Der Gichtanfall wird heute in eine Gruppe der „kristallinduzierten Arthritis" eingeordnet. Von den anderen genannten Kristallen besitzt nur Kalziumpyrophosphatdihydrat als Ursache der Arthritis der Chondrokalzinose oder Pseudogicht klinische Bedeutung; die übrigen Substanzen gehören in den Bereich der experimentellen Medizin. Die kristallinduzierte Arthritis ist die dosisabhängige, zeitlich limitierte und reversible Reaktion eines Gelenks auf eine intraartikuläre Kristallausfällung, ein wichtiges Modell für den Gichtanfall.

Mechanismus der Kristallbildung

Nachdem klar ist, daß der Uratmikrokristall für den Gichtanfall verantwortlich ist, stellt sich nun die Frage nach seiner Herkunft. Es ist davon auszugehen, daß weder im Serum noch im Interstitium Urate mikrokristallin ausfallen, nicht einmal bei Abkühlung auf Zimmertemperatur. Hyperurikämie ist nämlich keine ausreichende Voraussetzung für das

Auftreten eines Gichtanfalls. Vor allem aus Beobachtungen bei Hämoblastosen weiß man, daß es Monate bis Jahre dauert, ehe der Hyperurikämie Gichtanfälle folgen, und aus der Beobachtung von Gichtpatienten
ist bekannt, daß trotz fortbestehender Hyperurikämie zwischen den
Gichtanfällen lange beschwerdefreie Pausen die Regel sind. In der Tat
gibt es in Gichtikerfamilien Personen, die trotz nachgewiesener Hyperurikämie jahrelang vom Gichtanfall verschont bleiben. Schließlich gibt es
Versuche, die zeigen, daß Urate aus übersättigten Lösungen, d. h. aus
Plasma oder der interstitiellen Flüssigkeit erst ausfallen, wenn ein Kri-
stallisationskern vorhanden ist. Garrod hat mit einem Faden im Serum
eines Gichtikers die Ausfällung von Uratkristallen bewirkt. Andere
haben die Ausfällung von Urat aus übersättigten Lösungen an Knorpel-
oberflächen demonstriert. Schon Thannhauser (1929) hat berichtet, daß
bei renaler Hyperurikämie in den Zehengelenken Harnsäureablagerungen gefunden werden, und es ist eine allgemeine klinische Erfahrung,
daß defekter Knorpel wie bei der Koxarthrose oder defekte Menisci des
Kniegelenks bei einer Operation mit Uraten inkrustiert gefunden werden
können, obwohl die Gelenke keine Anfälle erlitten hatten.
Agudelo u. Schuhmacher (1973) haben in der Synovia kleine Tophi
bereits zwei Tage nach dem ersten Gichtanfall festgestellt. Dies sind Einzelbeobachtungen, doch wird durch sie klargestellt, daß die Harnsäure-
ablagerung im Interstitium dem Gichtanfall vorausgehen kann. Berücksichtigt man weiterhin, daß Tophi an vielen Orten entstehen können, an
denen es nie zu einem Gichtanfall kommt, aber auch in Gelenken, die
später Gichtanfälle durchmachen, so ist es wahrscheinlich, daß zuerst der
Tophus auftritt. Offen bleibt die Frage, ob die Harnsäurekristalle in den
Gelenken aus solchen Tophi stammen bzw. durch welche Mechanismen
Mikrokristalle von Harnsäure aus diesen Tophi freigesetzt werden.
Verschiedene Hypothesen sind zur Frage der Mikrokristallbildung aufgestellt worden. Einige Autoren gehen davon aus, daß eine nächtliche
Abkühlung die Kristallbildung begünstigt, um so mehr als die Temperatur in den peripheren Gelenken, beginnend bereits mit dem Kniegelenk,
nach Hollander et al. (1951) ohnedies deutlich niedriger als die Kerntem-
peratur im Körper liegt. Die Temperatur in einem gesunden Sprunggelenk soll etwa 29° betragen, eine Temperatur, bei der das Löslichkeitsprodukt des Natriumurats (bei 140 mmol/l Natrium) unter 4,5 mg/dl liegen
soll (Loeb 1972).
Aus den obengenannten Gründen ist es dennoch wenig wahrscheinlich,
daß die Temperatur eines Gelenks der entscheidende auslösende Faktor
ist: Man bedenke nur, daß es sich beim Gichtanfall um ein monartikulä-
res Leiden handelt, was schwerlich mit einer Temperaturhypothese allein
vereinbar ist.
Andere Hypothesen gehen davon aus, daß Mikrotraumen die entschei-

dende Rolle bei der Entstehung eines Anfalls spielen können, und dies ist zweifellos denkbar bei der Podagra. Wenn man jedoch andererseits bedenkt, wie häufig die Gichtanfälle nach kulinarischen Exzessen oder bei bettlägerigen Patienten im Gefolge von Operationen auftreten, dann ist auch das Mikrotrauma als alleinige Ursache unwahrscheinlich.

Eine weitere häufig geäußerte Hypothese nimmt eine lokale pH-Verschiebung ein. Dies ist eine Variante der Löslichkeitshypothese, die ebenfalls wenig wahrscheinlich ist.

Die wahrscheinlichste Hypothese bleibt, daß kleine Mengen Uratkristalle aus der Synovia in das Gelenk übertreten (Abb. 3.14), wo sie vor allem dann nicht aufgelöst werden, wenn die Harnsäurekonzentration in der Gelenkflüssigkeit durch äußere Einflüsse, z. B. ein Festmahl, gleichzeitig ansteigt.

Die Rolle der Leukozyten

Die Mikrokristalle von Uraten können nur dann einen Gichtanfall auslösen, wenn Granulozyten anwesend sind. Phelps u. McCarthy (1966) haben gezeigt, daß die Injektion von Mikrokristallen in Gelenke bei Hunden ohne Folgen blieb, wenn diese Hunde vorher durch Zytostatika leukopenisch gemacht worden waren.

Die zur akuten gichtigen Arthritis führenden Ereignisse beginnen wahrscheinlich mit der Phagozytose von Mikrokristallen durch Granulozyten. In kürzester Zeit kommt es anschließend zur Gefäßerweiterung, zum Ödem, zu einer Zunahme des intraartikulären Druckes und zur Einwanderung weiterer Leukozyten.

Wenn Leukozyten Uratkristalle phagozytiert haben, wird ein Faktor (evtl. eine Reihe von Faktoren) freigesetzt, der bei erneuter Injektion in ein

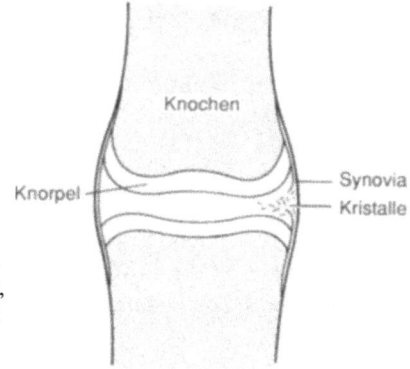

Abb. 3.14. Schematische Darstellung der Kristallfreisetzung im Gelenk. Die Mechanismen, durch welche die Kristalle aus der Synovia in das Gelenkinnere gelangen, sind nicht genau bekannt

Gelenk zu einer hochentzündlichen Reaktion führt, die schneller auftritt als nach der Injektion von Uratkristallen. Colchicin, das die entzündlichen Reaktionen nach Kristallinjektionen verhindert, verhindert auch die Bildung des Faktors. Es verhindert aber nicht die entzündliche Reaktion auf die Injektion des Faktors selber. Möglicherweise handelt es sich bei diesem Faktor auch um Interleukin 1 aus mononukleären Phagozyten (Malawista et al. 1985).

Wirkung der Uratkristalle in den Granulozyten

Bei der Aufnahme von Uratkristallen in den Granulozyten werden sie von Phagosomen umhüllt. Nun kommt es zur Degranulierung des Granulozyten und zum Beginn einer Zellnekrose, durch welche die Kristalle in das Zytoplasma der Zelle, später zurück in die Gelenkflüssigkeit gelangen. Mit der Zerstörung der Leukozyten wird so ein Circulus vitiosus in Gang gesetzt (Abb. 3.15).

In Untersuchungen in vitro konnte die Fusion der Phagosomen mit Lysosomen festgestellt werden. Die Lyse der lysosomalen Membran und die Ruptur der Lysosomen folgen darauf. Die anschließende allgemeine Zellschädigung durch lysosomale Enzyme führt zur Freisetzung des Leukozyteninhalts in die Umgebung, in vivo mit anschließenden entzündlichen Reaktionen. Die Kristalle geraten bei der Zellzerstörung ins Freie, können erneut von Leukozyten aufgenommen werden und tragen damit zu einer Fortsetzung der Entzündung bei. Als Mediatoren der Entzündung gelten heute Leukotrien B_4, Kallikrein, Prostaglandine mit Interleukin 1 (Rae et al. 1982; Duff et al. 1983).

Die lysosomalen Faktoren haben beim akuten Gichtanfall eine Schlüsselrolle. Sie leiten die Entzündung ein durch Erhöhung der Kapillarpermeabilität, Zerstörung von Mastzellen mit Freisetzung von Histamin und führen durch eine leukotaktische Wirkung zur verstärkten Immigration von Leukozyten in das Gelenk.

Eine Zeitlang hat man dem Hageman-Faktor eine zusätzliche Rolle bei der Entstehung des Gichtanfalls zugebilligt, denn Harnsäurekristalle können den Faktor XII im Blutgerinnungssystem aktivieren. Gicht kommt jedoch auch bei einem Mangel an Faktor XII vor (Londino u. Luparello 1984). Darüber hinaus hat eine Reihe von Tierversuchen, z. T. mit Tieren, die keinen Hageman-Faktor haben bzw. bei denen man den Hageman-Faktor inaktiviert hat, gezeigt, daß Harnsäurekristalle auch noch unter solchen Bedingungen Gichtanfälle auszulösen vermögen.

Als unsicher ist die Frage einer kausalen Bedeutung des Komplementsystems für die Auslösung des akuten Gichtanfalls zu beurteilen.

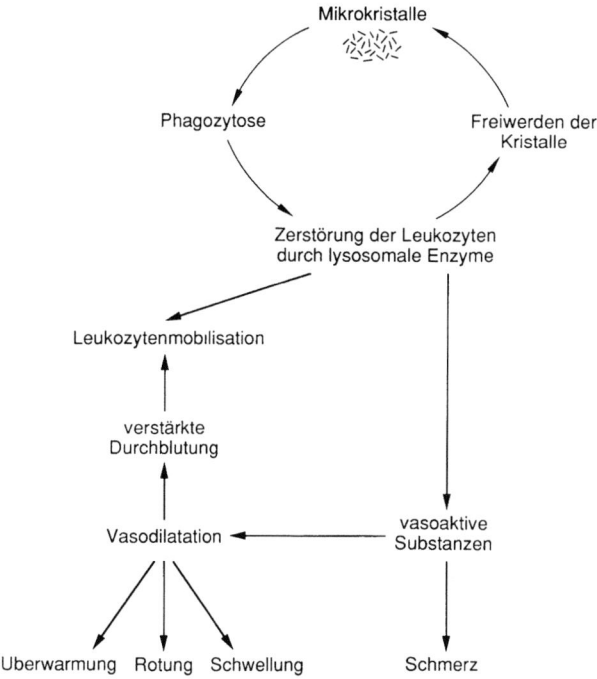

Abb. 3.15. Schematische Darstellung der Reaktionen des akuten Gichtanfalls und des daraus sich ergebenden Circulus vitiosus

Die Beendigung des akuten Gichtanfalls

Warum und wodurch wird der geschilderte Circulus vitiosus, der zur Verlängerung und zur Selbstverstärkung des Gichtanfalls führt, durchbrochen? Die Antwort darauf ist nicht bekannt, doch kann man eine Reihe von Faktoren geltend machen. Im Verlauf der Entzündung kommt es zu einer Erwärmung des Gelenks, welche die Löslichkeit der Harnsäure erhöht; die verstärkte Durchblutung ermöglicht den Abtransport von Harnsäure, besonders aber auch der entzündungserregenden Substanzen; ein minimaler Teil der Harnsäure wird durch die Peroxydase abgebaut, und – vermutlich am wichtigsten – es kommt zur vermehrten Sekretion von Nebennierenrindenhormonen, die die Fortsetzung des entzündlichen Prozesses unterdrücken. All dies erklärt nicht, warum in den späteren Stadien des Gichtanfalls in der Gelenkflüssigkeit zwar immer noch Uratkristalle und Leukozyten vorhanden sind, die Kristalle aber immer häufiger extrazellulär liegen, also nicht mehr phagozytiert werden.

Veränderungen im Verhalten der Leukozyten führen auch bei der Colchicinbehandlung zur Beendigung des Gichtanfalls. Vor allem ändert das Colchicin den Leukozytenstoffwechsel während der Phagozytose, es unterbindet die Bildung der Phagosomen, die Bildung der Phagolysosomen und damit die Freisetzung der lysosomalen Enzyme. Damit unterbleibt die Autolyse der Leukozyten, das phagozytierte Kristall ist außer Gefecht gesetzt.

3.2.2 Pathogenese der chronischen Gicht

In 3.4 wird ausgeführt, daß die chronische Gicht in erster Linie durch die Bildung von Tophi gekennzeichnet ist. Der einzelne Tophus besteht aus einem weißen Material, teils bröckelig, teils halbflüssig. Es setzt sich zusammen aus Natriumuratkristallen und aus amorphen Uraten. Histologisch findet man den Tophus von bindegewebigen Strängen durchzogen, die, z. B. nach Allopurinolbehandlung, zurückbleiben, wenn die Harnsäure wieder aufgelöst ist. Ungeklärt ist, wie im Bereich eines Knochentophus die knöcherne Substanz abgebaut wird.

Mechanismus der Harnsäureablagerung

Bei der chronischen Gicht werden Harnsäureablagerungen vor allem in artikulärem und anderem Knorpel, in Sehnenscheiden und Synovia, in epiphysärem Knochen, in der Subkutis und im interstitiellen Gewebe der Nieren gefunden. Diese Ablagerungen sind eine unmittelbare Folge der beschränkten Löslichkeit der Harnsäure in der extrazellulären Flüssigkeit. Eine langandauernde Hyperurikämie führt unabhängig von ihrer Genese zur Uratablagerung und zur Entstehung von Tophi. Nach Zöllner (1956) ist es nur eine Frage der Zeit, bis jeder Mensch mit erhöhter Harnsäure im Serum eine Gicht mit Tophusbildung bekommt. Wenn Serum von Gichtpatienten und von Gesunden längere Zeit mit Natriumuratkristallen inkubiert wird, kommt es bei hoher Harnsäurekonzentration zur weiteren Auskristallisation, bei einer Konzentration unter 7 mg/100 ml geht ein Teil der inkubierten Kristalle in Lösung. Tophi werden in der Tat bei Personen mit einer Harnsäurekonzentration im Serum unter 8 mg/100 ml selten beobachtet. Da abgelagerte Harnsäurekristalle nicht nur in vitro, sondern auch in vivo im Gewebe wieder in Lösung gebracht werden können, führt eine therapeutische Senkung des Harnsäurespiegels unter 6 mg/100 ml in der Regel zu einer Verkleinerung bzw. Auflösung von Tophi, es sei denn, eine ausgeprägte Fibrose oder Verkalkung in den Knoten hätte diese unauflöslich gemacht (Zöllner et al. 1978).

Auffällig ist die besonders hohe Affinität der Harnsäurekristalle zum Knorpel; zahlreiche Autoren haben auf die Prädisposition zu Uratablagerungen im Bindegewebe – Knorpel, Sehnenscheiden, Subkutis usw. – allgemein hingewiesen. Mit Ausnahme der Niere sind Urate nur selten in parenchymatösen Organen nachgewiesen worden. Da der Hauptanteil der Harnsäure über die Niere ausgeschieden wird, nimmt dieses Organ verständlicherweise eine Sonderstellung ein. Obwohl die Harnsäure aus dem Serum durch die Gefäßwände in das interstitielle Gewebe diffundieren muß, sind Harnsäurekristalle in den Gefäßwänden nicht nachweisbar.

3.2.3 Gicht, Atherosklerose und andere Krankheiten

Eine Zahl von Krankheiten tritt in Zusammenhang mit der Gicht gehäuft auf. Sie werden an anderen Stellen abgehandelt. Besonders verwiesen wird auf die Kapitel 3.6, 5.3 und 5.4.

Literatur

Agudelo CA, Schuhmacher HR (1973) The synovitis of acute gouty arthritis: A light and electron microscopic study. Hum Pathol 4: 265

Duff GW, Atkins E, Malawista SE (1983) The fever of gout: Urate crystals activate endogenous pyrogen production from human and rabbit mononuclear phagocytes. Trans Assoc Am Phys 96: 234

Freudweiler M (1901) Experimentelle Untersuchungen über die Entstehung der Gichtknoten. Dtsch Arch Klin Med 69: 155

Garrod AB (1861) Die Natur und Behandlung der Gicht und der rheumatischen Gicht. Richter, Würzburg

His WJ (1900) Schicksal und Wirkungen des sauren harnsauren Natrons in Bauch und Gelenkhöhle des Kaninchens. Dtsch Arch Klin Med 67: 81

Hollander JL, Stoner EK, Brown EM Jr (1951) Joint temperature measurements in the evaluation of anti-arthritic agents. J Clin Invest 30: 701

Kelley WN (1981) Gout and related disorders of purine metabolism. In: Kelley WN, Harris ED, Ruddy S, Sledge CB (eds) Textbook of rheumatology. Saunders, Philadelphia London Toronto

Loeb JN (1972) The influence of temperature on the solubility of monosodium urate. Arthritis Rheum 15: 189

Londino AV Jr, Luparello FJ (1984) Factor XII deficiency in a man with gout and angionimmunoblastic lymphadenopathy. Arch Int Med 144: 1497

Malawista SE, Duff GW, Atkins E, Cheung HS, McCarthy DJ (1985) Crystal-induced endogenous pyrogen production. A further look at gouty inflammation. Arthritis Rheum 28: 1039

McCarthy DJ Jr (1962) Phagocytosis of urate crystals in gouty synovial fluid. Am J Med Sci 243: 288

McCarthy DJ Jr, Hollander JL (1961) Identification of urate crystals in gouty synovial fluid. Ann Intern Med 54: 452

Phelps P, McCarthy DJ Jr (1966) Crystal induced inflammation in canine joints. II. Importance of polymorphonuclear leukocytes. J Exp Med 124: 115

Rae SA, Davidson EM, Smith MJH (1982) Leukotriene B, an inflammatory mediator in gout. Lancet 2: 1122

Thannhauser SJ (1929) Lehrbuch des Stoffwechsels und der Stoffwechselkrankheiten. Bergmann, München

Wyngaarden JB, Kelley WN (1982) Gout. In: Stanbury JB, Wyngaarden JB, Fredrickson DS, Goldstein JL, Brown MS (eds) The metabolic basis of inherited disease, 5th edn. McGraw-Hill, New York, pp 1043

Zöllner N (1956) Die Behandlung der Gicht. Dtsch Med Wochenschr 81: 1997

Zöllner N, Goebel FD, Öhlschlägel G, Gröbner W (1978) Juvenile Gicht mit verminderter Aktivität der Hypoxanthinguaninphosphoribosyl-Transferase und Phäochromozytom. Dtsch Med Wochenschr 103: 1044

3.3 Der Gichtanfall

M. Schattenkirchner

3.3.1 Definition

Der Gichtanfall präsentiert sich in typischer Weise als hochakute, extrem schmerzhafte Monarthritis an den unteren Extremitäten. Großzehengrundgelenk, Mittelfußgelenke, Sprunggelenk und Kniegelenk sind die weitaus am häufigsten betroffenen Gelenke (Podagra[1]).

Charakteristisch für die Arthritis des Gichtanfalls sind neben einem extrem starken, Bewegungsunfähigkeit verursachenden Schmerz eine ausgeprägte, über die Gelenkgrenzen hinausgehende Schwellung sowie meist eine deutliche Rötung der Haut. Die Entzündungsphänomene des Gichtanfalls treten plötzlich ein, sie kommen innerhalb weniger Stunden bis maximal eines Tages zum Höhepunkt und klingen nach 4–14 Tagen bis zu völliger Beschwerdefreiheit wieder ab.

Dem Gichtanfall liegt eine durch Harnsäuremikrokristalle (Mononatriumurat-Monohydrat) ausgelöste Entzündungsreaktion der Synovialis zugrunde.

---

[1] Der mit Gichtanfall synonyme Begriff Podagra beschreibt die Lokalisation. $\pi o \acute{\upsilon} \varsigma$, $\pi o \delta \acute{o} \varsigma$, griech. Fuß, Bein; $\ddot{\alpha} \gamma \varrho \alpha$ Falle (Gelenk), in der sich ein krankmachender Stoff nach altgriechischer humoralpathologischer Vorstellung verfängt.

3.3.2 Pathogenese

In seinen 10 Lehrsätzen über die Gicht vertritt bereits 1859 A. B. Garrod, der Entdecker des Zusammenhangs zwischen Gicht und Hyperurikämie, die Meinung, daß kristalline Ablagerungen von Natriumurat „may be looked upon as the cause, and not the effect of gouty inflammation". Es dauerte dann aber 110 Jahre, bis dieses Konzept sich endgültig durchgesetzt hatte. Im Jahre 1899 hat Freudweiler Gichtanfälle durch Injektion von Uratkristallen, nicht jedoch durch pulverisierte Harnsäure erzeugt und dem Uratkristall eine zentrale Rolle in der Entstehung des Gichtanfalls zugeschrieben (Freudweiler 1901). Aber diese Ergebnisse gerieten in Vergessenheit. Erst nach der Einführung des Polarisationsmikroskops kam es zu einem Wiederaufleben der Untersuchungen mit Mikrokristallen.

Im Jahre 1961 berichteten McCarty u. Hollander, daß in der Gelenkflüssigkeit bei Gichtanfällen ziemlich regelmäßig, bei anderen Arthritiden jedoch nie negativ doppelbrechende Uratkristalle zu finden seien. 1962 wurde von Faires u. McCarty sowie von Seegmiller et al. (1963) in Experimenten am Tier und Menschen die entzündungsprovozierende Wirkung des Natriumuratmikrokristalls in der Haut, in der Subkutis und in den Gelenken wiederentdeckt.

Sowohl beim Gichtpatienten als auch beim Gesunden ließ sich durch Injektion von Uratmikrokristallen ins Gelenk eine durch nichts von einer Gichtattacke zu unterscheidende Arthritis erzeugen. Durch Colchicin konnte dieser experimentelle Gichtanfall verhindert werden (Malawista et al. 1965). Das pathogenetische Prinzip der kristallinduzierten Arthritis wurde für die Gicht daraufhin rasch akzeptiert und in Analogie für andere akute Entzündungskrankheiten, bei denen Kristalle eine Rolle spielen (Pseudogicht, Hydroxyapatitkrankheit), angewandt.

Die Pathogenese eines Gichtanfalls setzt das Vorhandensein bestimmter Natriumuratkristalle und eine entsprechende Reaktion des Organismus auf solche Kristalle voraus. An dieser Reaktion ist nach heutigen Erkenntnissen eine große Zahl humoraler Faktoren beteiligt, die großenteils aus verschiedenen Blut- bzw. Gewebezellen freigesetzt werden (Tabelle 3.3).

Kristallbildung

Die Kristalle, welche aus Gichttophi und aus der Synovialflüssigkeit zu gewinnen sind, lassen sich mit Hilfe der Röntgenstrahlenbrechung kristallographisch genau bestimmen. Es handelt sich in beiden Fällen um Mononatriumurat-Monohydrat in triklinischer Kristallform (Mandel u.

Tabelle 3.3. Mögliche entzündungsfördernde Stoffe beim akuten Gichtanfall. (Nach Terkeltaub u. Ginsburg 1988)

Quelle	Substanz
Komplementsystem	C3a, C5a
Gerinnungssystem	Spaltprodukte des Hageman-Faktors
	Kallikrein
	Bradykinin
	Plasmin
Fibroblasten der Synovialis	Arachidonsäuremetaboliten
	Lysosomale Proteasen
Polymorphkernige Leukozyten	Kristall-chemotaktischer Faktor (CCF)
	Arachidonsäuremetaboliten (z. B. LTB_4)
	Plättchenaktivierungsfaktor
	Lysosomale Proteasen
	Sauerstoffradikale
Mononukleäre Phagozyten	Interleukin 1
	Tumornekrosefaktor α
	Arachidonsäuremetaboliten
	Plättchenaktivierungsfaktor
	Lysosomale Proteasen
	Sauerstoffradikale
Thrombozyten	Biogene Amine (z. B. Serotonin)
	Arachidonsäuremetaboliten
	Lysosomale Proteasen
	Plättchenaktivierungsfaktor
	Wachstumsfaktoren
Mastzellen	Histamine
	Chemotaktischer Faktor für Granulozyten
Periphere Nerven	Faktor P

Mandel 1976). Im Lichtmikroskop und Polarisationsmikroskop präsentieren sie sich als 2-20 µm lange und 0,5-2 µm breite nadelförmige Gebilde. Sie zeigen eine starke negative Doppelbrechung. Kristalle aus Tophusmaterial sind etwas größer als die in der Synovia gefundenen. In der Synovia-Analyse finden wir sie auch häufig intrazellulär in Leukozyten.

Nach Kozin u. McCarty (1976) binden diese Uratkristalle sehr stark Proteine. Mit Hilfe der Immunfluoreszenztechnik konnte Schumacher (1977) zeigen, daß sich Immunglobuline an Uratkristalle binden. Vermutlich besteht eine relativ starke Affinität zu Immunglobulin G (IgG) bzw. dessen Fab-Anteil. Der Fc-Anteil des IgG ist dadurch frei für die Interaktion mit Zellmembranen.

Der Mechanismus, der zur Ausfällung und Ablagerung von pathogenen Uratkristallen führt, ist noch nicht endgültig geklärt. Sicher spielt die Konzentration der Harnsäure in der interstitiellen Körperflüssigkeit und im Plasma eine wichtige Rolle. Nach der Framingham Heart Studie (Hall et al. 1967) steigt das Risiko eines Gichtanfalls bei Harnsäurekonzentrationen über 7 mg/dl immer stärker an. Bei Werten darunter ist ein Gichtanfall sehr selten.

Ein Grenzwert von 7 mg/dl wird auch von Dieppe u. Calvert (1983) aufgrund experimenteller Daten der Löslichkeit unter Berücksichtigung der physiologischen Bedingungen des pH-Werts und der Körpertemperatur, der Natriumionenkonzentration sowie der Eiweißbindung der Harnsäure einschließlich des damit verbundenen osmotischen Effekts angegeben. Aufgrund der bekannten Latenzzeit zwischen Beginn einer Hyperurikämie und Beginn rezidivierender Gichtanfälle kann angenommen werden, daß vor dem ersten Gichtanfall eine Speicherung von Uratkristallen im Körper stattgefunden hat. Nachdem aber auch das Auftreten von Gichtanfällen bei Patienten mit dauernd niedrigen Harnsäurewerten im Plasma und das Ausbleiben von Gichtattacken mit sehr hohen Harnsäurewerten beobachtet werden, stellt sich die Frage, ob die Voraussetzung für die Gicht allein eine Funktion des Grades und der Zeitdauer einer Hyperurikämie ist oder ob noch ein weiterer Faktor für die Ausfällung bzw. Ablagerung von Uratkristallen im Gewebe verantwortlich ist.

Uratkristalle lagern sich in bindegewebigen Strukturen ab. Im Gelenkbereich sind solche der Knorpel und die Synovialis. Vermutlich ist die Ablagerung der Uratkristalle im Knorpel für die Auslösung einer akuten Arthritis von wesentlicher Bedeutung. Katz u. Schubert (1970) zeigten, daß Proteoglykanaggregate im Bindegewebe die Uratkristallausfällung hemmen können und daß ein Abbau der Proteoglykane durch Hyaluronidase diese Wirkung aufhebt. Veränderungen der Proteoglykankonzentration des Knorpels finden unter den verschiedenen Einflüssen, welche die Gelenke betreffen, sehr leicht statt.

Ein Konzept, welches für die Uratkristallablagerung eine spezielle, eventuell hereditär determinierte bindegewebliche Voraussetzung postuliert, muß nach dem heutigen Stand der Bindegewebsforschung als spekulativ bezeichnet werden. Eine Voraussetzung, welche bei vorhandenen Uratablagerungen zu einem Gichtanfall führen kann, ist vermutlich ein plötzliches Freiwerden von pathogenen Kristallen. Dies könnte durch ein Trauma, aber auch durch eine kurzfristige starke Veränderung eines bislang konstanten geringen „Gefälles" von Harnsäure *zum* oder *vom* Uratkristalldepot („uric acid on move") bedingt sein. Im letzteren Falle könnte es entweder zur akuten Ausfällung von Uratkristallen oder zur Auflösung eines Depots von Kristallen kommen. Nach klinischer Beobachtung beruhen die meisten, einen Gichtanfall auslösenden Ereignisse darauf, daß kurzfristig die Serumharnsäure stark erhöht (Festessen, extremes Fasten, Alkoholexzeß) oder erniedrigt wird (z. B. massive harnsäuresenkende medikamentöse Therapie).

Andere, eine akute Ausfällung von Uratkristallen fördernde Faktoren, welche teilweise auch die Lokalisation von Gichtanfällen erklären könnten, sind Temperaturveränderungen, Veränderungen der Harnsäurekonzentration im Gelenk durch rasche Reabsorption von extrazellulärer Flüssigkeit aus der Gelenkhöhle und pH-Wert-Veränderungen. Eine Erniedrigung der Temperatur von 37 auf 27 °C reduziert die Löslichkeit der Harnsäure auf die Hälfte (Loeb 1972). Die Temperatur im Innern des Kniegelenks beträgt etwa 32 °C, beim Sprunggelenk etwa 29 °C (Hollander u. Horvath 1949). Dies würde den bevorzugten Befall peripherer Gelenke, nicht jedoch die Bevorzugung der unteren Extremitäten erklären.

Eine rasche Reabsorption von Flüssigkeit, und zwar rascher als die der gelösten Harnsäure aus dem Gelenk, z. B. während der Nachtruhe an Gelenken der unteren Extremität, welche tagsüber einem hydrostatischen Druck ausgesetzt waren, könnte ebenfalls ein Faktor für eine plötzliche Uratkristallausfällung sein (Simkin 1974).

Kurzfristigen Veränderungen des pH-Werts als Folge des Laktatanfalls während einer anaeroben Glykolyse von Leukozyten wird heute im Zusammenhang mit der Ausfällung von Uratkristallen beim Gichtanfall geringere Bedeutung zugemessen als früher, da diese pH-Wert-Veränderungen nur sehr gering sind (Spilberg et al. 1977). Sie spielen eher eine Rolle in der Aktivierung von Entzündungsproteinen (Kellermeyer 1968).

Entzündungsreaktion

Der Gichtanfall wird durch das plötzliche Vorhandensein von freien Mononatriumurat-Monohydrat-Kristallen, welche ad hoc ausgefällt werden oder aus Mikrotophi in der Synovialis oder aus Depots an der Knorpeloberfläche entleert worden sind, gestartet. Die freien Uratkristalle setzen nach Beladung ihrer Oberfläche mit Proteinen eine Reihe von Mechanismen in Gang, an deren Ende die Freisetzung einer Vielzahl von unmittelbar humoral entstandenen oder zellulär freigesetzten chemischen Entzündungsfaktoren und proteolytischen Enzymen steht (Abb. 3.16).

Zunächst kommt es zu einer raschen *Aktivierung des Komplementsystems* sowohl über den klassischen Weg als auch über einen alternativen Weg der direkten Spaltung von C5 in C5a und C5b. Dabei entstehen Substanzen, welche chemotaktisch wirken, die Phagozytose stimulieren und Zellmembranen lysieren.

Der *Hageman-Faktor* (Faktor XII des Gerinnungssystems) kann eben-

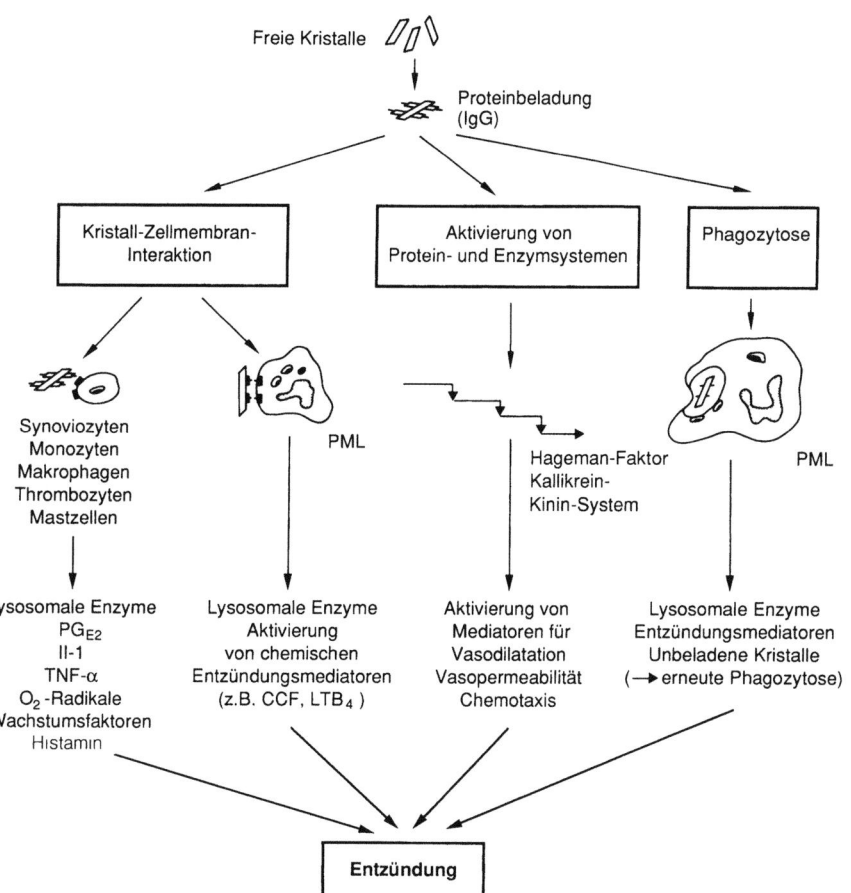

Abb. 3.16. Schema des Entstehungsmodus der kristallinduzierten Entzündung (in Anlehnung an Dieppe u. Calvert 1983) *Il-1* Interleukin 1, PG_{E2} Prostaglandin E2, *PML* polymorphkernige Leukozyten, *IgG* Immunglobulin G, *CCF* Kristall-chemotaktischer Faktor, LTB_4 Leukotrien B4, *TNF-α* Tumornekrosefaktor Alpha

falls durch Kristalle aktiviert werden. Dabei entstehen vor allem starke vasodilatatorisch wirksame Substanzen. Eine sehr bedeutende Wirksamkeit besitzen die proteinbeladenen Uratkristalle gegenüber den Zellmembranen von polymorphkernigen Leukozyten, aber auch von Synoviozyten, Monozyten und Makrophagen sowie Thrombozyten und Mastzellen. Die *Zellmembraninteraktion* von polymorphkernigen Leukozyten mit Uratkristallen führt zur Freisetzung von lysosomalen Enzymen und chemischen Entzündungsmediatoren. Dazu gehören ein Kristall-chemotaktischer Faktor (CCF), ein Thrombozytenaktivierungsfaktor, Arachidonsäuremetaboliten (z. B. Leukotrien-B4, LTB4) und Sauerstoffradikale. Diese Reaktion der polymorphkernigen Leukozyten kann auch durch Einwirkung von LTB4, Kallikrein und Interleukin 1 (Il-1) auf den polymorphkernigen Leukozyten aus dem humoralen Milieu heraus hervorgerufen werden. Die Zellmembraninteraktion zwischen Uratkristallen und anderen Zellen (Monozyten, Makrophagen, Synoviozyten, Mastzellen und Thrombozyten) führt ebenfalls zur Freisetzung von lysosomalen Enzymen. Es kann aber auch eine Reihe von chemischen Entzündungssubstanzen entstehen (s. Tabelle 3.3 und Abb. 3.16).

Interessant ist auch das Entstehen von Il-1, was mit dem gelegentlichen Auftreten von Fieber beim Gichtanfall vereinbar ist.

Eine wesentliche Rolle in der Entstehung der akuten gichtischen Entzündung dürfte die *Phagozytose von Uratkristallen* durch polymorphkernige Leukozyten spielen. Am Höhepunkt des Gichtanfalls findet man in der Synovia-Analyse Leukozytenzahlen bis 30000/µl. Einen großen Teil der Uratkristalle sieht man in der Synovia-Analyse intrazellulär. Die von polymorphkernigen Leukozyten phagozytierten Kristalle liegen zunächst von einer Membran umgeben im Zytoplasma der Zelle. Der phagozytierte Kristall mit seiner umgebenden Membran wird Phagosom genannt. Die Verschmelzung der Lysosomen der polymorphkernigen Leukozyten mit den Phagosomen führt zur Bildung des Phagolysosoms, welches auch Vesikel genannt wird. Dieses enthält nun auch reichlich lysosomale Enzyme. Dieser Vorgang geht mit der sog. Degranulierung der polymorphkernigen Leukozyten einher. Die lysosomalen Enzyme zerstören die Proteinbeladung des Uratkristalls, das entblößte Kristall führt zur Lyse der Vesikelmembran und zum Zelltod. Lysosomale Enzyme und unbeladene Uratkristalle werden frei (Abb. 3.17). Ein kleiner Teil der Uratkristalle wird durch die Peroxidase des Leukozyten chemisch abgebaut. Die frei werdenden lysosomalen Enzyme und Entzündungsmediatoren bewirken zusammen mit den bei den anderen Reaktionen auf das Uratkristall frei werdenden Mediatoren eine Vasodilatation, verstärkte Leukozytenimmigration und eine erneute Phagozytose. So entsteht ein Circulus vitiosus, welcher zunächst ungehindert eine hochakute und extrem heftige Entzündung entstehen läßt.

Beendigung des Entzündungsprozesses

Das auch ohne spezifische Therapie innerhalb weniger Tage eintretende spontane und schnelle Abklingen der akuten gichtischen Entzündung beruht vermutlich ebenso wie ihre Entstehung auf einer Vielzahl von Mechanismen.

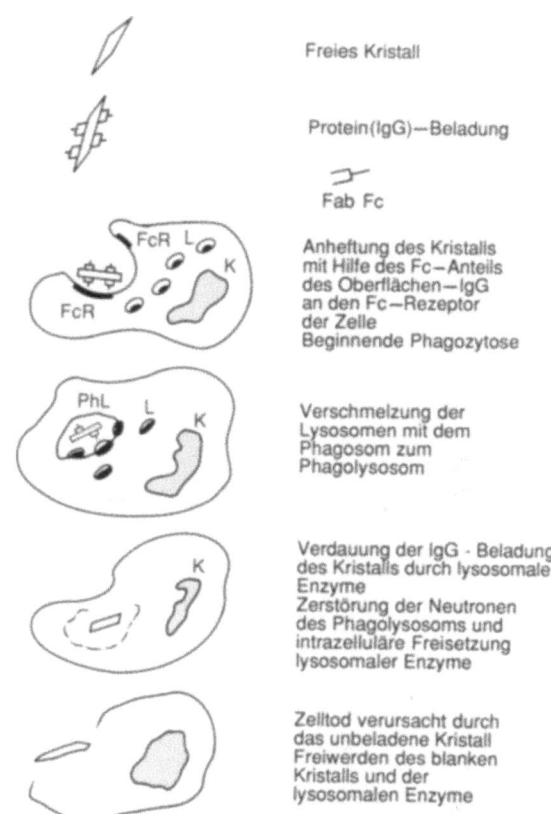

Freies Kristall

Protein(IgG)—Beladung

Fab Fc

Anheftung des Kristalls
mit Hilfe des Fc—Anteils
des Oberflächen—IgG
an den Fc—Rezeptor
der Zelle
Beginnende Phagozytose

Verschmelzung der
Lysosomen mit dem
Phagosom zum
Phagolysosom

Verdauung der IgG · Beladung
des Kristalls durch lysosomale
Enzyme
Zerstörung der Neutronen
des Phagolysosoms und
intrazelluläre Freisetzung
lysosomaler Enzyme

Zelltod verursacht durch
das unbeladene Kristall
Freiwerden des blanken
Kristalls und der
lysosomalen Enzyme

Abb. 3.17. Ablauf der Kristallphagozytose durch polymorphkernige Leukozyten.
FcR Fc-Rezeptor, *K* Kern, *L* Lysosom, *PhL* Phagolysosom. (Nach Dieppe u. Calvert
1983)

Der chemische Abbau von Uratkristallen durch die Peroxidase der phagozytierenden Leukozyten dürfte keine Rolle spielen. Eine gesteigerte
Löslichkeit der Harnsäure durch Temperaturanstieg im Gelenk im Rahmen der entzündungsbedingten Hyperurikämie ist zu diskutieren. Nachdem aber auch nach Beendigung des Gichtanfalls im Gelenkpunktat
freie Uratkristalle in einer leukozytenreichen Synovia festzustellen sind,
muß angenommen werden, daß andere Faktoren eine Rolle spielen.
Möglich wäre eine Inaktivierung der Entzündungsmediatoren, z. B. von
Bradykinin, C3a und C5a durch Carboxypeptidasen, ein oxidativer
Abbau von LTB4, eine Tachyphylaxie gegen chemotaktische Substanzen
und Il-1.

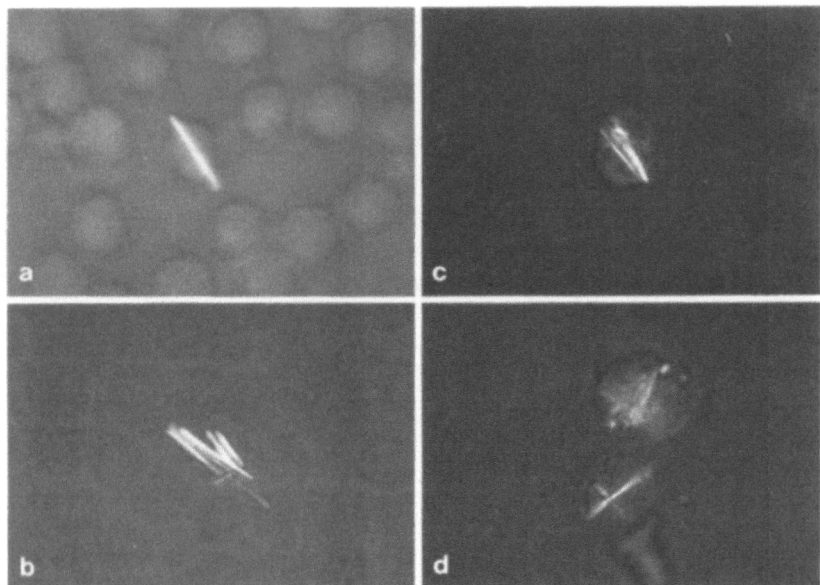

Abb. 3.18a–d. Uratkristalle im Zytoplasma von polymorphkernigen Leukozyten in der Synovialflüssigkeit. **a** Im Lichtmikroskop Phagozytosephänomen eines einzelnen Kristalles durch einen Leukozyten, **b** mehrere Kristalle büschelförmig angeordnet, ebenfalls in Phagozytose durch polymorphkernige Granulozyten. HE-Färbung, Vergr. 850:1. **c, d** Phagozytose von Uratkristallen durch polymorphkernige Leukozyten in der Kompensationspolarisationsmikroskopie, siehe Doppelbrechung. HE-Färbung, Vergr. 850:1. (Foto von Prof. Dr. W. Mohr, Abteilung Pathologie der Universität Ulm). (Farbige Wiedergabe der Abbildung s. S. 530)

Eine interessante Hypothese zur Selbstbeendigung des Gichtanfalls ergibt sich aus der Feststellung von Terkeltaub et al. (1986), daß Lipoproteine, welche Apolipoprotein B enthalten, sehr stark die kristallinduzierte Stimulation von polymorphkernigen Leukozyten und Thrombozyten hemmen können. Lipoproteine sind aufgrund ihrer Molekülgröße im gesunden Gelenk nicht enthalten. Im Rahmen eines Entzündungsprozesses ist ihr Eindringen in das Gelenk jedoch möglich.

3.3.3 Pathologie

Makroskopisch findet sich beim akuten Gichtanfall eine ausgeprägte Schwellung mit Rötung, Überwärmung und einem über die Gelenkgrenzen hinausgehenden entzündlichen Ödem. Die Gelenkinnenhaut ist gerötet und geschwollen, Uratablagerungen auf dem Gelenkknorpel, wie etwa bei chronischer Gicht in Form von kalkspritzerartigen Flecken, sind bei der akuten Gicht nicht zu sehen. Die Gelenkflüssigkeit ist vermehrt und im Aussehen milchig, was durch die Anwesenheit von großen Leukozytenmengen und massiven Mengen von Uratkristallen bedingt ist. Bei den Leukozyten handelt es sich fast ausschließlich um polymorphkernige Leukozyten.

In der einfachen Lichtmikroskopie, besser im Polarisationsmikroskop, findet man bei der Untersuchung der Synovialflüssigkeit 2–20 μm lange, stark negativ doppelbrechende Kristallnadeln, zum Teil komplett intrazellulär im polymorphkernigen Leukozyten liegend. Größere Kristallnadeln können mit einem Ende aus der phagozytierenden Zelle herausragen (Abb. 3.18).

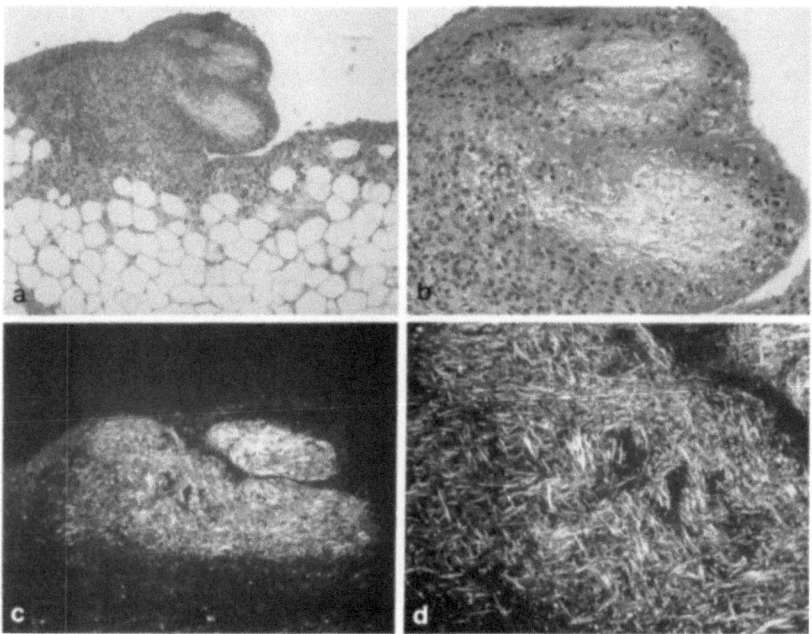

Abb. 3.19a–d. Frischer Gichtanfall mit Uratablagerung in der Synovialmembran, umrandet von mononukleären Rundzellen. Relativ zart ausgebildetes Gerüst der Matrix und oberflächlich auflagernd ein Saum aus Fibrin. **a** Kleine synoviale Zotte mit frischen Uratablagerungen. HE-Färbung, Vergr. 85 : 1. **b** Stärkere Vergrößerung des Bezirks aus **a**: HE-Färbung, Vergr. 220 : 1. **c** Darstellung der Uratkristalle am korrespondierenden Schnittpräparat, ungefärbt: locker gefügte Kristallbündel. Vergr. 85 : 1. **d** Stärkere Vergrößerung der Uratkristalle aus **c**: locker gefügte kristalline Strukturen im ungefärbten Präparat. Vergr. 220 : 1. (Foto von Prof. Dr. W. Mohr, Abteilung Pathologie der Universität Ulm). (Farbige Wiedergabe der Abbildung s. S. 530)

In der Synovialis lassen sich ganz vereinzelt kleinste Granulome in entzündlich infiltriertem Gewebe finden (sog. Mikrotophi). Das Zentrum des Granuloms ist zellfrei. Es ist umgeben von mononukleären Zellen. Wenn es sich um ein alkoholfixiertes Gewebe handelt, kann man im ungefärbten Schnitt mit Hilfe des Polarisationsmikroskops im Innern des Granuloms einzelne Uratkristalle erkennen (Abb. 3.19). In der HE-Färbung des Synovialispräparats sind diese Granulome oft durch mehrkernige Riesenzellen charakterisiert, die um einen nekrotischen Herd angeordnet sind. In der Umgebung der Granulome findet sich eine unspezifische Entzündungsreaktion mit lymphoplasmazellulärer Infiltration (Abb. 3.20).

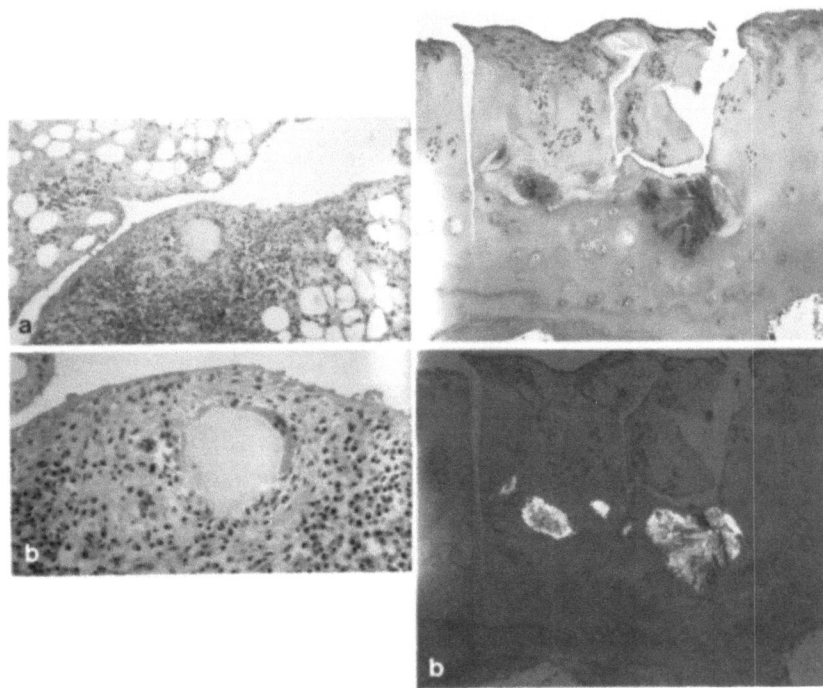

Abb. 3.20a, b *(links).* Frischer Mikrotophus im HE-gefärbten Präparat (Kristalle wurden beim Färbeprozeß herausgelöst). **a** Kleinster Tophus, umrandet von Plasmazellinfiltrat. Vergr. 85:1. **b** Stärkere Vergrößerung des kleinen Tophus: homogenes Zentrum von mehrkerniger Riesenzelle umgeben. Vergr. 220:1. (Foto von Prof. Dr. W. Mohr, Abteilung Pathologie der Universität Ulm). (Farbige Wiedergabe der Abbildung s. S. 531)

Abb. 3.21a, b *(rechts).* Uratkristalle im fissurierten Knorpel mit Brutkapselbildung. **a** In konventionellem Licht, **b** im polarisierten Licht. HE-Färbung, Vergr. 85:1. (Foto von Prof. Dr. W. Mohr, Abteilung Pathologie der Universität Ulm). (Farbige Wiedergabe der Abbildung s. S. 531)

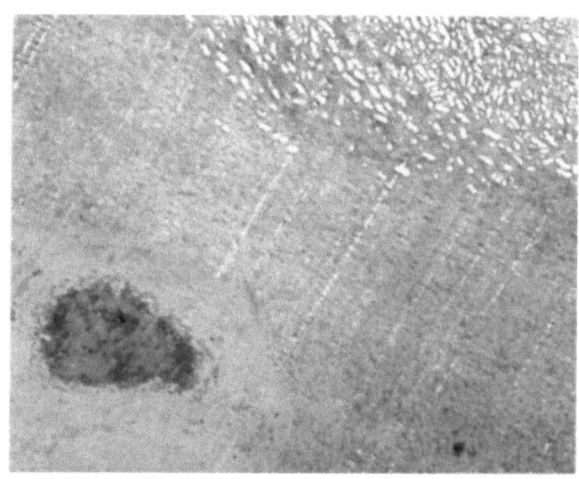

Abb. 3.22. Elektronenmikroskopische Struktur des Knorpels bei Gicht: in der Nachbarschaft eines Chondrozyten die optisch leeren Hohlräume, aus denen die Kristalle bei Aufarbeitung herausgelöst wurden. Vergr. 7000:1. (Foto von Prof. Dr. W. Mohr, Abteilung Pathologie der Universität Ulm)

Durch verschiedene Präparationen und Färbungen lassen sich kleine Uratkristallansammlungen auch unter der Oberfläche des hyalinen Gelenkknorpels nachweisen (Abb. 3.21). Auch in elektronenmikroskopischen Untersuchungen lassen sich Uratkristalle im hyalinen Knorpel zeigen (Abb. 3.22).

3.3.4 Klinik

In zahlreichen überlieferten Schilderungen der Gichtbeschwerden berühmter Männer der Geschichte fällt als Gemeinsamkeit besonders der schubartige Charakter der Gelenkbeschwerden auf, die Auslösung von Gichtattacken durch seelische und geistige oder auch körperliche Belastung und die episodische Unfähigkeit, politische, künstlerische oder wissenschaftliche Leistungen zu vollbringen.

Von allen historischen Schilderungen des Gichtanfalls ist die des Arztes und Wissenschaftlers Thomas Sydenham (1683), der selbst an Gicht litt und 1689 an ihren Folgen starb, am eindrucksvollsten. Er schildert einen Gichtanfall folgendermaßen:

The victim goes to bed and sleeps in good health. About two o'clock in the morning he is awakened by a severe pain in the great toe ...

Das Opfer geht zu Bett und schläft in voller Gesundheit ein. Gegen 2 Uhr morgens wird es durch einen heftigen Schmerz im großen Zehen geweckt, seltener ist dieser Schmerz in der Ferse, im Sprunggelenk oder an der Innenseite des Mittelfußes. Der Schmerz gleicht dem einer Verstauchung, und dazu hat man an der betreffenden Stelle das Gefühl, als würde kaltes Wasser darüber gegossen. Dann folgen Frösteln und Zittern und geringes Fieber. Der Schmerz, der zuerst mäßig ist, wird stärker. Mit seiner Intensität verstärken sich auch das Frösteln und Zittern. Nach einer gewissen Zeit ist der Höhepunkt erreicht, der Schmerz setzt sich in den Knochen und Bändern des Mittelfußes fest. Bald ist es ein heftiges Ziehen und Reißen der Bänder, bald ein nagender Schmerz, bald ein Drücken und Spannen. Die Empfindlichkeit der befallenen Stellen ist so ausgeprägt und stark, daß dort weder das Gewicht des Bettzeugs noch die Erschütterung, die eine Person durch das Gehen im Zimmer verursacht, ertragen werden kann. Die Nacht wird verbracht in Folterqualen und Schlaflosigkeit ...

In der Beschreibung Sydenhams zeichnen sich die wichtigsten klinischen Charakteristika des Gichtanfalls ab: der *anfallsartige Charakter* der Arthritis, die Tatsache, daß es sich um eine *Monarthritis* handelt und die Lokalisation der Arthritis an der *unteren Extremität*. Den Hauptanteil der Beschreibung nimmt ein subjektives Symptom ein, der *unerträgliche Schmerz*. Der akute Gichtanfall ist in der Regel die erste und eindrucksvollste klinische Manifestation einer Krankheit, die nach Brugsch (1930) sowie Zöllner (1959) in 4 Stadien eingeteilt werden kann:

1) asymptomatische Gichtanlage (asymptomatische Hyperurikämie),
2) akuter Gichtanfall,
3) interkritische Gicht,
4) chronische Gicht.

Gichthäufigkeit, Geschlechtsverteilung, Manifestationsalter

Die Häufigkeit der Gicht in der gesamten Bevölkerung liegt heute in Europa und bei den Weißen in den Vereinigten Staaten bei 0,2–0,3%. Eine Wechselbeziehung zwischen endogenen, das heißt genetischen (rassischen), und exogenen Faktoren ist aus Ergebnissen epidemiologischer Untersuchungen in Amerika deutlich zu erkennen. Hyperurikämie und Gicht sind bei den Philippinos in den Vereinigten Staaten häufiger als bei der amerikanischen Durchschnittsbevölkerung und deutlich häufiger als bei Philippinos, die auf den Philippinen unter den dort herrschenden Bedingungen leben. Der Unterschied ist durch eine geringere renale Ausscheidungsfähigkeit für Harnsäure gegenüber der weißen Bevölkerung zu erklären. Eine ähnliche Feststellung ist auch bei den Maoris in Neuseeland zu machen. Die Gichtmorbidität stieg bei den Männern dieses Volkes nach der Anpassung an westliche Eß- und Lebensgewohnheiten auf 10,2%, bei den Frauen auf 1,8% (Mikkelsen 1976).
Für die Veränderung der Gichtmorbidität in Abhängigkeit von exogenen

Faktoren in den europäischen Ländern ist die Zunahme der Gicht nach dem Zweiten Weltkrieg ein gutes Beispiel. Während der beiden Weltkriege betrug die Gichtmorbidität nur etwa 0,01%, die Gicht ist demnach heute gut 20mal häufiger als am Ende des Krieges. Sie ist heute mit 0,2-0,3% in der gesamten Bevölkerung so häufig, wie sie in der Zeit um die Jahrhundertwende in den höheren Schichten der Gesellschaft war. Bevorzugt betroffen ist das männliche Geschlecht. Etwa 3% der Männer, aber nur 0,1% der Frauen, die das 65. Lebensjahr erreichen, erleiden einen Gichtanfall.

Während beim Mann der erste Gichtanfall durchschnittlich im Alter von 35-45 Jahren eintritt, wird die Frau erst nach der Menopause, etwa zwischen dem 55. und 65. Lebensjahr vom ersten Gichtanfall betroffen. Eine Gicht bei einer Frau im fertilen Lebensalter ist eine absolute Rarität.

Zum besseren Verständnis der Zusammenhänge zwischen Gichthäufigkeit und Luxuskonsum sowie zur Erläuterung des unterschiedlichen Manifestationsalters bei den beiden Geschlechtern sei kurz an pathophysiologische Grundlagen erinnert: Beim Mann kommt es zur Zeit der Pubertät, bei der Frau etwa während des Klimakteriums zu einer Erhöhung der Plasmaharnsäure in einen Bereich, der dann jeweils für den Rest des Lebens bestehenbleibt. Bei einer erheblichen Disposition zur Hyperurikämie kommt es in diesen Lebensphasen, insbesondere wenn exogene Faktoren zusätzlich wirksam werden, zu einer bleibenden Hyperurikämie. Nach einer Latenzzeit von 10-30 Jahren kommt es dann zur klinischen Manifestation der Hyperurikämie, das heißt in der Regel zum Gichtanfall.

Die enorme Zunahme der Gicht in den vergangenen 40 Jahren ist wohl zum größten Teil durch eine Überflußernährung bedingt. Eine Zunahme der durchschnittlichen Lebenserwartung während dieser Zeitspanne auf 71,5 Jahre beim Mann und 78,1 Jahre bei der Frau (Statistisches Jahrbuch der Bundesrepublik Deutschland 1988) kann, insbesondere bei der Frau, ebenfalls eine Zunahme der Gicht erklären. Eine statistische Bestätigung dafür liegt jedoch noch nicht vor.

Ein zusätzlicher Faktor für die Erstmanifestation einer Gicht im hohen Lebensalter könnte auch nach Beobachtungen in der Framingham-Studie eine Dauertherapie mit Diuretika sein (Wyngaarden u. Holmes 1979). Es wird geschätzt, daß 10% der Menschen über 70 Jahren unter einer solchen Therapie stehen. Zu einer solchen, zumindest partiell als sekundäre Gicht zu bezeichnenden Krankheitsmanifestation soll vor allem das weibliche Geschlecht neigen (Doherty u. Dieppe 1986).

Sowohl die wissenschaftliche als auch die schöne Literatur nennt eine Fülle anfallauslösender Faktoren. Etwa die Hälfte der Gichtpatienten kann für sie charakteristische auslösende Momente früherer Gichtanfälle angeben. Werden die einzelnen Ereignisse in bezug auf ihren Einfluß auf den Plasmaharnsäuregehalt analysiert, so ergibt sich entweder eine akute Erhöhung oder Verminderung der Plasmaharnsäurekonzentration. Nach Zöllner (1970) läßt sich folgende Einteilung der anfallauslösenden Faktoren treffen:

Vermehrte Purinzufuhr: Festessen, Kongresse, Kreuzfahrten. Besonders gefährlich sind große Fleischmengen und Innereien (Hirn, Milz, Bries, Leber, Nieren), Fleischextrakt, aber auch Erbsen und Hülsenfrüchte.
Früher waren Köche, Gastwirte und Metzger beruflich gefährdet. Bei den heutigen nivellierten Lebens- und Eßgewohnheiten ist eine berufliche oder auch gesellschaftliche Gefährdung nicht mehr sehr auffällig.

Verminderte Harnsäureausscheidung: Alkoholexzesse. Es ist immer wieder Gegenstand von Diskussionen, ob bestimmte Alkoholika, z. B. Bier, Wein oder Destillate, häufiger zu Gichtattacken führen als andere. Besonders Portwein und Burgunder wurden als gefährlich erachtet. In Bayern gilt das Bier, in Schottland der Whisky als weniger gefährlich. Wissenschaftliche Belege für Unterschiede gibt es nicht. Es dürfte im wesentlichen darauf ankommen, wieviel Alkohol mit dem jeweiligen Getränk aufgenommen wird und wieviel an purinreicher Nahrung jeweils dazu gegessen wird. Eine verminderte Harnsäureausscheidung bewirken auch Saluretika, Acetazolamid, Salizylate in niedrigen Dosierungen, ketogene Kostformen (fette Speisen), Ketoazidose (Diabetes, Fastenkuren, insbesondere Nulldiät), Laktazidose, parenterale Applikation von Penicillin. Es handelt sich dabei um Substanzen, die direkt oder indirekt (Alkohol führt zu einem erhöhten Laktatanfall) bei der tubulären Ausscheidung mit der Harnsäure konkurrieren.

Vermehrte endogene Harnsäurebildung: Röntgentherapie oder Zytostatikatherapie von Leukämien oder Malignomen, Anämien während der Regeneration, Bluttransfusionen.

Vermehrte Harnsäurebildung in Streßsituationen: Traumata, Infekte, Operationen, Herzinfarkte, ungewohnte körperliche und psychische Belastungen.

Unbekannter Auslösemechanismus: Blei, Ergotamin, Thiamin, Insulin.

Für eine von manchen Autoren beschriebene jahreszeitliche Abhängigkeit (Frühjahrs- und Herbstgipfel) der Anfälle gibt es nach Talbott (1967) sowie Zöllner (1967) keine befriedigende Erklärung. Die Bedeutung des Traumas nicht nur als anfallsauslösender Faktor generell, sondern auch als lokalisierender Faktor wird immer wieder diskutiert. Möglicherweise haben (Mikro-)Traumen einen Einfluß auf die Lokalisation von Gichtanfällen. So wird behauptet, daß Patienten mit Krücken häufiger an Händen und Ellenbogen Gichtanfälle bekommen, also an Stellen, die dadurch mechanisch belastet werden (aufsteigende Gicht). Dem kann entgegengehalten werden, daß Gichtpatienten, die zu Stöcken und Krücken greifen müssen, eine fortgeschrittene chronische Gicht haben, bei der es nach und nach ohnehin zum Befall der Gelenke der oberen Extremitäten und zum polyartikulären Befall kommt. Für die Bedeutung des Traumas als lokalisierender Faktor soll auch die Beteiligung der Knie- und Sprunggelenke bei Fußballspielern sprechen. Aber diese Gelenke sind ohnehin nach dem Großzehengrundgelenk die am meisten von Gichtattacken betroffenen Gelenke.

Dieppe u. Calvert (1983) stellen 3 Gruppen von möglichen Faktoren zusammen, die bei der Auslösung eines akuten Gichtanfalls beteiligt sein können. Veränderungen der Harnsäureproduktion bzw. -elimination spielen bei dieser Aufstellung keine zentrale Rolle. Hingegen führen die Autoren neben den bekannten klinischen Beobachtungen vermutete pathogenetische Mechanismen an, die das plötzliche Auftreten von freien Uratkristallen erklären lassen (Tabelle 3.4).

Tabelle 3.4. Mögliche gichtanfallauslösende Faktoren. (Nach Dieppe u. Calvert 1983)

a) Klinisch erhobene Gründe für einen Gichtanfall	
Schwere Krankheit	20%
Physisches Trauma	15%
Psychisches Trauma	15%
Übermäßiges Essen und Trinken	20%
Operationen	10%
Andere Gründe	10%
b) Angenommene Ursachen für das Entstehen von Kristallen in der Synovia	
Physisches Trauma	
Temperaturveränderungen	
pH-Wert-Veränderungen	
Veränderungen der Proteinbindung	
Resorption von extrazellulärer Flüssigkeit	
(Grund für das Entstehen eines Gichtanfalls während der Nacht)	
c) Ursachen für eine Ausschüttung von Kristallen in die Gelenkhöhle	
Lokale Knorpelläsionen durch Traumata	
Freiwerden von Kristallen bei Auflösung von Uratdepots (z. B. bei abrupt einsetzender harnsäuresenkender Therapie)	

Der Gichtanfall ist pathologisch-anatomisch eine hochakute, kristall-induzierte Synovitis[2]. Prinzipiell betroffen sein können daher alle mit einer Synovialmembran ausgekleideten Räume, das heißt Gelenke, Seh-nenscheiden und Bursen. Ganz selten kommt es zu hochakuten Entzün-dungen außerhalb von synovialen Strukturen, z. B. in Form einer akuten kristallinduzierten Skleritis („hot eye of gout") (Abb. 3.23).

Das Synonym für akute Gicht, der Begriff Podagra, drückt die bevor-zugte Lokalisation des Gichtanfalls aus. Alle Erklärungen für die Lokali-sation des Gichtanfalls sind sehr fragwürdig, am ehesten erscheint noch die Rolle von Mikrotraumen plausibel. Es kann jedenfalls als Faustregel gelten, daß der Gichtanfall sowohl zu Beginn als auch im weiteren Ver-laufe der Gicht das Großzehengrundgelenk am häufigsten betrifft (Abb. 3.24). Danach folgen das Sprunggelenk, die Mittelfußgelenke und das Kniegelenk. Mit großem Abstand kommen dann die Gelenke der oberen Extremitäten, Hand-, Ellenbogen-, Fingergelenke. Die Schulter-gelenke sind äußerst selten von Gichtanfällen betroffen. Bemerkenswert

Tabelle 3.5. Gelenkbefall beim Gichtanfall (Häufigkeitsangabe in %; *MTP* Metatarso-phalangealgelenk, *PIP* proximales Interphalangealgelenk, *DIP* distales Interphalange-algelenk, *MCP* Metacarpophalangealgelenk)

	Erster Anfall	Gesamtheit der Anfälle		Erster Anfall	Gesamtheit der Anfälle	Beginn und Verlauf
MTP I	53,4	77,5		46	74	76
Sprunggelenk	26,2	48,0	Übriger Fuß }	35	73	50
Mittelfuß	14,0	27,9				
MTP II–V	7,6	14,5		22	56	32
Knie	24,9	53,1				
Ellenbogen	4,5	20,3		2		10
Handgelenk	6,3	19,5				
PIP	6,4	15,7	Hand gesamt }	7	15	35
MCP	3,5	16,9				
DIP	5,8	5,8				
Hüfte	5,2	5,2		–	–	
Schulter	1,7	11,0		–	–	
Quelle	Wallace et al. (1978/79)			Schilling (1971) (n = 200)		Grahame u. Scott (1970) (n = 374)

---

[2] Etymologisch richtig wäre Synovialitis. Synovitis ist eine Anpassung an die anglo-amerikanische Nomenklatur.

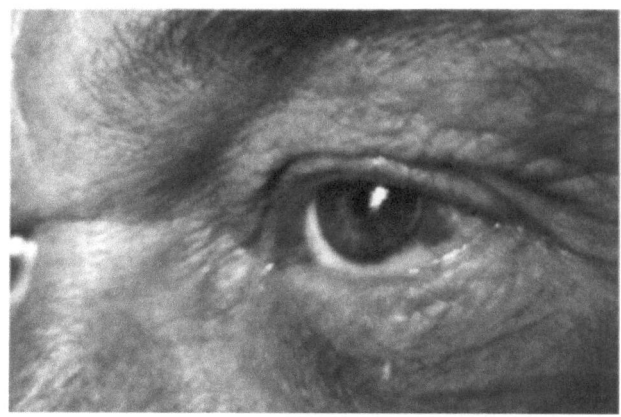

Abb. 3.23. „Gichtanfall" am Auge (Skleritis, „hot eye of gout") bei einem Patienten mit langjähriger Gicht. Ein seltenes Ereignis. Entzündungsreaktionen auf Harnsäurekristalle mikroskopisch nachweisbar. (Bild von Prof. Dr. R. Günther, Innsbruck). (Farbige Wiedergabe der Abbildung s. S. 532)

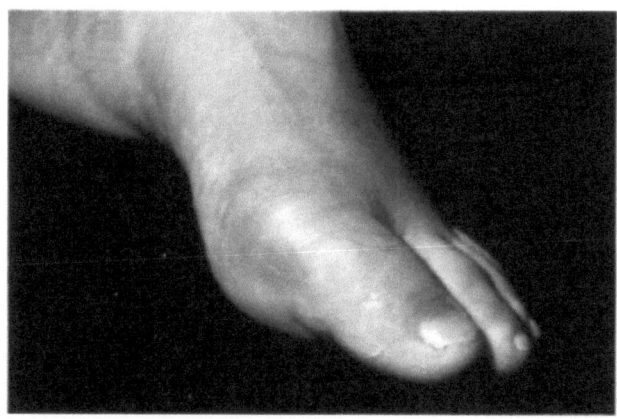

Abb. 3.24. Gichtanfall am Großzehengrundgelenk bei einem 36jährigen Mann (Vater des Patienten ebenfalls an Gicht leidend). (Farbige Wiedergabe der Abbildung s. S. 532)

ist die Beobachtung, daß bei der Frau häufiger die Fingergelenke betroffen sind als beim Mann (Babucke u. Mertz 1973). Bursitiden betreffen am häufigsten die Bursa olecrani und Bursen im Knie- sowie Achillessehnenbereich. Die Häufigkeit der Lokalisation von Gichtanfällen an verschiedenen Gelenken ist in Tabelle 3.5 zusammengestellt.

Klinische Symptomatik

Ein plötzliches Einsetzen heftigster Gelenkschmerzen mit intensiven Entzündungszeichen aus voller Gesundheit innerhalb weniger Stunden, oft mitten in der Nacht, ist nahezu pathognomonisch für die Gicht. Sichere warnende Vorboten des Gelenkanfalls gibt es nicht. Die meisten Patienten, die wir befragen, geben an, die Arthritis sei überraschend eingetreten wie der „Blitz aus heiterem Himmel". Einige Patienten meinen sogar, daß sie sich kurz vor dem Anfall besser als sonst gefühlt hätten.

In der früheren Literatur über die Gicht (Allbutt 1920) wird eine Reihe von prämonitorischen Zeichen angeführt: Schwitzen und Frösteln, Herzklopfen und Herzstolpern, Appetitlosigkeit, belegte Zunge, Aufstoßen mit saurem Geschmack, Oberbauchdruck, Verstopfung und Blähungen, Unbehaglichkeit in den „Zahnwurzeln", Depressionen und Gereiztheit sowie muskelrheumatische Schmerzen. Allbutt schreibt:

Seine (des Patienten vor dem Gichtanfall, d. Verf.) Stimmung ist gereizt, bissig und trübe, er schläft schlecht oder zu schwer, er ist rastlos oder träge und träumt unruhig oder mit Alpdrücken. Er hat schwere dumpfe Kopfschmerzen oder Migräne. Ein Vorzeichen ist auch die Unregelmäßigkeit der Darmentleerung ...

In früherer Zeit, als die therapeutischen Möglichkeiten bei der Gicht noch sehr gering waren, hatten mögliche Vorboten eines Gichtanfalls eine viel größere Bedeutung. Die Patienten mußten damals auf die fast schicksalsmäßig sich einstellenden Gichtattacken warten und bildeten wohl eine wesentlich größere Sensibilität gegenüber allen Erscheinungen ihrer Krankheit aus. Heutzutage ist die Gichtattacke im Idealfall ein einmaliges Ereignis, das den Startpunkt für eine konsequente Therapie bedeutet, unter welcher der Patient fortan beschwerdefrei leben kann.

Eine Abhängigkeit des Gichtanfalls von der Tageszeit ist nicht sicher (Zöllner 1967), wenngleich ein Auftreten während der Nacht nicht selten ist und dann besonders eindrücklich empfunden wird. Gelegentlich fallen die Beschwerden erst morgens beim Aufstehen und Belasten des Beins auf.

Der *plötzliche Beginn,* die *Heftigkeit der Schmerzen* und die *begrenzte Dauer* des Anfalls sind neben der Lokalisation die drei wesentlichen Charakteristika des Gichtanfalls. Wallace et al. (1977) geben an, daß sich bei den von ihnen untersuchten 178 Patienten der Gichtanfall in 85% der Fälle innerhalb weniger Stunden bis maximal 24 Stunden zum Höhepunkt entwickelt hat. Fast alle Gichtpatienten geben an, daß die Schmerzen im Höhepunkt des Gichtanfalls unerträglich seien. Viele Patienten beteuern, daß sie noch nie im Leben einen so heftigen Schmerz erlebt hätten. Der Gichtanfall dauert wenige Tage bis wenige Wochen, am häufigsten 4–14 Tage, auch ohne medikamentösen Einfluß. Allerdings kennen wir kaum eine Anamnese eines Gichtanfalls, bei dem nicht irgend-

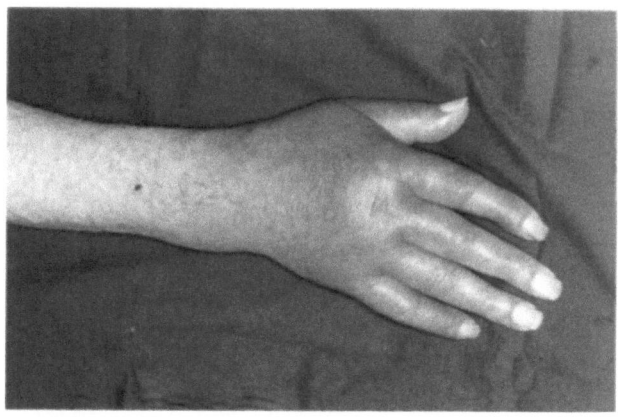

Abb. 3.25. Gichtanfall bei einem Mann mit einer 5jährigen Gichtanamnese. (Farbige Wiedergabe der Abbildung s. S. 532)

eine medikamentöse Therapiemaßnahme ergriffen worden wäre. Gelegentlich wird fälschlicherweise im Gichtanfall anstelle von Colchicin oder einem Antiphlogistikum ein harnsäuresenkendes Medikament gegeben, so daß in solchen Fällen die Dauer des Anfalls der eines Spontanverlaufes entsprechen könnte. Nach dem Anfall stellt sich in der Regel wieder die volle Gelenkfunktion ein. Für den Patienten wird der Anfall zur bloßen Erinnerung, die trotz des dramatischen Geschehens meist gar nicht lange wach bleibt.

Lokalsymptome

Das vom Gichtanfall betroffene Gelenk ist diffus geschwollen. Die Schwellung geht weit über die Gelenkgrenzen hinaus. Sie hat keinerlei Ähnlichkeit mit der spindelförmigen Schwellung einer Arthritis im Rahmen einer chronischen Polyarthritis. Die Miteinbeziehung periartikulärer Weichteile in den Entzündungsprozeß ist meist so ausgeprägt, daß eine Verwechslung mit einem phlegmonösen Prozeß durchaus möglich ist (Abb. 3.25). In der Regel ist außerdem ein mehr oder weniger ausgeprägtes Ödem im entzündlichen Gebiet festzustellen. Die Hautvenen im Entzündungsbereich können deutlich erweitert sein. Auch Lymphgefäße können als gerötete Streifen sichtbar werden. Manchmal ist es schwer zu entscheiden, ob wirklich ein Gelenk Mittelpunkt der Entzündung ist. Dazu kommt als weiteres Entzündungszeichen eine meist ausgeprägte Rötung, die vielfach nicht hellrot bzw. feuerrot ist, sondern tiefrot bis purpurrot. Manchmal ist auch eine zyanotische Verfärbung zu erkennen.

Die Haut über dem Gelenk ist straff und glänzend. Die entzündete Region ist stark überwärmt. Gelegentlich versuchen die Patienten, durch vorsichtiges Auflegen feuchter, kühler Tücher Wärme abzuleiten. Das entzündete Gelenk und seine Umgebung ist so schmerzhaft, daß meist die geringste Berührung unerträglich ist.

Typisch für den Patienten mit Podagra ist es, daß er, wenn er überhaupt das Haus verlassen kann, den betroffenen Fuß mit einem aufgeschnittenen Schuh oder nur mit einem lockeren Socken oder gar nicht bekleidet und daß er den befallenen Fuß nicht belasten kann. Fragt man den Patienten mit einer Gelenkentzündung am Fuß in der Anamnese nach dem Schweregrad der Schmerzen bzw. der damit verbundenen Bewegungseinschränkung, so kann man je nach Art und Grad der Arthritis die verschiedensten Antworten bekommen. Wird die Frage: „Konnten Sie das Bein benutzen, konnten Sie gehen?" mit einem klaren „Nein" beantwortet, so spricht dies sehr für eine akute Gichtarthritis. Für englische Karikaturisten des 18. und 19. Jahrhunderts war die Gehunfähigkeit des Patienten mit einem Gichtanfall häufig Thema ihres Spottes. So wurden Gichtstühle gezeichnet oder auch eine Methode, das Pferd trotz Gichtanfalls zu besteigen (Abb. 3.26).

Begleitsymptome

Nicht nur der Lokalbefund, sondern auch die systemischen Auswirkungen des Gichtanfalls können Zeichen eines septischen Geschehens aufweisen. Es kommt zu einer Störung des Allgemeinbefindens. Fieberspitzen bis zu 39 °C, Schüttelfrost, Tachykardie, Nausea, Kopfschmerzen, Verdauungsstörungen und Anorexie sind bei einem akuten Gichtanfall nicht selten.

Laborbefunde

Eine deutliche Hyperurikämie ist in über 90% der Fälle bei Gichtanfällen nachzuweisen. Eine Erklärungsmöglichkeit für einen normalen Harnsäurebefund ist ein Gichtanfallrezidiv zu Beginn einer harnsäuresenkenden Therapie. Häufig findet sich eine Leukozytose im peripheren Blutbild bis 15000/µl. Auch die BSG kann stark beschleunigt sein. Ebenso können andere akute Entzündungszeichen (α_2-Globulinvermehrung in der Elektrophorese, erhöhtes C-reaktives Protein) vorhanden sein. Der Harnstatus ist meist normal. Eine geringe Proteinurie im akuten Anfall, insbesondere im Zusammenhang mit Fieber, braucht nichts Besonderes zu bedeuten. Kontrollen sind jedoch dringend erforderlich, weil sich eine

Abb. 3.26. „A New way of mounting your Horse in spite of the Gout." (Stich von George Cruickshank 1816)

Gichtnephropathie mit ganz unterschiedlicher Geschwindigkeit entwickeln kann, ja, sie kann auch der Gichtarthritis vorausgehen. Die Proteinurie ist ein sehr sensibles Kriterium für eine Gichtniere: Weitere Zeichen sind ein pathologisches Sediment, insbesondere Zylinder (Untersuchung des frischen Harns ist dazu erforderlich) und ein diastolischer Blutdruck über 90 mm Hg. Weitere Laboruntersuchungen, die relativ häufig pathologische Befunde ergeben und dadurch teilweise diagnostische Wertigkeit haben, in der Hauptsache jedoch für die therapeutische Führung und die Prognose des Patienten Bedeutung haben, sind die Untersuchung der sog. Leberwerte, der Fettwerte und der Parameter des Glukosestoffwechsels.

Bei der Untersuchung der Synovialflüssigkeit fallen folgende Befunde auf: Die punktierte Gelenkflüssigkeit ist milchig-trübe, die Viskosität ist vermindert. Es findet sich eine hohe Leukozytenzahl. Werte von 20000/µl sind die Regel. Über 90% der Leukozyten sind polymorphkernig. Ähnlich hohe Werte finden sich nur noch bei reaktiven (z. B. Morbus Reiter) und eitrigen Arthritiden.

Differentialdiagnostisch entscheidend ist der Nachweis von Uratkristallen, zum Teil phagozytiert durch Leukozyten (s. Abb. 3.18), im Lichtmikroskop, besser jedoch im Polarisationsmikroskop.

Die Dauer eines spontan ablaufenden Anfalls kann nicht vorausgesagt werden. Eine Dauer von mehr als 2 Wochen ist jedoch selten. Gelegentlich löst ein Gichtanfall den anderen ab, so daß ein falsches Bild über die Dauer eines Gichtanfalls entsteht. Bei der engen Nachbarschaft der Gelenke am Fuß und angesichts der über die Gelenkgrenzen hinausgehenden Entzündungsreaktion ist eine Täuschung möglich.

Unter einer adäquaten Behandlung muß innerhalb von 24–36 h eine deutliche Besserung eingetreten und nach 3–4 Tagen der Anfall beendet sein. Nach Abklingen der Symptome, ob spontan oder unter Medikamenten, tritt häufig eine Schuppung der Haut über dem Gelenk ein; die Haut wird dünn und lose. Der Patient spürt dabei einen geringen Juckreiz, gelegentlich bleibt noch etwas länger ein geringes Ödem der Weichteile bestehen.

Schließlich stellt sich bei der akuten Gicht wieder eine völlig normale Gelenkfunktion und ein unbeeinträchtigtes Wohlbefinden ein. Dem Patienten mit dem ersten Gichtanfall scheint die Krankheit beendet zu sein.

Die Ursache für den Gichtanfall, die Hyperurikämie, besteht jedoch weiter, wenn sie nicht oder nicht adäquat und konstant behandelt wird. In diesem Falle tritt der Patient in das interkritische Stadium der Gicht, das Stadium zwischen den akuten Gichtattacken, ein.

3.3.5 Diagnose und Differentialdiagnose des akuten Gichtanfalls

Die Diagnose des akuten Gichtanfalls wird in erster Linie aufgrund seiner klinischen Charakteristika, das heißt mit Hilfe einer dezidierten Anamnese und einer exakten klinischen Untersuchung gestellt. Bestätigt wird die Diagnose in der Regel durch den Nachweis einer Hyperurikämie. Sehr hilfreich kann in besonderen Fällen auch die Bestätigung der Diagnose durch den Uratkristallnachweis in der Synovia-Analyse sein. Die Aussagekraft eines therapeutischen Versuches mit Colchicin, des sog. Colchicintests, wird unterschiedlich beurteilt.

In der Regel lassen sich beim ersten Gichtanfall weder in den Weichteilen klinisch noch im gelenknahen Knochen röntgenologisch Tophi nachweisen. Die Wahrscheinlichkeit von Tophi nimmt jedoch von Gichtanfall zu Gichtanfall zu. Die Diagnostik des akuten Gichtanfalls beschränkt sich also im wesentlichen auf die Punkte 1 und 3 der diagnostischen Kriterien der Gicht (Tabelle 3.6). Danach ist die Diagnose Gicht gesichert, wenn insgesamt 2 der 3 Kriterien positiv sind, wobei bei den Kriterien 1 und 2 die Anteile a, b und c jeweils für sich das entsprechende gesamte Kriterium erfüllen.

Tabelle 3.6. Diagnostische Kriterien der Gicht. (Nach Schilling 1971)

1. Der akute Anfall
   a) Beobachtet oder typisch geschildert
   b) Colchicintest
   c) Harnsäurekristallnachweis im Punktat

2. Die Uratablagerung (Tophus)
   a) Weichteiltophus (subkutan, Bursa)
   b) Knochentophus (Röntgenbild)
   c) Chemischer oder mikroskopischer Harnsäurenachweis

3. Hyperurikämie

Diagnose

Klinische Charakteristika des Gichtanfalls

Der Gichtanfall präsentiert sich als eine akute, mit unerträglichen Schmerzen einhergehende Monarthritis, meist der unteren Extremitäten. Der Lokalbefund besteht aus einer über die Gelenkgrenzen hinausgehenden prallen Schwellung und einer deutlichen Rötung und Überwärmung, einer extremen Palpationsempfindlichkeit und einer Einschränkung der passiven und aktiven Beweglichkeit. Betroffen ist weitaus am häufigsten der Mann im mittleren Lebensalter, selten die Frau nach der Menopause.

Bei der anamnestischen Befragung erfährt man, daß Schmerzen und Entzündungserscheinungen plötzlich eingetreten sind und innerhalb weniger Stunden bis höchstens eines Tages ihr Maximum erreicht haben. Sehr häufig finden sich ähnliche Ereignisse in der Vorgeschichte. Dabei ist als weiteres wichtiges Charakteristikum der Arthritis zu erfahren, daß die Gelenkerscheinungen innerhalb weniger Tage bis spätestens einiger Wochen wieder abklingen und daß bis zum nächsten Ereignis dieser Art völlige Beschwerdefreiheit herrscht.

Gelegentlich spielt sich der Gichtanfall nicht als Monarthritis, sondern als Oligo- oder Polyarthritis ab. Die Angaben hierzu sind sehr unterschiedlich. Während Hadler et al. (1974) bei 1830 Patienten mit Gichtanfällen in Übereinstimmung mit früheren Beschreibungen nur in ca. 6% der Fälle einen gleichzeitigen Befall mehrerer Gelenke feststellen konnten, berichten Wallace et al. (1977) bei 44% von 178 Patienten von einem Befall von zwei oder mehr Gelenken sogar bei der ersten Gichtattacke. Der Unterschied erklärt sich wohl zum Teil durch Unterschiede im beobachteten Patientengut. Der Anteil an weiblichen Patienten bei Wallace et al. ist mit 14% hoch, und bei Frauen sind polyartikuläre Gichtanfälle häufiger als bei Männern. Möglicherweise läßt sich ein Unterschied in der Häufigkeit polyartikulärer Gichtanfälle bei verschiedenen Autoren zum Teil auch durch eine unterschiedliche Definition der Dauer eines Gichtanfalls erklären: Wir beobachten gelegentlich, daß Gichtanfälle unterschiedlicher Intensität, z. B. an einem Großzehengrundgelenk und am Mittelfuß oder Sprunggelenk, einander ablösen. Dies würden wir nicht als polyartikulären Anfall bezeichnen.

Bei allen Zahlenangaben zu dieser Frage, aber auch zur Frage der Häufigkeit normourikämischer Gichtanfälle muß natürlich berücksichtigt werden, daß in den vergangenen 25 Jahren enorme Fortschritte in der Arthritisdiagnostik erzielt worden sind. Man kann sich fragen, wieviele der heute als akute, reaktive B27-assoziierte Arthritiden oder als Lyme-Arthritis zu klassifizierenden Arthritiden damals als Gicht oder als „atypische Gicht" diagnostiziert wurden. In beiden Beispielen kennen wir Mono- oder Oligoarthritiden, die zum Teil sehr akut, sehr schmerzhaft und gelegentlich rezidivierend sind und vorwiegend die unteren Extremitäten betreffen.

Außer den sich auf das Gelenk beziehenden Symptomen bietet die Anamnese und klinische Untersuchung nur noch wenige diagnostisch bedeutsame Daten.

Eine Familienanamnese für Gicht wird bei 16% (Wallace et al. 1977) bis 36% (Grahame u. Scott 1970) bzw. 42% (Gutman u. Yü 1976) der Patienten gefunden. Die geringe Übereinstimmung der Zahlen kann verschiedene Gründe haben: Die ethnische Zusammensetzung der Bevölkerung kann in den einzelnen Studien unterschiedlich sein, ebenso die Ernährung. Von besonderer Bedeutung für das Ergebnis einer Studie ist natürlich die Größe der untersuchten Familien und die Sorgfalt der Untersucher bei der Befragung.

Eine Harnsteinanamnese findet sich nach Wallace et al. (1977) nur bei 8% der Gichtpatienten. Bei Yü u. Gutman (1967) sowie Emmerson (1968) liegt die Häufigkeit von Harnsteinen in der Anamnese bei etwa einem Viertel der Gichtpatienten. Die Häufigkeit von Harnsteinen ist allerdings von der Dauer der Gicht abhängig. Sie ist beim ersten Anfall sicher geringer als bei einer chronischen Gicht. Für die diagnostische Verwertbarkeit einer Steinanamnese ist die Analyse des Steins von Bedeutung. Leider ist nur bei weniger als der Hälfte der Patienten mit Harnsteinanamnese etwas über die chemische Zusammensetzung eines abgegangenen Steins zu erfahren.

Wenig ergiebig für die Diagnose ist die Frage nach auslösenden Faktoren. Vom Patienten werden einem Kausalitätsbedürfnis entsprechend die verschiedensten möglichen auslösenden Faktoren angegeben. Keiner, auch nicht Ernährung und Alkohol, ist so bezeichnend, daß ihm diagnostisch eine besondere Wertigkeit zukommt.

Das Allgemeinbefinden des Patienten vor dem Gichtanfall ist im Gegensatz zu dem bei manchen anderen Arthritiden meist ungestört. Aber auch dies ist diagnostisch von untergeordneter Bedeutung.

Weichteiltophi finden sich bei Patienten mit akuten Gichtanfällen, also in einem sehr frühen Stadium der Gicht, nur ausnahmsweise. Bei der klinischen Untersuchung eines Patienten mit Verdacht auf Gicht sollten jedoch routinemäßig die Hauptlokalisationen für Weichteiltophi, nämlich die Ohrmuscheln, die Bursa olecrani und die Sehnenscheiden an den Streckseiten der Finger sowie die Kniegelenke und die Ferse, untersucht werden. Wenn differentialdiagnostische Schwierigkeiten auf andere Weise nicht beseitigt werden können, sollte bei einem verdächtigen Befund eine Biopsie mit mikroskopischer, eventuell auch biochemischer Untersuchung des entnommenen Materials durchgeführt werden. Im Falle eines Harnsäurenachweises ist ein hochspezifisches Kriterium für die Diagnose Gicht gewonnen.

Bei der Untersuchung des Olekranonbereichs sollte nach einer Verdikkung und Schmerzhaftigkeit in der Vorgeschichte gefragt werden. Nicht selten ist die Bursitis olecrani die erste klinische Manifestation einer Gicht. Gelegentlich findet man bei der Untersuchung des Olekranons eine Narbe nach Exzision der Bursa als Zeichen einer rezidivierenden Bursitis, ohne daß in diesem Zusammenhang die Diagnose einer Gicht gestellt worden ist.

Nachweis einer Hyperurikämie

Eine wissenschaftliche Kommission der American Rheumatism Association, die sich die Schaffung von Diagnosekriterien zur Aufgabe gemacht hatte, untersuchte in den Jahren 1970-1971 178 Patienten mit primärer Gicht und insgesamt 528 Patienten mit chronischer Polyarthritis, Pseudogicht und septischer (eitriger) Arthritis als Kontrollen. Dabei wurde bei 7,8% von 167 Gichtpatienten, deren Harnsäurewert unter Berücksichtigung aller verfälschender Einflüsse bestimmt worden war, zu keinem Zeitpunkt der Beobachtung eine Hyperurikämie gefunden. Das mittlere Alter der Gichtpatienten lag bei 56 Jahren. Die mittlere Krankheitsdauer war 11 Jahre. 14% der Patienten waren Frauen (Wallace et al. 1978). Dagegen wurde in den Vergleichsgruppen mit chronischer Polyarthritis (197 Patienten) in 10,2%, mit Pseudogicht (97 Patienten) in 17,5% und mit septischer (eitriger) Arthritis (87 Patienten) in 18,3% eine Hyperurikämie festgestellt. Hyperurikämien finden wir unter den rheumatischen Krankheiten häufig bei der Arthritis psoriatica, dem Reiter-Syndrom und der Spondylitis ankylosans, Erkrankungen, die auch in ihrem klinischen Bild häufig Schwierigkeiten in der Differenzierung gegenüber der Gicht bereiten.

Tabelle 3.7. Häufigkeit von Befunden bei Gichtanfällen (Auswahl). (Nach Wallace et al. 1978)

Symptom	Patienten [n]	Positiver Befund [%]
Hyperurikämie	167	92,2
Rezidivierende Gichtanfälle	178	86,5
Monarthritis	178	71,9
Großzehengrundgelenk	173	78,0
Entzündungsmaximum innerhalb 24 h	154	85,1
Rötung des Gelenks	166	92,2
Subkortikale Zysten ohne Erosion im Röntgenbild	126	11,9
Chemisch oder mikroskopisch erwiesene Tophi	172	30,3
Bakteriologisch negativer Synoviabefund	49	95,9
Uratkristalle in der Synovia	90	84,4

Demnach ist die Spezifität des Symptoms Hyperurikämie in der Arthritisdiagnostik nicht sehr hoch. Die Sensitivität dieses Symptoms ist jedoch unbestritten sehr gut.

Da es neben einer methodischen Abweichung bei der Serumharnsäurebestimmung auch eine Reihe meist passagerer Einflüsse auf den Serumharnsäuregehalt gibt, wie die Therapie mit einigen antiphlogistisch wirksamen Substanzen, Ernährung, Alkohol und Fasten, darf ein einzelner Harnsäurewert nur mit Vorsicht diagnostisch bewertet werden. Um diagnostische Schlüsse ziehen zu können, empfehlen wir die Bestimmung von mindestens 3 Serumharnsäurewerten in Abständen von 1–2 Wochen, möglichst ohne Beeinflussung durch Medikamente und Besonderheiten in der Ernährung.

Eine Aufstellung der wichtigsten Befunde außer der Hyperurikämie, die bei den 178 Patienten mit akuter Gicht gefunden worden waren, zeigt Tabelle 3.7.

Nachweis von Uratkristallen im Gelenkpunktat

Der Nachweis von Harnsäurekristallen in den polymorphkernigen Leukozyten der Gelenkflüssigkeit mit Hilfe des Polarisationsmikroskops gilt als spezifisch für die Gicht (McCarty u. Hollander 1961). Auch Wallace et al. (1977) fanden bei der Synovia-Analyse Harnsäurekristalle bei 76 von 90 Patienten mit akuter Gicht. Bei 91 Patienten mit Pseudogicht, 71 Patienten mit chronischer Polyarthritis und 84 Patienten mit eitriger Arthritis konnten sie jedoch im Polarisationsmikroskop in keinem einzigen Fall Harnsäurekristalle nachweisen. Deshalb wird auch von ihnen dieses Kriterium als absolut spezifisch für die Gichtarthritis angesehen.

In der Diagnostik der Gelenkkrankheiten gilt es als Regel, daß bei jeder nicht sicher einzuordnenden Monarthritis eine diagnostische Gelenkpunktion mit anschließender Analyse der Gelenkflüssigkeit durchzuführen ist, eine Maßnahme, die auch in der Praxis des Orthopäden, des Internisten oder des Arztes für Allgemeinmedizin möglich ist. Es muß jedoch bei der Gelenkpunktion auf strengste Sterilität geachtet werden. Die große Chance, einen absolut spezifischen Beweis für die Diagnose der Gicht zu gewinnen, sollte man sich nicht entgehen lassen. Im übrigen kann man die Diagnose einer Pseudogicht nur nach Gelenkpunktion durch Identifikation von Calciumpyrophosphatkristallen im Gelenk sichern. Eine bakteriell bedingte Arthritis ist ebenfalls nur durch die Synovia-Analyse einigermaßen sicher auszuschließen.

Die Untersuchung auf Kristalle erfolgt ebenso wie die Bestimmung der Zellzahl im nativen Gelenkpunktat, das durch Zusatz einer geringen Menge Heparinlösung bzw. durch Defibrinieren mit Glaskügelchen ungerinnbar gemacht worden ist. Man kann Harnsäurekristalle und Calciumpyrophosphatkristalle unter dem normalen Lichtmikroskop bei entsprechender Beleuchtung manchmal gut erkennen und identifizieren. Für eine optimale Kristalldiagnostik ist jedoch eine Polarisationseinrichtung erforderlich, die an vielen normalen Lichtmikroskopen angebracht werden kann.

Harnsäurekristalle treten meist als nadelförmige Stäbchen auf, deren Länge größer ist als der Durchmesser eines polymorphkernigen Leukozyten. Im Falle einer im Gichtanfall häufig vorkommenden Phagozytose sehen die phagozytierenden Leukozyten wie aufgespießt aus. Harnsäurekristalle können auch kleiner und an den Ecken abgerundet sein und bei Phagozytose durch polymorphkernige Leukozyten vollständig intrazellulär liegen. Bei der Betrachtung durch das Polarisationsmikroskop wird die Eigenschaft einer starken negativen Doppelbrechung der Harnsäurekristalle erkennbar. Urikasezusatz löst sie auf, wodurch sie zweifelsfrei von Kristallen anderer Art unterschieden werden können. Calciumpyrophosphatkristalle sind plumper, oft rhombisch, haben scharfe Ecken und sind im polarisierten Licht schwach positiv doppelbrechend (Abb. 3.27).

Colchicintest

Das prompte und nahezu regelmäßige Ansprechen des Gichtanfalls auf Colchicin und die selektive Wirkung des Colchicins bei der Gichtarthritis ließen bei akuter Arthritis einen Behandlungsversuch mit Colchicin zu einem diagnostischen Test werden (Lockie 1939). Die Ansprechquote wird in der Literatur mit Werten zwischen 75% (Gutman u. Yü 1952; Wallace et al. 1967) und über 95% (Smyth 1953; Zöllner 1960) angegeben.

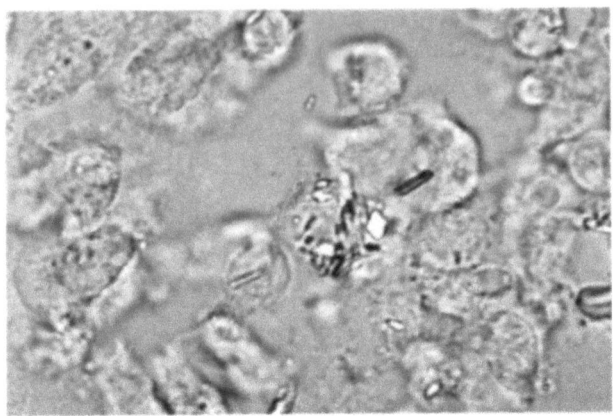

Abb. 3.27. Rhombische Calciumpyrophosphatkristalle (positiv doppelbrechend) in Phagozytose durch polymorphkernige Leukozyten. Nativpräparat, Kompensationspolarisationsoptik. Vergr. 400:1. (Farbige Wiedergabe der Abbildung s. S. 533)

Die strenge Spezifität des Colchicins ist seit der Publikation von Kaplan (1960) über das ausgezeichnete Ansprechen einer Sarkoidosearthritis in 4 Fällen immer wieder angezweifelt worden. Es besteht auch kein Zweifel, daß Colchicin nicht nur bei der akuten gichtischen Entzündung, sondern auch bei der durch Calciumpyrophosphatkristalle induzierten Gicht (Pseudogicht) sowohl in der Behandlung als auch in der Anfallsprophylaxe wirksam ist (McCarty 1963; Spilberg et al. 1980; Tabatabai u. Cumming 1980). Am ausführlichsten haben sich Wallace et al. (1967) mit der Frage der Spezifität in der Behandlung der Gichtarthritis beschäftigt. Sie haben 58 Gichtpatienten und 54 Patienten mit anderen Arthritiden untersucht. Der Begriff des Ansprechens wurde exakt definiert als objektivierbare Besserung innerhalb von 48 h und Anhalten des Erfolgs für mindestens eine Woche. In 3 Fällen sprachen andere Arthritiden als Gichtarthritiden an. In einigen Fällen von Gichtarthritiden war jedoch keine Ansprechbarkeit festzustellen. Hier handelte es sich um Gichtarthritiden, die nicht mehr frisch waren bzw. bei denen die Behandlung verzögert eingesetzt hatte.

Eine Einschränkung des diagnostischen Wertes des Colchicintests ist vor allem darin zu sehen, daß zwar im Falle eines klassischen Gichtanfalls von seiner Anwendung eine klare Antwort zu erwarten ist, die Diagnose jedoch auch ohne ihn gesichert werden kann, daß aber im Falle einer atypischen bzw. fraglichen Gichtarthritis, z. B. bei langsamerer Entwicklung der Arthritis und dadurch verzögertem Einsatz des Colchicins, relativ häufig mit einem falsch-negativen Ausfall des Tests gerechnet werden muß.

Differentialdiagnose

Die Differentialdiagnose des Gichtanfalls ist die Differentialdiagnose der akuten Mono- und Oligoarthritis. Bezüglich der Akuität des Entzündungsprozesses können zahlreiche Arthritiden, insbesondere andere kristallinduzierte Arthritisformen, aber auch septische (eitrige) Arthritiden und Begleitarthritiden bei verschiedenen Krankheiten, prinzipiell alle rheumatischen Krankheiten in Frage kommen. Selbst eine chronische Polyarthritis kann akut an einem einzelnen Gelenk, z. B. am Kniegelenk, beginnen. Im besonderen sind die Arthritis psoriatica und die reaktiven, B27-assoziierten Arthritisformen zu nennen. Auch bezüglich der hauptsächlichen Lokalisation der Arthritis an den unteren Extremitäten gibt es eine Vielzahl von Arthritiskrankheiten zu bedenken. Die kurze Dauer von maximal einem Tag bis zum Höhepunkt der Entzündungsaktivität einer Arthritis ist jedoch für die meisten Arthritiden, die wir kennen, eine Ausnahme, für die Gichtarthritis die Regel.

Der Schmerz als subjektives Symptom ist sicher schwierig diagnostisch wertbar. Die Angabe, daß ein Gelenk nicht mehr bewegt oder nicht mehr mit dem geringsten Gewicht belastet werden kann, findet man außer bei der akuten Gichtarthritis ebenfalls nur ausnahmsweise.

Ganz besonders charakteristisch für den Gichtanfall ist die Selbstlimitierung der akuten gichtischen Entzündung, die sich in einem raschen und vollständigen Abklingen der Arthritis nach 4–14 Tagen bis zur völligen Wiederherstellung der Gelenkfunktion und völligen Schmerzfreiheit äußert. Dieses Phänomen findet man bei anderen Arthritiden praktisch nicht. Dies zu bedenken ist besonders hilfreich bei der anamnestischen Untersuchung einer rezidivierenden Arthritis.

Pseudogicht

Die Pseudogicht ist eine kristallinduzierte Arthritis bei Vorhandensein von Calciumpyrophosphat-Dihydrat-(CPPD-)Kristallen. Sie kann idiopathisch sein oder im Rahmen von anderen Krankheiten oder Störungen, z. B. bei einem Hyperkalzämiesyndrom oder einer Hämochromatose, auftreten. Röntgenologisch findet sich oft an den betroffenen Gelenken oder auch an anderen für die Pseudogicht typischen Gelenken eine Chondrokalzinose (Abb. 3.28). Typische Chondrokalzinoselokalisationen sind: Kniegelenke, Hüftgelenk, Handgelenk, Disci intervertebrales. Von der Pseudogicht sind höhere Altersstufen häufiger und beide Geschlechter annähernd gleich häufig betroffen. Sie spielt sich meist in den mittelgroßen bis großen peripheren Gelenken ab. Die Anfälle dauern länger als bei der Gicht. Oft ist der Gelenkbefall oligoartikulär. Die

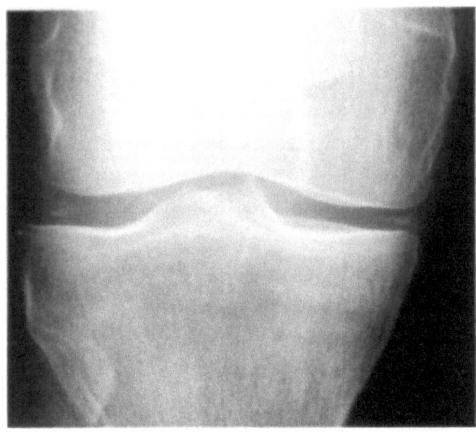

Abb. 3.28. Aufnahme (p. a.) eines Kniegelenks mit Chondrokalzinose: zarte Verkalkung der Menisci, weniger deutlich sichtbar auch des Gelenkknorpels

Diagnose wird durch die Synovia-Analyse mit Identifizierung von positiv-doppelbrechenden rhombischen CPPD-Kristallen gesichert.

Hydroxyapatitkrankheit

Bei dieser Störung handelt es sich ebenfalls um eine kristallinduzierte sehr akute und schmerzhafte Entzündung. Man findet sie zum Teil im Bereich von Gelenken, an denen ein Gichtanfall nur sehr selten lokalisiert ist, wie z. B. im Bereich der Schulter (Periarthropathia humeroscapularis) und der Hüfte (Peritrochanteritis coxae), aber auch im Bereich anderer großer und kleiner Gelenke. Die Diagnose einer kristallinduzierten Arthritis bzw. Periarthritis und häufig Peritendinitis wird im wesentlichen klinisch und durch das Röntgenbild von streifen- und stippchenartigen, meist periartikulären Verkalkungen gestellt.

Eitrige Entzündungen (Phlegmone, Bursitis, septische Arthritis)

Die Unterscheidung einer akuten gichtischen Entzündung von einer Phlegmone am Fußrücken oder im Handbereich (s. Abb. 3.25), einer akuten gichtischen Bursitis von einer akuten eitrigen Bursitis oder einer Podagra von einer akuten septischen Kniegelenkentzündung bei einem disseminierten Gonokokkeninfekt kann sehr schwierig sein. Die Untersuchung der gewonnenen Punktatflüssigkeit auf Kristalle bzw. bakterielle Erreger ergibt die einzige sichere Differenzierung.

Arthritis bei akuter Sarkoidose (Löfgren-Syndrom)

Die Lokalisation der Sarkoidosearthritis am Sprunggelenk, das akute Auftreten und die starke, meist über die Gelenkgrenzen hinausgehende Schwellung dieser Arthritis können differentialdiagnostische Schwierigkeiten in der Abgrenzung von einem Gichtanfall darstellen. Häufig ist der Gelenkbefall bei der Sarkoidose jedoch beidseitig, was sehr gegen eine Gicht spricht, die Untersuchung oder auch die Anamnese ergeben meist noch deutliche Hinweise auf ein abklingendes Erythema nodosum. Die Röntgenaufnahme des Thorax zeigt fast immer den typischen Befund einer bihilären polyzyklisch begrenzten Lymphknotenvergrößerung. Gelegentlich müssen zum Ausschluß oder zur Bestätigung einer Sarkoidose eine Tomographie, Computertomographie oder Bronchoskopie mit transbronchialer Biopsie und histologischer Untersuchung durchgeführt werden. Die Untersuchung kann noch durch die Bestimmung des „angiotensin converting enzyme" (ACE) ergänzt werden.

Arthritis psoriatica

Die Arthritis psoriatica präsentiert sich häufig als akute Mono- oder Oligoarthritis. Eine besondere Erscheinungsform ist die akute Daktylitis. Es handelt sich dabei um eine akute Arthritis aller Gelenke eines Fingers oder Zehs im Strahl mit ausgeprägter periartikulärer Schwellung, so daß es zu einem wurstförmigen Aussehen kommt. Die akute Daktylitis ist außerdem sehr schmerzhaft. Die genaue Befragung über frühere Arthritisschübe, vor allem die Befragung und Untersuchung auf Psoriasismanifestationen, helfen, die Differentialdiagnose zu klären. Entscheidend kann auch sein, daß die akute Arthritis bzw. Daktylitis bei der Arthritis psoriatica zwar anfallartig beginnen kann, im Gegensatz zu einer gichtischen Arthritis jedoch meist wochen- bis monatelang dauert. Gelegentlich finden sich bei dieser Gelenkmanifestation sehr frühe charakteristische röntgenologische Veränderungen.

B27-assoziierte Arthritisformen

Alle B27-assoziierten Arthritiskrankheiten, die Spondylitis ankylosans, der Morbus Reiter, die reaktiven posturethritischen und postenteritischen Arthritiden zeichnen sich durch akute und meist sehr schmerzhafte Mono- oder Oligoarthritiden der unteren Extremitäten aus (Abb. 3.29). Eine akute Daktylitis der Zehen, oft an den Zehen II–V, findet sich häufig. Die Dauer der Arthritis beträgt meist mehrere Monate, so daß zumindest aus dem jeweiligen Verlauf die Differentialdiagnose zu einer Gicht zu klären ist. Selbstverständlich sind die entsprechenden anderen kenn-

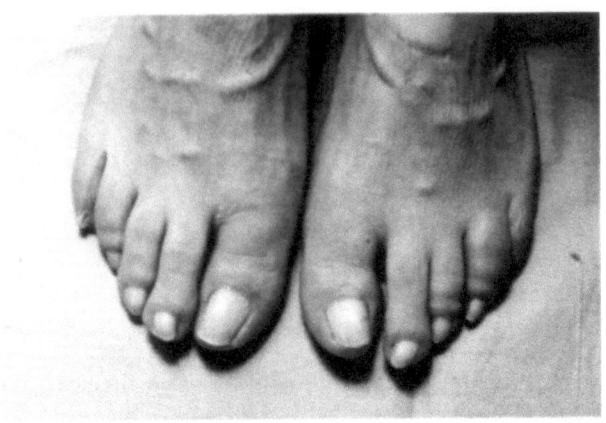

Abb. 3.29. Wurstförmige Schwellung des Zehs IV (akute Daktylitis) beim Reiter-Syndrom. (Farbige Wiedergabe der Abbildung s. S. 533)

zeichnenden Befunde: Sakroiliitis bzw. Syndesmophyten an der Wirbelsäule bei der Spondylitis ankylosans, Urethritisanamnese bei Morbus Reiter, Anamnese einer Uveitis anterior, Enteritisanamnese und serologischer Nachweis eines Infekts mit sog. arthritogenen Erregern (Yersinien, Salmonellen, Shigellen, Campylobacter jejuni) bei reaktiven postenteritischen Arthritiden und Nachweis von B27 meist die differenzierenden diagnostischen Kriterien.

Die akute Daktylitis beim M. Reiter oder bei der Arthritis psoriatica ist aus der Sicht des Rheumatologen eine der häufigsten Fehldiagnosen der Gicht (Schattenkirchner 1983).

Andere akute Monarthritiden

Differentialdiagnostisch ist die Gicht bei einer Vielzahl weiterer, sich in Form von Monarthritiden präsentierenden Krankheiten zu diskutieren: Ein Lupus erythematodes disseminatus kann als Monarthritis beginnen. Auch das heute sehr selten gewordene rheumatische Fieber manifestiert sich gelegentlich als akute Monarthritis. Die Lyme-Arthritis stellt sich häufig als rezidivierende, sehr akute Mono- oder Oligoarthritis der unteren Extremitäten dar. Alle diese Arthritisformen sind relativ sicher serologisch zu bestätigen bzw. auszuschließen.

3.3.6 Therapie des Gichtanfalls

Das Ziel der Behandlung des Gichtanfalls ist eine möglichst schnelle und komplette Beseitigung einer akuten, sehr schmerzhaften uratkristallinduzierten Entzündung. Nach Wallace et al. (1967) ist für eine Substanz, die zu diesem Zwecke eingesetzt wird, zu fordern, daß sie innerhalb von 48 h nach Behandlungsbeginn eine entscheidende Besserung bewirkt und daß der endgültige Behandlungserfolg nach 7 Tagen noch besteht. Je rascher die medikamentöse Therapie eines Gichtanfalls begonnen wird, desto rascher und sicherer ist der Erfolg. Wallace (1961) hält einen Verzug der Behandlung von nur wenigen Stunden schon für wesentlich entscheidend bezüglich der Dauer bis zum Wirkungseintritt. Folgende Substanzen bzw. Gruppen von Substanzen stehen uns zur Behandlung des Gichtanfalls zur Verfügung:

- Colchicin,
- nichtsteroidale Antiphlogistika (NSA),
- adrenokortikotrope Hormone (ACTH) und Kortikosteroide.

Colchicin

Colchicin wurde bei verschiedenen Krankheiten, ziemlich sicher auch beim Gichtanfall schon im Altertum und im frühen Mittelalter eingesetzt. Im frühen 19. Jahrhundert wurde seine spezifische Wirkung beim Gichtanfall genau erkannt (Rodman u. Benedek 1970). 1939 machte Lockie erneut auf die spezifische Wirkung des Colchicins beim Gichtanfall aufmerksam und empfahl einen Therapieversuch mit Colchicin als diagnostischen Test.

Die Ansprechbarkeit des Gichtanfalls auf Colchicin wird in der Literatur mit Werten zwischen 75% und über 95% angegeben (Schattenkirchner 1976). Nach heutiger Kenntnis ist die Spezifität des Colchicins beim Gichtanfall relativ gut. Es wirkt außer bei der Gicht sehr zuverlässig auch bei der Pseudogicht (Spilberg et al. 1980; Tabatabai u. Cumming 1980) und beim Mittelmeerfieber (Zemer et al. 1974; Dinarello et al. 1974). Weniger sicher ist die Wirkung von Colchicin bei der Arthritis der akuten Sarkoidose (Kaplan 1960) und der durch Hydroxyapatitkristalle induzierten Entzündung (Swannell et al. 1970).

Die Wirkung des Colchicins beruht auf der Hemmung der Produktion und Freisetzung des chemotaktischen Faktors (CCF) aus polymorphkernigen Leukozyten, Vorgänge, die durch die Phagozytose von Uratkristallen ausgelöst werden. Hemmung des chemotaktischen Faktors bedeutet gleichzeitig auch Ausbleiben der Leukozytenimmigration in das entzündete Gelenk. Diese Wirkung des Colchicins tritt schon bei einer Konzentration ein, die sich nicht auf die Chemotaxis und Phagozytose von Uratkristallen der polymorphkernigen Leukozyten auswirkt (Spilberg et al. 1979).

Eine deutliche Besserung in der Behandlung des Gichtanfalls ist bei oraler Anwendung des Colchicins innerhalb von 12–36 h, bei intravenöser Anwendung innerhalb von 4–12 h zu verzeichnen. Bei etwa 80% der Patienten kommt es jedoch zu Nebenwirkungen, die im übrigen bei der früher öfter durchgeführten intravenösen Anwendung weniger häufig und weniger belastend waren. Meist klagen die Patienten über Bauchkrämpfe, Übelkeit, Erbrechen und Durchfälle. Kontraindiziert ist Colchicin bei entzündlichen Darmkrankheiten und Leber- und Nierenfunktionsstörungen.

Bei der oralen Anwendung verschreiben wir ein Fertigpräparat (Dragées à 0,5 mg Colchicin) und geben in den ersten 4 h der Behandlung insgesamt 4 mg, also jede Stunde 1 mg, anschließend stündlich 0,5 mg. Es wird dann im allgemeinen fortgefahren bis zur eindeutigen Besserung oder bis zum Eintritt nicht mehr tolerierbarer Nebenwirkungen von seiten des Gastrointestinaltrakts oder bis zum Erreichen einer Gesamtdosis von 8 mg in den ersten 24 h. Im Falle einer Besserung wird dann in den darauffolgenden Tagen schrittweise reduziert. Meist wird eine längere Anfallsprophylaxe mit Colchicin in einer täglichen Dosis von 1,0–1,5 mg angeschlossen.

Nichtsteroidale Antiphlogistika (NSA)

Phenylbutazon

Phenylbutazon wurde in den 50er Jahren zur Behandlung des Gichtanfalls mit hervorragenden Erfolgen eingeführt. Die festgestellten Ansprechquoten lagen zwischen 80% und über 90% (Schattenkirchner 1976). Als Dosierung werden am ersten Tag eine intramuskuläre Injektion von 1000 mg Phenylbutazon und an den darauffolgenden Tagen abfallende orale Dosen oder zu Beginn oral 200 mg und dann alle 3 h 200 mg bis zu einer Tagesgesamtdosis von 800 mg empfohlen. An den darauffolgenden Tagen folgen dann ebenfalls abfallende orale Dosen (400 mg, 200 mg etc.). Wegen eines eindeutig höheren Nebenwirkungsrisikos der Pyrazolone haben sich in den letzten Jahren zunehmend Indometacin und NSA der neuen Generation in der Gichtanfalltherapie durchgesetzt.

Indometacin

Indometacin wurde bald nach seiner Einführung als gleich gut wirksam wie Phenylbutazon bei der Therapie des Gichtanfalls beurteilt (Schattenkirchner 1976; Smyth u. Percy 1973). Es wirkt sicher, beeinflußt wie auch alle neueren NSA den Plasmaharnsäurespiegel nicht. Ernste Nebenwirkungen sind bei einer kurzfristigen Anwendung nicht zu erwarten. Als Dosierung ist eine Initialdosis von 300 mg am ersten Tage, aufgeteilt in 3 Einzeldosen im Abstand von mindestens 4 h, zu empfehlen, an den darauffolgenden Tagen Dosen von je 150–200 mg.

Neuere NSA

Prinzipiell kann jedes NSA der neueren Generation (Diclofenac, Naproxen, Piroxicam, Tenoxicam etc.) in der Behandlung des Gichtanfalls eingesetzt werden. Die Dosis am ersten Behandlungstag sollte etwa doppelt so hoch sein wie die beim jeweiligen Präparat in der Dauertherapie entzündlicher rheumatischer Krankheiten empfohlene.

Adrenokortikotrope Hormone (ACTH) und Kortikosteroide

ACTH und Kortikosteroide sollten nur in den seltenen Fällen angewandt werden, in denen die anderen Substanzen versagen. Die Ansprechquote darf bei nahezu 100% angenommen werden. Bei ACTH gibt man an 2 aufeinanderfolgenden Tagen je 80 IE i.m., bei Einsatz von Kortikosteroiden verabreicht man am ersten Tag 40 mg Prednisolon oral bzw. die Äquivalenzdosis eines anderen Kortikosteroids, an den 4 darauffolgenden Tagen reduziert man jeweils um 10 mg.
Eine Kristallsuspension eines Kortikosteroids (z. B. Triamcinolon) kann auch intraartikulär mit promptem Erfolg verabreicht werden.

Anfallsprophylaxe

Die Erfahrung mit gehäuften Rezidivattacken in den ersten Monaten der heute so effektiven harnsäuresenkenden Therapie hat es zur Regel werden lassen, daß in den ersten 4–6 Monaten der Dauertherapie mit harnsäuresenkenden Medikamenten eine Anfallsprophylaxe mit 1,0–1,5 mg Colchicin täglich durchgeführt wird. Unter dieser Prophylaxe sind Rezidivattacken praktisch ausgeschlossen. Schäden bei einer solchen Therapiedauer und Dosis von Colchicin sind nicht zu erwarten. Auch bei nicht völlig intakter Leber- und Nierenfunktion kann die Colchicinprophylaxe gegeben werden.

Literatur

Allbutt TC (1920) Gout. Oxford Medicine, vol IV, Chap 4, Oxford University Press, New York

Babucke G, Mertz DP (1973) Wandlungen in Epidemiologie und klinischem Bild der primären Gicht zwischen 1948 und 1970. Dtsch Med Wochenschr 96: 183-188

Brugsch T (1930) Die Gicht. In: Lehrbuch der Inneren Medizin. Urban & Schwarzenberg, Wien

Dieppe P, Calvert P (1983) Crystals and joint disease. Chapman and Hall, London New York, p 127

Dinarello CA, Sheldon M, Wolff SM, Goldfinger S, Dale D, Alling D (1974) Colchicine therapy for familial mediterranean fever. New Engl J Med 291: 934-937

Doherty M, Dieppe P (1986) Crystal deposition disease in the elderly. Clinics in rheumatic disease, vol 12/1 Arthritis in the elderly. Saunders, London, p 97-116

Emmerson BT (1968) The clinical differentiation of lead gout from primary gout. Arthritis Rheum 11: 623-634

Faires JS, McCarty DJ (1962) Acute synovitis in normal joints of man and dog produced by injections of micro-cristalline sodium urate, calcium oxalate and corticoid esters. Arthritis Rheum (abstract) 5: 295

Freudweiler M (1901) Experimentelle Untersuchungen über die Entstehung der Gichtknoten. Dtsch Arch Klin Med 69: 155

Garrod AB (1859) The nature and treatment of gout and rheumatic gout. Walton & Maberly, London

Grahame R, Scott JT (1970) Clinical survey of 354 patients with gout. Ann Rheum Dis 29: 461-468

Gutman AB, Yü TF (1952) Current principles of management in gout. Am J Med 13: 744-759

Gutman AB, Yü TF (1976) Gout and uric acid metabolism. In: Talbott JH, Yü TF (eds) Grune & Stratton, New York

Hadler NM, Franck WA, Bress NM, Robinson DR (1974) Acute polyarticular gout. Am J Med 56: 715-719

Hall AP, Barry PE, Dawber TR, McNamara PM (1967) Epidemiology of gout and hyperuricemia. Am J Med 42: 27

Hollander JL, Horvath SM (1949) The influence of physical therapy procedures on intraarticular temperature of normal and arthritic subjects. Am J Med Sci 218: 543

Kaplan H (1960) Sarcoid arthritis with response to colchicine. New Engl J Med 263: 778-781

Katz WA, Schubert M (1970) The interaction of monosodium urate with connective tissue components. J Clin Invest 49: 1783

Kellermeyer RW (1968) Hageman factor and acute gouty arthritis. Arthritis Rheum 11: 452

Kozin F, McCarty DJ (1976) Protein absorption to monosodium urate, calcium pyrophosphate dihydrate and silica crystals. Arthritis Rheum 19: 433-438

Lockie LM (1939) A discussion of a therapeutic test and a provocative test in gouty arthritis. Ann Intern Med 13: 755-760

Loeb JN (1972) The influence of temperature on the solubility of mono-sodium urate. Arthritis Rheum 15: 189-192

Malawista SE, Seegmiller JE (1965) The effect of pretreatment with colchicine on the inflammatory response to injected microcrystalline monosodium urate: A model for gouty inflammation. Ann Intern Med 62: 648

McCarty DJ (1963) Crystal-induced inflammation: syndromes of gout and pseudogout. Geriatrics 18: 467-481

McCarty DJ Jr, Hollander JL (1961) Identification of urate crystals in gouty synovial fluid. Ann Intern Med 54: 452

Mandel NS, Mandel GS (1976) Monosodium urate monohydrate: the gout culprit. J Am Chem Soc 98: 2319-2322

Mikkelsen WM (1976) The epidemiology of hyperuricemia and gout. In: Zöllner N, Gröbner W (Hrsg) Handbuch der Inneren Medizin, 5. Aufl, Bd VII/3. Springer, Berlin Heidelberg New York, p 10

Rodman GP, Benedek TG (1970) The early history of antirheumatic drugs. Arthritis Rheum 13: 145-165

Schattenkirchner M (1976) Die Therapie des Gichtanfalles. In: Zöllner N, Gröbner W (Hrsg) Handbuch der Inneren Medizin, Bd V/7 Stoffwechselkrankheiten, Teil 3 Gicht. Springer, Berlin Heidelberg New York, S 423-431

Schattenkirchner M (1983) Seronegative, B27-assoziierte Arthritisformen. Verh Dtsch Ges Inn Med 89: 205-215

Schilling F (1971) Klinik und Therapie der Gicht. Vortrag VI. Bad Mergentheimer Stoffwechseltagung

Schumacher HR (1977) Pathogenesis of crystal-induced synovitis. Clin Rheum Dis 3/1: 105-131

Seegmiller JE, Laster L, Howell RR (1963) Biochemistry of uric acid and its relation to gout. New Engl J Med 268: 712

Simkin PA: Concentration of urate by differential diffusion. A hypothesis for initial urate deposition. [Zitiert nach Dieppe u. Calvert 1983]

Smyth CJ (1953) Current therapy of gout. J Am Med Ass 152: 1106

Smyth CJ, Percy JS (1973) Comparison of indomethacin and phenylbutazon in acute gout. Ann Rheum Dis 32: 351-353

Sperling O, DeVries A, Wyngaarden JB (eds) (1974) Purin metabolism in man. Plenum, New York, p 547

Spilberg I, Tanphaichito D, Kantor O (1977) Synovial fluid ph in acute gouty arthritis (letter). Arthritis Rheum 20: 142

Spilberg I, Mandel B, Mehta JM, Simchowitz L, Rosenberg D (1979) Mechanism of action of colchicine in urate crystal induced arthritis. J Clin Invest 64: 775-780

Spilberg I, McLain D, Simchowitz L, Barney S (1980) Colchicine and pseudogout. Arthritis Rheum 23: 1062-1063

Statistisches Jahrbuch der Bundesrepublik Deutschland 1988

Swannell AJ, Underwood FA, Dixon AS (1970) Periarticular calcific deposits. Ann Rheum Dis 29: 380-385

Sydenham T (1683) Opuscula omnia. Tractatus de podagra et hydrope. London (deutsch in: Sudhoff K (1910) Klassiker der Medizin. Barth, Leipzig)

Tabatabai MR, Cumming NA (1980) Intravenous colchicine in the treatment of acute pseudogout. Arthritis Rheum 23: 370-374

Talbott JH (1967) Die Gicht. Hippokrates, Stuttgart

Terkeltaub R, Curtiss LK, Tenner AJ, Ginsburg MH (1984) Lipoproteins containing apo-lipoprotein B are a major regulator of neutrophil responses to monosodium rate crystals. J Clin Invest 73: 1719-1730

Terkeltaub R, Smeltzer D, Curtiss LK, Ginsburg MH (1986) Low density lipoprotein inhibits the physical interaction of phlogistic crystals and inflammatory cells. Arthritis Rheum 29: 363-370

Terkeltaub RA, Ginsburg MH (1988) The inflammatory reaction to crystals in crystalline deposition diseases. In: McCarty DJ (ed) Rheumatic disease clinics of North America, vol 14. Saunders, Philadelphia

Wallace SL (1961) Colchicine: clinical pharmacology. Am J Med 30: 439-448

Wallace SL, Bernstein D, Diamond H (1967) Diagnostic value of colchicine therapeutic trial. J Am Med Ass 119: 525-528

Wallace SL, Robinson H, Masi AT, Decker JL, McCarty DJ, Yü TF (1977) Preliminary criteria for the classification of the acute arthritis of primary gout. Arthritis Rheum 20: 895–900

Wallace SL, Robinson H, Masi AT, Decker JL, McCarty DJ, Yü TF (1978/79) Selected data on primary gout. Bull Rheum Dis 29/7: 992–995

Wyngaarden JB, Holmes EW (1979) Clinical gout and the pathogenesis of hyperuricaemia. In: McCarty DJ (ed) Arthritis and allied conditions, 9th edn. Lea & Febiger, Philadelphia, pp 1191–1258

Yü TF, Gutman AB (1967) Uric acid nephrolithiasis in gout. Predisposing factors. Ann Intern Med 67: 1133–1146

Zemer D, Revach M, Pras M, Modan B, Schor S, Sohar E, Gafri J (1974) A controlled trial of colchicine in preventing attacks of familial Mediterranean fever. New Engl J Med 291: 932–934

Zöllner N (1959) Gicht. Dtsch Med Wochenschr 84: 920

Zöllner N (1960) Moderne Gichtprobleme. Ätiologie, Pathogenese, Klinik. Ergebn Inn Med Kinderheilkd 14: 321

Zöllner N (1967) Diagnostische Maßnahmen bei Gicht. Dtsch Med Wochenschr 92: 115

Zöllner N (1970) Die Gicht. In: Schoen R, Böni A, Miehlke K (Hrsg) Klinik der rheumatischen Krankheiten. Springer, Berlin, S 433

3.4 Die chronische Gicht

N. Zöllner

Zwischen den ersten Gichtanfällen sind nahezu alle Gichtpatienten völlig symptomfrei und in der Lage, alle gewohnten geistigen und körperlichen Aufgaben zu erfüllen. Als Merksatz diene die Anekdote, daß ein Grieche zwischen zwei Gichtanfällen in Olympia siegreich gewesen sei. Brugsch (1930) nannte die symptomfreie Zeit zwischen zwei Anfällen interkritische Gicht, doch die Ausdrücke Intervallgicht oder interkritische Phase werden häufiger verwendet.

Die besondere Bedeutung der interkritischen Phasen liegt in der Diagnostik. Bei sorgfältiger Anamnese läßt es sich so gut wie immer feststellen, auch wenn die Anfälle des Gichtikers weit zurückreichen, daß zu Beginn des Leidens interkritische Phasen aufgetreten waren, zum Teil so lang dauernd, daß der Patient seinen früheren Gichtanfall bzw. seine frühen Gichtanfälle vergessen hat. Für die Diagnose der chronischen Gicht ist die Anamnese also von erheblicher Bedeutung.

Als Dauer der interkritischen Gicht werden zu Beginn der Krankheit bei den meisten Patienten Intervalle von 6 Monaten bis 2 Jahren festgestellt. Bei einem Teil der Patienten dauern die ersten Intervalle länger; bei 5–10% der Patienten kommt kein zweiter Anfall vor.

Ob aus den einzelnen, von interkritischen Phasen unterbrochenen Anfällen jemals eine chronische Gicht wird, ist im Einzelfall ungewiß. Bei den heutigen Behandlungsmöglichkeiten darf die chronische Gicht nicht mehr entstehen. Es werden indes immer noch und nicht so selten Patienten beobachtet, die in das Stadium der chronischen Gicht gekommen sind, sei es, weil sie vom Arzt aus verschiedenen Gründen nicht behandelt wurden, sei es, weil sie sich der Dauertherapie entzogen haben.

Bei der unbehandelten Gicht wiederholen sich die Gelenkanfälle an früher bereits betroffenen Gelenken; allmählich werden weitere Gelenke befallen. Die Abstände zwischen den Anfällen werden kürzer, die Dauer der Anfälle kann länger werden, auch beginnen die Intervalle nicht mehr beschwerdefrei zu sein: das Stadium der chronischen Gicht ist erreicht.

3.4.1 Verlauf der chronischen Gicht

Eine Beschreibung des Spontanverlaufs der chronischen Gicht muß heute auf die alten Autoren zurückgreifen, Hench (1936), Löffler und Koller (1955), Zöllner (1960), Gutman (1973).

Der für die chronische Gicht typische Befund ist der Tophus. Er ist häufig sichtbar, gelegentlich kann er nur radiologisch nachgewiesen werden.

Klinisch äußert sich die chronische Gicht durch Gelenkbeschwerden zwischen den einzelnen Anfällen, die zunehmend schlimmer werden, bis endlich eine dauernde Gelenkkrankheit resultiert, deren Substrat, eine Degeneration des Gelenkknorpels, den Befunden bei Arthrosen ähnelt. Die radiologische Differenzierung kann Schwierigkeiten bereiten.

Allmählich wird die Krankheit polyartikulär, auch können die Anfälle schmerzhafter, schwer beherrschbar und auch auf längere Dauer fieberhaft sein. Ebenso häufig werden Anfälle jedoch auch leichter und seltener; manchmal verschwinden sie trotz persistierender Gelenkschmerzen. Extraartikuläre Manifestationen häufen sich, vor allem Bursitiden. Nun erreicht der Patient eine Phase, in der er nicht mehr beschwerdefrei wird, eine Phase in der eine eindeutige Diagnose nur noch aus der sorgfältigen Anamnese gestellt werden kann.

Eine Reihe von Autoren glaubt, daß eine primäre polyartikuläre Gicht häufig sei. Die Mehrheit der zuverlässigen Kliniker stellt dies jedoch in Abrede und schließt sich Böni (1965) an, der bei allen seinen Fällen mit chronischer Gicht ein Vorstadium mit akuten Anfällen finden konnte, gleichfalls Gamp (1965), der unter 160 Fällen mit Gicht nur einmal einen Verlauf gesehen hat, der einer primär chronischen Gicht entsprechen könnte. Da bekanntermaßen eine Tophusbildung auch ohne vorangehende Gichtanfälle stattfinden kann, ist anzunehmen, daß gelegentlich eine tophöse Gicht sich ohne vorangehende Anfälle entwickelt. Wir halten eine solche Verlaufsform jedoch für extrem selten. Keinesfalls darf man die Gewinnung von Harnsäurekristallen aus Gelenkpunktaten oder Weichteilen bei normalem Harnsäurespiegel als Beweis für eine chronische Gicht ansehen.

Nach Hench (1936) erreicht nur die Hälfte aller Patienten 10 Jahre nach dem ersten Gichtanfall das Stadium der chronischen Gicht, nach 20 Jahren sind es dann 70%. Deformierungen entstehen aber auch nach dieser Zeit nur bei einem Viertel der Patienten. Andererseits bleibt ein Viertel aller Patienten langfristig, vermutlich auf Dauer, frei von chronischen Veränderungen.

Die wichtigste, das Fortschreiten der Gichtanfälle zur chronischen Gicht bestimmende Größe sind die Serumuratspiegel. Nach Gutman (1973) ist die Geschwindigkeit der Tophusbildung bei der primären Gicht eine Funktion von Höhe und Dauer der Hyperurikämie, wobei verständlicherweise die Ausbildung einer Gichtniere verschlimmernd hinzukommt.

3.4.2 Tophöse Gicht

Die tophöse Gicht ist die Regelform der chronischen Gicht, auch wenn ein klinisch relevanter Tophus (selten) schon vor dem ersten Gichtanfall entstanden sein kann. Sie ist, im Sinne der Stoffwechselbilanz gesehen, ein Ausdruck der Unfähigkeit des Körpers, Urate ebenso schnell auszuscheiden, wie sie gebildet werden. Angaben über die Häufigkeit der Tophi bei chronischer Gicht findet man bei Schattenkirchner (1981) bzw. Schattenkirchner u. Zöllner (1976).

Die Vergrößerung des Harnsäurepools, d. h. die Hyperurikämie, führt – wegen des Löslichkeitsprodukts der Urate – zwangsläufig zur Ablagerung von Uraten, bevorzugt im Knorpel, in der Synovia, aber auch in anderen Geweben, vor allem in Schleimbeuteln und Sehnenscheiden. Seltene Manifestationsorte sind Mitral- und Aortenklappe, verschiedene Gewebe des Auges, Nasenflügel, Augenlider, Penis, Skrotum, Zunge, Epiglottis, Stimmbänder, Aryknorpel (Schattenkirchner u. Zöllner 1976).

Daß einmal bestehende Tophi durch Anlagerung kristalliner Urate wachsen, steht mit den Regeln der physikalischen Chemie in voller Übereinstimmung. Während für die Neubildung eines Tophus Anlässe der unterschiedlichsten Art notwendig sind, wächst jeder einmal gebildete Tophus durch weitere An- und Ablagerung von Uraten, sofern nur das Löslichkeitsprodukt überschritten ist. Dies erklärt auch, warum bei der generellen Situation der Übersättigung der interstitiellen Flüssigkeit mit Urat Tophi lokalisiert auftreten. Die Tophusbildung verläuft nahezu unbemerkt, weil die Tophi selber schmerzlos sind. Von Zeit zu Zeit stellt der

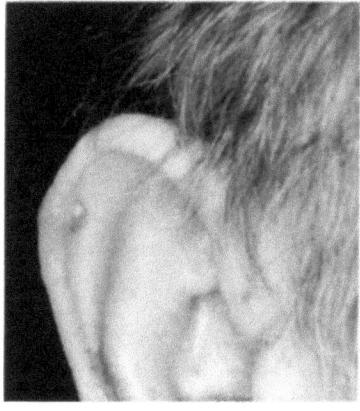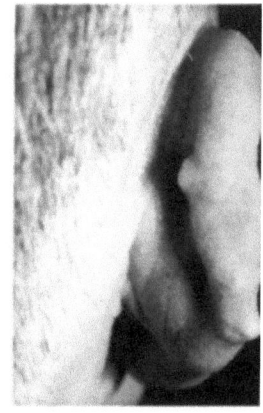

Abb. 3.30 *(links).* Typischer Tophus an der Helix des Ohres. (Farbige Wiedergabe der Abbildung s. S. 533)

Abb. 3.31 *(rechts).* Atypische Lage des Tophus an der Rückseite der Ohrmuschel. Der weiße Inhalt schimmert gelblich durch die Haut. (Farbige Wiedergabe der Abbildung s. S. 533)

Patient fest, daß ein subkutaner Tophus zugenommen hat, ein Schleimbeutel größer geworden ist, auch klagt er gelegentlich über dumpfe Schmerzen in betroffenen Gelenken.

Spezielle Verläufe der tophösen Gicht

Die klinischen Folgen wachsender Tophi sind durch ihre Lokalisation und ihre Größe bedingt. Der kleine Tophus, die Gichtperle an der Helix des Ohres, ist nicht einmal ein Schönheitsfehler (Abb. 3.30 und 3.31). Der Knochentophus - am häufigsten in den Füßen, den Händen oder Kniegelenken - liegt zunächst subchondral, so daß er im Röntgenbild wie eine Zyste, eine Arrosion von lateral her oder wie eine örtliche Osteoporose aussieht, um so mehr als ossäre Reaktionen im Sinne verdichteter Randsäume oder osteoarthrotischer Randzackenbildungen zunächst nicht vorkommen. (Dies erklärt auch die vollständige funktionelle und radiologische Restitution bei rechtzeitiger Dauerbehandlung.) Erst im Laufe der Zeit wird das Gelenk irreversibel verändert, wobei der Gelenkknorpel noch lang erhalten bleibt. Nun treten Deformitäten auf, die indes bei adäquater Therapie reversibel, also wohl mechanisch durch den Tophus bedingt sind. Irreversible Deformierungen (Abb. 3.32) oder gar Verkrüppelungen sind, wie erwähnt, selten.

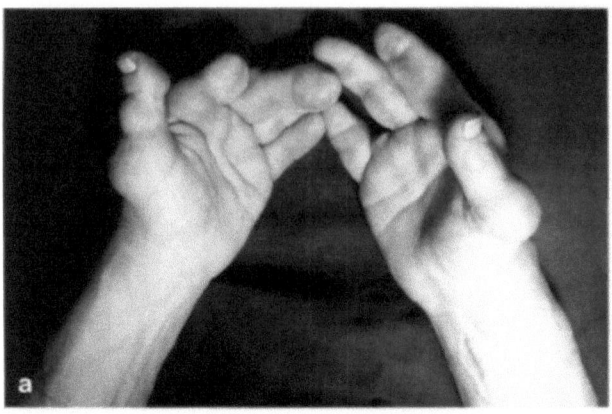

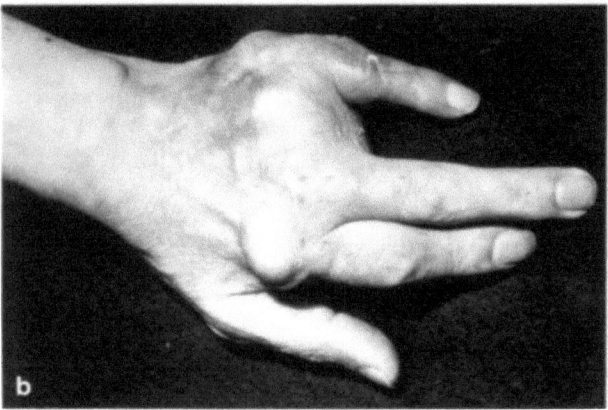

Abb. 3.32 a, b. Deformierung an den Händen eines Patienten mit chronischer Gicht, bei dem im Zusammenhang mit der Superinfektion perforierter Tophi Amputationen durchgeführt werden mußten. (Farbige Wiedergabe der Abbildungen s. S. 534)

In der Nähe von Gelenken, speziell an Händen und Füßen sind subkutane Harnsäureansammlungen häufig (Abb. 3.33 und 3.34). Sie können aus gelenknahen Knochentophi stammen, doch ist dies nicht die Regel. Aufgrund klinischer Beobachtungen ist zu vermuten, daß sie weder mit dem Knochen noch mit dem Gelenkspalt Verbindung haben. Brechen sie nach außen durch, so ist das Gelenk meist nicht gefährdet. Therapeutisch muß man jedoch davon ausgehen, daß eine Verbindung mit dem Gelenk bestehen kann. In der älteren Literatur werden Superinfektionen und Ankylosen erwähnt. Neuere pathologische Befunde liegen nicht vor.

Tophi in der Subkutis, gleichgültig ob sie dort entstehen oder aus tieferen Geweben dorthin gelangen, schimmern weiß oder weißgelb durch die

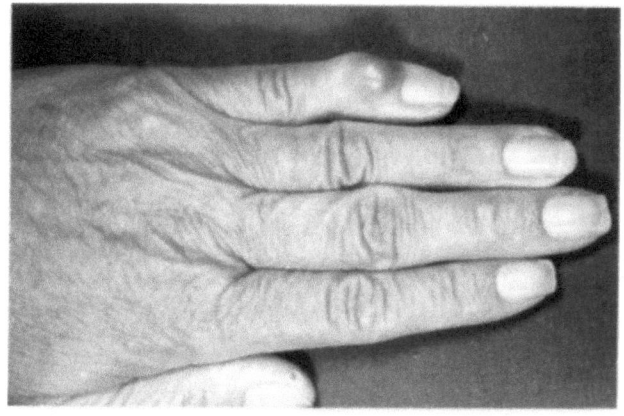

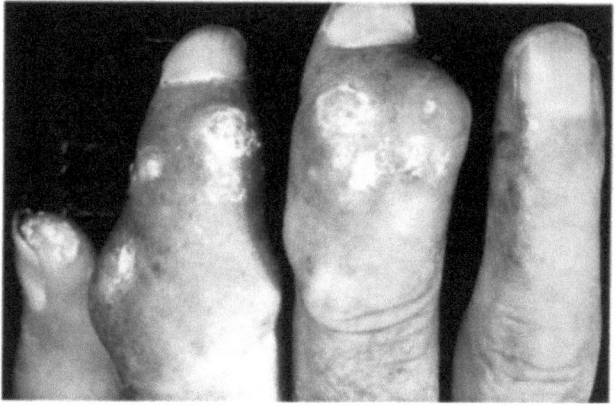

Abb. 3.33 *(oben).* Gelenknaher Tophus am kleinen Finger einer Hand. (Farbige Wiedergabe der Abbildung s. S. 534)

Abb. 3.34 *(unten).* Ausgedehnte subkutane Tophi. (Farbige Wiedergabe der Abbildung s. S. 535)

Haut (Abb. 3.35). Früher oder später können sie perforieren; so entsteht das Gichtgeschwür (Abb. 3.36 und 3.37). Diese zunächst chemischen Geschwüre können sich infizieren, doch ist dies heute bemerkenswert selten, vermutlich weil Harnsäure kein guter Nährboden für Erreger ist. Die weißen Massen, die sich, bröckelig oder zähflüssig entleeren, sind zu untersuchen (Abb. 3.38). Mikroskopisch bestehen sie aus (doppeltbrechenden) Nadeln; mit einem Tropfen Salpetersäure wird unter Erhitzen die Murexidprobe positiv; jedes gute Laboratorium bestimmt den Harnsäuregehalt quantitativ.

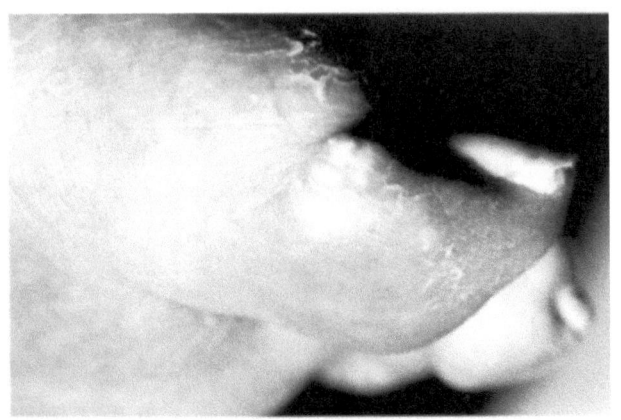

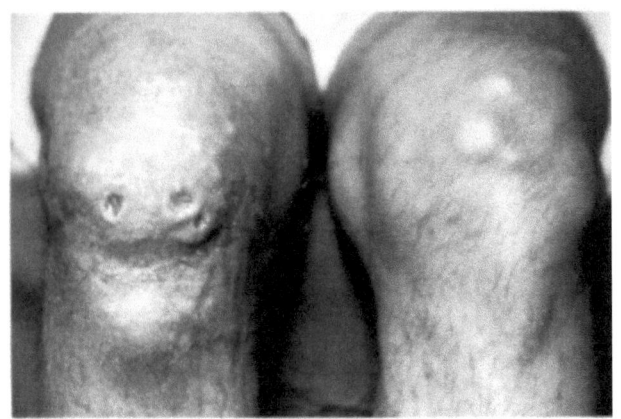

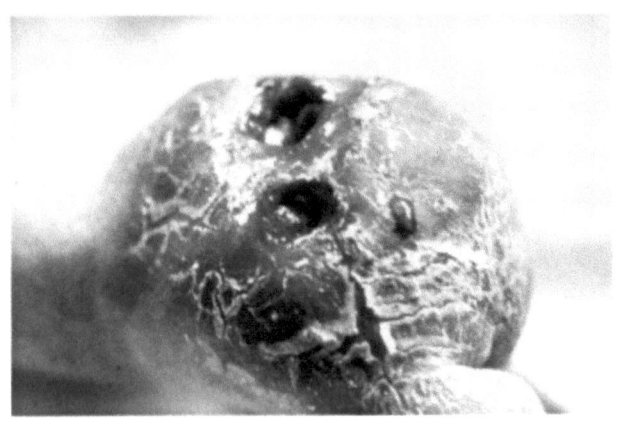

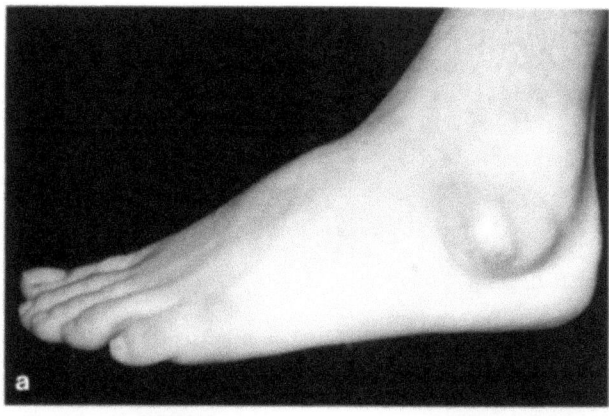

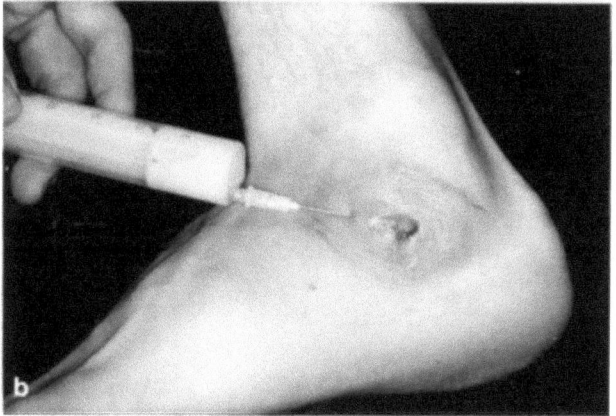

Abb. 3.38 a, b. Tophöse Bursitis, 2 Tage bevor die Harnsäure als weiße Paste nach außen perforiert war. (Farbige Wiedergabe der Abbildungen s. S. 536)

◁ **Abb. 3.35** *(oben).* Gelenknaher subkutaner Tophus. (Farbige Wiedergabe der Abbildung s. S. 535)

Abb. 3.36 *(Mitte).* Am rechten Knie Geschwüre an der Stelle früherer Tophi. Am linken Knie subkutane Tophi. (Farbige Wiedergabe der Abbildung s. S. 535)

Abb. 3.37 *(unten).* Gichtgeschwür am Großzehenballen. Der durch dieses Geschwür arbeitsunfähige Patient konnte 1 Jahr nach Beseitigung der Hyperurikämie bei völlig normalem Lokalbefund die Arbeit wieder aufnehmen. (Farbige Wiedergabe der Abbildung s. S. 536)

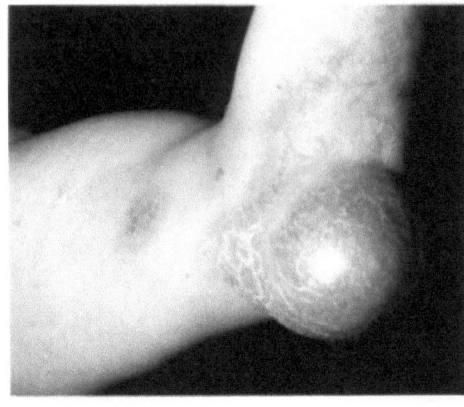

Abb. 3.39. Schleimbeuteltophus am Ellenbogen. (Farbige Wiedergabe der Abbildung s. S. 537)

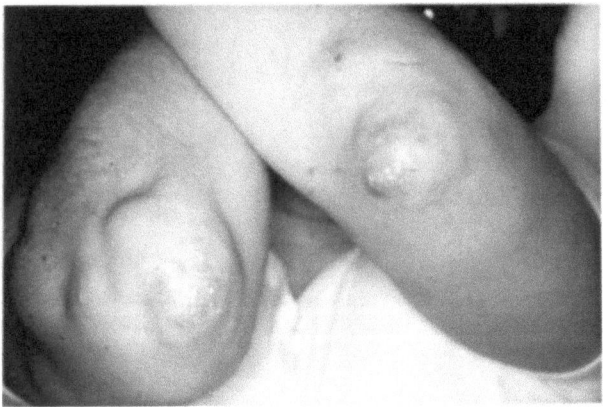

Abb. 3.40. Kombination von Schleimbeuteltophus und subkutanen Tophi sowohl tiefliegend als auch direkt unter der Oberfläche an beiden Ellenbogen. Ein charakteristischer Befund. (Farbige Wiedergabe der Abbildung s. S. 537)

Subkutane Tophi können auch heute noch erstaunliche Ausmaße annehmen und die Arbeitsfähigkeit beeinträchtigen.

Die Gicht der Schleimbeutel (Abb. 3.39 und 3.40) ist insofern bemerkenswert als dort Anfälle auftreten können. Im weiteren verläuft die chronische Gicht dort wie die tophöse, mit gelegentlichen Bursitiden und der Gefahr der Perforation nach außen.

Tophusartige Ablagerungen können auch in Sehnenscheiden und Sehnenansätzen (Schilling 1969) auftreten und zu schmerzhaften Bewegungseinschränkungen führen. Uratablagerungen sind gelegentlich sogar für ein Karpaltunnelsyndrom (Ward et al. 1958) und in ganz seltenen Fällen für Querschnittsläsionen (Wald et al. 1979, Wallmüller-Strycker et al. 1980) verantwortlich. Beides haben wir beobachtet; es kann sich also nicht um extreme Seltenheiten handeln.

Wurde festgestellt, daß Tophi in vielen Geweben vorkommen können, so kommen sie keinesfalls in allen Geweben vor. Im Muskel, in der Leber, der Milz, der Lunge und im Nervengewebe gibt es keine Tophi (Die Tophi in der Niere haben besondere Bedeutung und werden an anderer Stelle abgehandelt).

Die Differentialdiagnose des Tophus ist nicht schwierig. An besonderen Stellen können Verwechslungen vorkommen. So können die am Rande der Helix gelegenen Tophi als Knorpelmißbildungen angesehen werden, doch sind Tophi auf der Unterlage verschieblich. Subkutane Tophi an der Streckseite der Ellenbogengelenke und im Bereich der Bursa olecrani haben dem Aussehen nach Ähnlichkeit mit Rheumaknoten. Meist sind sie nicht schmerzhaft, gelegentlich schillert beim Anspannen der Haut über dem Tophus der weißliche Inhalt hindurch, zuverlässig ist dies als Grundlage der Unterscheidung jedoch nicht. Tophi in den Sehnenscheiden und im Bereich der Patellarsehne oder Achillessehne können Ähnlichkeit mit tendinösen oder tuberösen Xanthomen haben. Immer ist daran zu denken, daß ein Tophus nicht zwangsläufig von außen erkannt werden kann, um bei allen Engpaß- und Kompressionssyndromen, die von Sehnenscheiden ausgehen oder die Wirbelsäule betreffen, auch den Tophus in das differentialdiagnostische Kalkül einzubeziehen. Das Karpaltunnelsyndrom bei Gicht ist nicht selten. Wenn die Differentialdiagnose nicht gesichert werden kann oder ohnedies ein operativer Eingriff notwendig ist, sollte man rechtzeitig dafür sorgen, daß das asservierte Material nicht in Formaldehyd zum Pathologen gelangt, sondern in 96%igem Alkohol, denn Harnsäure ist in Formaldehyd löslich.

3.4.3 Assoziationen anderer Krankheiten mit der chronischen Gicht

Die chronische und die tophöse Gicht können mit Befunden einhergehen, die indirekt mit den Ursachen der Gicht zu tun haben.

Lange bekannt ist es, daß die Gicht Übergewichtige häufiger trifft als Schlanke, auch daß in Zeiten des Hungers Gicht selten ist.

Früher wurde eine Verbindung zwischen Diabetes mellitus und Gicht angenommen. Epidemiologische Untersuchungen haben diese Verbindungen nicht bestätigt, vielmehr festgestellt, daß Übergewicht, d. h. unnötig hohe Nahrungszufuhr, Diabetes wie Gicht begünstigt. Ähnliches gilt für die Hyperlipidämien. Die Hypertriglyzeridämie kommt bei Patienten mit Gicht häufiger vor als in der Durchschnittsbevölkerung, aber dies hat wiederum eine gemeinsame Ursache, nämlich vermehrte Nahrungszufuhr, möglicherweise auch überdurchschnittlichen Alkoholkonsum.

Hypertonie wird bei einem Viertel, wenn nicht bei mehr als der Hälfte aller Patienten mit Gicht (Lydtin 1976) gefunden. Dagegen besteht keine Korrelation zwischen den Harnsäurespiegeln und der Höhe der Blutdruckwerte. Eine wahrscheinliche Erklärung besteht darin, daß Patienten mit länger dauernder, ungenügend behandelter Gicht eine Nephropathie haben, die zur Hypertonie führen kann.

Es wird immer wieder geltend gemacht, daß auch die Arteriosklerose bei der Gicht häufiger ist als in einer Vergleichsbevölkerung. Werden Blutdruck, Blutglukose, Serumcholesterin, Alter und Gewicht in die Prüfung der Zusammenhänge eingebracht, dann zeigt sich in einer bereinigten Statistik, daß die Serumharnsäurewerte von Personen mit koronarer Herzkrankheit nicht von den Durchschnittswerten der Bevölkerung verschieden sind.

3.4.4 Prognose

Der Verlauf der unbehandelten chronischen Gicht (Talbott u. Terplan 1960) wird einerseits von der zunehmenden Arbeitsunfähigkeit, der zunehmenden Bewegungsunfähigkeit und dem damit zusammenhängenden Verlust menschlicher oder sozialer Bezüge geprägt. Die Prognose ergibt sich aus den Folgekrankheiten (Kamilli u. Gresser 1990), wobei bei der unbehandelten Gicht die Gichtniere die wichtigste, aber nicht die einzige Rolle spielt (Talbott u. Terplan 1960). Über Verlauf und Prognose der adäquat behandelten Gicht liegen keine größeren Untersuchungen vor. Kamilli u. Gresser (1990) haben alles wesentliche zusammengefaßt. Danach dürfte die Prognose der sowohl rechtzeitig als auch adäquat behandelten Gichtiker die gleiche sein wie die der allgemeinen Bevölkerung; über die Definition von „rechtzeitig" bestehen zwischen europäischen Sachkennern jedoch erhebliche Meinungsdifferenzen.

Literatur

Böni A (1965) Gelenkveränderungen bei Harnsäuregicht. In: Schoen R (Hrsg) Stoffwechsel und degenerativer Rheumatismus. Steinkopff, Darmstadt, S 230
Brugsch T (1930) Die Gicht. In: Lehrbuch der Inneren Medizin. Urban & Schwarzenbeck, Wien
Gamp A (1965) Gelenkveränderungen bei Harnsäuregicht. In: Schoen R (Hrsg) Stoffwechsel und degenerativer Rheumatismus. Steinkopff, Darmstadt, S 227
Gutman AB (1973) The past four decades of progress in the knowledge of gout, with an assessment of the present status. Arthritis Rheum 16: 431
Hench PS (1936) The diagnosis of gout and gouty arthritis. J Lab Clin Med 220: 48
Kamilli I, Gresser U (1990) Hyperurikämie - wird durch moderne Therapie die Lebenserwartung verbessert? Versicherungsmedizin (in press)

Löffler W, Koller F (1955) Die Gicht. Springer, Berlin Göttingen Heidelberg (Handbuch der Inneren Medizin, 4. Aufl, Bd VII/2)

Lydtin H (1976) Hyperurikämie und Hypertonie. In: Zöllner N, Gröbner W (Hrsg) Gicht. Springer, Berlin Heidelberg New York (Handbuch der Inneren Medizin, 4. Aufl, Bd VII/3, S 412)

Schattenkirchner M, Zöllner N (1976) Die chronische Gicht. In: Zöllner N, Gröbner W (Hrsg) Gicht. Springer, Berlin Heidelberg New York (Handbuch der Inneren Medizin, 5. Aufl, Bd VII/3, S 264)

Schattenkirchner M (1981) Die chronische Gicht. In: Zöllner N (Hrsg) Hyperurikämie und Gicht, 3.Aufl. Springer, Berlin Heidelberg New York, S 29

Schilling F (1969) Differentialdiagnose der Gicht, atypische Gicht und Pseudogicht. Therapiewoche 19: 245

Talbott JH, Terplan KL (1960) The kidney in gout. Medicine (Baltimore) 39: 405

Wald SL, McLennan JE, Caroll RM, Segal H (1979) Extradural spinal involvement by gout. J Neurosurg 50: 236

Wallmüller-Strycker A, Walther B, Gröbner W, Zöllner N (1980) Zwei seltene neurologische Komplikationen bei Gicht. Vortr. 19. Tagung Dt Ges Rheumatologie 30.9.–4.10. 1980, Konstanz

Ward LE, Bickel WH, Corbin KB (1958) Median neuritis (carpal tunnel syndrome) caused by gouty tophi. JAMA 167: 844

Zöllner N (1960) Moderne Gichtprobleme. Ätiologie, Pathogenese, Klinik. Ergeb Inn Med Kinderheilk 14: 321

3.4.5 Röntgendiagnostik der chronischen Gicht

K.-W. Frey

Bei chronischer Gicht sind vor allem Röntgenaufnahmen der *Füße und Hände* indiziert; denn das Großzehengrundgelenk ist als die Prädilektionsstelle in über 60% befallen, gefolgt von den Fingergelenken in 25% und den übrigen Zehengelenken und den Sprunggelenken in je 22% (Schacherl et al. 1966). Von den großen Gelenken wird das Kniegelenk mit 20% am häufigsten betroffen.

Röntgenbefunde an Füßen und Händen

Auf den Röntgenübersichtsaufnahmen der Füße und Hände posterioranterior und schräg können diagnostiziert werden:

- Weichteiltophi mit und ohne Verkalkungen,
- osteoplastische Periostreaktionen,
- Knochenusuren,
- intraossäre Tophi,
- Arthrosis und Arthritis einschließlich Mutilation und Ankylose,

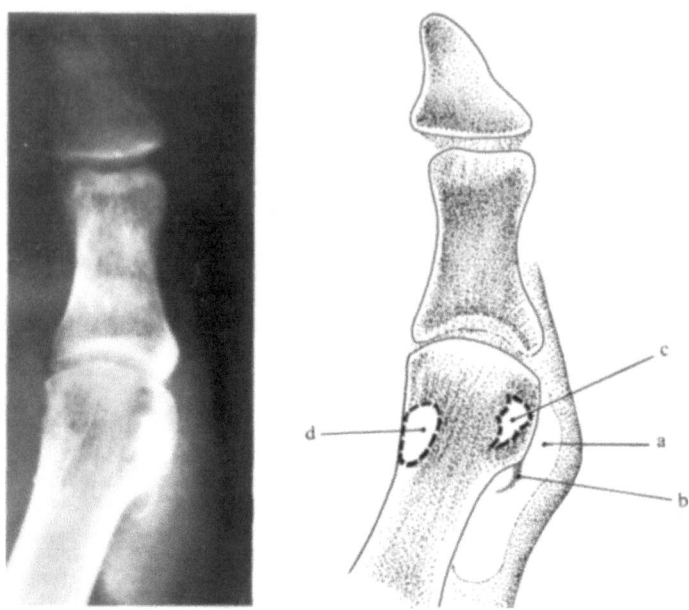

Abb. 3.41. 38 J. ♀. Weichteiltophus an der Medialseite des Großzehengrundgelenks *(a)*, überhängender Knochenrand *(b)*, zystoide Aufhellung des medialen Sesambeins mit Destruktion *(c)*, normales laterales Sesambein *(d)*

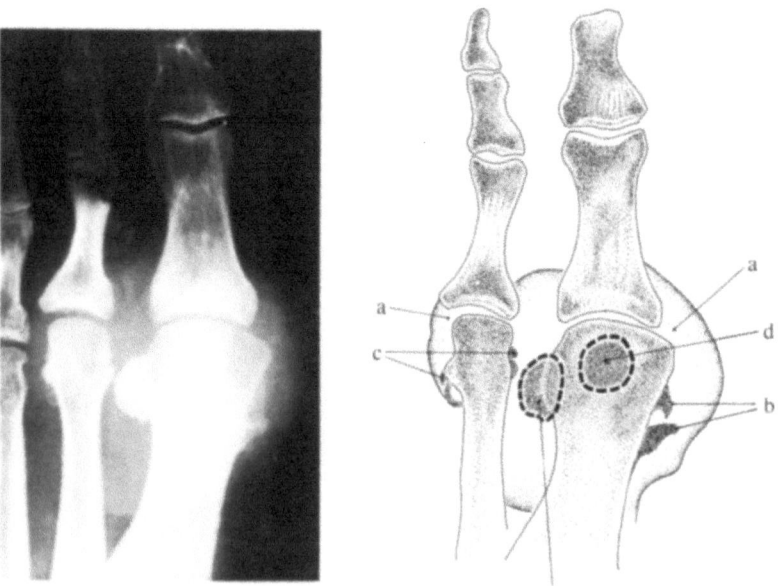

- Tendoperiostitiden und Bursitiden mit Verkalkungen und Verknöcherungen,
- Chondrokalzinosen.

Weichteiltophi mit und ohne Verkalkungen

Weichteiltophi ohne Verkalkungen führen röntgenologisch zu umschriebenen knotigen und spindelförmigen, konvexbegrenzten Verschattungen, die genauso aussehen können wie bei Weichteil- und Gelenkerkrankungen anderer Ursache. Kalkeinlagerungen rufen amorphe und kleinstfleckige Verdichtungen hervor (Abb. 3.42, 3.44, 3.46, 3.55), die sich röntgenologisch deutlich kontrastreicher hervorheben als reine Weichteilschwellungen.

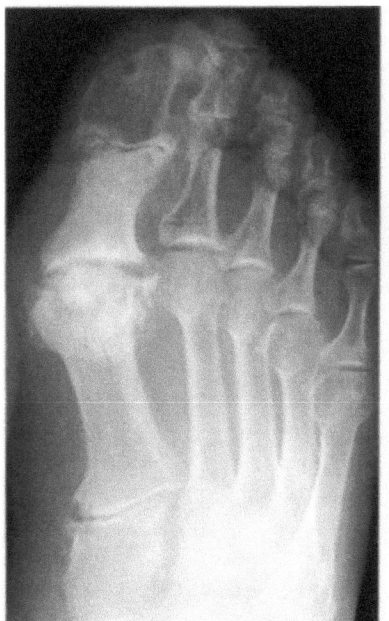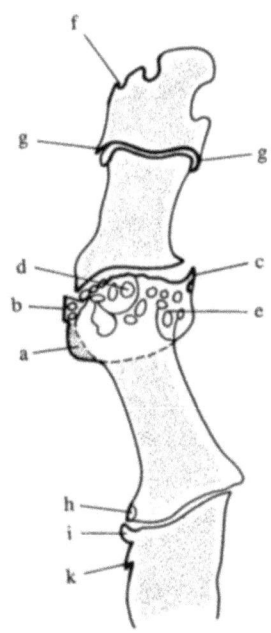

Abb. 3.43. 77 J. ♂. „Pilzförmige" Verdickung des Köpfchens am Großzehengrundgelenk *(a)*, erkerförmige Auflagerung *(b)*, überhängender Knochenrand *(c)* und multiple Zysten *(d)*. Laterales Sesambein von Zysten durchsetzt *(e)*. Arthrose des Endgelenks *(g)*, Usur an der Endphalanx medial *(f)*. Arthritis urica des Karpometakarpalgelenks mit Zysten *(h)*, „Erker" *(i)* und stacheliger Ausziehung *(k)*

◁ **Abb. 3.42.** 53 J. ♂. Kleinstfleckige Verkalkungen *(a)* in Weichteiltophus des Großzehengrundgelenks. Erkerförmige Auflagerungen *(b)* am Metakarpale des Großzehens medialwärts, stachelige Ausziehungen am 2. Zehen *(c)*, normale Sesambeine des Großzehens *(d)*

171

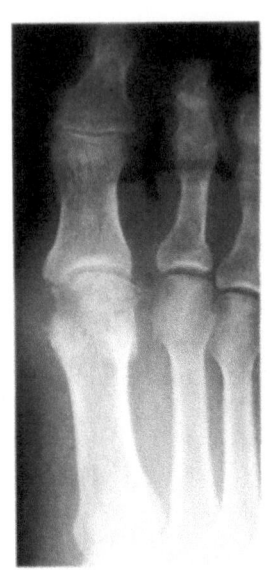
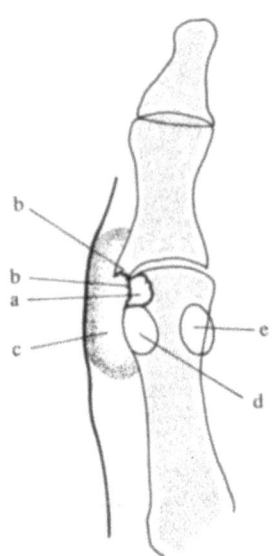
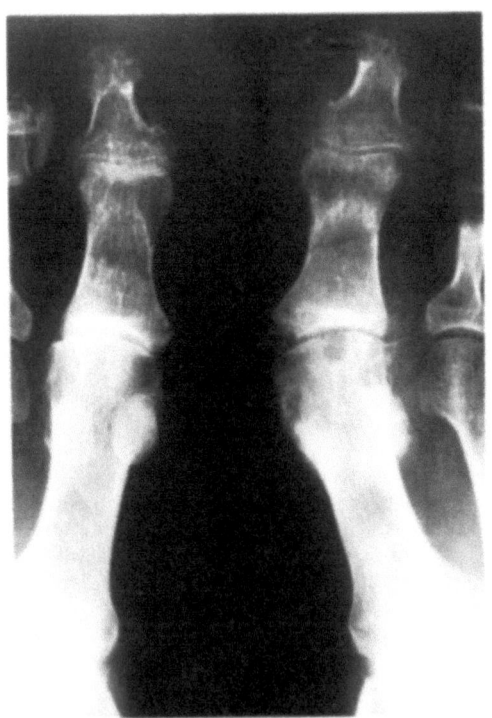
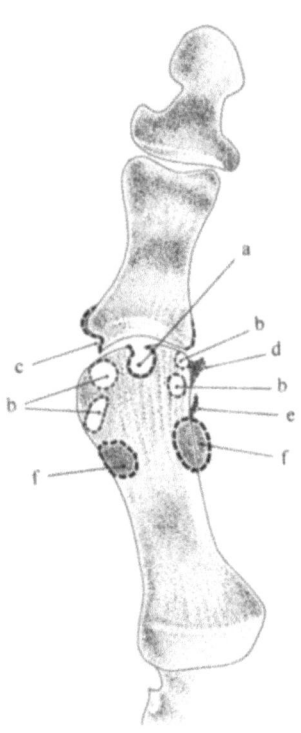

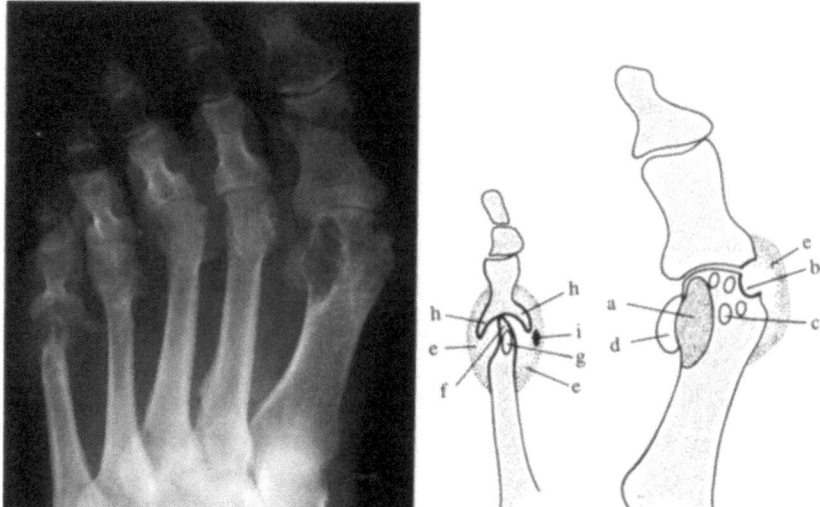

Abb. 3.46. 54 J. ♂. Großer, bis in die Diaphyse reichender Knochentophus im Metakarpale 1 *(a)*, randständige Gelenkusur *(b)*, kleine intraossäre Zysten *(c)*, laterales Sesambein unversehrt *(d)*, Weichteiltophus medialwärts *(e)*. Mutilierende Arthritis urica des Grundgelenks des 5. Zehens mit stiftförmiger Zerstörung des Metakarpale *(f)*, Zyste *(g)*, überhängenden Knochenrändern der Basis des Grundphalangen *(h)* und Verkalkung *(i)* im Weichteiltophus *(e)*

Osteoplastische Periostreaktionen

Osteoplastische Periostreaktionen als Folge von paraartikulären Weichteiltophi oder randständigen intraossären Tophi können mannigfache Formen annehmen. Röntgenologische Veränderungen, die bevorzugt bei chronischer Gicht vorgefunden werden, sind:

- überhängende Knochenränder (Abb. 3.41, 3.43, 3.45, 3.46, 3.51),
- stachelige Knochenausziehungen (Abb. 3.42, 3.43, 3.47, 3.48, 3.51),
- erkerförmige breite Auflagerungen (Abb. 3.42, 3.43, 3.49, 3.50, 3.51),
- Pilzform des Köpfchens des Großzehengrundgelenks (Abb. 3.43).

◁ **Abb. 3.44** *(oben).* 46 J. ♂. Intraossärer Tophus im Köpfchen des Großzehengrundgelenks mit „Auslöschzeichen" der Spongiosa *(a)*, Randusuren *(b)* und Weichteiltophus mit amorpher Verkalkung *(c)*. Mediales *(d)* und laterales *(e)* Sesambein unversehrt

Abb. 3.45 *(unten).* 60 J. ♀. Knochentophi an verschiedenen Stellen des Großzehengrundgelenks: mittelständig *(a)*, randständig *(b)*, in den Sesambeinen *(f)*. Usur der Gelenkspfanne lateralwärts *(c)*, erkerförmige Auflagerung am Köpfchen des Großzehens *(d)*, überhängender Knochenrand *(e)*

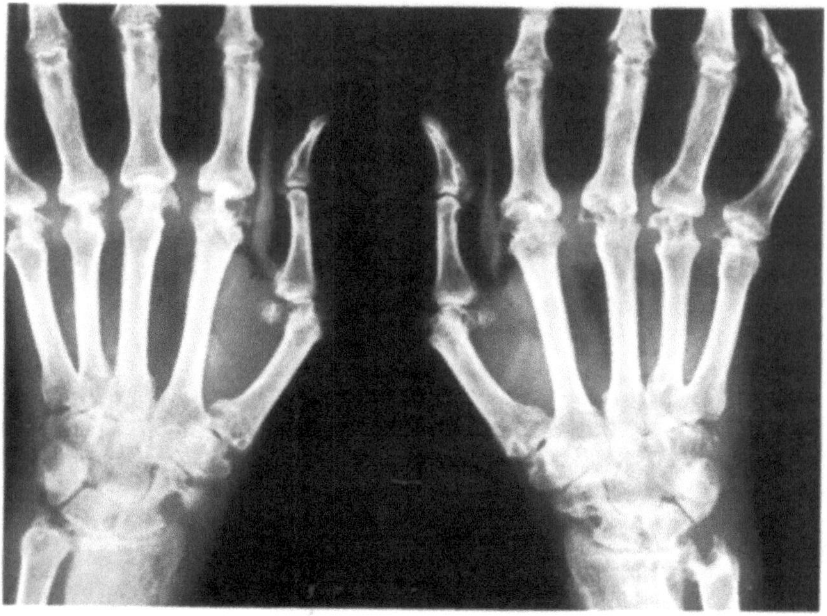

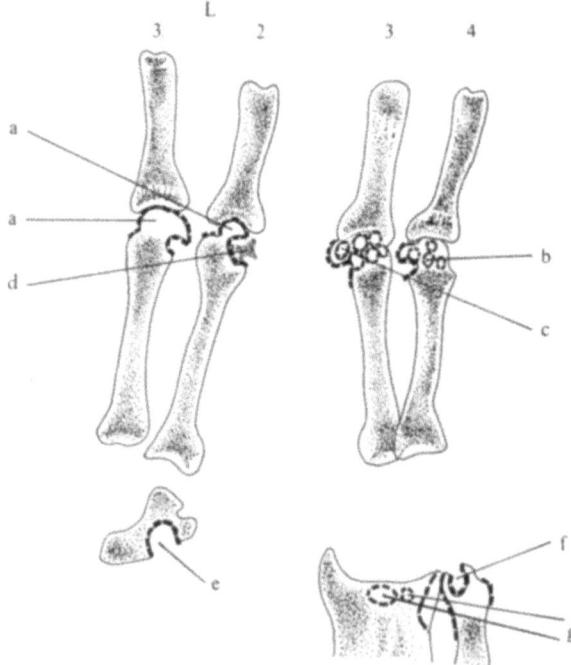

R

L

3   2   3   4

a

a

d

b

c

e

f

g

174

Knochenusuren

Knochenusuren entstehen entweder durch Arrosion eines Weichteil-tophus (Abb. 3.44, 3.46) oder beim Einbruch eines randständigen intra-ossären Tophus in die Weichteile (Abb. 3.45, 3.48). Sie führen röntgenolo-gisch zu scharf begrenzten, halbkreisförmigen Knochendefekten (Abb. 3.43–3.46, 3.48, 3.50). Usuren fanden Schacherl et al. (1966) unter 150 Gichtpatienten in 29,5% am Großzehengrundgelenk, in 15% an den übrigen Zehengelenken und in 17,5% an den Fingergelenken. Die Knochenusuren heben sich bei der Gicht röntgenologisch besonders kontrastreich ab, da der Mineralsalzge-halt des umgebenden Knochens im Gegensatz zur rheumatischen Poly-arthritis meist normal ist oder sogar Randsklerosen vorliegen (Abb. 3.48).

Intraossäre Tophi

Knochentophi entstehen am häufigsten im subchondralen Bereich der Epiphyse und führen röntgenologisch infolge der Auflösung der Trabe-kelstruktur zu zystoiden Aufhellungen, die häufig scharf begrenzt sind. An einzelnen Formen heben sich röntgenologisch besonders ab:

- Auslöschzeichen der Spongiosa bei beginnenden Knochentophi infolge Aufhebung der normalen Bälkchenstruktur (Abb. 3.44),
- Loch- und Stanzdefekte mit sehr scharfer, kontrastreicher Abhebung zum umgebenden normalen Knochen (Abb. 3.45–3.51),
- sehr große, bis in die Diaphyse reichende Defekte (Abb. 3.46, 3.49),
- hellebardenförmige Knochendestruktionen infolge Tophus-Arrosionen am Übergang vom Gelenkköpfchen zum Schaft mit taillenförmiger Unterminierung (Abb. 3.47, 3.51).

Zysten fanden Schacherl et al. (1966) unter 150 röntgenologisch unter-suchten Gichtpatienten in 21,4% am Großzehengrundgelenk, in 6% an den übrigen Zehen, in 22,5% an den Fingern und in 11% an der Hand-wurzel. An eine chronische Gicht ist beim Vorliegen von zystischen Auf-hellungen röntgenologisch vor allem dann zu denken, wenn

- Loch- und Stanzdefekte groß sind und sich scharf vom umgebenden Knochen mit normalem Mineralsalzgehalt abheben,

◁ **Abb. 3.47.** 65 J. ♀. „Hellebardenformen" an den Köpfchen mehrerer Metakarpalia *(a)*, zystoide Auflockerungen und Mutilationen von Gelenken *(b, c)*, reaktive osteopla-stische Gichtstacheln an den Köpfchen *(d)*. Große Lochdefekte im linken Os scaphoi-deum *(e)*, im rechten Processus styloideus ulnae *(f)* und im distalen Radiusende *(g)* durch Knochentophi

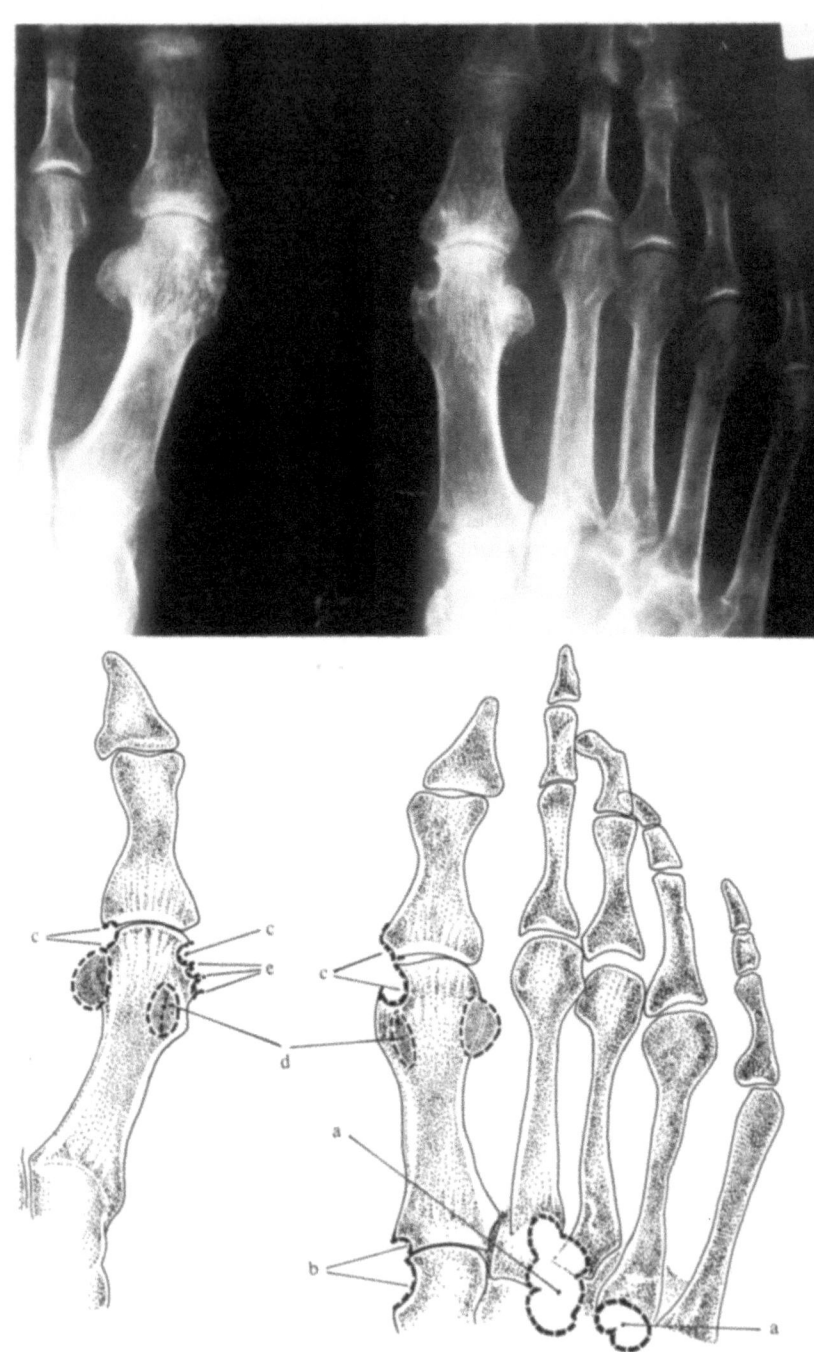

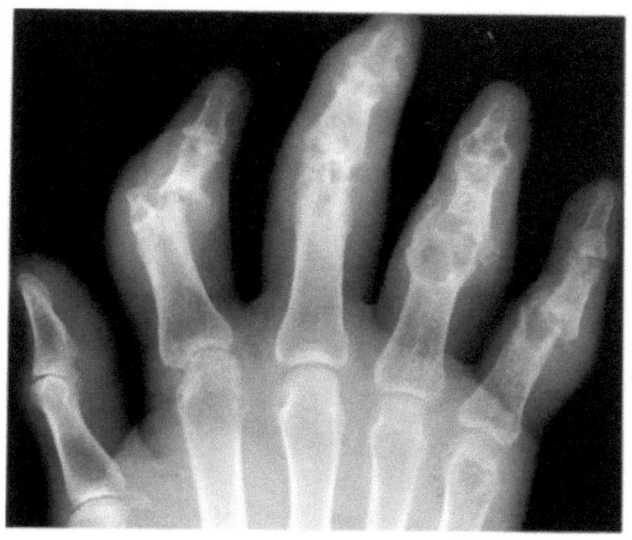

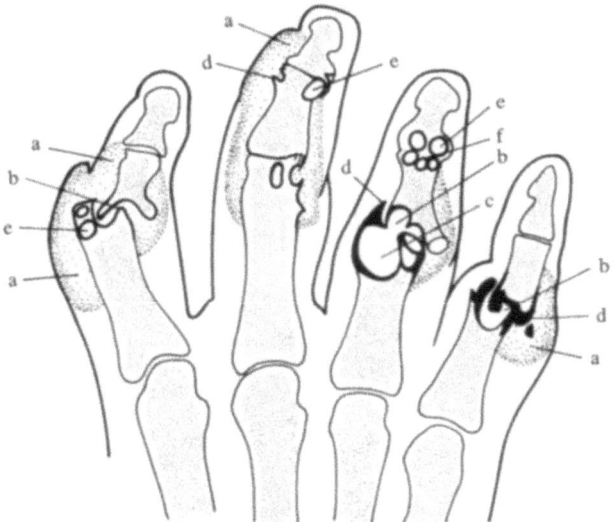

Abb. 3.49. 61 J. ♂. Mutilierende Arthritis urica der Mittelgelenke der Finger 2, 4 und 5, Arthritis urica des Mittelgelenks des 3. Fingers und der Endgelenke des 3. und 4. Fingers. Weichteiltophi *(a)*, Mutilation der Fingermittelgelenke *(b)*, großer intraossärer Tophus *(c)*, erkerförmige Periostauflagerung *(d)*, Zysten *(e)*, Ankylose *(f)*

◁ **Abb. 3.48.** 70 J. ♂. Mutilierende Arthritis urica der Tarsometatarsalgelenke des 2., 3. und 4. Zehens mit scharf begrenzten „Stanzdefekten" *(a)*. Usur am Tarsometatarsalgelenk des Großzehens *(b)*. Gleichzeitige Arthritis urica der Grundgelenke beider Großzehen mit Usuren *(c)*, Zysten in den medialen Sesambeinen *(d)* und stachelförmigen Periostreaktionen *(e)*

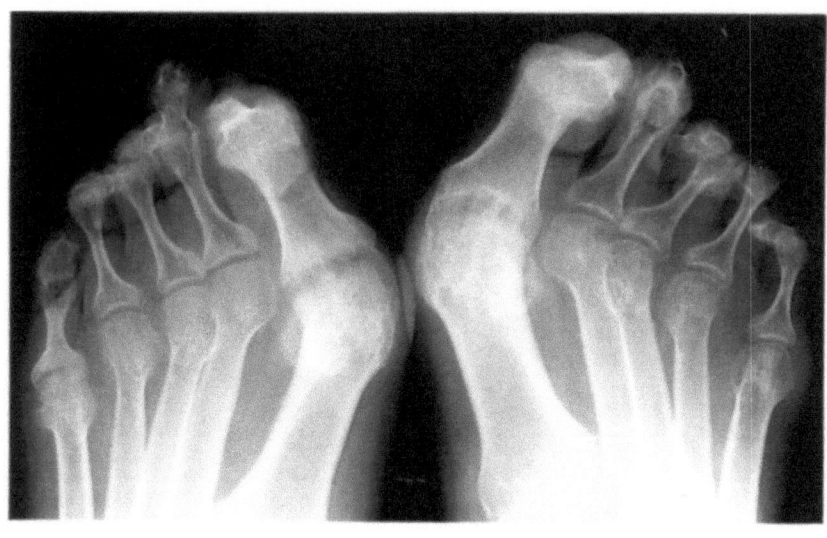

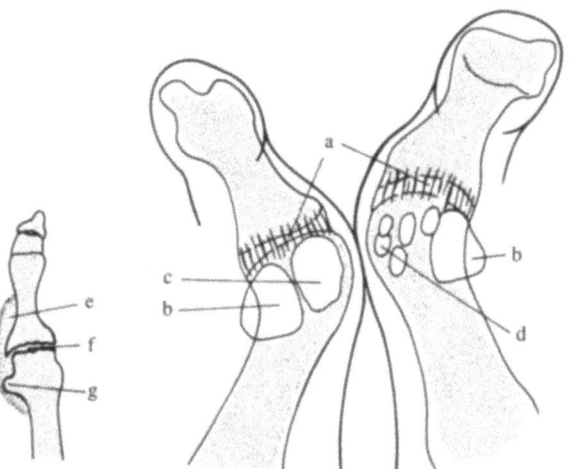

Abb. 3.50. 59 J. ♂. Ankylosen des Großzehengrundgelenks beiderseits *(a)* in Hallux-valgus-Stellung. Linksseitig laterales *(b)* und mediales *(c)* Sesambein aufgelockert, rechts anstelle des medialen Sesambeins multiple Knochentophi *(d)*. Arthritis urica des Kleinzehengrundgelenks mit Weichteiltophus *(e)*. Gelenkusur *(f)* und erkerförmiger Periostauflagerung *(g)*

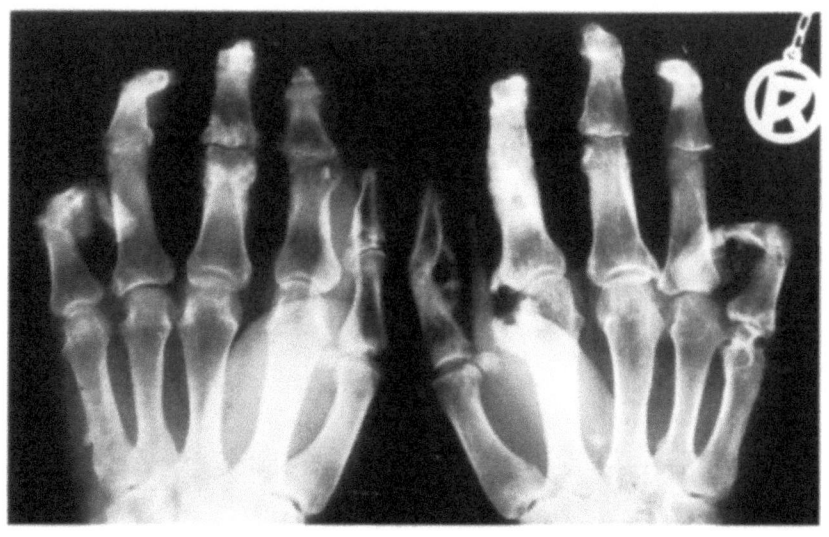

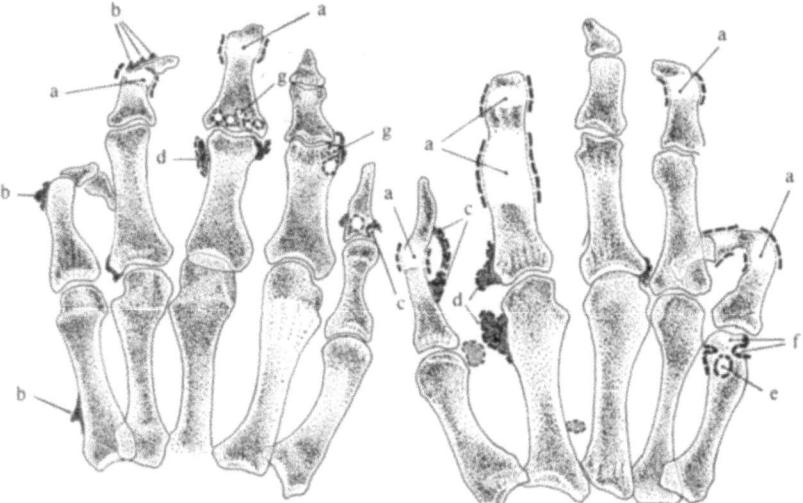

Abb. 3.51. 35 J. ♂. Ankylosen mehrerer Fingergelenke *(a)*, stellenweise mit Beugekontrakturen. An anderen Gelenken mit ebenfalls Gichtarthritis verschiedene osteoplastische Reaktionen mit „Stacheln" *(b)*, „überhängenden Rändern" *(c)* und „Erkern" *(d)*. Ferner Osteolysen in Form von größeren Zysten *(e)*, „Hellebarden" *(f)* und kleinzystischen Aufhellungen. Außerdem Arthrosen *(g)*

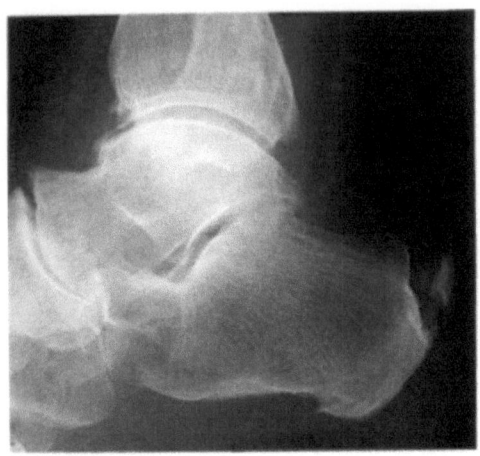

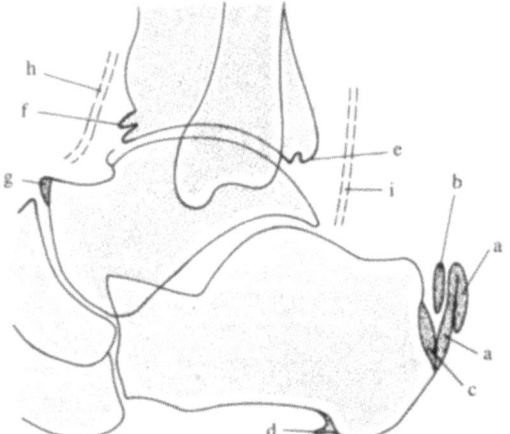

Abb. 3.52. 77 J. ♂. Tendinitis und Tendoperiostitis der Achillessehne mit grobschólligen Knochen- und Kalkablagerungen in Sehne *(a)* und ventralem Bindegewebe *(b)*. Sklerose des Kalkaneus am Sehnenansatz *(c)*. Tendoperiostitis am Ansatz der Plantaraponeurose *(d)*. Usur *(e)* und arthrotische Ausziehung *(f)* am oberen Sprunggelenk. Arthrose des Talonavikulargelenks *(g)*. Sklerosen der A. tibialis anterior *(h)* und posterior *(i)*

Abb. 3.53. 40 J. ♂. Beiderseits symmetrische ausgedehnte reaktive Knochenneubildungen im Bereich der Fußsohle dorsalwärts bei Periostitis und Tendoperiostitis. Verkalkungen in subkutanen Weichteiltophi bei Bursitis. Sklerosen an der Basis des Tuber calcanei beiderseits. Ostitis condensans des Tuber calcanei *(a)*, Weichteilverkalkung und Verknöcherung bei Periostitis *(b)*, verkalkter subkutaner Weichteiltophus *(c)*

- Defekte bis in die Diaphyse reichen (Dihlmann u. Fernholz 1969),
- Hellebardenformen mit gleichzeitigen Periostreaktionen und Weichteiltophi vorliegen (Abb. 3.47, 3.51).

Arthrosis und Arthritis

Arthrose: Bei relativ niedrigem Mengen-Zeit-Quotienten des Uratniederschlags kommt es infolge langsamer Schädigung des Gelenkknorpels zur Arthrosis (Dihlmann u. Fernholz 1969), die röntgenologisch mit Gelenkspaltverschmälerung, Randosteophyten, subchondralen Sklerosen und Gelenkfehlstellungen einhergeht (Abb. 3.43, 3.51, 3.52). Arthrosen fanden Klotz et al. (1971) bei 52% ihrer Gichtpatienten in großer Häufigkeit, bevorzugt an den Knie-, Sprung- und Hüftgelenken und am Großzehengrundgelenk die sog. Hallux-rigidus-Arthrose.

Arthritis: Die intraartikuläre Synovialitis führt röntgenologisch zu Gelenkspaltverschmälerungen, unregelmäßig-welligen Knochendefekten, randständigen Knochenusuren, Knochenzysten, Periostreaktionen, Weichteilschwellungen und Fehlstellungen (Abb. 3.43–3.46, 3.49).

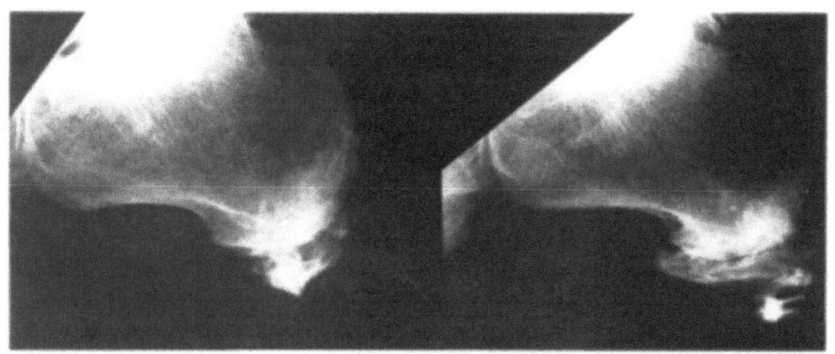

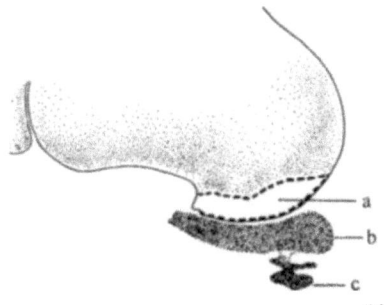

„Mutilierende" Arthritis mit völliger Gelenkzerstörung (Abb. 3.46, 3.47, 3.49) entsteht entweder durch eine vieljährige osteolysierende Synovialitis oder durch den Gelenkeinbruch großer intraossärer Tophi. Es kommt zu großen, kontrastreich abgehobenen Stanzdefekten (Abb. 3.47-3.49). An den Finger- und Zehengelenken sind bikonkave Becherformen mit bis zu zentimeterweiten Pseudoerweiterungen des Gelenkspalts aufgrund des langsam fortschreitenden Knochenabbaus an Gelenkköpfchen und Gelenkpfanne besonders bemerkenswert (Abb. 3.49). Manchmal markieren überhängende Ränder der Gelenkpfanne stiftförmige Defekte des Gelenkköpfchens (Abb. 3.46) unter dem charakteristischen „Pencil-in cap-Bild", wie es auch bei der Psoriasisarthritis und der Polyarthritis rheumatica auftritt (Abb. 3.46).

Ankylosen kommen als Endzustand einer chronischen intraartikulären Arthritis urica infolge Synostierung vor. Bei köcherner Ankylose ist der Gelenkspalt ganz (Abb. 3.51) oder weitgehend (Abb. 3.50) aufgehoben. Am Großzehengrundgelenk ist die Ankylose oft mit einer ausgeprägten Hallux-valgus-Fehlstellung verbunden (Abb. 3.50). Häufig sind Ankylosen mit Beugekontrakturen, Deviationen und Periostverdickungen vergesellschaftet (Abb. 3.51).

Tendoperiostitis und Bursitis

Am Fuß kommen bei der chronischen Gicht vor allem Entzündungen der Achillessehne (Abb. 3.52), der Plantaraponeurose (Abb. 3.53) und der anliegenden Schleimbeutel (Abb. 3.52, 3.53) vor. Sie führen röntgenologisch zu:

- Verkalkungen und Verknöcherungen innerhalb der entzündeten Sehnen mit Knochenspornen am Sehnenansatz (Abb. 3.52, 3.53),
- Verkalkungen innerhalb der entzündeten Schleimbeutel (Abb. 3.52),
- Verkalkungen innerhalb von Weichteiltophi (Abb. 3.52),
- Osteosklerosen und Zysten im Kalkaneus am Sehnenansatzbereich, sog. Ostitis condensans (Abb. 3.52, 3.53),
- Verbreiterungen und Kalkeinlagerungen im anliegenden Weichteilgewebe (Abb. 3.52, 3.53).

Chondrokalzinosen

Am häufigsten ist der Discus triangularis zwischen distalem Ulnaende und proximaler Handwurzelkette betroffen. Dies führt röntgenologisch zu scharf begrenzten, streifigen Verdichtungen. Sie kommen in gleicher Weise bei der Pseudogicht, bei Hämochromatose, beim Hyperparathyreoidismus, bei Ochronose, Arthrose und Arthritis vor.

Röntgenbefunde an den großen Gelenken der unteren Extremität

Kniegelenk

Das Kniegelenk ist von den großen Gelenken bei der chronischen Gicht am häufigsten betroffen und wird bei 20% befallen (Schacherl et al. 1966). Die röntgenologisch sichtbaren Veränderungen sind sehr mannigfachig.

Arthrosen des Hauptgelenks und des Patellargelenks (Abb. 3.54):
- Gelenkspaltverschmälerung,
- subchondrale Sklerosen,
- Osteophyten an den Gelenkrändern,
- subchondrale Zysten,
- Begradigungen der Gelenkkonturen,
- Fehlstellungen.

Arthritis urica mit den röntgenologischen Hauptsymptomen:
- Usuren,
- Zysten,
- Sklerosen und Periostreaktionen,
- Gelenkspaltverschmälerung,
- Fehlstellungen,
- knöchernen und bindegewebigen Ankylosen als Spätfolge.

Dissektionen des oberen Patellarpols durch Gichttophi sind selten (Seewald 1971).

Bursitis praepatellaris (Abb. 3.54) kommt verhältnismäßig häufig vor und führt röntgenologisch zu
- amorphen Kalkablagerungen,
- grobschollligen Verkalkungen,
- erheblichen Weichteilschwellungen.

Bei Verkalkungen ist die Bursitis praepatellaris urica differentialdiagnostisch von der – seltenen – Bursitis tuberculosa abzugrenzen.

Chondrokalzinosen der Menisken und des Gelenkknorpels führen röntgenologisch zu scharf begrenzten, horizontalen streifigen Verkalkungen zwischen Femurkondylen und Tibiakopf in Projektion auf den Gelenkspalt und sind in gleicher Form bei einer Vielzahl anderer Erkrankungen zu sehen, wie bei Hämochromatose, Hyperparathyreoidismus, Pseudogicht, Diabetes, Arthrosen u. a.

Zysten in der Patella infolge von Knochentophi führen röntgenologisch zu umschriebenen, scharf begrenzten Aufhellungen. Derartige Zysten

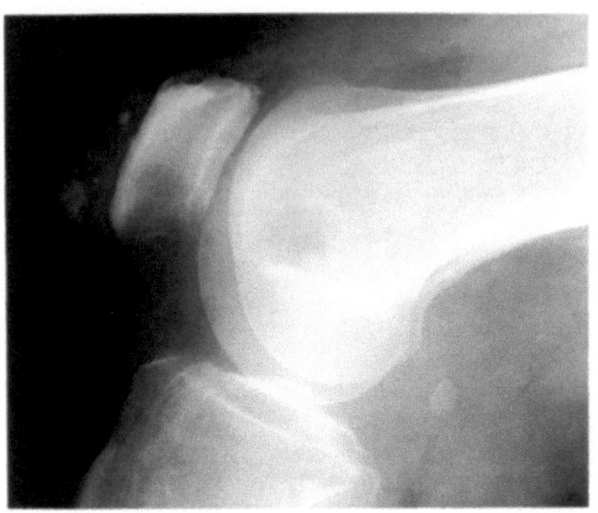

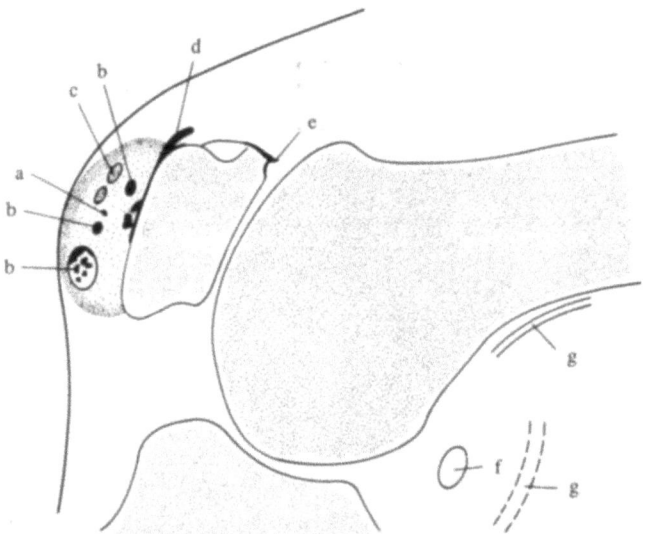

Abb. 3.54. 64 J. ♂. Bursitis praepatellaris mit Weichteilschwellung *(a)*, scholligen Kalkeinlagerungen *(b)* und amorphen Verkalkungen *(c)*. Oberer Patellarsporn am Ansatz der Quadrizepssehne *(d)*. Patellargelenkarthrose *(e)*. Fabella *(f)*. Gefäßverkalkung der A. poplitea *(g)*

kommen ebenfalls bei einem großen Spektrum anderer Ursachen vor (Dihlmann 1973), wie bei Osteochondrosis dissecans, aseptischen Nekrosen, solitären Zysten, Enchondromen, Osteofibrosis deformans juvenilis u. a.

Hüftgelenk

Das Hüftgelenk ist bei chronischer Gicht nur selten betroffen. Hinweise können periartikuläre Knochenusuren bei normaler Weite des Gelenkspalts sein. Weichteiltophi am Gelenk heben sich gegenüber den sehr dicken Weichteilen um das Hüftgelenk röntgenologisch nicht genügend ab. Eine Arthrose führt zur Gelenkspaltverschmälerung, Osteophyten und subchondralen Sklerosen und Zysten.

Vereinzelt wurden symptomatische aseptische Femurkopfnekrosen im Zusammenhang mit Hyperurikämie mit und ohne klinische Gicht beobachtet.

Iliosakralgelenke

Die Iliosakralgelenke werden bei chronischer Gicht nur ausnahmsweise befallen. Röntgenologisch kommt es zu

- Pseudoerweiterungen des Gelenkspalts infolge Knochenresorption oder häufiger zu
- Usuren, Zysten und Sklerosierungen, so daß ein sehr gemischtes Bild von aufgelockertem und sklerosiertem Knochen entsteht (Forrester et al. 1984).

Röntgenbefunde an den großen Gelenken der oberen Extremität

Ellenbogengelenk

Das Ellenbogengelenk ist von den großen Gelenken der oberen Extremität am häufigsten befallen: Die Bursa olecrani ist bei jedem 5. Patienten mit chronischer Gicht betroffen (Dihlmann 1973).

Röntgenologisch nachweisbar sind:
- Bursitis olecrani (Abb. 3.55) mit Weichteilschwellung der Bursa, Verkalkungen, Verbreiterung des anliegenden Weichteilgewebes, stacheligen Periostreaktionen am Olekranon, Knochenusuren am Olekranon, Sklerosen des Olekranon;
- Tophi mit/ohne Verkalkungen und Knochenusuren (Abb. 3.55),
- Gelenkmutilation (sehr selten),

- Arthrose,
- Knochenzysten bei Arthrose, Arthritis und intraossären Tophi.

Schultergelenk

Röntgenologisch kommen zur Darstellung:
- Weichteiltophi mit/ohne Verkalkungen,
- Usuren am lateralen Klavikulaende, Akromion und Humeruskopf,
- Zysten im Humeruskopf, lateralem Klavikulaende und Akromium mit sklerotischen Randreaktionen,
- völlige Gelenkzerstörung (sehr selten).

Das Akromioklavikulargelenk ist häufiger befallen als das Hauptgelenk (Dihlmann 1973). Bei großen intraossären Tophi können hier ausge-

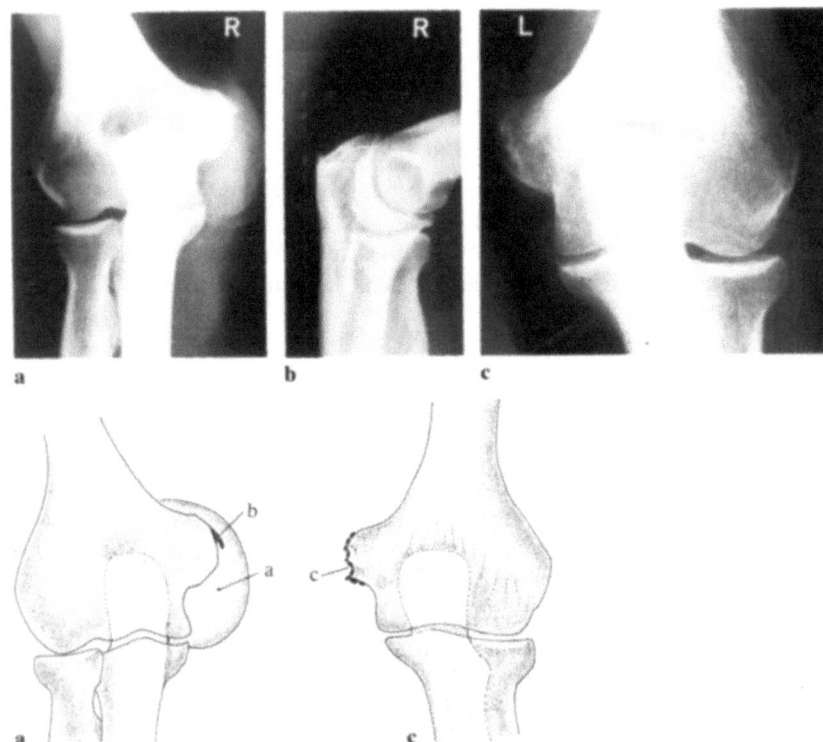

Abb. 3.55 a–c. 71 J. ♂. Verkalkter Weichteiltophus der rechten Bursa olecrani (a) mit stacheliger Periostreaktion (b). Scharf begrenzte Usur (c) am medialen Epikondylus des linken Ellenbogengelenks durch paraartikulären Weichteiltophus

dehnte Knochendefekte mit Randsklerosen eintreten (Forrester et al. 1984).

Sternoklavikulargelenk

Das Sternoklavikulargelenk ist bei chronischer Gicht nur sehr selten betroffen. Röntgenologisch werden Weichteilverdickungen, Usuren und reaktive Sklerosen beobachtet.

Literatur

Boyle JA, Buchanan WW (1971) Gout and Pseudogout. In: Clinical Rheumatology. Blackwell, Oxford Edinburgh, pp 219–261

Dihlmann W (1973) Gelenke-Wirbelverbindungen. Thieme, Stuttgart

Dihlmann W (1979) Arthropathien bei Gicht und Pseudogicht. In: Schinz HR, Baensch WE, Frommhold W, Glauner R, Uehlinger E, Wellauer J (Hrsg) Lehrbuch der Röntgendiagnostik, Bd II/1. Thieme, Stuttgart, S 730

Dihlmann W, Fernholz HJ (1969) Gibt es charakteristische Röntgenbefunde bei der Gicht? Dtsch Med Wochenschr 94: 1909–1911

Dihlmann W, Fernholz HJ (1974) Osteoplastische Reaktionen bei chronischer Gicht. Fortschr Röntgenstr 120: 216

Forrester DM, Nesson JW (1973) The radiology of joint disease. Saunders, Philadelphia London Toronto

Forrester DM, Brown JC, Nesson JW (1984) Gelenkerkrankungen im Röntgenbild. Thieme, Stuttgart

Klotz HG, Prohaska E, Salmhofer L, Schmid L (1971) Gicht aus der Sicht einer Sonderheilanstalt für Rheumakranke. Wien Klin Wochenschr 83: 177

Schacherl M, Schilling F, Gamp A (1966) Das radiologische Bild der Gicht. Radiologe 6: 231–238

Schilling F (1973) Die Gicht - Klinik, Diagnose und Therapie. Monatsschr Ärztl Fortbildg 23: 285

Seewald K (1971) Bericht über einen Fall der Dissektion des oberen Patellarpols im Verlauf einer Arthritis urica. Wien Klin Wochenschr 83: 548

3.4.6 Ultraschall

U. Gresser, W. G. Zoller

Einleitung

Neben Anamnese und klinischer Untersuchung gewinnen technische Untersuchungsmethoden in der modernen Medizin zunehmend an Bedeutung. Die wichtigste nichtinvasive Methode ist die Ultraschalluntersuchung. Sie ist für den Patienten nicht belastend und beliebig wiederholbar. Die hohe Qualität der heute verfügbaren Ultraschallgeräte ermöglicht detaillierte Befunde.

Das Röntgenbild ist vorwiegend zur Darstellung unterschiedlich strahlentransparenter kalkdichter Strukturen (Knochen, Organ- und Gefäßverkalkungen, kalziumhaltige Steine) geeignet. Bei der Ultraschalluntersuchung können auch nichtkalkhaltige Strukturen beurteilt werden. Strukturen mit unterschiedlichem Flüssigkeitsgehalt haben im Ultraschallbild eine unterschiedliche Echogenität und sind dadurch voneinander abgrenzbar. Flüssigkeit ist echofrei, parenchymatöse Organe sind mäßig echoarm bis echoreich, Bindegewebsstrukturen oder Konkremente sind sehr echoreich (Tabelle 3.8).

Indikationen

Bei Patienten mit Störungen des Purin- oder Pyrimidinstoffwechsels gehört die Ultraschalluntersuchung des Abdomens zum internistischen Status (Tabelle 3.9). Vor der Diagnose „primäre Hyperurikämie" müssen Ursachen außerhalb des Purinstoffwechsels ausgeschlossen werden. Die

Tabelle 3.8. Beispiele für Strukturen unterschiedlicher Echodichte im Ultraschall

Echodichte	Struktur
Echofrei	Flüssigkeit (Gelenkerguß, frisches Blut, Harn, Galle, Aszites)
Echofrei mit echoarmen Anteilen	Empyem, Hämatome, Flüssigkeitsansammlungen mit sehr hoher Zellzahl (seröser Erguß)
Echoarm	Organe mit erhöhtem Flüssigkeitsgehalt (Stauungsleber, Pankreatitis, Lymphome)
Mäßig echoarm bis echoreich	Parenchymatöse Organe (Leber, Milz, Nieren, Pankreas, Uterus)
Sehr echoreich	Kalkhaltige Strukturen (Knochen, arteriosklerotische Plaques, diffuse Verkalkungen), Konkremente (unterschiedlicher Zusammensetzung), Bindegewebe, Hämangiome, Luft

Tabelle 3.9. Indikationen zur Ultraschalluntersuchung bei Patienten mit Hyperurikämie und/oder Störungen im Purin- oder Pyrimidinstoffwechsel

---

Ausschluß von Ursachen sekundärer Störungen des Purin- oder Pyrimidinstoffwechsels
- Nierenerkrankungen mit Einschränkung der Ausscheidungsfunktion (Schrumpfnieren, Zystennieren)
- Malignome
- Krankheiten des hämatopoetischen Systems (vergrößerte Lymphknoten, vergrößerte Milz)

Diagnostik und Verlaufsbeobachtung möglicher Folgen von Störungen im Purin- oder Pyrimidinstoffwechsel
- Urolithiasis, evtl. mit Harnstau
- Tophi
- Gelenkergüsse

Diagnostik möglicher Begleiterkrankungen von Störungen im Purin- oder Pyrimidinstoffwechsel
- Leberparenchymschaden
- Arteriosklerotische Gefäßveränderungen

Sonographie ist unerläßlich bei der Tumorsuche sowie zur Darstellung der Nieren. Bei allen Formen von Störungen im Purinstoffwechsel kann es im Verlauf der Erkrankung zu Organschäden, wie Nephrolithiasis oder Arteriosklerose, kommen. Die Sonographie eignet sich zu Diagnostik und Verlaufsbeobachtung. Seit der Entwicklung hochfrequenter Schallköpfe mit guter Auflösung im Nahbereich kann man auch Weichteile und Gelenke sonographisch untersuchen.

Niere und ableitende Harnwege

Nierenfunktionsstörungen können sowohl Ursache als auch Folge einer Hyperurikämie sein.

Ein verschmälertes Parenchym weist auf eine chronische Schädigung der Niere zum Beispiel durch rezidivierende Pyelonephritiden oder eine Glomerulonephritis hin (Abb. 3.56). Spätstadium ist die Schrumpfniere (Abb. 3.57).

Konkremente stellen sich als echoreiche Strukturen innerhalb des Nierenbeckens mit dorsalem Schallschatten dar (Abb. 3.58 und 3.59). Aus dem Echomuster kann man nicht auf die Chemie des Steins schließen. Insbesondere sind die bei Störungen des Purinstoffwechsels vorkommenden Harnsäuresteine, Xanthinsteine oder 2,8-Dihydroxyadeninsteine sonographisch nicht zu unterscheiden. Gewisse Hinweise erhält man aus der Zahl der Konkremente. So kommen zum Beispiel Harnsäuresteine meist vereinzelt vor, während bei Patienten mit Dihydroxyadeninstei-

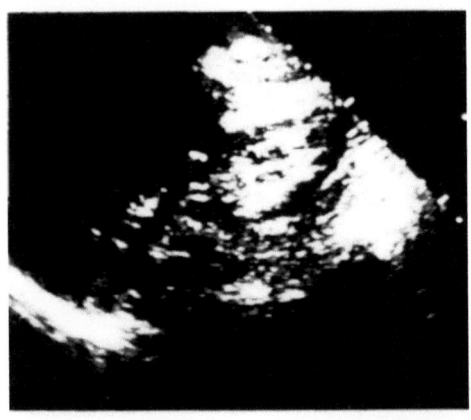

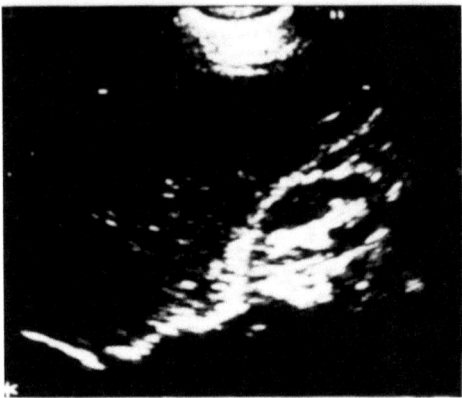

Abb. 3.56 *(oben).* Linksseitiger Flankenschnitt bei einem 67jährigen Patienten mit rezidivierender Pyelonephritis. Die linke Niere ist im Längsschnitt dargestellt, das Nierenparenchym ist deutlich verschmälert (0,3 cm). Kranial der Niere ist ein Teil der Milz zu sehen

Abb. 3.57 *(unten).* Rechtsseitiger Flankenschnitt bei einer 71jährigen Patientin mit Schrumpfniere ungeklärter Genese. Die Niere ist im Längsschnitt sehr klein (6,7 cm) als Ausdruck einer Schrumpfniere. Ventral der Niere ist ein Teil des rechten Leberlappens zu sehen

nen oft beide Nierenbecken mit multiplen Steinen ausgefüllt sind (Abb. 3.60).

Multiple kleine echoreiche Strukturen im Nierenparenchym können ein Hinweis auf interstitielle Ablagerungen von Natriumurat bei der Uratnephropathie sein (Abb. 3.61).

Eine seltene, aber wichtige Ursache für Harnsäuresteine sind Zystennieren. Bei dieser hereditären Anomalie ist nahezu das gesamte Nierenpa-

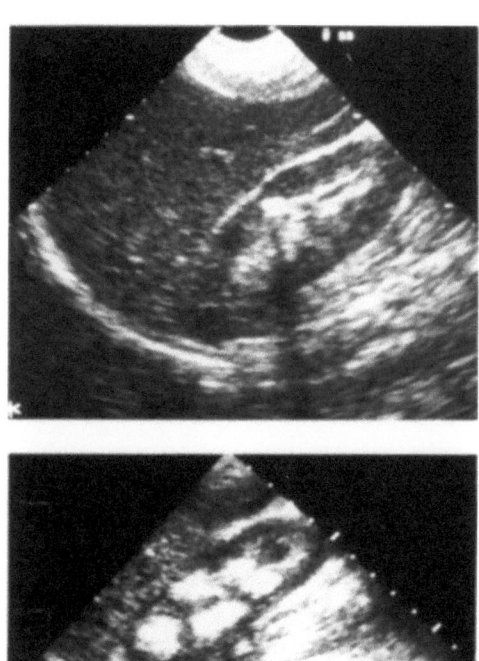

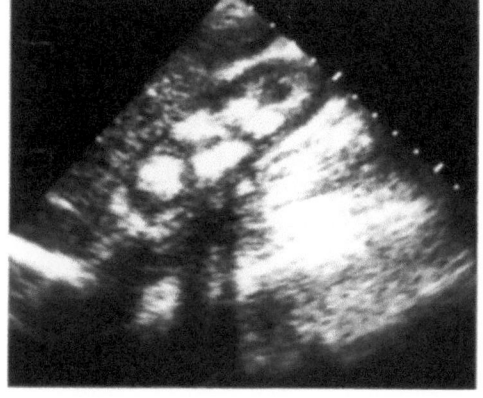

Abb. 3.58 *(oben).* Rechtsseitiger Flankenschnitt bei einem 46jährigen Patienten mit einem solitären Harnsäurestein. Größenmäßig unauffällige Niere mit regelrechtem Parenchym. Im Bereich der mittleren Kelchgruppe sieht man als typischen Befund für ein Konkrement ein helles Echo mit kräftigem dorsalen Schallschatten

Abb. 3.59 *(unten).* Rechtsseitiger Flankenschnitt bei einem 55jährigen Patienten mit Nephrokalzinose. Verschmälertes Nierenparenchym. Im Bereich aller Kelchgruppen multiple helle Echos mit dorsalem Schallschatten

renchym beider Nieren von unterschiedlich großen Zysten durchsetzt (Abb. 3.62). Durch Beeinträchtigung der Glomeruli und Tubuli kann es auch bei normalen Serumharnsäurespiegeln zur Ausfällung von Harnsäurekristallen und zur Steinbildung kommen.

Bei Verlegung des Ureters durch ein oder mehrere Konkremente kann es zum Harnstau kommen. Beim akuten Harnstau sind die einzelnen Kelche des Nierenbeckens gut abgrenzbar, das Nierenparenchym ist von

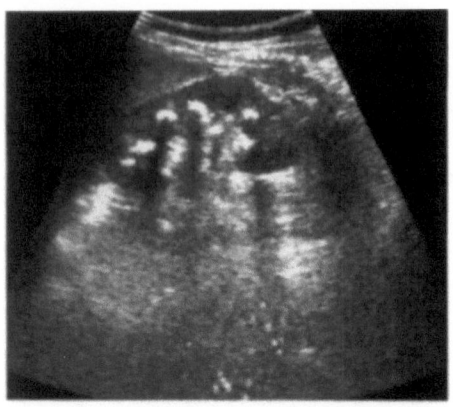

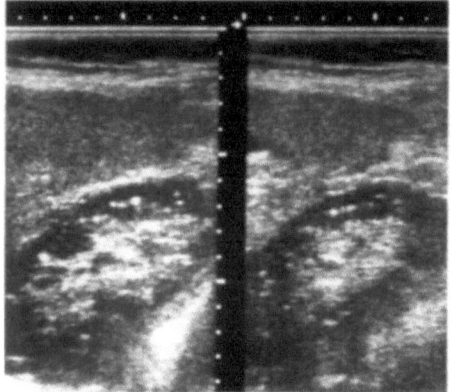

Abb. 3.60 *(oben).* Linksseitiger Flankenschnitt bei einem 14jährigen Patienten mit multiplen Dihydroxyadeninsteinen bei APRTase-Mangel. Nierengröße unauffällig. Das gesamte Nierenbecken ist ausgekleidet mit hellen Echos mit dorsalem Schallschatten, die Konkrementen entsprechen. (Bild von Dr. T. Boemers, Urologische Klinik der TU München)

Abb. 3.61 *(unten).* Rechtsseitiger Flankenschnitt bei einem 74jährigen Patienten mit Uratnephropathie. Im Parenchym der rechten Niere sieht man helle Echos als Ausdruck von Urateinlagerungen

altersentsprechender Breite (Abb. 3.63). Bei länger bestehendem oder rezidivierendem Harnstau verplumpen die Kelche und das Parenchym wird schmäler (Abb. 3.64). Im Unterschied zum meist einseitigen Harnstau sieht man das als Normvariante angesehene ampulläre Nierenbekken (Abb. 3.65) in der Regel beidseits.

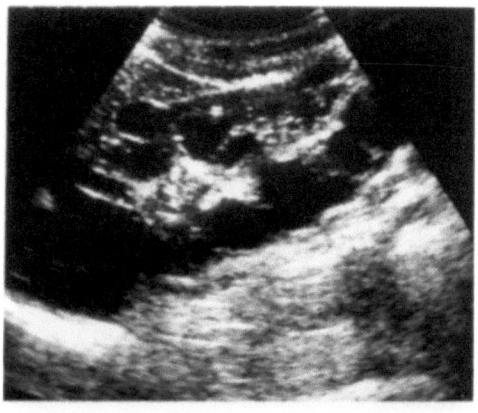

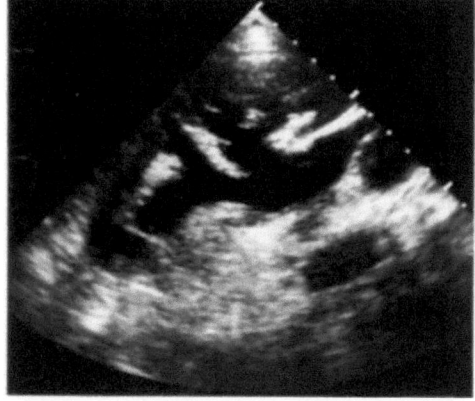

Abb. 3.62 *(oben)*. Rechtsseitiger Flankenschnitt bei einer 40jährigen Patientin mit familiären Zystennieren beidseits. Die rechte Niere ist deutlich vergrößert (15 cm) und besteht aus multiplen echofreien runden Strukturen mit dorsaler Schallverstärkung, Zysten entsprechend. Die Organkontur ist nur schwer abzugrenzen

Abb. 3.63 *(unten)*. Rechtsseitiger Flankenschnitt bei einem 35jährigen Patienten mit akutem Harnstau und Megaureter bei rechtsseitigem Ureterstein. In allen drei Kelchgruppen der rechten Niere zeigen sich girlandenartige echofreie Strukturen. Der Ureter ist deutlich erweitert. Das Nierenparenchym ist regelrecht

Gelenke

Die sonographische Untersuchung der Gelenke gewinnt zunehmend an Bedeutung. Während für die Untersuchung des Abdomens Schallköpfe mit 3,5 MHz ausreichend sind, sollte man zur Untersuchung von Gelenken Schallköpfe mit 5–7,5 MHz verwenden.

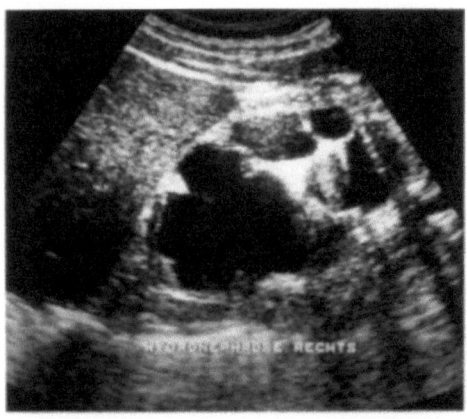

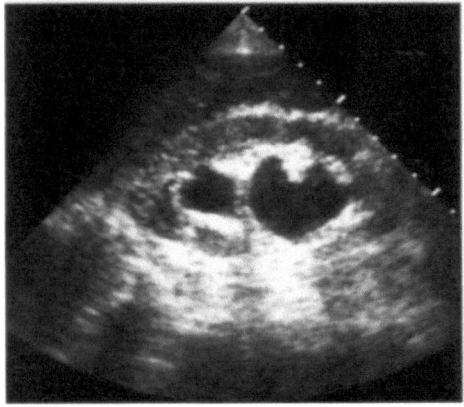

Abb. 3.64 *(oben).* Rechtsseitiger Flankenschnitt bei einem 76jährigen Patienten mit Hydronephrose. Die rechte Niere ist verkleinert, das Nierenparenchym ist nahezu völlig aufgebraucht. Das gesamte Nierenbecken ist mit großen echofreien Strukturen ausgefüllt

Abb. 3.65 *(unten).* Längsschnitt der linken Niere bei einem 35jährigen Patienten mit ampullärem Nierenbecken. Im Nierenbecken zeigen sich ovaläre, konfluierende, echofreie Strukturen

Die häufigste Indikation für die Arthrosonographie ist die Frage nach Gelenkergüssen (Abb. 3.66) in großen und mittelgroßen Gelenken. Dabei ist die Sonographie vor allem bei der Untersuchung von Gelenken, die der Palpation schwer zugänglich sind (Hüft- bzw. Schultergelenk) von Nutzen. Die Sonographie erlaubt Aussagen über die Menge eines Gelenkergusses, seine Form (gekammert/nicht gekammert) und - begrenzt - über seine Zusammensetzung (serös/mit fibrinoiden Anteilen). Bei

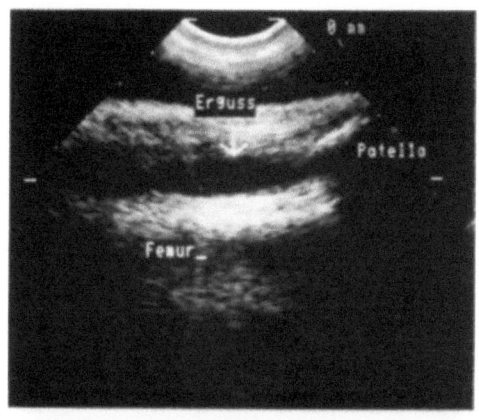

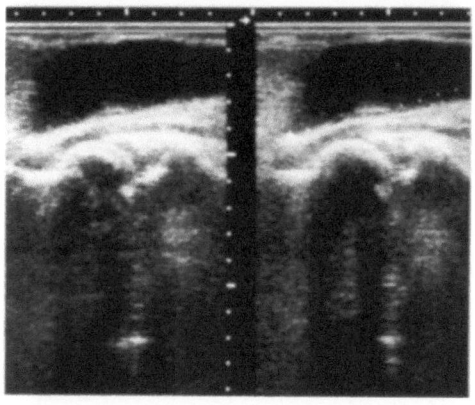

Abb. 3.66 *(oben).* Suprapatellarer Längsschnitt bei einem 49jährigen Patienten mit Kniegelenkserguß links. In Recessus und Bursa suprapatellaris sieht man eine echofreie Struktur als Hinweis auf Flüssigkeit (5,0-MHz-Schallkopf)

Abb. 3.67 *(unten).* Längsschnitt im Bereich der rechten Kniekehle bei einem 46jährigen Patienten mit Meniskopathie. Ventral der A. poplitea sieht man eine ovaläre echofreie, scharf begrenzte Struktur als typischen Befund einer Baker-Zyste

unklaren Schwellungszuständen im Bereich von Gelenken kann mit Hilfe der Sonographie zwischen Weichteilschwellungen und Ergußbildungen unterschieden werden. Das klassische Beispiel ist die Baker-Zyste, eine Synovialisaussackung des Kniegelenks, die bei allen chronisch-entzündlichen Erkrankungen, vor allem bei der chronischen Polyarthritis oder bei Meniskopathien, vorkommen kann (Abb. 3.67). Eine Baker-Zyste kann klinisch sowohl als pralle Schwellung in der

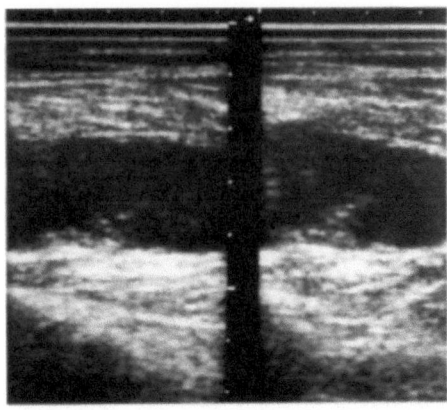

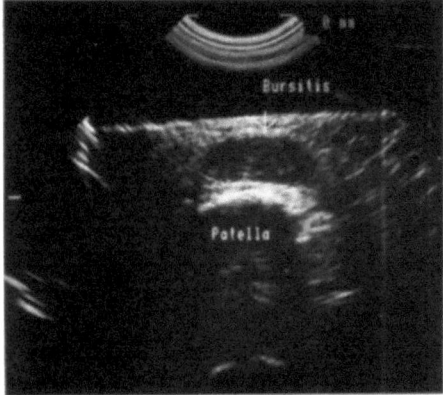

Abb. 3.68 *(oben).* Dorsaler Längsschnitt im Bereich der linken Wade bei einem 41jährigen Patienten mit einer rupturierten und abgesackten Baker-Zyste. Inmitten der Wadenmuskulatur sieht man eine ovaläre echoarme bis echofreie Struktur

Abb. 3.69 *(unten).* Querschnitt über der rechten Patella bei einem 60jährigen Patienten mit einer akuten Bursitis. Über der Patella sieht man eine echoarme ovaläre Struktur (7,5-MHz-Schallkopf)

Kniekehle als auch als schmerzhafte Verdickung der Wade imponieren. Eine rupturierte und/oder abgesackte Baker-Zyste (Abb. 3.68) ist klinisch von einer Beinvenenthrombose oft nicht zu unterscheiden. Die Ultraschalluntersuchung bringt die sofortige Klärung.
Die Ultraschalluntersuchung gibt auch Aufschluß über die Ursache eines Gelenkergusses. Eine verdickte Synovialis ist Hinweis auf eine exsudative oder proliferative Synovialitis, ein freier Gelenkkörper kann sich beim Meniskusschaden finden. Eine Chondrokalzinose mit Meniskus-

verkalkungen stellt sich als vermehrt echoreicher Meniskus mit dorsalem Schallschatten dar.

Weichteile

Mit hochauflösenden Schallköpfen von 7,5 bis 10 MHz können Veränderungen der oberflächennahen Weichteile sonographisch untersucht werden. Hilfreich ist die Sonographie bei der Differenzierung von Bursitiden, Tophi, Rheumaknoten oder Abszessen. Bei Patienten mit Hyperurikämie finden sich Bursitiden meist im Bereich des Ellbogengelenks als Bursitis olecrani. Eine akute Bursitis stellt sich als echofreie bis echoarme, subkutan gelegene Struktur dar (Abb. 3.69). Bei der chronischen Bursitis sieht man als Zeichen der zunehmenden Organisation innerhalb der echoarmen Struktur echoreichere Anteile.

Bei soliden Knoten im Bereich von Gelenken handelt es sich meist um Rheumaknoten oder Gichttophi. Gichttophi stellen sich als solide, gemischt echoarme bis echoreiche Knoten, teils mit dorsalem Schallschatten dar (Abb. 3.70), im Unterschied zum Rheumaknoten, der als solide echoarme Struktur ohne Schallschatten imponiert (Abb. 3.71).

Subkutan gelegene Abszesse sind echofrei bis echoarm mit zum Teil inhomogener Binnenstruktur und im Unterschied zu Tophi oder Rheumaknoten komprimierbar.

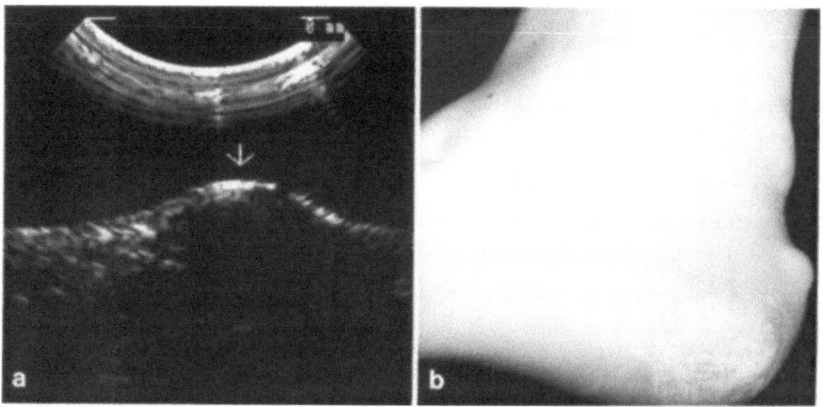

Abb. 3.70. a Längsschnitt über der linken Ferse bei einem 47jährigen Patienten mit chronischer Gicht. Unter der vorgewölbten Cutis stellt sich eine solide Raumforderung mit angedeutetem Schallschatten dar (10-MHz-Schallkopf mit Vorlaufstrecke). **b** Klinisches Bild des gleichen Patienten: Typischer Gichttophus an der linken Ferse

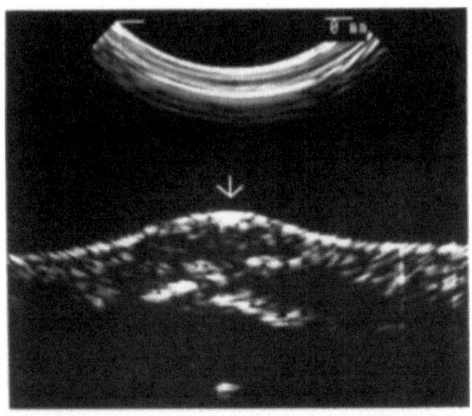

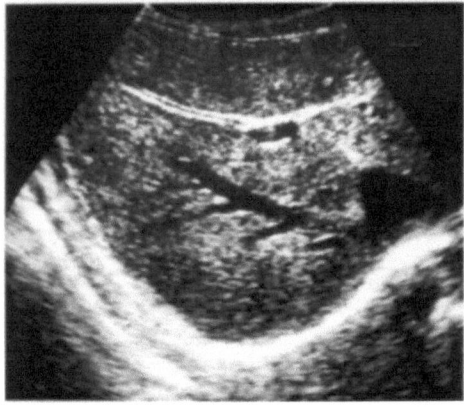

Abb. 3.71 *(oben).* Längsschnitt über dem Fingermittelgelenk DIII rechts bei einer 41jährigen Patientin mit chronischer Polyarthritis. Unter der vorgewölbten Cutis zeigt sich eine echoarme Raumforderung, vereinbar mit einem Rheumaknoten (10-MHz-Schallkopf mit Vorlaufstrecke)

Abb. 3.72 *(unten).* Subkostalschnitt rechts bei einem 47jährigen Patienten mit Hyperurikämie und Leberparenchymschaden. Strukturverdichtete Leber mit rarefizierter Gefäßzeichnung

Leber

Bei etwa 90% aller Patienten mit Hyperurikämie ist diese unter anderem Folge einer erhöhten Purin- und Alkoholzufuhr. Längerfristiger übermäßiger Alkoholgenuß führt zu einer Schädigung des Leberparenchyms, im Ultraschall an der vermehrt echoreichen Leberstruktur erkennbar (Abb. 3.72). Die Leber ist meist vergrößert, die Organkontur ist ver-

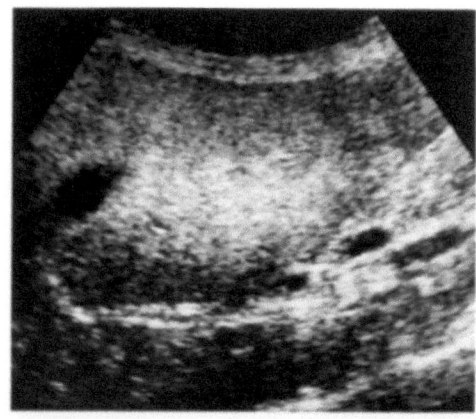

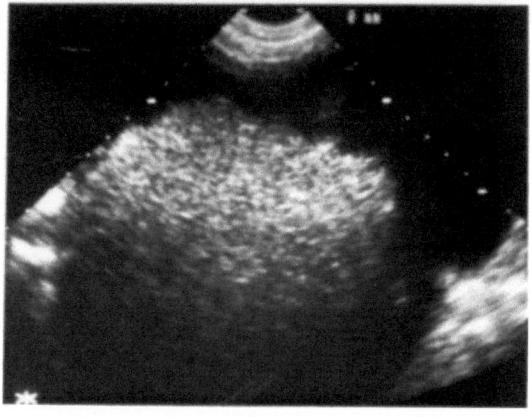

Abb. 3.73 *(oben)*. Längsschnitt in der rechten Medioklavikularlinie bei einem 44jährigen Patienten mit Hyperurikämie und Alkoholabusus. Abgerundete Leberkontur, konvexer linker Leberrand. Die Leber ist deutlich strukturverdichtet, auch zentral werden die Gefäße nicht mehr sichtbar. Vermehrte Schallabsorption. Typischer Befund einer Fettleber

Abb. 3.74 *(unten)*. Modifizierter Subkostalschnitt rechts bei einem 67jährigen Patienten mit histologisch gesicherter Leberzirrhose. Höckrige Leberoberfläche, inhomogene, echoarme Binnenstruktur, völlige Gefäßrarefizierung. Die Leber ist umgeben von echofreien Arealen als Ausdruck von Aszites

plumpt. Im weiteren Verlauf wird das Leberparenchym zunehmend echoreicher, die intrahepatischen Gefäße rarefizieren, und es entsteht das Bild der Fettleber (Abb. 3.73). Spätstadium ist die Leberzirrhose (Abb. 3.74). Die Leber wird klein, das Parenchym wird inhomogen und die Kontur knotig bis wellig. Als Symptom der fortgeschrittenen Leberzirrhose kann Aszites (Abb. 3.74) zu sehen sein.

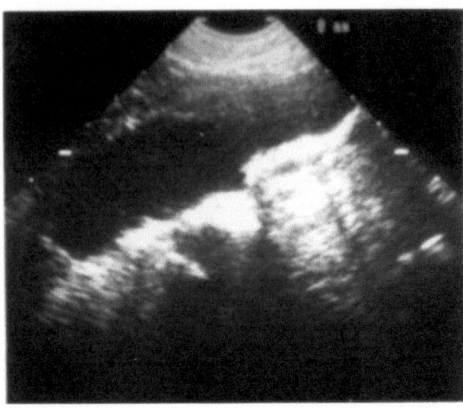

Abb. 3.75. Oberbauchlängsschnitt bei einem 61jährigen Patienten mit Gicht und koronarer Herzkrankheit. In der Aorta abdominalis sieht man mehrere wandständige helle Echos, zum Teil mit kräftigem Schallschatten als Ausdruck großer Plaques (5-MHz-Schallkopf)

Gefäße

Patienten mit Hyperurikämie leiden überzufällig oft auch unter Hypertonie, Diabetes mellitus, Adipositas und Gefäßerkrankungen. Was hier Ursache und was Folge ist, ist noch nicht geklärt. Unbestritten ist, daß bei Patienten mit einer Hyperurikämie ein sonographischer Gefäßstatus erhoben werden muß. Schon die sonographische Routineuntersuchung zeigt, ob Plaques in der Bauchaorta bestehen (Abb. 3.75). Durchlässigkeit und Flußmuster in den kleineren Gefäßen, vor allem in den Nieren- und Leberarterien, lassen sich mittels Duplexsonographie erfassen.

Literatur

Benson CH, Gibson JY, Harisdangkul V (1983) Ultrasound diagnosis of tophaceous and rheumatoid nodules. Arth Rheum 26: 696

Campion EW, Glynn RJ, DeLabry LO (1987) Asymptomatic hyperuricemia - risks and consequences in the normative aging study. Am J Med 82: 421-426

Kellner H, Stapff M (1989) Arthrosonographie. In: Zoller WG, Weigold B, Gresser U (Hrsg) Abdominelle Ultraschalldiagnostik - Aufbau- und Abschlußkurs. Bildgebung/Imaging 56 [Suppl 2]: 73-79

Kellner H, Stapff M, Zoller WG, Herzer P (1989) Sonographische Befunde bei der Chondrocalcinose. Ultraschall Klin Prax [Suppl 1]: 79

Messerli FH, Frohlich ED, Dreslinski GR, Suarez DH, Aristimuno GG (1980) Serum uric acid in essential hypertension: an indicator of renal vascular involvement. Ann Intern Med 93: 817-821

Schattenkirchner M, Gröbner W (1989) Arthropathia urica. In: Fehr K, Miehle W, Schattenkirchner M, Tillmann K (Hrsg) Rheumatologie in Praxis und Klinik. Thieme, Stuttgart, S 9.1–9.18

Simmonds HA (1979) 2,8-Dihydroxyadeninuria – or when is a uric acid stone not a uric acid stone? Clin Nephrol 12: 195–197

Tiliakos N, Morales AR, Wilson CH (1982) Use of ultrasound in identifying tophaceous versus rheumatoid nodules. Arth Rheum 25: 478–479

Vahlensieck W (Hrsg) (1987) Das Harnsteinleiden. Springer, Berlin Heidelberg New York Tokyo

Yü TF, Berger L (1982) Impaires renal function in gout. Am J Med 72: 95–100

3.5 Nephrolithiasis bei Hyperurikämie

R. Hartung, M. Hegemann

3.5.1 Definition

Die dissoziierten und undissoziierten Formen des Harnsäuremoleküls sind im Blut und Urin nur marginal löslich (Coe et al. 1980). Die pro Volumeneinheit lösliche Harnsäuremenge wird bestimmt durch die aktuelle Harnsäurekonzentration und den pH-Wert der Lösung sowie durch die Anwesenheit weiterer gelöster oder nicht gelöster, ionisierter oder nicht ionisierter Bestandteile der wäßrigen Lösung. Bei krankhafter Veränderung dieser Rahmenbedingungen (Holmes 1980) kann es zur Ausfällung von Harnsäure- oder Uratsalzen kommen (Abb. 3.76). Bei der sog. Uratnephropathie, die vor allem bei hyperurikämischen Patienten mit gichtiger Arthritis auftritt, fallen Mononatriumuratsalze im Niereninterstitium aus. Die Folge kann ein langsam fortschreitendes Nierenversagen sein. Bei der akuten Harnsäurenephropathie, bedingt z. B. durch eine extreme Harnsäureanflutung infolge einer zytostatischen Therapie, fallen Harnsäurekristalle intratubulär aus. Gichtpatienten, aber auch Patienten mit normaler Harnsäureausscheidung und normaler Harnsäurekonzentration im Blut, können Harnsäuresteine, Steine aus der undissoziierten Harnsäure oder selten auch aus Ammoniumurat im Nierenhohlsystem oder in der Blase bilden. Möglicherweise prädisponiert eine gesteigerte Harnsäureausscheidung zur Bildung von sterilen Kalziumoxalatsteinen. Auf diese sog. hyperurikosurische Kalziumurolithiasis, die in ihrer Pathogenese umstritten ist, sowie auf die äußerst seltenen 2.8-Dihydroxyadeninsteine wird in diesem Kapitel nicht eingegangen.

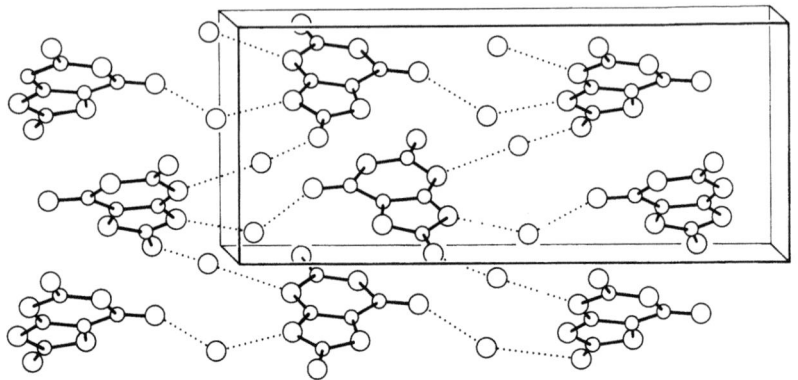

Abb. 3.76. Zeichnung der molekularen Struktur von Harnsäuredihydrat mit Blick auf die (010) Ebene. Wassermoleküle liegen zwischen Purinringen und sind an den Netzwerken der Wasserstoffbrücken, die durch *gestrichelte Linien* gekennzeichnet sind, beteiligt. Die Anordnung der Purinringe ist ähnlich wie in den Kristallen der Harnsäure, bis auf die Tatsache, daß die Purinringe durch die Wassermoleküle weiter auseinandergerückt sind. (Nach Mandel u. Mandel 1980)

3.5.2 Pathogenese

Harnsäureingestion, Harnsäuresynthese, Harnsäureausscheidung und -abbau

Etwa 50% der renal exkretierten Harnsäure wird diätetisch zugeführt (Coe u. Favus 1981). Zwei Drittel des täglichen Harnsäureanfalls werden renal ausgeschieden (Sorensen 1963). Die renale Uratexkretion erfolgt über glomeruläre und tubuläre Mechanismen (Chonko u. Grantham 1981). Urat wird glomerulär frei abfiltriert, im proximalen Tubulus passiv und aktiv reabsorbiert und aktiv tubulär sekretiert. Ein Drittel der täglichen Harnsäureproduktion und des täglichen Harnsäureanfalls im intermediären Stoffwechsel wird durch intestinale Urikolyse (Sorensen 1963) abgebaut. Die Möglichkeit, Harnsäure enzymatisch im intermediären Stoffwechsel abzubauen, ist Menschen, höheren Primaten und einer dalmatinischen Hunderasse im Unterschied zu allen anderen Säugetieren im Laufe der Entwicklungsgeschichte verloren gegangen (Holmes 1980).

Harnsäurelithiasis: Kristallisation und Steinwachstum

Voraussetzung zur Harnsäurekristallisation ist die Übersättigung des Ionengemischs Urin mit Harnsäure (Breslau u. Paky 1980). Die Zusammensetzung und Ionenstärke der Lösung Urin, die Harnsäurekonzentra-

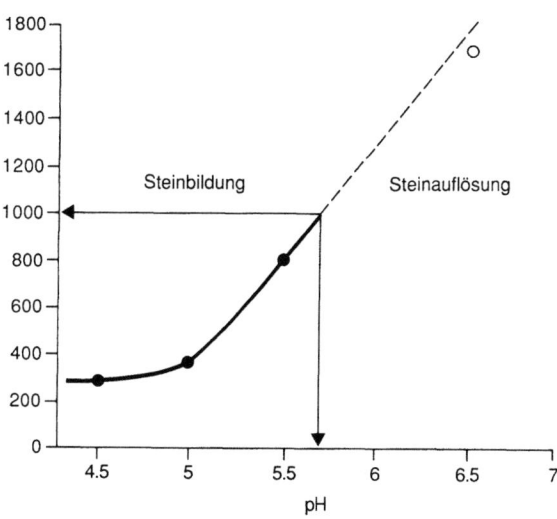

Abb. 3.77. Löslichkeit von Harnsäure in Abhängigkeit vom pH-Wert. (Nach May et al. 1981)

tion, der Urin-pH und die Temperatur, die An- oder Abwesenheit von „Modifikatoren" der Harnsäurekristallisation entscheiden über die Frage, ob Harnsäure im Urin auskristallisiert. Eine der Determinanten der Harnsäurekristallisation ist die Wasserstoffionenkonzentration des Urins. Der pK-Wert der Harnsäure liegt bei 5,345 (Coe et al. 1980). Bei einem Urin-pH von 5,0 sind im Urin nur 150 mg/l Harnsäure lösbar. Steigt der pH-Wert des Urins auf 7 an, so steigt die im Liter Urin lösbare Harnsäuremenge auf 2000 mg an (Abb. 3.77). Weiterhin ist der Gehalt des Urins an einwertigen Kationen für die Löslichkeit des Uratanions mitverantwortlich (Holmes 1980). Ein Anstieg der Natriumkonzentration von 6 auf 140 mmol/l reduziert die Löslichkeit von Mononatriumurat um den Faktor 20. Das Kaliumsalz der Harnsäure ist im Vergleich zu Mononatriumurat relativ löslicher. Ammoniumurat ist jedoch im Vergleich zu Mononatriumurat nur ganz gering löslich.
Ist die Bildung von Harnsäurekonkrementen energetisch möglich (Übersättigung), dann fällt wahrscheinlich zuerst das thermodynamisch instabile Harnsäuredihydrat aus (Lam et al. 1978). Durch H_2O-Abspaltung entsteht dann der stabilere Harnsäureanhydridkristall. Auf den initial gebildeten Harnsäurekristall lagert sich im Laufe des Kristallwachstums weitere Harnsäuresubstanz auf (epitaxiales Wachstum) oder Harnsäurekristalle sintern im Sinne einer Kristallaggregation zu größeren Konkrementen zusammen.

Zusammensetzung von Harnsäuresteinen

Klinisch bedeutsam sind 2 Gruppen von Harnsäurekonkrementen: Harnsäuresteine und Ammoniumuratsteine (Holmes 1980). Harnsäuresteine bilden sich durch Auskristallisation von Harnsäure als Harnsäuredihydrat (Lam et al. 1978). Die Bildung des chemisch stabileren Harnsäureanhydrids erfolgt in relativ kurzer Zeit (Minuten). Es werden jedoch bei der Analyse von Harnsäurekonkrementen nicht selten größere Mengen Harnsäuredihydrat, gelegentlich auch reine Harnsäuredihydratkonkremente gefunden. Möglicherweise enthält der Urin Substanzen, die die spontane Dehydratation von Harnsäuredihydrat verhindern.

Im alkalischen Urin, bei einem Harnwegsinfekt mit ureasebildenden Bakterien, werden Ammoniumionen frei. Aufgrund der geringen Löslichkeit von Ammoniumurat kann es zur Bildung von Ammoniumuratkonkrementen kommen (Holmes 1980). Diese Konkremente sind im Gegensatz zu reinen Harnsäuresteinen meistens in der Blase lokalisiert und nicht durch Alkaligabe lysierbar.

Harnsäureausscheidung und Harnsäurelithiasis

Wahrscheinlich ist die Höhe der Harnsäureausscheidung und nicht die Konzentration der Harnsäure im Blutserum eine entscheidende Determinante für die Harnsäuresteinbildung (Holmes 1980). Folgende Ursachen sind möglich:

- Eine vermehrte Purinbiosynthese wird beobachtet bei fettleibigen Patienten, nach Aufnahme von protein-, alkohol- und fruktosereicher Nahrung.
- Ebenso kann die endogene Purinbiosynthese bei myelo- oder lymphoproliferativen Erkrankungen vermehrt sein.
- Eine seltene Ursache der Hyperurikosurie sind angeborene Enzymanomalien wie ein Hypoxanthin-Guanin-Phosphoribosyltransferase-Mangel oder eine Pyrophosphat-Ribose-Phosphatsynthetase-Überaktivität oder ein Glucose-6-Phosphatase-Mangel (Coe u. Favus 1981).
- Bei normaler endogener Purinsynthese kann eine Hyperurikosurie durch die Einnahme einer purinreichen Kost oder durch urikosurische Pharmaka induziert werden (Coe u. Favus 1981). Wenn die Zufuhr an Nahrungsmittelpurinen 4 mg/kg am Tag übersteigt, dann steigt die Harnsäureausscheidung (in) etwa proportional mit der Purinzufuhr (Coe u. Favus 1981).
- Probenecid, Sulfinpyrazone und Salizate rufen in höheren Konzentrationen eine Hyperurikosurie durch Hemmung der tubulären Uratrückresorption hervor. In niedrigen Konzentrationen hemmen sie „parado-

xerweise" die tubuläre Uratsekretion und können eine Hyperurikämie bewirken.

Urin-pH und Harnsäurelithiasis

Veränderungen des Urin-pH sind für das Risiko der Harnsäuresteinbildung entscheidender als die Harnsäureausscheidung pro Zeiteinheit. Die Harnsäureausscheidung kann sich maximal verdoppeln oder verdreifachen, während ein Anstieg des Urin-pH von 5 auf 6 die Konzentration der undissoziierten Harnsäure im Urin versechsfacht. Verschiedene Untersuchungen weisen darauf hin, daß zumindestens ein Teil der Patienten mit Harnsäuresteinen Urin mit einem erniedrigten pH-Wert ausscheidet.

Eine wichtige Stellgröße der Urin-pH-Regulation ist die Höhe der renalen Ammoniumsekretion. Mehr als die Hälfte der renalen Säureexkretion wird mit Hilfe von NH_4^+-Ionen renal eliminiert. So scheint es möglich zu sein (Holmes 1980), daß bei einer Untergruppe der Harnsäurelithiasis eine reduzierte renale Ammoniumsekretion und ein deswegen erniedrigter Urin-pH-Wert die Ursache der Harnsäuresteinkrankheit ist. Tatsache ist, daß zumindestens einige Gichtpatienten, die diätetisch mehr Protein zu sich nehmen als entsprechende Kontrollgruppen eine größere Säuremenge pro Zeiteinheit renal eliminieren. Dies wird von einer erniedrigten Ammoniumexkretion begleitet. Unklar ist dabei, ob die erniedrigte Ammoniumexkretion bei diesen Patienten Ursache oder Folge von Störungen des Säure-Basen-Stoffwechsels ist oder ob die Veränderungen der renalen Ammonium- und H-Ionen-Sekretion auf eine übergeordnete metabolische Ursache, möglicherweise auch auf Störungen des Uratstoffwechsels zurückzuführen sind. Wahrscheinlich werden auch der Mechanismus der Hyperurikosurie, übersteigerte Proteinzufuhr oder übersteigerte Purinzufuhr die Azidität des Urins in jeweils anderer Weise beeinflussen (Coe u. Favus 1981).

Neben den beschriebenen Störungen existieren familiäre und sporadisch vorkommende Häufungen von Harnsäurelithiasis bei erniedrigtem Urin-pH und erniedrigter renaler Ammoniumsekretion. Die Ursache dieser Störungen, die möglicherweise eine ethnische Prädilektion aufweisen, ist unbekannt (De Vries et al. 1982).

Modifikatoren der Harnsäurekristallisation

Makromoleküle können die Auskristallisation von gelösten Harnbestandteilen verzögern. Möglicherweise wird auch die Bildung von Harnsäuresteinen durch die sogenannten Modifikatoren (Robertson) der Harnsteinbildung beeinflußt. Untersuchungen von Sperling und Robertson weisen auf die Existenz von Mukoproteinen und Mukopolysacchariden hin, die die Harnsäurekristallbildung beeinflussen können (Sperling et al. 1965). Es ist jedoch nicht bekannt, ob veränderte Urinkonzentrationen dieser Stoffe an der Pathogenese der Urolithiasis beteiligt sind.

3.5.3 Klinik

Akute Kolik

Das häufigste klinische Symptom ist der akut einsetzende, meist krampfartige Schmerz, subkostal rechts oder links in der Flanke, mit oder ohne Ausstrahlung zur Lendenwirbelsäule oder zur Leiste. Fakultativ kann eine Makrohämaturie vorkommen. Jeder Schmerz dieser Art ist durch ein akut auftretendes Abflußhindernis im Bereich der ableitenden Harnwege entstanden, das einen kompletten oder inkompletten Stop des Harnabflusses verursacht. Im Falle der hier geschilderten Situation ist es ein im Nierenhohlsystem gewachsener Harnsäurestein, der sich in Bewegung gesetzt hat.
Die klinische Symptomatik der Schmerzausstrahlung ist von der Lokalisation des Abflußhindernisses abhängig (Abb. 3.78).

Schmerzausstrahlung

Bei Steinen im Nierenhohlsystem und am pyeloureteralen Übergang wird der Schmerz meist in der Flanke empfunden, eine Schmerzausstrahlung in die Lendenwirbelsäule ist möglich; in seltenen Fällen wird die Schmerzempfindung über einen sog. retrorenalen Reflex in die gegenseitige Niere projiziert.
Bei einem Abflußhindernis im proximalen Harnleiterdrittel kann es neben dem stauungsbedingten Flankenschmerz zu einer Schmerzausstrahlung beim Mann in das äußere Genitale, bei Frauen in die großen Labien kommen. Bedingt ist dies durch die gemeinsame sensible Versorgung dieser Bereiche aus $Th_{11}-Th_{12}$. Ein unmittelbar prävesikal oder an der Einmündung des Harnleiters in die Blase sitzender Stein macht sich durch ziehende Schmerzen im Blasenbereich, beim Mann mit Schmerzausstrahlung bis zur Penisspitze und durch heftigen Miktionsdrang bemerkbar. Je nach der Lokalisation eines tiefer tretenden Steins und dem sich dabei ändernden Ausmaß der Harnstauung können Schmerzintensität und Schmerzausstrahlung variieren.

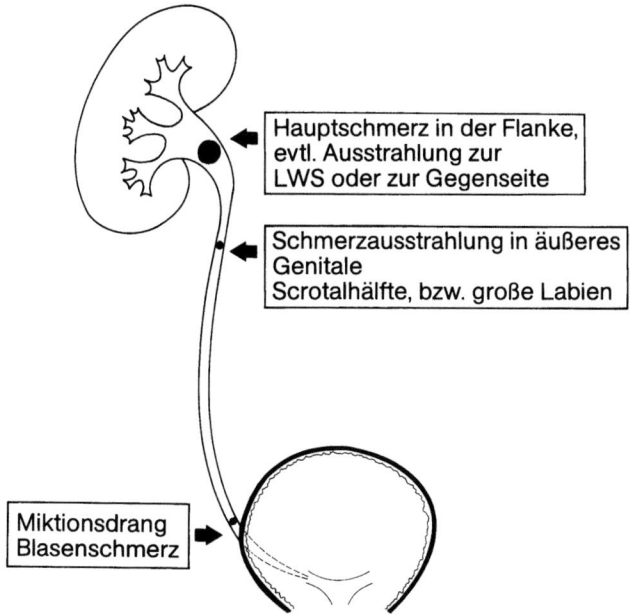

Abb. 3.78. Schmerzsymptomatik in Abhängigkeit von der Lokalisation des Abflußhindernisses in den oberen Harnwegen

Schmerzdauer

Die Dauer einer solchen Schmerzattacke schwankt zwischen wenigen Minuten und einigen Stunden. Das schmerzfreie Intervall kann zwischen einer und mehreren Stunden betragen, sich wiederholende Kolikanfälle können sich über mehrere Tage hinziehen, je nachdem wie stark die Harnstauung im Bereich des Nierenhohlsystems erhalten bleibt. Der Zustand von sich in kurzen, etwa stündlichen Abständen wiederholenden Koliken wird als Dauerkolik bezeichnet.

Dumpfer Dauerschmerz

Im Gegensatz zum plötzlich auftretenden, meist stark kolikartigen Schmerz steht der dumpfe Dauerschmerz im Flankenbereich und in der Kostovertebralgegend, der durch eine sich allmählich entwickelnde Harnstauung bei der Verlegung des Harnleiters durch Uratgrieß oder durch einen langsam wachsenden Nierenbeckenausgußstein entsteht. Da dieser Schmerz in vielen Fällen nicht besonders belastend ist, wird er

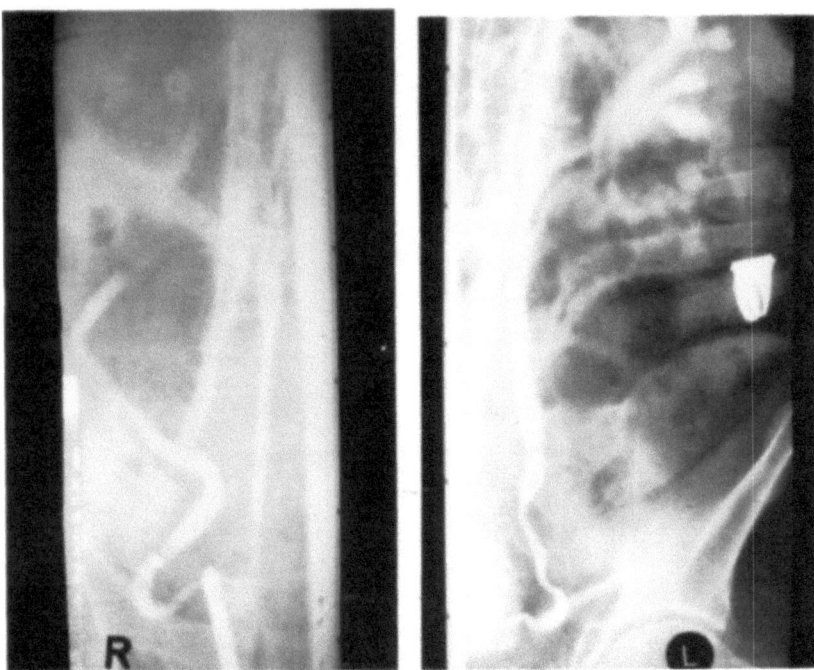

Abb. 3.79. Verschlußanurie durch Uratverstopfung beidseits. *Links:* Retrogrades Ureterpyelogramm rechts: Kontrastmittelaussparungen im proximalen Ureterdrittel und prävesikal. *Rechts:* Retrogrades Ureterpyelogramm links: mehrere Kontrastmittelaussparungen im distalen Ureterdrittel

häufig vernachlässigt, so daß es durch eine über lange Zeit bestehende chronische Harnstauung zu einer erheblichen Nierenschädigung kommen kann, bis erstmals eine Untersuchung veranlaßt wird. Das ist eine besondere Problematik gerade des Harnsäuresteinleidens, da diese Steine bis zu beträchtlicher Größe im Nierenbecken wachsen können, ohne daß die Entwicklung klinisch besonders auffällig ist.

Anurie

Im ungünstigsten Fall kann sich ein beidseitiges Steinwachstum so entwickeln, daß es zur sog. Uratverstopfung des Nierenhohlsystems mit konsekutiver Anurie kommt (Abb. 3.79). Es gibt Fälle, die klinisch fast asymptomatisch verlaufen und in denen die auftretende Anurie das erste klinische Zeichen der postrenalen Niereninsuffizienz ist.

208

Spontaner Steinabgang

In der Folge einer Kolik, aber auch unabhängig davon, kann es zu einem spontanen Steinabgang kommen. Meist läßt mit dem Übertritt des Konkrements in die Blase der Schmerz nach, die Ausscheidung des Steins wird bei Frauen oft nicht bemerkt, bei Männern ist die Passage durch die längere Urethra oft mit Schmerzen verbunden. In der Mehrzahl der Fälle wird ein Stein, der die Blase erreicht hat, spontan ausgeschieden. Nur bei einer Blasenentleerungsstörung, etwa bedingt durch ein Prostataadenom, kann das Konkrement in der Blase verbleiben und dort zu einem erheblich größeren Gebilde heranwachsen. Die Analyse eines spontan abgegangenen Konkrements dient der zusätzlichen Orientierung in der Diagnostik.

Makrohämaturie

Manchmal ist eine Makrohämaturie mit oder ohne begleitenden Schmerz zu beobachten. Sie entsteht durch kleine Läsionen der Uretermukosa bei der Steinpassage, wobei die meist glatten Harnsäuresteine hier weniger starke Verletzungen verursachen und deshalb seltener eine Blutung bedingen als die zackigen und scharfkantigen Oxalatsteine.

Mikrohämaturie und Kristallurie

Eine Erythrurie und Kristallurie, die anläßlich einer Routineuntersuchung des Harns erkannt wird, kann auch bei völligem Fehlen einer klinischen Symptomatik einen Hinweis auf eine bestehende Harnsteinbildung geben und zu weiteren Untersuchungen veranlassen. Charakteristisch ist das rote „Ziegelmehl" im Schleudersatz des Harns als ein Hinweis auf harnsäurehaltiges Sediment.

Zusätzliche Beschwerden

Unabhängig vom Schmerz begleiten die Kolik manchmal gastrointestinale Symptomatik mit Übelkeit und Erbrechen. Ein unterschiedlich starker Meteorismus kann begleitend vorkommen.

3.5.4 Diagnose und Differentialdiagnose

Grundsätzlich sollte bei der oben geschilderten Symptomatik eine gründliche diagnostische Abklärung erfolgen, da erstens auch andere Erkrankungen außerhalb des Harntrakts zu erwägen sind, zweitens Schmerzursache und kausale Erkrankung geklärt werden müssen und drittens auch in den ableitenden Harnwegen selbst eine andere Erkrankung wie z. B. ein Tumor zu der gleichen Symptomatik geführt haben könnte.

Bei der klinischen Abklärung des Flankenschmerzes ist bekanntlich im Falle einer Ausstrahlung zur Schulter an eine Gallenkolik zu denken, bei Ausstrahlung oder Schmerzverlagerung in den Unterbauchbereich sind differentialdiagnostisch eine Appendizitis, eine Adnexitis sowie Ovarialerkrankungen auszuschließen. Bei mehr dorsal ausstrahlendem Schmerz ist an eine akute Lumbalgie oder einen Diskusprolaps zu denken.

Neben der klinischen Symptomatik ergeben sich weitere Aufschlüsse aus der Harn- und Serumdiagnostik sowie aus der Ausscheidungsurographie.

Bei der Harnuntersuchung mag ein saurer Urin-pH auffallen, der Nachweis entsprechender Kristalle ist nicht obligatorisch. Eine wichtige Information liefert meist die Ausscheidungsurographie. Folgende Befunde sind möglich und auf eine Harnsteinbildung hinweisend:

Ein schattengebendes Konkrement ist nachweisbar, welches in Abhängigkeit von seiner Lage und Größe die bekannten Zeichen einer Harnstauung zeigen kann.

Wenn im Falle der meistens vorliegenden Harnsäuresteine der kalkdichte Schatten fehlt, können eingeschränkte oder fehlende Ausscheidungsfunktionen nur ungefähr über die Lokalisation des Abflußhindernisses informieren. Bei der Harnsäurekonkrementverstopfung ist oft das Bild der röntgenologisch stummen Niere auffällig, im Einzelfall muß dann über die Notwendigkeit einer retrograden Diagnostik entschieden werden.

Beim Nierenbeckenstein fällt eine kontrastnegative Aussparung des dargestellten Nierenhohlsystems auf (Abb. 3.80). Korrelieren radiologischer und Laborbefund, so kann die Diagnose Harnsäurestein gestellt werden. Bei röntgenkontrastnegativen Aussparungen in den ableitenden Harnwegen muß jedoch immer an die Möglichkeit einer urothelialen Neoplasie gedacht werden. Bestehen aufgrund der Röntgendiagnostik Unklarheiten, ob es sich bei Aussparungsdefekten im Nierenbecken und Harnleiterverlauf um einen Harnsäurestein oder um einen Tumor handelt, so hat sich hier die Ultraschalluntersuchung für die differentialdiagnostische Klärung bestens bewährt (Abb. 3.81). Es sollte keine Therapie konservativer oder operativer Art begonnen werden, bevor die Diagnose nicht mit diesen beiden Techniken gesichert worden ist.

Selten ist ein Computertomogramm mit Dichtemessung des Harnsteins zur Klärung der Diagnose erforderlich.

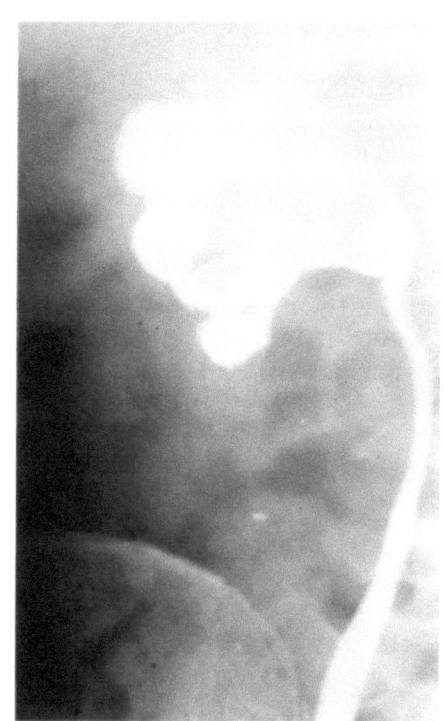

Abb. 3.80. Großer Harnsäurestein im Nierenbecken

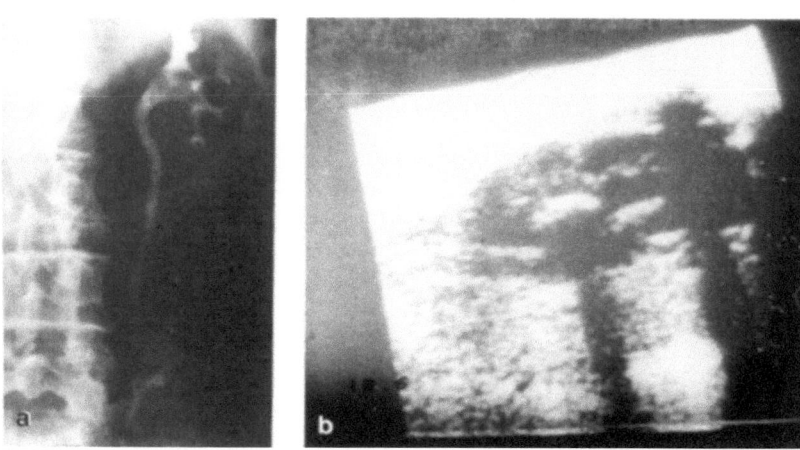

Abb. 3.81 a, b. Differentialdiagnose Harnsäurestein/Tumor. **a** Aussparungsdefekt im linken Hohlsystem. **b** Sonographische Untersuchung: eindeutiger Steinnachweis (Schallschatten) nach sonographischen Kriterien

3.5.5 Therapie

Läßt sich bei der Röntgendiagnostik ein kalkdichtes, schattengebendes Konkrement nachweisen, so gelten die bekannten Kriterien der Therapieentscheidung, die sich an der Steingröße, seiner Lokalisation, dem Grad der verursachten Harnstauung und dem Infektnachweis orientieren. Da bei kalziumhaltigen Harnsteinen eine zuverlässige orale Chemolyse möglich ist, muß über konservative oder operative Therapie entschieden werden.

Mit dem heute möglichen Verfahren der extrakorporalen Stoßwellenlithotripsie (ESWL) sowie der perkutanen Nephrolitholapaxie (PCN) können fast 100% der Harnsteine ohne operative Freilegung entfernt werden (Abb. 3.82). Eine Steinentfernung durch Pyelolithotomie mit/ohne Nephrotomie hat nur noch bei sehr ausgedehnten Nierenbeckenkelchausgußsteinen eine gerechtfertigte Indikation.

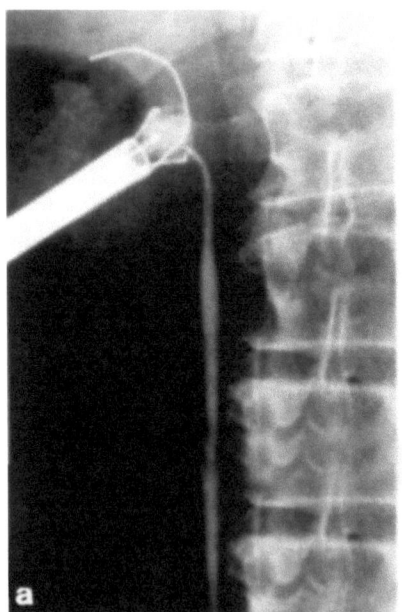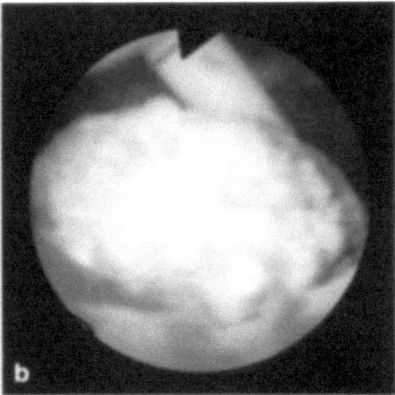

Abb. 3.82 a, b. Perkutane Nephrolitholapaxie. **a** Nach perkutaner Punktion des Nierenhohlsystems wird transrenal ein Kanal aufbougiert, durch den ein Endoskop zum Nierenbecken eingeführt wird. Die vorliegende Situation läßt das Endoskop am Nierenbeckenstein erkennen, mit Zängchen kann der Stein erfaßt und entfernt werden. **b** Endoskopisches Bild der gleichen Situation: Der Nierenbeckenstein ist deutlich erkennbar, dahinter liegender Ureterkatheter

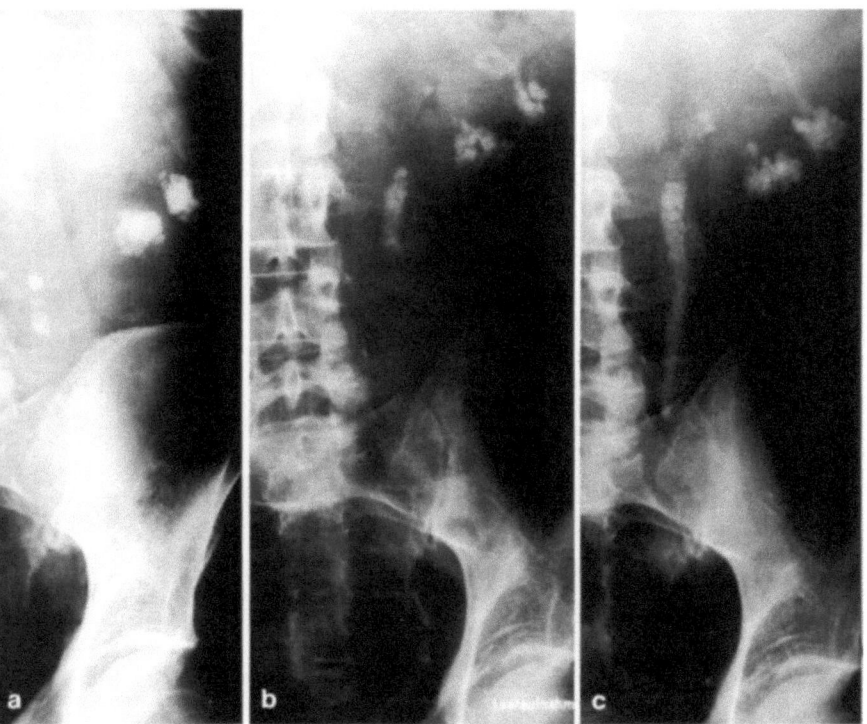

Abb. 3.83 a–c. Extrakorporale Stoßwellenlithotripsie (ESWL). **a** Deutliche Konkrementschatten im proximalen Harnleiteranteil und im Nierenbecken. **b** Zustand nach ESWL, deutlich erkennbare Steindesintegration. Anlage einer perkutanen Nierenfistel. **c** Beginnender spontaner Steinabgang, sog. Steinstraße

Wie sieht das Vorgehen beim Nachweis eines nicht schattengebenden Konkrements aus? Hier ist in allen Fällen, in denen auf der betroffenen Seite noch eine Harnausscheidung vorhanden ist, die Möglichkeit einer oralen Chemolitholyse gegeben. Unter der urikostatischen Therapie mit einem Allopurinolpräparat und der Harnneutralisierung mit dem Kalium-Natrium-Zitrat-Gemisch Uralyt U können bei entsprechender Harnbespülung des Steins auch sehr große Steine zur kompletten Auflösung gebracht werden. Die kontrollierte chemolitholytische Therapie muß bis zum negativen Steinnachweis durchgeführt werden. In 4wöchigen Abständen kann mittels Ultraschall- oder Röntgendiagnostik die Größenänderung des zu lysierenden Steins beurteilt werden. Auf die Einstellung eines Harn-pH zwischen 6,4 und 6,8 muß der Patient selbst streng achten, um nicht ein alkalisches Harnmilieu zu erreichen, in dem eine Kalzium-Phosphat-Präzipitation provoziert werden könnte.

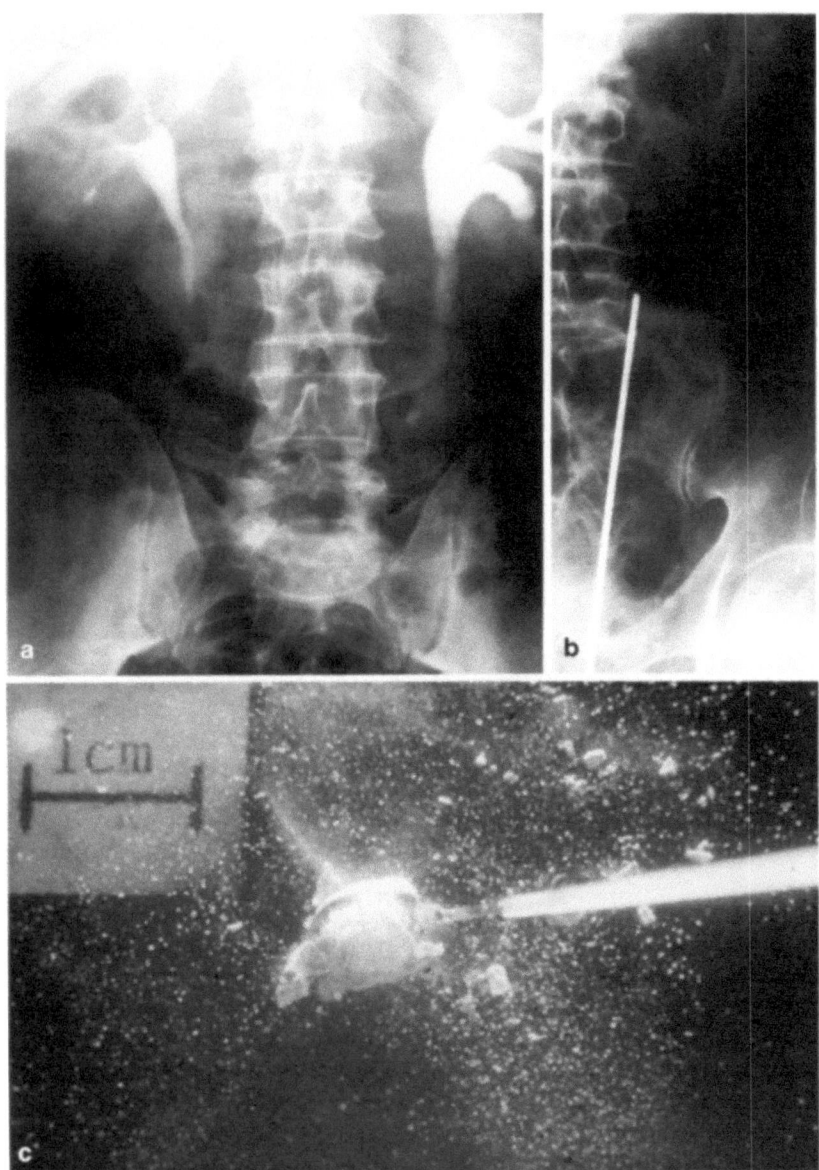

Abb. 3.84 a–d. Laserinduzierte Stoßwellenlithotripsie (LISL) von Harnleitersteinen.
a Harnleiterkonkrement im linken Harnleiter in Uretermitte, deutliche Dilatation des
Nierenhohlsystems links. **b** Transvesikal eingeführtes Ureterrenoskop, das sich der
Lage des Steins nähert; durch das Endoskop wird dann die Lichtfaser für den Laser
eingeführt und zum Stein vorgeschoben. **c** In-vitro-Aufnahme einer LISL; Zerfall des
Steins nach Übertragung des gepulsten Laserlichts

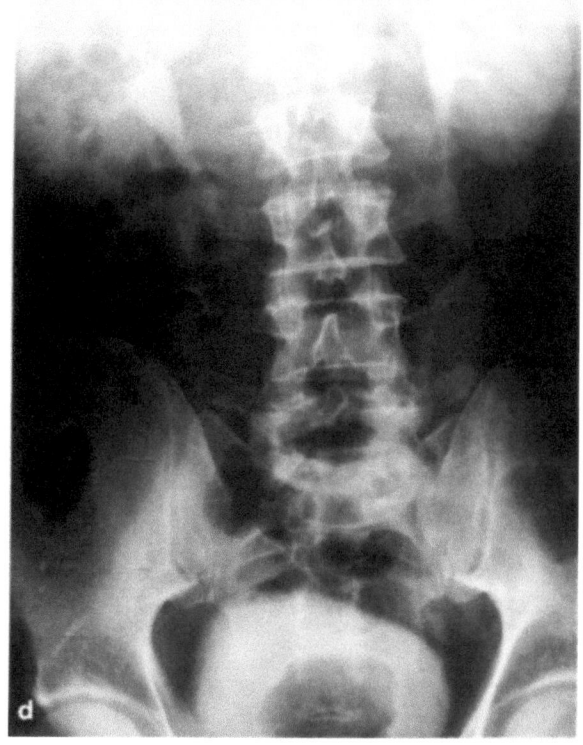

Abb. 3.84. d Zustand nach LISL, gleicher Patient wie in **a**: kein Steinnachweis mehr, kein Anhalt für Stauung im linken Nierenhohlsystem

Sieht man auf einer Seite keine Kontrastmittelanreicherung im Ausscheidungsurogramm, so besteht der Verdacht auf eine komplette oder inkomplette Harnokklusion der oberen Harnwege. Hier kann oft mittels Harnleitersondierung das Passagehindernis überwunden werden, so daß nach Beseitigung des Verschlusses wieder ein Abfluß möglich ist und die Niere ihre Funktion wieder steigert. Gleichzeitig wird die entsprechende chemolitholytische Therapie eingeleitet.

Kann der Harnleiter nicht sondiert werden, so ist es möglich, unter Ultraschallkontrolle eine Punktionsfistel perkutan in die Niere einzulegen. Damit ist die Harnstauung zunächst beseitigt und die Lysetherapie kann beginnen. Nach unseren Erfahrungen verlaufen eine exakt durchgeführte retrograde Harnleitersondierung oder perkutane Fistelung der Niere und die unter antibiotischem Schutz durchgeführte Chemolitholyse meist ohne Komplikationen.

Seit Einführung der ESWL (Abb. 3.83) kann die orale Chemolitholyse auch mit dieser Methode kombiniert werden: Durch die Steinzertrümmerung entsteht eine „größere Steinoberfläche", so daß durch die medikamentös bedingte Veränderung des Urin-pHs eine raschere Chemolitholyse möglich wird.

Eine Ausnahme bilden Ammoniumuratsteine, die sich nicht durch Urinalkalisierung auflösen lassen, da sie ja in Gegenwart eines alkalisierenden Harnwegsinfekts mit ureasebildenden Bakterien erst wachsen. Hier muß, ob im Nierenbecken, im Harnleiter oder in der Harnblase, die instrumentelle/operative Steinentfernung durchgeführt werden. Hierfür kommen endoskopische urologische Techniken wie die perkutane, optisch kontrollierte Steinentfernung (PCN) im oberen Harntrakt und die ultraschall- oder laserinduzierte (LISL) Steindesintegration bei Konkrementen im unteren Harntrakt in Frage (Abb. 3.84).

3.5.6 Prophylaxe

Die Maßnahmen der medikamentösen und auch der diätetischen Prophylaxe orientieren sich an der chemischen Analyse des entfernten Steins und an den im Serum und Harn gemessenen Parametern der Harnsteinbildung.

Bei der Rezidivprophylaxe des Harnsäuresteins hat sich die Medikation mit Allopurinol bewährt, nach unserer klinischen Erfahrung mindert die zusätzliche Harnneutralisierung während einer Woche pro Monat die Rezidivgefahr einer erneuten Harnsäureokklusion. Bei Uratkonkrementen in der Harnblase bei Männern ist meist zusätzlich zur Lithotripsie die transurethrale Resektion der Prostata (TUR) zur Behebung der ursächlichen Blasenentleerungsstörung angezeigt.

Eine ausreichende Hydratation des Patienten kann mit einem Zyklometer (Wellcome) oder mit Teststreifen (Madaus spezial) kontrolliert werden.

Literatur

Breslau NA, Paky CYC (1980) Urinary saturation, hetersogeresus unucleation, and crystallization inhibitors in nephrolithiasis. In: Coc FL, Brenner BM, Stein JH. Contemporary issues in nephrology: Nephrolithiasis. Churchill Livingstone, New York, pp 13-36

Coe FL, Favus MJ (1981) Disorders of stone formation. In: Brenner BM, Rector FC (eds) The Kidney. Saunders, New York, pp 1950-2007

Coe FL, Strauss AL, Tembe V, Dun SL (1980) Uric acid saturation in calcium urolithiasis. Kidney Int 17: 662

Chonko AM, Grantham JJ (1981) Disorders of urate metabolism and excretion. In: Brenner BM, Rector FC (eds) The Kidney. Saunders, New York, pp 1023–1055

De Vries A, Frank M, Atsman A (1982) Inherited uric acid lithiasis. Am J Med 33: 880

Holmes EW (1980) Uric acid lithiasis. In: Coe FL, Brenner BM, Stein JH (eds) Contemporary issues in nephrology: Nephrolithiasis. Churchill Livingstone, New York, pp 188–207

Lam CY, Nancoflas GH, Ko SJ (1978) The kinetics of formation and dissolution of uric acid crystals. Invest Urol 15: 473

Mandel NS, Mandel GS (1980) Epitaxis between stone-forming crystals at the atomic level. In: Coe FL, Brenner B, Stein J (eds) Nephrolithiasis, Churchill Livingstone, New York Edinburgh London

May P, Lux B, Braun J (1981) Pathogenesis and incidence of calcium-containing and pure uric acid stones in patients with hyperuricemia and hyperuricosuria. In: Sperling O, Vahlensieck W (Hrsg) Uric acid lithiasis, Fortschritte der Urologie und Nephrologie, B 16. Steinkopf, Darmstadt

Sorensen LB (1963) The elimination of uric acid in man studied by means of ^{14}C-labeled uric acid. Scand J Med 35: 820

Sperling I, De Vries A, Kedem I (1965) Studies on the eticology of uric acid lithiasis. I. V. Urinary non dialyzable substances in idiopathic uric acid lithiasis. J Urol 94: 286

3.6 Gichtniere und Hypertonie*

M. Gonella, G. Calabrese

3.6.1 Definition

Primäre Hyperurikämie und/oder Gicht können 3 Arten von Nierenerkrankungen hervorrufen:

– die akute Harnsäurenephropathie, verursacht durch die Ausfällung von Harnsäurekristallen im Tubuluslumen (Klinenberg et al. 1975; Kelton et al. 1978; Conger et al. 1976; Conger u. Falk 1977; Conger 1977);

– die Harnsäurenephrolithiasis, die eine schleichendere Form des gleichen Vorgangs ist, wobei es jedoch statt zu einer diffusen Ausfällung zur Bildung von Harnsteinen im Harntrakt kommt (Gutman u. Yü 1968);

– die chronische Gichtnephropathie, die eine chronische Form der interstiellen Nephritis als Folge der langdauernden Ablagerung von Natriumuratkristallen im Nierenparenchym ist (Emmerson u. Row 1975; Talbott u. Terplan 1960; Berlow u. Beilin 1968; Linnane et al. 1981; Leumann u. Wegman 1983).

In diesem Kapitel werden die akute Harnsäurenephropathie und die chronische Gichtnephropathie dargestellt.

---

* Übersetzt von M. Gross.

3.6.2 Pathogenese

Akute Harnsäurenephropathie

Dieses Krankheitsbild ist Folge einer akut gesteigerten Harnsäurebildung, ausgeprägten Hyperurikämie und stark erhöhten Ausscheidung von Harnsäure. Es kommt besonders bei Patienten mit lympho- oder myeloproliferativen Erkrankungen vor. Das Syndrom entwickelt sich selten spontan, sondern meist nach zytotoxischer Therapie, die zu schnellem und massivem Zellzerfall führt. Hierdurch kommt es zur Freisetzung großer Mengen von Nukleinsäuren, die quantitativ in Harnsäure umgewandelt werden, welche wiederum durch die Nieren ausgeschieden werden muß. Dabei entstehen hohe Konzentrationen von Harnsäure in der tubulären Flüssigkeit (Kjellestrand et al. 1974). Dieses Krankheitsbild kann auch beim Status epilepticus (Warren et al. 1975), Herzinfarkt, Lesch-Nyhan-Syndrom oder beim spontanen Zerfall solider Tumoren (Crittenden u. Acherman 1977) vorkommen.

Chronische Gichtnephropathie

Eine langdauernde Hyperurikämie soll mit der Zeit zu Ablagerungen von Natriumuratkristallen im Niereninterstitium mit der Folge einer umgebenden Riesenzellreaktion führen, die zu sekundärer Entzündung, Fibrose und zuletzt zur Niereninsuffizienz führt (Emmerson u. Row 1975; Talbott u. Terplan 1960; Berlow u. Beilin 1968; Linnane et al. 1981; Leumann u. Wegman 1983) (Tabelle 3.10). Diese Pathogenese und sogar die tatsächliche Existenz einer chronischen Gichtnephropathie, die sich auf frühere Arbeiten stützen, werden jedoch durch neuere Ansätze zu ihrer Erforschung in Frage gestellt (Beck 1986).

1952 berichteten Modern und Meister über 3 Patienten mit Gicht und Niereninsuffizienz, und sie definierten dieses Krankheitsbild als „die Gichtniere", da es klinisch durch Niereninsuffizienz, gleichbleibendes spezifisches Gewicht, Harnstoffretention und, in der einzigen durchgeführten Nierenbiopsie, durch Nierentophi, tubuläre Atrophie und interstitielle Fibrose gekennzeichnet war. Zwei dieser Patienten hatten jedoch an schweren Gefäßerkrankungen gelitten (Modern u. Meister 1952). In einer retrospektiven Untersuchung anhand von pathologischen und autoptischen Befunden von 279 Patienten versuchten Talbott und Terplan die Beziehung zwischen Nierenschädigung und Entwicklung klinischer Symptome besser zu definieren. Sie fanden überwiegend pyelonephritische Narben, intrarenale Tophi, die oft von sternförmigen Narben umgeben oder durch sie verdeckt wurden, Arteriosklerose und

Tabelle 3.10. Unterscheidungsmerkmale der akuten Harnsäure- und der chronischen Gichtnephropathie

	Akute Harnsäurenephropathie	Chronische Gichtnephropathie
Ätio-pathogenese	Akute Überproduktion von Harnsäure nach zytotoxischer Therapie lymphomyeloproliferativer Krankheiten	Primäre langdauernde Hyperurikämie oder Gicht
Pathologie	Obstruierende, meist amorphe, Harnsäurepräzipitate in den Sammelrohren	Natriumuratkristalle, umgeben von Riesenzellreaktion (Tophi) im Interstitium
Klinik	Akutes oligurisches Nierenversagen	Nicht relevant
Prognose	Vollständige Rückbildung bei adäquater Therapie	Nicht progressiv
Differential-diagnose	Hypovolämisches akutes Nierenversagen Bilateral obstruierende röntgenstrahlendurchlässige Steine	Chronische Bleinephropathie Chronische Glomerulonephritis Hypertonie

interstitielle Fibrose. Zusätzlich wurde ein Zusammenhang zwischen klinischem Schweregrad der Gicht und Ausmaß der pathologischen Nierenveränderungen gefunden, wobei sich jedoch wichtige Ausnahmen zeigten. 50% der Patienten mit schwerer Gicht waren an Urämie gestorben. Die meisten Patienten litten jedoch, wie Beck verdeutlicht hat (Beck 1986), außer an schwerer Gicht auch an koronarer Herzkrankheit, Herzinsuffizienz oder Hypertonie. Außerdem wiesen einige Patienten mit tophöser Gicht klinisch nur minimale Hinweise auf eine Nierenstörung auf (Talbott u. Terplan 1960).

Später führten Barlow und Beilin Nierenbiopsien bei 25 Patienten mit primärer Gicht durch. Sie folgerten, daß nadelförmige Uratkristalle im interstitiellen Gewebe des Nierenmarks, umgeben von Entzündungszellen, den spezifischsten Befund der Gichtnephropathie darstellen. Allerdings stellten sie eine Nephrosklerose bei fast allen untersuchten Patienten fest, während nur 46% einer altersentsprechenden Kontrollgruppe diese Veränderung aufwiesen (Berlow u. Beilin 1968). Aufgrund der Ergebnisse von Nierenbiopsien nahmen Verger et al. und Linnane et al. an, daß Uratablagerungen nicht diagnostisch verwertbar für eine Gichtnephropathie sind, da sie auch bei Patienten ohne Gicht gefunden wurden (Linanne et al. 1981; Verger et al. 1967). Trotz dieser Diskrepanzen besteht bisher die gängige Hypothese, daß langdauernde Hyperurikämie für Uratablagerungen im Nierenmark verantwortlich ist, die ihrerseits zu einer progredienten interstitiellen Erkrankung (Gichtnephropathie) und damit zu einer zunehmenden Einschränkung der Nierenfunktion führen.

Neues Licht auf den Zusammenhang zwischen Hyperurikämie und Gichtnephropathie warfen die von Yü und Berger (Yü u. Berger 1975; Berger u. Yü 1975) und Fessel (1979) zwischen 1973 und 1982 durchgeführten Verlaufsstudien an mehreren hundert Gichtpatienten. Sie untersuchten die Langzeitwirkungen der Hyperurikämie – allein oder zusammen mit anderen Krankheiten – auf die Nierenfunktion und die mögliche Schutzfunktion harnsäuresenkender Medikamente. Sie folgerten, daß Gicht und Hyperurikämie allein nicht für die Abnahme der Nierenfunktion verantwortlich sind, sondern daß diese eher durch gleichzeitig vorhandene Hypertonie, Gefäßerkrankungen oder unabhängige Nephropathien verursacht wird. Diese Folgerungen wurden durch andere Autoren bestätigt (Reif et al. 1981; Porter 1983).

Gicht und Hypertonie

Die Entwicklung einer Hypertonie bei Gichtpatienten scheint mit dem Alter, dem Geschlecht, anderen assoziierten Erkrankungen sowie Übergewicht und nicht mit der Hyperurikämie selbst korreliert zu sein. Die erhöhte Inzidenz von Atherosklerose bei Gichtpatienten wurde ebenfalls auf begleitendes Übergewicht, Diabetes mellitus und Hypertriglyceridämie zurückgeführt (Kelley u. Palella 1987).

Geht man von der Existenz und der Progression der Gichtnephropathie aus, so kann hierdurch auch die Entwicklung einer Hypertonie erklärt werden, da diese unabhängig von der zugrundeliegenden Krankheit häufig bei Niereninsuffizienz auftritt. Allerdings tritt die Hypertonie häufiger bei glomerulären als bei tubulointerstitiellen Erkrankungen auf, besonders wenn die Nierenfunktionsstörung nur gering ausgeprägt ist (Danielson et al. 1983).

Bei Patienten mit leichter Niereninsuffizienz und Hypertonie wurde im Vergleich zu normotensiven Patienten mit gleicher Einschränkung der Nierenfunktion eine Zunahme des austauschbaren Natriums gefunden. (Frus et al. 1970; Davies et al. 1973). Obwohl neuere Studien nur eine schwache Korrelation zwischen austauschbarem Natrium und dem Blutdruck zeigten (Beretta-Piccoli et al. 1976), ist die Natriumretention in gewissem Maße verantwortlich für die Entwicklung der renalen Hypertonie. Die Beeinträchtigung der Natriumhomöostase führt zu sekundären hämodynamischen Veränderungen wie Zunahme des Blutvolumens und der Auswurfleistung des Herzens und nachfolgend zu einem durch Autoregulation hervorgerufenen Anstieg im peripheren Gesamtgefäßwiderstand (Brod 1975; Brod et al. 1982, 1983; Coleman et al. 1979). Andere

Autoren hingegen fanden keine Erhöhung der kardialen Auswurfleistung bei hypertensiven Patienten mit Nierenparenchymerkrankung ohne Funktionseinschränkung (Brod et al. 1983; Frolich et al. 1971; Dustan et al. 1972). Zusätzlich können bei der Pathogenese der nierenparenchymbedingten Hypertonie sowohl das Renin-Angiotension-System – wenn auch nur bei einigen Formen – als auch die renalen Prostaglandine, Kallikrein und die renomedulläre Lipidbildung, deren Rolle noch diskutiert wird, beteiligt sein (Davies et al. 1973; Beretta-Piccoli et al. 1976; Smith u. Dunn 1981; DeQuattro u. Miura 1973; Hollenberg et al. 1975; Kincaid-Smith 1977; Catt et al. 1970; Wong et al. 1978; Mitas et al. 1978; Levy et al. 1977; Ruilope et al. 1982; Ciabattoni et al. 1984; Miurhead 1983).

Wenn die Niereninsuffizienz zu einem terminalen Nierenversagen fortschreitet, nimmt die Häufigkeit der Hypertonie zu, was in unterschiedlichem Ausmaß auf renin- und natriumabhängige Mechanismen zurückgeführt wird (Danielson et al. 1983; Brown et al. 1971; Stokes et al. 1970; Lazarus et al. 1974; Vertes et al. 1969; Chyrsanthakopoulas et al. 1972; Herrera Acosta 1982; Canella et al. 1977; Schalekamp et al. 1973 a, 1973 b; Gutkin et al. 1969; Bianchi et al. 1972; Cangiano et al. 1976). Betrachtet man jedoch die für das Nierenversagen verantwortlichen Nephropathien, so findet man, daß Patienten mit chronischer interstitieller Nephritis häufig normotensiv sind und eine normale periphere Reninaktivität haben; haben diese Patienten jedoch eine Hypertonie, so muß man sie der Natriumretention zuschreiben, da die Hypertonie auf Natriumentzug anspricht (Weidman et al. 1971).

Somit könnte die Störung des Natriumgleichgewichts für die Entstehung der Hypertonie bei der durch die mutmaßliche Gichtnephropathie verursachten Niereninsuffizienz verantwortlich sein, da die Gichtnephropathie hauptsächlich als interstitielle Nierenerkrankung angesehen wird.

3.6.3 Pathologie

Akute Harnsäurenephropathie

Diese Schädigung tritt bei Harnsäureüberproduktion auf und wird oft nach zytotoxischer Therapie bei Patienten mit lympho- oder myeloproliferativen Erkrankungen gefunden.

Makroskopisch können entsprechend der Harnsäureausfällung in den Sammelrohren gelbe Linien an den Papillen gesehen werden. Mikroskopisch können sich die Harnsäurepräzipitate in den Sammeltubuli entweder als amorphes Material oder in gefrorenen Schnitten als geschichtete Kristalle darstellen. Gelegentlich, wenn auch selten, werden einige nadelförmige Natriumuratkristalle gesehen, die die Wand der Tubuli durchdringen und im Interstitium eine Riesenzellreaktion hervorrufen. Erweiterte Tubuli und Bowman-Kapseln mit interstitiellem Ödem können beobachtet werden (Heptinstall 1983).

Chronische Gichtnephropathie

Aufgrund neuerer Studien, die die Existenz einer isolierten Gichtnephropathie in Frage stellen (vgl. 6.2.2), ist es schwierig, die möglichen Läsionen durch die Hyperurikämie von solchen zu unterscheiden, die durch begleitende Faktoren verursacht wurden. Dennoch können die pathologischen Befunde bei Patienten mit Lesch-Nyhan-Syndrom oder mit partiellem HGPRT-Mangel als Modell für die chronische Gichtnephropathie herangezogen werden, da bei diesen Erkrankungen außer der Hyperurikämie und der Hyperurikosurie keine anderen Faktoren bekannt sind, die die Nieren beeinträchtigen können.

Makroskopisch können die Nieren verkleinert sein, falls nicht Harnsteine eine Obstruktion verursachen, und die subkapsuläre Oberfläche kann sich fein granuliert mit möglichen groben Narben darstellen. Die Rinde kann verschmälert sein, im Mark können sich gelbe Linien zeigen, die Uratablagerungen in den Sammelrohren entsprechen (Heptinstall 1983).

Mikroskopisch können im Interstitium Uratablagerungen mit Riesenzellreaktion gesehen werden. Tophi, die gewöhnlich im Mark zu sehen sind, erscheinen als kristallförmige Hohlräume (bei wäßriger Fixierung werden Natriumurate ausgewaschen), die von Fremdkörperriesenzellen begrenzt werden, welche ihrerseits wiederum von Histiozyten umgeben werden (Zollinger u. Mihatsch 1978) (Abb. 3.85). Die Tophi können außerdem elektronendichte Ablagerungen aus Kalzium, Eisen und Phosphat (Pardo et al. 1968) sowie unspezifisches amyloidartiges Material (Heptinstall 1983) enthalten. Interstitielle Tophi, die gewöhnlich als Charakteristikum der Gichtnephropathie angesehen werden, werden jedoch nicht immer gefunden (Zollinger u. Mihatsch 1978) und wurden sogar in einer autoptischen Studie bei Patienten ohne Gicht entdeckt (Linnane et al. 1981; Verger et al. 1967).

Die Tubuli können unauffällig oder, wenn Obstruktionen im Mark oder in den ableitenden Harnwegen vorliegen, atrophisch und/oder dilatiert sein. Die Atrophie kann auch Folge einer begleitenden Infektion sein, die auch die Gegenwart von polymorphkernigen Leukozyten erklären kann (Heptinstall 1983; Brown u. Mallory 1950). Degeneration und Pigmentierung der Henle-Schleifen wurden beschrieben (Gonik et al. 1965), und in den Sammelgefäßen wurden Natriumuratkristalle nachgewiesen

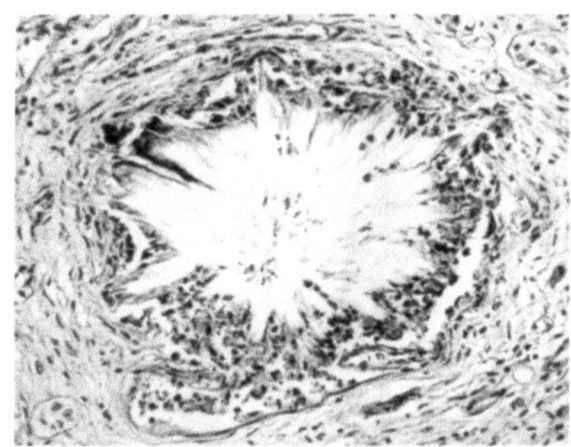

Abb. 3.85. Ansammlung verlängerter Kristalle, die wie die Speichen eines Rades angeordnet sind, mit zellulärer Reaktion einschließlich Riesenzellen in der Peripherie. Formalinfixierung, HE-Färbung, Vergr. 250:1. (Aus Heptinstall 1983)

(Heptinstall 1983). Das Vorkommen glomerulärer Schädigungen ist umstritten. Obwohl einige Autoren fibrilläre Verdickungen der kapillären Basalmembranen und vergrößerte Kerne in den Kapillarschleifen als ein typisches Merkmal bei Gichtnephropathie beschrieben (Gonik et al. 1965), betrachteten die meisten Untersucher die möglichen glomerulären Läsionen als Folge anderer Faktoren wie Ischämie, chronischer Infekt und Harnstau (Berlow u. Beilin 1968; Heptinstall 1983; Pardo et al. 1968).

3.6.4 Klinik

Akute Harnsäurenephropathie

Sie kommt gewöhnlich bei Patienten mit lymphomyeloproliferativen Erkrankungen unter Chemotherapie vor, wenn keine präventive Therapie mit Allopurinol durchgeführt wird. Klinisch ist sie durch einen plötzlichen Anstieg der Harnsäurekonzentration im Plasma auf Werte über 20 mg/dl gekennzeichnet. Anfänglich besteht eine extreme Urikosurie, die oft große Mengen an Harnsäurekristallen im Urinsediment verursacht. Gelegentlich wird eine Mikro- oder Makrohämaturie beobachtet. Serumkreatininspiegel und Harnstoff-N steigen wie bei anderen Formen des akuten oligurischen Nierenversagens rasch an. Das Nierenversagen kann irreversibel werden, wenn nicht sofort eine Hydrierung und Alkalisierung des Urins eingeleitet wird.

Chronische Gichtnephropathie

Wenn auch das Vorkommen einer spezifischen chronischen Gichtnephropathie in Frage gestellt wurde, so ist sie doch als eine chronische
tubulointerstitielle Erkrankung zu klassifizieren. Entsprechend können
asymptomatische Auffälligkeiten im Urin (geringe Proteinurie unter 1 g/
Tag, Mikrohämaturie und/oder Leukozyturie) sowie ein eingeschränktes
Konzentrationsvermögen vorkommen. Der radiologische Befund ist
nicht spezifisch und zeigt das Bild einer chronischen tubulointerstitiellen
Erkrankung mit z. B. leichter Unregelmäßigkeiten der Nierenkontur,
möglicherweise Deformierung des Kelchsystems und leichter Abschwächung der Kontrastmittelkonzentrierung. Das Fortschreiten der isolierten
Gichtnephropathie zu einem Nierenversagen wird heutzutage verneint.
Im Falle der Entwicklung eines Nierenversagens müssen weitere Faktoren angenommen werden (s. 6.5.2).

3.6.5 Diagnose und Differentialdiagnose

Akute Harnsäurenephropathie

Die Diagnose ist meist einfach bei Patienten, die einer zytotoxischen
Therapie wegen einer lymphomyeloproliferativen Krankheit unterzogen
werden. Schwieriger wird die Diagnose bei Patienten, bei denen ein
beschleunigter Zellumsatz spontan auftritt. In dieser Situation wurde das
Konzentrationsverhältnis zwischen Harnsäure und Kreatinin im Urin als
diagnostisch verwertbar angenommen, wenn der Quotient über 1 liegt
(Kelton et al. 1978). Die Zuverlässigkeit dieses Tests wurde jedoch in
Frage gestellt.
Bei spontanem Auftreten muß die akute Harnsäurenephropathie mit
akutem oligurischem Nierenversagen von schweren Dehydratationszu-
ständen unterschieden werden. Letztere führen über eine verringerte Nierendurchblutung zu Oligurie und starkem Anstieg der Harnsäurekonzentration im Plasma durch erhöhte Reabsorption bei niedrigem tubulären
Fluß. In diesen Fällen verbessert eine rasche Korrektur des Plasmavolu-
mens die Nierenfunktion und verringert die Plasmaharnsäurespiegel.

Chronische Gichtnephropathie

Die Diagnose der mutmaßlichen chronischen Gichtnephropathie kann
bei Patienten mit langdauernder primärer Gicht und dem zuvor beschriebenen klinischen Bild angenommen werden. Da jedoch die Annahme

einer chronischen Gichtnephropathie und ihres Fortschreitens zur Niereninsuffizienz umstritten ist, werden in diesem Abschnitt alle Störungen berücksichtigt, die für die Ausbildung einer fortschreitenden Nierenerkrankung bei Gichtpatienten verantwortlich sein können (Tabelle 3.11).

Die Verknüpfung zwischen Gicht und Niereninsuffizienz kann durch eine chronische *Bleiintoxikation* (Porter 1983; Batuman et al. 1981; Wedeen u. Batuman 1983; Emmerson, 1968; Yu 1983) verursacht sein. Solche Zusammenhänge sind seit dem letzten Jahrhundert bekannt und wurden neulich durch Vedeen bestätigt, der 44 Patienten mit Gicht in New Jersey untersuchte (Wedeen u. Batuman 1983). 50% dieser Gruppe hatten eine Niereninsuffizienz und gleichzeitig eine signifikant größere Bleiausscheidung im Vergleich zu den übrigen Patienten mit normaler Nierenfunktion. Zusätzlich korrelierte die Bleiausscheidung während des EDTA-Tests mit dem Serumkreatininspiegel. Einige dieser Patienten waren früher beruflich Blei exponiert, andere gaben den Konsum von illegal destilliertem Schnaps (Mondschein-Intoxikation) zu. Ähnliche Befunde wurden bei einer Gruppe von Patienten in Australien erhoben, die wahrscheinlich auf die orale Einnahme bleihaltiger Farben zurückzuführen waren (Craswell et al. 1984). Die Diagnose einer Bleivergiftung kann durch sorgfältige Anamnese (Aufdeckung verborgener Bleiquellen), objektive und subjektive Symptome (periphere Neuropathie, Ataxie, schwere Anämie, Kopfschmerzen und Bauchschmerzen) und schließlich durch Laboruntersuchungen (Blutbleispiegel über 25 µg/100 ml und, falls diese normal sind, Urinspiegel nach dem EDTA-Mobilisierungstest) gesichert werden.

Das Zusammentreffen von schwerer Hyperurikämie und/oder Gicht und Niereninsuffizienz bei jungen Menschen läßt an eine *familiäre juvenile Gicht* denken (Warren et al. 1981; Simmonds et al. 1980; Rosenbloom et al. 1967; Duncan u. Dixon 1960; Massari et al. 1980). Bei den betroffenen Familien fand sich eine deutliche Familienanamnese mit Gichtbefall eines oder mehrerer Mitglieder in den ersten Lebensjahrzehnten. Dieses Syndrom betrifft beide Geschlechter gleich häufig und ist oft mit einer raschen Abnahme der Nierenfunktion verbunden. Der Zusammenhang zwischen Hyperurikämie und/oder Gicht und Niereninsuffizienz ist strittig und wahrscheinlich in den verschiedenen Familien unterschiedlich. In einigen Berichten wurde die langdauernde Hyperurikämie als Ursache der Abnahme der Nierenfunktion angesehen. Diese Hypothese wurde mit den pathologischen Befunden einer fokalen oder diffusen interstitiellen Fibrose mit chronischen Entzündungszellen und tubulärer Atrophie belegt, obwohl mit Ausnahme eines Falles Uratkristalle fehlten (Warren et al. 1981; Simmonds et al. 1980; Massari et al. 1980; Westberg et al. 1979; Richmond et al. 1981). Bei der Beschreibung einer ähnlichen Familie nahmen andere Autoren an, daß zumindest bei einigen Fällen eine

Tabelle 3.11 Diagnostische Hinweise bei gleichzeitiger Hyperurikämie und/oder Gicht und progressiver Nephropathie

Zugrunde liegende Krankheit	Epidemiologie	Klinisches Bild	Laborbefunde
Chronische Bleivergiftung	Berufliche Exposition Verborgene Quellen	Periphere Neuropathie, Ataxie, Anämie, Bauchschmerzen, Kopfschmerzen	Blutbleispiegel > 25 µg/dl Erhöhte Urinspiegel nach EDTA-Mobilisationstest Mikrozytäre hypochrome Anämie Verlängerte Nervenleitgeschwindigkeit Renale Glukosurie und Aminoazidurie
Familiäre juvenile Gicht	Starke familiäre Belastung Jugendliches Alter Bei beiden Geschlechtern	Gichtarthritis bei Jugendlichen und beiden Geschlechtern Mögliche Assoziation mit Mißbildungen Leichter Ikterus möglich	Harnsäureplasmaspiegel überproportional hoch für Geschlecht, Alter und GFR Möglicherweise schwere Einschränkung der Fähigkeit zur Harnkonzentrierung Möglicherweise Zeichen einer hämolytischen Anämie
HGPRT-Mangel	Chromosomale rezessive Vererbung Junge Männer	Totaler Defekt: Lesch-Nyhan-Syndrom Partieller Defekt: Gicht, Niereninsuffizienz, Nierensteine	Totaler oder partieller Defekt der HGPRT in lysierten Erythrozyten Erhöhte APRT-Aktivität in lysierten Erythrozyten Erhöhte PRPP-Spiegel Mikro- oder Makrohämaturie Uratkristalle im Urin Röntgenstrahlendurchlässige Steine
Typ-I-Glykogenspeicherkrankheit	Rezessiv autosomal Frühe Manifestation; in der Folge Gicht und Nierenkomplikationen	Wachstumsverzögerung Hepatomegalie Zeichen der Azidose Eruptive Xanthome	Glucose-6-Phosphatase-Mangel in Leberzellen Hypoglykämie, Hyperlipidämie Laktatazidose Ausgeprägte Proteinurie Mikrohämaturie Fokale segmentale Glomerulosklerose
Hypertonie (HT)	Mittleres Alter bei essentieller HT Jedes Alter bei sekundärer HT	Zeichen der HT und/oder der Grundkrankheit bei sekundärer HT	Ausdruck der Grundkrankheit bei sekundärer HT Geringgradige Urinbefunde

Tabelle 3.11 (Fortsetzung)

Zugrunde liegende Krankheit	Epidemiologie	Klinisches Bild	Laborbefunde
Glomerulo-nephritis (GN)	Jedes Alter	Akute Nephritis Rasch progressive GN Chronische GN Rezidivierende Makrohämaturie Nephrotisches Syndrom (NS)	Proteinurie über 1 g/Tag (über 3 g beim NS) Mikrohämaturie, Zylindrurie Verschiedene Veränderungen immunologischer Parameter Plasmaveränderungen beim NS

autosomal-dominant vererbte interstitielle Nephropathie vorliegt, die zu Niereninsuffizienz führt und bei der die Hyperurikämie ein Hinweis auf eine primäre Beteiligung des tubulären Systems ist (Leumann u. Wegman 1983). Unabhängig von der Frage der ursächlichen Verknüpfung von Hyperurikämie und Niereninsuffizienz läßt das gleichzeitige Auftreten dieser Symptome an die Diagnose einer familiären juvenilen Gicht denken, wenn die Patienten jünger als 30 Jahre sind, eine starke familiäre Belastung vorliegt, beide Geschlechter gleich häufig betroffen sind und ein für Alter, Geschlecht und glomeruläre Filtrationsrate überproportional hoher Harnsäurespiegel im Plasma vorliegt.

Bei gleichzeitigem Auftreten von Hyperurikämie und chronischer Niereninsuffizienz bei jungen Männern muß zusätzlich ein *Enzymdefekt* im Harnsäurestoffwechsel ausgeschlossen werden. Ein Mangel an Hypoxanthin-Guanin-Phosphoribosyltransferase (HGPRT), dem Enzym, das den Wiederaufbau der Purinbasen Hypoxanthin und Guanin zu IMP und GMP katalysiert, kann in Abhängigkeit von der Schwere des Enzymdefekts ein breites Spektrum klinischer Bilder verursachen: Der vollständige Mangel bewirkt das Lesch-Nyhan-Syndrom, während ein partieller Defekt bei fehlender neurologischer Beteiligung wie beim Lesch-Nyhan-Syndrom eine Hyperurikämie, Gicht, Niereninsuffizienz und Nierensteine zur Folge haben kann (Nyhan 1982; Emmerson u. Thompson 1973; Cameron et al. 1984). Bei diesen Patienten führt eine chronische Überproduktion von Harnsäure zusätzlich zur ausgeprägten Hyperurikämie zu einer Hyperurikosurie. Das gleichzeitige Auftreten von intratubulären Harnsäure- und interstitiellen Uratablagerungen, das bei diesen Patienten zu beobachten ist, wurde durch zwei Hypothesen erklärt: Zum einen könnten die Kristallablagerungen in den Tubuli zu intratubulärer Obstruktion mit daraus folgender Abnahme der Nierenfunktion und nachfolgendem weiterem Anstieg der Plasmaharnsäure-konzentration und Ablagerung von Mikrotophi im Interstitium führen (Kelton et al. 1978). Die zweite Hypothese geht davon aus, daß Harnsäure-rekristalle aus den Tubuli in das Interstitium gelangen könnten, wo sie sich in Natriumurate umwandeln (Cameron u. Simmonds 1981). Die Diagnose eines partiellen Defekts der HGPRT wird durch Nachweis niedriger Enzymaktivitäten in lysierten und intakten Erythrozyten gestellt (Cameron et al. 1984).

Die *Typ-I-Glycogenspeicherkrankheit,* die durch einen Glucose-6-Phosphatasemangel verursacht wird, bewirkt Entwicklungsstörungen, Hepatomegalie, Laktatazidose und zusätzlich Hyperurikämie mit den möglichen Komplikationen einer Gichtarthritis (Kolb et al. 1955) und, wie kürzlich gezeigt, Niereninsuffizienz (Chen et al. 1988). Die Abgren-zung dieser Krankheit kann außer durch die bekannten enzymatischen Untersuchungen aufgrund des klinischen Bildes und der histologischen Befunde, die bei einigen Patienten das Bild einer fokalen segmentalen Glomerulosklerose zeigten, erfolgen (Chen et al. 1988).

Abgesehen von der epidemiologisch nachgewiesenen Verknüpfung von Gicht und Hypertonie können alle Zustände mit *Hypertonie* die renale Harnsäureausscheidung beeinflussen (Cannon et al. 1966; Brunner et al. 1972). In der gesunden menschlichen Niere erhöhen Angiotensin II und Norepinephrin die Filtrationsfraktion (Verhältnis zwischen glomerulärer Filtrationsrate und renalem Plasmafluß) und erhöhen hierdurch die Reabsorption von Harnsäure (Ferris u. Gorden 1968). Hohe Plasmakon-zentrationen von Harnsäure wurden bei renovaskulärer Hypertonie gefunden (Simon et al. 1969) wegen einer deutlich reduzierten fraktionel-len Harnsäureausscheidung in der minderperfundierten Niere (als Folge der reduzierten glomerulären Filtrationsrate und des niedrigen tubulären Flusses) und einer leicht verringerten fraktionellen Ausscheidung in der gesunden Niere, wahrscheinlich als Folge erhöhter Spiegel von Renin und Angiotensin II (Simon et al. 1969). Bei frühzeitiger Beseitigung der Nierenarterienstenose kann sich die Hypertonie zurückbilden und die renale Harnsäureclearance zu Normalwerten zurückkehren (Simon et al. 1969; Berger et al. 1964). Wird die Hypertonie durch Operation oder medikamentös nicht rasch beseitigt, können in der zunächst gesunden Niere Schäden der Arteriolen und Glomerula auftreten, die zu Nieren-insuffizienz und weiterem Anstieg der Plasmaharnsäurekonzentration füh-ren. Aus diesen Gründen muß die Hypertonie als mögliche Ursache sowohl der Hyperurikämie als auch einer fortschreitenden Abnahme der Nierenfunktion in Betracht gezogen werden, wenn Hypertonie und Hyperurikämie gemeinsam auftreten und einer gestörten Nierenfunktion vorausgehen.

Bei einem Patienten mit Nierenerkrankung und einer im Verhältnis zur

Nierenfunktion überproportionalen Hyperurikämie muß auch an eine *primäre Nephropathie* gedacht werden. Man muß dabei jedoch berücksichtigen, daß der Anstieg der Plasmaharnsäure aufgrund von tubulären Anpassungsmechanismen und einer zunehmenden intestinalen Urikolyse nicht der Abnahme der glomerulären Filtrationsrate proportional ist (Steele u. Rieselbach 1975; Rieselbach u. Steele 1975) und daß sich bei Patienten mit ähnlicher Nierenfunktion ein breiter Streubereich von Plasmaharnsäurewerten findet. In einer retrospektiven Studie (Gonella u. Mariani 1983) lagen die mittleren Harnsäurespiegel im Plasma unter Berücksichtigung von Serumkreatinin, Alter und Geschlecht bei Patienten mit akuter oder chronischer Glomerulonephritis signifikant höher als bei Patienten mit anderen Nierenerkrankungen einschließlich Pyelonephritis, polyzystische Nieren und Nephroangiosklerose. Zusätzlich wurde gefunden, daß der Plasmaharnsäurespiegel bei der zweiten Patientengruppe linear mit dem Plasmakreatininspiegel korreliert, während bei den Patienten mit Glomerulonephritis der Zusammenhang einer Hyperbel entspricht mit steilem und frühem Anstieg des Harnsäurespiegels in bezug auf den Kreatininspiegel (Abb. 3.86).

Obwohl weitere Studien notwendig sind, um den Zusammenhang zwischen Harnsäureplasmaspiegel und Glomerulonephritis zu klären, legen diese Beobachtungen die Annahme einer Harnsäureüberproduktion oder eines spezifischen Defekts der Harnsäureausscheidung bei aktiver Glomerulonephritis nahe. Diese Hypothese wird durch andere Untersuchungen gestützt, die die Existenz einer hyperurikämischen Variante der latenten Glomerulonephritis nahelegen (Mukkin et al. 1985). Darüber hinaus wurde bei der Präeklampsie und der Eklampsie ein Zusammenhang zwischen dem Auftreten einer schweren Hyperurikämie und dem Schweregrad glomerulärer Schädigungen gefunden (Emmerson u. Ravenscroft 1975), obwohl die Hyperurikämie üblicherweise einer reduzierten tubulären Harnsäureausscheidung zugeschrieben wird; glomeruläre Veränderungen sind bei Präeklampsie und Eklampsie ebenso charakteristisch wie bei Glomerulonephritis. Andere Untersuchungen zeigten schwere Hyperurikämie und gelegentlich Gicht bei Patienten mit polyzystischen (Rivera et al. 1965; Newcombe 1973) und medullär-zystischen Nierenerkrankungen. Aus diesen Gründen müssen bei Patienten mit Niereninsuffizienz und überproportionaler Hyperurikämie eine Glomerulonephritis und zystische Nierenkrankheiten ausgeschlossen werden, da sie die häufigsten Ursachen für eine progressive Niereninsuffizienz darstellen, unabhängig von anderen assoziierten Krankheiten.

Zusammenfassend ist festzuhalten, daß Ablagerungen von Uratkristallen bei Patienten mit Gicht oder andauernder Hyperurikämie zwar vorkommen können, die Entwicklung einer Niereninsuffizienz bei solchen Patienten jedoch ungewöhnlich ist außer wahrscheinlich in einigen Fällen

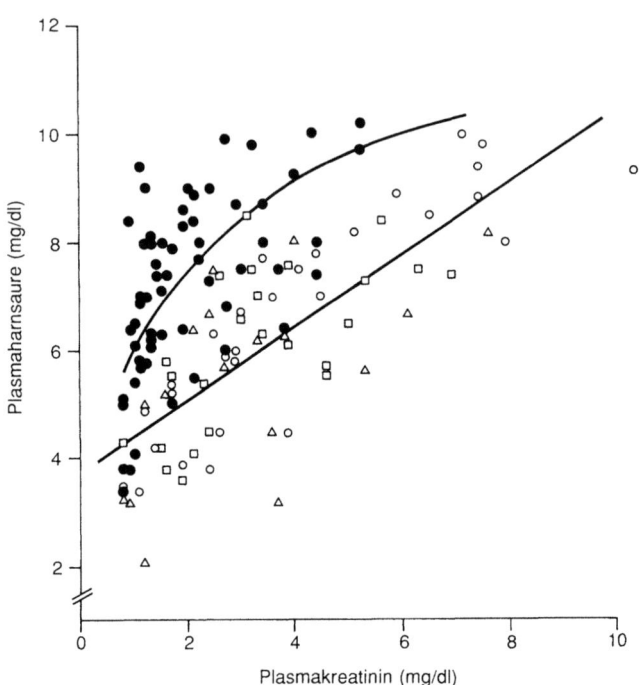

Abb. 3.86. Korrelation zwischen Plasmaharnsäurespiegel und Kreatinin: hyperbelartiger Zusammenhang (r = 0,66, p < 0,001) bei Glomerulonephritis *(schwarze Punkte)*, linearer (r = 0,77, p < 0,001) bei anderen Nierenerkrankungen (*Kreise:* Pyelonephritis, *Dreiecke:* polyzystische Nieren, *Quadrate:* Nephroangiosklerose)

mit schwerer Hyperurikämie bei angeborenen Störungen. Die Abnahme der Nierenfunktion bei Gichtpatienten kann gewöhnlich auf andere assoziierte Krankheiten wie Gefäßerkrankungen, Hypertonie, chronische Bleivergiftung oder vorbestehende Nephropathien zurückgeführt werden.

Literatur

Batuman V, Maesaka JK, Haddad B, Wedeen RP (1981) The role of lead in gout nephropathy. N Engl J Med 304: 520

Beck LH (1986) Requiem for gouty nephropathy. Kidney Int 30: 280

Beretta-Piccoli C, Weidman P, deChalet R, Reubi F (1976) Hypertension associated with early stage kidney disease. Am J Med 61: 739

Berger L, Yu T (1975) Renal function in gout. An analysis of 524 gouty subjects including long-term follow-up studies. Am J Med 59: 605

Berger L, Yu TF, Kupfer AS, Gutman AB (1964) Effect of reducing renal arterial blood pressure by ballon catheter on urate excretion in the dog. Proc Soc Exp Biol Med 115: 58

Berlow KA, Beilin LJ (1968) Renal disease in primary gout. Q J Med 37: 79

Bianchi G, Ponticelli C, Bardi V et al. (1972) Role of the kidney in „salt and water dependent hypertension" of end-stage renal disease. Clin Sci 42: 47

Brod J (1975) Chronic renal parenchymal disease and hypertension. Kidney Int 8: S 235

Brod J, Bahlmann J, Cachovan M, Hubrich W, Pretschner PD (1982) Mechanisms for the elevation of blood pressure in human renal disease. Hypertension 4: 839

Brod J, Bahlman J, Cachovan M, Pretschner P (1983) Development of hypertension in renal disease. Clin Sci 64: 141

Brown J, Mallory GK (1950) Renal changes in gout. N Engl J Med 243: 325

Brown JJ, Dusterdieck G, Fraser R et al. (1971) Hypertension and chronic renal failure. Brit Med Bull 27: 128

Brunner HR, Laragh JH, Baer L et al. (1972) Essential hypertension: Renin and aldosterone, heart attack and stroke. N Engl J Med 286: 441

Cameron JS, Simmonds HA (1981) Uric acid and the kidney. J Clin Pathol 34: 1245

Cameron JS, Simmonds HA, Webster DR et al. (1984) Problems of diagnosis and in vitro enzyme instability in an adolescent with hypoxanthine-guanine phosphoribosiltransferase deficiency presenting in acute renal failure. In: DeBruyn DHMM, Simmonds HA, Muller MM (eds) Purine metabolism in man, IVA. Plenum, New York, pp 7

Cangiano JL, Ramirez-Muxo O, Ramirez-Gozales R, Trevino A (1976) Normal renin uremic hypertension. Study of cardiac hemodynamics, plasma volume, extracellular fluid volume and the renin angiotensin system. Arch Intern Med 136: 17

Cannella G, Castellani A, Mioni G et al. (1977) Blood pressure control in end-stage renal disease in man: Indirect evidence of a complex pathogenic mechanism besides renin or blood volume. Clin Sci Mol Med 52: 19

Cannon PJ, Stason WB, Demartini FE et al. (1966) Hyperuricemia in primary and renal hypertension. N Engl J Med 275: 457

Catt KJ, Cain MD, Coghlan JP et al. (1970) Metabolism and blood levels of angiotensin II in normal subjects, renal disease and essential hypertension. Circ Res 26–27 [Suppl II]: 177

Chen YT, Coleman RA, Scheinman JI et al. (1988) Renal disease in Type I Glycogen storage disease. N Engl J Med 318: 7

Chyrsanthakopoulos SG, Kastagir BK, Jubiz W, Kollf WJ (1972) Hypertension in patients on maintenance hemodialysis: Evaluation of peripheral renin activity and bilateral nephrectomy. Am J Med Sci 264: 9

Ciabattoni G, Cinotti GA, Pierucci A et al. (1984) Effects of sulindac and ibuprofen in patients with chronic glomerular disease. Evidence for the dependance of renal function on prostacyclin. N Engl J Med 310: 279

Coleman TG, Samar RE, Murphy WR (1979) Autoregulation versus other vasoconstriction in hypertension. Hypertension 1: 324

Conger JD (1977) The roles of tubular fluid flow rate and urine alkalinization and osmolality in prevention of acute urate nephropathy. Cardiovasc Med 2: 1107

Conger JD, Falk SA (1977) Intrarenal dynamics in the pathogenesis and prevention of acute urate nephropathy. J Clin Invest 59: 785

Conger JD, Falk SA, Guggenheim ST, Burke TJ (1976) A micropunture study of the early phase of acute urate nephropathy. J Clin Invest 48: 681

Craswell PW, Price J, Boyle PD et al. (1984) Chronic renal failure in gout: A marker of chronic lead poisoning. Kidney Int 26: 319

Crittenden DR, Acherman GL (1977) Hyperuricemic acute renal failure in disseminated carcinoma. Arch Intern Med 137: 97

Danielson H, Kornerup HJ, Olsen S, Posborg V (1983) Arterial hypertension in chronic glomerulonephritis. An analysis of 310 cases. Clin Nephrol 19: 284

Davies DL, Schalekamp MA, Beevers DG et al. (1973) Abnormal relation between exchangeable sodium and the renin-angiotensin system in malignant hypertension with chronic renal failure. Lancet I: 683

DeQuattro V, Miura Y (1973) Neurogenic factors in human hypertension: Mechaninism or myth. Am J Med 55: 362

Duncan H, Dixon AStJ (1960) Gout, familial hyperuricemia, and renal disease. Q J Med 29: 127

Dustan HP, Tarazi RC, Bravo EL (1972) Physiology characteristic of hypertension. Am J Med 52: 610

Emmerson BT (1968) Clinical differentation of primary gout from lead gout. Arch Rheum 11: 623

Emmerson BT, Thompson L (1973) The spectrum of hypoxanthine-guanine phosphoribosyltransferase deficiency. Q J Med 166: 423

Emmerson BT, Ravenscroft PJ (1975) Abnormal renal urate homeostasis in systemic disorders. Nephron 14: 62

Emmerson BT, Row PG (1975) An evaluation of the pathogenesis of the gouty kidney. Kidney Int 8: 65

Ferris TF, Gorden P (1968) Effect of angiotension and norepinephrine upon urate clearance in man. Am J Med 44: 359

Fessel WJ (1979) Renal outcomes of gout and hyperuricemia. Am J Med 67: 74

Frolich ED, Tarazi RC, Dustan HP (1971) Hemodynamic and functional mechanisms in two renal hypertension: arterial and pyelonephritis. Am J Med Sci 261: 189

Frus T, Nielsen B, Willumsen J (1970) Total exchangeable sodium in chronic nephropathy with and without hypertension. Acta Med Scand 188: 65

Gonella M, Mariani G (1983) Behaviour of serum urate in renal disease of varying etiology. In: De Bruyn CHMM, Simmonds HA, Muller MM (eds) Purine metabolism in man, vol 165 A. Plenum, New York, p 205

Gonik HC, Rubini ME, Gleason IO, Sommers SC (1965) The renal lesion in gout. Ann Intern Med 62: 667

Gutkin M, Levinson GF, King AS, Lasker N (1969) Plasma renin activity in end-stage kidney disease. Circulation 40: 563

Gutman AB, Yu T (1968) Uric acid nephrolithiasis. Am J Med 45: 756

Heptinstall RH (1983) Diabetes mellitus and gout. In: Heptinstall RH (ed) Pathology of the kidney, 3rd ed. Little, Brown and Company, Boston Toronto, pp 1438

Herrera Acosta J (1982) Hypertension in chronic renal disease. Kidney Int 22: 702

Hollenberg NK, Adams DF, Soloman H et al. (1975) Renal vascular tone in essential and secondary hypertension. Medicine 5: 29

Kelley WN, Palella TD (1987) Gout and other disorders of purine metabolism. In: Harrison TR, Principles of Internal Medicine, 11th ed, McGraw-Hill, New York, pp 1623

Kelton J, Kelley WN, Holmes EW (1978) A rapid method for the diagnosis of acute acid nephropathy. Arch Intern Med 138: 612

Kincaid-Smith P (1977) Renal disease and hypertension. Med Clin North Am 61: 611

Kjellestrand CM, Campbell DC, von Hartitzsch B et al. (1974) Hyperuricemic acute renal failure. Arch Intern Med 133: 349

Klinenberg JR, Kippen I, Bluestone R (1975) Hyperuricemic nephropathy: Pathologic features and factors influencing urate deposition. Nephron 14: 88

Kolb FO, De Lalla OF, Gofman JW (1955) The hyperlipemia in disorders of carbohydrate metabolism: serial lipoprotein studies in diabetic acidosis with xanthomatomatosi and in glycogen storage disease. Metabolism 4: 310

Lazarus JM, Hampers CL, Merril JP (1974) Hypertension in chronic renal failure. Treatment with hemodialysis and nephrectomy. Arch Intern Med 133: 1059

Leumann EP, Wegman W (1983) Familial nephropathy with hyperuricemia and gout. Nephron 34: 51

Levy SB, Lilley JJ, Frigon RP, Stone RA (1977) Urinary kallikrein and plasma renin activity as determination of renal blood flow. J Clin Invest 60: 129

Linnane JW, Burry AF, Emmerson BT (1981) Urate deposits in the renal medulla. Nephron 29: 216

Massari PU, Hsu CH, Barnes RV et al. (1980) Familial hyperuricemia and renal disease. Arch Intern Med 140: 680

Mitas JA, Levy SB, Holle R et al. (1978) Urinary kallikrein in the hypertension of renal parenchymal disease. N Engl J Med 299: 162

Miurhead EE (1983) Vasodepressor renal medullary lipids. In: Dunn MJ (ed) Renal endocrinology. Williams & Wilkins, Baltimore, p 75

Modern FWS, Meister L (1952) The kidney of gout, a clinical entity. Med Clin North Am 36: 941

Mukhin NA, Serov UV, Maksimov NA et al. (1985) Hyperuricemic variant of latent glomerulonephritis. Abstract Ter Arkh 57 (6): 43

Newcombe DS (1973) Gouty arthritis and polycystic kidney disease. Ann Intern Med 79: 605

Nyhan WL (1982) Inborn errors of purine metabolism. In: Cockburn F, Gitzelmann R (eds) Inborn errors of metabolism in humans. MPT, Lancaster, pp 13

Pardo V, Perez-Stable E, Fisher ER (1968) Ultrastructural studies in hypertension: III. Gouty nephropathy. Lab Invest 18: 143

Porter G (1983) Gouty nephropathy. Factor fiction? Am J Kidney Dis 2: 553

Reif MC, Constantiner A, Levitt MF (1981) Chronic gouty nephropathy. A vanishing syndrome. N Engl J Med 304: 535

Richmond JM, Kincaid-Smith P, Whitworth JA, Becker GS (1981) Familial urate nephropathy. Clin Nephrol 16: 163

Rieselbach RE, Steele TH (1975) Intrinsic renal disease leading to abnormal urate excretion. Nephron 14: 81

Rivera JV, Martinez-Maldonado M, Ramirez de Azellano G, Ehrlich L (1965) Association of hyperuricemia and polycystic kidney disease. Bol Assoc Med P R 57: 251

Rosenbloom FM, Kelley WN, Carr AA, Seegmiller JE (1967) Familial nephropathy and gout in a kindred (abstract). Clin Res 15: 270

Ruilope L, Robles RG, Bernis C et al. (1982) Role of renal prostaglandins E2 in chronic renal disease hypertension. Nephron 32: 202

Schalekamp MADH, Schalekamp-Kuyken MPA, deMoor-Fruytier M et al. (1973 a) Interrelationship between blood pressure, renin, renin substrate, and blood volume in terminal renal failure. Clin Sci Mol Med 45: 417

Schalekamp MA, Beevers DG, Briggs JD et al. (1973 b) Hypertension in chronic renal failure. An abnormal relation between sodium and the renin-angiotensin system. Am J Med 55: 379

Simmonds HA, Warren DJ, Cameron JS et al. (1980 a) Gout and renal failure in young women. Clin Nephrol 14: 176

Simmonds HA, Cameron JS, Potter CF et al. (1980 b) Renal failure in young subjects with familial gout. In: Rapado A, Watts RWE, De Bruyn CHMN (eds) Purine metabolism in man. Vol III, 122 b: 15, Plenum, New York

Simon NM, Smucker JE, O'Connor VJJr, delGreco F (1969) Differential uric acid excretion in essential and renal hypertension. Circulation 39: 121

Smith MC, Dunn MJ (1981) Renal kallikrein, kinins and prostaglandins in hypertension. In: Brenner BM, Stein JH (eds) Contemporary issues in nephrology hypertension. Churchill Livingstone, New York, p 168

Steele TH, Rieselbach RE (1975) Renal urate excretion in normal man. Nephron 14: 21

Stokes GS, Mani MK, Stewart JH (1970) Relevance of salt, water and renin to hypertension in chronic renal failure. Br Med J 3: 126

Talbott JH, Terplan KL (1960) The kidney in gout. Medicine 39: 405

Thompson GR, Weiss JJ, Goldman RT, Rigg GA (1978) Familial occurrence of hyperuricemia, gout, and medullary cystic disease. Arch Intern Med 138: 1614

Verger D, Leroux-Robert C, Ganter P, Richet G (1967) Les tophus goutteux de la medullaire renale des uremiques chroniques. Nephron 4: 356

Vertes V, Cangiano JL, Berman LB, Gould A (1969) Hypertension in end-stage renal disease. N Engl J Med 280: 978

Warren FJ, Leitch AG, Leggett RJ (1975) Hyperuricemic acute renal failure after epilectic seizures. Lancet II: 385

Warren DJ, Simmonds HA, Gibson T, Naik RB (1981) Familial gout and renal failure. Arch Dis Childhood 56: 699

Wedeen RP, Batuman V (1983) Tubulointerstitial nephritis induced by heavy metals and metabolic disturbances. In: Contran RS (ed) Tubulointerstitial nephropathies, vol 10, Contemporary Issues in Nephrology. Churchill-Livingstone, New York, p 211

Weidman P, Maxwell MH, Lupu AN et al. (1971) Plasma renin activity and blood pressure in terminal renal failure. N Engl J Med 285: 757

Westberg NG, Rosen E, Waldenstrom J (1979) Recessive x-linked hyperuricemia with gout and renal damage, normal activity of hypoxanthine phosphoribosyltransferase and resistance to azaguanine. Acta Med Scan 205: 163

Wong SF, Mitchell MI, Robson V, Wilkinsen R (1978) Sodium and renin in the hypertension of early renal disease. Clin Sci Mol Med 55: 301

Yu TF (1983) Lead nephropathy and gout. Am J Kidney Dis 2: 555

Yu T, Berger L (1975) Renal disease in primary gout: a study of 253 gout patients with proteinuria. Semin Arthritis Rheum 4: 293

Zollinger HU, Mihatsch MJ (1978) Renal pathology in biopsy. Springer, Berlin Heidelberg New York, p 466

3.7 Sekundäre Hyperurikämie und Gicht

W. Gröbner

3.7.1 Definition

Thannhauser unterschied 1929 als erster zwischen primärer und sekundärer Gicht, wobei er die sekundäre Gicht als Folge einer „schweren, anatomisch sichtbaren Nierenerkrankung" ansah. Diese Definition Thannhausers wurde zunächst nicht zur Kenntnis genommen oder vergessen. Die endgültige Einführung des Begriffs „sekundäre Gicht" erfolgte durch Gutman (1953), der diese Bezeichnung allerdings in erster Linie für die Gicht bei Blutkrankheiten mit vermehrtem Zellumsatz verwendete. Zöllner (1960) hat die Definitionen von Thannhauser und Gutman erstmals zusammengefaßt und darauf hingewiesen, daß sekundäre Hyperurikämie und sekundäre Gicht nicht nur bei Krankheiten des Bluts und der Nieren, sondern auch bei anderen Krankheiten (z. B. Glykogenspeicherkrankheit Typ I) vorkommen können.

3.7.2 Pathogenese

Harnsäure entsteht in der Leber und Dünndarmschleimhaut des Menschen als Endabbauprodukt des Purinstoffwechsels und wird über die Nieren (ca. 80%) und den Darm (ca. 20%) ausgeschieden. Der Harnsäurebestand des Körpers stellt die Resultierende aus Harnsäurebildung und -ausscheidung dar (Abb. 3.87). Eine Änderung dieses Gleichgewichts führt zu einer Änderung des Harnsäurepools und damit auch des Serumharnsäurespiegels. Eine Hyperurikämie (Serumharnsäurespiegel > 6,4 mg/dl) ist entweder auf eine vermehrte Harnsäurebildung oder eine verminderte renale Harnsäureausscheidung oder eine Kombination aus beiden zurückzuführen.

Die familiäre Hyperurikämie beruht fast ausschließlich (ca. 99% aller Patienten) auf einer Störung der renalen Harnsäureausscheidung, nämlich der tubulären Harnsäuresekretion; nur bei weniger als 1% ist auf der Basis unterschiedlicher Enzymdefekte des Purinstoffwechsels eine vermehrte endogene Harnsäuresynthese zu beobachten. Sekundäre Hyperurikämien sind entweder auf eine vermehrte Harnsäurebildung oder eine verminderte renale Harnsäureausscheidung zurückzuführen (s. Tabel-

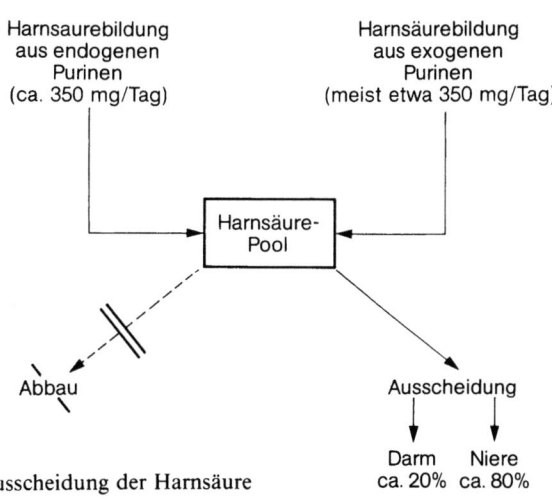

Abb. 3.87. Synthese und Ausscheidung der Harnsäure

Tabelle 3.12. Wichtige Ursachen sekundärer Hyperurikämien mit Gicht. Bei den eingeklammerten Angaben müssen wahrscheinlich für das Zustandekommen einer Gicht hereditäre Faktoren ebenfalls vorliegen. (Modifiziert nach Zöllner 1976)

Vermehrte Harnsäurebildung	Verminderte renale Harnsäureausscheidung
Chronische myeloische Leukämie	Nierenkrankheiten
Polycythaemia vera	Ketoazidose
Osteomyelosklerose	Fasten
(Sekundäre Polyglobulie bei Herz- und	Entgleister Diabetes mellitus
Lungenkrankheiten)	Hyperlaktazidämien
(Hämolytische Anämien)	Hohe Alkoholspiegel
Glukose-6-Phosphatase-Mangel	Glucose-6-Phosphatase-Mangel
(Vermehrte Zufuhr von Nahrungspurinen,	Arzneimittel
Übergewicht)	z. B. Saluretika
Zytostatische Therapie und Bestrahlung	Vergiftungen
	Blei

le 3.12). Eine Kombination aus beiden Mechanismen wird bei der Glykogenspeicherkrankheit Typ I angetroffen. In manchen Fällen ist eine eindeutige pathogenetische Zuordnung nicht möglich. Am häufigsten werden sekundäre Hyperurikämien bei hämatologischen Erkrankungen, unter dem Einfluß von Arzneimitteln (z. B. Saluretika) sowie bei Nierenkrankheiten beobachtet. Bei letzteren kann manchmal nicht unterschieden werden, ob die Nierenerkrankung Ursache oder Folge einer Hyperurikämie ist.

3.7.3 Beispiele sekundärer Hyperurikämien und Gicht

Grundsätzlich kann jede Hyperurikämie zur Gicht führen. Für die Entstehung einer sekundären Gicht sind Höhe und Variation einer sekundären Hyperurikämie von Bedeutung. Hyperurikämien bis 8 mg/dl führen selten zum Auftreten einer Gicht, während bei chronischer Erhöhung des Serumharnsäurespiegels über 9 mg/dl der Gichtanfall nahezu gewiß ist.

Sekundäre Hyperurikämie und Gicht infolge vermehrter Harnsäurebildung

Blutkrankheiten

Der erhöhte Zell- und Nukleinsäureumsatz führt bei verschiedenen Blutkrankheiten zum Auftreten einer Gicht. Am häufigsten wird die sekundäre Gicht bei der Polycythaemia vera und bei Krankheiten der Gruppe der myeloischen Metaplasie beobachtet (Tabelle 3.13). Die Häufigkeit

Tabelle 3.13. Häufigkeit sekundärer Gicht bei Krankheiten mit vermehrtem Zellumsatz. (Aus Yü 1965)

Gesamtzahl der Patienten	49
Polycythaemia vera und myeloische Metaplasie	42
Chronische myeloische Leukämie	3
Sekundäre Polyglobulie bei angeborenem Vitium	1
Sekundäre Polyglobulie bei Lungenemphysem	1
Chronische hämolytische Anämie	1
M. Gaucher	1

der Gicht bei der Polyzythämie beträgt 2–14% (Videbaek 1950; Wasserman 1954; Stroebel u. Law 1956; Damon u. Holub 1958). Lynch (1962) gibt eine durchschnittliche Häufigkeit der Gicht bei Polycythaemia vera von 6,4% an. In einer Serie von 168 Fällen von Polyzythämie beobachteten Tinney et al. (1945) 8mal das Auftreten einer Gicht, Videbaek (1950) berichtete über 11 Gichtfälle unter 125 Polyzythämie-Patienten. Im deutschen Schrifttum ist Gicht bei Polyzythämie mehrfach beschrieben worden, z. B. von König u. Zöllner (1962). Die Häufigkeit einer Nephrolithiasis bei Polyzythämie beträgt 4–11%.
Bei der myeloischen Metaplasie gehen die Angaben über die Häufigkeit der Gicht bis 27% (Yü 1965). In einer Serie von 45 Patienten mit Osteomyelosklerose beobachtete Baldini (zitiert bei Zöllner 1976) 6 sichere und 1 fraglichen Gichtkranken (eine Häufigkeit von 13%) sowie 4 Fälle mit Nephrolithiasis. Bei 34 Patienten mit myeloischer Metaplasie und Gicht trat in 8 Fällen zuerst die Gicht, dann die Blutkrankheit auf. Bei 22 Patienten betrug der Zeitraum zwischen Diagnose der Blutkrankheit und Auftreten der Gicht 1–24 Jahre, bei 4 Patienten wurden Gicht und myeloische Metaplasie gleichzeitig diagnostiziert (Lynch 1962).
Gicht tritt bei Leukämien selten auf. Yü (1965) berichtete über 3 Patienten mit chronischer myeloischer Leukämie und Gicht. Lynch (1962) beobachtete unter 51 Patienten mit myeloischer Leukämie in 3 Fällen das Auftreten einer Gicht. Vining u. Thompson berichteten 1934 über einen 5jährigen Jungen mit aleukämischer Leukämie und Gicht. Im Gegensatz zur myeloischen Leukämie ist bei chronischer lymphatischer Leukämie aufgrund der langen Lebensdauer lymphatischer Zellen die Harnsäurebildung und damit die Harnsäurekonzentration im Plasma meist nicht erhöht (Hamilton 1956). Eine Gicht bei einem 10jährigen Kind mit Retikulosarkomatose wurde von Bartelheimer et al. (1969) beschrieben. Nierensteinbildung durch Urate wird bei myeloischer Leukämie dagegen häufig beobachtet. Weisberger u. Persky (1953) geben eine Häufigkeit von 4,76%, verglichen mit 0% bei anderen metastasierenden Malignomen und 0,07% in der allgemeinen Krankenhausbelegschaft ihrer Serie an.

Hyperurikämie und Gicht können auch bei Paraproteinämie auftreten. Lynch (1962) beobachtete unter 22 Patienten mit multiplem Myelom in 14 Fällen eine Hyperurikämie. 5 Patienten wiesen gleichzeitig eine Nierensuffizienz auf, 2 Patienten hatten Gicht. Talbott (1959) berichtete über einen Patienten mit Morbus Waldenström und Gicht.

Die unbehandelte perniziöse Anämie geht nicht mit einer Hyperurikämie einher. Heilmeyer u. Begemann (1951) machen keine Angaben über Gicht als Komplikation der perniziösen Anämie. Nach Verabreichung von Vitamin B_{12} kommt es dagegen zu einem Anstieg des Serumharnsäurespiegels und der renalen Harnsäureausscheidung. Sears (1933) berichtete über das Auftreten von Gichtanfällen während der Behandlung der perniziösen Anämie.

Beim familiären hämolytischen Ikterus wurden Gichtanfälle mehrfach beobachtet. Die Gicht wurde in der zweiten (Lambie 1940), dritten (Owen u. Roberts 1937; Leschke 1922) vierten (Deitrick 1940) oder fünften (Leschke 1922) Lebensdekade manifest. Man kann annehmen, daß bei vorhandener Gichtanlage eine Krankheit mit dauernder vermehrter Blutneubildung infolge vermehrter Harnsäurebildung zur Gichtmanifestation führt (Zöllner 1976). In diesem Sinne ist wahrscheinlich auch das Auftreten von Gicht bei der Thalassämie und Sichelzellanämie zu sehen.

Zytostatische Therapie und Bestrahlungen

Bei der Therapie von Hämoblastosen mit Röntgenbestrahlung (Weisberger u. Persky 1953) oder Zytostatika (Krakoff u. Balis 1964) werden infolge vermehrten Zellzerfalls große Mengen von Nukleotiden und Nukleinsäuren freigesetzt und zu Harnsäure abgebaut. Die resultierende massive Hyperurikämie und Hyperurikosurie kann eine akute Harnsäurenephropathie verursachen (Abb. 3.88). Begünstigt wird diese Komplikation einer zytostatischen oder Bestrahlungstherapie noch durch Dehydratation und einen sauren Urin. Besonders gefährdet sind auch Patienten, die wegen hohen Alters bereits eine Einschränkung der Nierenfunktion aufweisen oder bei denen die Nierenfunktion im Rahmen der Grunderkrankung bereits eingeschränkt ist, wie das bei Leukämien oder malignen Lymphomen zu beobachten ist. Eine rechtzeitig eingeleitete Allopurinoltherapie, 24–48 h vor Beginn z. B. einer Zytostatikagabe, sowie reichliche Flüssigkeitszufuhr und Harnneutralisierung stellen geeignete Maßnahmen zur Prävention der akuten Harnsäurenephropathie dar (Abb. 3.89) (Pochedly 1974; Engelhardt et al. 1980; Schwenk u. Schneider 1982). Beim Einsatz von Allopurinol muß auf Arzneimittelinteraktionen mit Mercaptopurin und Azathioprin geachtet werden.

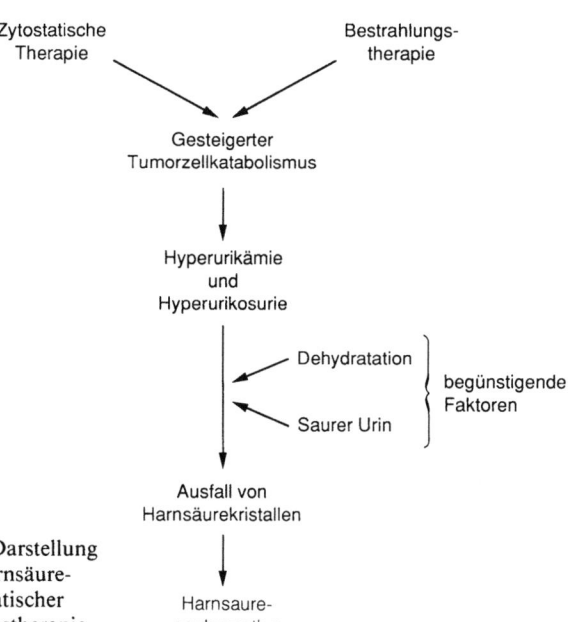

Abb. 3.88. Schematische Darstellung der Entwicklung einer Harnsäurenephropathie unter zytostatischer Therapie oder Bestrahlungstherapie

Zufuhr von Fruktose, Sorbit, Xylit

Fruktose führt in hoher Dosis (z. B. intravenöse Verabreichung von 1,5 g/ kg KG/h) zu einem Anstieg des Serumharnsäurespiegels und der renalen Harnsäureausscheidung (Perheentupa u. Raivio 1967; Förster et al. 1967; Förster et al. 1970; Heuckenkamp u. Zöllner 1971; Fox u. Kelley 1972). Die Zufuhr von Sorbit und Xylit hat die gleiche Wirkung bei bereits sehr viel geringeren Zufuhrraten (Heuckenkamp u. Zöllner 1975; Abb. 3.90). Der Einfluß von Fruktose, Sorbit und Xylit auf den Harnsäurestoffwechsel beruht vorwiegend auf einem gesteigerten Abbau von Adeninnukleotiden in der Leber. Die entstehende Hyperlaktazidämie während Fruktosezufuhr spielt vergleichsweise nur eine untergeordnete Rolle.

Eine einmalige orale Gabe von 50 g Fruktose verursachte in Untersuchungen von Förster u. Ziege (1971) einen signifikanten Anstieg des Serumharnsäurespiegels um 0,5–2,5 mg/dl. Unter einer höheren oralen Fruktosedosis beobachtete Emmerson (1974) ebenfalls einen Anstieg der Serumharnsäurekonzentration. Narins et al. (1974) stellten dagegen unter einer täglichen Gabe von 100 g Fruktose über insgesamt 5 Tage keinen nennenswerten Anstieg des Serumharnsäurespiegels fest. Bei Auftreten einer Gicht unter Fruktosezufuhr dürfte es sich um die klinische Manifestation einer primären Gichtanlage handeln.

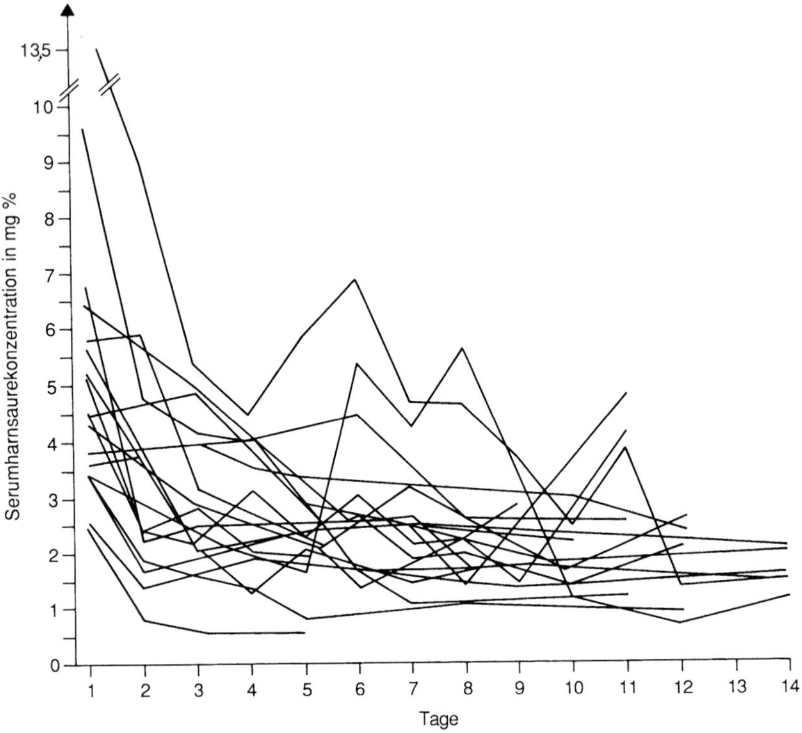

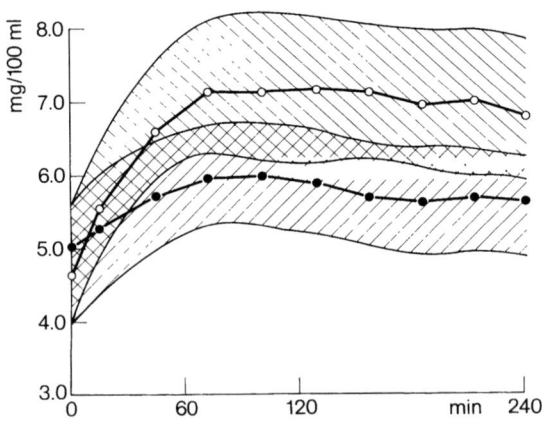

Abb. 3.89. Verhalten der Harnsäurewerte im Serum bei 19 Patienten, die 48 h vor Chemotherapiebeginn mit 300 mg Allopurinol/m²KOF behandelt wurden. (Aus Schwenk u. Schneider 1982)

Hyperurikämie bei schweren Schockzuständen

Bei schwerem Schock kann es zum Auftreten sehr hoher Serumharnsäurewerte (> 30 mg/dl) kommen. Die Hyperurikämie ist bei diesen lebensbedrohenden Krankheitszuständen mit ausgeprägter Gewebshypoxie in erster Linie auf eine vermehrte Harnsäurebildung durch Abfall der intrazellulären Konzentration von ATP, ADP und AMP mit weiterem Abbau zu Harnsäure zurückzuführen (Woolliscroft et al. 1982).

Sekundäre Hyperurikämie und Gicht infolge verminderter renaler Harnsäureausscheidung

Chronische Nierenerkrankungen

Die glomerulär filtrierte Harnsäure wird normalerweise im proximalen Tubulus zum größten Teil rückresorbiert. Die im Urin ausgeschiedene Harnsäure entstammt daher hauptsächlich der tubulären Sekretion abzüglich der postsekretorischen Rückresorption (Rieselbach u. Steele 1974). Eine Einschränkung der glomerulären Filtrationsrate bei chronischen Nierenerkrankungen führt nicht zu einer proportionalen Abnahme der renalen Harnsäureclearance (Sarre u. Mertz 1965). Vielmehr steigt pro Restnephron die Harnsäureausscheidung durch eine entsprechend dem Plasmaspiegel verstärkte Sekretion sowie durch eine infolge des erhöhten intratubulären Flusses herabgesetzte Rückresorption stark an. Erst bei weit fortgeschrittener Niereninsuffizienz kommen die tubulären Funktionen Sekretion und Rückresorption zum Erliegen, die renale Harnsäureausscheidung entspricht dann weitgehend der noch filtrierten Menge (Steele u. Rieselbach 1967). Neben den renalen Kompensationsmechanismen erhöht sich mit steigender Harnsäurekonzentration im Plasma die intestinale Harnsäureausscheidung (Sørensen 1960, 1980). So finden sich selbst bei einer Einschränkung der glomerulären Filtrationsrate auf 1 ml/min kaum über das Doppelte der Norm erhöhte Serumharnsäurespiegel (Steele u. Rieselbach 1967).

Gichtanfälle treten bei Patienten mit Niereninsuffizienz selten auf. Sarre u. Mertz (1965) beobachteten unter 882 Patienten mit chronischen Nierenerkrankungen in 6 Fällen eine Gicht. Bei 4 Patienten schien es sich um die klinische Manifestation einer primären Hyperurikämie zu han-

◁ **Abb. 3.90.** Serumharnsäurespiegel gesunder freiwilliger Versuchspersonen während der Infusion von Xylit mit einer Geschwindigkeit von 0,5 g/kg/Std und Fruktose mit einer Geschwindigkeit von 1,5 g/kg/Std (also dreifacher Belastung). ○──────○ Serumharnsäure unter Xylit; ●──────● Serumharnsäure unter Fruktose. (Nach Versuchen von Heuckenkamp und Zöllner an der Medizinischen Poliklinik München)

deln. Richet et al. (1965) fanden unter 1600 Patienten mit Niereninsuffizienz 17 Gichtkranke. Die relativ kurze Lebensdauer sowie eine verminderte Fähigkeit, auf Harnsäureausfällungen mit einer Entzündung zu reagieren, dürften für das seltene Auftreten der Gicht bei Patienten mit Niereninsuffizienz verantwortlich sein (Buchanan et al. 1965).

Laktat und Ketonkörper

Die renale Harnsäuresekretion wird durch Laktat sowie durch die Ketonkörper β-Hydroxybutyrat und Acetacetat gehemmt. (Yü et al. 1957; Goldfinger et al. 1965). Somit führen alle Erkrankungen bzw. Zustände, die zu erhöhten Blutspiegeln dieser Metaboliten führen, zu einer Hyperurikämie:

- Entgleister Diabetes mellitus mit Ketoazidose: Die häufig zu beobachtende Hyperurikämie (Padova u. Bendersky 1962) beruht auf einer verminderten renalen Harnsäureausscheidung durch Ketonkörper sowie auf einer Verringerung des extrazellulären Flüssigkeitsvolumens infolge Dehydratation.
- Fasten: Die Serumharnsäurekonzentration kann beim Fasten Werte von 10 mg/dl übersteigen (Abb. 3.91). Die bei Einschränkung der Nahrungszufuhr entstehende Ketoazidose führt durch Verringerung der renalen Harnsäureausscheidung zur Hyperurikämie. Gichtanfälle treten in der Regel nur bei familiärer Vorbelastung auf.
- Akute schwere körperliche Belastung (s. S. 246).
- Respiratorische Azidose: Die respiratorische Azidose führt zu einer Hyperurikämie; sie wird auf eine Anhäufung von Laktat zurückgeführt (Oliva 1970).
- Alkohol (s. S. 245).

Arzneimittel

Eine Reihe von Arzneimitteln führt durch Hemmung der renalen Harnsäureausscheidung zu einer Erhöhung des Serumharnsäurespiegels (Tabelle 3.14).
An erster Stelle stehen Diuretika. Aronoff, Naimark u. Fyles sowie andere Autoren berichteten erstmals 1960 über Gichtanfälle als Komplikation einer Chlorothiazidtherapie. Neben den Thiaziden führen auch Etacrynsäure, Chlorthalidon, Acetazolamid und Furosemid zu einer Hyperurikämie. Die Hemmung der Harnsäureausscheidung durch Diuretika wird hauptsächlich auf eine vermehrte tubuläre Rückresorption infolge des diuresebedingten Volumenverlusts zurückgeführt (Suki et al. 1967; Steele u. Oppenheimer 1969). Thiazide hemmen zusätzlich die

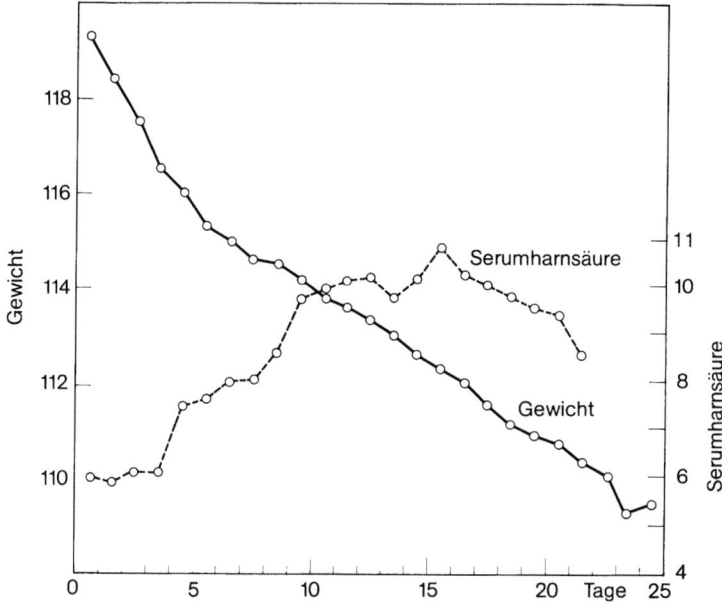

Abb. 3.91. Gewichtsverlauf und Anstieg der Serumharnsäure während einer 300 Kalorien-Diät (Fall der Medizinischen Poliklinik München)

Tabelle 3.14. Hyperurikämie durch Arzneimittel

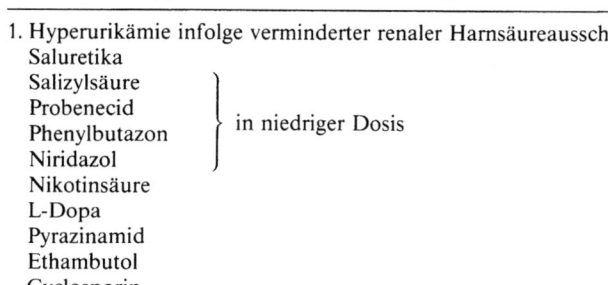

1. Hyperurikämie infolge verminderter renaler Harnsäureausscheidung
   Saluretika
   Salizylsäure   ⎫
   Probenecid   ⎪
   Phenylbutazon   ⎬ in niedriger Dosis
   Niridazol   ⎭
   Nikotinsäure
   L-Dopa
   Pyrazinamid
   Ethambutol
   Cyclosporin
2. Hyperurikämie infolge vermehrter Harnsäurebildung
   Zytostatika
   Fruktoseinfusion, Sorbit, Xylit

tubuläre Harnsäuresekretion (Richards 1979). Es ist nicht vollständig geklärt, ob Saluretika allein ausreichen, eine deutliche Hyperurikämie hervorzurufen, oder ob nur das Zusammentreffen von Saluretikatherapie mit einer Gichtanlage oder massiven Purinbelastung eine ausgeprägte

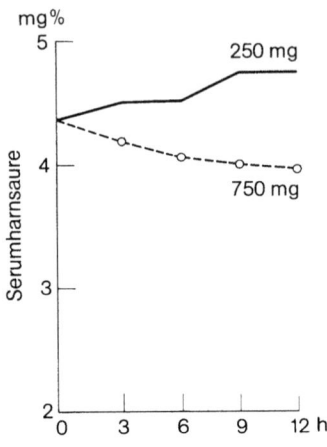

Abb. 3.92. Der Einfluß einer Einzeldosis von 250 bzw. 750 mg Niridazol auf den Serumharnsäurespiegel einer gesunden Versuchsperson (Gröbner und Zöllner 1971)

Hyperurikämie hervorrufen kann (Zöllner 1976). Akute Gichtanfälle unter Saluretikatherapie werden durchschnittlich 3,7 Jahre nach Beginn einer Thiazidtherapie bei bis zu 5–10% hypertensiver Patienten beobachtet (Hollander u. Wilkins 1966).

Eine Anzahl urikosurisch wirksamer Verbindungen wie z. B. Probenecid, Salizylate, Phenylbutazon und Niridazol verursachen in niedriger bis sehr niedriger Dosierung durch Hemmung der tubulären Harnsäuresekretion eine Hyperurikämie (sog. paradoxe Harnsäureretention). Höhere Dosen führen durch Steigerung der renalen Harnsäureausscheidung zu einer Senkung des Serumharnsäurespiegels (Beispiel s. Abb. 3.92).

Eine ausgeprägte Hyperurikämie wird nach Verabreichung von Pyrazinamid, einem Tuberkulostatikum, beobachtet. Sie beruht auf einer Hemmung der tubulären Harnsäuresekretion. Nikotinsäure und Ethambutol sind weitere Substanzen, die den Serumharnsäurespiegel erhöhen. So beobachtete Parsons (1961) in einer Serie von 25 Patienten nach Verabreichung von 3–6 g Nikotinsäure einen mittleren Anstieg des Serumharnsäurespiegels um 1,3 mg/dl. Nach Gershon u. Fox (1974) wird die durch Nikotinsäure verursachte Abnahme der Harnsäureclearance durch Acetylsalizylsäure nicht aufgehoben.

Nach täglicher Gabe von 12–19 mg Ethambutol/kg KG fanden Postlethwaite et al. (1972) bei 15 von 24 Patienten einen Anstieg des Serumharnsäurespiegels um mehr als 2,4 mg/dl.

Gichtanfälle unter Behandlung mit L-Dopa wurden von Honda u. Gindin (1972) beschrieben. Die Autoren beobachteten bei Parkinson-Kranken ein gehäuftes Vorkommen einer Hyperurikämie. Babucke et al. (1976) konnten unter einer L-Dopa-Therapie kein vermehrtes Auftreten einer Hyperurikämie feststellen.

Über das Auftreten einer „gichtähnlichen" Arthritis bei einem 30jährigen Gichtpatienten nach Einnahme von Cimetidin und Ranitidin berichteten Einarson et al. (1985). Die Zusammenhänge sind noch unklar. Eine Hyperurikämie infolge verminderter renaler Harnsäureausscheidung wird auch unter Cyclosporintherapie beobachtet (Lin et al. 1989).

Blei

Emmerson berichtete 1963 über eine verhältnismäßig große Inzidenz der Bleigicht in Queensland. In den USA führt der Genuß von „moonshine whisky" häufig zu chronischer Bleivergiftung. In einem Krankenhaus der Südstaaten Amerikas wurde bei 40% aller Patienten mit chronischer Bleivergiftung Gicht beobachtet (Wyngaarden u. Kelley 1976). Ursache der Hyperurikämie ist eine Bleinephropathie.

Sekundäre Hyperurikämie und Gicht infolge vermehrter Harnsäurebildung und verminderter renaler Harnsäureausscheidung

Glykogenspeicherkrankheit Typ I

Kolb et al. wiesen 1955 erstmals auf den Zusammenhang zwischen Gicht und dem Typ I der Glykogenspeicherkrankheit (Mangel an hepatischer Glucose-6-Phosphatase) hin. Die Hyperurikämie bei dieser angeborenen Stoffwechselstörung beruht auf einer verminderten renalen Harnsäureausscheidung infolge erhöhter Laktatspiegel im Plasma sowie auf einer gesteigerten endogenen Harnsäuresynthese durch vermehrte Bildung von 5-Phosphoribosyl-1-Pyrophosphat, einem Substrat der Glutamin-Phosphoribosylpyrophosphat-Amidotransferase, des geschwindigkeitsbestimmenden Enzyms der Purinsynthese (Abb. 3.93). Gichtanfälle können bei Patienten mit Glykogenspeicherkrankheit schon im Alter von 8 Jahren auftreten, bei mehreren Patienten entwickelte sich eine chronische Gicht (Neubaur et al. 1969; Howell 1972).

Alkohol

Beim Abbau von Äthanol durch die Alkoholdehydrogenase entsteht reduziertes NAD (NADH), das durch vermehrte Bildung von Laktat aus Pyruvat reoxidiert wird. Große Mengen von Alkohol führen über eine Hyperlaktazidämie zu einer verminderten renalen Harnsäureausscheidung und erhöhen dadurch den Plasmaharnsäurespiegel. Die Laktatkonzentration muß dabei einen Wert von 1,7 mmol/l übersteigen, bei 3,3 mmol/l wird die Ausscheidung von Harnsäure schon fast völlig

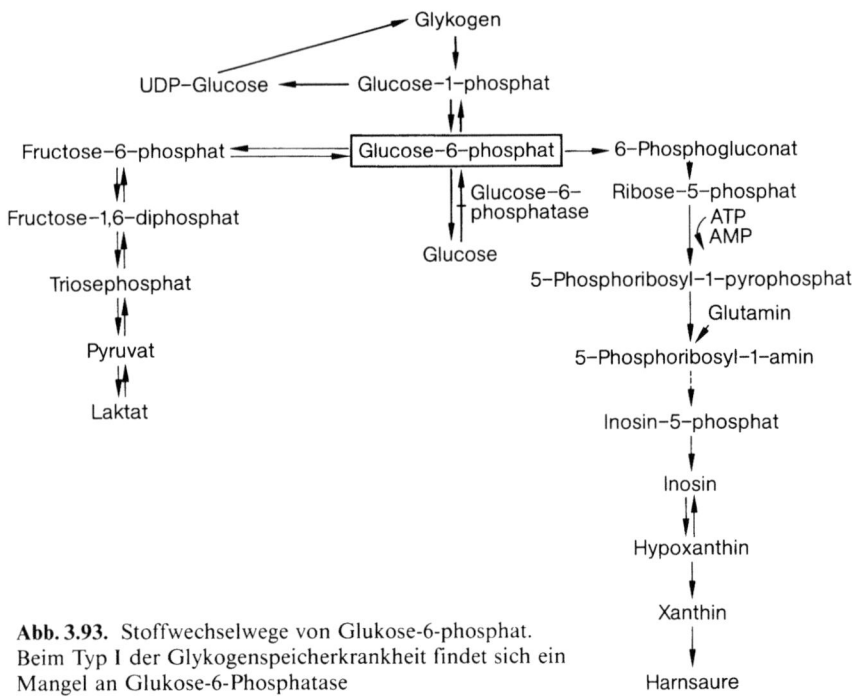

Abb. 3.93. Stoffwechselwege von Glukose-6-phosphat. Beim Typ I der Glykogenspeicherkrankheit findet sich ein Mangel an Glukose-6-Phosphatase

unterdrückt (Lieber 1965). Grunst et al. (1973, 1977) fanden nach Alkoholzufuhr außerdem eine vermehrte Harnsäuresynthese in der Leber. Diese Befunde wurden durch Faller u. Fox (1982) bestätigt und beruhen auf einem vermehrten Abbau von Adeninnukleotiden in der Leber (Abb. 3.94). Schließlich trägt auch der Puringehalt des Biers und die damit verbundene exogene Purinbelastung zur Anhebung des Plasmaharnsäurespiegels bei. Die Kombination von Alkohol und Fasten stellt einen additiven Faktor bezüglich der Erhöhung des Plasmaharnsäurespiegels dar (MacLachlan u. Rodnan 1967).

Akute schwere körperliche Belastung

Neben der Anhäufung von Laktat (Nichols et al. 1951) wird unter schwerer körperlicher Belastung auch eine erhöhte Harnsäurebildung durch vermehrten Abbau von Adenosintriphosphat (ATP) diskutiert (Knochel et al. 1974; Sutton et al. 1980).

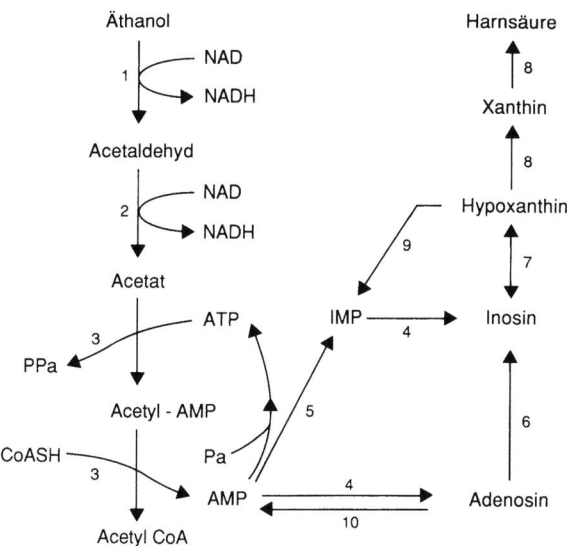

Abb. 3.94. Der Einfluß des Alkohols auf die Harnsäurebildung. Aus Äthanol entsteht Acetat. Zur Bildung von Acetyl-CoA wird Adenosintriphosphat (ATP) benötigt. Wird ein kleiner Anteil des entstehenden Adenosinmonophosphats (AMP) nicht zu ATP aufgebaut, so wird AMP via Adenosin, Inosin und den Oxypurinen zu Harnsäure abgebaut. Adenosin könnte durch Umwandlung zu AMP die ATP-Bildung stimulieren. *1* Alkoholdehydrogenase, *2* Aldehyddehydrogenase, *3* Acetyl-CoA-Synthase, *4* 5'-Nukleotidase, *5* AMP-Deaminase, *6* Adenosindeaminase, *7* Purinnukleosidphosphorylase, *8* Xanthinoxidase, *9* Hypoxanthinguaninphosphoribosyltransferase, *10* Adenosinkinase, *PPa* anorganisches Pyrophosphat, *Pa* anorganisches Phosphat, *IMP* Inosinmonophosphat. (Nach Faller u. Fox 1982)

Sekundäre Hyperurikämie und Gicht ungeklärter bzw. nicht eindeutig geklärter Genese

Psoriasis

Eisen u. Seegmiller gaben 1961 die Häufigkeit der Hyperurikämie bei ausgedehnter Psoriasis mit 30–50 % an. Zöllner (1976) beobachtete dagegen keine auffällige Häufung der Hyperurikämie bei Psoriasis. Holzmann et al. (1970) fanden bei Patienten mit Psoriasis eine erhöhte Konzentration von Glucose-6-Phosphat in den Erythrozyten. Sie schließen aus ihren Ergebnissen auf eine vermehrte Harnsäuresynthese als Ursache der Hyperurikämie bei Psoriasis.

Bartter-Syndrom

Meyer et al. berichteten 1975 über das Auftreten von Gichtanfällen beim Bartter-Syndrom. Die Autoren diskutieren als mögliche Ursache der Hyperurikämie eine verringerte renale Harnsäureausscheidung bei Alkalose.

Sarkoidose und Berylliose

Hyperurikämie wird bei Sarkoidose nicht selten beobachtet. Goldstein et al. (1974) geben eine Häufigkeit von 8% bei Frauen und 12% bei Männern an.
Bei der Berylliose fanden Kelley et al. (1969) eine Hyperurikämie bei 40% ihrer Patienten. Die Hyperurikämie wurde fast ausschließlich bei Patienten mit eingeschränkter Diffusionskapazität der Lunge (für Kohlenmonoxid) beobachtet. Da diese Patienten eine Hyperlaktazidämie aufweisen, ist anzunehmen, daß die Hyperurikämie renaler Genese ist.

Hyperparathyreoidismus

Scott et al. (1964) beobachteten bei 11 von 12 Patienten mit Hyperparathyreoidismus eine Hyperurikämie. 5 Patienten wiesen eine Gichtanamnese auf. Andere Autoren (z. B. Dent 1962) geben eine wesentlich niedrigere Inzidenz der Hyperurikämie bei Hyperparathyreoidismus an. Sieht man von der Niereninsuffizienz bei der Nephrokalzinose ab, so ist die Pathogenese der Hyperurikämie bei Hyperparathyreoidismus ungeklärt. Ein Einfluß von Parathormon auf die renale Harnsäureausscheidung konnte nicht beobachtet werden (Shelp et al. 1969). Christensson (1977) fand bei Patienten mit primärem Hyperparathyreoidismus eine positive Korrelation zwischen der Höhe des Serumharnsäurespiegels und der Höhe des Serumkalziumspiegels.

Mongolismus

Bei Patienten mit Mongolismus wird gehäuft eine Hyperurikämie beobachtet (Fuller et al. 1962; Pant et al. 1968). Die Ursache der Hyperurikämie ist unklar.

Schwangerschaftstoxikose

Bei der Schwangerschaftstoxikose werden nicht selten erhöhte Serumharnsäurespiegel beobachtet. Eine erhöhte tubuläre Harnsäurerückresorption sowie eine infolge Hyperlaktazidämie verminderte tubuläre

Harnsäuresekretion stellen Faktoren dar, die die Hyperurikämie verursachen (Common u. Wadsworth 1968).

3.7.4 Diagnose und Differentialdiagnose

Man unterscheidet die primäre Gicht, die auf dem angeborenen Stoffwechseldefekt der familiären Hyperurikämie beruht, von sekundären Formen. Zum Nachweis des angeborenen Stoffwechseldefekts dienen die Familienanamnese und Verwandtenuntersuchungen. Zum Nachweis von sekundären Formen einer Hyperurikämie und Gicht bedient man sich eines vollständigen Blutbildes (einschließlich Differentialblutbild). Unter Umständen sind weiterführende Untersuchungen notwendig. Störungen der Nieren sollten durch Untersuchung des Harns sowie durch Bestimmung von Harnstoff-N, Kreatinin und Elektrolyten erfaßt werden. Bei Nierenkrankheiten kann manchmal nicht entschieden werden, ob die Nierenschädigung Ursache oder Folge einer Hyperurikämie ist. Primäre Nierenkrankheiten, die zu Gicht führen, sind selten. Hyperlaktazidämien bzw. Ketoazidosen als Ursache einer Hyperurikämie lassen sich laborchemisch erfassen. Wichtig ist, daß bei jeder Hyperurikämie auch eine präzise Arzneimittelanamnese erhoben wird.

Literatur

Aronoff A (1960) Acute gouty arthritis precipitated by chlorothiazide. N Engl J Med 262: 767

Babucke G, Sagebiel L, Mertz DP (1976) Hyperurikämie bei Parkinson-Syndrom - zufällig oder wahrscheinlich? Münch Med Wochenschr 118: 1489

Bartelheimer HK, Kurme A, Altenähr E (1969) Gicht als Ursache akuten Nierenversagens bei einem 10jährigen Kind mit Reticulosarkomatose. Monatsschr Kinderheilk 117: 112

Buchanan WW, Klinenberg JR, Seegmiller JE (1965) The inflammatory response to injected microcrystalline monosodium urate in normal, hyperuricemic, gouty and uremic subjects. Arthritis Rheum 8: 361

Christensson T (1977) Serum urate in subjects with hypercalcaemic hyperparathyroidism. Clin Chim Acta 80: 529

Common AF, Wadsworth RJ (1968) An evaluation of serum uric acid estimations in toxemia of pregnancy. Aust NZ J Obstet Gynaecol 8: 197

Damon A, Holub DA (1958) Host factors in polycythemia vera. Ann Intern Med 49: 43

Deitrick JE (1940) The association of congenital hemolytic icterus and gout. Int Clin 3: 264

Dent CE (1962) Some problems of hyperparathyroidism. Br Med J 2: 1419

Einarson TR, Turchet EN, Goldstein JE, MacNay KR (1985) Gout - like arthritis after cimetidine and ranitidine. Drug Intell Clin Pharm 19: 201

Eisen AZ, Seegmiller JE (1961) Uric acid metabolism in psoriasis. J Clin Invest 40: 1486

Emmerson BT (1963) Chronic lead nephropathy. The diagnostic use of calcium EDTA and the association with gout. Aust Ann Med 12: 310

Emmerson BT (1974) Effect of oral fructose on urate production. Ann Rheum Dis 33: 276

Engelhardt R, von der Thann M, Löhr GW (1980) Die Prävention der akuten Urat-nephropathie. Med Welt 31: 1450

Faller J, Fox JH (1982) Ethanol – induced hyperuricemia. Evidence for increased production by activation of adenine nucleotide turnover. N Engl J Med 307: 1598

Förster H, Mehnert H, Alhong J (1967) Anstieg der Serumharnsäure nach Verabreichung von Fructose. Klin Wochenschr 45: 436

Förster H, Meyer E, Ziege M (1970) Erhöhung von Serumharnsäure und Serumbilirubin nach hochdosierten Infusionen von Sorbit, Xylit und Fruktose. Klin Wochenschr 48: 878

Förster H, Ziege M (1971) Anstieg der Serumharnsäurekonzentration nach oraler Zufuhr von Fruktose, Sorbit und Xylit. Z Ernährungswiss 10: 394

Fox JH, Kelley WN (1972) Studies on the mechanism of fructose-induced hyperuricemia in man. Metabolism 21: 713

Fuller RW, Luce MW, Mertz ET (1962) Serum uric acid in mongolism. Science 137: 868

Gershon SL, Fox IH (1974) Pharmacologic effects of nicotinic acid on human purine metabolism. J Lab Clin Med 84: 179

Goldfinger S, Klinenberg JR, Seegmiller JE (1965) Renal retention of uric acid induced by infusion of betahydroxybutyrate and acetoacetate. N Engl J Med 272: 351

Goldstein RA, Becker KD, Israel HL (1974) Urate metabolism in sarcoidosis. Arch Intern Med 133: 379

Gröbner W, Zöllner N (1971) unveröffentlicht

Grunst J, Dietze G, Wicklmayer M (1973) Einfluß von Äthanol auf den Purinkatabolismus der menschlichen Leber. Verh Dtsch Ges Inn Med 79: 914

Grunst J, Dietze G, Wicklmayr M (1977) Effect of ethanol on uric acid production of human liver. Nutr Metab 21 (Suppl 1): 138

Gutman AB (1953) Primary and secondary gout. Ann Intern Med 39: 1062

Hamilton LD (1956) Nucleic acid turnover studies in human leukaemic cells and the function of lymphocytes. Nature 178: 597

Heilmeyer L, Begemann H (1951) (Hrsg) Blut und Blutkrankheiten. Handbuch der Inneren Medizin, 4. Aufl, Bd II. Springer, Berlin Göttingen Heidelberg

Heuckenkamp PU, Zöllner N (1971) Fructose-induced hyperuricemia. Lancet I: 808

Heuckenkamp PU, Zöllner N (1975) Comparison and evaluation of utilisation of parenteral administered carbohydrates. Nutr Metab 18: 209

Hollander W, Wilkins RW (1966) The pharmacology and clinical use of rauwolfia, hydralazine, thiazides and aldosterone antagonists in arterial hypertension. Prog Cardiovasc Dis 8: 291

Holzmann H, Morsches B, Krapp R (1970) Über Stoffwechselbeziehungen zwischen Psoriasis vulgaris und sekundärer Gicht. Klin Wochenschr 48: 1461

Honda H, Gindin RA (1972) Gout while receiving levodopa for parkinsonism. J Am Med Assoc 219: 55

Howell RR (1972) The glycogen storage diseases. In: Stanbury JB, Wyngaarden JB, Fredrickson DS (eds) Metabolic basis of inherited disease. McGraw Hill, New York, p 149

Kelley WN, Goldfinger SE, Hardy HL (1969) Hyperuricemia in chronic beryllium disease. Ann Intern Med 70: 977

Knochel JP, Dotin LN, Hamburger RJ (1974) Heat, stress, exercise and muscle injury: Effects on urate metabolism and renal function. Ann Intern Med 81: 321

König E, Zöllner N (1962) Sekundäre Gicht bei Osteomyelosklerose und bei Polycythaemia vera. Med Klinik 57: 1741

Kolb FO, DeLalla OF, Gofmann JW (1955) The hyperlipidemias in disorders of carbohydrate metabolism. Serial lipoprotein studies in diabetic acidosis with xanthomatosis and in glycogen storage disease. Metabolism 4: 310

Krakoff IH, Balis ME (1964) Abnormalities of purine metabolism in human leukemia. Ann NY Acad Sci 113: 1043

Lambie CJ (1940) Study of juvenile gout in patients suffering from chronic erythronoclastic anemia of obscure origin, together with observations upon the physical state of uric acid in the blood and effects of splenectomy. Med J Aust 1: 535

Leschke E (1922) Hemolytic icterus and gout. Med Klin 18: 896

Lieber ChS (1965) Hyperuricemia induced by alcohol. Arthritis Rheum 8: 786

Lin HJ, Rocher LL, McQuillan MA, Schmaltz St, Palella TD, Fox JH (1989) Cyclosporine-induced hyperuricemia and gout. N Engl J Med 321: 287

Lynch EC (1962) Uric acid metabolism in proliferative diseases of the marrow. Arch Intern Med 109: 639

MacLachlan MJ, Rodnan GP (1967) Effect of food, fast and alcohol on serum uric acid and acute attacks of gout. Am J Med 42: 38

Meyer WJ, Gill JR Jr, Bartter FC (1975) Gout as a complication of Bartter's syndrome. A possible role for alkalosis in the decreased clearance of uric acid. Ann Intern Med 83: 56

Naimark A, Fyles TW (1960) Gout as a complication of chlorothiazide therapy. Can Med Assoc J 83: 819

Narins RG, Weisberg JS, Myers AR (1974) Effects of carbohydrates on uric acid metabolism. Metabolism 23: 455

Neubaur J, Wilms B, Söling HD, Creutzfeld W (1969) Gicht als Komplikation der Glykogenspeicherkrankheit beim Erwachsenen. Arch Klin Med 216: 148

Nichols J, Miller AT, Hiatt EP (1951) Influence of muscular exercise on uric acid excretion in man. J Appl Physiol 3: 501

Oliva PB (1970) Lactic acidosis. Am J Med 48: 209

Owen TK, Roberts JC (1937) Acholuric jaundice and gout. Br Med J 2: 661

Padova J, Bendersky G (1962) Hyperuricemia in diabetic ketoacidosis. N Engl J Med 267: 530

Pant SS, Moser HW, Krane SM (1968) Hyperuricemia in Down's Syndrome. J Clin Endocrinol Metab 28: 472

Parsons WB (1961) Studies of nicotinic acid use in hypercholesterolemia. Arch Intern Med 107: 653

Perheentupa J, Raivio K (1967) Fructose-induced hyperuricemia. Lancet 2: 528

Pochedly C (1974) Hyperuricemia in leukemia and lymphoma. Postgrad Med 55: 93

Postlethwaite AE, Bartel AG, Kelley WN (1972) Hyperuricemia due to ethambutol. N Engl J Med 286: 761

Richards P (1979) Drug induced diseases; Drug induced metabolic disease. Br Med J I: 1128

Richet G, Mignon F, Ardaillon R (1965) Goutte secondaire de nephropathies chroniques. Presse Med 73: 633

Rieselbach RE, Steele TH (1974) Influence of the kidney upon urate homeostasis in health and disease. Am J Med 56: 665

Sarre H, Mertz DP (1965) Sekundäre Gicht bei Niereninsuffizienz. Klin Wochenschr 43: 1134

Scott JT, Dixon ASt, Bywaters EG (1964) Association of hyperuricemia and gout with hyperparathyroidism. Br Med J 5390: 1070

Sears WG (1933) The occurrence of gout during treatment of pernicious anemia. Lancet 1: 24

Shelp WD, Steele TH, Rieselbach RE (1969) Comparison of urinary phosphate, urate and magnesium excretion following parathyroid hormone administration to normal man. Metabolism 18: 63

Sørensen LB (1960) The elimination of uric acid in man studied by means of ^{14}C-labeled uric acid. Scand J Clin Lab Invest 12 (Suppl 54): 1

Sørensen LB (1980) Gout secondary to chronic renal disease: studies on urate metabolism. Ann Rheum Dis 39: 424

Suki WN, Hull AR, Rector FC, Seldin DW (1967) Mechanism of the effect of thiazide diuretics on calcium and uric acid. J Clin Invest 46: 1121

Sutton JR, Toews CJ, Ward GR, Fox IH (1980) Purine metabolism during strenuous muscular exercise in man. Metabolism 29: 254

Schwenk HU, Schneider U (1982) Lebensbedrohliche Hyperurikämie bei zytostatischer Leukämie-Therapie. Fortschr Med 100: 454

Steele TH, Rieselbach RE (1967) The contribution of residual nephrons within the chronically diseased kidney to urate homeostasis in man. Am J Med 43: 876

Steele TH, Oppenheimer S (1969) Factors affecting urate excretion following diuretic administration in man. Am J Med 47: 564

Stroebel CF, Law WM (1956) Polycythemia vera. Med Clin North Am 40: 1045

Talbott JH (1959) Gout and blood dyscrasias. Medicine 38: 173

Thannhauser SJ (1929) Lehrbuch des Stoffwechsels und der Stoffwechselkrankheiten. Bergmann, München

Tinney WS, Polley HF, Hall BE, Griffin HZ (1945) Polycythemia vera and gout: report of eight cases. Proc Mayo Clin 20: 49

Videbaek A (1950) Polycythaemia vera: course and prognosis. Acta Med Scand 138: 179

Vining CW, Thompson JG (1934) Gout and aleukemic leukemia in a boy aged five. Arch Dis Child 9: 277

Wasserman LR (1954) Polycythemia vera: Its course and treatment: Relation to myeloid metaplasia and leukemia. Bull NY Acad Med 30: 343

Weisberger AS, Persky L (1953) Renal calculi and uremia as complications of lymphoma. Am J Med Sci 225: 669

Woolliscroft JO, Colfer H, Fox IH (1982) Hyperuricemia in acute illness: a poor prognostic sign. Am J Med 72: 58

Wyngaarden JB, Kelley WN (1976) Gout and hyperuricemia. Grune & Stratton, New York San Francisco London

Yü TF, Sirota JH, Berger L, Halpern M, Gutman AB (1957) Effect of sodium lactate infusion on urate clearance in man. Proc Soc Exp Biol Med 96: 809

Yü TF (1965) Secondary gout associated with myeloproliferative diseases. Arthritis Rheum 8: 765

Zöllner N (1960) Moderne Gichtprobleme. Ätiologie, Pathogenese, Klinik. Ergeb Inn Med Kinderheilkd 14: 321

Zöllner N (1976) Sekundäre Hyperurikämie und sekundäre Gicht. In: Zöllner N, Gröbner W (Hrsg) Handbuch der Inneren Medizin, Bd. VII/3 Springer, Berlin Heidelberg New York, S 164

4 Therapie und Prophylaxe der Gicht

4.1 Wann behandelt man die Hyperurikämie?*

H. F. Woods

4.1.1 Epidemiologie der Hyperurikämie

Die Inzidenz der Hyperurikämie wurde mit Hilfe von Screeninguntersuchungen der Bevölkerung und der Anwendung automatisierter Analysegeräte untersucht. Es wurde festgestellt, daß es innerhalb der Bevölkerung Individuen gibt, deren Serumharnsäurekonzentration erhöht ist. Die Definition, ab wann man von einer erhöhten Serumharnsäurekonzentration spricht, bietet einige interessante Probleme. Reihenuntersuchungen von normalen Individuen haben gezeigt, daß die Serumharnsäurewerte von Männern und Frauen derselben Verteilung folgen mit einer positiven Verschiebung bei den Männern (Mikkelsen et al. 1965; Hall et al. 1967; Griebsch u. Zöllner 1973). Innerhalb dieser Verteilungen müssen die Werte, welche die Hyperurikämie kennzeichnen, am oberen Ende liegen, und ihre Menge wird von der Festlegung der oberen Normgrenze abhängen. In vielen Fällen wurden die epidemiologischen Daten in Form von Einzelmessungen gesammelt. Die Serumharnsäurekonzentration wird von vielen Faktoren beeinflußt: Männer haben im allgemeinen einen höheren Wert als Frauen. Während der Pubertät steigt die Harnsäurekonzentration bei Männern an und bleibt anschließend konstant, bei Frauen steigt sie mit zunehmendem Alter. Einige Arbeiten (Goldstein et al. 1972) haben jahreszeitliche Schwankungen aufgezeigt. Die Durchschnittskonzentrationen variieren mit der Rasse und anderen genetischen Faktoren, Körperbautyp, sozialer Klasse, Ernährung sowie Umgebung und sind teilweise von der Meßmethode abhängig. Dies alles ist zu berücksichtigen, wenn epidemiologische Daten beurteilt werden.

---

* Übersetzt von I. Kamilli.

4.1.2 Definition der Hyperurikämie

Die Bestimmung der Serumharnsäurekonzentration kann sowohl dem Screening als auch der Diagnose dienen. Als Screeningtest könnte die Messung unter einer scheinbar gesunden Bevölkerung diejenigen identifizieren, die ein ausreichend hohes Risiko haben, eine spezifische Störung zu entwickeln, um damit diagnostische Maßnahmen zu rechtfertigen oder unter bestimmten Umständen präventive Maßnahmen wie eine medikamentöse Therapie einzuleiten.

Als diagnostischer Test verhilft die Serumharnsäurebestimmung zur Diagnose einer spezifischen Störung, in diesem Fall der Gicht.

Die Definition der Hyperurikämie kann auf verschiedenen Wegen erfolgen: a) Aufgrund statistischer Erkenntnisse, b) unter Verwendung klinischer Kriterien, um Hyperurikämie in Abhängigkeit von dem Risiko zu definieren, eine Erkrankung zu entwickeln, die durch eine hohe Serumharnsäurekonzentration verursacht wird, oder c) als die Harnsäurekonzentration, bei der das Risiko, eine Komplikation zu entwickeln, größer ist als das Behandlungsrisiko.

Die statistische Definition der Hyperurikämie

Eine Serumharnsäurekonzentration, die um mehr als 2 Standardabweichungen höher ist als der Durchschnittswert eines bestimmten Kollektivs, könnte eine Hyperurikämie anzeigen. Da jedoch die Serumharnsäurekonzentration bei Männern ungleich verteilt ist, wurde die Anwendung parameterfreier Methoden der statistischen Analysen vorgeschlagen, um einen normalen Konzentrationsbereich zu definieren. Die beiden statistischen Methoden ergeben verschiedene Obergrenzen für die Serumharnsäurekonzentration (Mikkelsen et al. 1965; Griebsch u. Zöllner 1973) wie in Tabelle 4.1 gezeigt wird.

Eine allgemein errechnete obere Grenze für die Serumharnsäurekonzentration ist 7 mg/dl (0,42 mmol/l) für Männer und 6 mg/dl (0,36 mmol/l) für Frauen (Wyngaarden u. Kelley 1983). Werden diese Grenzwerte auf Bevölkerungsgruppen angewandt, variiert die Prävalenz der Hyperurikämie stark (Tabelle 4.2). Im allgemeinen ist die Hyperurikämie häufig, in der europäischen Bevölkerung wird eine Prävalenz von etwa 5% gefunden. In Kollektiven von Krankenhauspatienten ist die Prävalenz wesentlich höher, was teilweise auf Erkrankungen wie Niereninsuffizienz und auf die Effekte medikamentöser Therapie, besonders mit Diuretika, zurückzuführen ist. Die Prävalenz der Hyperurikämie ist in einigen ethnischen Gruppen deutlich höher als bei Europäern.

Tabelle 4.1. Obergrenze für die Serumharnsäurekonzentration (Nach Mikkelsen et al. 1965)

Statistische Methode	Obergrenze der Serumharnsäure [mg/dl]	
	Männer	Frauen
Durchschnitt ±2 SD	7,7	6,6
Parameterfreie Analyse	7,4	6,8

Tabelle 4.2. Prävalenz von Hyperurikämie in verschiedenen Kollektiven. (Nach Woods et al. 1986)

Kollektive	Prozentsatz der Bevölkerung mit Hyperurikämie		Literatur
	Männer (> 7 mg/dl)	Frauen (> 6 mg/dl)	
U. K. (Wensleydale)	2,3	2,3	Popert u. Hewitt (1962)
USA (Tecumseh)	6,42	6,27	Mikkelsen et al. (1965)
USA (Framingham)	4,8	-	Hall et al. (1967)
Finnland (Landbevölkerung)	5,2	-	Isomaki u. Takkumen (1969)
USA (Krankenhauspatienten)	13,2	-	Paulus et al. (1970)
Frankreich	17,6	-	Zalokar et al. (1972)
Neuseeland (Maori)	> 40	> 40	Prior u. Rose (1966)

Hyperurikämie definiert in Abhängigkeit vom Risiko, eine Erkrankung zu entwickeln

Um die Beziehung zwischen Serumharnsäurekonzentration und der Entwicklung einer Erkrankung zu untersuchen, kann zum einen festgestellt werden, ob die Messung der Serumharnsäurekonzentration dazu beiträgt, die Diagnose Gicht zu stellen. Zum anderen ist die Beziehung zwischen Serumharnsäurekonzentration und dem daraus folgenden Erkrankungsrisiko zu überprüfen.

Der erste Weg wäre einfach, wenn die Verteilung der Serumharnsäurewerte bei Gesunden und Gichtkranken eine deutliche Trennung ergeben würde. Die Arbeit von Seegmiller et al. (1963) zeigte jedoch eine beträchtliche Überlappung der Werte von gichtkranken und nicht gichtkranken männlichen Personen innerhalb des Bereichs von 6,0 bis 7,5 mg/dl. 9% der Gichtkranken hatten Werte unterhalb der allgemein errechneten oberen Normgrenze von 7 mg/dl. Zusätzlich hatten einige gesunde Personen Serumharnsäurekonzentrationen oberhalb dieser fest-

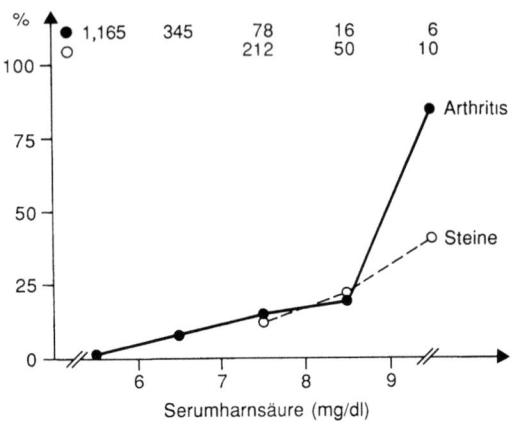

Abb. 4.1. Die Prävalenz von Gichtarthritis *(gefüllte Kreise)* und Nierensteinen *(offene Kreise)* in Abhängigkeit von der Serumharnsäurekonzentration. Die Daten stammen von Hall et al. (1967). Die Ziffern zeigen die Anzahl der Personen, die bei jeder Serumharnsäurekonzentration untersucht wurden. (Nach Woods 1989)

gelegten Grenze. Somit ist die alleinige Messung der Serumharnsäure kein zuverlässiger Indikator der Gicht. Die Serumharnsäurekonzentration muß vielmehr im Zusammenhang mit dem klinischen Bild interpretiert werden. Manchmal findet sich Gichtarthritis auch bei Personen mit „normalen" Serumharnsäurewerten.

Der zweite Weg, eine Beziehung herzustellen zwischen der Serumharnsäurekonzentration und dem nachfolgendem Risiko, eine Gichtarthritis oder Harnsäuresteine zu entwickeln, wurde sowohl durch Einzelmessungen als auch in Längsschnittstudien untersucht. Zalokar et al. (1972) benutzten Einzelbestimmungen von Serumharnsäurekonzentrationen in einem großen Kollektiv. Sie fanden bei den Männern mit einer Serumharnsäure über 10 mg/dl eine 10fach höhere Prävalenz von Gichtarthritis als bei Männern mit einer Serumharnsäure zwischen 7,0 und 7,9 mg/dl. Hall et al. (1967) haben in einer Längsschnittstudie an unbehandelten Personen über einen Zeitraum von 14 Jahren die Prävalenz von Gichtarthritis und Nierensteinen in der Bevölkerung von Framingham (USA) bestimmt. Abbildung 4.1 zeigt die Ergebnisse bei der männlichen Bevölkerung. Das Risiko, Gichtarthritis oder Nierensteine zu entwickeln, nimmt mit steigender Serumharnsäurekonzentration zu. Die Daten der weiblichen Bevölkerung zeigten eine ähnliche Tendenz, aber das Risiko, eine manifeste Gicht zu entwickeln, war geringer. Die Interpretation dieser Daten wird allerdings erschwert durch die geringe Anzahl von Personen mit einer hohen Serumharnsäurekonzentration (> 8 mg/dl).

Schließlich kann auch noch das relative jährliche Risiko berechnet werden, eine Komplikation der Hyperurikämie zu entwickeln. Fessel (1979) berechnete bei Personen mit asymptomatischer Hyperurikämie und bei Personen mit manifester Gicht im Vergleich zu einem Kontrollkollektiv das relative jährliche Risiko, Nierensteine zu bilden. Die Ergebnisse zeigen, daß eine asymptomatische Hyperurikämie das Risiko im Vergleich zur Kontrollgruppe verdreifacht. Personen mit manifester Gicht wiederum hatten ein doppelt so hohes Risiko wie Personen mit asymptomatischer Hyperurikämie.

4.1.3 Therapie und Therapierisiken

Wie aus den experimentellen Daten hervorgeht, ist die Definition von Hyperurikämie weitgehend willkürlich festgelegt. Die Risiken können eine beträchtliche Zeit bestehen, ehe die Krankheit manifest wird, obwohl es eine lineare Beziehung zwischen dem Ausmaß der Hyperurikämie und dem Risiko, Gichtarthritis und Harnsäuresteine zu entwickeln, gibt. Außerdem ist die Gicht, obwohl sie erhebliche Beschwerden und Unannehmlichkeiten verursacht, keine tödliche oder lebensverkürzende Erkrankung, außer wenn chronische Niereninsuffizienz oder Hypertonie dazukommen.

Bei der Therapieentscheidung müssen Risiko und Nutzen für den Patienten abgewogen werden. Wenn bei einem Patienten zum ersten Mal eine Gichtarthritis auftritt, so hängt die Entscheidung für eine Langzeittherapie von den klinischen Umständen ab. Ist der Patient hyperurikämisch, kommt es auf die systemischen Komplikationen der Gicht an, insbesondere die Niereninsuffizienz und das Risiko, daß der Patient eine weitere Gichtarthritisattacke erleidet. Gutman (1973) bestimmte in einer Längsschnittstudie den Prozentsatz von Patienten, bei denen erneut eine akute Gichtarthritis auftrat, in Abhängigkeit von der Zeitspanne zwischen den einzelnen Gichtanfällen (interkritische Periode). Er fand heraus, daß 78% der Patienten innerhalb von 2 Jahren nach dem ersten Gichtanfall einen zweiten erleiden. Wenn also eine Hyperurikämie (wie auch immer definiert) zusammen mit Manifestationen der Gicht vorkommt, sollte der Arzt sich für eine harnsäuresenkende Therapie entscheiden. Dies reduziert das Risiko weiterer Anfälle und das Auftreten extraartikulärer Gichtmanifestationen. Allopurinol senkt bei Patienten mit manifester Gicht die Häufigkeit akuter Arthritisanfälle und mindert die Inzidenz einer Nierenschädigung (Rundles et al. 1966; Bartels 1966; Coe 1977; Scott 1980). Der Nutzen der Allopurinoltherapie ist nun gegen die Risiken abzuwägen: Tödliche Reaktionen sind selten, und der Abbruch der Behandlung bei Auftreten eines Arzneimittelexanthems reicht aus, um Gewebs- und Organschäden zu verhindern (Rundles 1985). Es ist jedoch nicht festzustellen, ob das Risiko einer unbehandelten Gicht, die zu Nierenschaden, Hypertonie und Tod führen kann, größer ist als die Inzidenz tödlicher Reaktionen auf Allopurinol.

Probleme wirft die Therapieentscheidung dann auf, wenn eine asymptomatische Hyperurikämie behandelt werden soll. Das Risiko, einen Nierenstein zu bekommen, ist für Patienten mit vorausgegangener asymptomatischer Hyperurikämie nur etwas größer als das eines Kontrollkollektivs (Fessel 1979). Selbst wenn man unterstellt – was bislang nicht bewiesen ist –, daß eine harnsäuresenkende Behandlung das Risiko der Nierensteinbildung mindert, würde bei vielen Menschen die Therapie in keinem Verhältnis zum erreichbaren Effekt stehen. Asymptomatische Hyperurikämie scheint nicht für eine Niereninsuffizienz zu prädisponieren, wie Messungen von Serumharnsäure und Kreatinin ergaben (Fessel 1979). Zudem hat eine Senkung der Serumharnsäure durch Allopurinol bei asymptomatischen hyperurikämischen Patienten keinen Einfluß auf die Kreatininclearance oder den Blutdruck, wie Vergleiche mit Placebotherapie zeigen (Rosenfeld 1974). Außerdem gibt es bisher keine klinische Untersuchung, die zeigt, ob eine Senkung der Serumharnsäurekonzentration in einem asymptomatischen hyperurikämischen Kollektiv die Prävalenz der Gichtarthritis senkt.

Tabelle 4.3. Wann behandelt man eine asymptomatische Hyperurikämie: einige Empfehlungen

Serumharnsäure [mg/dl]	Autor
> 9	Smith (1975)
> 9	Wyngaarden u. Kelley (1976)
> 9	Gröbner (1989)
> 10	Hart (1980)
> 13	Kelley (1981)
> 13	Nuki (1987)

Trotz fehlender Daten darüber, welche Patienten mit asymptomatischer Hyperurikämie von einer Behandlung profitieren könnten, wurden eine Reihe von Empfehlungen ausgesprochen, wann eine Therapie begonnen werden soll (Tabelle 4.3). Im allgemeinen ist die Schwelle zur Behandlung jedoch über die Jahre angestiegen. Einige Fachleute (Wyngaarden 1982; Baylis et al. 1984) empfehlen, keine Therapie durchzuführen. Diese Empfehlung stimmt mit den verfügbaren Erkenntnissen überein.

Literatur

Bartels EC (1966) Allopurinol (xanthine oxidase inhibitor in the treatment of gout). J Am Med Ass 198: 708-712

Bayliss RIS, Clark CA, Whitehead TP, Whitfield AGW (1984) The management of hyperuricaemia. J R Coll Physicians Lond 18: 144-146

Coe FL (1977) Treated and untreated calcium nephrolithiasis in patients with idiopathic hypercalcuria, hyperuricosuria or no metabolic disorder. Ann Intern Med 87: 404

Fessel WJ (1979) Renal outcomes of gout and hyperuricemia. Am J Med 67: 74-82

Goldstein RA, Becker KL, Moor CF (1972) Serum urate in healthy men - intermittent elevations and seasonal effect. N Engl J Med 287: 649-650

Griebsch A, Zöllner N (1973) Normalwerte der Plasmaharnsäure in Süddeutschland im Vergleich mit Bestimmungen vor zehn Jahren. Z Klin Chem Klin Biochem 11: 348-356

Gröbner W (1989) „Diet and Drug Treatment of Gout" In: Wolfram G (ed) Genetic and therapeutic aspects of lipid and purine metabolism. Springer Berlin Heidelberg New York Tokyo, pp 145-154

Gutman AB (1973) The past four decades of progress in the knowledge of gout with an assessment of the present status. Arthritis Rheum 16: 431-435

Hall AP, Barry PE, Dawber TR, McNamara PM (1967) Epidemiology of gout and hyperuricemia. Am J Med 42: 27-37

Hart FD (1980) Rheumatic disorders. In: Avery GS (ed) Drug treatment principles and practice of clinical pharmacology and therapeutics, 2nd edn. Edinburgh Harlow New York, Churchill Livingstone, p 878

Isomaki HA, Takkumen H (1969) Gout and hyperuricaemia in a finnish rural population. Acta Rheumatol Scand 15: 112-120

Kelley WN (1981) Approach to the patient with hyperuricaemia. In: Kelley WN, Harris Ed, Ruddy S, Sledge SB (eds) Textbook of rheumatology. Saunders, Philadelphia London, p 497

Mikkelsen WM, Dodge HJ, Valkenburg H (1965) The distribution of serum uric acid values in a population unselected as to gout or hyperuricemia. Am J Med 39: 242-251

Nuki G (1987) „Disorders of purine metabolism" In: Weatherall DJ, Ledingham JGG, Warrell DA (eds) Oxford Textbook of Medicine, vol 1, 2nd edn. Oxford University Press, Oxford, pp 9123-9135

Paulus HE, Coutts A, Calabro JJ, Klinenberg JR (1970) Clinical significance of hyperuricemia in routinely screened hospitalized men. JAMA 211: 277-281

Popert AJ, Hewitt JU (1962) Gout and hyperuricaemia in rural and urban populations. Ann Rheum Dis 21: 154-163

Prior IAM, Rose BS (1966) Uric acid, gout and public health in the South Pacific. NZ Med J 65: 295-300

Rosenfeld JB (1974) Effect of long-term Allopurinol administration on serial GFR in normotensive and hypertensive hyperuricaemic subjects. In: Sperling O, de Vries A, Wyngaarden JB (eds) Purine metabolism in man. Plenum Press, New York, pp 581-596

Rundles RW (1985) The development of allopurinol. Arch Intern Med 145: 1492-1503

Rundles RW, Metz EN, Silberman HR (1966) Allopurinol in the treatment of gout. Ann Intern Med 64: 229-258

Scott JT (1980) Long-term management of gout and hyperuricaemia. Br Med J 281: 1164

Seegmiller JE, Laster L, Howell RR (1963) Biochemistry of uric acid and its relation to gout. N Engl J Med 268: 712-721

Smith LH (1975) Disorders of purine metabolism. In: Beeson PB, McDermott W (eds): Textbook of medicine, 14th edn. Saunders, Philadelphia London, p 1660

Woods HF (1986) When to treat hyperuricaemia. Verh Dtsch Inn Med 92: 497-502

Woods HF (1989) Clinical Aspects of Gout. In: Wolfram G (ed) Genetic and therapeutic aspects of lipid and purine metabolism. Springer Berlin Heidelberg New York Tokyo, pp 137-144

Wyngaarden RG (1982) Gout. In: Wyngaarden JB, Smith LH (eds) Textbook of medicine, 16th edn. Saunders, Philadelphia, p 1117

Wyngaarden JB, Kelley WN (1976) Gout and hyperuricaemia. Grune & Stratton, New York San Francisco London. p 461

Wyngaarden JB, Kelley WN (1983) Definition and significance of hyperuricemia. In: Stanbury JB, Wyngaarden JB, Fredrickson DS, Goldstein JL, Brown MS (eds) The Metabolic Basis of Inherited Disease, 5th edn., McGraw-Hill, New York

Zalokar J, Lellouch J, Claude JR, Kuntz D (1972) Serum uric acid in 23,923 men and gout in a subsample of 4,257 men in France. J Chronic Dis 25: 305-312

4.2 Diät

W. Spann, G. Wolfram

Diät - eine heute noch notwendige Form der Therapie? Die medikamentöse Behandlung der Gicht ist wirksam und erscheint zumindest derzeit problemlos. Dennoch ergeben sich in der ärztlichen Praxis immer wieder gewichtige Gründe für eine Diättherapie.

Die Ernährung ist für die Entstehung und den Verlauf der Gicht sicher von entscheidender Bedeutung. Allein die Tatsache, daß nach Ende des 2. Weltkriegs in Deutschland die Krankheit Gicht so gut wie verschwunden war, rechtfertigt diese Auffassung. Mit zunehmendem Lebensstandard und somit üppigeren Eßgewohnheiten trat die Krankheit immer häufiger auf. Epidemiologische Untersuchungen zeigen, daß in den USA 3% der erwachsenen Männer bis zum 65. Lebensjahr einen Gichtanfall erleiden (Hall et al. 1967). Für eine ausgewählte süddeutsche Bevölkerung haben Zöllner u. Griebsch (1973) eine ähnliche Feststellung getroffen.

In welchen Fällen ist nun eine Diätempfehlung im Rahmen einer Therapie der Hyperurikämie angezeigt?

Eine spezielle Indikation für eine ausschließliche Diättherapie ist bei asymptomatischen Patienten mit Hyperurikämie gegeben (Abb. 4.2). Bei einem Serumharnsäurespiegel unter 8,5-9 mg/dl ist eine medikamentöse Behandlung nicht indiziert, weil die Wahrscheinlichkeit des Auftretens einer Gichtsymptomatik gering ist und somit die Risiken einer medikamentösen Therapie nicht gerechtfertigt sind. Aber auch höhere Harnsäu-

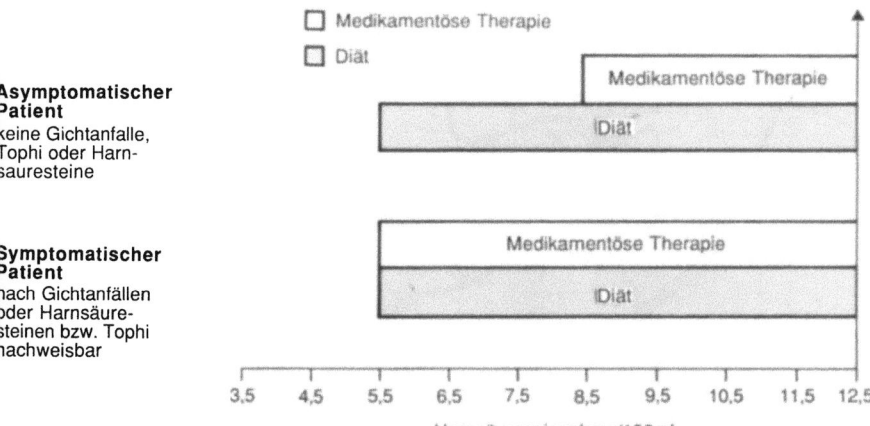

Abb. 4.2. Indikation zur diätetischen und medikamentösen Behandlung der Hyperurikämie in Abhängigkeit vom Serumharnsäurespiegel

respiegel sind bei asymptomatischen Patienten nur unter bestimmten Voraussetzungen Grund zur medikamentösen Therapie; die Diät steht auch hier im Vordergrund.

Kann bei bereits durchgemachter Symptomatik auf die Anwendung von Medikamenten nicht verzichtet werden, so läßt sich durch ergänzende diätetische Maßnahmen die Arzneimitteldosis auf das unbedingt Notwendige reduzieren. Bei vielen Gichtpatienten bestehen darüber hinaus weitere Wohlstandserkrankungen, z. B. eine Hyperlipidämie, die durch ähnliche Diätempfehlungen ebenfalls zu bessern sind.

Allopurinol bzw. Urikosurika können nur die Auswirkungen fehlerhafter Eßgewohnheiten verringern, eine Reduktion der Zufuhr von Purinkörpern muß auch heute noch mit Diätvorschriften erfolgen. Die Ernährungstherapie ist also nach wie vor ein wesentlicher Bestandteil in der Behandlung der Hyperurikämie; sie verringert Risiken und Kosten der Arzneimitteltherapie.

4.2.1 Welche Nährstoffe beeinflussen den Harnsäurestoffwechsel?

Purinkörper

Endprodukt des Abbaus aller Purinkörper und Ausscheidungsmetabolit des Purinstoffwechsels ist beim Menschen die Harnsäure. Der Gesamtbestand des Menschen an Harnsäure, der Pool, wird durch 3 Größen

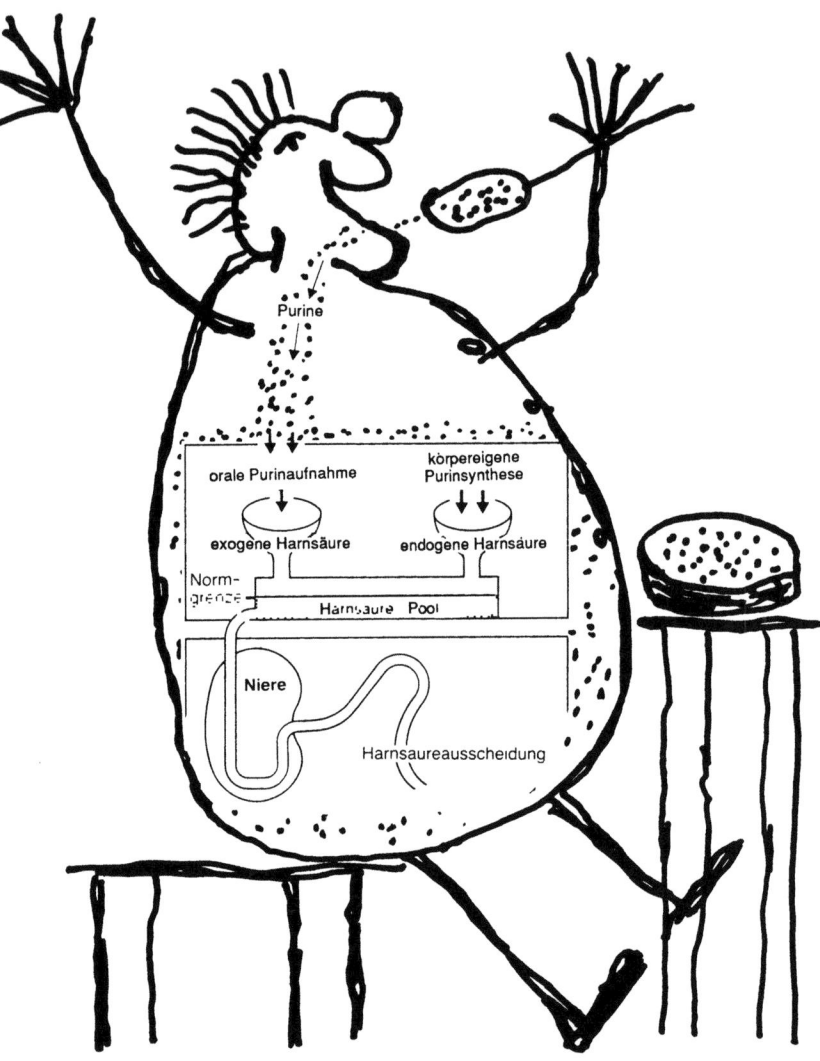

Abb. 4.3. Harnsäureentstehung, Harnsäurepool und Harnsäureausscheidung

beeinflußt: durch die Zufuhr mit der Nahrung (exogene Harnsäure), durch die Neusynthese (endogene Harnsäure) und durch die Ausscheidung (Abb. 4.3). Oral zugeführte Purine vergrößern den Harnsäurepool direkt, da sie zu Harnsäure abgebaut werden. Oral zugeführte Kohlenhydrate, Fette und Eiweiße beeinflussen den Harnsäurestoffwechsel indirekt, indem sie entweder einen beschleunigten Abbau der Harnsäurevorläufer auslösen oder über Metaboliten in die Harnsäureausscheidung eingreifen.

Resorption der Purinkörper

In der Nahrung liegen die Purinkörper zum Teil als hochmolekulare Nukleoproteide in Form von RNS und DNS vor. Die Nukleinsäuren werden durch die proteolytischen Enzyme des Pankreas freigesetzt, sodann von den Nukleasen (Ribonukleasen a und b, Desoxyribonuklease 1 und 2) zu Oligonukleotiden und weiter von Phosphodiesterasen zu Mononukleotiden gespalten (Abb. 4.4). Gruppenspezifische Nukleosid-5-Phosphatasen, aber auch verschiedene unspezifische Phosphatasen spalten die Nukleotide in Nukleoside und Orthophosphat.

Die in der Nahrung vorliegenden Mononukleotide werden vor der Resorption ebenfalls zu Nukleosiden abgebaut. Zur Resorption gelangen im wesentlichen Inosin und Guanosin bzw. d-Inosin und d-Guanosin. Inwieweit Adenosin als Abbauprodukt der Nahrungspurine resorbiert wird, ist unklar. Als Substanz oral verabreicht werden Hypoxanthin, Adenin und Guanin ebenfalls resorbiert (Abb. 4.4).

In den Mukosazellen des Dünndarms weisen Enzyme, die den Abbau von Hypoxanthin und Guanin zu Harnsäure katalysieren, eine hohe Aktivität auf. Es ist somit wahrscheinlich, daß ein großer Teil der resorbierten Purine bereits im Dünndarm zu Harnsäure abgebaut wird. Dies steht mit Untersuchungen im Einklang, die nach oraler Gabe von N-markierten Hefenukleinsäuren zwar einen Einbau markierten Stickstoffs in Harnsäure, nicht aber in Nukleinsäuren verschiedener Gewebe fanden (Wilson et al. 1952). Ein Teil der resorbierten Purine gelangt wahrscheinlich bereits als das Abbauprodukt Harnsäure ins Blut und wird renal ausgeschieden.

Etwa ein Fünftel der täglich insgesamt umgesetzten Harnsäure wird wieder ins Darmlumen abgegeben. Hier wird sie durch die Darmbakterien zum überwiegenden Teil abgebaut, ein Teil der entstehenden Zwischenprodukte wird nochmals resorbiert.

Wirkung alimentär zugeführter Purine

Wirkung purinarmer und purinfreier Diäten unter Versuchsbedingungen:
Der Zusammenhang von Ernährungsgewohnheiten und Entstehung der Gicht war bereits Hippokrates bekannt. Ende letzten Jahrhunderts wurde begonnen, den bis dahin vermuteten Zusammenhang zwischen alimentären Faktoren und Gicht nach naturwissenschaftlichen Methoden zu untersuchen. Um die Jahrhundertwende gelang Burian u. Schur (1900, 1901, 1903) der Nachweis, daß unter purinarmer Diät die Harnsäureaus-

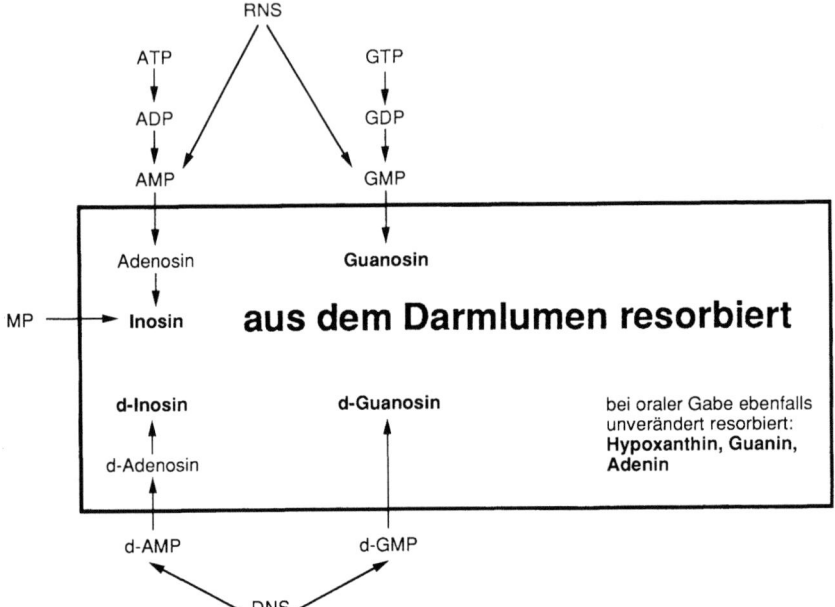

Abb. 4.4. Über die Nahrung zugeführte Purine werden im Darmlumen abgebaut und als Inosin- bzw. Guanosinverbindung resorbiert. Ob Adenosin direkt resorbiert wird, ist noch unklar. Bei oraler Gabe werden die Substanzen Hypoxanthin, Guanin und Adenin ohne weiteren Abbau ebenfalls resorbiert

scheidung von üblicherweise 1 g auf Werte um 200 mg/Tag absinkt. Diesen Wert nannten sie damals den endogenen Harnsäurewert. Der Zusammenhang zwischen exogener Purinzufuhr und Harnsäurestoffwechsel war somit erwiesen.

Epidemiologische Untersuchungen aus der Zeit während und nach den Weltkriegen konnten die Bedeutung der Ernährung nochmals bestätigen (Grafe 1953).

Nach dem zweiten Weltkrieg wurde von mehreren Arbeitsgruppen das Verhalten von Serum- und Urinharnsäurekonzentrationen unter streng purinarmer Diät genau untersucht (Tabelle 4.4). Faßt man die Ergebnisse dieser Untersuchungen zusammen, so fiel im Durchschnitt unter streng purinarmer Diät der Serumharnsäurespiegel unter 5 mg/dl (4,7 ± 0,8 mg/dl), die Harnsäureausscheidung unter 450 mg/Tag (420 ± 80 mg/Tag) ab (Griebsch u. Kaiser 1976).

Genaue Angaben über die endogen produzierte Harnsäuremenge lassen sich aber nur mit Hilfe völlig purinfreier Diäten ermitteln. Verabreicht man isoenergetische Mengen einer purinfreien Formeldiät, so verringert

Tabelle 4.4. Harnsäureplasmaspiegel und Harnsäureausscheidung unter streng purinarmer Diät. (Nach Griebsch u. Kaiser 1976)

n	Harnsäure-plasmaspiegel [mg/dl]	Harnsäure-ausscheidung [mg/Tag]	Autor
22	4,69 ± 0,68	-	Seegmiller et al. 1961
20	4,7 ± 0,6	392 ± 66	Waslien et al. 1968
7	5,4 ± 1,0	394 ± 50	Waslien et al. 1970
7	3,15 ± 0,30	343 ± 96	Griebsch und Zöllner 1970 a

sich sowohl die Harnsäureausscheidung als auch die Serumharnsäurekonzentration (Abb. 4.5). Nach etwa 10 Tagen stellt sich bei beiden Parametern ein Gleichgewicht ein. Unter diesen Gleichgewichtsbedingungen fällt im Durchschnitt bei Gesunden während völlig purinfreier Diät der Serumharnsäurespiegel im Mittel auf 3,2 mg/dl und die Harnsäureausscheidung auf 350 mg/Tag ab.

Wirkung verschiedener oral zugeführter Purinkörper auf den Harnsäurestoffwechsel: Mit dem Oberbegriff Purinkörper bezeichnet man eine Reihe von biochemisch ähnlichen Verbindungen, die im Körper alle zu Harnsäure abgebaut werden, aber nach oraler Aufnahme nicht im selben Ausmaß den Harnsäurespiegel beeinflussen. Soll in klinischen Versuchen die spezifische Wirkung einzelner Purinkörper auf die Serumharnsäure und Harnsäureausscheidung ermittelt werden, muß dies unter purinfreier Grunddiät erfolgen. Nach einer Vorperiode unter purinfreier Grunddiät wird der zu untersuchende Purinkörper zugelegt. In Abhängigkeit von der Resorption und der Reutilisierung des verabreichten Purinkörpers erscheint Harnsäure als Abbauprodukt im Urin (Abb. 4.6). Die Serumharnsäure zeigt ebenfalls je nach Resorption einen Anstieg, ist aber individuell jeweils noch vom Ausscheidungsvermögen der Niere abhängig (Abb. 4.6). Um sicher zu gehen, daß am Ende der jeweiligen Versuchsperiode der Gleichgewichtszustand zwischen Harnsäurebildung und Harnsäureausscheidung erreicht ist, müssen für jeden Versuchsabschnitt mindestens 10 Tage veranschlagt werden.

In Ernährungsversuchen sind unter purinarmer und purinfreier Grunddiät verschiedene Purinkörper oral verabreicht worden, um die Auswirkung auf Serum- und Urinharnsäure zu untersuchen (s. auch 1.3). So bewirkt die Zulage von 1 g RNS zu purinfreier Diät einen Anstieg der Serumharnsäurekonzentration um durchschnittlich 0,9 mg/dl, die Harnsäureausscheidung erhöht sich unter diesen Bedingungen um 113 mg/ Tag (Zöllner et al. 1972). Diese Befunde konnten durch andere Untersucher bestätigt werden (Tabelle 4.5).

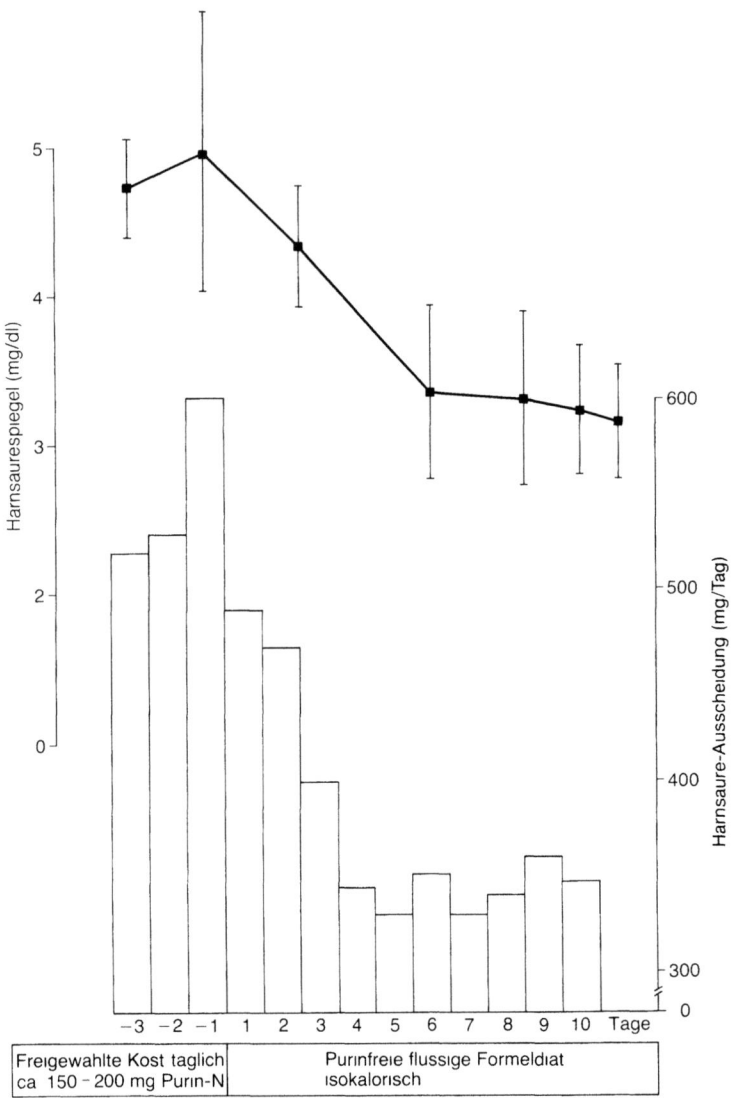

Abb. 4.5. Abfall des Serumharnsäurespiegels (mg/dl) und der Harnsäure-Ausscheidung im Urin (mg/Tag) unter völlig purinfreier flüssiger isokalorischer Formeldiät. Die tägliche renale Harnsäureausscheidung fällt von Werten zwischen 520–600 mg/Tag unter freigewählter Kost auf 320-350 mg/Tag (n = 16) unter purinfreier Formeldiät. Gleichzeitig verringert sich der Plasmaharnsäurespiegel von fast 5,0 auf 3,2 mg/dl (n = 11). Die *senkrechten Linien* entsprechen dem SEM. (Modifiziert nach Griebsch u. Kaiser 1976)

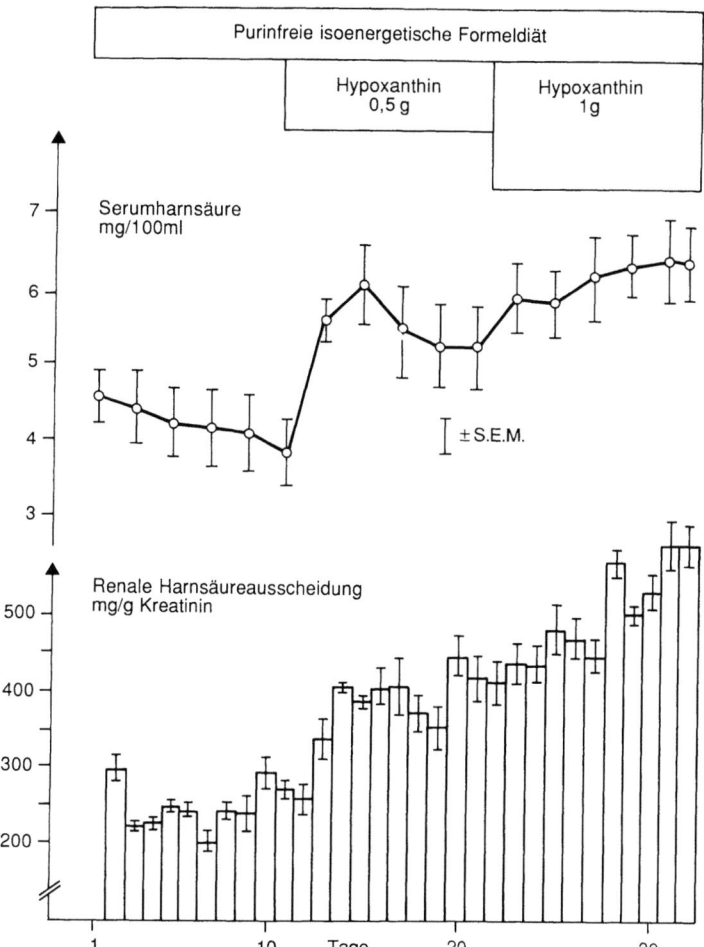

Abb. 4.6. Serumharnsäure und renale Harnsäureausscheidung unter völlig purinfreier flüssiger isokalorischer Formeldiät und nach Zulage von 0,5 g bzw. 1 g Hypoxanthin bei 5 Versuchspersonen. Sowohl die Serumharnsäure wie auch die Harnsäureausscheidung steigen linear mit der Hypoxanthinzulage an. (Nach Spann u. Gröbner 1980)

Wird unter sonst gleichbleibenden Bedingungen DNS anstatt RNS zugelegt, so steigen auch in diesem Fall die Harnsäureausscheidung und die Serumharnsäurekonzentration an, wobei die Wirkung aber nicht so ausgeprägt ist (vgl. Abb. 7) – die Zulage von 1 g DNS zu purinfreier Diät ruft einen Anstieg der Serumharnsäurekonzentration um 0,4 mg/dl hervor und erhöht die Harnsäureausscheidung um 68 mg/Tag (Zöllner et al. 1972).

Tabelle 4.5. Serumharnsäure vor und nach Belastung mit 4 g RNS

Autor	Basiskost	Harnsäure im Serum [mg/dl]	
		vor	nach
		Belastung	
Nugent u. Tyler 1959	Purinarme Kost	4,88	7,40
Seegmiller et al. 1962	Purinarme Kost	5,60	8,19
Waslien et al. 1968	Purinarme Kost	4,9	7,68
Waslien et al. 1970	Purinarme Kost	5,4	8,7
Griebsch u. Zöllner 1970 a	Purinarme Kost	4,5	7,44
Griebsch u. Zöllner 1970 b	Purinfreie Formeldiät	3,05	7,75

Die beiden Mononukleotide AMP und GMP erhöhen nach Zulage zu purinfreier Diät die Serumharnsäure und Harnsäureausscheidung stark (Griebsch u. Zöllner 1974). Es ist anzunehmen, daß alle Mononukleotide, also auch IMP, in hohem Ausmaß resorbiert werden und, oral zugeführt, zu einer starken Harnsäurebelastung des Stoffwechsels führen. Diese Annahme unterstützen auch die Untersuchungen von Clifford et al. (1976).

Die Verabreichung von 1 g bzw. 0,5 g Inosin zu purinfreier Grunddiät führte an 13 Versuchspersonen zu einer vermehrten Harnsäureausscheidung, die einer molaren Wiederfindungsrate von ca. 50% entsprach (Gimpel 1984). In einem Ernährungsversuch unter denselben Bedingungen wurde auch Hypoxanthin verabreicht (Abb. 9.6) (Spann u. Gröbner 1980). Die molare Wiederfindungsrate im Urin lag bei ca. 35%. In der ersten Versuchsphase wurde bei einigen Versuchspersonen allerdings keine ausreichende Senkung auf das Niveau der endogenen Harnsäurebildung erreicht, so daß die Absorptionsquote wohl zu gering ermittelt wurde. Entsprechend fanden Clifford et al. (1976) nach einmaliger oraler Verabreichung von Hypoxanthin einen ebenso starken Anstieg des Serumharnsäurespiegels wie nach Gabe von Mononukleotiden. Unter Berücksichtigung aller bisherigen Befunde kann wohl eine Wiederfindungsrate ähnlich wie bei Inosin angenommen werden.

In einem Tierversuch (Potter et al. 1980) wie auch in einem Belastungstest (Kotz et al. 1975) ergaben sich Hinweise auf eine gute Resorption von Guanosin. Wiederfindungsraten lassen sich aus diesen Versuchen allerdings nicht errechnen.

Am besten wird die Wiederfindungsrate einzelner Purinkörper durch eine Gegenüberstellung von oral verabreichter Purinmenge in Mol und der renal ausgeschiedener Harnsäure in Mol erfaßt. In Abb. 4.7 ist die nach den derzeitigen Kenntnissen anzunehmende Wiederfindungsrate in Prozent angegeben, wobei diese Angaben als grobe Richtlinien zu werten

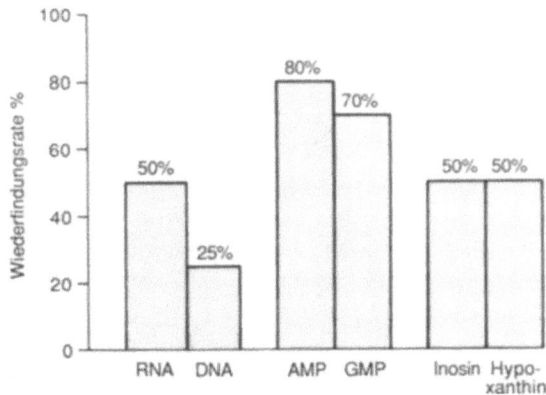

Abb. 4.7. Wiedergefundene Harnsäure im Urin nach oraler Verabreichung von RNS, DNS, AMP, GMP, Inosin und Hypoxanthin (= Mol oral verabreichte Purine/Mol im Urin wiedergefundene Harnsäure). Von den in DNS bzw. AMP verabreichten Purinen finden sich 25% bzw. 80% im Urin wieder

sind. Für RNS und DNS wird näherungsweise ein Purinkörpergehalt von 1,55 mmol/g zugrundegelegt.

Die unterschiedlich ausgeprägte Wiederfindungsrate nach oraler Gabe einzelner Purinkörper kommt durch unterschiedliche Resorptions- und Wiederverwertungsraten zustande. Bei den Nukleinsäuren sind als Ursache auch unterschiedliche Hydrolyseraten anzunehmen. Die streng lineare Abhängigkeit des Serum- und Urinharnsäureanstiegs von der Menge der Purinzulage zeigt, daß die meisten Purinverbindungen keinen Einfluß auf die De-novo-Synthese der Purine haben, da sie bereits im Dünndarm zu Harnsäure abgebaut werden. Eine Ausnahme stellt freies Adenin dar, das nicht direkt zu Harnsäure abgebaut und daher in großem Ausmaß wiederverwertet werden kann.

Faßt man die Ergebnisse der Untersuchungen zusammen, so ergibt sich:

> Die orale Zufuhr aller Purinkörper erhöht den Serumharnsäurespiegel und die Harnsäureausscheidung stark. Die Wirkung der einzelnen Purinkörper auf Serum- und Urinharnsäure ist aber unterschiedlich ausgeprägt. Mononukleotide zeigen eine relativ hohe Wiederfindungsrate (70–90%), weshalb alle Lebensmittel mit hohen Nukleotidkonzentrationen zu einer besonders hohen Harnsäurebelastung des Stoffwechsels führen. RNS, Inosin und Hypoxanthin werden zu ca. der Hälfte resorbiert. Purinkörper aus DNS erscheinen nur zu ca. 25% im Urin.

Purinkörper in Lebensmitteln

Die gängigen Lebensmitteltabellen führen bislang nur den sogenannten Gesamtpuringehalt auf, der nach dem Abbau aller Purinkörper zu Harnsäure gemessen wurde. Da die einzelnen Purinkörper aber in unterschiedlichem Ausmaß zum Anstieg des Harnsäurespiegels beitragen, läßt sich aus dem Gesamtpuringehalt eines Nahrungsmittels die aus ihm resultierende Harnsäurebelastung für den menschlichen Organismus nur unzureichend abschätzen. Kenntnisse über die Menge der einzelnen Purinkörper in Lebensmitteln, insbesondere auch in Abhängigkeit von der Zubereitung, gibt es in neuerer Zeit in zunehmendem Ausmaß.

Abbauprozesse im Verlauf der Lebensmittellagerung: Während der Lagerung bis zum Zeitpunkt des Verzehrs unterliegen die einzelnen Purinkörper insbesondere in stoffwechselaktiven tierischen Lebensmitteln einem Abbauprozeß (Abb. 4.8). Zum Zeitpunkt der Schlachtung liegt in tierischen Geweben ein erheblicher Teil der Purinkörper in Form energiereicher Phosphate vor, hauptsächlich als Adenosinphosphate ATP, ADP und AMP. Post mortem können diese Energiespeicher nicht mehr aufgefüllt werden, so daß es, beginnend mit der Schlachtung des Tieres, zu einem Abbau der energiereichen Phosphate kommt. Die Geschwindigkeit dieses Abbaus hängt vor allem von der Lagertemperatur ab, aber

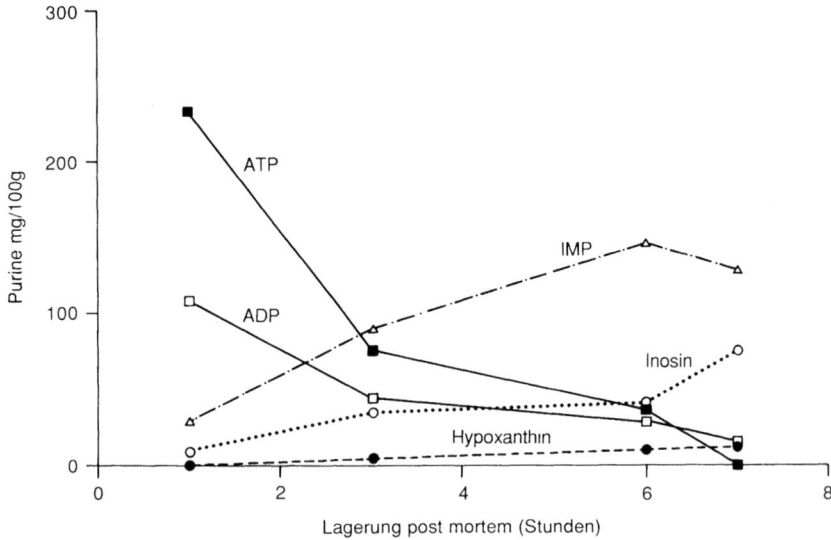

Abb. 4.8. Veränderung der Purinkonzentrationen bei der Lagerung von frisch geschlachtetem Schweinefleisch über 7 h. (Nach Potthast u. Hamm 1969)

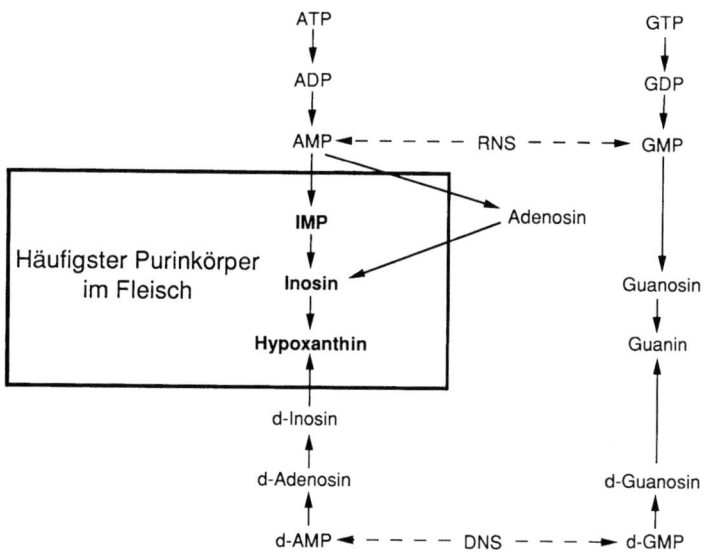

Abb. 4.9. Abbau der Purinverbindungen im Fleisch während der Lagerung. Während der Lagerung reichern sich IMP, Inosin und Hypoxanthin an

auch unter Kühlschrankbedingungen liegen nach wenigen Stunden nur noch Spuren von ATP und ADP vor (Abb. 4.8).

Im Zuge dieses Abbaus, der sogenannten Fleischreifung, reichern sich vor allem IMP, Inosin und Hypoxanthin an (Abb. 4.9) (Spann et al. 1980; Herbel 1985; Potthast u. Hamm 1969; Davidek u. Khan 1967). Purinkörper in RNS und DNS zeigen während der Lagerung nur geringe quantitative Veränderungen.

Die Mengenangaben der einzelnen Purinkörper in Lebensmitteln sind somit immer als Momentaufnahmen zum jeweiligen Zeitpunkt der Lebensmittellagerung aufzufassen.

Puringehalt in abgelagertem Fleisch: Aus den Angaben über den Gesamtpuringehalt von Fleisch und dem Gehalt monomerer Purinverbindungen (Potthast u. Hamm 1969) läßt sich errechnen, daß die Purinkörper im Muskelfleisch zu ca. 60–80% in Form von Monomeren vorliegen. Dieses Ergebnis wird durch neuere Arbeiten bestätigt (Colling u. Wolfram 1987 a; Herbel 1985; Gimpel 1984). Hauptsächlich vorkommende monomere Purinkörper im genußfertigen Fleisch sind IMP, Inosin und Hypoxanthin (Abb. 4.8) (Stoll 1970; Gimpel 1984; Herbel 1985; Davidek u. Khan 1967; Spann et al. 1980; Potthast u. Hamm 1969). Alle anderen Purinmonomere, wie insbesondere die energiereichen Purinverbindun-

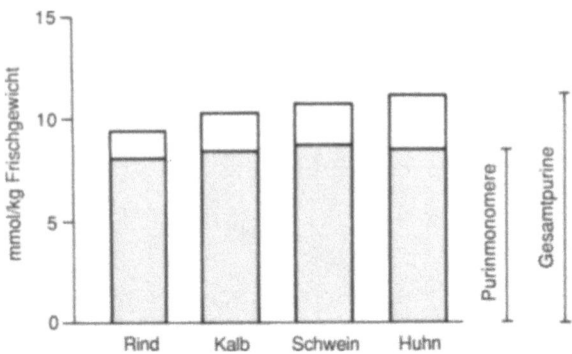

Abb. 4.10. Gesamtpuringehalt und Anteil der Purinmonomere (mmol/kg Frischgewicht) verschiedener Fleischsorten in verbrauchsfrischem Zustand. (Nach Gimpel 1986)

gen ATP, ADP und AMP, liegen höchstens in Spuren vor. Das RNS-DNS-Verhältnis liegt im Fleisch bei ca. 2:1 (Colling u. Wolfram 1987a).

Fleisch verschiedener Tierarten: Das Muskelfleisch verschiedener Haustierarten unterscheidet sich im Gesamtpuringehalt und in den Konzentrationen der einzelnen Purinkörper nur wenig (Abb. 4.10). Geflügelfleisch und Schweinefleisch könnten einen etwas höheren Puringehalt aufweisen als Rindfleisch (Gimpel 1984). Geflügelfleisch übertrifft bei höheren IMP-Konzentrationen im Puringehalt auch Hammel- und Pferdefleisch (Terasaki 1964). Schweine- und Geflügelfleisch kommt relativ frisch zum Verbrauch, während z. B. Rindfleisch einer längeren Reifung durch Abhängen bedarf. Genußfähiges Schweine- oder Geflügelfleisch wird wegen der kürzeren Lagerzeit somit mehr IMP und weniger Hypoxanthin enthalten.

Unterschiedlicher Puringehalt in einzelnen Muskelpartien: Unterschiedliche Muskelpartien desselben Tieres können unterschiedliche Purinmengen enthalten. Nach Stoll (1970) weist die Brustmuskulatur eines Hähnchens mit ca. 9 mmol/kg mehr Mononukleotide auf als die Beinmuskulatur (8 mmol/kg). Bugstück oder Hesse enthalten beim Rind weniger Gesamtpurine als Lende oder Filet (Davidek u. Janicek 1971).

Einfluß von Verarbeitungsvorgängen auf den Puringehalt des Fleisches: Durch jede Art von thermischer Behandlung wird eine Teilhydrolyse der Nukleinsäuren bewirkt, wobei DNS offensichtlich in größerem Umfang abgebaut wird als RNS (Colling u. Wolfram 1987b; Lang u. Schäffner 1964; Macy et al. 1970). Durch den Abbau entstehen gut resorbierbare

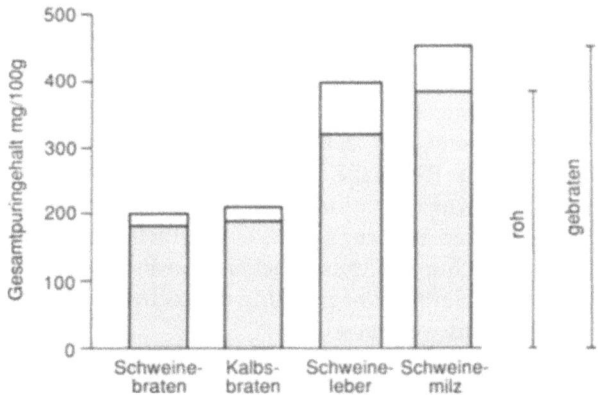

Abb. 4.11. Anstieg des Gesamtpuringehalts (mg Harnsäureäquivalente/100 g) in verschiedenen tierischen Lebensmitteln nach Braten. (Nach Colling u. Wolfram 1987 b)

Nukleoside und Purinbasen. Die AMP-Konzentrationen steigen durch Braten an, während die IMP-Gehalte durch einen weiteren Abbau abfallen (Macy et al 1970; Herbel 1985).
Durch Braten von Fleisch ist wegen des Flüssigkeitsverlusts eine Zunahme des Gesamtpuringehalts pro Gewichtseinheit zu erwarten (Abb. 4.11) (Colling u. Wolfram 1987 b; Herbel 1985). Unter Einbeziehung der Gewichtsabnahme durch den Wasserverlust hat dasselbe Stück Fleisch nach dem Braten allerdings einen geringeren Gesamtpuringehalt, da während des Bratens Purine aus dem Fleisch in den Bratensaft übertreten. Beim Kochen geht ebenso ein Teil der gut wasserlöslichen Purine ins Kochwasser über, weshalb gekochtes Fleisch pro Gewichtseinheit weniger Purine enthält. Die Purinkörper finden sich im Kochwasser bzw. der Fleischsuppe wieder (Colling u. Wolfram 1987 b).

Innereien: weisen sehr hohe Gesamtpurinmengen auf. Der Anteil an Nukleinsäurepurinen liegt bei Leber und Niere mit ca. 50% mehr als doppelt so hoch wie bei Muskelfleisch. In manchen Innereien liegen beträchtliche Mengen Purine in DNS vor. Den höchsten DNS-Gehalt mit ca. 45% hat Bries (Colling u. Wolfram 1987 a).
Alle Innereien weisen neben hohen Nukleinsäuremengen auch sehr hohe Purinmonomergehalte auf. Da sowohl RNS wie Nukleotide gut resorbierbar sind, sollten Innereien somit in der Hyperurikämiediät verboten bleiben.

Fisch: Die einzelnen Fischsorten weisen sehr unterschiedliche Puringehalte auf und sind von purinreich bis purinarm einzustufen. Niedrige

273

Gesamtpuringehalte haben Seezunge und Heilbutt, wegen sehr hoher Purinkonzentrationen ist bei Hyperurikämie insbesondere vom Genuß von Hummer und Muscheln abzuraten. Die meisten Fischsorten sind aber im Puringehalt dem Muskelfleisch vergleichbar. Manche Fischsorten, z. B. Scholle, weisen einen hohen DNS-Gehalt im Vergleich zu RNS auf. Hohe IMP und niedrige Hypoxanthin- bzw. Harnsäure-Konzentrationen in den untersuchten Fischsorten sprechen für eine kurze Lagerung bzw. ein schnelles Einfrieren nach dem Fang. Haut und Schuppen weisen bei einigen Fischsorten einen hohen Guaningehalt auf (Herbel 1985; Colling u. Wolfram 1987 a), weshalb Fisch ohne Haut verzehrt werden sollte.

Pflanzliche Lebensmittel: Hülsenfrüchte enthalten in großen Mengen RNS und sind in der Diät dem Muskelfleisch gleichzustellen. Guanosin kommt, verglichen mit tierischen Geweben, in höheren Konzentrationen vor (Colling u. Wolfram, 1987 a; Herbel 1985). Andere pflanzliche Lebensmittel weisen nur geringe Puringehalte auf.

Algen und Hefen: Algen bestehen zu ca. 4% der Trockensubstanz aus Nukleinsäuren, Hefen sogar aus bis zu 40%. So enthalten z. B. Hefetabletten ähnliche Konzentrationen an Purinkörpern wie Milz und sollten von Hyperurikämikern nicht als Vitaminquelle eingesetzt werden. Wegen ihres hohen Nukleinsäuregehalts sind sowohl Algen wie auch Hefen als proteinreiche Kost beim Menschen nur begrenzt einsetzbar (Griebsch u. Zöllner 1971; Waslien et al. 1970).

Alkoholische Getränke: Bier enthält nicht unerhebliche Mengen an Purinkörpern, wobei ein gewisser Anteil in Form des wohl gut resorbierbaren Guanosins vorliegt. Wein enthält keine Purinkörper.

Alkohol

Alkohol und Harnsäurestoffwechsel

Garrod wies bereits 1863 in einer klassischen Publikation auf den Zusammenhang zwischen Gichtanfällen und Genuß alkoholischer Getränke hin. Er hielt damals ausschließlich den nichtalkoholischen Anteil der Getränke für anfallauslösend. Heute weiß man, daß sowohl der Äthanolanteil in diesen Getränken als auch beim Bier die im Getränk vorliegenden Purinkörper einen Anstieg der Serumharnsäure bewirken. Äthanol setzt die Harnsäureausscheidung durch die Nieren herab, wobei prinzipiell 2 Stoffwechselmechanismen von Bedeutung sind:

1) Lieber et al. (1962) konnten nach Alkoholgenuß neben einem erhöhten Harnsäurespiegel gleichzeitig einen erhöhten Laktatspiegel nachweisen. Da orale Zufuhr wie auch Infusionen von Laktat oder Na-Laktat die Harnsäureausscheidung hemmen (Gibson u. Doisy 1923; Yü et al. 1957; Michael 1944), ist durch diesen Mechanismus eine verringerte Harnsäureausscheidung mit darauf folgendem Ansteigen des Serumharnsäurespiegels erklärbar. Die Oxidation des Äthanols zu Acetaldehyd in der Leber ist über das entstehende NADH mit der Reaktion Pyruvat zu Laktat verknüpft. Muß nach oraler Aufnahme Äthanol in größeren Mengen umgesetzt werden, so entsteht vermehrt NADH, das die Reaktion Pyruvat zu Laktat zugunsten des Laktats verschiebt (Abb. 4.12) (Lieber u. Davidson 1962).

2) Während Äthanolinfusionen waren eine erhöhte Harnsäureproduktion und verringerte Phosphatgehalte in der Lebervene meßbar (Grunst et al. 1977). Dieser Befund könnte auf einen Mechanismus ähnlich dem bei Fruktoseinfusionen hindeuten, wo durch einen gesteigerten Verbrauch von ATP ein Abbau dieser energiereichen Verbindungen stattfindet und aus Adenosin Harnsäure entsteht.

Alkohol in der Hyperurikämiediät

In der Ätiologie der Gicht war und ist Alkoholgenuß ein herausragender Faktor. So wurden die wiederholt an ägyptischen Mumien nachgewiesenen Zeichen einer Gicht auf den damals sehr verbreiteten Bier- und Weinkonsum zurückgeführt (Lyons u. Petrucelli 1980). McLachlan u.

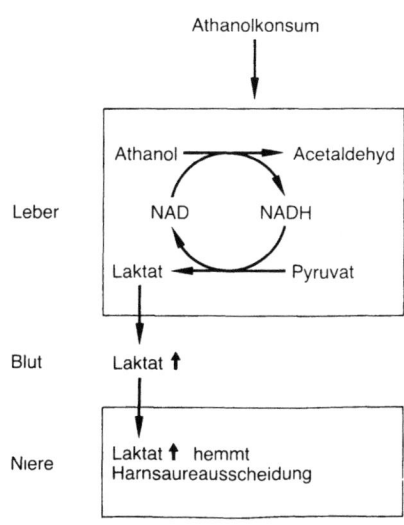

Abb. 4.12. Hemmung der Harnsäureausscheidung durch Alkohol

Rodnan (1967) untersuchten an Gichtikern und Stoffwechselgesunden das Verhalten der Serum- und Urinharnsäurekonzentration nach Gabe verschiedener Mengen Äthanol. Äthanolmengen zwischen 68 und 100 g (entspricht etwa 1,5-2,5 l Bier) führten zu einem geringen Ansteigen der Serumlaktatkonzentration, die keinen meßbaren Effekt auf den Harnsäurestoffwechsel nach sich zog. Größere Mengen Alkohol (112-135 g = ca. 3 l Bier) verursachten eine deutlich verringerte Harnsäureausscheidung mit nachfolgender Hyperurikämie. (Lieber et al. (1962) konnten an einem Patienten nach 3tägiger Zufuhr von täglich 218 g Äthanol (entspricht etwa 5,5 l Bier) einen Anstieg der Serumharnsäurekonzentration von 3 auf 5 mg/dl nachweisen. Nach 1-2 Tagen Alkoholkarenz lag die Serumharnsäurekonzentration in den meisten Fällen wieder im Ausgangsbereich.

Äthanol in alkoholischen Getränken verringert die Harnsäureausscheidung und führt zu einem Ansteigen der Serumharnsäurekonzentration. Außerdem enthält insbesondere Bier nicht unerhebliche Mengen Purinkörper. Ein alkoholisches Getränk zum Mittag und Abendessen kann bei purinarmer Diät erlaubt werden. Bei strenger Diät sollten alkoholische Getränke weitgehend vermieden werden.

Kohlenhydrate

Fruktose

Fruktose und Harnsäurestoffwechsel: Fruktose führt sowohl nach oraler wie auch nach parenteraler Zufuhr zu einem Ansteigen des Serumharnsäurespiegels und der Harnsäureausscheidung. Zur Erklärung dieser Tatsache sind 3 Stoffwechselmechanismen denkbar:

1) Nach Fruktoseinfusionen konnte in Rattenlebern ein erhöhter Fruktose-1P- und IMP-Spiegel bei erniedrigtem ATP-Gehalt nachgewiesen werden (Mäenpää et al. 1968; Woods et al. 1970; Bode et al. 1971; Hartmann et al. 1977). Offensichtlich wird mit Hilfe von ATP die Fruktose in der Leber sehr schnell phosphoryliert, wobei als Folge der ATP- und Phosphatspiegel absinkt (Abb. 4.13). Da ATP und anorganisches Phosphat Inhibitoren der Abbauenzyme der Adeninnukleotide sind, wird durch deren verringerte intrazelluläre Konzentration ein beschleunigter Abbau der Nukleotide ermöglicht (Abb. 4.14) (Woods et al. 1970). Es entstehen IMP, Adenin, Inosin und im weiteren Verlauf Harnsäure (Grunst et al. 1975). Beim Abbau der Adeninverbindungen zu Inosinverbindungen entsteht Ammoniak. Brodan et al. (1975) konnten nach Fruktoseinfusionen signifikant erhöhte Serumammoniakkon-

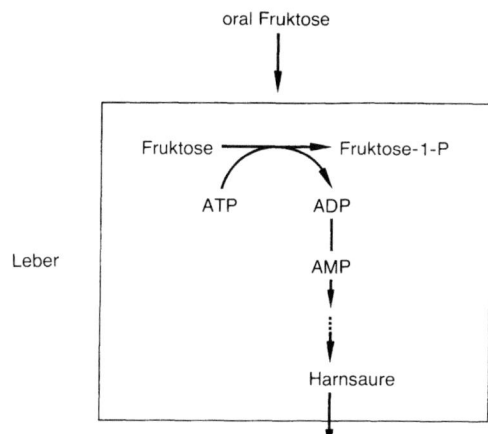

oral Fruktose

Leber

Fruktose → Fruktose-1-P

ATP   ADP

AMP

Harnsaure

Abb. 4.13. Fruktosephosphor-
ylierung und Harnsäurestoffwechsel in der Leber

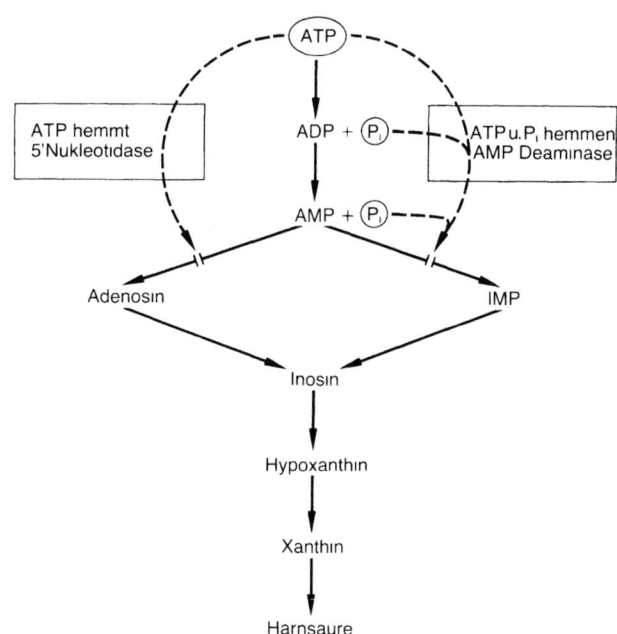

ATP

ATP hemmt
5'Nukleotidase

ADP + P_i

ATP u. P_i hemmen
AMP Deaminase

AMP + P_i

Adenosin   IMP

Inosin

Hypoxanthin

Xanthin

Harnsaure

Abb. 4.14. Abbau der Adeninnukleotide zu Harnsäure und Hemmung der am Abbau
beteiligten Enzyme. P_i anorganisches Phosphat

zentrationen nachweisen, was auf einen beschleunigten Abbau der Adeninverbindungen hindeutet.

2) Emmerson (1974) führt den Anstieg der Harnsäure unter Fruktosebelastung auf eine Aktivierung der De-novo-Purinsynthese zurück, nachdem er unter oraler Verabreichung von Glyzin 14 C einen erhöhten Einbau dieses markierten Purinvorläufers in Harnsäure nachweisen konnte. Ob diese gesteigerte Purinsynthese nur als Folge des oben beschriebenen beschleunigten Abbaus der Purinnukleotide zu sehen ist, ist noch nicht geklärt (Emmerson 1978; Raivio et al. 1975; Fox u. Kelley 1972).

3) Fruktoseinfusionen führen zu einem Ansteigen der Milchsäure (Laktat) im Blut (Förster u. Zagel 1974; Sahebjami u. Scalettar, 1971). Hohe Laktatspiegel hemmen aufgrund renaler Mechanismen die Harnsäureausscheidung (Gibson u. Doisy 1923; Yü et al. 1957). Fox u. Kelley (1972) zeigten allerdings, daß sich unter Fruktoseinfusionen trotz erhöhtem Laktatspiegel die renale Harnsäureclearance nicht ändert. Auch kann mit Allopurinol die fruktoseinduzierte Hyperurikämie aufgehoben werden (Mehnert u. Förster 1967). Beide Untersuchungen sind ein Hinweis dafür, daß renalen Faktoren und damit dem Laktatspiegel als auslösendem Faktor für den Anstieg des Harnsäurespiegels nach Fruktosezufuhr höchstens eine untergeordnete Rolle zukommt.

Fruktose in der Hyperurikämiediät: Eine einmalige orale Gabe von 50 g Fruktose rief in Untersuchungen von Förster u. Ziege (1971) bei den untersuchten Personen einen signifikanten Anstieg des Serumharnsäurespiegels um 0,5–2,5 mg/dl hervor. Wurde die oral verabreichte Fruktosemenge weiter erhöht, so induzierte dies einen weiteren Anstieg des Serumharnsäurespiegels (Emmerson 1974) (Tabelle 4.6). Dagegen rief eine orale Gabe von täglich 100 g Fruktose über eine Zeitdauer von 5 Tagen bei den von Narins et al. (1974) untersuchten Personen keinen Harnsäureanstieg hervor.

In einer Reihe von Untersuchungen wurde ein Anstieg der Serumharnsäurekonzentration auch nach Infusion von Fruktoselösungen in Abhängigkeit von der Größe der Zufuhr festgestellt (Heuckenkamp u. Zöllner 1971; Förster et al. 1970; Förster u. Zagel 1974; Narins et al. 1974). So fanden Heuckenkamp u. Zöllner (1971) nach Infusionen von 1,0 bzw. 1,5 g Fruktose/kg KG und Stunde einen signifikanten Anstieg der Serumharnsäurekonzentration. Wurde die infundierte Dosis auf 0,5 g/kg KG und Stunde verringert, so konnte kein nachweisbarer Einfluß auf den Harnsäurespiegel mehr festgestellt werden.

In der täglichen Ernährung wird Fruktose zum größten Teil als Bestandteil von Saccharose, also im Haushaltszucker, aufgenommen. Der durchschnittliche tägliche Verbrauch an Saccharose liegt in den westlichen

Tabelle 4.6. Orale Fruktosegabe und Anstieg der Serumharnsäurekonzentration

Orale Fruktosegabe	Anstieg der Serumharn- säurekonzentration	Autor
Kurzzeitwirkung:		
25 g	Keine Wirkung	Förster u. Ziege 1971
50 g	0,5–2,5 mg/dl	Förster u. Ziege 1971
Langzeitwirkung:		
100 g	Keine Wirkung	Narins et al. 1974
270–290 g	1,0–1,7 mg/dl	Emmerson 1974

Ländern bei 80–120 g (Ernährungsbericht, 1976), was einer täglichen Fruktosezufuhr von 40–60 g gleichkommt.

Nach den Ergebnissen von Förster u. Ziege (1971) führen 50 g Fruktose als Einzeldosis verabreicht zu einem signifikanten Ansteigen der Serumharnsäure um 0,5–2,5 mg/dl. Die Wirkung einer solchen Menge Fruktose in kleinen Dosen über den ganzen Tag verteilt aufgenommen, läßt sich nach den Ergebnissen von Emmerson (1974) und Narins et al. (1974) aber als gering einschätzen. Die Empfehlung einer fruktosearmen Diät im Rahmen einer Gichttherapie erscheint somit nicht begründet (Schönthal et al. 1972).

Im Rahmen einer Diätempfehlung sollte auf die harnsäuresteigernde Wirkung einer übermäßigen Saccharosezufuhr hingewiesen werden. Zu beachten ist, daß von Diabetikern, die Fruktose als Süßmittel verwenden, unter Umständen erhebliche Mengen Fruktose aufgenommen werden.

Fruktoseinfusionen in einer Dosis von mehr als 0,5 g/KG und Stunde führen zu einem raschen Ansteigen der Serumharnsäurekonzentration und sollten daher bei bestehender Hyperurikämie nicht angewandt werden.

Glukose

Glukose erfüllt viele Aufgaben im intermediären Stoffwechsel als Brennstoff und als Baustein. Als Abbauprodukt der pflanzlichen Stärke ist die Glukose der wichtigste Zucker in unseren täglichen Nahrungsmitteln.

Die Frage einer Beeinflussung des Harnsäurestoffwechsels durch Glukose wurde mehrfach untersucht. Emmerson (1974) fand nach oraler Gabe hoher Dosen Glukose (250–290 g) an 2 Personen keinen Einfluß auf die Serumharnsäurekonzentration, an einer 3. Person zeigte sich im selben Versuch ein geringgradiger Anstieg der Serumharnsäurekonzentration. Förster u. Ziege (1971) beobachteten nach oraler Zufuhr von 200 g Glukose keinen Einfluß auf die Serumharnsäurekonzentration. Emmerson (1974) konnte in dem o.g. Versuch nach oraler Gabe von Glukose wie auch Padova et al. (1964) nach Glukoseinfusionen eine verstärkte Harnsäureausscheidung nachweisen. Padova et al. (1964) stellten in ihrer Untersuchung jedoch an keinem der Patienten einen direkten Zusammenhang zwischen Urinvolumen und Plasmaglukosekonzentration oder Urinvolumen und Harnsäureclearence bzw. Kreatininclearence fest.

Bode et al. (1971) untersuchten am Menschen den Einfluß von Fruktose- und Glukoseinfusionen auf den Adeninnukleotidgehalt der Leber. Während bei Patienten unter Fruktoseinfusionen der Nukleotidgehalt der Leber auf 60% des Ausgangswerts fiel, konnte nach Glukoseinfusionen keine Änderung des Nukleotidgehalts der Leber festgestellt werden. Die Phosphorylierung der Glukose in der Leber läuft langsamer ab als die der Fruktose, weshalb Glukose keinen beschleunigten Abbau der Adeninnukleotide hervorruft (Grunst et al. 1975; Narins et al. 1974).

Glukose hat keinen nennenswerten Einfluß auf die Serumharnsäurekonzentration, obwohl bei hoher Dosierung ein geringgradiger urikosurischer Effekt nachgewiesen werden konnte.

Xylit

Xylit und Harnsäurestoffwechsel: Sowohl nach parenteraler als auch nach oraler Gabe von Xylit konnte ein Ansteigen des Serumharnsäurespiegels nachgewiesen werden. Zur Erklärung sind grundsätzlich dieselben Mechanismen denkbar wie sie für Fruktose diskutiert werden:

1) Woods u. Krebs (1973) konnten an Rattenlebern nach Xylitinfusionen einen Abfall der Adeninnukleotidkonzentration nachweisen. Dies deutet auf einen beschleunigten Abbau der Adeninnukleotide aufgrund rascher Phosphorylierung der Xylose hin, was zu einem Ansteigen des Serumharnsäurespiegels führt – ein Mechanismus, wie er auch für Fruktose nachgewiesen ist.
2) Als Ursache einer gesteigerten De-novo-Synthese von Purinkörpern kann eine vermehrte Bildung von PRPP, eines Ausgangsprodukts der Purinsynthese, durch das anfallende Xylit nicht ausgeschlossen werden (Förster u. Ziege 1971; Mertz et al. 1972 b).
3) Ein Ansteigen der Serumharnsäurekonzentration nach oraler Xylitbelastung erzeugt nicht synchron einen Anstieg des Serumlaktatspiegels (Förster u. Ziege 1971; Mertz et al. 1972 b). Die Serumlaktatkonzentration hat somit offensichtlich keinen Einfluß auf das Ansteigen der Serumharnsäure nach Xylitbelastung.

Heuckenkamp u. Zöllner (1972) fanden nach 5stündigen Xylitinfusionen mit Mengen von 0,3 g/kg KG einen Anstieg der Serumharnsäure, der den bei 0,5 g/kg KG Fruktose deutlich übertraf.

Xylit und Hyperurikämiediät: Förster u. Ziege (1971) verabreichten oral in einmaliger Dosis 50 g Xylit und untersuchten den Einfluß auf die Serumharnsäurekonzentration innerhalb der nächsten Stunden. Es konnte ein signifikantes Ansteigen des Serumharnsäurespiegels festgestellt werden, wobei Xylit, im Vergleich zu Fruktose und Sorbit, den stärksten Anstieg hervorrief. Auch bei einer Verringerung der verabreichten Dosis auf 12,5 g war noch regelmäßig ein Anstieg der Serumharnsäurekonzentration zu beobachten.

Nach 2wöchiger oraler Verabreichung von täglich bis zu 50 g Xylit konnten Mertz et al. (1972 a) allerdings keine Veränderung der Serumharnsäurekonzentration feststellen. Im Gegensatz zu den Versuchen von Förster u. Ziege (1971) wurde die Harnsäurekonzentration aber jeweils im morgendlichen Nüchternserum bestimmt, so daß der Effekt des am Vortag aufgenommenen Xylits abgeklungen war. Oral verabreichtes Xylit hat somit auch, wenn es über längere Zeiträume zugeführt wird, nur eine kurzfristige Wirkung auf den Harnsäurespiegel.

Xylit ist nach der Diätverordnung als Zuckeraustauschstoff zugelassen und wird zur parenteralen Energiezufuhr, aber auch als Ersatzzucker für Diabetiker oral eingesetzt. In kleinen Mengen kommt Xylit in unseren täglichen Lebensmitteln vor, in größeren Mengen als Zusatz zu Diabetikerlebensmitteln. Oral verabreichtes Xylit hat nur kurzfristige Wirkung auf den Harnsäurespiegel. Bereits Xylitinfusionen unter 0,3 g/kg KG und Stunde wirken steigernd auf die Serumharnsäurekonzentration und sollten daher bei bestehender Hyperurikämie nicht zur Anwendung kommen.

Sorbit

Sorbit wird im Organismus zu Fruktose dehydriert und mündet folglich in den Fruktosestoffwechsel ein.

Nach oraler Zufuhr von 50 g Xylit, Fruktose und Sorbit zeigte Sorbit im Vergleich zu den beiden anderen Zuckeraustauschstoffen einen geringeren Einfluß auf den Harnsäurestoffwechsel (Förster u. Ziege 1971). Sorbit wird langsamer resorbiert als Fruktose oder Xylit, wodurch die gegenüber Fruktose abgeschwächte Wirkung bedingt sein könnte. Bei oraler Zufuhr ist wegen der langsamen Resorption kein nennenswerter Einfluß auf den Harnsäurestoffwechsel zu erwarten (Bässler et al. 1979). Sorbit wird zu diätischen Zwecken, vor allem als Zuckeraustauschstoff für Diabetiker verwendet, und ist in der Diätverordnung als Zuckeraustauschstoff ausgewiesen. Weiterhin findet Sorbit in der parenteralen Ernährung Anwendung als Energiequelle und zur Osmotherapie (Bickel et al. 1973). Bei Infusionen von Mengen bis zu 0,75 g Sorbit/kg KG und Stunde über 2-3 h konnte in bezug auf den Harnsäurespiegel keine Abweichung vom Ausgangswert festgestellt werden (Bickel et al. 1973).

Bei oraler und parenteraler Verabreichung von Sorbit tritt kein nennenswerter Einfluß auf den Harnsäurespiegel auf.

Fett

Fettreiche Kost und Harnsäurestoffwechsel

Bereits Anfang dieses Jahrhunderts war beobachtet worden, daß fettreiche Kost zu einer Verringerung der Harnsäureausscheidung führt (Umeda 1915). Später zeigte sich, daß mit der verringerten Ausscheidung ein Ansteigen des Serumharnsäurespiegels verbunden ist (Harding et al. 1927; Harding et al. 1925; Adlersberg u. Ellenberg 1939). Fettreiche Kost führt zu einer gesteigerten Fettsäureverbrennung, wie dies auch durch länger dauerndes Fasten der Fall ist. Hierbei entsteht mehr Acetessigsäure als im Zitratzyklus verwertet werden kann, was sich in einem erhöhten Anfall von Ketonkörpern ausdrückt (Abb. 4.15).
Als im Zuge der Untersuchungen klar wurde, daß sowohl eine fettreiche Diät als auch Fasten zu einer verringerten Harnsäureausscheidung führen, lag die Vermutung nahe, daß Ketonkörper die Harnsäureelimination in der Niere beeinflussen (Quick 1932).

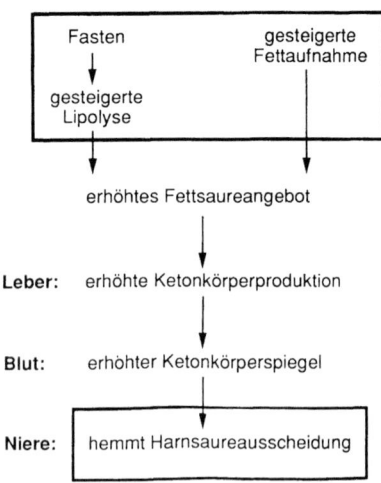

Abb. 4.15. Einfluß von Fasten und fettreicher Ernährung auf die Harnsäureausscheidung

Untersuchungen über die Wirkung von Ketonkörperinfusionen auf den Harnsäurestoffwechsel konnten die Hypothese erhärten (Abb. 4.15). So unterdrücken Infusionen von β-Hydroxybutyrat die Harnsäureausscheidung und bedingen dadurch ein Ansteigen der Serumharnsäurekonzentration. Im Gegensatz dazu aber blieb die Infusion von Azeton ohne erkennbaren Einfluß auf den Harnsäurestoffwechsel (Lecocq u. Mc Phaul 1965; Goldfinger et al. 1965). Padova u. Bendersky (1962) konnten während diabetischer Ketoazidose einen erhöhten Serumharnsäurespiegel nachweisen, der durch Insulintherapie proportional zum abfallenden Ketonkörperspiegel beseitigt werden konnte. Die renalen Zusammenhänge der Hemmung der Harnsäureausscheidung durch Ketonkörper sind nicht endgültig geklärt. Etwa 80% der renal ausgeschiedenen Harnsäure wird aktiv in den Tubulus sezerniert. In neueren Untersuchungen wird die Theorie einer Hemmung der aktiven Harnsäuresekretion favorisiert. Hypothesen, wonach Insulin, Bikarbonat oder eine metabolische Azidose die Harnsäureausscheidung beeinflussen, konnten nicht erhärtet werden.

Fettreiche Kost in der Hyperurikämiediät

Lecocq u. Mc Phaul (1965) konnten nach Verabreichen einer fettreichen Diät (ca. 300 g Fett) bei einer Versuchsperson einen Anstieg der Serumharnsäure von 4,9 auf 7,0 mg/dl nachweisen. Ogryzlo (1965) fand bei einem Gichtpatienten nach Steigerung des Fettanteils in der Kost von 50 g auf 230 g einen Anstieg der Serumharnsäure um 1,5 mg/dl. Sättigungsgrad und Herkunft (pflanzlich oder tierisch) der Fettsäuren haben keinen Einfluß auf den Anstieg der Serumharnsäure (Ogryzlo 1965). In den Ländern mit hohem Lebensstandard liegt die tägliche Fettaufnahme bei ca. 140 g (40% der gesamten täglichen Energieaufnahme). Berücksichtigt man die o. g. Untersuchungen, so kann nicht ausgeschlossen werden, daß bereits diese Menge Fett, wenn auch nur geringgradig, die Harnsäureausscheidung hemmt und – zusammen mit anderen Ernährungsfehlern – zur Entstehung einer Hyperurikämie beiträgt.

Somit sollte im Rahmen einer Diätempfehlung bei Hyperurikämie und Gicht die Fettzufuhr kontrolliert, und wenn nötig, eingeschränkt werden. Hyperurikämie und Störungen des Fettstoffwechsels treten oft gemeinsam auf. Besonders in diesen Fällen ist die Fettzufuhr einzuschränken und Fetten mit mehrfach ungesättigten Fettsäuren der Vorzug zu geben. Die eingeschränkte Fettzufuhr unterstützt gleichzeitig die häufig notwendige Einschränkung der Energiezufuhr.

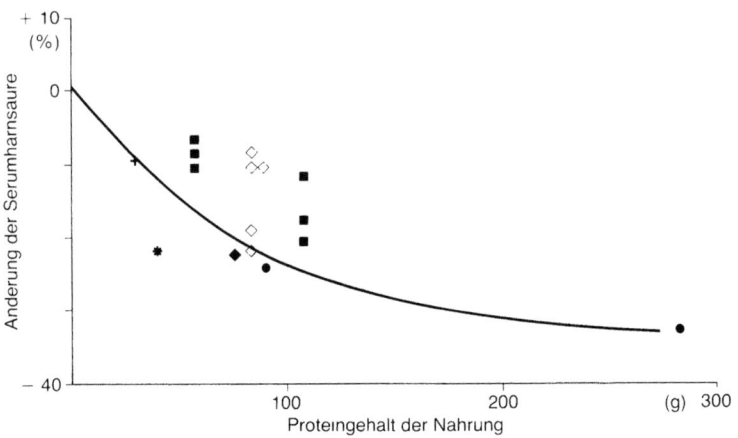

Abb. 4.16. Prozentuale Änderung der Serumharnsäure in Abhängigkeit vom Proteingehalt der Nahrung. Die verschiedenen Symbole entsprechen Werten verschiedener Autoren

Eiweiß

Eiweiß und Harnsäurestoffwechsel

Durch eine Reihe von Untersuchungen ist belegt, daß mit steigendem Eiweißgehalt der verabreichten Nahrung eine steigende Harnsäureausscheidung verbunden ist (Löffler et al. 1980; Matzkies et al. 1979; Böwering et al. 1969; Yü et al. 1961; Waslien et al. 1968; Bien et al. 1953; Rose 1921). Auch bei parenteraler Zufuhr von Aminosäuren zeichnet sich ein deutlicher urikosurischer Effekt ab (Matzkies u. Berg 1976).

Der Einfluß oraler Proteingaben in hoher Dosis auf die Harnsäurekonzentration im Serum konnte erst in neueren Untersuchungen nachgewiesen werden (Löffler et al. 1980; Matzkies et al. 1979). In diesen Untersuchungen zeigte der Serumharnsäurespiegel eine mit steigender Eiweißzufuhr fallende Tendenz (Abb. 4.16). Ursache der bei hohen Proteingaben verstärkten Ausscheidung von Harnsäure, die sich in einer erhöhten Clearence ausdrückt, ist eine verminderte renale Rückresorption. Böwering et al. (1969) konnten nachweisen, daß unter einer Diät mit geringem Eiweißanteil die Gesamtrückresorption der filtrierten Harnsäuremenge aus den Tubuli um 95% lag, während sie unter einer Diät mit hohem Eiweißanteil nur bei 86% lag. Diäten mit hoher Eiweißzufuhr erhöhen die Filtration von Aminosäuren, die dann vermutlich mit der Harnsäure um die Rückresorption aus dem Primärharn konkurrieren (Böwering et al. 1969; Matzkies et al. 1979).

Mit Hilfe markierter Harnsäurevorläufer konnte gezeigt werden, daß proteinreiche Kost die körpereigene Purinsynthese steigert. Bien et al. (1953) wiesen an freiwilligen Testpersonen unter proteinreicher Diät einen gesteigerten Einbau von Glyzin-N in Harnsäure nach.

Zwei Stoffwechselmechanismen sind als Erklärung denkbar:

1) Die gesteigerte Synthese wird durch die Aufhebung einer Synthesehemmung gewisser Enzyme ausgelöst, d. h. eine normalerweise gehemmte Funktion der Enzyme wird durch das vergrößerte Angebot an Aminosäuren enthemmt. Eine solche gesteigerte Produktion durch Wegfall der Hemmung wäre für die Enzyme APRT (Phosphoribosyl-pyrophosphat-Amidotransferase) oder HGPRT (Hypoxanthin-Guamin-Phosphoribosyltransferase) denkbar.

2) Die Synthese könnte durch das vermehrte Angebot ihrer Ausgangssubstrate, nämlich den beiden Aminosäuren Glyzin und Glutaminsäure gesteigert werden, da beide Aminosäuren in Nahrungsproteinen vorhanden sind. Glyzin hat nur in extremen Mangelsituationen Einfluß auf die Geschwindigkeit der Purinsynthese, während Glutaminsäure als begrenzender Faktor wahrscheinlicher ist. Dieser Regulation durch Substratangebot scheint allerdings eine Endprodukthemmung übergeordnet zu sein (Böwering et al. 1969).

Da unter proteinreicher Kost einerseits ein sinkender Serumharnsäurespiegel und eine erhöhte Harnsäureausscheidung, andererseits aber eine vermehrte Purinsynthese nachgewiesen werden konnten, ist eine erhöhte Umsatzrate an Purinen zu erwarten. Von Böwering et al. (1969) konnte dies bestätigt werden.

Eiweiß in der Hyperurikämiediät

Bei Diätempfehlungen wurde früher davon ausgegangen, daß Eiweiß die Harnsäuresynthese vermehrt. Die jetzt vorliegenden Untersuchungen zeigen, daß bei Zufuhr von purinfreiem Eiweiß eher mit einem Anstieg der Harnsäureausscheidung und in der Folge mit einem Absinken der Serumharnsäurekonzentration zu rechnen ist.

Es besteht also keine Notwendigkeit, bei Hyperurikämie oder Gicht die Zufuhr an purinfreiem Eiweiß zu beschränken. In Fleisch und Innereien ist der Eiweißgehalt mit einem hohen Puringehalt verbunden, weshalb eine eingeschränkte Zufuhr dieser Lebensmittel berechtigt ist. Purinfreies Eiweiß ist vor allem in Milch, Milchprodukten und Eiern enthalten, weshalb zur Deckung des Eiweißbedarfs diese Lebensmittel für den Hyperurikämiker besonders geeignet sind. Allerdings ist die gleichzeitige Fettzufuhr zu beachten!

4.2.2 Fasten und Hyperurikämie

Betrachten wir den Einfluß der Gewichtsreduktion auf den Harnsäurestoffwechsel, so muß zwischen dem akuten Effekt des Fastens und der Langzeitwirkung nach Gewichtsreduktion unterschieden werden. Der akute Effekt ist im folgenden erläutert, auf die Langzeitwirkung wird in 4.2.4 eingegangen.

Bereits Anfang dieses Jahrhunderts war nachgewiesen worden, daß eine energiereduzierte Ernährung zu einer Verringerung der Harnsäureausscheidung führt (Schreiber u. Waldvogel 1899; Cathcart 1907; Hirschstein 1907). Diese verringerte Ausscheidung hat ein Ansteigen der Serumharnsäurekonzentration zur Folge.

Dem Serumharnsäureanstieg während des Fastens liegt derselbe pathophysiologischen Mechanismus zugrunde wie bei Zufuhr fettreicher Kost, nur ist die Wirkung einer fettreichen Kost geringer (Ogryzlo 1965). Auch während des Fastens ist eine erhöhte Utilisation von Fettsäuren gegeben, wodurch ein Ansteigen der Ketonkörperkonzentration hervorgerufen wird. Ketonkörper hemmen über renale Mechanismen die Harnsäureausscheidung (Abb. 4.15). Schräpler et al. (1976) verfolgten bei Patienten mit 20% Übergewicht den Verlauf der Serumharnsäurekonzentration und der Harnsäureausscheidung während einer 5 Wochen dauernden totalen Fastendiät. Der Serumharnsäuregehalt stieg während der ersten 10 Tage linear von einem Ausgangswert um 5 mg/dl auf Werte bis um 15 mg/dl (Abb. 4.17). Dann fiel der Serumharnsäurewert bis zum 17. Tag wieder leicht ab, um sich auf einen Wert um 11 mg/dl einzustellen. Die Harnsäureausscheidung verringerte sich bereits in den ersten 3 Tagen stark, um nach dem 15. Tag auf Werte unter 200 mg/Tag abzufallen.

Wie in der beschriebenen Untersuchung konnte in einer Reihe weiterer Studien während Fastenkuren ein dramatisches Ansteigen der Serumharnsäurekonzentration aufgrund verringerter Harnsäureausscheidung beschrieben werden (Ogryzlo 1965; Lecocq u. Mc Phaul 1965; Cristofori u. Duncan 1964; Mc Carthy u. Ogryzlo 1960).

Strenge Fastenkuren führen zu einem starken Ansteigen der Serumharnsäurekonzentration, die auch beim Stoffwechselgesunden weit über den Normalbereich hinausgehen können. Für Hyperurikämiker sind somit strenge Fastenkuren nur unter laufender Kontrolle des Serumharnsäurespiegels erlaubt. Nulldiät und Fastenkuren mit purinreicher Kost sind für den Hyperurikämiker verboten.

Das Normalgewicht sollte bei Patienten mit Hyperurikämie durch langsame und konstante Gewichtsreduktion erreicht werden. Serumharnsäurekontrollen zumindest in den ersten Wochen einer Reduktionsdiät sind angezeigt. Während der Reduktionskost kann bei stark

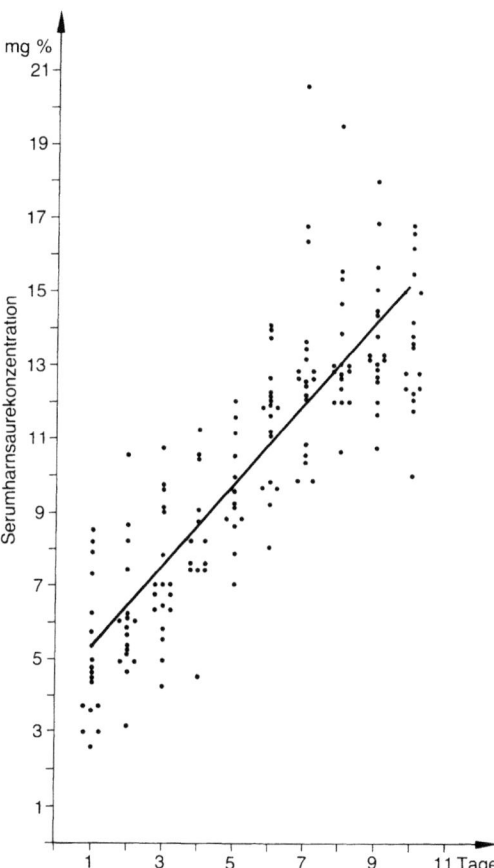

Abb. 4.17. Serumharnsäurekonzentrationen von 77 übergewichtigen Personen während 10tägigem totalem Fasten. (Nach Schräpler et al. 1976).

steigenden Serumharnsäurewerten eine passagere medikamentöse Therapie notwendig werden.

4.2.3 Übergewicht und Hyperurikämie

Die allgemeine klinische Erfahrung zeigt, daß Gichtkranke oft übergewichtig sind. Dagegen konnte nicht in allen Untersuchungen erhärtet werden, daß Übergewichtige hyperurikämisch sind. So konnten Griebsch u. Zöllner (1973) in einer Untersuchung an 1024 Personen keinen statistisch signifikanten Zusammenhang sichern. Phoon u. Pincherle (1972)

Tabelle 4.7. Relatives Gewicht ($\frac{100 \times \text{tatsächliches Gewicht}}{\text{Idealgewicht}}$) und Serumharnsäure-spiegel. (Nach Phoon u. Pincherle 1972)

		Idealgewicht				
	unter dem Idealgewicht		100%	über dem Idealgewicht		
	←—————————————		—————|————————————→			
Relatives Gewicht	unter 80%	80–89%	90–99%	100–109%	110–119%	120–129%	über 130%
Serum-harnsäure: [mg/dl]	5,16	5,39	5,72	6,01	6,27	6,46	6,66

hingegen zeigten anhand von 7444 Personen eine deutliche Abhängigkeit von Körpergewicht und Serumharnsäuregehalt auf (Tabelle 4.7). Scott u. Sturge (1976) konnten an 15 Personen nach Gewichtsreduktion ein hochsignifikantes Absinken der Serumharnsäurekonzentration nachweisen. Über den Zusammenhang zwischen Übergewicht und Hyperurikämie ist wenig bekannt. Andere Ernährungsgewohnheiten, metabolische Faktoren oder Einflüsse der Harnsäureausscheidung können für diesen Befund verantwortlich sein.

Wenn auch die Beziehung zwischen Übergewicht und Hyperurikämie nicht allzu eng ist, so kann doch davon ausgegangen werden, daß mit fallendem Körpergewicht der Serumharnsäurespiegel absinkt. Gichtpatienten sollten deshalb Übergewicht langsam abbauen.

4.2.4 Eßgewohnheiten und Gicht

Betrachtet man die Eßgewohnheiten der deutschen Bevölkerung (Ernährungsbericht 1976), so läßt sich feststellen, daß die Hälfte aller aufgenommenen Purinkörper aus tierischen Geweben stammt (Abb. 4.18), die andere Hälfte wird mit pflanzlichen Lebensmitteln aufgenommen. Muskelfleisch stellt in den Industrienationen die bedeutendste Purinquelle dar. Über ein Viertel der täglich aufgenommenen Purin-N-Menge ist im Fleisch enthalten. Männer nehmen 6% der gesamten Purinkörper durch Bier auf, Frauen nur 3%.

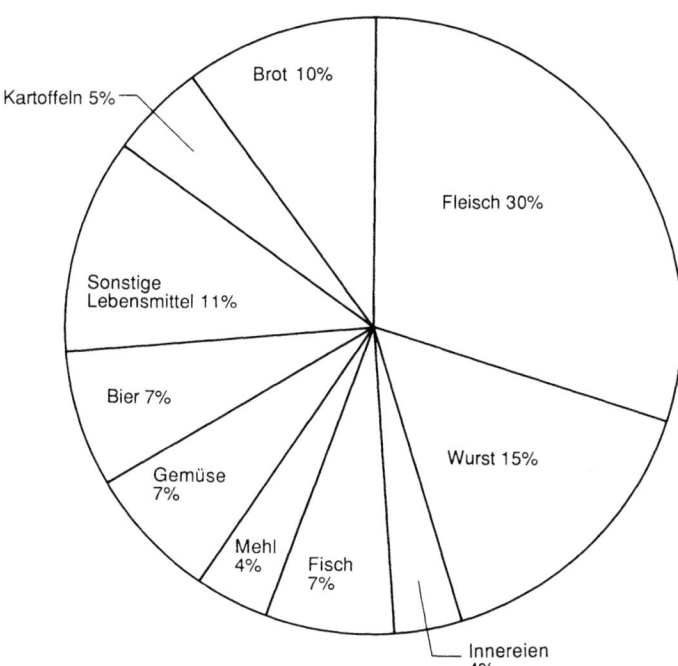

Abb. 4.18. Purinaufnahme über verschiedene Lebensmittel in der männlichen deutschen Bevölkerung. (Nach Ernährungsbericht 1976)

4.2.5 Praktische Diätempfehlungen

Indikation von Diätempfehlungen bei Hyperurikämie und Gicht

In der Behandlung der Gicht und der ihr zugrundeliegenden Hyperurikämie spielt die Diät eine wichtige Rolle. Epidemiologische Studien beweisen, daß in nahezu allen Fällen die Einhaltung von Diätvorschriften die Arzneimitteltherapie voll ersetzen könnte. Solche Diäten wären allerdings einschneidend und hätten daher nur wenig Aussicht, eingehalten zu werden.

Bei *Serumharnsäurekonzentrationen unter 8,5 mg/dl* ist eine medikamentöse Therapie normalerweise nicht notwendig. Hier wird allein die diätetische Therapie in Form einer purinarmen Diät ausreichend sein, eine weitere Beobachtung der Serumharnsäurekonzentration ist aber angezeigt.

Bei *Serumharnsäurekonzentrationen über 8,5-9 mg/dl* wird die diätetische Therapie als Basisbehandlung neben der medikamentösen Therapie empfohlen (s. Abb. 4.2). Durch geeignete diätetische Maßnahmen läßt sich der Medikamentenbedarf auf das Notwendige beschränken, die Diättherapie spart daher Kosten und Risiken der Arzneimitteltherapie. Dabei erweist sich in den meisten Fällen die Verordnung einer purinarmen Diät als ausreichend. Die Einschränkungen sind bei dieser Diät nicht zu drastisch, so daß sie vom Patienten noch gut hingenommen werden können. Streng purinarme Diäten müssen nur in besonderen Fällen zur Anwendung kommen.

Diäten bei Hyperurikämie und Gicht

Bei der Erstellung einer Diät ist nicht nur der absolute Gehalt des jeweiligen Nahrungsmittels an Purinen entscheidend, sondern vor allem auch die üblicherweise davon genossene Menge. Beispiel: Fleischextrakt weist pro 100 g einen sehr hohen Gehalt an Purinkörpern auf, wird jedoch üblicherweise nur in sehr geringen Mengen als Würzsubstanz verwendet. In einer normal gewürzten Mahlzeit sind somit die mit Fleischextrakt aufgenommenen Purinmengen nicht allzu groß. Das völlige Verbot von Fleischextrakt, wie es in früheren Diätempfehlungen oft ausgesprochen wurde, ist somit nicht sinnvoll.

Andererseits gibt es purinärmere Lebensmittel, die immer in größeren Mengen aufgenommen werden. Über große Mengen purinärmerer Lebensmittel gelangen aber unter Umständen erhebliche Mengen Harnsäurevorläufer in den Körper. Als Beispiel kann hier Spinat angeführt werden, dessen Portionsgröße üblicherweise bei 150 g liegt.

Streng purinarme Diät

Eine streng purinarme Diät geht mit erheblichen Einschränkungen einher und erfordert somit vom Patienten sehr viel Disziplin. Da die Aussicht, daß sie eingehalten wird, zumeist sehr gering ist, wird sie nur in den seltenen Fällen zur Anwendung kommen, in denen sowohl Urikosurika wie auch Allopurinol kontraindiziert sind, d. h. eine medikamentöse Behandlung aus zwingenden Gründen nicht möglich ist.

Es handelt sich um eine streng laktovegetabile Diät, bei der bis zu 120 mg Harnsäure täglich erlaubt sind. Die Wochenmenge Harnsäure darf 1000 mg nicht überschreiten. Eiweiß wird in Form von an Purinkörpern armer Milch und Milchprodukten aber auch Pflanzenprodukten zugeführt. Durch Kochen von Fleisch verringert sich dessen Puringehalt, da ein Teil der Purinkörper ins Kochwasser übergeht. Alkoholische Getränke sollten weitgehend vermieden werden. Tee, Kaffee und Wasser sind uneingeschränkt erlaubt.

Streng purinarme Diät:

Erlaubt sind:
Pro Woche bis zu 1000 mg Harnsäure.
Fleisch oder Wurst oder Fisch maximal bis 100 g 2- bis 3mal
wöchentlich; Eiweiß in Form von Milch, Milchprodukten und
purinarmen Pflanzenprodukten;
Kaffee, Tee, Wasser.

Verboten sind:
Alkoholische Getränke, Innereien, bestimmte Fischsorten, Linsen,
gelbe Erbsen, weiße Bohnen.

Purinarme Diät

Die purinarme Diät stellt einen vernünftigen Kompromiß dar zwischen
möglichst geringer Purinzufuhr und dem, was üblicherweise an diätetischen Einschränkungen vom Patienten eingehalten werden kann. Erlaubt
sind in der Woche 2000 mg Harnsäure. Die täglich erlaubte Purinmenge
soll hier weniger im Vordergrund stehen – am Vortag zuviel zugeführte
Purinkörper können am folgenden Tag eingespart werden.
Um dem Patienten die praktische Durchführung seiner Diät zu erleich-
tern, kann er auf die entsprechenden Diätbroschüren verwiesen werden.
Diese Broschüren enthalten meist auch eine für den Laien verständliche
Darstellung der Ursachen der Gicht, die dem Patienten zum Verständnis
und damit zur Motivation für seine Diättherapie verhelfen. Einige dieser
Diätbroschüren sind am Ende dieses Abschnitts aufgeführt.

Purinarme Diät:

Erlaubt sind:
Wöchentlich 2000 mg Harnsäure.
Einmal am Tag eine normale Portion (ca. 150 g) Fleisch, Wurst oder
Fisch. Als Eiweißquelle sind Milch und Milchprodukte (Käse)
geeignet, zum Mittag- und Abendessen eine Portion eines
alkoholischen Getränkes.
Tee, Kaffee, Wasser.

Verboten sind:
Innereien wie Leber, Niere, Bries, Herz; einige Fischsorten:
Salzheringe, Hummer, Miesmuscheln;
größere Mengen alkoholischer Getränke; als Gemüse Erbsen, weiße
Bohnen und Linsen.

Diätbroschüren für den Patienten

Schuler K, Schmidt K (1976) Die Gicht. Schriftenreihe für Rheumakranke. Aesopus, München

Franke R, Mertz DP (1986) Moderne Diät bei Gicht. Gräfe & Unzer, München

Wolfram G, Reinhardt M, Tick E (1977) Ernährung bei Gicht und Hyperurikämie. Thieme, Stuttgart

Zöllner N (1981) Diät bei Gicht und Harnsäuresteinen. Thienemanns, Stuttgart

4.2.6 Lebensmitteltabellen

Harnsäuregehalt wichtiger Lebensmittel (nach Zöllner u. Keller 1981)

Purinreiche Lebensmittel
(sehr purinreiche Lebensmittel in Großbuchstaben)

	Lebensmittel	mg Harnsäure pro		Portionsgröße [g]
		100 g	Portion	
Fleisch	KALBSFILET	190	285	150
	HAMMELLENDE	195	245	150
	SCHWEINEFILET	154	230	150
	KANINCHEN	145	220	150
	Rinderfilet	130	195	150
	Hackfleisch	127	190	150
	Hammelkotelett	125	190	150
	Kalbskotelett	125	190	150
	Schweinekotelett	118	180	150
	Rindfleisch, fett	110	165	150
	Schinken, gekocht	118	60	50
	Fleischextrakt	3500	35	1
	Schinken, roh	70	35	50
Innereien	BRIES	1032	1032	100
	LEBER	336	420	125
	HERZ	408	408	100
	NIERE	240	300	125
	Zunge	115	173	150
	Hirn	100	100	100

| Lebensmittel | | mg Harnsäure pro | Portionsgröße |
		100 g	Portion	[g]
Wild und	GANS	240	360	150
Geflügel	Huhn, Brust	175	260	150
	HUHN, gekocht	170	255	150
	TRUTHAHN	170	255	150
	ENTE	153	230	150
	Hase	110	165	150
	HUHN, Keule	110	165	150
	Reh	110	165	150
	Fasan	110	165	150
Fisch	HUMMER	175	525	300 = ½ Hum.
	MIESMUSCHELN	370	500	135 = 30 Stück
	HERING	280	420	150
	BÜCKLING	318	318	100
	ÖLSARDINEN	560	280	50
	SPROTTEN, geräuchert	535	268	50
	RÄUCHERLACHS	242	242	100
	SCHELLFISCH	160	240	150
	SCHOLLE	156	233	150
	LACHS	150	225	150
	KABELJAU	150	225	150
	KARPFEN	150	225	150
	HECHT	140	210	150
	Seezunge	127	190	150
	Heilbutt	120	180	150
	Krabben	168	168	100
	Aal, geräuchert	115	68	50
	Kaviar	144	43	30
	Anchovis	360	40	10
	Austern	90	36	40 = 6 St.
Pilze	Steinpilze	50	75	150
	Pfifferlinge	25	38	150
Gemüse	ERBSEN, grün	145	218	150
	ERBSEN, gelb getrock.	140	70	50
	BOHNEN, weiß	130	65	50
	LINSEN	185	46	25
	Spinat	70	105	150
	Spargel	30	75	250
	Bohnen, grün	50	75	150
	Grünkohl	30	45	150
	Karotten	25	38	150
	Rotkraut	25	38	150
	Blumenkohl	25	38	150
Getränke	Bier	16	80	0,5 l

Alkohol hemmt die Harnsäureausscheidung und führt zu einem
Ansteigen der Harnsäurekonzentration im Serum

Purinfreie und nahezu purinfreie Lebensmittel

	Lebensmittel	mg Harnsäure pro 100 g	Portion	Portionsgröße [g]
Fette	Fette enthalten keine Purinkörper, erhöhen aber in großen Mengen verzehrt über andere Stoffwechselmechanismen die Serumharnsäurekonzentration			
	Milch und magere Milchprodukte, magerer Käse, Eiweiß sind als purinfreies Eiweiß für den Hyperurikämiker besonders geeignet			
Kohlenhydrate	Reis, Sago, Stärke	0		
	Zucker, Marmelade, Honig	0		
Brot, Mehl	Weißbrot	15	8	50
	Knäckebrot	60	6	10
	Zwieback	29	3	10
	Weizenmehl	20	2	10
Gemüse	Kohlrabi	11	11	100
	Kartoffeln	5	8	150
	Schwarzwurzeln	5	8	150
	Kürbis	0		
Salate	Endivien	20	10	50
	Gurken	8	12	150
	Kopfsalat	10	5	50
	Rettich, Radieschen	15	8	50
	Sellerie	30	3	10
Obst	ist bis auf wenige Ausnahmen völlig purinfrei, einige Obstsorten enthalten geringe Mengen Purinkörper			
	Erdbeeren	12	12	100
	Rhabarber	10	10	100
	Datteln	15	3	20
	Äpfel	2	2	100
	Birnen	2	2	100
	Ananas	0		
	Aprikosen	0		
	Bananen	0		
	Heidelbeeren	0		
	Himbeeren	0		
	Johannisbeeren	0		
	Kirschen	0		
	Melone	0		
	Orange	0		
	Pfirsich	0		
	Pflaumen	0		
Getränke	Tee	0		
	Kaffee	0		
	Kakao	0		

Purinarme Lebensmittel

	Lebensmittel	mg Harnsäure pro		Portionsgröße [g]
		100 g	Portion	
Speck, hoher Fettgehalt!		75	15	20
Brot	Vollkornbrot	40	20	50
	Mischbrot	36	18	50
Nährmittel	Nudeln	38	30	80
	Grieß	55	16	30
Pilze	Champignon	20	30	150
	Morcheln	30	15	50
Gemüse	Wirsing	20	30	150
	Rosenkohl	15	23	150
	Feldsalat	45	23	50
	Rote Bete	15	23	150
	Sauerkraut	12	18	150
	Tomaten	10	15	150

Literatur

Adlersberg D, Ellenberg M (1939) Effect of carbohydrate and fat in the diet on uric acid excretion. J Biol Chem 128: 79

Cathcart EP (1907) Über die Zusammensetzung des Hungerharns. Biochem 6: 109

Clifford AJ, Story DL (1976) Levels of purines in foods and their metabolic effects in rats. J Nutr 106: 435-442

Clifford AJ, Riumallo JA, Young YR, Scrimshaw NS (1976) Effect of oral purines on serum and urinary uric acid of normal, hyperuricemic and gouty humans. J Nutr 106: 428-434

Colling M, Wolfram G (1987 a) Bestimmung von purinhaltigen Verbindungen und Purinbasen in Lebensmitteln. Z Lebensm Unters Forsch 185: 288-291

Colling M, Wolfram G (1987 b) Zum Einfluß des Garens auf den Puringehalt von Lebensmitteln. Z Ernährungswiss 26: 214-218

Cristofori FC, Duncan GC (1964) Uric acid excretion in obese subjects during periods of total fasting. Metabolism 13/4: 303-311

Bässler KH, Fekl W, Lang K (1979) Grundbegriffe der Ernährungslehre 3. Aufl. Springer, Berlin, Heidelberg New York

Bettinger A (1988) Untersuchungen über Mechanismen des Einflusses von Nahrungspurinen auf die Allopurinol-induzierte Orotazidurie und Orotidinurie. Dissertation, Universität München

Bickel H, Matzkies F, Fekl W, Berg G (1973) Verwertung und Stoffwechselverhalten von Sorbit während parenteraler Langzeitinfusion. Dtsch Med Wochenschr 98: 2079-2083

Bien EJ, Yü TF, Benedict JD, Gutmann AE, Stetten D (1953) The relation of dietary nitrogen consumption to the rate of uric acid synthesis in normal an gouty man. J Clin Invest 32: 778

Bode Ch, Schuhmacher H, Goebell H, Zelder O, Pelzel H (1971) Fruktose induced depletion of liver adenin nucleotides in man. Horm Metab Res 3: 289-290

Bowering J, Calloway DH, Margen S, Kaufmann NA (1969) Dietary protein level and uric acid metabolism in man. J Nutr 100: 249-261

Brodan V, Brodanova M, Kuhn E, Filip J, Pechar J (1975) Ammonia and uric acid formation after rapid intravenous fructose administration to healthy subjects and patients with compensated cirrhosis of the liver. Nutr Metabol 19: 233-241

Burian, Schur (1900, 1901, 1903) nach Griebsch A (1978) Purine aus Ernährungslehre und Diätetik, Bd 2 Teil 1, Allgemeine und spezielle Ernährung. Thieme, Stuttgart

Davidek J Janicek G (1971) Degradation of inosinic acid in poultry meat during frozen storage. ZUL 146: 1

Davidek J, Kahn AW (1967) Estimation of inocinic acid in chicken muscle and its formation and degradation during post mortem aging. Food Sci 32: 155

Davidson S, Passmore R, Brock JF, Truswell AS (1979) Human nutrition and dietetics 7th edn. Churchill Livingstone Edinburgh London New York

Emmerson BT (1974) Effect of oral fructose on urate production. Ann Rheum Dis 33: 276-280

Emmerson BT (1978) Abnormal urat excretion associated with renal and systematic disorders, drugs and toxins. In: Kelley WN, Weiner JM (eds) Uric Acid. Springer, Berlin Heidelberg New York

Ernährungsbericht 1976. Deutsche Gesellschaft f. Ernährung e. V., 6 Frankfurt am Main, Feldbergstr. 28

Förster H, Meyer E, Ziege M (1970) Erhöhung von Serumharnsäure und Serumbilirubin nach hochdosierten Infusionen von Sorbit, Xylit und Fruktose. Klin Wochenschr 48/14: 878-879

Förster H, Zagel D (1974) Stoffwechseluntersuchungen während und im Anschluß an Dauerinfusionen von Glukose und von Zuckeraustauschstoffen Dtsch Med Wochenschr 99: 1300-1304

Förster H, Ziege M (1971) Anstieg der Serumharnsäurekonzentration nach oraler Zufuhr von Fruktose, Sorbit und Xylit. Z Ernährungswiss 10/4: 394-396

Fox IJ, Kelley WN (1972) Studies on the mechanism of fructose-induced hyperuricemia in man. Metabolism 21/8: 713-721

Garrod H (1863) aus McLachlan MJ, Rodnan GP (1967) Effects of food, fast and alkohol on serum uric acid and acute attacks of gout. Am J Med 42: 38-57

Gibson HV, Doisy EA (1923) A note on the effect of some organic acids upon the uric acid excretion in man. J Biol Chem 55: 605-610

Gibson T, Rodgers V, Court-Brown H, Simmonds HA (1981) Dietary intake of gouty patients. Ann Rheum Dis 40: 515-529

Gimpel H (1984) Inaugural dissertation, Universität München

Goldfinger S, Klinenberg JR, Seegmiller JE (1965) Renal retention of uric acid induced by infusion of β-Hydroxybutyrate and Acetoacetate. N Engl J Med 272/7: 351-355

Grafe E (1953) Die Gicht, Dtsch Med Wochenschr 78: 867-890

Griebsch A (1976) Diät einschließlich experimenteller Grundlagen. Handbuch der inneren Medizin, Bd 7 5. Aufl. Springer, Berlin Heidelberg New York

Griebsch A (1978) Purine In: Ernährungslehre und Diätetik, Bd 2 Teil 1, Allgemeine und spezielle Ernährung. Thieme, Stuttgart

Griebsch A, Kaiser W (1976) Einfluß exogener Purine auf den Harnsäurestoffwechsel. Handbuch der inneren Medizin, Bd 7, 5. Aufl. Springer, Berlin Heidelberg New York

Griebsch A, Zöllner N (1970 a) Verhalten des Harnsäurespiegels im Plasma unter dosierter Zufuhr von Nukleinsäuren. Verh Dtsch Ges Inn Med 76: 849-853

Griebsch A, Zöllner N (1970 b) Über die dosisabhängige Wirkung von oral verabreichter DNA und RNA auf Harnsäurespiegel und Harnsäureausscheidung des Gesunden und des Hyperurikämikers. Hoppe Seylers Z Physiol Chem 351: 1297-1298

Griebsch A, Zöllner N (1971) Harnsäure-Plasmaspiegel und renale Harnsäureausscheidung bei Belastung mit Algen, einer purinreichen Eiweißquelle. Verh Dtsch Ges Inn Med 77: 173-177

Griebsch A, Zöllner N (1973) Normalwerte der Plasmaharnsäure in Süddeutschland. Vergleich mit Bestimmung vor 10 Jahren. Z Klin Chem Biochem 11: 346

Griebsch A, Zöllner N (1974) Effect of ribomononucleotides given orally on uric acid production in man. In: Sperling O, de Vries A, Wyngaarden JB (eds) Advances in exp. Medicine and Biology Vol 41 B: Purine metabolism in man. Plenum, New York, p 443

Grunst J, Dietze G, Wicklmeyr M, Hoppe F, Mehnert H (1975) Einfluß parenteraler Fruktose- bzw. Glukosezufuhr auf die Harnsäurebildung und Phosphataufnahme der menschlichen Leber. Z Ernährungswiss 14: 259-267

Grunst J, Dietze G, Wicklmayr M (1977) Effect of ethanol on uric acid Production of human liver. Second European Nutrition Conference, Munich 1976 Nutr Metab 21 (Suppl 1): 138-141

Haeckel R, Jankowski R, Wittenborg D (1978) Untersuchungen über die orale Belastung mit Hypoxanthin und einem Adenin-Guanin-Gemisch zur Früherkennung der Gicht. J Clin Chem Clin Biochem 16/8

Hall AP, Barry PE, Dawber TR, McNamara PM (1967) Epidemiology of gout and hyperuricemia; a long term population study. Am J Med 42: 27

Harding VJ, Allin KD, Eagles BA, van Wyck HB (1925) The effect of high fat diets on the content of uric acid in the blood. J Biol Chem 63: 37

Harding VJ, Allin KD, Eagles BA (1927) Influence of fat and carbohydrate diets upon the level of blood uric acid. J Biol Chem 74: 631-634

Hartmann H, Hoos J, Förster H (1977) Influence of sugar substitutes and of ethanol on purine metabolism. Second European Nutrition Conference, Munich 1976. Nutr Metab 21 (Suppl 1): 141-144

Herbel W (1985) Dissertation, Universität Hamburg

Heuckenkamp PU, Zöllner N (1971) Fructose-induced Hyperuricaemia. Lancet 808-809

Heuckenkamp PU, Zöllner N (1972) Xylitbilanz während mehrstündiger Infusionen mit konstanten Zufuhrraten bei gesunden Menschen. Klin Wochenschr 30/22: 1063-1065

Hirschstein LI (1907) Die Beziehungen der endogenen Harnsäure zur Verdauung. Arch Exp Path Pharmakol 57: 229

Kotz R, Metzenroth H, Müller MM (1975) Stoffwechselbelastung mit Guanosin bei Gesunden und bei Patienten mit Arthritis urica. Z Rheumatol 34: 108-113

Lang K, Schäffner E (1964) Die thermische Behandlung von Ribonukleinsäure und deren ernährungsphysiologische Bedeutung. Z Ernährungswiss 4: 235-245

Lecocq FR, Mc Phaul JJ (1965) The effects of starvation, high fat diets, and ketone infusions on uric acid balance. Metabolism 14/2: 186-197

Lieber CS, Davidson CS (1962) Editorial: - Some metabolic effects of ethyl alkohol. Am J Med 33/3:319-327

Lieber CS, Jones DP, Losowsky MS, Davidson CS (1962) Interrelation of uric acid and ethanol metabolism in man. J Clin Invest 41/10: 1863-1870

Löffler W, Gröbner W, Zöllner N (1980) Influence of dietary protein on serum and urinary uric acid. Proc. of 3. Int. Symp. on Purine Metabolism Man, Madrid (1979), Metabolism in Man III. Plenum, New York

Lyons AS, Petrucelli RJ (1980) Geschichte der Medizin im Spiegel der Kunst. Du Mont, Köln

Macy RL, Naumann HD, Bailey M (1970) Water soluble flavor and odor precursors of meat. J Food Sci 35: 78

Mäenpää PH, Raivio KO, Kekomäki MP (1968) Liver adenine nucleotides: fructose-induced depletion and its effect on protein synthesis. Science 161: 1253-1254

Matzkies F, Abidin Z (1980) Harnsäuresenkende Wirkung einweißreicher Diät. Fortschr Med 98/16: 606-607

Matzkies F, Berg G (1976) The uricosuric action of amino acids. J Clin Chem Clin Biochem 14: 308

Matzkies F, Berg G, Mädl H (1979) Über die urikosurische Wirkung von Protein beim Menschen. Akt Ernährung 4: 201-202

McCarthy DD, Ogryzlo MA (1960) Effect of fasting on uric acid Excretion by the kidney. Arthritis Rheum 3: 280-281

McLachlan MJ, Rodnan GP (1967) Effects of food, fast and Alkohol on serum uric acid and acute attacks of gout. Am J Med 42: 38-57

Mehnert H, Förster H (1967) Fructose-induced hyperuricaemia. Lancet 2: 1205

Mertz DP, Kaiser V, Klöpfer-Zaar M, Beisbarth H (1972 a) Serumkonzentrationen verschiedener Lipide und von Harnsäure während 2wöchiger Verabreichung von Xylit. Klin Wochenschr 50: 1107-1111

Mertz DP, Kaiser V, Klöpfer-Zaar M, Beisbarth H (1972 b) Fett und Harnsäurestoffwechsel unter der akuten Wirkung von Xylit. Klin Wochenschr 50: 1097-1106

Michael ST (1944) The relation of uric acid excretion to blood uric acid in man. Am J Physiol 41: 71-74

Narins RG, Weisberg JS, Myers AR (1974) Effects of carbohydrates on uric acid metabolism. Metabolism 23/5: 455-465

Nugent CA, Tyler FH (1959) The renal excretion of uric acid in patients with gout and in nongouty subjects. J Clin Invest 39: 1890-1898

Ogryzlo MA (1965) Hyperuricemia induced by high fat diets and starvation. Arthritis Rheum 8/5: 799-822

Padova J, Patchefsky A, Onesti G, Faludi G, Bendersky G (1964) The effect of glucose loads on renal uric acid excretion in diabetic patient. Metabolism 13/6: 507-512

Padova J, Bendersky G (1962) Hyperuricemia in diabetic ketoacidosis. N Engl J Med 267: 530-534

Phoon WH, Pincherle G (1972) Blood uric acid in executives. Br J Industr Med 29: 334-337

Potter CF, Cadenhead A, Simmonds HA, Cameron JS (1980) Differential absorption of purine nucleotides, nucleosides an bases. Adv Exp Med Biol 122 A: 203-208

Potthast K, Hamm R (1969) Eine Routinemethode zur quantitativen Bestimmung von ATP und seinen Abbauprodukten im Muskel post mortem. J Chromatog 42: 558

Quick AJ (1932) The relationship between chemical structure and physiological response, III. Factors influencing the excretion of uric acid. J Biol Chem 98: 157-169

Raivio KO, Becker MA, Meyer LJ, Greene ML, Nuki G, Seegmiller JE (1975) Stimulation of human purine synthesis de novo by fructose infusion. Metabolism 24/7: 861-869

Rose WC (1921) The influence of food ingestion upon endogenous purine metabolism. II. J Biol Chem 48: 575

Sahebjami H, Scalettar R (1971) Effects of fructose infusion on lactate and uric acid metabolism. Lancet 1: 366

Schönthal H, Al-Hujaj M, Elbrechter J (1972) Zur Therapie der Gicht. Dtsch Med Wochenschr 97: 1195

Schräpler P, Schulz E, Kleinschmidt A (1976) Pathogenesis of „Fasting Hyperuricemia" and its Prophylaxis. In: Müller MM, Kaiser E, Seegmiller JE (eds) Proceedings of the second half of the second Int. Symp. on Purine Metabolism in man. Purine metabolism in man II, Vol 76 B. Plenum, New York, p 278

Schreiber A, Waldvogel F (1899) Beiträge zur Kenntnis der Harnsäureausscheidung unter physiologischen und pathologischen Verhältnissen. Arch Exp Path Pharmakol 42: 69-82

Schlierf G, Wolfram G (1975) Ernährungstherapie in der Praxis. Lehmanns, München

Scott JT, Sturge RA (1976) The effect of weight loss on plasma and urinary uric acid and lipid levels. J Clin Chem Clin Biochem 14: 319, 274-277

Seegmiller JE, Grayzel AJ, Laster L, Liddle L (1961) Uric acid production in man. J Clin Invest 40: 1304-1314

Seegmiller JE, Grayzel AJ, Howell RR, Plato C (1962) The renal excretion of uric acid in gout. J Clin Invest 41: 1084-1098

Spann KW, Gröbner W, Zöllner N (1980) Proc. of 3. Int. Symp. on Purine Metabolism in Man, Madrid (1979). In: Rapado A, Watts RWE, de Bryn CHMM (eds) Metabolism in Man III Vol 122 A. Plenum, New York, p 215

Spann KW, Gröbner W (1980) Hypoxanthin im Fleisch und dessen Einfluß auf den Harnsäurestoffwechsel des Menschen. Akt Ernährung 5: 8-11

Stoll V (1970) Mononukleotide und Spaltprodukte in Innereien und Muskulatur frisch geschlachteter Hähnchen. Ernährungsumschau 17: 404

Terasaki M (1964) Scientific Information. Bulletin Ribotide 26 (Takeda-Report)

Umeda N (1915) XLI The influence of fat and carbohydrate on the excretion of endogenous purines in the urine of dog and man. Biochem J: 421-438

Vojir F, Petuely F (1982) Enzymatische Bestimmung des Gesamtpurinkörpergehaltes in Lebensmitteln mittels eines Zentrifugenanalysators. Lebensmittelchemie u. gerichtl. Chemie 36: 73-79

Waslien CI, Calloway DH, Margen S (1968) Uric acid production of men fed graded amounts of egg protein and yeast nucleic acid. Am J Clin Nutr 21: 892-897

Waslien CJ, Calloway DH, Margen S, Costa F (1970) Uric acid levels in men fed algae and yeast as protein sources. J Food Sci 35: 294-298

Wilson D, Bishop C, Talbott JH (1952) A factorial experiment to test the effect of various types of diets on uric acid excretion of normal human subjects. J Appl Physiol 4: 560-565

Zöllner N, Griebsch A (1973) Normalwerte der Plasmaharnsäure in Süddeutschland. Z Klin Chem Klin Biochem 11: 346-356

Woods HF, Eggleston LV, Krebs HA (1970) The cause of hepatic accumulation of fructose 1-phosphate on fructose loading. Biochem J 119: 501-510

Woods HF, Krebs HA (1973) Xylitol metabolism in the isolated perfused rat liver. Biochem J 134: 437-443

Yü TF, Adler M, Bobrow E, Gutman AB (1961) Plasma and urinary amino acids in primary gout, with special reference to glutamine. J Clin Invest 48: 885-894

Yü TF, Sirota JH, Berger L, Halpern M, Gutman AB (1957) Effect of sodium lactate infusion on urate clearence in man. Proc Soc Exp Biol 96: 809-813

Zöllner N, Griebsch A, Gröbner W (1972) Einfluß verschiedener Purine auf den Harnsäurestoffwechsel. Ernährungsumsch 3: 79-82

Zöllner N, Griebsch A (1974) Diet in Gout. In: Sperling O, de Vries A, Wyngaarden JB (eds) Advances in experimental medicine vol 41 B, Purine metabolism in man. Plenum, New York

Zöllner N, Gröbner W (1977) Dietary feedback regulation of purine and pyrimidine biosynthesis in man. CIBA Foundation Symp 48: 165

Zöllner N, Keller C (1981) A 300 kcal (1,2 MJ) diet using conventional food. Int J Obes 5: 217-220

4.3 Medikamentöse Beeinflussung von Synthese und Abbau der Purine

W. Gröbner

Zahlreiche Substanzen beeinflussen die Harnsäurebildung durch Hemmung verschiedener Enzyme des Purinstoffwechsels. Es handelt sich hierbei im wesentlichen um Analoga des Glutamins (z. B. Azaserin, Diazooxonorleucin), Analoga der Folsäure (z. B. Methotrexat, Aminopterin) sowie Analoga von Purinbasen (z. B. Allopurinol, Oxipurinol, 6-Mercaptopurin, 6-Thioguanin, 2,6-Diaminopurin) (Abb. 4.19). In der Langzeittherapie der Hyperurikämie und Gicht hat sich unter den Hemmstoffen der Harnsäuresynthese wegen der geringen Toxizität nur Allopurinol durchgesetzt.

4.3.1 Allopurinol

Allopurinol sowie sein Hauptmetabolit Oxipurinol sind Inhibitoren der Xanthinoxidase, die die Oxidation von Hypoxanthin und Xanthin zu Harnsäure, von Allopurinol zu Oxipurinol (Abb. 4.20) und von 6-Mercaptopurin zu 6-Mercaptoharnsäure (Abb. 4.21) katalysiert. Allopurinol, als Hemmstoff für die Oxidation des 6-Mercaptopurins entwickelt, erwies sich auch als Hemmstoff der Harnsäurebildung (Rundles et al. 1963; Rundles 1985). Leukämische Patienten mit Hyperurikämie, denen gleichzeitig Allopurinol und 6-Mercaptopurin verabreicht wurde, zeigten einen ausgeprägten Abfall der Serumharnsäure sowie der renalen Harnsäureausscheidung. Diese harnsäuresenkende Wirkung von Allopurinol wurde durch zahlreiche Autoren bestätigt und führte zum Einsatz dieser Verbindung in der Gichtbehandlung (Wyngaarden et al. 1963; Yü u. Gutman 1964; Rundles et al. 1964; Klinenberg et al. 1965; Wyngaarden et al. 1965; Zöllner 1966; Zöllner u. Schattenkirchner 1967).

Resorption, Verteilung, Metabolismus und Ausscheidung

Allopurinol, ein Isomer des Hypoxanthins, ist sowohl Substrat als auch Inhibitor der Xanthinoxidase. Die Bindung von Allopurinol an das Enzym ist ungefähr 10- bis 40fach größer als die des Xanthins (Elion 1966, 1978). Die Hemmung der Xanthinoxidase durch Allopurinol erfolgt kompetitiv, der Ki für das Enzym aus menschlicher Leber beträgt $7,6 \cdot 10^{-9}$ mol/l (Watts et al. 1965). Einen Ki von $1,9 \cdot 10^{-7}$ mol/l für das

300

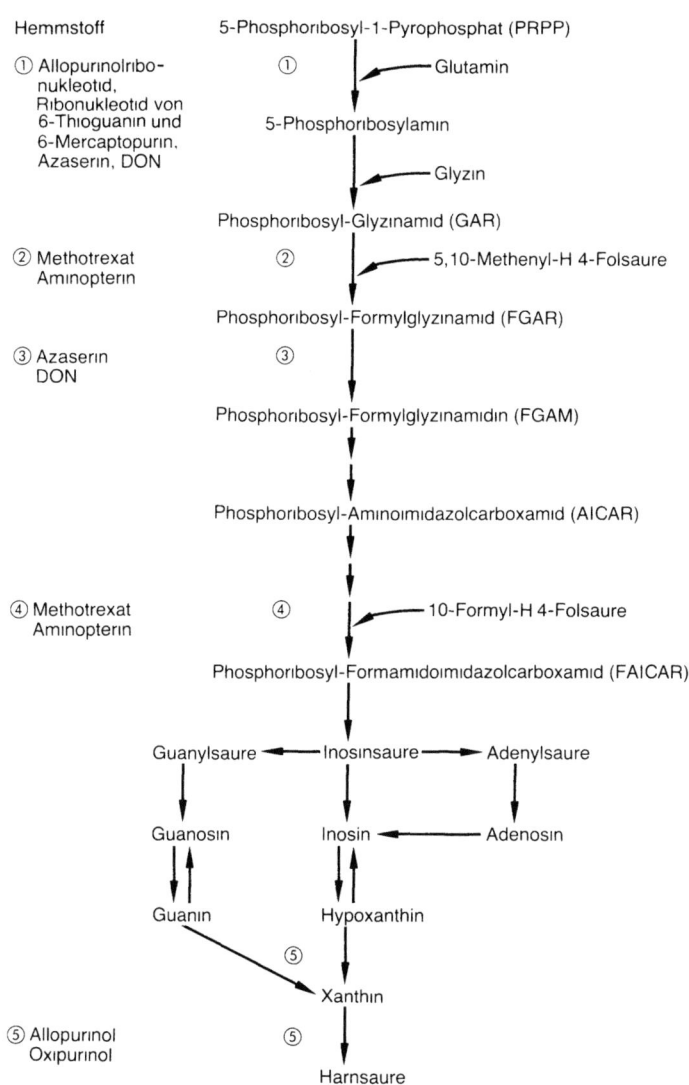

Hemmstoff

① Allopurinolribo-
nukleotid,
Ribonukleotid von
6-Thioguanin und
6-Mercaptopurin.
Azaserin, DON

② Methotrexat
Aminopterin

③ Azaserin
DON

④ Methotrexat
Aminopterin

⑤ Allopurinol
Oxipurinol

5-Phosphoribosyl-1-Pyrophosphat (PRPP)

① ← Glutamin

5-Phosphoribosylamin

← Glyzin

Phosphoribosyl-Glyzinamid (GAR)

② ← 5,10-Methenyl-H 4-Folsaure

Phosphoribosyl-Formylglyzinamid (FGAR)

③

Phosphoribosyl-Formylglyzinamidin (FGAM)

Phosphoribosyl-Aminoimidazolcarboxamid (AICAR)

④ ← 10-Formyl-H 4-Folsaure

Phosphoribosyl-Formamidoimidazolcarboxamid (FAICAR)

Guanylsaure ← Inosinsaure → Adenylsaure

Guanosin   Inosin ← Adenosin

Guanin   Hypoxanthin

⑤

Xanthin

⑤

Harnsaure

Abb. 4.19. Angriffspunkte verschiedener Hemmstoffe der Purinsynthese

menschliche Enzym gibt Spector (1977) an. Allopurinol verursacht eine
„pseudoirreversible" Inaktivierung der Xanthinoxidase; eine Inaktivierung ereignet sich, wenn Allopurinol und das Enzym in Abwesenheit von
Substrat inkubiert werden; diese Inaktivierung läßt sich durch langdauernde Dialyse aufheben. Oxipurinol, der Hauptmetabolit des Allopuri-

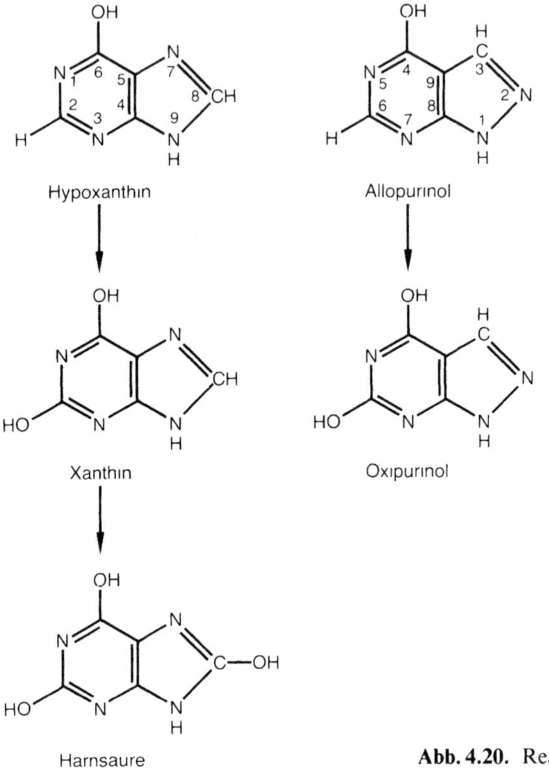

Hypoxanthin

Allopurinol

Xanthin

Oxipurinol

Harnsaure

Abb. 4.20. Reaktionen der Xanthinoxidase

nols, besitzt keinen direkten Einfluß auf das Enzym allein, inaktiviert es jedoch in Gegenwart von Xanthin (Elion 1966, 1978).

Allopurinol wird rasch und gut aus dem Gastrointestinaltrakt resorbiert. Bereits nach 0,5–1 h werden maximale Plasmakonzentrationen erreicht. Die Eliminationshalbwertszeit aus dem Plasma ist kurz und beträgt bei der üblichen Dosierung etwa 2 h (Brown u. Bye 1977; Elion 1978). Weder Allopurinol noch sein Hauptmetabolit Oxipurinol sind im Plasma an Protein gebunden (Elion 1966, 1978). Allopurinol ist frei diffundierbar und gelangt auch in den Liquorraum (Sweetman 1968).

Die kurze Verweildauer von Allopurinol in der Blutbahn beruht auf seinem raschen Abbau. Etwa 20% der oral verabreichten Dosis wird nach 48–72 h unverändert in den Fäzes gefunden. Ein kleiner Anteil (6–12%) wird unverändert über die Niere ausgeschieden. Der größte Anteil wird in vivo fast vollständig zu Oxipurinol umgewandelt, daneben entstehen kleine Mengen von Allopurinolribonukleosid (Krenitzky et al. 1967) und Allopurinolribonukleotid (Fox et al. 1970 b) (Abb. 4.22).

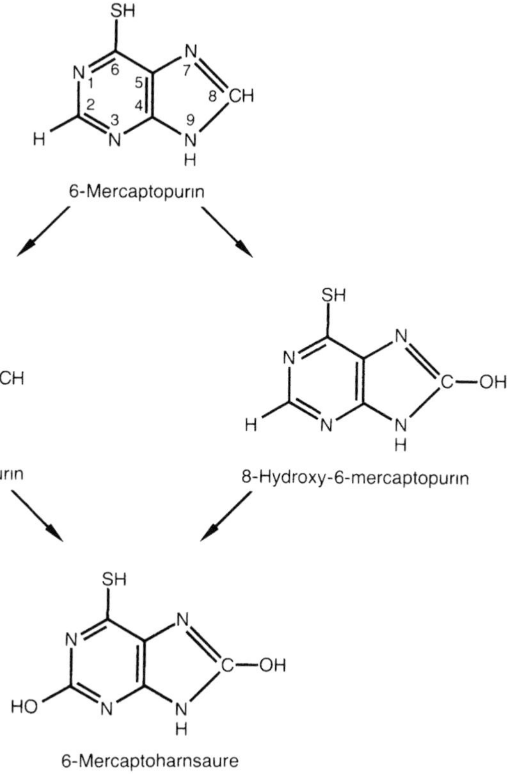

6-Mercaptopurin

2-Hydroxy-6-mercaptopurin

8-Hydroxy-6-mercaptopurin

Abb. 4.21. Abbau von
6-Mercaptopurin zu
6-Mercaptoharnsäure

6-Mercaptoharnsaure

Die Umwandlung von Allopurinol zu Oxipurinol erfolgt hauptsächlich
durch die Xanthinoxidase. Neuere Untersuchungen sprechen der Aldehydoxidase eine wichtige Rolle bei der Bildung von Oxipurinol zu (Reiter et al. 1990).
Die Aktivität der Xanthinoxidase wird durch die Ernährung beeinflußt.
Nahrungspurine und andere Nahrungsbestandteile können die Aktivität
der Xanthinoxidase steigern (Marcolongo et al. 1974; Gröbner et al.
1979). Es ist nicht bekannt, in welchem Umfang ernährungsbedingte
Änderungen der Xanthinoxidaseaktivität einen Einfluß auf den Metabolismus von Allopurinol haben. Patienten mit einem angeborenen Mangel
an Xanthinoxidase können Allopurinol nicht durch die Xanthinoxidase
abbauen. Ein Teil dieser Patienten bildet daher kein oder nur Spuren von
Oxipurinol. Andere Patienten verfügen über eine aktive Aldehydoxidase,
die die Oxidation von Allopurinol zu Oxipurinol katalysieren kann
(Engelmann et al. 1964; Elion 1966; Spector 1977; Elion 1978; Reiter et
al. 1990).

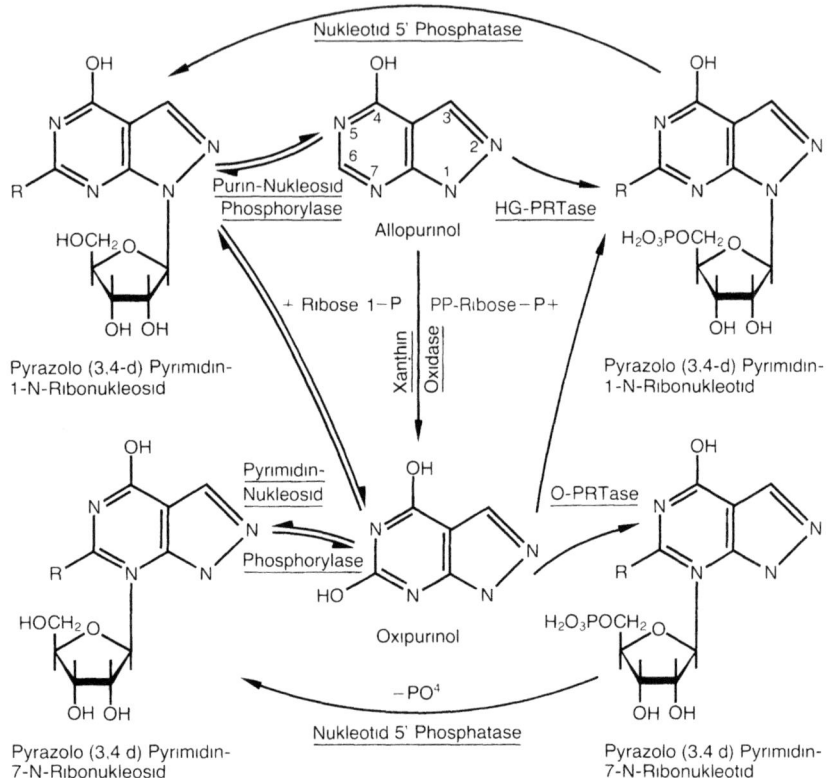

Abb. 4.22. Metabolismus von Allopurinol beim Menschen. *OPRTase* Orotatphosphoribosyltransferase. (Aus Wyngaarden u. Kelley 1983)

Oxipurinol, der Hauptmetabolit von Allopurinol, wird größtenteils unverändert über die Niere ausgeschieden. Der Ausscheidungsmechanismus entspricht dem der Harnsäure. Eine Einschränkung der Nierenfunktion führt zu einer Verminderung der Oxipurinolausscheidung. Die Eliminationshalbwertszeit von Oxipurinol aus der Blutbahn ist individuell sehr verschieden. Sie beträgt 13,5–28 h (Elion 1966; Hande et al. 1978). Walter-Sack et al. (1979) beobachteten nach Verabreichung von 300 mg Allopurinol bei 5 gesunden Versuchspersonen eine mittlere Plasma-Eliminationshalbwertszeit des Oxipurinols von 42,65 h. Ein kleiner Anteil des Oxipurinols wird zu Ribosiden und Ribotiden metabolisiert (Abb. 4.22 und 4.23). Interessanterweise kommen dabei nicht nur Glykosidbindungen am Imidazolring (1-Ribotid), sondern auch am Pyrimidinring (7-Ribotid) vor (Abb. 4.23).

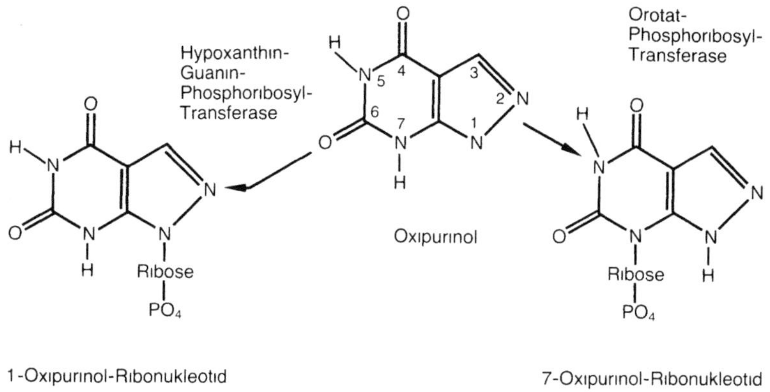

1-Oxipurinol-Ribonukleotid   7-Oxipurinol-Ribonukleotid

Abb. 4.23. Die Umwandlung von Oxipurinol zu seinen Ribonukleotidderivaten

Nahrungspurine verändern den Metabolismus von Allopurinol. So nimmt nach Untersuchungen von Reiter et al. (1984) bei oraler Zufuhr von Adenin- und Hypoxanthinderivaten die renale Ausscheidung von Allopurinol-1-Ribosid ab, die Ausscheidung von freiem Allopurinol und Oxipurinol steigt an. Als Ursache des veränderten Metabolitenspektrums kommt am ehesten eine kompetitive Hemmung der Bildung von Arzneimittelribosiden zugunsten der Bildung von Ribosiden aus Nahrungspurinen in der Leber in Betracht.

Nach Untersuchungen von Berlinger et al. (1985) führt eine eiweißreiche Diät zu einer Steigerung der Oxipurinolclearance. Die Untersuchungen wurden allerdings nicht unter isoenergetischen Versuchsbedingungen durchgeführt. Trotzdem sind die Ergebnisse von Berlinger et al. (1985) nicht überraschend, da Oxipurinol über die Niere ähnlich wie Harnsäure ausgeschieden wird und Löffler et al. (1980) unter standardisierten Ernährungsbedingungen zeigen konnten, daß eine eiweißreiche Diät zu einer Steigerung der renalen Harnsäureausscheidung führt.

Beeinflussung des Purinstoffwechsels durch Allopurinol

Infolge Hemmung der Xanthinoxidase kommt es unter Allopurinol zu einem Abfall der Serumharnsäure und renalen Harnsäureausscheidung bei gleichzeitigem Anstieg der Ausscheidung von Hypoxanthin und Xanthin im Urin (Abb. 4.24). Bei den meisten Patienten wird jedoch die Verringerung der renalen Harnsäureausscheidung nicht durch die vermehrte Oxipurinelimination ersetzt (Abb. 4.24) (Rundles et al. 1963; Zöllner u. Gröbner 1970; Löffler u. Gröbner 1988). Dieses sogenannte Purin-

305

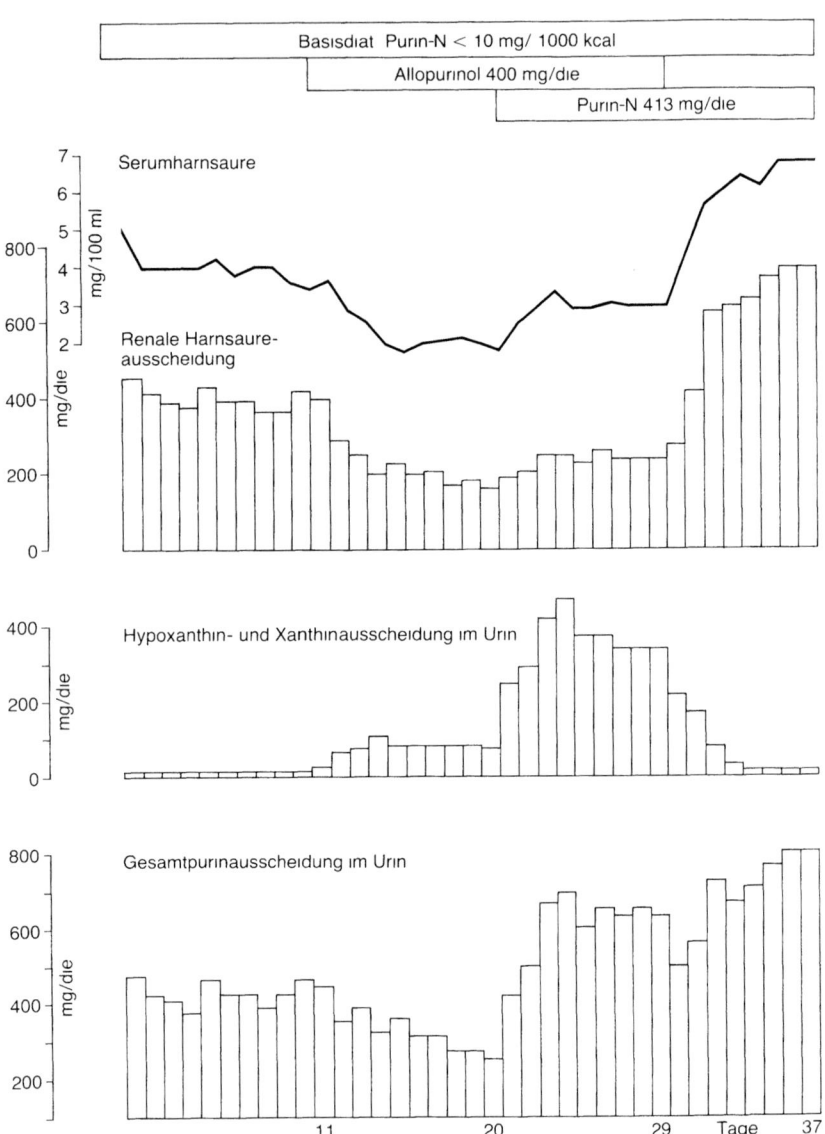

Abb. 4.24. Serumharnsäure sowie renale Tagesausscheidung von Harnsäure und Oxipurinen unter purinarmer Basisdiät und nach Zulage von Allopurinol sowie Allopurinol und Ribonukleinsäure. (Modifiziert nach Zöllner u. Gröbner 1970)

defizit ist unter purinfreier Diät geringer als unter purinreicher Ernährung (Abb. 4.25). Die Beobachtung eines Purindefizits unter Allopurinol legte die Vermutung nahe, daß Allopurinol auch zu einer Beeinflussung der Purinsynthese de novo führt. In Übereinstimmung damit steht auch die Beobachtung von Emmerson (1966), daß die Verminderung der Gesamtpurinausscheidung unter Allopurinol mit einem verminderten Einbau von markiertem Glycin in die Urinharnsäure verbunden ist. Zahlreiche experimentelle Untersuchungen ließen mehrere Mechanismen zur Erklärung der Hemmung der Purinsynthese de novo durch Allopurinol annehmen (Abb. 4.26):

1) Das Ribonukleotid des Allopurinols hemmt in vitro die Glutamin-Phosphoribosyl-1-Pyrophosphat-Amidotransferase sowohl der Taubenleber als auch des Menschen (McCollister et al. 1964; Holmes et al. 1973). Dieses Enzym ist geschwindigkeitsbestimmend für die Purinsynthese de novo. Auf einer Hemmung dieser Glutamin-Phosphoribosyl-1-Pyrophosphat-Amidotransferase durch Allopurinolribonukleotid

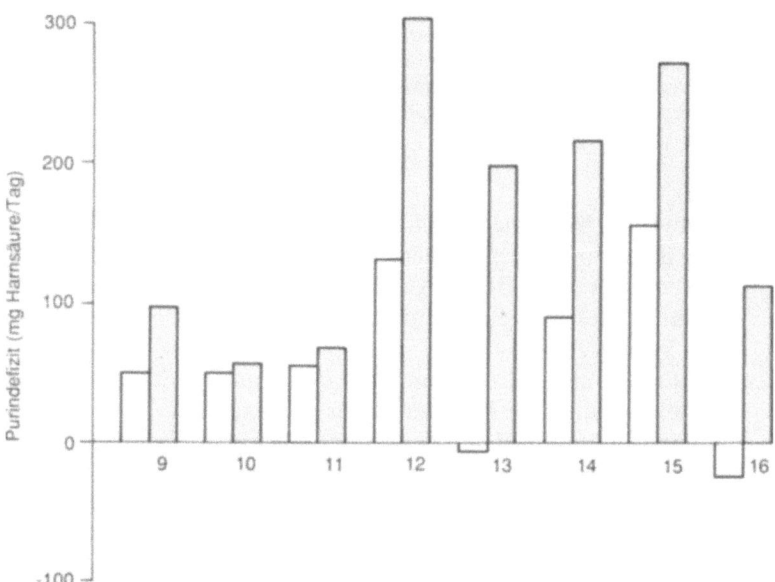

Abb. 4.25. Purindefizit (Verminderung der Gesamtpurinausscheidung) unter Allopurinol (Versuchspersonen 9–12, 250 mg/m^2; Versuchspersonen 13–16, 500 mg/m^2) während purinfreier Ernährung (☐) sowie während Ribonukleinsäureverabreichung (☐). Die Untersuchungen wurden an gesunden Versuchspersonen durchgeführt. (Aus Löffler u. Gröbner 1988)

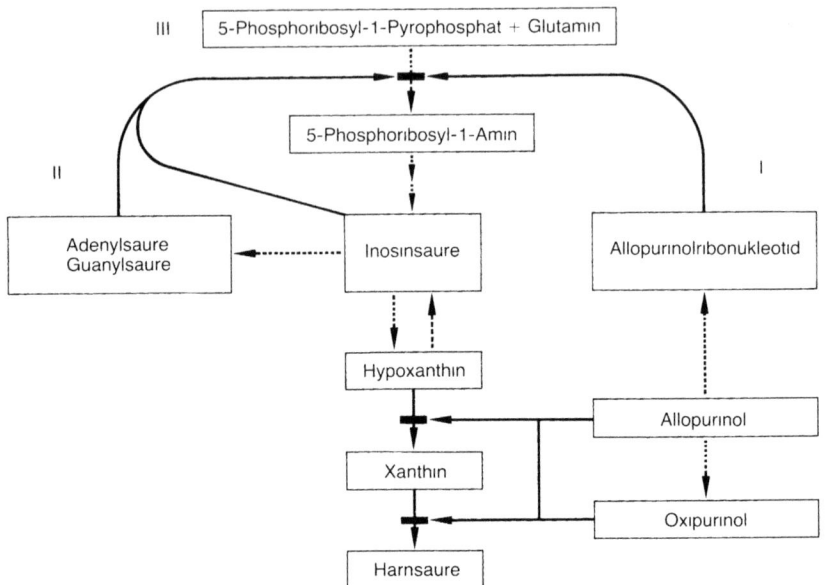

Abb. 4.26. Mögliche Mechanismen der Hemmung der Purinsynthese durch Allopurinol. *I:* die Umwandlung von Allopurinol zu Allopurinolribonukleotid, *II:* die vermehrte Bildung von Inosinsäure, Adenylsäure und Guanylsäure aus Hypoxanthin, *III:* die Verminderung von intrazellulärem 5-Phosphoribosyl-1-Pyrophosphat, Stoffwechselwege ····→, Hemmwirkung →, Ort der Hemmung ■. (Aus Gröbner u. Zöllner 1975)

könnte beim Menschen auch in vivo die Beeinflussung der Purinsynthese de novo während einer Allopurinolbehandlung beruhen. Aufgrund der geringen Gewebskonzentration von Allopurinolribonukleotid scheint dieser Mechanismus in vivo jedoch nur eine untergeordnete Rolle zu spielen.

2) Allopurinol führt durch Hemmung der Xanthinoxidase zu einer vermehrten Bildung von Inosinsäure aus Hypoxanthin. Inosinsäure sowie die daraus entstehenden Adenin- und Guaninnukleotide sind allosterische Inhibitoren der Glutamin-Phosphoribosyl-1-Pyrophosphat-Amidotransferase (Caskey et al. 1964; Holmes et al. 1973; Kelley et al. 1973). Obgleich beim Menschen in vivo ein solcher Mechanismus nicht bewiesen ist, wird er durch die Beobachtung, daß Allopurinol bei Mäusen die Reutilisation von Hypoxanthin und Xanthin für die Nukleinsäuresynthese steigert, wahrscheinlich gemacht (Pomales et al. 1963, 1965).

3) Fox et al. (1970 b) konnten zeigen, daß die orale Einnahme von Allopurinol, nicht jedoch von Oxipurinol, innerhalb von 3–5 h zu einem

Abfall der 5-Phosphoribosyl-1-Pyrophosphatkonzentration in den Erythrozyten führt. Die Autoren erklären diesen Abfall mit der Bildung von Allopurinolribonukleotid. Es wäre somit vorstellbar, daß die vermehrte Umwandlung von Allopurinol oder Hypoxanthin zu den entsprechenden Ribonukleotiden zu einer Reduktion der intrazellulären Konzentration von 5-Phosphoribosyl-1-Pyrophosphat, einem Substrat der Glutamin-Phosphoribosyl-1-Pyrophosphat-Amidotransferase, und auf diesem Wege zu einer verminderten Purinsynthese de novo führt.

Wahrscheinlich läßt sich die Beeinflussung der Purinsynthese de novo während einer Allopurinolbehandlung nicht auf einen einzigen, sondern auf alle drei Mechanismen zurückführen, wobei die quantitative Relevanz noch offen ist. Eine entscheidende Rolle spielt das Enzym Hypoxanthin-Guanin-Phosphoribosyl-Transferase (HGPRTase), das die Ribonukleotidbildung katalysiert. So konnten Kelley et al. (1968) zeigen, daß bei Patienten mit verminderter Aktivität dieses Enzyms Allopurinol zu keiner Beeinflussung der Purinsynthese de novo führt.

Auf eine alternative Hypothese zur Erklärung des Purindefizits nach Gabe von Allopurinol wurde von Zöllner u. Gröbner (1970) hingewiesen. Aufgrund ihrer Untersuchungen beeinflußt Allopurinol unterschiedlich die endogene und exogene Harnsäurebildung (Abb. 4.24 und 4.27). Während die Hemmung der endogenen Harnsäuresynthese nur etwa 50% ausmacht, wird die Harnsäurebildung aus exogenen Purinen durch Allopurinol vollständig unterdrückt.

Da nennenswerte Mengen von Xanthinoxidase nur in der Leber und im Dünndarm gebildet werden, könnte die Elimination der exogenen Uratquote auf einer Anreicherung von Allopurinol – während seiner Resorption – im Dünndarmepithel beruhen. Ob diese Verminderung der exogenen Uratquote bei Zufuhr dieses Mittels durch die Ausscheidung entsprechender Mengen von Oxipurinen kompensiert wird, dürfte dann in erster Linie davon abhängen, ob diese Verbindungen, nachdem sie sich vor dem Block anhäufen, vornehmlich ins Interstitium mit anschließender Verteilung auch in das Plasma oder in das Darmlumen mit nachfolgendem bakteriellem Abbau diffundieren. Auch eine Hemmung der Purinresorption aus dem Darm während einer Allopurinolbehandlung ist zu diskutieren (Simmonds et al. 1973).

Beeinflussung des Pyrimidinstoffwechsels

Im Jahre 1970 wurde erstmals über eine Beeinflussung des Pyrimidinstoffwechsels durch Allopurinol berichtet. Mehrere Autoren beobachteten unter Allopurinolbehandlung einen Anstieg der renalen Ausschei-

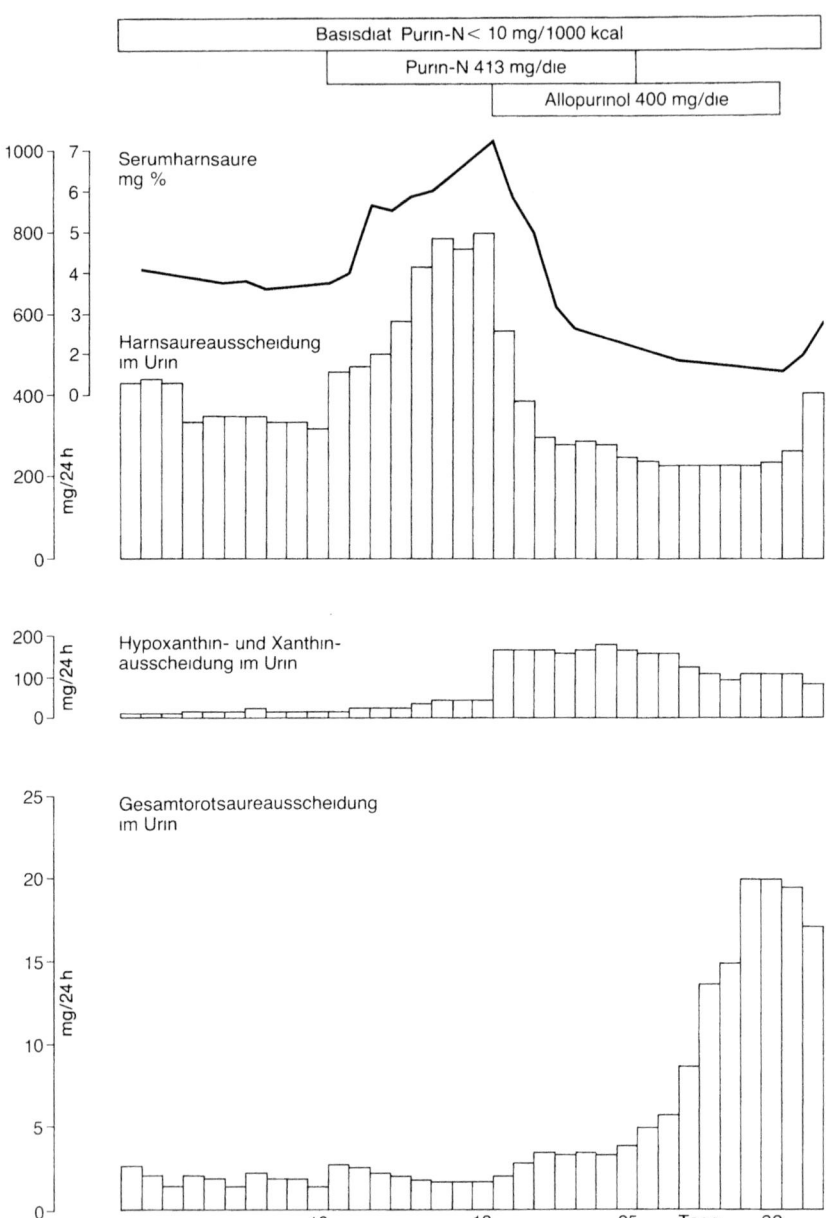

Abb. 4.27. Serumharnsäure, renale Tagesausscheidung von Harnsäure, Hypoxanthin und Xanthin sowie Gesamtorotsäure (Orotsäure und Orotidin) unter streng purinarmer Basisdiät und nach Zulage von Ribonukleinsäure, Ribonukleinsäure und Allopurinol sowie Allopurinol allein. (Aus Gröbner u. Zöllner 1975)

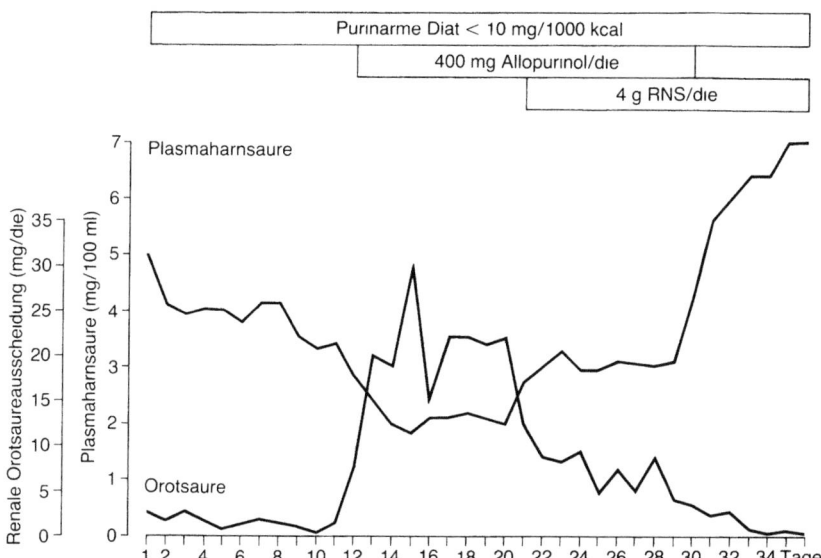

Abb. 4.28. Der Einfluß von Allopurinol und/oder Ribonukleinsäure auf den Plasmaharnsäurespiegel und die renale Gesamtorotsäureausscheidung. (Aus Zöllner u. Gröbner 1971)

dung von Orotsäure und Orotidin (Fox et al. 1970a; Kelley u. Beardmore 1970; Zöllner u. Gröbner 1971) (Abb. 4.28). Die vermehrte Ausscheidung von Orotsäure und Orotidin ist auf eine Hemmung des Enzyms Orotidyldecarboxylase zurückzuführen, das für die Umwandlung von Orotidin-5-Monophosphat zu Uridin-5-Monophosphat verantwortlich ist (Abb. 4.29). In-vitro-Untersuchungen ergaben, daß Xanthin- und Allopurinolribonukleotid ausgeprägte Inhibitoren der Orotidyldecarboxylase sind (Kelley u. Beardmore 1970). Da beide Ribonukleotide aus ihren Basen in Gegenwart von 5-Phosphoribosyl-1-Pyrophosphat und HGPRTase synthetisiert werden, wurde zuerst angenommen, daß die Hemmung der Pyrimidinsynthese durch Allopurinol nur bei Personen mit normaler Aktivität der HGPRTase möglich ist. Die Beobachtung, daß auch Patienten mit Lesch-Nyhan-Syndrom, die einen nahezu vollständigen Verlust der HGPRTase-Aktivität aufweisen, nach Verabreichung von Allopurinol eine vermehrte renale Ausscheidung von Orotidin und Orotsäure aufweisen (Beardmore et al. 1970; Fox et al. 1971), war jedoch mit dieser Hypothese nicht in Einklang zu bringen. Untersuchungen von Beardmore u. Kelley (1971) ergaben, daß Orotatphosphoribosyltransferase, das mit Orotidyldecarboxylase einen Enzymkomplex bildet, ebenfalls an der Bildung eines Inhibitors der Decarboxylase während

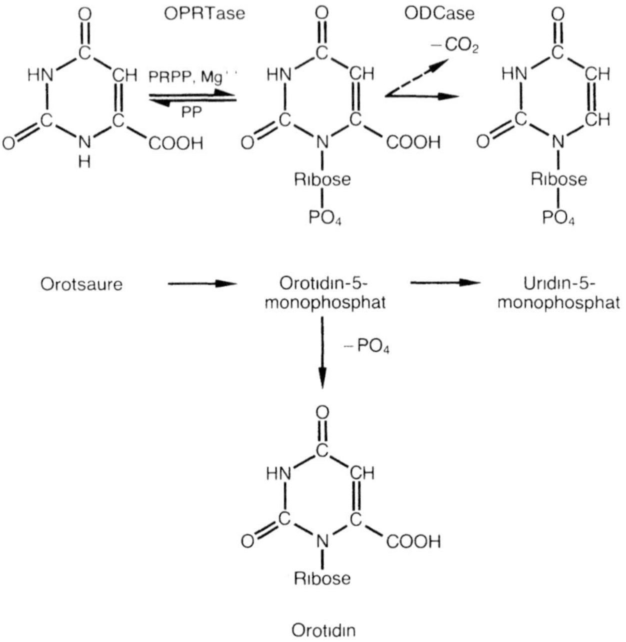

Abb. 4.29. Die Umwandlung von Orotsäure zu Uridin-5-monophosphat. *OPRTase* Orotatphosphoribosyltransferase, *ODCase* Orotidyldecarboxylase, *PRPP* 5-Phosphoribosyl-1-Pyrophosphat

Allopurinoltherapie beteiligt ist. Enthielten Inkubationsgemische 0,1 mmol/l Oxipurinol und 1 mmol/l 5-Phosphoribosyl-1-Pyrophosphat, so kam es zu einer 65%igen Hemmung der Orotidyldecarboxylase. Aus ähnlichen Studien schlossen Fox et al. (1971), daß diese Hemmung der Orotidyldecarboxylase auf die Bildung eines durch Orotatphosphoribosyltransferase synthetisierten Ribonukleotidderivats von Oxipurinol zurückzuführen ist. Wurden einem Inkubationsgemisch, das Oxipurinol und 5-Phosphoribosyl-1-Pyrophosphat enthielt, Hypoxanthin oder Orotsäure zugesetzt, so konnte die Bildung eines Inhibitors von Orotidyldecarboxylase verhindert werden (Beardmore u. Kelley 1971). Beardmore u. Kelley (1971) schlossen daraus, daß in vivo wahrscheinlich zwei Oxipurinolmetaboliten synthetisiert werden, nämlich die durch HGPRTase katalysierte Synthese von 1-Oxipurinolribonukleotid sowie die durch Orotatphosphoribosyltransferase katalysierte Bildung von 7-Oxipurinolribonukleotid (Abb. 4.23). Diese beiden Ribonukleotidderivate des Oxipurinols dürften gemeinsam mit Allopurinolribonukleotid und Xanthosin-5-Monophosphat die Hemmung der Pyrimidinsynthese während

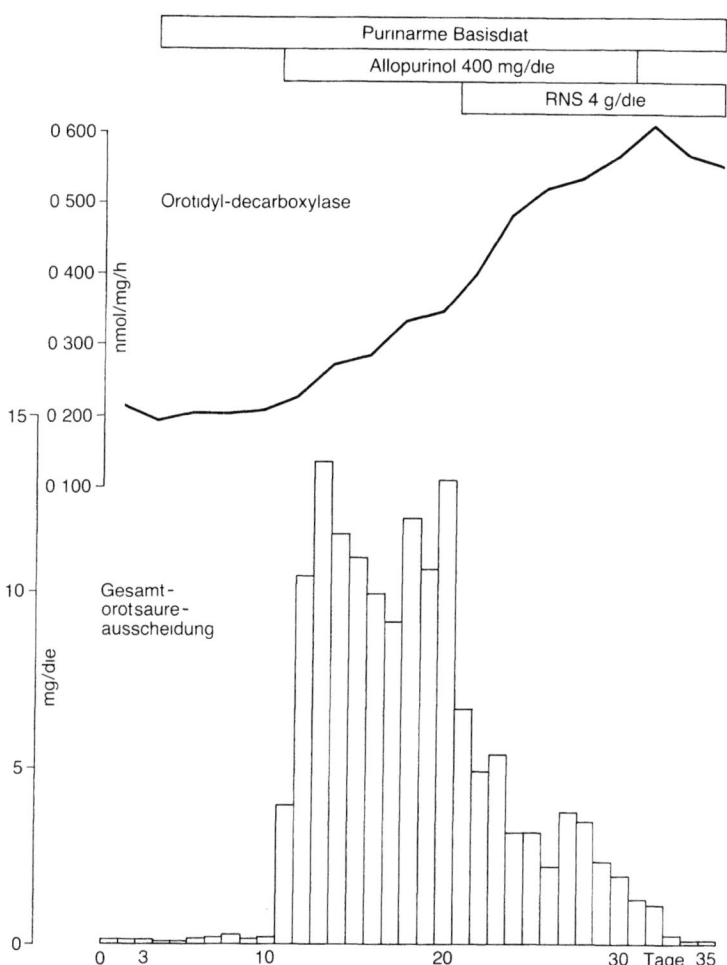

Abb. 4.30. Der Einfluß von Allopurinol und/oder Ribonukleinsäure (RNS) auf die Gesamtorotsäureausscheidung und die Aktivität der Orotidyldecarboxylase aus Erythrozyten

einer Allopurinolbehandlung verursachen. Im Rahmen dieser Befunde dürfte 7-Oxipurinolribonukleotid der einzige Metabolit sein, der die Pyrimidinsynthese bei mit Allopurinol behandelten Lesch-Nyhan-Patienten hemmt.

Der Hemmung der Orotidyldecarboxylase folgt unter kontinuierlicher Verabreichung von Allopurinol innerhalb von 1–2 Wochen ein Anstieg der Aktivität von Orotatphosphoribosyltransferase und Orotidyldecar-

313

boxylase aus Erythrozyten (Fox et al. 1971; Beardmore et al. 1972) (Abb. 4.30). Die Ursache dieses Aktivitätsanstiegs ist noch nicht vollständig geklärt. Er beruht wahrscheinlich auf einer Enzymstabilisierung durch Änderung der Molekülgröße von Orotatphosphoribosyltransferase und Orotidyldecarboxylase (Gröbner u. Kelley 1975).

Im Jahre 1971 wurde erstmals über eine Beeinflussung der durch Allopurinol induzierten Orotazidurie durch Ribonukleinsäure (RNS) berichtet (Zöllner u. Gröbner) (Abb. 4.28 und 4.30). Die zusätzliche tägliche Verabreichung von 4 g RNS bewirkte bei gesunden Versuchspersonen, die täglich 400 mg Allopurinol einnahmen, innerhalb weniger Tage eine deutliche Abnahme der renalen Ausscheidung von Orotsäure und Orotidin. Weitere Untersuchungen ergaben, daß nicht nur RNS, sondern auch RNS-Hydrolysat sowie die in der RNS enthaltenen Nukleotide Guanosin-5-Monophosphat (GMP) (Abb. 4.31), Uridin-5-Monophosphat (UMP) und Cytidin-5-Monophosphat (CMP) zu einer Reduktion der durch Allopurinol induzierten renalen Orotsäureausscheidung führen (Gröbner u. Zöllner 1983). Schließlich vermindern auch Nukleoside (Uridin, Cytidin, Adenosin, Guanosin) sowie Hypoxanthin (Abb. 4.32) und in geringerem Ausmaß Adenin die durch Allopurinol induzierte Orotazidurie (Zöllner u. Gröbner 1978; Gröbner u. Zöllner 1983).

Diese Ergebnisse sprechen für eine Beeinflussung der Pyrimidinsynthese des Menschen durch verschiedene Purine und Pyrimidine. Damit in Einklang stehen auch Untersuchungen von Chen u. Jones (1979), die in Ehrlich-Aszitestumorzellen eine Hemmung der Pyrimidinsynthese durch Adenin fanden. Banholzer et al. (1980) beobachteten in menschlichen Lymphozytenkulturen ebenfalls eine Hemmung der Pyrimidinsynthese durch verschiedene Purine.

Die Beeinflussung der Pyrimidinsynthese durch verschiedene Purine und Pyrimidine könnte auf einer Hemmung der pyrimidinbezogenen Carbamylphosphat-Synthetase oder auf einem vermehrten Verbrauch von 5-Phosphoribosyl-1-Pyrophosphat (PRPP) beruhen. Eine Beeinflussung der Aktivität von Orotidin-5-Phosphatdecarboxylase (ODCase) aus Erythrozyten konnte nach oraler Verabreichung von RNS, RNS-Hydrolysat oder der untersuchten Purine und Pyrimidine nicht beobachtet werden (Gröbner u. Zöllner 1983). Eine Hemmung der renalen Orotsäureausscheidung durch die erwähnten Purine und Pyrimidine ist unwahrscheinlich, da die physiologische Orotsäureausscheidung unter Normalkost durch eine purin- und pyrimidinfreie Diät nicht beeinflußt wird. In Einklang mit den erwähnten Befunden steht auch die klinische Beobachtung, daß bei der hereditären Orotazidurie die Verabreichung von Uridin zu einer Reduktion der renalen Ausscheidung von Orotsäure führt (Abb. 4.33) (Huguley et al. 1959; Becroft u. Phillips 1965).

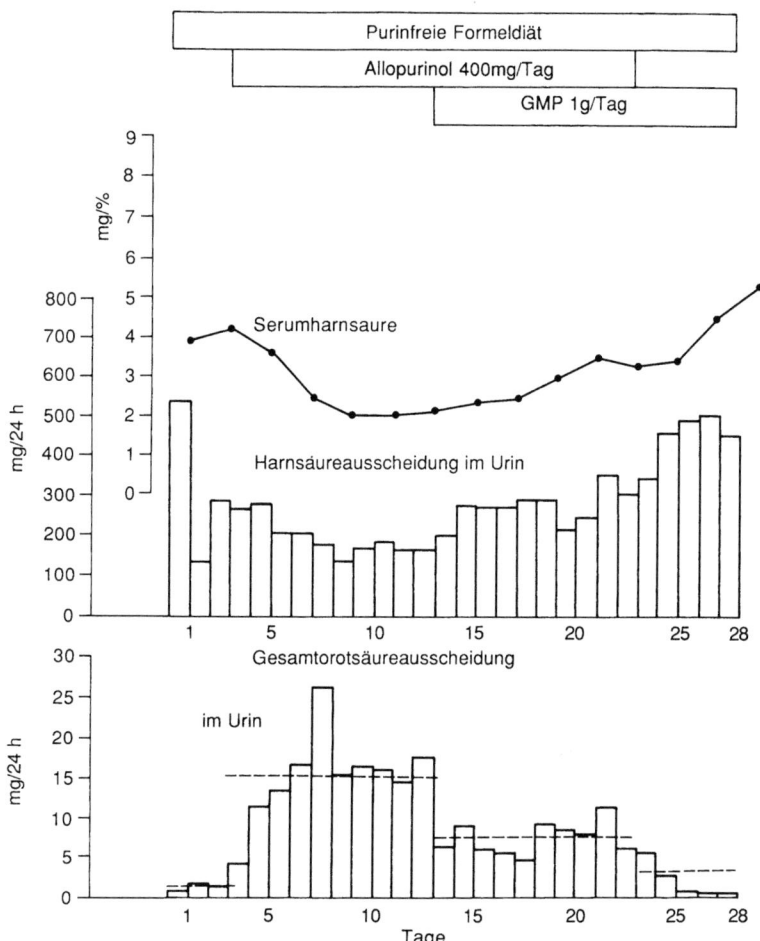

Abb. 4.31. Serumharnsäure sowie renale Tagesausscheidung von Harnsäure und Gesamtorotsäure unter purinfreier Formeldiät und nach Zulage von Allopurinol, Allopurinol und GMP sowie GMP allein bei einer gesunden Versuchsperson. (Nach Gröbner u. Zöllner 1983)

Klinik

Zahlreiche Untersuchungen unterstreichen die Wirksamkeit von Allopurinol in der Behandlung der Hyperurikämie und Harnsäurenephrolithiasis (Wyngaarden et al. 1963; Yü u. Gutman 1964; Rundles et al. 1964; Delbarre et al. 1966; Zöllner u. Schattenkirchner 1967). Die partielle

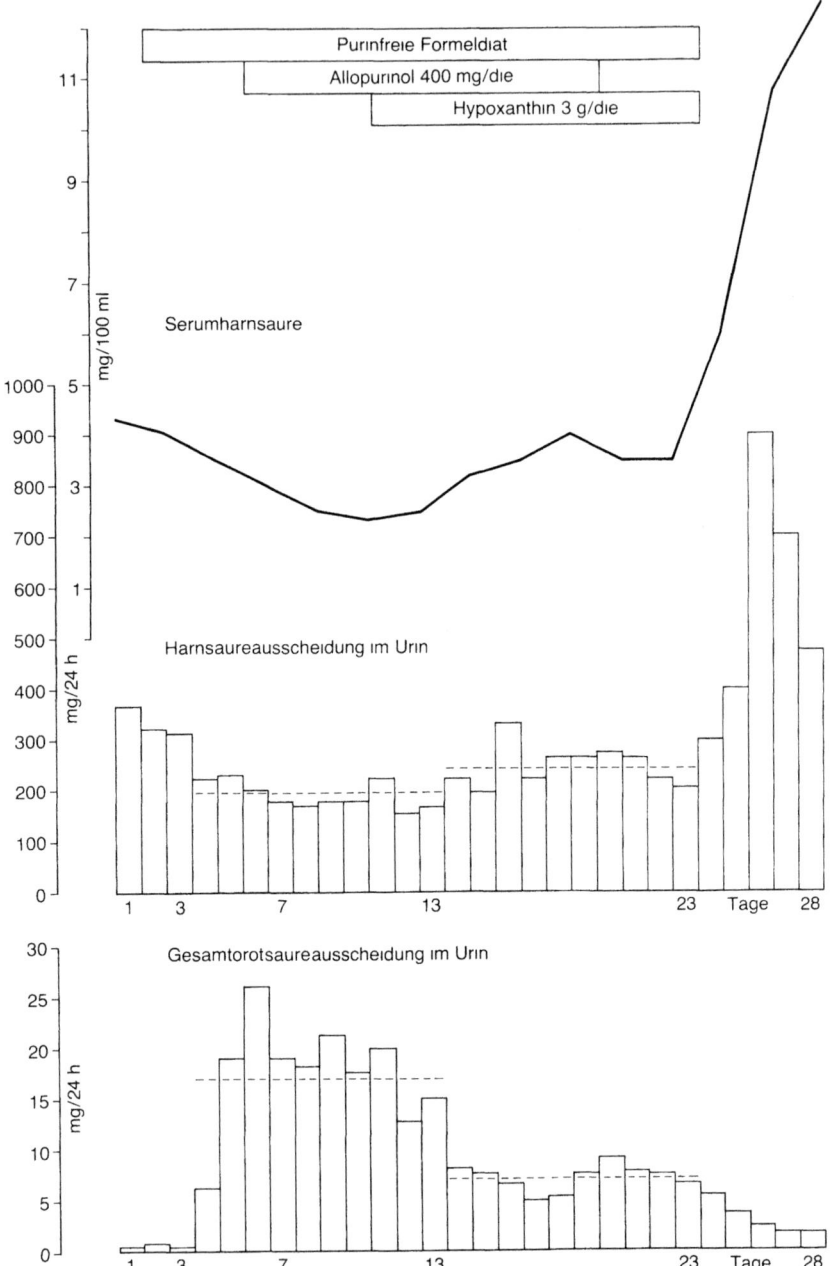

Abb. 4.32. Der Einfluß von Allopurinol und/oder Hypoxanthin auf Serumharnsäure sowie renale Ausscheidung von Harnsäure und Gesamtorotsäure (Orotsäure und Orotidin). (Aus Gröbner u. Zöllner 1983)

316

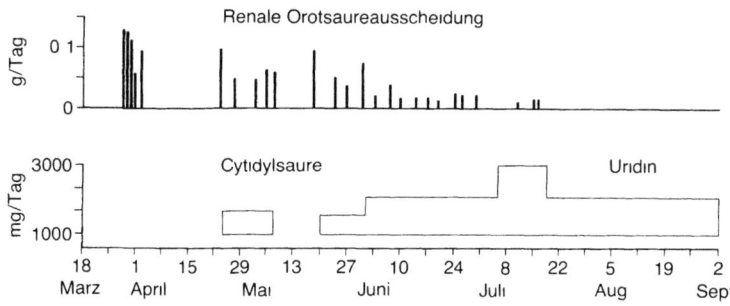

Abb. 4.33. Die Beeinflussung der renalen Orotsäureausscheidung durch Uridin. (Modifiziert nach Becroft u. Phillips 1965)

Hemmung der Xanthinoxidase durch Allopurinol führt innerhalb von 24 h zu einem Abfall der Serumharnsäure und renalen Harnsäureausscheidung bei gleichzeitigem Anstieg der Ausscheidung von Hypoxanthin und Xanthin im Urin. Die Wirkung von 400 mg Allopurinol ist so gut, daß eine Purinstickstoffbelastung von 413 mg/Tag gut kompensiert wird (Abb. 4.27).

Die Tagesdosis von Allopurinol liegt bei 200–300 mg. Therapieziel sind Serumharnsäurewerte um 5 mg/dl. In Einzelfällen kann die Dosis gesteigert werden. Da Allopurinol weitgehend zu Oxipurinol umgewandelt wird, genügt eine einmalige Einnahme in 24 h. Verteilte Tagesdosen und Retardpräparationen bieten demgegenüber keine Vorteile. Walter-Sack et al. (1979) konnten darüber hinaus zeigen, daß Allopurinol in einer Form mit verzögerter Resorption (Allopurinol retard) hinsichtlich der Senkung des Serumharnsäurespiegels weniger wirksam ist als Allopurinol (Abb. 4.34). Absetzen von Allopurinol führt zu einem Anstieg von Serumharnsäure und renaler Harnsäureausscheidung, wobei die Ausgangswerte nach 1 Woche erreicht werden.

Bei eingeschränkter Nierenfunktion ist die Allopurinoldosis zu reduzieren. Richtlinien für die Dosierung von Allopurinol bei Nierenfunktionseinschränkung sind in Tabelle 4.8 aufgezeigt. Da Allopurinol und Oxipurinol gut dialysierbar sind, sollten dialysepflichtige niereninsuffiziente Patienten die erforderliche Allopurinoldosis jeweils nach der Dialyse einnehmen.

Unter konsequenter Allopurinoltherapie bleiben nach wenigen Monaten Gichtanfälle aus. Weichteiltophi verschwinden, Knochentophi können sich unter Wiederherstellung des Gelenks ebenfalls zurückbilden; meist beobachtet man jedoch eine Defektheilung. Die Bildung von Harnsäuresteinen wird unter Allopurinol verhindert, Harnsäuresteine können sich auflösen. Bei Patienten mit rezidivierender Kalziumoxalatnephrolithiasis

317

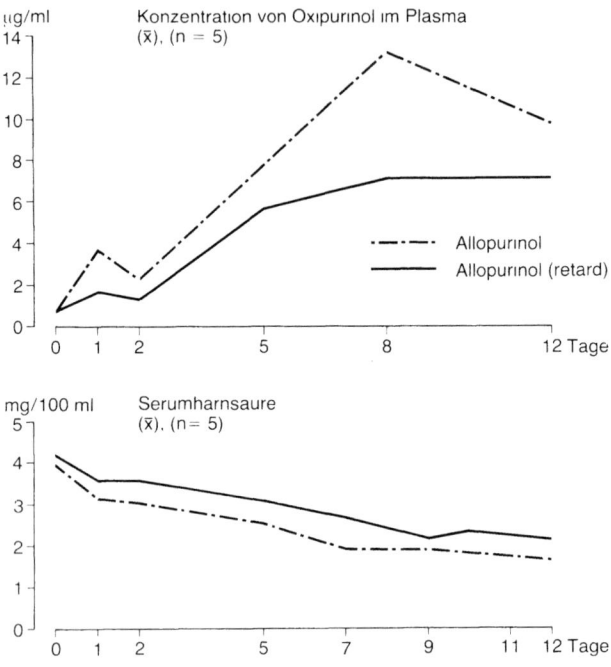

μg/ml   Konzentration von Oxipurinol im Plasma
14   ($\bar{x}$), (n = 5)

12

10

8

6

4   ·—·—· Allopurinol

2   —— Allopurinol (retard)

0

  0   1   2   5   8   12 Tage

mg/100 ml   Serumharnsaure
5   ($\bar{x}$), (n = 5)

4

3

2

1

0

  0   1   2   5   7   9   11   12 Tage

Abb. 4.34. Verlauf der Oxipurinolkonzentration im Plasma sowie des Serumharnsäurespiegels nach Verabreichung von Allopurinol bzw. Allopurinol in einer Form mit verzögerter Resorption (Allopurinol retard) bei 5 gesunden Versuchspersonen. Die Untersuchungen wurden unter standardisierten Ernährungsbedingungen durchgeführt. (Nach Walter-Sack et al. 1979)

und gleichzeitig bestehender erhöhter renaler Harnsäureausscheidung führt Allopurinol zu einer Verringerung der Bildung von Kalziumoxalatsteinen (Coe u. Raisen 1973; Ettinger et al. 1986). Keine sicheren Angaben können bis jetzt bezüglich der therapeutischen Beeinflussung der Gichtniere gemacht werden. Die bisher vorliegenden Untersuchungsergebnisse deuten jedoch darauf hin, daß die Progredienz der Gichtniere unter Allopurinol verhindert wird.

Der Vorteil des Allopurinols gegenüber den Urikosurika liegt in der Hemmung der Harnsäurebildung und der dadurch bedingten Verminderung der renalen Harnsäureausscheidung. Daraus leiten sich auch die Indikationen zur Allopurinoltherapie ab. Bei einigen Fällen besteht eine unbedingte Indikation (Tabelle 4.9).

Auch der komplette Mangel an Adeninphosphoribosyltransferase, eine weitere Purinstoffwechselstörung, die mit der Bildung von Nierensteinen aus 2,8-Dihydroxyadenin einhergeht, stellt eine Indikation zur Allopurinoltherapie dar (Simmonds 1986).

Tabelle 4.8. Richtlinien für die Dosierung von Allopurinol bei eingeschränkter Nierenfunktion. (Nach Hande et al. 1984; Cameron u. Simmonds 1987)

Kreatininclearance [ml/min]	Erhaltungsdosis von Allopurinol
0	100 mg jeden 3. Tag
10	100 mg jeden 2. Tag
20	100 mg tägl.
40	150 mg tägl.
60	200 mg tägl.
80	250 mg tägl.
$\geq$ 100	300 mg tägl.

Tabelle 4.9. Unbedingte Indikation zur Allopurinoltherapie

Uratnephropathie
Harnsäurenephrolithiasis
Familiäre Hyperurikämie auf der Basis von Enzymdefekten des Purinstoffwechsels
Lesch-Nyhan-Syndrom
Verschiedene sekundäre Hyperurikämien, z. B.
- bei Polycythaemia vera
- bei Bestrahlung oder zytostatischer Therapie
Allergie gegenüber Urikosurika
Unverträglichkeit von Urikosurika
Nichtansprechen auf Urikosurika

Für Allopurinol gibt es im Handel nur die orale Verabreichungsform. Von Kann et al. (1968) wurde zur Behandlung ihrer Patienten mit sekundärer Hyperurikämie bei neoplastischen Prozessen – wegen der bei diesen Patienten vorhandenen Schwierigkeiten, die orale Medikation einzunehmen – eine Präparation zur parenteralen Zufuhr von Allopurinol entwickelt. Dazu wurde das lösliche Natriumsalz von Allopurinol verwendet. Die Präparation war ohne Schwierigkeiten zu verabreichen, gut wirksam und nicht toxisch, ist jedoch relativ unstabil. Intravenöse Gaben von bis zu 420 mg/m^2 Körperoberfläche pro 24 h wurden gut toleriert. Bei Vergleich der Wirksamkeit von oral und intravenös verabreichtem Allopurinol ergaben sich keine wesentlichen Unterschiede.

Interaktion von Allopurinol mit anderen Arzneimitteln

Einige Interaktionen von Allopurinol mit anderen Arzneimitteln erklären sich durch die Hemmung der Xanthinoxidase durch Allopurinol. So wird die enzymatische Oxidation von 6-Mercaptopurin zu 6-Mercaptoharnsäure durch Allopurinol gehemmt (Abb. 4.21). Bei gleichzeitiger

Gabe von Allopurinol und 6-Mercaptopurin muß deshalb zur Vermeidung von Überdosierungserscheinungen die Dosis der letztgenannten Substanz um etwa 75% vermindert werden. Das Gleiche gilt für die gleichzeitige Verabreichung von Allopurinol und Azathioprin (Elion u. Hitchings 1975).

Die renale Ausscheidung von Oxipurinol wird durch Urikosurika (z. B. Probenecid) gesteigert. Denselben Effekt ruft, wahrscheinlich infolge seiner urikosurischen Wirkung, eine hohe Salizylatdosis hervor (Elion 1978). Weiterhin wird der Einfluß des Oxipurinols auf den Pyrimidinstoffwechsel bei gleichzeitiger Einnahme von Thiaziddiuretika erhöht. So kommt es bei gleichzeitiger Verabreichung von Chlorothiazid und Allopurinol im Vergleich zu alleiniger Allopurinolgabe zu einer vermehrten renalen Ausscheidung von Orotsäure und Orotidin (Wood et al. 1972, 1974).

Die Oxidation von Tolbutamid zu Carboxytolbutamid, einem inaktiven Metaboliten, wird bei der Ratte durch Xanthinoxidase katalysiert. Beim Menschen beobachtete Glogner (1970) 1 h nach Allopurinolverabreichung im Vergleich zu den Kontrollen eine geringere Ausscheidung von Carboxytolbutamid.

Allopurinol beeinflußt außerdem die Pharmakokinetik von Cumarinderivaten. Nach Vesell et al. (1971) betrug z. B. die mittlere Halbwertszeit für Dicoumarol im Plasma von Normalpersonen $51,0 \pm 9$ h; nach 2wöchiger Allopurinolgabe (2,5 mg/kg per os/Tag) hatte sich dieser Wert auf das 3fache ($152,5 \pm 72,6$ h) erhöht. Diese Interaktion beruht auf einer verminderten Metabolisierungsgeschwindigkeit von Cumarinen. In gleicher Weise verlängert Allopurinol die Halbwertszeit von Antipyrin (Vesell et al. 1971). Eine verminderte hepatische Metabolisierung dieser Substanz wird ursächlich angenommen.

Weitere Arzneimittelinteraktionen von Allopurinol betreffen auch Probenecid (Tjandramaga et al. 1972), Cyclophosphamid (Boston Collaborative Drug Surveillance Program 1974), Vidarabin (Griffin u. D'Arcy 1987) und Fluorouracil. Die gleichzeitige Anwendung von Fluorouracil und Allopurinol bei 23 Patienten mit fortgeschrittenen Krebserkrankungen ermöglichte die intravenöse Fluorouracildosierung von 2 g/m^2 Körperoberfläche/Tag. Aufgrund der Kombination war es möglich, eine 4fache Erhöhung der Steady-state-Plasmaspiegel von Fluorouracil zu erreichen bzw. dessen Anwendungsdauer auszudehnen. Ein protektiver Effekt von Allopurinol zeigte sich auch in bezug auf Schädigungen der gastrointestinalen Schleimhaut und des Knochenmarks (Clark u. Slevin 1985; Griffin u. D'Arcy 1987).

Auch zwischen Allopurinol und Theophyllin können durch Beeinflussung des Metabolismus von Theophyllin Arzneimittelinteraktionen auftreten (Manfredi u. Vessell 1981).

Bei gleichzeitiger Verabreichung von Allopurinol und Ampicillin scheinen Überempfindlichkeitsreaktionen der Haut gehäuft aufzutreten (22,4% gegenüber 7,5% bei Personen ohne gleichzeitige Allopurinolgabe) (Boston Collaborative Drug Surveillance Program 1972). Diese Ergebnisse konnten allerdings von Sonntag et al. (1986) nicht bestätigt werden.

Nebenwirkungen einer Allopurinoltherapie

Nebenwirkungen unter Allopurinol sind selten und werden in einer Häufigkeit von 1-2% angegeben (Rundles 1985). Zu Beginn einer Allopurinoltherapie können vermehrt Gichtanfälle auftreten, weshalb während der ersten Therapiemonate eine Colchicinprophylaxe (0,5-1,5 mg/täglich) empfohlen wird. Xanthinsteine wurden bei Patienten mit Lesch-Nyhan-Syndrom sowie einem Patienten mit Lymphosarkom (unter zytostatischer Therapie) beobachtet (Greene et al. 1969; Band et al. 1970). Von Watts et al. (1971) wurden bei Patienten, die unter Allopurinol standen, in den Muskeln Xanthin-, Hypoxanthin- und Oxipurinolkristalle gefunden, ohne daß klinische Manifestationen einer Muskelerkrankung nachweisbar waren.

Selten treten während einer Allopurinolbehandlung gastrointestinale Störungen oder allergische Reaktionen auf. Sehr seltene Fälle von Vaskulitis sind beschrieben worden (Jarzobski et al. 1970; Bailey et al. 1976; Weiss et al. 1978). Sie sind die Grundlage generalisierter Allopurinol-Überempfindlichkeitsreaktionen. Diese Überempfindlichkeitsreaktionen wurden fast nur beobachtet, wenn bei Niereninsuffizienz die Allopurinoldosis nicht reduziert wurde (Lupton u. Odom 1979; Lang 1979; Daul u. Graben 1984; Hande et al. 1984; Vinciullo 1984). Nicht selten nahmen Patienten mit generalisierter Allopurinol-Überempfindlichkeitsreaktion auch gleichzeitig Thiazide ein. Die Leitsymptome der generalisierten Allopurinol-Überempfindlichkeitsreaktion sind:

- Fieber,
- Eosinophilie im Differentialblutbild (4-53 rel.-%),
- Dermatitis:
  a) Juckendes, diffuses, makulopapulöses Exanthem (bei mehr als 60% aller betroffenen Patienten),
  b) toxische epidermale Nekrolyse,
  c) Stevens-Johnson-Syndrom,
  d) exfoliative Dermatitis,
- Störungen der Leberfunktion,
- zunehmende Niereninsuffizienz.

Auch gastrointestinale Blutungen können auftreten. Die Ursache der generalisierten Allopurinol-Überempfindlichkeitsreaktion ist unbekannt, am ehesten kommt eine toxisch-allergische Genese in Frage. Als Therapie empfiehlt sich das Absetzen von Allopurinol beim Auftreten der ersten Symptome sowie die systemische Verabreichung von Kortikoiden.

Als einzelne Nebenwirkungen einer Allopurinoltherapie wurde über Alopezie und Ichthyosis (Auerbach u. Orentrich 1968), Knochenmarksdepression, granulomatöse Hepatitis (Simmons et al. 1972; Swank et al. 1978), akute Cholangitis (Korting u. Lesch 1978), Makulablutung (Pinnas 1968), interstitielle Nephritis (Gelbart et al. 1977; McMenamin et al. 1976), Agranulozytose (Greenberg u. Zambrano 1972), massive Lebernekrose (Butler et al. 1977) sowie periphere Neuropathie (Glyn u. Crofts 1966) berichtet.

4.3.2 Thiopurinol

Die Verabreichung von Thiopurinol führt zu einer Senkung des Serumharnsäurespiegels sowie der renalen Harnsäureausscheidung. Ein Anstieg der Oxipurinausscheidung im Urin wird dabei nicht beobachtet (Delbarre et al. 1968; Griebsch u. Zöllner 1975). Die Wirkung des Thiopurinols beruht auf einer Hemmung der Purinsynthese.

4.3.3 6-Mercaptopurin

6-Mercaptopurin, ein Strukturanalogon von Hypoxanthin, hemmt die Purinsynthese. Die Hauptwirkung von 6-Mercaptopurin tritt nach seiner Umwandlung zum Ribonukleotid Thio-Inosinsäure (Thio-IMP) auf und beruht wahrscheinlich auf einer Hemmung der Glutamin-Phosphoribosyl-1-Pyrophosphat-Amidotransferase. Eine gewisse Resistenz gegenüber 6-Mercaptopurin tritt bei Patienten mit verminderter Aktivität der HGPRTase auf, da dieses Enzym zur Umwandlung von 6-Mercaptopurin zu Thio-IMP benötigt wird. Etwa 25–30% des 6-Mercaptopurins werden durch Xanthinoxidase zu 6-Thioharnsäure umgewandelt.

In vitro sind sowohl 6-Mercaptopurin als auch 6-Thioharnsäure kompetitive Hemmstoffe der Xanthinoxidase (Silberman u. Wyngaarden 1961). Da Allopurinol die Oxidation von 6-Mercaptopurin zu 6-Thioharnsäure durch die Xanthinoxidase hemmt, muß bei gleichzeitiger Gabe von Allopurinol die Dosierung von 6-Mercaptopurin zur Vermeidung toxischer Nebenwirkungen um etwa 75% reduziert werden.

4.3.4 Azathioprin

Azathioprin ist ein Derivat des 6-Mercaptopurins. Die aktive Form entsteht durch eine Spaltung in die freie Mercaptoverbindung und eine anschließend erfolgende Umwandlung in 6-Mercaptoribonukleotid. Da bei Patienten mit verminderter Aktivität der HGPRTase nach Gabe von Azathioprin keine Hemmung der Purinsynthese de novo auftritt, darf man annehmen, daß die Ribonukleotidform die aktive Hemmsubstanz sein muß. Eine Senkung der Serumharnsäure und renalen Harnsäureausscheidung bei Gichtpatienten unter Azathioprintherapie wurde erstmals 1966 von Sørensen beschrieben. Da nach Verabreichung von Azathioprin die renale Oxipurinausscheidung nicht ansteigt, darf man annehmen, daß die verminderte Harnsäurebildung nicht auf einer Hemmung der Xanthinoxidase, sondern der de-novo-Purinsynthese beruht.

4.3.5 Orotsäure

Durch Verabreichung von Orotsäure (2-6 g täglich) kann beim Menschen eine Senkung des Serumharnsäurespiegels erreicht werden (Kelley et al. 1970). Diese Wirkung kommt sowohl durch eine vermehrte Harnsäureausscheidung als auch durch eine Hemmung der Purinsynthese zustande. Die Hemmung der Purinsynthese läßt sich auf eine Verminderung der intrazellulären Konzentration von 5-Phosphoribosyl-1-Pyrophosphat, einem Substrat der Glutamin-Phosphoribosyl-1-Pyrophosphat-Amidotransferase zurückführen. Gegen eine risikolose klinische Verwendung von Orotsäure zur Senkung des Serumharnsäurespiegels spricht in erster Linie die bei der Ratte beobachtete Entwicklung einer Fettleber (Creasey et al. 1961).

Literatur

Auerbach R, Orentrich N (1968) Alopecia and ichthyosis secondary to allopurinol. Arch Dermatol 98: 104
Bailey PR, Neale TJ, Lynn KL (1976) Allopurinol associated arteriitis. Lancet 2: 907
Band PR, Silverberg DS, Henderson JF, Ulan RA, Wensel RH, Banerjee TK, Little AS (1970) Xanthine nephropathy in a patient with lymphosarcoma treated with allopurinol. N Engl J Med 283: 354
Banholzer P, Gröbner W, Zöllner N (1980) Der Einfluß von Purinen sowie Oxipurinol auf den Pyrimidinstoffwechsel in menschlichen Lymphozytenkulturen. Verh Dtsch Ges Inn Med 86: 928
Beardmore TD, Fox JH, Kelley WN (1970) Effect of allopurinol on pyrimidine metabolism in the Lesch-Nyhan-Syndrome. Lancet II: 830

Beardmore TD, Kelley WN (1971) Mechanism of allopurinol-mediated inhibition of pyrimidine biosynthesis. J Lab Clin Med 78: 696

Beardmore TD, Cashman JS, Kelley WN (1972) Mechanism of allopurinol-mediated increase in enzyme activity in man. J Clin Invest 51: 1823

Becroft DMO, Phillips LJ (1965) Hereditary orotic aciduria and megaloblastic anaemia: A second case with response to uridine. Br Med J I: 547

Berlinger WG, Park GD, Spector R (1985) The effect of dietary protein on the clearance of allopurinol and oxipurinol. N Engl J Med 313: 771

Boston Collaborative Drug Surveillance Program (1972) Excess of ampicillin rashes associated with allopurinol or hyperuricemia. N Engl J Med 286: 505

Boston Collaborative Drug Surveillance Program (1974) Allopurinol and cytotoxic drugs. Interaction in relation to bone marrow depression. JAMA 227: 1036

Brown M, Bye A (1977) The determination of allopurinol and oxipurinol in human plasma and urine. J Chromatogr 143: 195

Butler RC, Shah SM, Grunow WA (1977) Massive hepatic necrosis in a patient receiving allopurinol. J Am Assoc 237: 473

Cameron JS, Simmonds HA (1987) Use and abuse of allopurinol. Br Med J 294: 1504

Caskey CT, Ashton DM, Wyngaarden JB (1964) Enzymology of feedback-inhibition of glutamine-phosphoribosyl-pyrophosphate amidotransferase by purine ribonucleotides. J Biol Chem 239: 2570

Chen JJ, Jones ME (1979) Effect of 5-phosphoribosyl-1-pyrophosphate on de novo pyrimidine biosynthesis in cultured Ehrlich Ascites cells made permeable with dextran sulfate-500. J Biol Chem 254: 2697

Clark PJ, Slevin ML (1985) Allopurinol mouthwashes and 5-fluorouracil induced oral toxicity. Eur J Surg Oncol 11: 267

Coe FL, Raisen L (1973) Allopurinol treatment of uric acid disorders in calcium-stone formers. Lancet I: 129

Creasey WA, Hankin L, Handschuhmacher RE (1961) Fatty livers induced by orotic acid. I Accumulation and metabolism of lipids. J Biol Chem 236: 2064

Daul AE, Graben N (1984) Die generalisierte Allopurinol-Überempfindlichkeitsreaktion. Intern Praxis 24: 361

Delbarre F, Amor B, Auscher C, DeGery A (1966) Treatment of gout with allopurinol, a study of 106 cases. Ann Rheum Dis 25: 627

Delbarre F, Auscher C, DeGery A, Brouilhet J, Olivier JL (1968) Le traitement de la dyspuriniè goutteuse par la mercaptopyrazolopyrimidine. Presse Med 76: 2329

Elion GB (1966) Enzymatic and metabolic studies with allopurinol. Ann Rheum Dis 25: 608

Elion GB, Hitchings GH (1975) Azathioprine. In: Sartorelli AC, Johns DG (eds) Handbook of exp. Pharmacology, vol 38. Springer, Berlin Heidelberg New York, p 404

Elion GB (1978) Allopurinol and other inhibitors of urate synthesis. In: Kelley WN, Weiner JM (eds) Uric acid. Springer, Berlin Heidelberg New York, p 485

Emmerson BT (1966) Discussion. Symposium on allopurinol. Ann Rheum Dis 25: 622

Engelman K, Watts RWE, Klinenberg JR, Sjoerdsma A, Seegmiller JE (1964) Clinical, physiological and biochemical studies of a patient with Xanthinuria and pheochromocytoma. Am J Med 37: 839

Ettinger B, Tang A, Citron JT, Livermore B, Williams T (1986) Randomized trial of allopurinol in the prevention of calcium oxalate calculi. N Engl J Med 315: 1386

Fox RM, Royse-Smith D, O'Sullivan WJ (1970a) Orotidinuria induced by allopurinol. Science 168: 861

Fox RM, Wyngaarden JB, Kelley WN (1970b) Depletion of erythrocyte phosphoribosylpyrophosphate in man, a newly observed effect of allopurinol. N Engl J Med 283: 1177

Fox RM, Wood MH, O'Sullivan WJ (1971) Studies on the coordinate activity and lability of orotidylate phosphoribosyltransferase and decarboxylase in human erythrocytes and the effects of allopurinol administration. J Clin Invest 50: 1050

Gelbart DR, Weinstein AB, Fajardo LF (1977) Allopurinol mediated interstitial nephritis. Ann Intern Med 86: 196

Glogner P (1970) Metabolism of tolbutamine and cyclamate. Hum Genet 9: 230

Glyn JH, Crofts PA (1966) Peripheral neuropathy due to allopurinol. Br Med J 2: 1531

Greenberg MS, Zambrano SS (1972) Aplastic agranulocytosis after allopurinol therapy. Arthritis Rheum 15: 413

Greene ML, Fujimoto WY, Seegmiller JE (1969) Urinary xanthine stones – a rare complication of allopurinol therapy. N Engl J Med 280: 426

Griebsch A, Zöllner N (1975) Wirkung von Thiopurinol auf die renale Harnsäure- und Oxipurinausscheidung des Menschen unter modifizierter Formeldiät mit konstantem Puringehalt. Verh Dtsch Ges Inn Med 81: 1462

Griffin JP, D'Arcy PF (1987) Handbuch der Arzneimittelinteraktionen. 3. Aufl, S 269. Verlag für angewandte Wissenschaften, München

Gröbner W, Löffler W, Zöllner N (1979) Der Einfluß verschiedener Nahrungspurine und -pyrimidine auf die Xanthinoxidaseaktivität des menschlichen Dünndarms. Verh Dtsch Ges Inn Med 85: 659

Gröbner W, Zöllner N (1975) Zur Beeinflussung der Purin- und Pyrimidinsynthese durch Allopurinol. Klin Wochenschr 53: 255

Gröbner W, Kelley WN (1975) Effect of allopurinol and its metabolic derivatives on the configuration of human orotate phosphoribosyltransferase and orotidyldecarboxylase. Biochem Pharmacol 24: 379

Gröbner W, Zöllner N (1983) Der Einfluß von Nahrungspurinen und -pyrimidinen auf die Pyrimidinsynthese des Menschen. Klin Wochenschr 61: 1191

Hande K, Reed E, Chabner B (1978) Allopurinol kinetics. Clin Pharmacol Ther 23: 598

Hande KR, Noone RM, Stone WJ (1984) Severe allopurinol toxicity. Am J Med 76: 47

Holmes EW, McDonald JA, McCord JM, Wyngaarden JB, Kelley WN (1973) Human glutamine phosphoribosylpyrophosphate-amidotransferase: Kinetic and regulatory properties. J Biol Chem 248: 144

Huguley CM, Brain JA, Rivers SL, Scoggins RB (1959) Refractory megaloblastic anaemia associated with excretion of orotic acid. Blood 14: 615

Jarzobski J, Ferry J, Wombolt D, Fitsch DM, Egan JD (1970) Vasculitis with allopurinol therapy. Am Heart J 79: 116

Kann JE, Wells JH, Gallelli JF et al. (1968) The development and use of an intravenous preparation of allopurinol. Am J Med Sci 256: 53

Kelley WN, Rosenbloom FM, Miller J, Seegmiller JE (1968) An enzymatic basis for variation in response to allopurinol. Hypoxanthine-guanine-phosphoribosyl-transferase-deficiency. N Engl J Med 278: 287

Kelley WN, Beardmore TD (1970) Allopurinol: alteration in pyrimidine metabolism in man. Science 169: 388

Kelley WN, Greene ML, Fox IH, Rosenbloom FM, Levy RJ, Seegmiller JE (1970) Effects of orotic acid on purine and lipoprotein metabolism in man. Metabolism 19: 1025

Kelley WN, Gröbner W, Holmes E (1973) Current concepts in the pathogenesis of hyperuricemia. Metabolism 22: 939

Klinenberg JR, Goldfinger SE, Seegmiller JE (1965) The effectiveness of the xanthine oxidase inhibitor allopurinol in the treatment of gout. Ann Intern Med 62: 639

Korting HC, Lesch R (1978) Acute cholangitis after allopurinol treatment. Lancet I: 275

Krenitsky TA, Elion GB, Strelitz RA, Hitchings GH (1967) Ribonucleosides of allopurinol and oxoallopurinol. J Biol Chem 242: 2675

Lang PG (1979) Severe hypersensitivity reactions to allopurinol. South Med J 72: 1361

Löffler W, Gröbner W, Zöllner N (1980) Influence of dietary protein on serum and urinary uric acid. Adv Exp Med Biol 122 A: 209

Löffler W, Gröbner W (1988) A study of dose-response relationships of allopurinol in the presence of low or high purine turnover. Klin Wochenschr 66: 153

Lupton GP, Odom RB (1979) The allopurinol hypersensitivity syndrome. J Am Acad Dermatol 1: 365

Manfredi RL, Vessell ES (1981) Inhibition of theophylline metabolism by long-term allopurinol administration. Clin Pharmacol Ther 29: 224

Marcolongo R, Marinello E, Pompucci G, Pagani R (1974) The role of xanthine oxidase in hyperuricemic states. Arthritis Rheum 17: 430

McCollister RJ, Gilbert WR, Ashton DM, Wyngaarden JB (1964) Pseudofeedback inhibition of purine synthesis by 6-mercaptopurine ribonucleotide and other purine analogues. J Biol Chem 239: 1560

McMenamin RA, Davies LM, Craswell PW (1976) Drug induced interstitial nephritis, hepatitis and exfoliative dermatitis. Aust N Z Med 6: 583

Pinnas G (1968) Possible association between macular lesions and allopurinol. Arch Ophthalmol 79: 786

Pomales R, Bieber S, Friedman R, Hitchings GH (1963) Augmentation of incorporation of hypoxanthine into nucleic acids by administration of inhibitor of xanthine oxidase. Biochem Biophys Acta 72: 119

Pomales R, Elion GB, Hitchings GH (1965) Xanthine as precursor of nucleic acid purines in mouse. Biochem Biophys Acta 95: 505

Reiter S, Löffler W, Gröbner W, Zöllner N (1984) Influence of dietary purines on allopurinol metabolism and allopurinol induced orotic aciduria. Purine metabolism in man IV, 165 A. Plenum, New York, p 323

Reiter S, Simmonds HA, Zöllner N, Braun S, Knedel M (1990) Demonstration of a combined deficiency of xanthine oxidase and aldehyde oxidase in xanthinuric patients not forming oxipurinol. Clin Chim Acta 187, 221

Rundles RW, Wyngaarden JB, Hitchings GH, Elion GB, Silberman HR (1963) Effects of a xanthine oxidase inhibitor on thiopurine metabolism, hyperuricemia and gout. Trans Assoc Am Physicians 76: 126

Rundles RW, Silberman HR, Hitchings GH, Elion GB (1964) Effects of xanthine oxidase inhibitor on clinical manifestations and purine metabolism in gout. Ann Intern Med 60: 717

Rundles RW (1985) The development of allopurinol. Arch Intern Med 145: 1492

Silberman HR, Wyngaarden JB (1961) 6-mercaptopurine as substrate and inhibitor of xanthine oxidase. Biochim Biophys Acta 47: 178

Simmonds HA, Rising TJ, Cadenhead A, Hatfield PJ, Jones A, Cameron JS (1973) Radioisotope studies of purine metabolism during administration of guanine and allopurinol in the pig. Biochem Pharmacol 22: 2553

Simmonds HA (1986) 2,8-dihydroxyadenine lithiasis. – epidemiology, pathogenesis and therapy. Verh Dtsch Ges Inn Med 92: 503

Simmons F, Feldman B, Gerety D (1972) Granulomatous hepatitis in a patient receiving allopurinol. Gastroenterology 62: 101

Sonntag MR, Zoppi M, Fritschy D et al. (1986) Exantheme unter häufig angewandten Antibiotika und antibakteriellen Chemotherapeutika. (Penicilline, speziell Aminopenicilline, Cephalosporine und Cotrimoxazol) sowie Allopurinol. Schweiz Med Wochenschr 116: 142

Sørenson LB (1966) Suppression of the shunt pathway in primary gout by azathioprine. Proc Natl Acad Sci 55: 571

Spector T (1977) Inhibition of urate production by allopurinol. Biochem Pharmacol 26: 355

Swank LA, Chejfee G, Nemehansky BA (1978) Allopurinol induced granulomatous hepatitis with cholangitis and a sarcoid-like reaction. Arch Int Med 138: 997

Sweetman L (1968) Urinary and cerebrospinal fluid oxipurine levels and allopurinol metabolism in the Lesch-Nyhan-Syndrome. Fed Proc 27: 1055

Tjandramaga TB, Cucinell SA, Israili ZH, Perel JM, Dayton PG, Yü TF, Gutman AB (1972) Observations on the disposition of Probenecid in patients receiving allopurinol. Pharmacology 8: 259

Vesell ES, Passananti ST, Greene FE, Page JG (1971) Genetic control of drug levels and of the induction of drug-metabolizing enzymes in man; individual variability in the extent of allopurinol and nortryptiline inhibition of drug metabolism. Ann N Y Acad Sci 179: 752

Vinciullo C (1984) Allopurinol hypersensitivity: a potentially life threatening reaction. Aust J Derm 25: 59

Walter-Sack I, Gröbner W, Zöllner N (1979) Verlauf der Oxipurinolspiegel im Plasma nach akuter und chronischer Gabe von Allopurinol in verschiedenen galenischen Zubereitungen. Arzneimittelforschung 29: 839

Watts RWE, Watts JEM, Seegmiller JE (1965) Xanthine oxidase activity in human tissues and its inhibition by allopurinol (4hydroxypyrazolo-(3,4-d)pyrimidine). J Lab Clin Invest 66: 688

Watts R, Scott JT, Chalmers RA, Bitensky L, Chayeni J (1971) Microscopic studies on skeletal muscle in gout patients treated with allopurinol. Clin Sci 41: 153

Weiss EB, Forman P, Rosenthal JM (1978) Allopurinol induced arteriitis in partial HGPRTase-deficiency-atypical seizure manifestation. Arch Int Med 138: 1743

Wood MH, Sebel E, O'Sullivan WJ (1972) Allopurinol and thiazides. Lancet I: 751

Wood MH, O'Sullivan WJ, Wilson M, Tiller DJ (1974) Potentiation of an effect of allopurinol on pyrimidine metabolism by chlorothiazide in man. Clin Exp Pharmacol Physiol 1: 53

Wyngaarden JB, Rundles RW, Silberman HR, Hunter S (1963) Control of hyperuricemia with hydroxypyrazolo-pyrimidine, a purine analogue, which inhibits uric acid synthesis. Arthritis Rheum 6: 306

Wyngaarden JB, Rundles RW, Metz EN (1965) Allopurinol in the treatment of gout. Ann Intern Med 62: 842

Wyngaarden JB, Kelley WN (1983) Gout. In: Stanbury JB, Wyngaarden JB, Fredrickson DS, Goldstein JL, Brown MS (eds) The metabolic basis of inherited disease, 5th edn. McGraw-Hill, New York, p 1043

Yü TF, Gutman AB (1964) Effect of allopurinol (4-hydroxypyrazolo-(3,4-d)-pyrimidine) on serum and urinary uric acid in primary and secondary gout. Am J Med 37: 885

Zöllner N (1966) Die Behandlung der Gicht und Uratnephrolithiasis mit Allopurinol. Verh Dtsch Ges Inn Med 72: 781

Zöllner N, Schattenkirchner M (1967) Allopurinol in der Behandlung der Gicht und der Harnsäurenephrolithiasis. Dtsch Med Wochenschr 92: 654

Zöllner N, Gröbner W (1970) Der unterschiedliche Einfluß von Allopurinol auf die endogene und exogene Uratquote. Eur J Clin Pharmacol 3: 56

Zöllner N, Gröbner W (1971) Influence of oral ribonucleic acid on orotaciduria due to allopurinol administration. Z Gesamte Exp Med 156: 317

Zöllner N, Gröbner W (1978) Der Einfluß verschiedener Purin- und Pyrimidinnukleoside auf die Pyrimidinsynthese des Menschen. Verh Dtsch Ges Inn Med 84: 1129

4.4 Medikamentöse Beeinflussung der Harnsäureausscheidung

W. Löffler

Das Ziel der Behandlung der chronischen Hyperurikämie ist die dauerhafte Senkung der Serumharnsäurekonzentration in den Normalbereich, d. h. auf Werte unter 6,5 mg/dl. Diätetische Maßnahmen stellen die Basistherapie dar, die durch Medikamente ergänzt wird. Zur medikamentösen Therapie stehen zwei Substanzklassen zur Verfügung, die entweder die Harnsäurebildung hemmen (Xanthinoxidasehemmer) oder die renale Harnsäureausscheidung verbessern (Urikosurika).

4.4.1 Allgemeine Eigenschaften der Urikosurika

Urikosurika sind eine Gruppe chemisch unterschiedlicher Substanzen, denen die Hemmung der tubulären Harnsäurerückresorption gemeinsam ist. Zum großen Teil handelt es sich bei den urikosurisch wirksamen Substanzen um schwache Säuren, doch wirken auch einige Basen urikosurisch. Durch die Hemmung der tubulären Harnsäurerückresorption kommt es zu einer Senkung des Serumharnsäurespiegels und in der Folge zur Ausschwemmung von Harnsäuredepots und Rückbildung von Gichttophi.

Tabelle 4.10. Stoffgruppen mit urikosurischer Wirkung. Literatur bei Gröbner u. Zöllner (1976), wo nicht anders angegeben

a) Benzoesäurederivate: Salicylsäure, Acetylsalicylsäure, Natriumsalicylat; Carinamid, Probenecid (S. 443), Longacid

Salicylsaure

Carinamid

Tabelle 4.10 (Fortsetzung)

b) Pyrazolidinderivate: Phenylbutazon und Analoge (Ketophenylbutazon, G-25 671,
Sulfinpyrazon [S. 348])

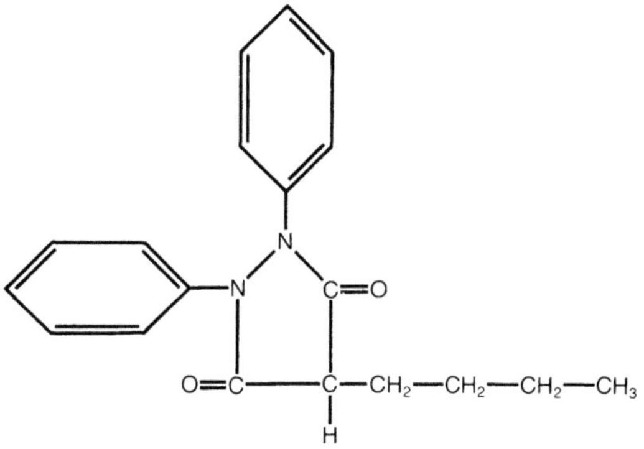

Phenylbutazon

c) Benzofuran-, Phenylindan-
dion-, Cumarinderivate: Benzaron, Benziodaron, Benzbromaron (Strukturformel S. 94);
2-Phenylindandion, Bromin-
dion, 2-Phenyl-5-brom-indan-
dion; Äthylbiscumazetat, Bis-
hydroxycumarin; Acenocuma-
rol, Phenprocumarol

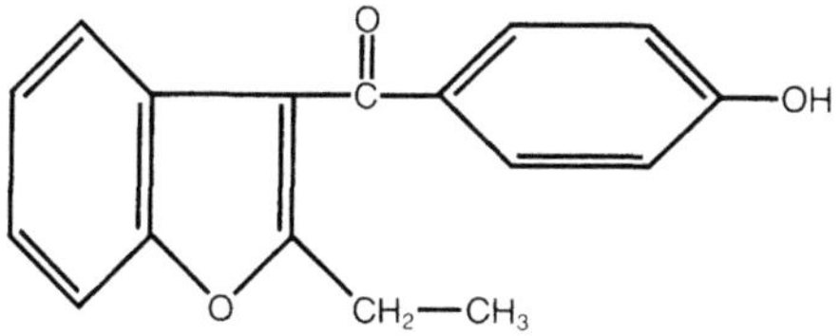

Benzaron

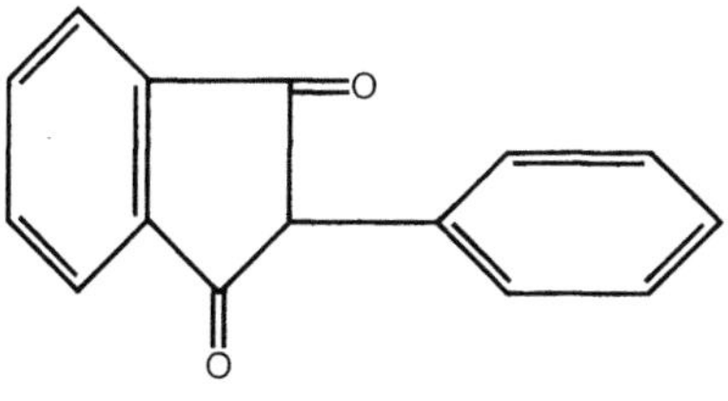

2-Phenylindandion (1.3)

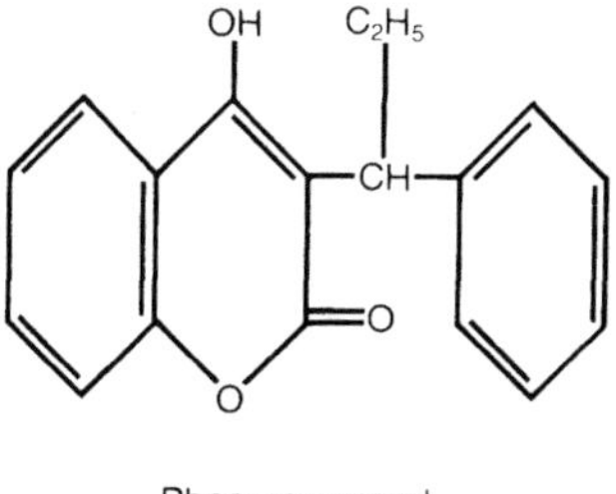

Phenprocumarol

329

Tabelle 4.10 (Fortsetzung)

d) Basische Urikosurika:
   Zoxazolamin, Glycopyrolat

Zoxazolamin

e) Verbindungen unterschiedlicher Struktur: Phenylchinolincarbonsäure, Niridazol, Clofibrat, Carprofen (Yü u. Perel 1980); MK-185, Röntgenkontrastmittel, Ascorbinsäure (Stein et al. 1976) und viele andere.

Clofibrat

Die Urikosurika lassen sich zu den in Tabelle 4.10 genannten Stoffgruppen zusammenfassen. Außer durch die reversible Hemmung des tubulären Transports der Harnsäure (Urikosurika im engeren Sinne und Arzneimittel mit urikosurischer Nebenwirkung; s. S. 467) kann eine Zunahme der Harnsäureclearance Folge toxischer Schädigung der Tubuluszellen sein. In diesem Fall ist die Rückresorption von Harnsäure allein oder gemeinsam mit anderen Ionen betroffen (s. S. 470).

Renale Ausscheidung und Wirkungsmechanismus der Urikosurika

Urikosurika sind zu einem hohen Prozentsatz an Plasmaproteine gebunden (Koch-Weser u. Sellars 1976). Sie werden deshalb nur zu einem sehr kleinen Teil glomerulär filtriert. Der überwiegende Teil gelangt durch tubuläre Sekretion in den Harn. Die Sekretion der Urikosurika erfolgt im proximalen Tubulus über das sekretorische System für schwache organische Säuren (Weiner 1973). Viele dieser Medikamente konkurrieren infolgedessen miteinander und mit Paraaminohippursäure (PAH) um die Ausscheidung (Weiner et al. 1960, 1964; Perel et al. 1969).
Urikosurika müssen ins Tubuluslumen sezerniert werden, um ihre urikosurische Wirkung entfalten zu können (Yü et al. 1963; Dantzler 1973). Harnsäure wird beim Menschen wahrscheinlich über ein anderes tubuläres System sezerniert als PAH und die Urikosurika (Fanelli et al. 1971 a; Boner u. Steele 1973). Es konnte gezeigt werden, daß die gleichzeitige

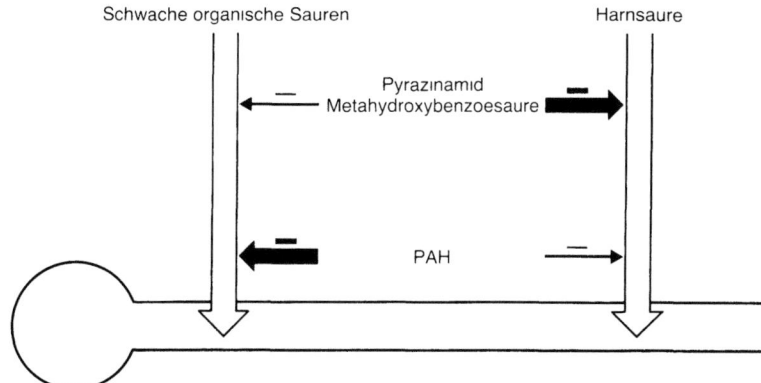

Abb. 4.35. Sekretion schwacher organischer Säuren im Nierentubulus. Die Hypothese, daß mindestens zwei sekretorische Mechanismen vorhanden sind, beruhte auf der Beobachtung, daß PAH die Ausscheidung von Harnsäure nur wenig, die anderer organischer Säuren sehr stark hemmte. Umgekehrt wurde die Harnsäureausscheidung durch Pyrazinamid und Metahydroxybenzoesäure fast vollständig unterbunden, die Ausscheidung anderer schwacher organischer Säuren aber kaum beeinflußt

Gabe von PAH die urikosurische Wirkung der Medikamente hemmt, ohne die Harnsäuresekretion zu beeinflussen (Fanelli et al. 1973; Meisel u. Diamond 1977). Die Hypothese, daß beim Menschen mindestens zwei sekretorische Mechanismen für organische Säuren vorhanden sind, beruht auf der unterschiedlichen Wirkung von Paraaminohippursäure und Pyrazinamid auf die renale Ausscheidung von Harnsäure und anderen organischen Säuren (Abb. 4.35). Es ist möglich, daß einige Urikosurika auch mit der Harnsäure um die Sekretion konkurrieren, wobei dieser Effekt wegen der ausgeprägten Hemmung der Rückresorption nicht zum Tragen kommt. Für andere Arzneimittel, die chemisch ebenfalls schwache Säuren sind (Diuretika), wurde dies beim Hund experimentell bestätigt (Nolan u. Foulkes 1971).

Die oben genannten Untersuchungen sprechen für die Hypothese Gutmans (1966), daß Urikosurika eine verbesserte Harnsäureausscheidung durch Wechselwirkung mit einem Harnsäurecarrier an der lumenseitigen Membran der Tubuluszellen bewirken. Bei Phenylbutazon- und Probenecidanaloga besteht eine Korrelation zwischen urikosurischer Wirksamkeit und der im Urin ausgeschiedenen Menge der Arzneimittel (Gutman et al. 1960; Blanchard et al. 1972). Zum Teil war die renal ausgeschiedene Menge des Medikaments ein besseres Maß für die urikosurische Wirksamkeit als die Plasmakonzentration. Auch bei einer neueren Untersuchung mit verbesserter Methodik bestand zwischen Plasmakonzentration und urikosurischer Wirkung keine Korrelation (Walter-Sack et al. 1988).

Nach älteren Arbeiten werden Urikosurika im Gegensatz zur Harnsäure nicht aktiv rückresorbiert. Es besteht danach eine passive, nichtionische Rückdiffusion aus dem Tubuluslumen (Weiner et al. 1964). Soweit es sich um schwache Säuren handelt, ist die passive Rückdiffusion der Urikosurika pH-abhängig, wenn der pKa-Wert im oder nahe am pH-Bereich des Urins liegt. Ihre renale Clearance ist bei saurem Harn-pH infolge der raschen Rückdiffusion der freien Säure niedrig. Alkalisierung des Harns führt zu verminderter Rückdiffusion, also höheren Konzentrationen im Tubuluslumen und damit stärkerer urikosurischer Wirkung (Gutman et al. 1955; Weiner et al. 1964).

Die passive Rückdiffusion der Urikosurika ist auch von der Stromstärke im Tubuluslumen und der Lipidlöslichkeit der Substanzen abhängig. Schlecht lipidlösliche Urikosurika diffundieren langsamer aus dem Tubuslumen und sind deshalb bei gleichem pH besser wirksam. Durch erhöhte Stromstärke kann ihre urikosurische Wirkung weiter gesteigert werden (Abb. 4.36). Die neueren Hypothesen (Greger 1988) gehen jedoch von einem aktiven Transport auch der Urikosurika aus.

In vitro ist eine Verdrängung der Harnsäure aus ihrer Plasmaproteinbindung durch Urikosurika nachweisbar (Whitehouse et al. 1973; Wyngaarden u. Kelley 1983). Die daraus abgeleitete erhöhte glomeruläre Harnsäurefiltration spielt bei der therapeutischen Anwendung von Urikosurika keine Rolle. Nimmt man eine Plasmaproteinbindung der Harnsäure von 10% an, so kann die glomeruläre Filtration bei vollständiger Freisetzung um etwa 10% gesteigert werden. Andererseits ist aber die „präsekretorische" tubuläre Rückresorption auch noch bei 4facher glomerulär filtrierter Menge nahezu vollständig (Sorensen u. Levinson 1980). Es erscheint deshalb nicht möglich, die renale Ausscheidung der Harnsäure durch Freisetzung aus ihrer Plasmaproteinbindung signifikant zu steigern. Hinzu kommt, daß diese geringe Steigerung nur zu Beginn einer medikamentösen urikosurischen Therapie möglich, nach Erreichen des neuen Gleichgewichts aber nicht mehr vorhanden wäre. Die Bedeutung des in vitro nachweisbaren Einflusses von Plasmaproteinen auf den Urattransport über die basolaterale Membran der Tubuluszellen ist bisher unbekannt (Greger 1988).

Die Ergebnisse klinisch-pharmakologischer Untersuchungen (Pyrazinamid-Suppressionstest) scheinen dafür zu sprechen, daß Urikosurika die „postsekretorische" Rückresorption hemmen, während die „präsekretorische" unbeeinflußt bleibt. PAH, mit dem viele Urikosurika um die tubuläre Sekretion konkurrieren, wird im distalen Teil des proximalen Tubulus sezerniert. Es ist deshalb wahrscheinlich, daß Urikosurika ebenfalls dort sezerniert werden. In den weiter proximal gelegenen Abschnitten des Tubulus reicht die intraluminale Konzentration der Urikosurika zu einer Hemmung der Rückresorption nicht aus. Erst durch die zusätzliche

**Geringe Stromstärke und saurer pH
im Tubuluslumen**

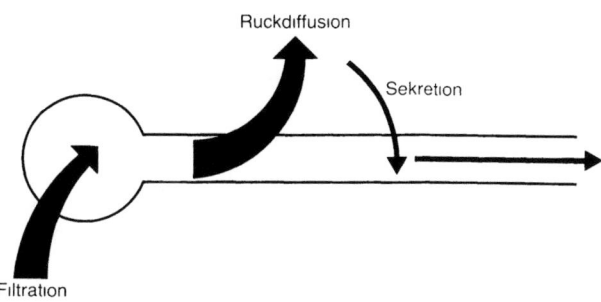

**Hohe Stromstarke, neutraler oder schwach
basischer pH im Tubuluslumen**

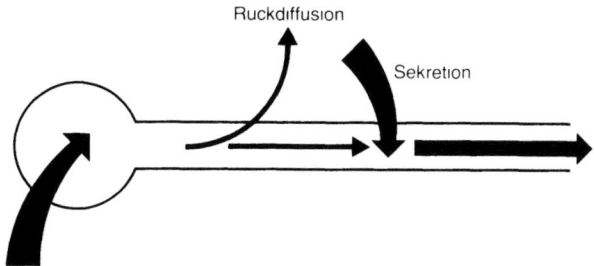

Abb. 4.36. Renale Ausscheidung schwach saurer Urikosurika. Sie wird durch Stromstärke und in einigen Fällen durch das pH im Tubuluslumen beeinflußt. Die Filtrationsrate ist bei hoher Plasmaproteinbindung gering und unabhängig vom pH. *Oben:* Bei saurem pH liegen die sauren Urikosurika in undissoziierter Form vor und werden, falls es sich um eine nichtionische Rückdiffusion handelt, beschleunigt aus dem Lumen entfernt. Die Folge ist eine geringe Wirksamkeit. *Unten:* Durch Anheben des pH und Erhöhung der luminalen Stromstärke wird die renale Ausscheidung der Substanz vermehrt, die Wirksamkeit verbessert

Sekretion ins Lumen kommen wirksame Konzentration zustande. Es handelt sich also lediglich um eine Konzentrationsabhängigkeit (Steele u. Rieselbach 1975), nicht um unterschiedlich beeinflußbare Mechanismen.

Die bisherige Darstellung bezog sich auf Urikosurika, die chemisch schwache Säuren sind. Eines der am stärksten und selektiv wirksamen Urikosurika, Zoxazolamin (Burns et al. 1958), ist jedoch eine schwache Base. Dieses Medikament wird vermutlich nicht über das durch PAH hemmbare Transportsystem für schwache organische Säuren sezerniert. Der Wirkungsmechanismus ist unbekannt. Es konnten auch keine schwach saueren Metaboliten mit urikosurischer Wirkung nachgewiesen werden. Allerdings wurden bisher nicht alle Metaboliten identifiziert (Diamond 1978). Glycopyrroniumbromid, ein Anticholinergikum, ist ebenfalls eine schwache Base mit urikosurischer Wirkung (Postlethwaite et al. 1974), deren Wirkungsmechanismus nicht bekannt ist. Ebenso wie ein weiteres Anticholinergikum, Tridihexethylchlorid, war es nicht bei allen Untersuchten wirksam. Postlethwaite et al. stellten deshalb die Hypothese auf, daß das autonome Nervensystem bei manchen Patienten die Regulation der renalen Harnsäureausscheidung beeinflußt.

Der molekulare Mechanismus der urikosurischen Wirkung ist ebenso wie der des tubulären Harnsäuretransports nicht geklärt. Da Vitamin-K-Antagonisten vom Phenylindandion- und Dicoumaroltyp urikosurisch wirken, kann man vermuten, daß zumindest bei der Harnsäurerückresorption Vitamin-K-abhängige Transportvorgänge eine Rolle spielen (Zöllner u. Gröbner 1969). Für diese Vermutung scheint auch die erhöhte Harnsäureclearance beim Vitamin-K-Mangel des Verschlußikterus zu sprechen (s. S. 470).

Paradoxe Harnsäureretention durch Urikosurika

Unter paradoxer Harnsäureretention versteht man die Eigenschaft einiger Urikosurika, die renale Harnsäureausscheidung in niedriger Dosierung zu hemmen und in hoher Dosierung zu verbessern, während mittlere Dosen die Harnsäureausscheidung unbeeinflußt lassen. Da Harnsäure mit anderen organischen Säuren über einen gemeinsamen Transportmechanismus ins Tubuluslumen sezerniert wird (Weiner u. Mudge 1964), nahm man an, daß diese Arzneimittel die Sekretion stärker hemmen als die Rückresorption. Bei niedriger Dosierung sollte zunächst die Hemmung der Harnsäuresekretion im Vordergrund stehen. Bei Steigerung der Dosis sollte die Hemmung der Rückresorption eine zunehmend größere Rolle spielen; sei es, daß das Arzneimittel vermehrt über das Urat transportierende System, sei es, daß es über ein zweites System vermehrt (oder zusätzlich) sezerniert würde. Als Summe der Wirkungen resultiert jedenfalls bei höheren Dosen eine Urikosurie.

Eine paradoxe Harnsäureretention wurde von Yü u. Gutman (1955) für Natriumsalizylat, Probenecid und Phenylbutazon nachgewiesen. Sulfinpyrazon, Benzbromaron und Zoxazolamin führten bei niedriger Dosierung nicht zur Harnsäureretention (Gröbner u. Zöllner 1976). Dies beruht möglicherweise darauf, daß in dem komplizierten System des tubulären Urattransports, wo nach neueren Untersuchungsergebnissen in vitro und in vivo mehrere Schritte sich gegenseitig beeinflussen (s. S. 37),

Urikosurika verschiedene Angriffspunkte oder zumindest unterschiedliche Affinitäten zu einzelnen Teilschritten besitzen.

Additive und antagonistische Wirkungen von Urikosurika

Urikosurika können sich sowohl gegenseitig in ihrer urikosurischen Wirkung beeinflussen als auch den Stoffwechsel anderer Medikamente verändern. Werden zwei Urikosurika gleichzeitig verabreicht, so können sowohl additive als auch antagonistische Wirkungen resultieren.

Bei gleichzeitiger Gabe von Zoxazolamin und urikosurischen Dosen von Probenecid werden die urikosurischen Einzelwirkungen übertroffen. Bei Kombination von Natriumsalizylat mit Probenecid oder Sulfinpyrazon ist die renale Harnsäureausscheidung im Vergleich zur Monotherapie massiv vermindert, bei Kombination mit Zoxazolamin liegt sie zwischen den beiden Werten der Monotherapie (Tabelle 4.11).

Die wechselseitige Abschwächung der Wirkung kann auf die beiden folgenden gleichzeitig ablaufenden Mechanismen zurückgeführt werden: 1) Medikament A hemmt die Sekretion von Medikament B, wodurch B nicht an den Ort der Wirkung gelangen kann; 2) B hemmt die Sekretion der Harnsäure und gleicht dadurch die urikosurische Wirkung von A aus (Meisel u. Diamond 1977; Fanelli u. Weiner 1979; Roch-Ramel u. Weiner 1980). Möglicherweise werden diese additiven und antagonistischen Wirkungen zum Teil von Metaboliten ausgeübt. Salizylate z. B. werden zu mehr als 80% in Form von Konjugaten ausgeschieden (Schacter u.

Tabelle 4.11. Additive und antagonistische Wirkungen von Urikosurika. (Aus Gröbner u. Zöllner 1976)

Versuchs-person	Arzneimittel	Dosis [g/Tag]	Harnsäureausscheidung im Urin [mg/Tag]	
			Nach Gabe des einzelnen Urikosurikums	Nach kombinierter Gabe
1	Probenecid	3,0	576	897
	Zoxazolamin	0,75	729	
2	Probenecid	3,0	673	114
	Na-Salizylat	6,0	909	
3	Na-Salizylat	6,0	281	30
	Sulfinpyrazon	0,6	527	
4	Zoxazolamin	1,5	1195	740
	Na-Salizylat	4,8	632	

Manis 1958). Die meisten Metaboliten von Urikosurika sind nicht ausreichend untersucht, um diese Frage beantworten zu können.

Die Wirkung von Arzneimitteln auf den tubulären Urattransport ist deshalb äußerst schwierig zu interpretieren, die Übertragung von Tierexperimenten auf den Menschen höchst problematisch (Greger 1988). Allgemein können Arzneimittel, die den tubulären Urattransport beeinflussen, nach den auf S. 37 dargestellten Untersuchungsergebnissen 1) an der luminalen oder basolateralen Membran durch Natriumkotransport in die Tubuluszelle gelangen und im Austausch gegen Urat wieder entfernt werden. Sie können aber auch 2) – wiederum an der luminalen oder basolateralen Membran – direkt die Bindungsstellen für Urat besetzen und so dessen Aufnahme in die Zelle hemmen. In beiden Fällen besteht 3) die Möglichkeit, daß das Arzneimittel seine Wirkung an beiden Membranen gleichzeitig, aber mit unterschiedlicher Affinität ausübt. Durch diese aktiven Transportvorgänge entstehen 4) lumenseitig und basolateral unterschiedliche Konzentrationen des Arzneimittels.

Interaktionen zwischen Urikosurika und anderen Arzneimitteln werden bei den einzelnen Urikosurika besprochen.

Harnsäurestoffwechsel unter urikosurischer Therapie

Die Behandlung mit Urikosurika führt zu einer Senkung des Serumharnsäurespiegels, also einer Verkleinerung des Harnsäurepools infolge einer Erhöhung der renalen Harnsäureclearance. Die enterale Harnsäureclearance bleibt vermutlich unbeeinflußt. Als Folge jeder selektiven Verbesserung der renalen Harnsäureausscheidung kommt es zu einer Umverteilung der Harnsäureausscheidung, d.h. bei unveränderter Harnsäurebildung wird mehr Harnsäure über die Nieren und weniger über den Darm ausgeschieden. Für Probenecid, Phenylbutazon und Nahrungsproteine sowie ACTH, das durch Natriumretention und Vergrößerung des Extrazellulärraums urikosurisch wirkt, wurde diese Umverteilung der Harnsäureausscheidung mit Hilfe der Isotopenverdünnungstechnik (S. 59) nachgewiesen (Tabelle 4.12).

Durch ein Rechenbeispiel soll die Größenordnung solcher Veränderungen verdeutlicht werden: Die Harnsäurebildung betrage 750 mg/Tag bei einem Patienten mit einer Serumharnsäurekonzentration von 8 mg/dl. Davon sollen zwei Drittel (500 mg) renal, ein Drittel (250 mg) enteral ausgeschieden werden. Es soll eine Senkung der Serumharnsäure auf 5 mg/dl durch Verdoppelung der renalen Clearance erzielt werden. Eine Ausscheidung von 500 mg/Tag bei einer Serumkonzentration von 8 mg/dl entspricht einer Clearance von 4,3 ml/min. Eine Serumharnsäure von 5 mg/dl bei einer Clearance von 8,6 ml/min wird erreicht, wenn die Aus-

Tabelle 4.12. Umverteilung der Harnsäureausscheidung unter urikosurischer Behandlung. Ergebnisse von Untersuchungen mittels Isotopenverdünnungstechnik bei Gesunden

Literatur (urikosurisch wirksame Maßnahme)	Renale Harnsäureausscheidung in % des Umsatzes	
	Kontrolle	Urikosurische Wirkung
Bishop et al. 1951 (Probenecid)	71,5	89,6
Wyngaarden 1955 (Phenylbutazon)	82	93
	80	93
Bowering et al. 1969 (Nahrungsproteine)	46	88
	56	78
	78	86

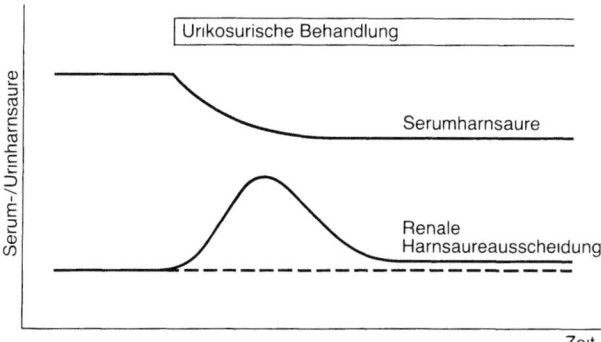

Abb. 4.37. Verhalten von Serum- und Urinharnsäure bei Einleitung einer urikosurischen Behandlung

scheidung 619 mg/Tag beträgt. Die renale Ausscheidung beträgt also 82,5 statt 66,7% des Gesamtharnsäureumsatzes, die enterale entsprechend weniger.

Die Harnsäureausscheidung steigt bei Einleitung einer urikosurischen Therapie zunächst an. Danach folgt ein Abfall und Einpendeln eines neuen Gleichgewichts auf höherem Niveau entsprechend dem angeführten Rechenbeispiel (Abb. 4.37). Ist dieses unter kontrollierten Bedingungen nicht nachweisbar, so müssen weitere Mechanismen beteiligt sein (Hemmung der Purinsynthese, Änderungen des intestinalen Purintransports, Einhaltung einer purinarmen Diät).

Bei Gichtpatienten ist die renale Harnsäureausscheidung während der ersten Monate unter urikosurischer Therapie zusätzlich vermehrt durch

Mobilisation der in Tophi abgelagerten Harnsäure. Bei Gesunden können Mehrausscheidungen auftreten, die durch die Verkleinerung des Harnsäurepools nicht zu erklären sind. Bishop et al. (1951) fanden während einer Abnahme des Harnsäurepools um 498 mg unter Probenecid eine Mehrausscheidung von 2705 mg. Wyngaarden (1955) beobachtete unter Phenylbutazon eine Mehrausscheidung von 1630 mg, während die Poolgröße um 556 mg abnahm. Es ist nicht bekannt, ob mit der Isotopentechnik eventuell nicht erfaßte Harnsäure ausgeschieden wird oder ob andere methodische Probleme verantwortlich sind. Zöllner et al. (1970 a) errechneten unter Benzbromaron eine durchschnittliche Differenz zwischen Poolverkleinerung und Mehrausscheidung von 186 mg. Nur im letzten Fall ist die Mehrausscheidung durch die beschriebene Umverteilung der Harnsäureausscheidung ausreichend erklärt.

4.4.2 Behandlung der Hyperurikämie mit Urikosurika

Probenecid (Gutman 1950) war das erste gut wirksame und gleichzeitig – gemessen an früher angewandten wie z. B. Salizylaten – nebenwirkungsarme Medikament, das eine jahrzehntelange harnsäuresenkende Therapie ermöglichte. In der Folge zeigte jedoch die breite klinische Anwendung, daß Kontraindikationen im Falle der Urikosurika nicht nur durch Nebenwirkungen der Arzneimittel, sondern auch durch ihren Wirkungsmechanismus gegeben sind.

Indikationen und Kontraindikationen zur urikosurischen Therapie

Sowohl primäre als auch sekundäre Hyperurikämien können durch gesteigerte Harnsäurebildung oder verminderte Harnsäureausscheidung zustande kommen. Eine gesteigerte endogene Synthese als Ursache einer primären (familiären) Hyperurikämie ist eine Rarität, die Häufigkeit liegt unter 1%. In allen übrigen Fällen von familiärer Hyperurikämie liegt ein tubulärer Sekretionsdefekt zugrunde. Eine vermehrte Harnsäuresynthese ist unter den sekundären Hyperurikämien häufiger (z. B. Hämoblastosen, zytostatische und Bestrahlungstherapien von Tumoren, Glykogenspeicherkrankheit Typ I). Die überwiegende Mehrzahl der sekundären Hyperurikämien ist jedoch ebenfalls durch eine Störung der renalen Harnsäure ausscheidung bedingt.

Nun hemmen die Urikosurika die tubuläre Rückresorption, während eine möglicherweise zusätzlich vorhandene Hemmung der Sekretion bei therapeutischer Anwendung nicht ins Gewicht fällt. Bei Hyperurikämie infolge gestörter tubulärer Sekretion der Harnsäure, wird durch Urikosurika nicht der Defekt behoben, sondern durch Blockierung eines zweiten Transportmechanismus (oder eines anderen Teils eines komplexen Mechanismus) ausgeglichen. Urikosurische Therapie wurde deshalb schon in den ersten Jahren der Anwendung als nicht ideales Behandlungsprinzip betrachtet (Gutman u. Yü 1957 a). Es gibt deshalb auch keine absoluten Indikationen zur urikosurischen Therapie.

Urikosurika können in allen Fällen von Hyperurikämie und Gicht angewandt werden, die nicht durch Nierenschäden kompliziert sind. Unabhängig davon, ob es sich um eine Gichtniere, eine sekundäre Hyperurikämie infolge Nierenkrankheiten oder eine Nephrolithiasis bei Hyperurikämie handelt, ist bei jeder Art von Nierenschädigung der Xanthinoxidasehemmer Allopurinol zur Senkung der Serumharnsäurekonzentration vorzuziehen; es sei denn, man gelangt mit dem Serumspiegel des wirksamen Metaboliten von Allopurinol, Oxipurinol, an eine kritische Obergrenze. In diesem Fall ist, solange Urikosurika noch wirksam sind, eine Kombinationstherapie zu erwägen.

Bei Störung der tubulären Harnsäuresekretion werden bei erhöhtem Serumspiegel normale Harnsäuremengen ausgeschieden. Bei Hyperurikämie infolge vermehrter Harnsäurebildung ist die renal ausgeschiedene Harnsäuremenge erhöht, was zur Ausfällung von Harnsäure im Tubuluslumen bis hin zur Anurie führen kann. Da Urikosurika die renale Harnsäureausscheidung zusätzlich erhöhen würden, sind sie bei vermehrter Harnsäurebildung kontraindiziert.

Bei sekundärer Hyperurikämie infolge Niereninsuffienz fürchtet man einerseits eine zusätzliche Schädigung der Nieren bei Gabe von Urikosurika durch Harnsäureausfällung im Tubulus, andererseits sind glomeruläre Filtration und tubuläre Sekretion der Urikosurika vermindert. In den restlichen intakten Tubuli ist die Stromstärke erhöht, die Rückdiffusion der sezernierten Menge des Arzneimittels also gering, ihre Wirkung dort demnach (relativ) gut. Aus dem gleichen Grund ist aber auch die Rückresorption der Harnsäure bereits vermindert, die relative Harnsäureclearance (Harnsäureclearance/GFR) erhöht. Die Wirkung der Urikosurika nimmt deshalb mit fortschreitender Niereninsuffizienz ab, bei stark eingeschränkter Nierenfunktion sind sie so gut wie wirkungslos (Mertz 1969; Yü 1974).

Alkoholzufuhr in großen Mengen vermindert möglicherweise die Wirksamkeit von Urikosurika. Die beim Alkoholabbau entstehenden Laktatkonzentrationen konkurrieren mit anderen organischen Säuren um die tubuläre Sekretion und können dadurch die tubuläre Sekretion von Urikosurika hemmen (Diamond 1978).

Komplikationen urikosurischer Therapie und ihre Prophylaxe

Gichtanfälle

Jede ausgeprägte Schwankung des Serumharnsäurespiegels nach oben und unten (Schlemmermahlzeiten, Alkoholexzesse, Einleitung einer harnsäuresenkenden Therapie) kann einen Gichtanfall auslösen. Auch zu Beginn einer Behandlung mit Urikosurika können deshalb Gichtanfälle gehäuft auftreten. Man führt dies auf eine vermehrte Mobilisation von Harnsäure aus Ablagerungen zurück.

Gichtanfälle zu Beginn der harnsäuresenkenden Therapie können durch prophylaktische Gaben kleiner Colchicindosen verhindert oder zumindest gelindert werden (Talbott 1957). Waren die Anfälle vor der Behandlung leicht, so reichen 0,5 mg Colchicin/Tag, bei schweren Attacken sind 1,5 mg/Tag erforderlich (Talbott 1957). Gutman (1965) beobachtete bei 80% von 734 Patienten mit Hyperurikämie vor der Behandlung Gichtanfälle. Unter Colchicinprophylaxe waren von 260 Patienten, die durchschnittlich 6,4 Jahre beobachtet wurden, 75% anfallsfrei oder hatten nur noch unter sehr milde verlaufenden Anfällen zu leiden. Grundsätzlich muß mit Gichtanfällen auch bei normaler Serumharnsäure so lange gerechnet werden, wie Harnsäureablagerungen in Geweben bestehen. Ebenso lange ist die Colchicinprophylaxe durchzuführen.

Zur Anfallsprophylaxe gibt man zu Beginn einer medikamentösen Senkung der Serumharnsäure Colchicin in einer Dosierung von 0,5–1,5 mg/Tag über 2–6 Monate. Die Dosis hängt von der Schwere der vorausgegangenen Anfälle, vom Körpergewicht und von der Nierenfunktion ab (Kumulation bei Niereninsuffizienz). Wurde die harnsäuresenkende Therapie wegen ausgeprägter asymptomatischer Hyperurikämie (über 9 mg/dl) eingeleitet und treten auch unter der Behandlung keine Anfälle auf, so kann die Colchicinprophylaxe nach 2 Monaten beendet werden. Dasselbe gilt für Patienten mit leichter Gicht, die während der ersten 2 Behandlungsmonate anfallsfrei geblieben sind. In Fällen von schwerer tophöser Gicht muß die Colchicinprophylaxe unter Umständen über ein Jahr oder länger durchgeführt werden (Tabelle 4.13).

Unter den zur Prophylaxe verabreichten niedrigen Colchicindosen werden in der Regel keine Nebenwirkungen beobachtet. Anstelle von Colchicin kann Indometacin in einer Dosierung von 2mal 25 mg/Tag zur Anfallsprophylaxe verwendet werden (Gröbner u. Zöllner 1976).

Renale Komplikationen

Bei der Behandlung mit Urikosurika kommt es infolge Hemmung der tubulären Rückresorption zu einer erhöhten luminalen Harnsäurekonzentration im gesamten Verlauf des Nephrons und der ableitenden Harn-

Tabelle 4.13. Komplikationen zu Beginn einer urikosurischen Behandlung und ihre Prophylaxe

Komplikation	Prophylaxe
Gehäufte Gichtanfälle	Colchicin 0,5 bis 1,5 mg/Tag über 6 Monate (3-12 Monate)
Harnsäurenephrolithiasis	Harnneutralisierung (Einstellung des pH auf 6,5-6,8) Großes Urinvolumen (mindestens 2,5 l/Tag) Einschleichende Dosierung des Urikosurikums

wege. Unter Dauertherapie ist diese Konzentrationserhöhung gering. Bei Einleitung der urikosurischen Behandlung kommt es jedoch akut zu einem ausgeprägten Konzentrationsanstieg und damit zur Gefahr der Ausfällung von Harnsäure. Dasselbe gilt für die unregelmäßige Einnahme von Urikosurika. May u. Lux (1977) ermittelten bei einer retrospektiven Untersuchung, daß 20,5% ihrer Patienten mit Harnstauung durch Harnsäuresteine mit Urikosurika vorbehandelt waren. Bei prospektiven Untersuchungen werden die unten angeführten Vorsichtsmaßnahmen von vornherein beachtet, die Komplikationsrate ist deshalb meist sehr gering, wie z. B. für Sulfinpyrazon im Rahmen der Anturano-Reinfarktstudie (Sherry 1980).

Durch Harnneutralisierung und ein großes Urinvolumen wird die Löslichkeit der Harnsäure verbessert. Da durch beide Maßnahmen auch die Wirksamkeit der Urikosurika verbessert wird, sind sie allein nicht immer ein ausreichender Schutz vor Harnsäureausfällungen intrarenal oder in den ableitenden Harnwegen. Urikosurika müssen deshalb einschleichend dosiert werden (Tabelle 4.13). Das Urinvolumen sollte während Einleitung der Therapie mindestens 2-2,5 l/Tag betragen.

Die Trinkmenge ist, vor allem in der heißen Jahreszeit, kein adäquater Parameter. Um ein ausreichendes Urinvolumen zu sichern, empfiehlt es sich, bereits vor Einnahme der ersten Dosis eines Urikosurikums die Menge des 24-h-Urins messen zu lassen. Die Harnneutralisation braucht nach Erreichen des angestrebten Serumspiegels der Harnsäure nicht fortgesetzt zu werden. Eine ausreichende Flüssigkeitszufuhr (Urinvolumen mindestens 1,5 l/Tag), sollte dagegen während der gesamten Therapiedauer eingehalten werden. Bei Nephrolithiasis ist es nötig, nicht nur während des Tages, sondern auch während der Nachtstunden eine ausreichende Diurese zu gewährleisten. Dies wird durch reichliche Flüssigkeitszufuhr vor dem Schlafengehen und eine zusätzliche Trinkmenge von 0,5 l in der Mitte der Schlafperiode erreicht (Zöllner 1968).

Die Harnneutralisierung erfolgt mit Eisenberg-Lösung (Tabelle 4.14) oder mit dem zuckerfreien Fertigpräparat Uralyt-U (*cave* Hyperkali-

Tabelle 4.14. Eisenberg-Lösung zur Harnneutralisierung

Zitronensäure	40,0
Natriumzitrat	60,0
Kaliumzitrat	66,0
Pomeranzenextrakt	6,0
Sirup	ad 600,0

ämie!). Bei Einleitung einer urikosurischen Therapie ist die Harnneutralisierung bis eine Woche nach Erreichen der erforderlichen Medikamentendosis nötig, bei Harnsäuresteinträgern muß sie bis zur Auflösung der Steine durchgeführt werden, falls man nicht ohnedies Allopurinol dem Urikosurikum vorzieht. Die Harnneutralisierung stellt eine Maßnahme zur Steinauflösung und Verhinderung von Harnsäureausfällungen zu Beginn der urikosurischen Therapie dar. Als Dauerprophylaxe der Harnsäurenephrolithiasis werden nicht Urikosurika, sondern diätetische Maßnahmen und Allopurinol zur Senkung der Harnsäurekonzentration in den Harnwegen verordnet. Die Auflösung von Harnsäuresteinen gelingt unter urikosurischer Therapie nicht selten, allerdings trotz, nicht wegen dieser Behandlung. Sie ist allein Folge der verbesserten Löslichkeit der Harnsäure durch Anhebung des Urin-pH und Erhöhung des Harnvolumens.

4.4.3 Die einzelnen Urikosurika

Von den Substanzen, deren urikosurische Wirkung gut dokumentiert ist, können viele aufgrund einer anderen Wirkung (z. B. Vitamin-K-Antagonisten) oder wegen ihrer Nebenwirkungen nicht zur harnsäuresenkenden Dauerbehandlung verwendet werden. Nur drei sind gleichzeitig gut urikosurisch wirksam und nebenwirkungsarm und können zur Dauertherapie empfohlen werden. Dies sind Probenecid, Sulfinpyrazon und Benzbromaron. Urikosurisch wirksame Diuretika sind weiterhin in der Entwicklung. Von den bisher bekannten erreichte lediglich Tienilsäure die Zulassung, mußte jedoch wegen schwerer Nebenwirkungen wieder vom Markt genommen werden.

Aufgrund der Vorteile von Benzbromaron – lange Wirkdauer und damit Einnahme als tägliche Einzeldosis, keine paradoxe Harnsäureretention bei niedriger Dosierung, keine Salz- und Wasserretention – werden in Deutschland Probenecid und Sulfinpyrazon meist nur noch bei nachgewiesener Unverträglichkeit von sowohl Allopurinol als auch Benzbromaron zur Senkung der Serumharnsäure angewandt.

Probenecid wird seit 1986 wegen des geringen Umsatzes in der Bundesrepublik nicht mehr vorrätig gehalten, bei Bedarf aber vom Hersteller weiterhin zur Verfügung gestellt (Benemid, MSD Pharma). Als Hemmstoff der tubulären Sekretion ist es noch immer eine Standardsubstanz zur Untersuchung der renalen Ausscheidungsmechanismen neuer Arzneimittel. Dies wohl vorwiegend aus wirtschaftlichen Gründen, da rascher Wirkungseintritt und kurze Halbwertszeit solche Untersuchungen verbilligen. Bezüglich der tubulären Behandlung von Probenecid und Benzbromaron bzw. deren Metaboliten bestehen gewisse Unterschiede. Die mit dem ersten Medikament erarbeiteten Fakten können deshalb nicht ungeprüft auf das zweite übertragen werden. Es wäre für die klinische Beurteilung von Arzneimittelinteraktionen sehr viel wichtiger, die Wirkung von Benzbromaron anstatt von Probenecid auf die renale Ausscheidung eines Arzneimittels zu kennen. Neuere Beispiele von Arzneimitteln, deren renale Ausscheidung durch Probenecid gehemmt wird und deren Interaktionen mit Benzbromaron nicht untersucht wurden, sind Captopril und Ciprofloxacin. In Standardwerken wie *Meyler's side effects of drugs* (1988) sind für Benzbromaron überhaupt keine Interaktionen aufgeführt.

Probenecid (Abb. 4.38)

Probenecid ist ein Derivat der Benzoesäure und wurde wie das verwandte Carinamid zuerst zur Hemmung der tubulären Sekretion von Penicillin eingeführt.

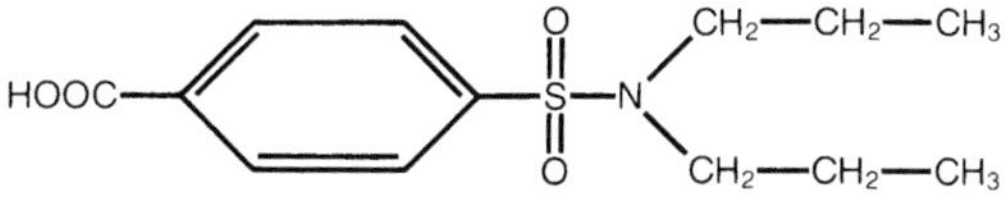

Abb. 4.38. Probenecid

Resorption und Ausscheidung

Nach oraler Zufuhr wird Probenecid rasch und fast vollständig resorbiert. Meßbare Konzentrationen finden sich im Plasma nach einer oralen Einzeldosis von 1,0 g innerhalb von 30 min. Die maximalen Plasmakonzentrationen werden 2–3 h nach dieser Dosis erreicht. Die Plasmahalbwertszeit ist dosisabhängig und individuell verschieden, sie beträgt durchschnittlich zwischen 4 und 12 h (Boger et al. 1950; Dayton et al. 1963).
Bei einer Plasmaproteinbindung von 90% (Dayton et al. 1963) ist die glomeruläre Filtration von Probenecid gering. Der pKa beträgt 3,4 (Shore et

al. 1957). Die vermehrte Ausscheidung von Probenecid in neutralem Harn geht mit einer Zunahme der urikosurischen Wirkung einher (Yü et al. 1977). Durch Erhöhung des Harn-pH und ein großes Urinvolumen läßt sich die tubuläre Sekretion nachweisen, d. h. das Verhältnis von ausgeschiedenem zu filtriertem Probenecid ist größer als 1,0 (Dayton et al. 1963).

Aufgrund der raschen Rückdiffusion aus dem Tubuluslumen bei normalem Urin-pH werden nur zwischen 4 und 13% des verabreichten Probenecids unverändert im Urin ausgeschieden. Der Hauptmetabolit im Urin ist Probenecid-Monoacylglucuronid. Im Tierversuch wurde für einige der renal ausgeschiedenen Metaboliten eine urikosurische Wirkung nachgewiesen. Probenecid und seine Konjugate werden auch mit der Galle ausgeschieden und unterliegen möglicherweise einem enterohepatischen Kreislauf (Zusammenfassung bei Diamond 1978).

Urikosurische Wirkung und Dosierung

Nach intravenöser Gabe von Probenecid ist die urikosurische Wirkung sofort, nach oraler Gabe mit dem Erreichen meßbarer Plasmakonzentrationen nach ungefähr 30 min nachweisbar. Eine orale Dosis von 2 g führt zu einer Vervierfachung der Harnsäureausscheidung, die maximale Wirkung ist dabei 1–2 h nach Applikation zu beobachten (Sirota et al. 1952). Zöllner et al. (1970 a) beobachteten bei einer gesunden Versuchsperson 1 h nach oraler Zufuhr von 1,5 g Probenecid einen Abfall der Serumharnsäurekonzentration bei starker Zunahme der renalen Ausscheidung. Nach 4 h war die renale Harnsäureclearance auf 35,7 ml/min angestiegen und lag noch nach 8 h über 30 ml/min. Nach Talbott (1967) liegen die therapeutischen Plasmakonzentrationen zwischen 1 und 5 mg/dl, höhere Konzentrationen haben keine zusätzliche Wirkung.

Die ersten Erfahrungen mit der klinischen Anwendung von Probenecid als Urikosurikum wurden von Gutman (1950) und Gutman u. Yü (1951) mitgeteilt. In einer großen Untersuchungsreihe wurde bei 50% der Gichtpatienten mit einer Tagesdosis von 1,0 g oder weniger eine Normalisierung des Serumharnsäurespiegels erreicht. Eine Tagesdosis bis 2,0 g reichte bei 85% der Patienten aus (Gutman u. Yü 1957 a). Zu Beginn einer Behandlung mit Probenecid verabreicht man 2mal 250 mg täglich bei gleichzeitiger Harnneutralisierung und Verordnung eines Harnvolumens von mindestens 2 l/Tag (Gröbner u. Zöllner 1976; Diamond 1978). Die Dosissteigerung erfolgt in Schritten von 250 mg alle 3–4 Tage oder 2mal 250 mg im Abstand von einer Woche bis zur Normalisierung des Serumharnsäurespiegels. Eine Verteilung der ermittelten Tagesdosis auf 3 Einzeldosen ist erforderlich, um größere Schwankungen der renalen Harnsäureausscheidung zu vermeiden. Die Kontrollen der Serumharnsäure sollten wegen der individuell stark schwankenden Plasmahalbwertszeit morgens vor Einnahme der ersten Dosis erfolgen. Eine Woche nach Normalisierung des Serumharnsäurespiegels wird, sofern nicht Tophi auszuschwemmen sind, die Neutralisierung des Harns beendet, ein großes Urinvolumen bleibt während der gesamten Therapiedauer ratsam.

Weitere biologische Wirkungen, Arzneimittelinteraktionen

Niedrige Dosen von Probenecid führen zu einer paradoxen Harnsäureretention (s. S. 334). Salizylate, die selbst ebenfalls eine paradoxe Retention zeigen, heben sowohl in niedriger als auch in hoher, urikosurisch wirksamer Dosierung die urikosurische Wirkung von Probenecid auf (s. S. 335).

Die Hemmung von Transportprozessen durch Probenecid wurde für die tubuläre Sekretion, Aufnahme in die Leberzelle sowie den Austausch über die Blut-Hirn-Schranke und die Erythrozytenmembran beschrieben. Da Probenecid die Plazentaschranke überwindet, kommt es hier möglicherweise ebenfalls zu Transportstörungen. In Tabelle 4.15 sind Substanzen zusammengestellt, für die eine Transportstörung durch Probenecid nachgewiesen wurde. Im Falle des Indometacins kann die gleichzeitige Anwendung von Probenecid zu Intoxikationserscheinungen führen (Mudge 1980).

Beim Penicillin wird einerseits der Plasmaspiegel durch Probenecid erhöht, andererseits der Transport über die Blut-Hirn-Schranke behindert. Bei Penicillinbehandlung einer bakteriellen Meningitis kann deshalb ein Vorteil der gleichzeitigen Anwendung von Probenecid nicht als gesichert betrachtet werden, möglicherweise ist dies sogar ein Nachteil. Die Hemmung der tubulären Sekretion des Gyrasehemmers Ciprofloxacin durch Probenecid (Wingender et al. 1985) könnte zu einer Zunahme zentralnervöser Nebenwirkungen führen, falls nicht wie im Falle des Penicillins auch der Transport über die Blut-Hirn-Schranke beeinträchtigt ist. Die erhöhte Inzidenz der Chloroquinretinopathie bei gleichzeitiger Probenecidbehandlung (Tester-Dalderup 1988) dürfte ebenfalls auf eine Hemmung der renalen Ausscheidung dieses Arzneimittels zurückzuführen sein, nachdem dasselbe bei Niereninsuffizienz beobachtet wird. Die Hemmung der renalen Ausscheidung von Indometacin kann zu Intoxikationserscheinungen führen (Mudge 1980).

Probenecid kann andererseits auch die renale Ausscheidung einiger Substanzen beschleunigen. Dazu gehören Insulin (Setaishi et al. 1970) und Oxipurinol, der wichtigste Metabolit des Xanthinoxidasehemmers Allopurinol (Elion et al. 1968). In Einzelfällen soll es zur Erhöhung der Natrium- und Chloridclearance (Sirota et al. 1952) sowie zum Abfall des Serumphosphats bei Hypoparathyreoidismus kommen (Pascale et al.

Tabelle 4.15. Störung des Transports organischer Säuren durch Probenecid. Literatur bei Diamond (1978) und Dukes (1988), wo nicht anders angegeben

Hemmung der tubulären Sekretion
Acetazolamid
p-Aminohippursäure
p-Aminosalicylsäure
Ampicillin
Androsteron
Captopril
Cephalosporine
Chloroquin
Ciprofloxacin
Dapsone
Dihydroxypropyltheophyllin (May u. Jarboe 1981)
Indometacin
Kontrastmittel
Kortikotropin
Methotrexat
Pantothensäure
Penicillamin
Penizilline
Phenolsulfonphthalein
Phlorizon und seine Glukuronide
Rifampicin
Salizylate und ihre Acyl- und phenolischen Glukuronide
Sulfinpyrazon
Sulfonylharnstoffe

Hemmung der Aufnahme in der Leberzelle
Bromsulfonphthalein
Indocyanin-Grün
Methotrexat
Rifamycin

Hemmung des Transports über die Blut-Hirn-Schranke
Biogene Amine
Paraaminosalizylsäure
Penizillin

Störung des Transports über die Erythrozytenmembran
Harnsäure (Naftalin 1970)

1954; Kolb u. Rukes 1954). Garcia u. Yendt (1970) beobachteten bei 4 Patienten mit idiopathischer Hyperkalziurie eine vermehrte Ausscheidung von Kalzium, Magnesium und Zitrat sowie eine vorübergehend erhöhte Ammoniakausscheidung und einen Abfall des Serumphosphats.

In der Leber führt Probenecid zur Hemmung der Konjugation von Benzoesäurederivaten mit Glyzin und einiger weiterer enzymatischer Prozesse (Beyer et al. 1950). Prolongierte Hypoglykämien durch Sulfonylharnstoffe sind auf eine Hemmung des enzymatischen Arzneimittelstoffwechsels und/oder Verdrängung aus der Plasmaproteinbindung zurückzuführen (Krans 1988). Die Wirksamkeit von D-Penicillamin bei Behandlung der Zystinurie wird durch Probenecid abgeschwächt (Meyboom 1988), was für die Hemmung der Disulfidbrückenbildung spricht. Die biliäre Ausscheidung von Indometacin wird ebenso wie die renale massiv beeinträchtigt (Duggan et al. 1977). Die Metabolisierung und renale Ausscheidung von Probenecid selbst wird durch Naproxen gehemmt (Runkel et al. 1978).

Die vorliegenden Daten zeigen, daß mit Probenecidinteraktionen besonders bei neueingeführten, aber auch bei bekannten Arzneimitteln immer gerechnet werden muß.

Nebenwirkungen und Toxizität

Gutman u. Yü (1957) sahen unter 169 Gichtpatienten in 8% gastrointestinale Nebenwirkungen, die zum Absetzen zwangen, in 5% traten Exantheme auf. Von Reynolds et al. (1957) wurde ein Fall von Lebernekrose, von Scott u. O'Brien (1968) sowie Hertz et al. (1972) das Auftreten eines nephrotischen Syndroms unter Probenecid beobachtet. Fieber und Schmerzhaftigkeit des Gaumens wurden ebenfalls beschrieben (Vrhovac 1988). Gichtanfälle und Nephrolithiasis sind Komplikationen jeder urikosurischen Behandlung und lassen sich durch Colchicinprophylaxe bzw. Harnneutralisierung und ein großes Harnvolumen vermeiden.

Die Überdosierung von Probenecid führt im Tierversuch (McKinney et al. 1951) und beim Menschen zu Erbrechen, Steigerung der Reflexerregbarkeit, tonisch-klonischen Krämpfen und Koma. In einem von Rizzuto et al. (1965) beschriebenen Fall wurde die Einnahme von 47,5 g in suizidaler Absicht überlebt.

Sulfinpyrazon (Abb. 4.39)

Nach der Entdeckung der urikosurischen Wirkung von Phenylbutazon wurden über 80 verschiedene Pyrazolidinderivate auf ihre harnsäuresenkenden Eigenschaften untersucht (Zusammenfassung bei Gutman 1966). Das Ergebnis dieser systematischen Suche war die Entdeckung des Sulfinpyrazons im Harn von Patienten, die mit G-25 671 behandelt worden waren (Burns et al. 1957).

Resorption und Ausscheidung: Sulfinpyrazon wird sehr rasch und vollständig aus dem Gastrointestinaltrakt resorbiert. Intravenöse und orale Gabe führen innerhalb von 2 h zu fast gleich hohen Plasmakonzentrationen (Burns et al. 1957). Im Plasma sind ungefähr 98% der Substanz an

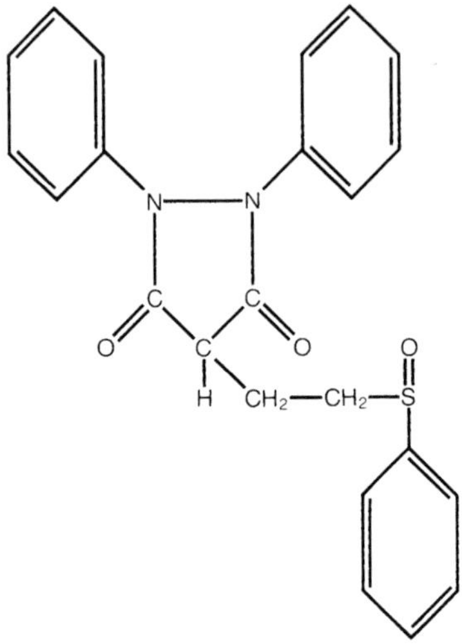

Abb. 4.39. Sulfinpyrazon

Eiweiße gebunden (Dayton et al. 1961). Die Plasmahalbwertszeit beträgt nach intravenöser Gabe 2–3 h. Nach oraler Gabe kann die urikosurische Wirkung 10 h lang anhalten (Burns et al. 1957).
Wegen der hohen Plasmaproteinbindung gelangt Sulfinpyrazon fast ausschließlich durch Sekretion ins Tubuluslumen. Bei einem pKa von 2,8 liegt auch in saurem Urin das Molekül zum größten Teil in ionisierter Form vor. Die Rückdiffusion ist deshalb gering, es finden sich innerhalb von 4 Tagen 90% der verabreichten Dosis unverändert im Urin (Dayton et al. 1961). Etwa 8% werden als p-Hydroxy-Sulfinpyrazon ausgeschieden, das ebenfalls urikosurische Wirkung hat (Dayton et al. 1961).

Urikosurische Wirkung und Dosierung

Die zur Erzeugung eines urikosurischen Effekts erforderliche minimale intravenöse Dosis beträgt 35 mg, ungefähr ein Drittel der entsprechenden Probeneciddosis. Nach intravenöser Zufuhr von 5 mg/kg KG steigt die Harnsäureclearance auf das 7fache an (Burns et al. 1957). Bei gleicher Dosierung übertrifft Sulfinpyrazon die urikosurische Wirkung von Probenecid um das 6fache (Ogryzlo u. Harrison 1957).
Im Gegensatz zu Probenecid läßt sich wegen des niederen pKa die urikosurische Wirkung von Sulfinpyrazon durch Harnneutralisierung nicht steigern. Sie muß trotzdem bei Therapiebeginn zur Verbesserung der Harnsäurelöslichkeit durchgeführt werden.
Die Behandlung wird mit 2mal 50 mg täglich begonnen. Die Dosiserhöhung erfolgt im Abstand von 3–4 Tagen um jeweils 50 mg. Zur Dauerthe-

rapie sind zwischen 200 und 400 mg/Tag erforderlich, die wegen der kurzen Plasmahalbwertszeit auf 3 Einzeldosen verteilt werden müssen.

Unter 400 mg Sulfinpyrazon/Tag fanden Persellin u. Schmid (1961) bei 17 Gichtpatienten einen mittleren Abfall der Serumharnsäure um 3,3 mg/dl. Thompson et al. (1962) verabreichten 300 mg/Tag und beobachteten unter 15 Patienten in 7 Fällen einen Abfall des Serumharnsäurespiegels zwischen 15 und 30%, in 6 Fällen einen Abfall zwischen 30 und 45% und 2mal einen Abfall von mehr als 45%. Der Abfall der Serumharnsäurekonzentration ging regelmäßig mit einer erhöhten renalen Harnsäureausscheidung einher. Eine weitere Zunahme der urikosurischen Wirkung ist bei einer Dosiserhöhung von 400 auf 800 mg Sulfinpyrazon/Tag nachweisbar, die Zunahme ist jedoch nur noch gering (Kersley et al. 1958). Noch höhere Dosen zeigen keine zusätzliche Wirkung. Vereinzelt wurden Patienten, die auf mittlere Dosen nicht ausreichend ansprachen, mit 800 mg/Tag erfolgreich behandelt (Mudge 1980). In der Regel ist jedoch die Verordnung eines anderen Medikaments angezeigt, wenn mit Tagesdosen bis 400 mg die Serumharnsäure nicht normalisiert werden kann.

Weitere biologische Wirkungen, Arzneimittelinteraktionen

Sulfinpyrazon hemmt die Thrombozytenaggregation und verlängert die Thrombozytenüberlebenszeit (Smythe et al. 1965). Es wurde deshalb vorgeschlagen, das Medikament zur Prophylaxe venöser und arterieller Thrombosen zu verwenden. Die Häufigkeit des plötzlichen Herztods in den ersten Monaten nach Infarkt wird gesenkt (Sherry 1980). Nach Dieterle et al. (1980) hemmt möglicherweise nicht Sulfinpyrazon selbst, sondern ein Metabolit die Thrombozytenaggregation. Die entzündungshemmenden Eigenschaften anderer Pyrazolidinderivate sind beim Sulfinpyrazon nicht nachzuweisen (Dayton et al. 1961).

Wie bei Probenecid wird durch Salizylate auch die urikosurische Wirkung von Sulfinpyrazon aufgehoben (Yü et al. 1963), was mit einem Absinken der Plasmakonzentration von Sulfinpyrazon einhergeht. Diese Interaktionen sind nicht völlig geklärt. Bei gleichzeitiger Gabe von Sulfinpyrazon und Probenecid bzw. Phenylbutazon wird dagegen die urikosurische Wirkung der Einzelsubstanzen übertroffen (Yü et al. 1963). Eine paradoxe Harnsäureretention bei niedriger Dosierung konnte nicht nachgewiesen werden (Diamond 1978).

Sulfinpyrazon konkurriert wie Probenecid mit vielen organischen Substanzen um die tubuläre Sekretion. Durch Hemmung der renalen Ausscheidung von Sulfonylharnstoffen können Hypoglykämien ausgelöst werden (Mudge 1980).

Sulfinpyrazon beeinträchtigt wie die nichtsteroidalen Antiphlogistika die antihypertone Wirkung von Betablockern (Clive u. Stoff 1984; Brater 1986). Der Phenytoinplasmaspiegel wird erhöht (Davies-Jones 1988). Die Wirkung von Cumarinderivaten kann verstärkt werden (Michot et al. 1981; Nenci et al. 1981), was nicht für Phenprocoumon gilt (O'Reilly 1982). Durch Sulfinpyrazon wird die metabolische Clearance von Warfarin gesenkt, was zu lebensbedrohlichen gastrointestinalen Blutungen führte (Bailey u. Reddy 1980).

Durch die Plasmaproteinbindung von Sulfinpyrazon wird die Proteinbindung derjenigen Substanzen herabgesetzt (und damit ihre wirksame Plasmakonzentration erhöht), die eine geringer ausgeprägte Affinität zu denselben Bindungsstellen besitzen (Sudlow et al. 1975). Es muß deshalb mit weiteren, bisher unbekannten Arzneimittelinteraktionen gerechnet werden.

Nebenwirkungen und Toxizität

Bei 10-15% aller Patienten treten gastrointestinale Nebenwirkungen auf, die zur Absetzung des Medikaments zwingen können (Yü et al. 1958; Emmerson 1963; Gutman 1966). Durch Aufteilung in mehrere Einzeldosen und Einnahme mit den Mahlzeiten läßt sich die Magenunverträglichkeit mildern (Mudge 1980). Allergische Reaktionen, meist Exantheme, die mit Fieber einhergehen, treten bei 3% der behandelten Patienten auf (Friend 1968). Vereinzelt werden Leukopenien beobachtet (Yü et al. 1958; Persellin u. Schmid 1961). Im Gegensatz zu Phenylbutazon wurden Salz- und Wasserretention sowie schwere Schädigungen der Hämatopoese unter Sulfinpyrazon zunächst nicht beobachtet (Mudge 1980).

Später erschienene Berichte weisen jedoch auf eine Störung des Prostaglandinstoffwechsels hin, und man muß heute Sulfinpyrazon als Ursache einer Ödembildung in Betracht ziehen, sei es direkt durch Salz- und Wasserretention (Häuselmann u. Studer 1981), sei es durch Abschwächung der Wirkung eines Diuretikums. Bei Störungen der Nierenfunktion unter Sulfinpyrazon kommen außer Eingriffen in den Prostaglandinstoffwechsel akute interstitielle Nephritiden und – wie bei jedem Urikosurikum – akute Harnsäurenephropathie oder Nephrolithiasis als Ursache in Betracht.

Vrhovac (1988) stellt fest, daß bei Langzeitbehandlung Nebenwirkungen und toxische Reaktionen wie bei Phenylbutazon auftreten. Dabei besteht eine hohe Inzidenz von (reversiblen) Leuko- und Thrombopenien. Bei Aspirinsensitivität kann Sulfinpyrazon Asthma auslösen (Szczeklik et al. 1980). Die gleichzeitige Behandlung mit Sulfinpyrazon und Colchicin wurde mit der Entwicklung einer myelomonozytären Leukämie und eines multiplen Myeloms beim gleichen Patienten in Verbindung gebracht (Witwer et al. 1976).

Benzbromaron (Abb. 4.40)

Benzbromaron wurde durch systematische Suche gefunden (Delbarre et al. 1967), nachdem man eine urikosurische Wirkung des Benzofuranabkömmlings Benzaron entdeckt zu haben glaubte (Nivet et al. 1965). Das jodierte Analogon Benziodaron ist am stärksten urikosurisch wirksam (Delbarre et al. 1967), wurde aber wegen Nebenwirkungen, die vorwiegend auf seinen Jodgehalt zurückzuführen sind, wieder vom Markt genommen.

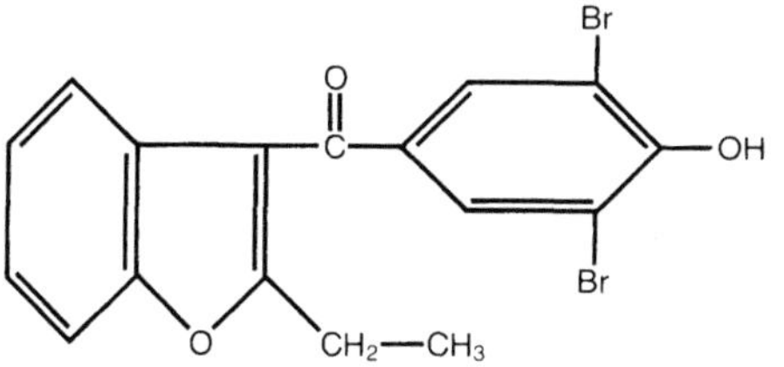

Abb. 4.40. Benzbromaron

Resorption und Ausscheidung

Benzbromaron wird aus dem Gastrointestinaltrakt zu ungefähr 50% resorbiert (Broekhuysen et al. 1972). Mikronisierte Präparationen führen zu einer besseren Bioverfügbarkeit. Mit 80 mg der mikronisierten und 100 mg der nichtmikronisierten Form wird die gleiche harnsäuresenkende Wirkung erzielt (Lee 1977). Nach oraler Gabe finden sich maximale Plasmakonzentrationen von Benzbromaron nach 2–4 h. Sie fallen danach rasch ab. Die Plasmaproteinbindung beträgt über 99% (Walter-Sack et al. 1988).

Die maximalen Plasmakonzentrationen der Metaboliten sind nach 4–6 h erreicht. Sie fallen langsamer ab als diejenigen des Benzbromarons, ihre Plasmahalbwertszeit beträgt teilweise über 12 h. Bei Messung der Gesamtplasmaradioaktivität nach oraler Zufuhr ^{14}C-markierten Benzbromarons findet man ein Maximum nach 6 h, danach stellt sich ein Plateau ein, das bis zu 48 h nachweisbar ist (Broekhuysen et al. 1972).

Die früheren Beschreibungen des Abbaus von Benzbromaron, wonach eine Debromierung über Bromobenzaron zu Benzaron stattfindet und diese zum Teil glukoroniert werden (Broekhuysen et al. 1972), müssen aufgrund der Untersuchungen von Walter-Sack et al. (1988) als überholt gelten. Mittels HPLC und Bestätigung der Ergebnisse durch gekoppelte gaschromatographisch-massenspektrometrische Analyse konnten sie 2 Metaboliten identifizieren, von denen einer ein monohydroxyliertes Benzbromaron war. Dagegen waren Benzaron und Bromobenzaron nicht nachweisbar. Bei dieser Untersuchung ergaben sich außerdem Hinweise auf genetisch bedingte Unterschiede des Benzbromaronstoffwechsels, die inzwischen bestätigt wurden (Zöllner et al. 1990). Danach gibt es Individuen, bei denen die Benzbromaron-Plasmaspiegel verlangsamt abfallen (Walter-Sack et al. 1990). Die renale Ausscheidung des unveränderten Arzneimittels und von Konjugaten betrug nach einer Einzeldosis von 100 mg weniger als 1% in 24 h. Frühere Untersucher hatten 8–13% angegeben.

Mechanismus der harnsäuresenkenden Wirkung

Aufgrund von In-vitro-Untersuchungen und pharmakodynamischen Untersuchungen am Menschen wurde vermutet, daß Benzbromaron zusätzlich zu seiner urikosurischen Wirkung in vivo Enzyme des Purinstoffwechsels und möglicherweise auch den Purintransport an der Darmschleimhaut beeinflußt.

Die urikosurische Wirksamkeit von Benzbromaron beim Menschen steht außer Zweifel (Zusammenfassungen bei Gröbner u. Zöllner 1976; Heel et al. 1977; Diamond 1978) und reicht zur Erklärung der überwiegenden Mehrzahl der ermittelten Ergebnisse aus. Lediglich Sternon et al. (1967) fanden bei ausgeprägtem Abfall der Serumharnsäurekonzentration bei einigen Patienten nur eine geringe Zunahme der renalen Harnsäureausscheidung. In Tierexperimenten zeigte Benzbromaron ebenfalls die Charakteristika eines Urikosurikums. Bei Mikroinjektionsuntersuchungen an Rattentubuli wurde nachgewiesen, daß Benzbromaron die Rückresorption von Harnsäure im proximalen Tubulus hemmt (Kramp u. Lenoir 1975). An isolierten Nierentubuli von Kaninchen ließ sich die Hemmung der Harnsäureaufnahme in die Tubuluszellen durch Benzbromaron zeigen (Kippen et al. 1977).

Deltour et al. (1967) beschrieben eine Hemmung der Xanthinoxidase durch Benzbromaron in vitro. Da eine vermehrte Ausscheidung von Hypoxanthin und Xanthin im Urin behandelter Patienten unter therapeutischen Dosen nicht festzustellen ist, spielt dieser Effekt in vivo offensichtlich keine Rolle.

Greiling (1969) sowie Sinclair u. Fox (1975) beobachteten sogar eine verminderte Ausscheidung der genannten Harnsäurevorstufen unter Benziodaron bzw. Benzbromaron und nahmen als Ursache eine Aktivierung der Hypoxanthin-Guanin-Phosphoribosyltransferase an. Müller et al. (1975) beschrieben eine erhöhte Aktivität dieses Enzyms bei 11 Gichtpatienten, die eine Woche lang mit Benzbromaron behandelt wurden. Andere Untersucher fanden jedoch keine Änderung der Phosphoribosylpyrophosphatkonzentrationen oder der Aktivität der Purin-Phosphoribosyltransferasen (Sørensen u. Levinson 1976; Becher 1977; Cartier et al. 1977).

Müller et al. (1975) schlossen aus einer vermehrten Allantoinausscheidung im Urin auf eine erhöhte enterale Harnsäureausscheidung unter Benzbromaron, was nicht bestätigt werden konnte. Zöllner et al. (1970 a) beobachteten nach Zufuhr einer oralen Einzeldosis von 100 mg eine Zunahme der renalen Harnsäureclearance nach 1 h, während die Serumkonzentration erstmals nach 3 h vermindert war. Dies könnte mit einer zusätzlichen Hemmung der enteralen Harnsäureausscheidung (oder einer Steigerung der Harnsäuresynthese) erklärt werden.

Somit ist lediglich die urikosurische Wirkung von Benzbromaron gesichert. Über weitere Eingriffe in den Harnsäurestoffwechsel des Menschen liegen teils widersprüchliche, teils nicht ausreichend belegte Ergebnisse vor. Sie tragen zur Senkung der Serumharnsäurekonzentration in vivo nicht in nachweisbarem Ausmaß bei.

Urikosurische Wirkung und Dosierung

Die urikosurische Wirkung von Benzbromaron korreliert besser mit den Plasmakonzentrationen der Metaboliten als mit denjenigen von Benzbromaron selbst, da die Metaboliten ebenfalls urikosurisch wirken und eine längere Plasmahalbwertszeit haben (Broekhuysen et al. 1972; Yü 1976).

Nach einer oralen Einzeldosis von 100 mg der nichtmikronisierten Form (Zöllner et al. 1970 a) steigt die Harnsäureausscheidung nach 1 h an. Der Abfall der Serumharnsäure beginnt nach 3 h 15 min, zu einem Zeitpunkt, wo die renale Harnsäureausscheidung verdoppelt ist. Nach 7–8 h ist die Serumharnsäure um durchschnittlich 27% abgesunken. Die niedrigste Serumkonzentration wird nach 16 h erreicht, nach 20 h beginnt der Wiederanstieg. Innerhalb eines Tages kommt es nach einer einmaligen Dosis von 100 mg zu einer Senkung des Serumharnsäurespiegels um ungefähr 30% (Mertz 1969; Zöllner et al. 1970 a). Die Kontrollwerte sind erst nach 4 Tagen wieder erreicht. Die renale Harnsäureclearance steigt auf durchschnittlich 26,5 ml/min nach 4,5–5 h an. In Einzelfällen werden unter dieser Dosis Clearanceanstiege bis 40 ml/min beobachtet (Zöllner et al. 1968). Der Wirkungseintritt scheint dosisabhängig zu sein (Delbarre et al. 1967; Zöllner et al. 1970 a).

Die Behandlung mit Benzbromaron beginnt mit einer Einzeldosis von 20 mg/Tag. Damit ist bereits eine signifikante Senkung des Serumharnsäurespiegels zu erzielen (Arntz et al. 1979; Löffler et al. 1983). Im Abstand von einer Woche wird die tägliche Einzeldosis um jeweils 20 mg erhöht, bis die Serumharnsäure normalisiert ist, d. h. Werte unter 6 mg/dl erreicht sind. Zur Dauertherapie sind meist Dosen bis zu 50 mg/Tag ausreichend. Zöllner et al. (1970 b) erreichten mit dem seinerzeit noch nicht mikronisierten Präparat bei Dosen bis zu 100 mg bei 81 von 85 Patienten eine Normalisierung der Serumharnsäure, bei den übrigen 4 Patienten mit 150 mg.

Bei Dauertherapie erreicht man mit einer Einzeldosis von 100 mg/Tag (nichtmikronisierte Form) die maximale Senkung des Harnsäurespiegels nach ungefähr 5 Tagen. Sie beträgt durchschnittlich 46% (Mertz 1969) und kann in Einzelfällen 60% erreichen (Zöllner et al. 1970b; Gross u. Girard 1972). Wegen der langen Plasmahalbwertszeit von Benzbromaron bzw. seiner wirksamen Metaboliten muß weder bei Therapieeinleitung noch während der Dauertherapie die Tagesdosis in mehrere Einzeldosen aufgeteilt werden. Harnneutralisation bei Therapiebeginn und ein großes Urinvolumen müssen wie bei jeder urikosurischen Behandlung gefordert werden. Sie führt nach Mousanabe-Puyanne (1977) zu einer Verbesserung der urikosurischen Wirkung, nach Walter-Sack et al. (1988) ist sie ohne Einfluß.

Weitere biologische Wirkungen, Arzneimittelinteraktionen

Eine paradoxe Harnsäureretention durch niedrige Benzbromarondosen konnte nicht nachgewiesen werden (Gröbner u. Zöllner 1976). Durch Salizylate wird die urikosurische Wirkung von Benzbromaron zwar gehemmt, doch wird sie nicht wie bei Probenecid bzw. Sulfinpyrazon ganz aufgehoben oder die Harnsäureclearance noch unter den Ausgangswert gesenkt. Die stärkste Wirkung entfalten dabei mittlere Salizylatdosen (2,6 g Aspirin), die, allein verabreicht, die Serumharnsäurekonzentration unbeeinflußt lassen (Sørensen u. Levinson 1976). Sinclair u. Fox (1975) fanden eine ausgeprägte Hemmung der Benzbromaronwirkung bereits mit 600 mg Aspirin/Tag.

Pyrazinamid, das sowohl unter Kontrollbedingungen als auch bei Anwendung von Probenecid oder Sulfinpyrazon die renale Harnsäureausscheidung in geeigneter Dosierung fast vollständig unterbindet, zeigte je nach Benzbromaron- und Pyrazinamiddosis eine unterschiedliche Hemmung der urikosurischen Wirkung von Benzbromaron (Zusammenfassung bei Heel et al. 1977). Nach diesen Ergebnissen scheint eine vollständige Hemmung der urikosurischen Wirkung durch Pyrazinamid nicht möglich zu sein.

Benziodaron führt zu einer ausgeprägten Wirkungsverstärkung vieler Antikoagulanzien (Verstraete et al. 1968). Bei Behandlung mit Benzbromaron wurde eine solche Interaktion bisher nicht beschrieben. Bei Antikoagulanzienbehandlung sollte trotzdem während der ersten Wochen einer zusätzlichen Gabe von Benzbromaron auf eine eventuelle Wirkungsverstärkung geachtet werden. Die alleinige Behandlung mit Benzbromaron führte bei Untersuchungen von Zöllner et al. zu einer klinisch nicht relevanten Abnahme des Quickwerts (s. Gröbner u. Zöllner 1976).

Benzbromaron hemmt wie andere urikosurisch wirksame Substanzen die tubuläre Sekretion organischer Säuren. Die Affinität zu den sekretorischen Mechanismen zeigt gewisse Unterschiede zu der anderer Urikosurika. Zum Beispiel läßt Benzbromaron die renale Ausscheidung von Penicillin unbeeinflußt. Nach intravenöser Injektion von Phenolrot ist die Plasmahalbwertszeit dieser Substanz unter gleichzeitiger Benzbromaronbehandlung doppelt so lang wie unter der gleichen Dosis Sulfinpyrazon. Benzbromaron besitzt keine klinisch anwendbaren entzündungshemmenden Eigenschaften und hemmt nicht die Plättchenaggregation (Diamond 1978).

Der im Vergleich zu Probenecid kurzen Dauer der klinischen Anwendung entsprechend liegen über biologische Wirkungen von Benzbromaron sehr viel weniger Ergebnisse vor.

Die Tatsache, daß in Standardwerken wie *Meyler's side effects of drugs* (1988) für Benzbromaron überhaupt keine Interaktionen angegeben sind, entspricht zwar dem derzeitigen Kenntnisstand, bei einem Hemmstoff des tubulären Transports aber sicher nicht den tatsächlichen Verhältnissen.

Nebenwirkungen und Toxizität

Nebenwirkungen von Benzbromaron betreffen vorwiegend den Gastrointestinaltrakt. In verschiedenen Studien mußte die Behandlung bei 2,6–4,5% der Patienten aufgrund der Nebenwirkungen abgebrochen werden (Zusammenfassung bei Heel et al. 1977). Die Häufigkeit von Durchfällen beträgt durchschnittlich 3–4% (2–9%) (Heel et al. 1977). Zöllner et al. (1970 c) beobachteten in 9,5% Übelkeit und Sodbrennen. Zu Beginn der Therapie können Kopfschmerzen und vermehrter Harndrang auftreten (Mertz 1969). 4 der 85 von Zöllner et al. (1970 c) untersuchten Patienten litten während der ersten 4–6 Wochen unter Impotenz. 2 Patienten gaben Faszikulationen der Handmuskulatur an, in einem Fall trat eine Eosinophilie auf. Bei 5 Patienten kam es zu einer Gewichtszunahme von 1–2 kg. In keinem Fall mußte das Medikament abgesetzt werden.

Yü (1976) beobachtete bei einem Patienten 2mal, jeweils nach einer Einzeldosis von 40 mg, Nausea und Fiebergefühl. Bei 2 Patienten traten Durchfälle auf, sobald sie Benzbromaron zusammen mit Colchicin bzw. Digoxin einnahmen.

Durch fehlende Colchicinprophylaxe und Harnneutralisierung sowie zu geringes Urinvolumen können wie bei jeder urikosurischen Behandlung Gichtanfälle und Nierenkoliken ausgelöst werden.

4.4.4 Therapieverlauf unter Urikosurika

Jede konsequente harnsäuresenkende Behandlung führt im Verlauf von Monaten zu einer deutlichen Verringerung oder einem vollständigen Abbau der Harnsäuredepots im Körper. Tophi bilden sich zurück und können ganz verschwinden. Auch Knochentophi können sich unter Wiederherstellung des Gelenks zurückbilden, meist kommt es aber zur Defektheilung (Gröbner u. Zöllner 1976).
Die renale Harnsäureausscheidung ist erhöht, solange abgelagerte Harnsäure mobilisiert wird. Eine geringe Erhöhung im Vergleich zu den Aus-

Tabelle 4.16. Dosierung und Nebenwirkungen der gebräuchlichen Urikosurika

Urikosurikum	Dosierung		Nebenwirkungen und Toxizität		Resorption aus dem Gastrointestinaltrakt
	Behandlungsbeginn	Dauertherapie	Häufige Nebenwirkungen	Einzelbeobachtungen und seltene Nebenwirkungen	
Probenecid	2mal 250 mg	1,0–2,0 g/Tag	Gastrointestinale Symptome, Exantheme	Nephrotisches Syndrom, Lebernekrose, Fieber, Schmerzhaftigkeit des Gaumens	Fast vollständig
Sulfinpyrazon	2mal 50 mg	200–400 mg/Tag	Gastrointestinale Symptome, Exantheme, Leukopenien, Thrombopenien	Salz- und Wasserretention, Aspirinasthma	Vollständig
Benzbromaron	20 mg	20–100, selten 150 mg/Tag	Gastrointestinale Symptome, Kopfschmerzen und vermehrter Harndrang	Impotenz (reversibel ohne Absetzen des Medikaments), Eosinophilie, Nausea und Fiebergefühl, Durchfälle bei gleichzeitiger Digoxineinnahme	Etwa 50%

gangswerten bleibt bestehen, da bei selektiver Steigerung der renalen Clearance ein höherer Prozentsatz der Harnsäure über die Nieren ausgeschieden wird. Ob dies zu einer erhöhten Inzidenz der Nephrolithiasis führt, wurde nicht untersucht.

Renale Komplikationen der Gicht sind durch Urikosurika zum Teil reversibel, wenn die Ratschläge über Diurese und Alkaligaben beachtet werden. Steinauflösungen gelingen relativ häufig, trotz und nicht wegen der urikosurischen Behandlung. Sie sind die Folge der besseren Harnsäurelöslichkeit bei großem Volumen und Neutralisation des Harns. Ein Therapieerfolg bei der Gichtniere ist nicht gesichert (Gröbner u. Zöllner 1976).

Der Erfolg der urikosurischen Therapie war früher bei etwa einem Drittel aller Patienten unbefriedigend. Gutman u. Yü (1957a) konnten mit Probenecid bei 17% aller Patienten den Harnsäurespiegel nicht unter 7,0 mg/dl senken. Entsprechende Zahlen legten Thompson et al. (1962) vor. Die häufigsten Gründe waren Niereninsuffizienz und gleichzeitige Salizylateinnahme sowie Arzneimittelunverträglichkeit.

Es handelte sich bei Versagen der Therapie somit in vielen Fällen um Patienten, denen heute primär Allopurinol verordnet wird. Nach Kuzell et al. (1964) werden zwei Drittel aller Patienten gegen Probenecid und ein kleiner Teil gegen Sulfinpyrazon refraktär.

Tabelle 4.16 gibt eine Übersicht über Dosierung und Nebenwirkungen der gebräuchlichen Urikosurika.

Literatur

Arntz HR, Dreykluft HR, Leonbhardt H (1979) Wirkung Harnsäure-senkender Medikamente in niedriger Dosierung. Fortschr Med 97: 1212-1214

Bailey RR, Reddy J (1980) Potentiation of warfarin action by sulphinpyrazone. Lancet 1: 254

Becher H (1977) Einfluß von Benzbromaron auf den Purinnukleotidstoffwechsel. Therapiewoche 27: 1126-1143

Beyer KH, Wiebelhaus VD, Tillson EK, Russo HF, Wilhoyte KM (1950) „Benemid" p-(di-n-propylsulfamyl-)benzoic acid: inhibition of glycine conjugate reactions. Proc Soc Exp Biol Med 74: 772-775

Bishop Ch, Rand R, Talbott JH (1951) The effect of Benemid (p-di-n-prophylsulfamyl-benzoic acid) on uric acid metabolism in one normal and one gouty subject. J Clin Invest 30: 889-894

Blanchard KC, Maroske D, May DG, Weiner IM (1972) Uricosuric potency of 2-substituted analogs of probenecid. J Pharmacol Exp Ther 180: 397-410

Bode Ch, Schuhmacher H, Goebell H, Zelder O, Pelzel H (1971) Fructose induced depletion of liver adenine nucleotides in man. Horm Metab Res 3: 289-290

Boger WP, Beatty JO, Pitts FW, Flippin HF (1950) The influence of a new benzoic acid derivative on the metabolism of paraamino-salicylic acid (PAS) and penicillin. Ann Intern Med 33: 18-31

Boner G, Steele TH (1973) Relationship of urate and p-aminohippurate secretion in man. Am J Physiol 225: 100-104

Bowering J, Calloway DH, Margen S, Kaufmann NA (1969) Dietary protein level and uric acid metabolism in normal man. J Nutr 100: 249-261

Brater DC (1986) Drug – drug and drug – disease interactions with nonsteroidal antiinflammatory drugs. Am J Med 80 (Suppl 1 A): 62

Broekhuysen J, Pacco M, Sion R, Demenlenaese L, van Hee M (1972) Metabolism of benzbromarone in man. Eur J Clin Pharmacol 4: 125-130

Burns JJ, Yü TF, Ritterband A, Perel JM, Gutman AB, Brodie BB (1957) A potent new uricosuric agent, the sulfoxide metabolite of the phenylbutazone analogue, G-25671. J Pharmacol Exp Ther 119: 418-426

Burns JJ, Yü TF, Berger L, Gutmann AB (1958) Zoxazolamine. Physiological disposition, uricosuric properties. Am J Med 25: 401-408

Cartier P, Hamet M, Masbernard A. In vivo action of a hypouricemic derivate of benzofuran on purine metabolism. Unveröffentlicht, zitiert nach Heel et al. (1977)

Clive DM, Stoff JS (1984) Renal syndromes associated with nonsteroidal anti-inflammatory drugs. N Engl J Med 310: 563-572

Dantzler WH (1973) Characteristics of urate transport by isolated perfused snake proximal renal tubules. Am J Physiol 224: 445-453

Davies-Jones GAB (1988) Anticonvulsants. In: Dukes MNG (ed) Meyler's side effects of drugs, 11th edn. Elsevier, Amsterdam New York Oxford, pp 120-136

Dayton PG, Sicam LE, Landrau M, Burns JJ (1961) Metabolism of sulfinpyrazone (anturane) and other thio analogues of phenylbutazone in man. J Pharmacol Exp Ther 132: 287-290

Dayton PG, Yü TF, Chen W, Berger L, West LA, Gutman AB (1963) The physiological disposition of probenecid, including renal clearance in man, studied by an improved method for its estimation in biological material. J Pharmacol Exp Ther 140: 278-286

Delbarre F, Auscher C, Olivier JL, Rose A (1967) Traitement des hyperuricemies et de la goutte par des derives du benzofuranne. Semin Hop Paris 43: 1127-1133

Deltour G, Broekhuysen J, Ghislain M, Bourgeois F, Binon F (1967) Recherches dans la serie des benzofurannes. XXI. Effet inhibiteur de derives benzofuranniques phenoliques et de quelques analogues sur la xanthine oxidase hepatique du rat in vitro. Arch Int Pharmacodyn 161: 25-30

Diamond HS (1978) Uricosuric drugs. In: Kelley WN, Weiner JM (eds) Uric acid. Springer, Berlin Heidelberg New York, pp 459-484

Dieterle W, Faigle JW, Moppert J (1980) New metabolites of sulfinpyrazone in man. Arzneimittelforschung Drug Res 30: 989-995

Duggan DE, Hooke KF, White SD, Noll RM, Stevenson CR (1977) The effects of probenecid upon the individual components of indomethacin elimination. J Pharmacol Exp Ther 201: 463-470

Dukes MNG (ed) (1988) Meyler's side effects of drugs, 11th edn. Elsevier, Amsterdam New York Oxford

Durham DS, Ibels LS (1981) Sulphinpyrazone-induced acute renal failure. Br Med J 282: 609

Elion GB, Yü TF, Gutman AB, Hitchings GH (1968) Renal clearance of oxipurinol, the chief metabolite of allopurinol. Am J Med 45: 69-77

Emmerson BT (1963) A comparison of uricosuric agents in gout, with special reference to sulphinpyrazone. Med J Aust 1: 839-844

Fanelli GM, Weiner IM (1979) Urate excretion: Drug interactions. J Pharmacol Exp Ther 210: 186-195

Fanelli GM, Bohn DL, Reilly SS (1971) Renal urate transport in the chimpanzee. Am J Physiol 220: 613-620

Fanelli GM, Bohn DL, Reilly SS, Weiner IM (1973) Effects of mercurial diuretics on renal transport of urate in the chimpanzee. Am J Physiol 224: 985-992

Friend DG (1968) Uricosuric drugs. Practitioner 200: 153-157

Garcia DA, Yendt ER (1970) The effects of probenecid and thiazides and their combination on the urinary excretion of electrolytes and on acid-base equilibrium. Can Med Assoc J 103: 473-483

Greger R (1989) Purine excretion. In: Wolfram G (ed) Genetic and therapeutic aspects of lipid and purine metabolism. Springer, Berlin Heidelberg New York, pp 71-77

Greiling H (1969) Zur klinischen Biochemie der Gicht. Dtsch Med J 10: 336

Gross A, Girard V (1972) Über die Wirkung von Benzbromaron auf Urikämie und Urikosurie. Med Welt 23: 133-136

Gröbner W, Zöllner N (1976) Uricosurica. In: Zöllner N, Gröbner W (Hrsg) Gicht. Springer, Berlin Heidelberg New York (Handbuch der Inneren Medizin, Bd 7/3, S 491-535)

Gutman AB (1950) Uric acid metabolism and gout. Am J Med 9: 799-817

Gutman AB (1965) Treatment of primary gout: The present status. Arthritis Rheum 8: 911-920

Gutman AB (1966) Uricosuric drugs, with special reference to probenecid and sulfinpyrazone. Adv Pharmacol Chemother 4: 91-142

Gutman AB, Yü TF (1951) Benemid (p-(Di-n-propylsulfamyl)-benzoic acid) as uricosuric agent in chronic gouty arthritis. Trans Assoc Am Physicians 64: 279-288

Gutman AB, Yü TF (1957) Protracted uricosuric therapy in tophaceous gout. Lancet II: 1258-1260

Gutman AB, Yü TF, Sirota JH (1955) A study by simultaneous clearance techniques, of salicylate excretion in man. Effect of alkalinization of the urine by bicarbonate administration; effect of probenecid. J Clin Invest 34: 711-721

Gutman AB, Dayton PG, Yü TF, Berger L, Chen W, Sicam IE, Burns JJ (1960) A study of the inverse relationship between pKa and rate of renal excretion of phenylbutazone analogs in man and dog. Am J Med 29: 1017-1033

Häuselmann HJ, Studer H (1981) Antinatriuretische Wirkung von Sulphinpyrazon. Schweiz Med Wochenschr 111: 1030-1033

Heel RC, Brogden RN, Speight TM, Avery GS (1977) Benzbromarone: A review of its pharmacological properties and therapeutic use in gout and hyperuricaemia. Drugs 14: 349-366

Hertz Ph, Jager H, Richardson J (1972) Probenecid-induced nephrotic syndrome. Arch Pathol 94: 241-243

Hoigné R, Malinverni R, Schopfer K (1988) Sulfonamides and miscellaneous antibacterial and antiviral drugs. In: Dukes MNG (ed) Meyler's side effects of drugs, 11th edn. Elsevier, Amsterdam New York Oxford, pp 603-632

Kersley GD, Cook ER, Tovey DCJ (1958) Value of uricosuric agents and in particular of G-28315 in gout. Ann Rheum Dis 17: 326-333

Kippen I, Nakata N, Honda S, Klinenberg JR (1977) Uptake of uric acid by separated renal tubules of the rabbit. II. Effects of drugs. J Pharmacol Exp Ther 201: 226-232

Koch-Weser J, Sellers EM (1976) Binding of drugs to serum albumin. N Engl J Med 294: 311-316

Kolb FO, Rukes JM (1954) Effects of benemid (probenecid) in the treatment of hypoparathyreoidism and pseudohypoparathyreoidism. J Clin Endocrinol 14: 785

Kramp RA, Lenoir R (1975) Distal permeability to urate and effects of benzofuran derivatives in the rat kidney. Am J Physiol 228: 875-883

Krans HMJ (1988) Insulin, glycagon and oral hypoglycemic drugs. In: Dukes MNG (ed) Meyler's side effects of drugs, 1st edn. Elsevier, Amsterdam New York Oxford, pp 889-902

Kuzell WC, Glover R, Gibbs J, Blau R (1964) Effect of anturane on serum uric acid and cholesterol in gout. A long-term study. Acta Rheum Scand (Suppl) 8: 31-40

Lee IK (1977) zitiert nach Heel et al. (1977)

Löffler E, Gröbner W, Zöllner N (1983) Harnsäuresenkende Wirkung einer Kombination von Benzbromaron und Allopurinol - Untersuchungen unter standardisierten Ernährungsbedingungen. Arzneimittelforschung/Drug Res 33: 1687-1691

Masbernard A, Giudicelli CP (1981) Ten years experience with benzbromarone in the management of gout and hyperuricemia. S Afr Med J 59: 701-705

May DC, Jarboe CH (1981) Inhibition of clearance of dyphylline by probenecid. N Engl J Med 304: 791

May P, Lux B (1977) Gichtbehandlung und Prophylaxe mit Urikosurika. Dtsch Ärzteblatt 74: 1593-1599

McKinney SE, Peck HM, Bochey JM, Byhan BB, Schuchardt GS, Beyer KH (1951) Benemid (p-di-n-propylsulfamyl)-benzoic acid: Toxicologic properties. J Pharmacol Exp Ther 102: 208-214

Meisel AD, Diamond HS (1977) Inhibition of probenecid uricosuria by pyrazinamide and para-aminohippurate. Am J Physiol 232: F222-F226

Mertz DP (1969) Veränderungen der Serumkonzentration von Harnsäure unter der Wirkung von Benzbromaron. Münch Med Wochenschr 111: 491-495

Meyboom RHB (1988) Metal antagonists. In: Dukes MNG (ed) Meyler's side effects of drugs, 11th edn. Elsevier, Amsterdam New York Oxford, pp 461-473

Michot F, Holt NF, Fontanilles F (1981) Über die Beeinflussung der gerinnungshemmenden Wirkung von Acenocoumarol durch Sulfinpyrazon. Schweiz Med Wochenschr 111: 255-260

Mousanabe-Puyanne A (1977) zitiert nach Heel et al. (1977)

Mudge GH (1980) Inhibitors of tubular transport of organic compounds. In: Gilman A, Goodman LS, Gilman A (eds) The pharmacological basis of therapeutics. Macmillan, New York, pp 929-934

Müller MM, Fuchs H, Pischek G, Bresnik W (1975) Purinstoffwechsel und Harnsäurepool bei Gichtpatienten unter Benzbromarontherapie. Therapiewoche 25: 514-520

Naftalin RJ (1970) The effects of probenecid and salicylate on uric acid flux across red cell membranes. J Physiol 211: 47P-48P

Nenci GG, Agnelli G, Berrettini M (1981) Biphasic sulphinpyrazone-warfarin interaction. Br Med J 282: 1361-1362

Nivet M, Marcovici J, Lauruelle P, Farah M (1965) Note preliminaire sur l'action d'un benzofuranne sur l'uricemie. Soc Med Hop Paris 116: 1187-1192

Nolan RP, Foulkes EC (1971) Studies on renal urate secretion in the dog. J Pharmacol Exp Ther 179: 429-437

Ogryzlo MA, Harrison J (1957) Evalution of uricosuric agents in chronic gout. Ann Rheum Dis 16: 425-437

O'Reilly RA (1982) Phenylbutazone and sulfinpyrazone interaction with oral anticoagulant phenprocoumon. Arch Intern Med 142: 1634-1637

Pascale LR, Dubin A, Hoffman WS (1954) Influence of benemid on urinary excretion of phosphate in hypoparathyreoidism. Metabolism 3: 462-470

Perel JM, Dayton PG, Snell MM, Yü TF, Gutman AB (1969) Studies of interactions among drugs in man at the renal level: Probenecid and sulfinpyrazone. Clin Pharmacol Ther 10: 834-840

Persellin RH, Schmid FR (1961) The use of sulfinpyrazone in the treatment of gout. JAMA 175: 971-975

Postlethwaite AE, Gutman RA, Kelley WN (1974) Salicylate - mediated increase in urate removal during hemodialysis: evidence of urate binding to protein in vivo. Metabolism 23: 771-777

Pyörälä K, Ikkala E, Siltanen P (1963) Benziodarone (Amplivix) and anticoagulant therapy. Acta Med Scand 173: 385–389

Reynolds ES, Schlant RC, Gomick HC, Dammin GJ (1957) Fatal massive necrosis of the liver as a manifestation of hypersensitivity to probenecid. N Engl J Med 256: 592–596

Rizzuto VJ, Inglesby ThV, Grace WJ (1965) Probenecid (benemid) intoxication with status epilepticus. Am J Med 38: 646–648

Roch-Ramel F, Weiner IM (1980) Renal excretion of urate: Factors determining the actions of drugs. Kidney Int 18: 665–676

Runkel R, Mroszczak E, Chaplin M, Sevelius H, Segre E (1978) Naproxen – probenecid interaction. Clin Pharmacol Ther 24: 706–713

Schachter D, Manis JG (1958) Salicylate and salicyl conjugates: Fluorimetric estimation, biosynthesis and renal excretion in man. J Clin Invest 37: 800–807

Scott JT, O'Brien PK (1968) Probenecid, nephrotic syndrome and renal failure. Ann Rheum Dis 27: 249–252

Setaishi Ch, Horiuchi Y, Mashimo K (1970) Increase of urinary insulin excretion following probenecid administration in man. Endocrinol Jpn 17: 421–423

Sherry S and The Anturane Reinfarction Trial Research Group (1980) Sulfinpyrazone in the prevention of sudden death after myocardial infarction. N Engl J Med 302: 250–256

Shore PA, Brodie BB, Hogben CAM (1957) The gastric secretion of drugs: A pH partition hypothesis. J Pharmacol Exp Ther 119: 361–369

Sinclair DS, Fox IH (1975) The pharmacology of the hypouricemic effect of benzbromarone. J Rheumatol 2: 437–445

Singhvi SM, Duchin KL, Willard DA, McKinstry DN, Migdalof BH (1982) Renal handling of captopril: effect of probenecid. Clin Pharmacol Ther 32: 182–189

Sirota JH, Yü TH, Gutman AB (1952) Effect of benemid (p-(di-n-propylsulfamyl)-benzoic acid) on urate clearance and other discrete renal functions in gouty subjects. J Clin Invest 31: 692–701

Smythe HA, Ogryzlo MA, Murphy EA, Mustard JF (1965) The effect of sulfinpyrazone (Anturan) on platelet economy and blood coagulation in man. Can Med Assoc J 92: 818–821

Sorensen LB, Levinson DJ (1976) Clinical evalution of benzbromarone, a new uricosuric drug. Arthritis Rheum 19: 183–190

Sorensen LB, Levinson DJ (1980) Isolated defect in postsecretory reabsorption of uric acid. Ann Rheum Dis 39: 180–183

Steele TH, Rieselbach RE (1975) Renal urate excretion in normal man. Nephron 14: 21–32

Stein HB, Hasan A, Fox IH (1976) Ascorbic acid-induced uricosuria. A consequence of megavitamin therapy. Ann Intern Med 84: 385–388

Sternon J, Kocheleff P, Couturier E, Balasse E, Vanden-Abeele P (1967) Effet hypouricemiant de la benzbromarone – etude de 24 cas. Acta Clin Belg 22: 285–293

Sudlow G, Birkett DJ, Wade DN (1975) The characterization of two specific drug binding sites on human serum albumin. Mol Pharmacol 11: 824–832

Szczeklik A, Czerniawska-Mysik G, Nizankowska E (1980) Sulfinpyrazone and aspirin-induced asthma. N Engl J Med 303: 702–703

Talbott JH (1957) Gout. Grune & Stratton, New York London

Talbott JH (1967) Die Gicht. Hippokrates, Stuttgart

Tester-Dalderup CBM (1988) Antiprotozoal drugs. In: Dukes MNG (ed) Meyler's side effects of drugs, 11th edn. Elsevier, Amsterdam New York Oxford, pp 889–902

Thompson GR, Duff JF, Robinson WD, Mikkelsen WM, Galindez H (1962) Long-term uricosuric therapy in gout. Arthritis Rheum 5: 384–385

Verstraete M, Vermylen J, Claeys H (1968) Dissimilar effect of two anti-anginal drugs belonging to the benzofuran group on the action of coumarin derivates. Arch Intern Pharmacodyn Ther 176: 33–40

Vrhovac B (1988) Anti-inflammatory analgesics and drugs used in gout. In: Dukes MNG (ed) Meyler's side effects of drugs, 11th edn. Elsevier, Amsterdam New York Oxford, pp 170–204

Walter E, Staiger Ch, de Vries J, Zimmermann R, Weber E (1981) Induction of drug metabolizing enzymes by sulfinpyrazone. Eur J Clin Pharmacol 19: 353–358

Walter-Sack I, de Vries JX, Ittensohn A, Kohlmeier M, Weber E (1988) Benzbromarone disposition and uricosuric action; evidence for hydroxilation instead of debromination to benzarone. Klin Wochenschr 66: 160–166

Walter-Sack I, Gresser U, Adjan M, Kamilli I, Ittensohn A, de Vries JX, Weber E, Zöllner N (1990) Variation of benzbromarone elimination in man – a population study. Eur J Clin Pharmacol (in press)

Weiner IM (1973) Transport of weak acids and bases. In: Orloff J, Berliner RW (eds) Handbook of Physiology, Section 8. Renal Physiology. American Physiology Society, Washington DC, pp 521–554

Weiner IM, Mudge GH (1964) Renal tubular mechanisms for excretion of organic acids and basis. Am J Med 36: 743–762

Weiner IM, Washington JA, Mudge GH (1960) On the mechanism of action of probenecid on renal tubular secretion. Bull Johns Hopkins Hosp 106: 333–346

Weiner IM, Blanchard KC, Mudge GH (1964) Factors influencing renal excretion of foreign organic acids. Am J Physiol 207: 953–963

Whitehouse MW, Kippen I, Klinenberg JR, Schlosstein L, Campion DS, Bluestone R (1973) Increasing excretion of urate with displacing agents in man. Ann NY Acad Sci 226: 309–318

Wingender W, Beerman D, Förster D et al. (1985) Mechanism of renal excretion of ciprofloxacin (Bay 0 9867), a new quinolone carboxylic acid derivative, in humans. Zitiert nach Hoigné et al. 1988

Witwer MW, Schmid FR, Tesar JT (1976) Acute myelomonocytic leukaemia and multiple myeloma after sulphinpyrazone and colchicine treatment of gout. Br Med J 2: 89

Wyngaarden JB (1955) The effect of phenylbutazone on uric acid metabolism in two normal subjects. J Clin Invest 34: 256–262

Wyngaarden JB, Kelley WN (1983) Gout. In: Stanbury JB, Wyngaarden JB, Fredrickson DS, Goldstein JL, Brown MS (eds) The metabolic basis of inherited disease, 5th edn. McGraw-Hill, New York, pp 1043–1114

Yü TF (1974) Milestones in the treatment of gout. Am J Med 56: 676–685

Yü TF (1976) Pharmacokinetic and clinical studies of a new uricosuric agent – benzbromarone. J Rheumatol 3: 305–312

Yü TF, Gutman AB (1955) Paradoxical retention of uric acid by uricosuric drugs in low dosage. Proc Soc Exp Biol Med 90: 542–547

Yü TF, Dayton PG, Gutman AB (1963) Mutual suppression of the uricosuric effects of sulfinpyrazone and salicylate: a study of interactions between drugs. J Clin Invest 42: 1330–1339

Yü TF, Perel J (1980) Pharmacokinetic and clinical studies of Carprofen in gout. J Clin Pharmacol 20: 347–351

Yü TF, Burns JJ, Gutman AB (1958) Results of clinical trial of G-28315, a sulfoxide analog of phenylbutazone, as a uricosuric agent in gouty subjects. Arthritis Rheum 1: 532–543

Yü TF, Perel J, Berger L, Roboz J, Israili ZH, Dayton PG (1977) The effect of interaction of pyrazinamide and probenecid on urinary uric acid excretion in man. Am J Med 63: 723–728

Zöllner N (1968) Die Gichtniere. In: Schwiegk H (Hrsg) Handbuch der Inneren Medizin. Bd 8/3. Springer, Berlin Heidelberg New York

Zöllner N, Gröbner W (1969) Die Wirkung von Cumarin-, Indandion- und Benzofuranderivaten auf die renale Harnsäureausscheidung. Dtsch Med Wochenschr 94: 2652-2654

Zöllner N, Stern G, Gröbner W, Dofel W (1968) Über die Senkung des Harnsäurespiegels im Plasma durch Benzbromaron. Klin Wochenschr 46: 1318

Zöllner N, Dofel W, Gröbner W (1970a) Die Wirkung von Benzbromaron auf die renale Harnsäureausscheidung Gesunder. Klin Wochenschr 48: 426-432

Zöllner N, Griebsch A, Fink JK (1970b) Über die Wirkung von Benzbromaron auf den Serumharnsäurespiegel und die Harnsäureausscheidung des Gichtkranken. Dtsch Med Wochenschr 95: 2405-2412

Zöllner N, Griebsch A, Gröbner W, Hector G, Schattenkirchner M (1970c) Klinische Erfahrungen mit dem neuen Uricosuricum Benzbromaronum. Verh Dtsch Ges Inn Med 76: 853

Zöllner N, Gresser U, Walter-Sack I (1990) Deficient Benzbromarone Elimination: A Familial Disorder? KliWo 68: 101

4.5 Kombination harnsäuresenkender Arzneimittel

W. Gröbner, W. Löffler

Die harnsäuresenkende Wirkung von Allopurinol und Urikosurika beruht auf zwei völlig verschiedenen Mechanismen. In äußerst seltenen Fällen läßt sich eine ausreichende Senkung des Serumharnsäurespiegels durch Allopurinol oder ein Urikosurikum nicht erreichen. Es ist dann notwendig, beide zu kombinieren. Urikosurika erhöhen jedoch die renale Clearance von Oxipurinol und vermindern dadurch den Allopurinoleffekt (Elion 1966, 1978). Wird Allopurinol gemeinsam mit Probenecid verabreicht, so ist die Plasmahalbwertszeit von Probenecid verlängert (Tjandramaga et al. 1972).

Als fixe Arzneimittelkombination sind in Deutschland Präparate im Handel, die 20 mg Benzbromaron und 100 mg Allopurinol enthalten. Ihre harnsäuresenkende Wirkung entspricht der von 300 mg Allopurinol bzw. weniger als 100 mg Benzbromaron (Mertz 1976, Löffler et al. 1983). Während Rüffer et al. (1982) sowie Colin et al. (1986) bei mehrtägiger Gabe von 100 mg Allopurinol und 20 mg Benzbromaron in fixer Kombination im Vergleich zur alleinigen Gabe von 100 mg Allopurinol eine Erhöhung der Oxipurinolclearance fanden, konnten Breithaupt u. Tittel (1982) nach Verabreichung einer Einzeldosis sowie Mertz u. Eichhorn (1984) unter chronischer Verabreichung keine Beeinflussung der Pharmakokinetik von Allopurinol und Oxipurinol durch gleichzeitige Benzbromarongabe beobachten. Löffler et al. (1983) fanden unter standardisierten Ernährungsbedingungen in vergleichenden Untersuchungen über die

Tabelle 4.17. Vergleichende Untersuchungen unter standardisierten Ernährungsbedingungen über den Einfluß von Allopurinol (100 bzw. 300 mg), Benzbromaron (20 mg) sowie einer Kombination von 20 mg Benzbromaron und 100 mg Allopurinol auf Serumharnsäure und renale Harnsäureausscheidung. Gesunde Versuchspersonen erhielten als Basisdiät jeweils über 2 Wochen eine purinfreie isoenergetische Formeldiät und täglich 2 g Ribonukleinsäure. Nach einer Beobachtungsperiode von 7 Tagen wurden während der 2. Woche zusätzlich die angegebenen Arzneimittel täglich als orale Einzeldosis verabreicht. 8 Versuchspersonen erhielten dabei sowohl 300 mg Allopurinol als auch die Kombination. Die Gruppen, die 100 mg Allopurinol bzw. 20 mg Benzbromaron erhielten, sind nur teilweise mit der ersten Gruppe identisch. Den Berechnungen liegen die Werte (Mittelwerte ± SD) im Steady state der untersuchten Parameter zugrunde (Tag 6 und 7 bzw. 13 und 14). (Nach Löffler et al. 1983)

	Allopurinol 100 mg	Allopurinol 300 mg	Benzbromaron 20 mg	20 mg Benzbromaron 100 mg Allopurinol
	(n = 6)	(n = 8)	(n = 8)	(n = 8)
Serumharnsäure				
Kontrolle vor Medikation [mg/dl]	6,8 ± 0,8	7,2 ± 1,1	6,6 ± 1,2	6,9 ± 1,2
Werte unter Medikation [mg/dl]	5,1 ± 0,9	3,9 ± 1,1	4,3 ± 1,3	4,1 ± 1,1
Durchschnittliche Änderung [%]	− 25	− 46	− 35	− 41
Renale Harnsäureausscheidung				
Kontrolle vor Medikation [mg/Tag]	625 ± 75	663 ± 67	630 ± 132	640 ± 73
Werte unter Medikation [mg/Tag]	424 ± 82	295 ± 67	639 ± 169	493 ± 102
Durchschnittliche Änderung [%]	− 32	− 56	+ 1	− 23

Wirkung von Allopurinol (100 und 300 mg), Benzbromaron (20 mg) sowie einer Kombination aus Benzbromaron (20 mg) und Allopurinol (100 mg) auf Serumharnsäure und renale Harnsäureausscheidung, daß bezüglich der Senkung des Serumharnsäurespiegels das Kombinationspräparat die Summe der Wirkungen der Einzelkomponenten nicht erreicht (Tabelle 4.17).

Im Vergleich zu Allopurinol hat das Kombinationspräparat keine Vorteile. Eine höhere Rate an unerwünschten Arzneimittelwirkungen unter 300 mg Allopurinol im Vergleich zu der nur 100 mg Allopurinol enthaltenden fixen Kombination konnte in einer kürzlich von zwei niedergelassenen Ärzten durchgeführten randomisierten Studie an 80 Hyperurikämikern über insgesamt 36 Wochen nicht beobachtet werden (Frerick et al. 1987).

Im Vergleich zur nur urikosurischen Behandlung hat das Kombinationspräparat den Vorteil, daß bei Therapieeinleitung keine strengen Vorsichtsmaßnahmen bezüglich Diurese und Harnneutralisierung erforderlich sind, da nur geringe Änderungen der renalen Harnsäureausscheidung beobachtet werden.

Das Kombinationspräparat hat den Nachteil, daß es zwei verschiedene Substanzen enthält und somit das Risiko nicht dosisabhängiger Nebenwirkungen erhöht wird. Bei Gichtpatienten mit renaler Beteiligung, bei Hyperurikämie infolge vermehrter Harnsäurebildung sowie bei eingeschränkter Nierenfunktion sollte das Kombinationspräparat nicht eingesetzt werden.

Literatur

Breithaupt H, Tittel M (1982) Kinetics of allopurinol after single intravenous and oral dosis - noninteraction with benzbromarone and hydrochlorothiazide. Eur J Clin Pharmacol 22: 77

Colin JN, Farinotti R, Fredj G, Tod M, Clavel JP, Vignon E, Dietlin F (1986) Kinetics of allopurinol and oxipurinol after chronic oral administration. Interaction with benzbromarone. Eur J Clin Pharmacol 31: 53

Elion GB (1966) Enzymatic and metabolic studies with allopurinol. Ann Rheum Dis 25: 608

Elion GB (1978) Allopurinol and other inhibitors of urate synthesis. In: Kelley WN, Weiner JM (eds) Uric acid. Springer, Berlin Heidelberg New York, p 485

Frerick H, Schaefer J, Rabinovici K, Schmidt U, Schenk N (1987) Langzeitbehandlung der Hyperurikämie und Gicht. Therapiewoche 37: 3379

Löffler W, Gröbner W, Zöllner N (1983) Harnsäuresenkende Wirkung einer Kombination von Benzbromaron und Allopurinol-Untersuchungen unter standardisierten Ernährungsbedingungen. Arzneimittelforschung/Drug Res 33 (II): 1687

Mertz DP (1976) Vermindertes Risiko bei der Behandlung von Gicht und Hyperurikämie. Dtsch Med Wochenschr 101: 1288

Mertz DP, Eichhorn R (1984) Does benzbromarone in therapeutic doses raise renal excretion of oxipurinol? Klin Wochenschr 62: 1170

Rüffer C, Zorn G, Henkel E, Mitzkat HJ (1982) Der Einfluß von Benzbromaron auf die Pharmakokinetik und Pharmakodynamik von Oxipurinol. Arzneimittelforschung/Drug Res 32: 1149

Tjandramaga TB, Cucinell SA, Israili ZH, Perel JM, Dayton PG, Yu TF, Gutman AB (1972) Observations on the disposition of probenecid in patients receiving allopurinol. Pharmacology 8: 259

4.6 Wahl der Medikamente, Dosierung, Erfolgskontrolle*

H. F. Woods

Die medikamentöse Therapie der Hyperurikämie und der Gicht hat mehrere Ziele:

- Verkürzung eines akuten Gichtanfalls,
- Verhinderung weiterer akuter Gichtanfälle,
- Auflösung vorhandener tophöser Harnsäuredepots,
- Verhinderung der Neubildung von Tophi und von Nierensteinen,
- Behandlung assoziierter Erkrankungen (Nuki 1987).

Im folgenden wird die medikamentöse Therapie für die ersten vier dieser fünf Ziele dargestellt und im Hinblick auf Wirksamkeit und Möglichkeiten der Erfolgskontrolle diskutiert.

Die medikamentöse Therapie der Hyperurikämie und der Gicht richtet sich nach folgenden Strategien:

a) Unterdrückung der Symptome eines akuten Gichtanfalls und Verkürzung des Gichtanfalls durch den Einsatz von Medikamenten mit analgetischen und/oder entzündungshemmenden Eigenschaften,
b) Steigerung der Harnsäureausscheidung durch den Einsatz von urikosurisch wirksamen Substanzen,
c) Hemmung der Bildung von Harnsäure.

4.6.1 Behandlung des akuten Gichtanfalls

Der akute Gichtanfall kann durch den frühzeitigen Einsatz entzündungshemmender Medikamente im Anfangsstadium unterdrückt werden. Deshalb muß man versuchen, die Behandlung zu Beginn des Gichtanfalls einzuleiten. Das Medikament der Wahl ist *Indometacin* per os in einer Dosierung von 25–50 mg alle 4 oder 6 h. Diese Dosierung wird so lange fortgeführt, wie die akute Symptomatik anhält (2–3 Tage). Anschließend sollte man die Dosis innerhalb einer Woche abbauen. Die Tagesdosis kann als Einmaldosis von 75 mg per os oder in Form eines 100 mg-Zäpfchens rektal am Abend verabreicht werden. Das Risiko gastrointestinaler Nebenwirkungen läßt sich durch Einnahme von Indometacin mit den Mahlzeiten verringern. Das Auftreten von Kopfschmerzen kann eine Dosisreduktion erforderlich machen.

In gängigen Lehrbüchern werden verschiedene andere nichtsteroidale

---

* Übersetzt von U. Gresser.

entzündungshemmende Medikamente als geeignete Alternativen zu Indometacin aufgeführt, z. B. Naproxen, Diclofenac, Sulindac oder Piroxicam. Die Entscheidung über die Wahl des Medikaments hängt stark von den persönlichen Erfahrungen des verordnenden Arztes ab, da nur begrenzt Informationen über die Wirksamkeit dieser Medikamente zur Beherrschung eines akuten Gichtanfalls verfügbar sind. Dennoch verdienen es einige Medikamente, besonders erwähnt zu werden.

Azapropazon hat den Vorteil, gleichzeitig drei wichtige pharmakologische Eigenschaften zu besitzen: es wirkt entzündungshemmend, analgetisch und urikosurisch. Beim akuten Gichtanfall sollte Azapropazon in einer Anfangsdosis von 2,4 g/24 h auf mehrere Einzeldosen über den Tag verteilt verabreicht werden. Am zweiten und dritten Tag gibt man 1,8 mg/24 h, anschließend 1,4 g/24 h.

Azapropazon kann erhöhte Lichtempfindlichkeit, Hautrötungen und gastrointestinale Nebenwirkungen verursachen. Es wird zu großen Teilen (60% der verabreichten Dosis) unverändert über den Urin ausgeschieden, deshalb sollte bei Patienten mit einer Einschränkung der Nierenfunktion die Dosis reduziert werden. Auch bei älteren Patienten muß eine Dosisreduktion vorgenommen werden. In allen Fällen sollte das Medikament nach einer Mahlzeit eingenommen werden. Azapropazon verstärkt die Wirkung von Warfarin.

Colchicin ist ein entzündungshemmendes Pflanzenalkaloid, dem ein spezifischer Effekt beim akuten Gichtanfall nachgesagt wird, da es innerhalb weniger Stunden einen Rückgang von Entzündung und Schmerzen bewirkt. Dadurch hat es auch diagnostische Bedeutung, allerdings kann der gleiche Effekt auch bei Arthritiden im Rahmen einer Sarkoidose oder Pseudogicht auftreten, und eine verzögerte Reaktion auf Colchicin schließt das Vorliegen einer Gicht nicht aus.

Colchicin wird beim akuten Gichtanfall so früh wie möglich per os in einer Dosis von 1 mg verabreicht. Anschließend gibt man alle 2 h 0,5–1 mg, bis der Patient Linderung verspürt oder Nebenwirkungen wie Bauchschmerzen, Übelkeit, Erbrechen oder Diarrhö auftreten. Die Linderung der Symptome beginnt in der Regel innerhalb von 2 oder 3 h und ist innerhalb von 12 h nach Therapiebeginn ausgeprägt. Alternativ kann man nach der Anfangsdosis von 1 mg auf Einzeldosen von 0,5 mg übergehen, die in den ersten 4 h stündlich, anschließend alle 2 oder 3 h verabreicht werden, bis Linderung oder Nebenwirkungen eintreten. Die Gesamtdosis sollte auf 6 mg beschränkt werden (Wallace 1974). Da das Medikament und seine Metaboliten über Galle und Urin ausgeschieden werden, ist bei Patienten mit Leber- oder Nierenkrankheiten eine Dosisreduktion erforderlich.

Bei Patienten mit einem akuten Gichtanfall, bei denen die beschriebenen Medikamente versagt haben, sollte man die Gabe von *Kortikosteroiden* oder *ACTH* erwägen. Gibt man Prednisolon, sollte man mit 40 mg per os am ersten Tag beginnen und die Dosis innerhalb der folgenden Tage reduzieren. Das Ausschleichen von Prednisolon kann einen erneuten Gichtanfall bewirken. Um dies zu verhindern, kann man während dieser Zeit zusätzlich zu Prednisolon Colchicin (0,5-1 mg pro Tag) oder Indometacin (25 mg 3mal täglich) verabreichen.

Wahl des Medikaments

Von der Vielzahl entzündungshemmender Medikamente zur Therapie des akuten Gichtanfalls werden in der Praxis meist Indometacin und Colchicin angewandt. Colchicin als „traditionelles", gut bekanntes Arzneimittel wird jedoch immer mehr durch nichtsteroidale entzündungshemmende Medikamente ersetzt, da die therapeutische und die toxische Dosis nahe beieinander liegen. Ein wichtiger internationaler Unterschied bei der Wahl der Therapie beruht auf der Tatsache, daß Phenylbutazon und Oxyphenylbutazon (in Deutschland Medikamente der Wahl) in Großbritannien nicht verfügbar sind, da sie in wenigen Fällen eine Depression des Knochenmarks verursachen.

Wirksamkeit der Therapie

Der relativen Wirksamkeit entzündungshemmender Medikamente in der Beeinflussung des natürlichen Ablaufs eines akuten Gichtanfalls wurde bislang wenig Beachtung geschenkt. Ungeachtet seiner vergleichsweise spezifischen Wirkung ist Colchicin allerdings weniger dazu geeignet, einen akuten Gichtanfall unter Kontrolle zu bringen, als Indometacin oder Pyrazolonderivate (Boardman u. Hart 1965).

4.6.2 Die Langzeitbehandlung von Hyperurikämie und Gicht

Urikosurika

Urikosurika steigern die renale Ausscheidung von Harnsäure und bewirken dadurch einen Abfall des Serumharnsäurespiegels. Eine Vielzahl von Medikamenten mit unterschiedlicher chemischer Struktur wirken urikosurisch, indem sie die tubuläre Rückresorption der filtrierten Harnsäure hemmen (Löffler 1982). Einige Urikosurika hemmen in niedriger Dosierung die tubuläre Harnsäuresekretion und führen zur Harnsäureretention.

Urikosurika sind bei Patienten, die eine niedrige renale Harnsäureausscheidung haben, sog. „Minderausscheidern", indiziert. Ihre Anwendung ist kontraindiziert bei Patienten mit einer vermehrten Harnsäureproduktion oder einer Einschränkung der Nierenfunktion mit oder ohne Urolithiasis. Letztere ist gleichfalls eine Kontraindikation für Urikosurika. Probenecid, Sulfinpyrazon und Benzbromaron bedürfen einer ausführlicheren Darstellung.

Probenecid sollte eine Woche lang in einer Dosis von 0,5 bzw. 0,25 g täglich gegeben werden. Anschließend kann man die Dosis bis auf maximal 3 g pro Tag, verteilt auf mehrere Einzeldosen, steigern. Bei einer Studie mit Probenecid an Patienten mit Gicht traten in 10% der Fälle Nebenwirkungen auf (Bartels u. Matossian 1959), das häufigste Problem waren Hauterscheinungen. In einer Studie an 701 Patienten (Boger u. Strickland 1951) betrug die Inzidenz von Nebenwirkungen zwischen 0,14% (Anorexie) und 2,10% (Übelkeit). Neben gastrointestinalen Störungen war Fieber eine seltene Nebenwirkung.

Sulfinpyrazon ist strukturell dem Phenylbutazon verwandt. Zu Therapiebeginn verabreicht man 50 mg alle 12 h. Im Laufe einiger Wochen kann die Dosis auf bis zu 100 mg 3mal täglich gesteigert werden. Die Maximaldosis beträgt 600 mg/Tag. Beim einzelnen Patienten wird die Dosierung so gewählt, daß der Serumharnsäurespiegel sich innerhalb des Normalwertbereichs einpendelt. Sulfinpyrazon wirkt nicht bei Patienten mit eingeschränkter Nierenfunktion. Als Nebenwirkungen können gastrointestinale Störungen oder Hauterscheinungen auftreten.

Benzbromaron ist das dritte mögliche Urikosurikum. Die Tagesdosis liegt zwischen 50 und 100 mg, als Anfangsdosis sollte man 50 mg pro Tag geben. Der Dosisbereich geht bis maximal 600 mg/Tag (Heel et al. 1977). Benzbromaron wird in der Leber metabolisiert und vorwiegend in Form aktiver Metaboliten über die Galle sowie zu einem kleinen Teil über die Nieren ausgeschieden. In Vergleich zu Probenecid und Sulfinpyrazon hat Benzbromaron den Vorteil, daß es auch bei Patienten mit mäßiger Einschränkung der Nierenfunktion, wenn auch in höherer Dosierung, wirksam ist (Heel et al. 1977). Wie auch bei anderen Urikosurika kann man in der Anfangsphase der Therapie mit Benzbromaron zusätzlich eine niedrige Dosis Colchicin geben.

Urikosurika sind normalerweise bei Patienten mit vermehrter Harnsäureproduktion kontraindiziert, da sie in diesen Fällen zu einer sehr hohen Harnsäureausscheidung führen können. Bei diesen Patienten kann es bei Therapie mit Urikosurika zur Ausfällung von Harnsäure in den Nieren und damit zur Bildung von Harnsäuresteinen kommen. Andere Kontraindikationen sind Steine im Urogenitaltrakt und Nierenfunktionsstörungen. Die Ablagerung von Harnsäure in den Nieren und im Urogenitaltrakt kann durch Einschleichen des Urikosurikums in niedriger Anfangsdosierung und langsame Dosissteigerung innerhalb mehrerer Wochen verhindert werden. Gleichzeitig sollte der Patient ausreichend Flüssigkeit zu sich nehmen (ideal sind 3 l pro Tag), um einen ausreichenden Urinfluß zu gewährleisten. Um das Auftreten von Harnsäurekristallen im Urin zu verhindern, kann man den Urin mittels Natriumbicarbonat (5-10 g/Tag per os) oder Kaliumzitrat (12-24 g/Tag per os) alkalisieren. Diese zusätzlichen Maßnahmen bei einer Therapie mit Urikosurika sind meist nur im ersten Monat der Therapie notwendig und können, wenn die Hyperurikämie im Griff ist, abgesetzt werden.

Wirksamkeit der urikosurischen Therapie

Um den Erfolg einer urikosurischen Therapie zu bewerten, wäre es logisch, den Effekt auf die Harnsäureausscheidung und die Serumharnsäurekonzentration zu messen. Gröbner u. Zöllner (1976) zeigten, daß die Gabe von Probenecid bei gesunden Versuchspersonen und bei Patienten mit Gicht einen Anstieg der Harnsäureausscheidung, begleitet von einem Abfall der Plasmaharnsäurekonzentration bewirkt. Dieser Effekt setzt rasch ein, aber die Harnsäureausscheidung geht bei gesunden Versuchspersonen innerhalb von 2-3 Tagen nach Beginn der Therapie auf Normalwerte zurück. Immerhin bleibt bei den gesunden Versuchspersonen der Serumharnsäurespiegel unterhalb des Ausgangswerts, und bei den Patienten mit Gicht besteht weiterhin eine erhöhte Harnsäureausscheidung. Diese Ergebnisse spiegeln wahrscheinlich die relative Größe des Harnsäurepools bei Gesunden bzw. Patienten mit Gicht wider. Bei Gesunden ist der Harnsäurepool nach zweitägiger Therapie geleert, anschließend wird die Harnsäureausscheidung durch die normale Harnsäureproduktion gesteuert. Bei Patienten mit Gicht ist der Körperharnsäurepool groß, deshalb bleibt die erhöhte Harnsäureausscheidung lange bestehen.

Wahl des Medikaments

Bezüglich der Inzidenz von Nebenwirkungen gibt es keinen wesentlichen Unterschied zwischen Probenecid, Sulfinpyrazon und Benzbromaron. Daten über die relative Wirksamkeit dieser Medikamente, akuten Gichtanfällen vorzubeugen, sind nicht verfügbar. Die Wahl des Medikaments hängt stark von den persönlichen Erfahrungen des verordnenden Arztes ab.

Hemmung der Harnsäurebildung

Ein dritter Weg für die Behandlung von Hyperurikämie und Gicht ist die Verringerung der Harnsäurebildung. Rundles et al. (1964, 1966) berichteten über den Effekt des Xanthinoxidasehemmers *Allopurinol* auf Hyperurikämie und Gicht. Die Hemmung der Xanthinoxidase durch Allopurinol führt zu einer anhaltenden Verringerung der Harnsäureausscheidung und einer Zunahme der Xanthin- und Hypoxanthinausscheidung im Urin. Zusätzlich hemmt Allopurinol die de-novo-Purinsynthese (Zöllner u. Gröbner 1987).

Allopurinol ist das Medikament der Wahl für die Langzeitbehandlung von Hyperurikämie und Gicht (Scott 1980). Diese Folgerung ergibt sich aus der Tatsache, daß es sowohl bei Patienten mit vermehrter Harnsäureproduktion als auch bei Patienten mit verminderter Harnsäureausscheidung sowie bei Patienten mit Nierensteinen oder Einschränkung der Nierenfunktion angewendet werden kann. Bei Patienten mit eingeschränkter Nierenfunktion ist eine Dosisreduktion erforderlich. Allopurinol wird zum größten Teil rasch zu Oxipurinol oxidiert, dieses wird unverändert über die Nieren ausgeschieden.

Die Therapie mit Allopurinol sollte stufenweise eingeleitet werden. Man beginnt mit einer niedrigen Dosis (100 mg/Tag, Einnahme nach den Mahlzeiten) und erhöht diese langsam über die Dauer von 3 Wochen, um die erwünschte Senkung des Serumharnsäurespiegels zu erreichen. Es gibt Erfahrungen mit bis zu 600 mg/Tag, verteilt auf mehrere Einzeldosen, sowie mit Einzeldosen bis zu 400 mg. Nach Gröbner (1989) beträgt die für eine dauerhafte Senkung der Serumharnsäure auf Konzentrationen unter 6,5 mg/dl notwendige Allopurinoldosis 200–300 mg pro Tag. Nach seiner Erfahrung ist selten eine höhere Dosis erforderlich.

Allopurinol wird in der Leber zu Oxipurinol oxidiert (45–64% der verabreichten Dosis), bis zu 10% der verabreichten Dosis werden unverändert im Urin ausgeschieden. Oxipurinol ist ein aktiver Metabolit. Es wird unverändert im Urin ausgeschieden, die biologische Halbwertszeit beträgt bis zu 28 h.

Allopurinol ist seit über 20 Jahren im Gebrauch und die verfügbaren Informationen zur Arzneimittelsicherheit sind umfassend. Das Spektrum der Nebenwirkungen ist gut erfaßt (Frisch et al. 1974). Die Inzidenz von Unverträglichkeitsreaktionen beträgt 1–2% (Rundles 1985), die meisten Ereignisse betreffen die Haut. Auch die Wirkungen auf den Magen-Darm-Trakt, das Blut und die Leber sind gut dokumentiert. Tödliche Zwischenfälle bei Allopurinoltherapie sind selten, und das Absetzen des Medikaments beim Auftreten von Hauterscheinungen reicht meist aus, um Gewebe- und Organschädigungen zu verhindern (Rundles 1985).

Wirksamkeit der Therapie mit Allopurinol

Kurz nach der Einführung von Allopurinol bewiesen Rundles et al. (1966), daß Allopurinol zu einer Senkung des Serumharnsäurespiegels und einer Verminderung der Harnsäureausscheidung führt. Bei Patienten mit gesicherter Gicht führte Allopurinol zu einer Abnahme der Häufigkeit akuter Gichtanfälle und einer geringeren Inzidenz von Nierenschäden (Rundles et al. 1966; Bartels 1966; Coe 1977; Scott 1980).

Allopurinol ist auch bei sekundären Hyperurikämien als Folge von malignen Erkrankungen und deren Chemotherapie sowie der Therapie von Leukämien und Lymphomen wirksam. Krakoff u. Meyer (1965) beschrieben eine Abnahme der Inzidenz der Uratnephropathie bei Gabe von Allopurinol während Bestrahlung und Chemotherapie. Krakoff u. Balis (1966) zeigten eine Abnahme von Serumharnsäurekonzentration und renaler Harnsäureausscheidung bei Allopurinolgabe während einer zytotoxischen Chemotherapie. Bei der Behandlung einer Hyperurikämie bei malignen Erkrankungen sollte man an die Interaktionen zwischen Allopurinol, Mercaptopurin und Azathioprin denken.

Kombinierte medikamentöse Therapie

Die Kombinationsbehandlung von Hyperurikämie und Gicht mit Medikamenten unterschiedlicher Substanzklassen ist aus zwei Gründen berechtigt:

1. um das Auftreten akuter Gichtanfälle zu Beginn einer Therapie zu verhindern,
2. bei Patienten mit zahlreichen großen Tophi, wo große Mengen an Urat aus den Depots über die Nieren ausgeschieden werden müssen.

Bei Beginn einer Therapie mit einem Urikosurikum oder Allopurinol sollte anfangs ein entzündungshemmendes Medikament zusätzlich verabreicht werden, um dem Auftreten akuter Gichtanfälle vorzubeugen.

1983 zeigten Löffler et al., daß unter kontrollierten Ernährungsbedingungen die Kombination von 100 mg Allopurinol mit 20 mg Benzbromaron den Serumharnsäurespiegel genauso wirksam senkt wie 300 mg Allopurinol oder 100 mg Benzbromaron. Eine solche Kombinationstherapie ist bei Patienten mit tophöser Gicht indiziert. Die Beobachtungen von Löffler et al. (1983) sind auch deshalb interessant, weil die Clearance des Hauptmetaboliten von Allopurinol, Oxipurinol, bei gleichzeitiger Gabe eines Urikosurikums angestiegen ist. Da Oxipurinol ein Hemmer der Xanthinoxidase ist, könnte dadurch das Ausmaß der Xanthinoxidasehemmung verringert werden, wie Elion et al. (1966) gezeigt haben.

Es gibt allerdings keinen Beweis dafür, daß die geringere Dosis der Komponenten der Kombinationstherapie eine geringere Inzidenz an Nebenwirkungen bedeutet (Gröbner 1989).

Literatur

Bartels EC, Matossian GS (1959) Gout: Six year follow-up on Probenecid (Benemid) therapy. Arthritis Rheum 2: 193–202

Bartels EC (1966) Allopurinol (xanthine oxidase inhibitor) in the treatment of resistant gout. J Am Med 198: 708

Boardman PL, Hart FD (1965) Indomethacin in the treatment of acute gout. Practitioner 194: 560–565

Boger WP, Strickland M (1951) „Benemid" preliminary assessment of its toxicity in man. In: Transactions of the 10th Veterans Administration Army/Navy Conference on the Chemotherapy of Tuberculosis, Atlanta, GA

Coe FL (1977) Treated and untreated recurrent calcium nephrolithiasis in patients with idiopathic hypercalcuria, hyperuricosuria or no metabolic disorder. Ann Intern Med 87: 404–407

Elion GB (1966) Enzymatic and metabolic studies with Allopurinol. Ann Rheum Dis 25: 608

Frisch JM, Lovatt GE, Sproit ARM, Turner P (1974) The adverse reaction profile of Allopurinol. Proc 12th Int Congr Intern Med (Tel-Aviv), pp 412–419

Gröbner W, Zöllner N (1976) Uricosurica. In: Zöllner N, Gröbner W (Hrsg) Gicht. Springer, Berlin Heidelberg New York (Handbuch der Inneren Medizin, Bd 7/3, S 491)

Gröbner W (1989) Diet and drug treatment of gout. In: Wolfram G (ed) Genetic and therapeutic aspects of lipid and purine metabolism. Springer, Berlin Heidelberg New York London Paris Tokyo, pp 145–154

Heel RC, Brogden RN, Speight TM, Avery GS (1977) Benzbromarone: A review of its pharmacological properties and therapeutic use in gout and hyperuricaemia. Drugs 14: 349–366

Krakoff IH, Meyer RL (1965) Prevention of hyperuricaemia in leukaemia and lymphoma. J Am Med Ass 193: 1

Krakoff IH, Balis ME (1966) Allopurinol in the prevention of hyperuricaemia secondary to the treatment of neoplastic disease with alkylating agent, adrenal steroids and radiation therapy. Ann Rheum Dis 25: 651

Löffler W (1982) Urikosurika. In: Zöllner N (Hrsg) Therapie und Prognose von Hyperurikämie und Gicht. Springer, Berlin Heidelberg New York, S 73

Löffler W, Gröbner W, Zöllner N (1983) Harnsäuresenkende Wirkung einer Kombination von Benzbromaron und Allopurinol - Untersuchungen unter standardisierten Ernährungsbedingungen. Arzneimittelforschung 33 (II): 1687

Nuki G (1987) Disorders of purine metabolism. In: Weatherall DJ, Ledingham JGG, Warrell DA (eds) Oxford textbook of medicine, 2nd edn. Oxford University Press, Oxford, Vol 1: 9.123–9.135

Rundles RW, Silberman HR, Hitchings GH, Elion GB (1964) Effects of oxanthine oxidase inhibitor on thiopurine metabolism, hyperuricaemia and gout. Ann Intern Med 60: 717–718

Rundles RW, Metz EN, Silberman HR (1966) Allopurinol in the treatment of gout. Ann Intern Med 64: 229–258

Rundles RW (1985) The development of allopurinol. Arch Intern Med 145: 1492–1503

Scott JT (1980) Long term management of gout and hyperuricaemia. Brit Med J 281: 1164-1166

Wallace SL (1974) Colchicine. Semin Arthritis Rheumatism 3: 369-381

Zöllner N, Gröbner W (1987) Purinstoffwechsel: Urikosurika, Urikostatika, Pharmakotherapie der Gicht. In: Forth W, Henschler D, Rummel W (Hrsg) Allgemeine und spezielle Pharmakologie und Toxikologie. BI-Wissenschaftsverlag, Mannheim/Wien/Zürich, S 362

4.7 Chirurgie der chronischen Gicht

K. Wilhelm

Der Krankheitsverlauf einer Gicht kann auch unter internistischer Behandlung zu umfangreichen und tiefgreifenden Veränderungen an Gelenken, Knochen und Weichteilen führen. Es handelt sich dabei um die Fälle, die medikamentös wenig oder nicht mehr zu beeinflussen sind. Wegen Funktionseinbußen bzw. Sekundärinfektionen müssen diese chirurgisch aktiv angegangen werden.

4.7.1 Indikationen

In der internationalen Literatur werden 5 Kriterien angegeben, die entscheiden, ob eine Gicht einer operativen Behandlung zugeführt werden soll:

- Große Tophi, die kosmetisch stören, oder mehrere kleinere, die das Tragen von Schuhen oder Handschuhen unmöglich machen oder sehr erschweren;
- stärkere Schmerzen am Tophus, vor allem an exponierten Stellen;
- Behinderung der Streck- und Beugefunktion der Hand bzw. des Handgelenks;
- Sekundärinfektionen eines Tophus;
- bei massiven Uratablagerungen.

Nach Larmon (1970) lassen sich noch weitere Gründe ermitteln, die eine Operation sinnvoll erscheinen lassen:

a) Durch einen operativen Eingriff wird der Gesamtpool an Harnsäurekristallen extrem verändert bzw. verringert. Backmann (1973) berichtet von einem Gichtpatienten, bei dem tophisches Material entfernt wurde mit einem Harnsäuregesamtgehalt von insgesamt 36,6 g. Bei einer Gesamtharnsäuremenge von ca. 1 g in einem gesunden Körper ist die Reduktion einer derartigen Menge nicht unerheblich.

b) Eine Zunahme destruktiver Veränderungen am Knochen, an Gelenken und Weichteilen kann vermieden werden.

c) Weiterhin kann man eine Ulzeration durch Anwachsen der Tophi verhindern.

d) Bestehende Deformitäten vor allem an Händen und Füßen können korrigiert werden.

e) Sollten vor allem gewichtstragende Gelenke zerstört sein, so werden diese mittels Arthrodese stabilisiert.

f) Auch mit Gelenkplastiken kann man Verbesserungen vor allem an einzelnen Gelenken erzielen.

g) Drückt ein Tophus auf einen Nerv, so kann durch Resektion der sehr störende Nervenschmerz beseitigt werden.

Allgemein muß man feststellen, daß die Operation aus rein kosmetischen Gründen einer gewissen Zurückhaltung bedarf. Immerhin kann es nach einem operativen Eingriff zu störenden Narbenbildungen oder auch zu erheblichen Funktionseinbußen kommen. Wichtig ist auch in diesem Zusammenhang, daß die Operation keinen Einfluß auf die internistischen Aspekte des Krankheitsverlaufs aufweist. Eine medikamentöse und diätetische Behandlung werden auch postoperativ vonnöten sein.

4.7.2 Vorbereitung und Nachsorge

Wird nun der Entschluß gefaßt, operativ vorzugehen, so muß über einen genügend langen Zeitraum vor der Operation (etwa 2-3 Wochen) mit einer optimalen, individuell abgestimmten antihyperurikämischen Behandlung begonnen werden. Mindestens 2-3 Tage vor dem geplanten Eingriff werden täglich 3mal 0,5-1,5 mg Colchicin verabreicht. Auch nach der Operation soll die Colchicintherapie für mindestens eine Woche weitergeführt werden. In einigen Fällen ist es erforderlich, zusätzlich noch Phenylbutazon zu geben. Dies kann notwendig werden, da jeder Gichtkranke nach der Operation akut zu Gichtanfällen neigt. Talbott stellte fest, daß 86% der Gichtkranken, bei denen die beschriebenen Vorsorgemaßnahmen versäumt wurden, Gichtanfälle hatten. Wenn präoperativ entsprechend medikamentös behandelt wurde, erlitten nur 8% einen Gichtanfall. Auch Röntgentiefenbestrahlungen werden empfohlen. Dadurch werden die Operationswunden weniger reizbar und nur leichte Reaktionen am Knochen und an Sehnen auftreten. Da Gichtkranke überdurchschnittlich an Nierenfunktionsstörungen, koronaren Herzerkrankungen oder allgemeiner Arteriosklerose leiden, ist der präoperativen Diagnostik besondere Aufmerksamkeit zu schenken. Auch Diabetes sollte ausgeschlossen werden, da sonst mit erheblichen Wundheilungsstörungen zu rechnen ist.

Postoperativ ist, sofern dies möglich ist und das Operationsfeld nahe an Gelenken und Kapselgewebe liegt, eine Immobilisation zu empfehlen.

Kommt es einige Tage nach der Operation zu einem Austreten von flüssigem Uratmaterial aus der Wunde, so ist eine lokale Entzündungsreaktion unvermeidlich. In einem solchen Fall sollten die Fäden entfernt und feuchte Verbände angelegt werden. Diese Maßnahmen schaffen Abfluß und reinigen die Weichteilwunde, so daß sie binnen kurzer Zeit abheilen kann.

Finger, Zehen und auch größere Gelenke sollten ungefähr 10 Tage nach der Operation bewegt werden, um Einsteifungen zu vermeiden. Ausnahmen sind die Fälle, bei denen Arthrodesen vorgenommen werden. Bei schneller und reizloser Wundheilung kann schon wesentlich früher mit Bewegungsübungen begonnen werden. Es ist auffällig, daß einmal operierte Tophi nur selten an der gleichen Stelle wieder auftreten.

4.7.3 Allgemeine chirurgische Aspekte

Stehen Gichtknoten zur Entfernung an, so ist es günstig, wenn diese noch gut mit Haut gedeckt sind. Dann lassen sich auch Tophi von Knochen und Gelenken ohne Probleme chirurgisch beseitigen. Dazu ist es notwendig, die häufig vom Gichtgeschehen gestörte Hautdurchblutung zu schonen und das Gewebe insgesamt sanft zu behandeln. Liegen Abkapselungen vor, so sollten diese samt der Kapsel im Gesunden enukleiert werden. Werden die Gichttophi fälschlicherweise als Panaritium oder purulente Bursitis angesehen, so kann eine Inzision zu einer mischinfizierten Fisteleiterung mit Gefahr für den Extremitätenabschnitt werden.

Bestehen infiltrierende Ablagerungen etwa auch an Sehnen, so ist eine Kürettage angezeigt. Nicht selten müssen auch vitale Strukturen geopfert werden, wenn der Tophus insgesamt entfernt werden soll.

Sobald Uratablagerungen eng an wichtigen Strukturen haften, sollten diese vorsichtig von der Oberfläche und hier vor allem von Sehnen und Nerven angeschabt werden. Verbleiben Uratkristalle z. B. an einer Sehne, so wird eine volle Funktion dieser Sehne nicht mehr zu erwarten sein. Der Vorschlag von Larmon (1970), eine Wunde des öfteren zu spülen und damit Uratkristalle auch aus versteckten Winkeln herauszulösen, beruht auf eigener Erfahrung und kann nur wärmstens empfohlen werden.

Nach Backmann (1970) werden die Tophi nach pathologisch-anatomischen Erscheinungsbildern eingeteilt.

Tophi, die subkutan und über der Faszie liegen: Dazu zählt Backmann auch tophös veränderte Bursen. Die Tophi sind leicht verschieblich und durch eine fibröse Kapsel von der Umgebung abgeschottet. Eine Exzision im Ganzen wird dadurch möglich. Bei großen Tophi soll auch die überschüssige Haut mitexzidiert werden. Die Exzision der Haut darf aber nicht übermäßig ausgedehnt werden, da sonst eine Hauttransplantation erforderlich würde. Eine Läsion der Tophuskapsel kann während des Operierens leicht eintreten, da diese nur wenig widerstandsfähig ist. Es kann sich daraus dünnes bis dickflüssiges Material mit weißer bis gelblicher Farbe ergießen. Dies hat jedoch kaum einen negativen Einfluß auf die Wundheilung.

Tophi, die subkutan in der Nähe von Sehnen, Sehnenscheiden, Faszien, Gelenkkapseln liegen oder die Haut infiltrieren: Auch diese Tophi lassen sich oft in toto entfernen, da sie von fibrösem Gewebe eingehüllt sind. Erschwerend kommt in diesen Fällen hinzu, daß nicht selten das Tophusmaterial nur unvollständig umschlossen ist oder erst beim Übertritt in benachbarte Strukturen endet. Größte Vorsicht ist bei Infiltration einer Sehne angezeigt. Kann das Material nicht völlig entfernt werden, so sollte man lieber eine leicht tophisch infiltrierte Sehne in Kauf nehmen und darauf setzen, daß die weitergeführte Medikation den Rest des noch bestehenden tophösen Materials abbaut. Eine teilexzidierte Sehne würde eine Sollrißstelle darstellen. Es kommt dann häufig zu Spontanrupturen mit schwerwiegenden Funktionseinbußen und eventuell langwierigen Wiederherstellungseingriffen.

Tophi, die subkutan gelegen sind und auch Knochen und Gelenke befallen: Diese Tophi sind häufig extrem mit ihrer Umgebung verwachsen. In diesen Fällen kann nur noch gelegentlich ein Tophus insgesamt entfernt werden. Tophi, die im Knochen liegen, machen eine Kürettage dringend erforderlich. Manchmal ist der Restknochen zu schwach, und es bedarf einer Knochenersatzoperation. Kleinere Knochendefekte schließen sich schon nach kurzer Zeit ohne Unterstützung durch autologe Knochentransplantate.
Ist ein Gelenk durch Uratablagerung in Mitleidenschaft gezogen oder sogar zerstört, so kann nur noch eine Arthroplastik oder eine Teilresektion des Gelenks Erfolg bringen. Uratablagerungen können auch sekundär eine Synovialitis initiieren. Dies führt in Gelenken zu einer schnell fortschreitenden Arthrose mit Schwellungen und Funktionseinbußen. Um die Gelenkdestruktion einzudämmen, muß hier eine Synovektomie erwogen werden.
Wichtig ist es auch, daß, wenn überhaupt, nur wenige subkutane Nähte gelegt werden. Durch Setzen von tiefen Nähten kann die Blutversorgung,

die vielfach schon erheblich gestört ist, weiter geschädigt werden und damit eine erhebliche Verzögerung des Heilvorgangs eintreten.

Bei den Hautnähten wiederum ist darauf zu achten, daß diese spannungsfrei die Wundränder aneinanderheften. Bei Spannung kann es zu einer Minderdurchblutung der Haut und damit zu Hautnekrosen kommen.

Ist ein Tophus bereits ulzeriert, so erfordert diese Komplikation besondere Maßnahmen. Mit dem scharfen Löffel wird versucht, so viel an tophösem Material zu entfernen, wie irgend erreicht werden kann. Keinesfalls darf die Wunde geschlossen werden. Es soll auch versucht werden, Uratmaterial herauszuspülen. Größere Mengen von zurückbleibenden Harnsäurekristallen verhindern das Entstehen von Granulationsgewebe.

Manchmal muß das Tophusgebiet operativ erweitert werden, um das Ulkus ganz zu entfernen. Dies hat nicht selten Hauttransplantationen zur Defektdeckung der Haut zur Folge.

4.7.4 Operationstechniken an den einzelnen Extremitätenabschnitten

Hand und Handgelenk

Karpaltunnelsyndrom bei Gicht: Nach Phalen (1966) sind etwa 0,3% aller Karpaltunnelsyndrome gichtbedingt. Die Ätiopathogenese besteht in einer starken Ansammlung von Uratkristallen, die ihrerseits zu entzündlichen Verdickungen und Ödembildungen der Synovia der Beugesehnen führen. Im Karpalkanal entsteht somit eine Druckerhöhung, die besonders den N. medianus stark belastet.

Das chirurgische Vorgehen besteht in der Resektion der tophisch infizierten Sehnenscheiden nach Durchtrennung des Retinaculum flexorum. Nach Dekompression des N. medianus ist unbedingt eine antihyperurikämische Therapie angezeigt.

Ulnatunnelsyndrom bei Gicht: Das klinische Bild des Sulcus-nervi-ulnaris-Syndroms zeichnet sich durch Hypalgesie und Hypästhesie aus. Auch kommt es durch die Uratkristalle zu einer Irritation des Gleitgewebes um den Nerv in einem präformierten engen Bereich. Durch Schwellung und Entzündung wird der Raum für den Nerv immer enger, und ein Kompressionssyndrom mit den bekannten neurophysiologischen Veränderungen tritt ein.

Chirurgisch sind der Sulcus nervi ulnaris zu eröffnen, der Nerv vom Druck zu befreien und die tophösen Massen zu beseitigen.

An der Hand kann die tophische Gicht zur Arthritis, Dermatitis, Sehnenruptur, Hautulzeration oder Tendinitis führen.

Nach Göb (1976) unterscheidet man an der Hand zwei Arten von Tophi, nämlich eine destruierende Form, die häufig Gelenkzerstörungen nach sich zieht, und eine osteolytische Form.

Sehr bekannt ist der „drop finger". Uratablagerungen an der Insertionsstelle der Strecksehne am Endglied eines Langfingers führen zu einer Sehnenablösung. Da meist auch das Gelenk zerstört ist, helfen hier nur Arthrodeseverfahren.

Tophische Veränderungen an den Fingern, die chirurgisch angegangen werden sollen, werden in der Mitte über dem Knoten längs gespalten. Diese Schnittführung läßt störende Narben vermeiden.

Ist eine Sehne fast völlig mit tophösem Gewebe durchsetzt, so muß die Resektion dieses Sehnenabschnitts erwogen werden. Die üblichen Sehnentranspositionen oder Sehneninterpositionstechniken sind dann anzuwenden. Wichtig ist vor allem an den Fingern, die Nerven zu schonen. Dies kann schwierig werden, da die Nerven häufig von tophösem Material ummauert sind oder sogar von diesem infiltriert werden.

Ellenbogen

Die Bursa olecrani ist relativ häufig Sitz tophischer Veränderungen. Der so veränderte Schleimbeutel muß insgesamt entfernt werden. Gelenkeingriffe dagegen sind am Ellenbogengelenk selten.

Schulter

Wenn Gichttophi entstehen, so im Bereich der Bursa subcapsularis und subdeltoidea sowie der Synovia der Schulter und des Akromioklavikulargelenks. Seltener kann eine intraossäre Uratablagerung zu einer Humeruskopfnekrose führen. Bei derartigen Knochennekrosen bieten sich prothetische Ersatzoperationen an. Ansonsten muß das uratdurchsetzte Gewebe entfernt werden.

Untere Extremität

Chronische Gichterkrankungen führen häufig zu einer ausgeprägten Arteriosklerose vor allem der unteren Extremitäten. Aus diesem Grunde soll im Gegensatz zur oberen Extremität auf eine Blutsperre verzichtet werden.

Fuß: Akute Gichtanfälle durch Uratansammlungen in der Malleolengabel sind relativ häufig und führen zu einer chronischen Arthritis. Eine der häufigsten Lokalisationen ist das Großzehengrundgelenk. Je nach

Befall und Beschwerdedauer ist eine Kürettage vorzunehmen oder auch das Metatarsalköpfchen I sowie das proximale Drittel der Grundphalanx zu resezieren.

Auch die Grundgelenke der Zehen können betroffen sein, was dann eine Resektionsoperation nach Mayo notwendig macht.

Will man die Länge der Großzehe weitestgehend erhalten, ist eine Operation nach Hueter-Mayo empfehlenswert. Hier wird sehr sparsam am Knochen reseziert und die Gelenkkapsel erhalten und eingeschlagen, so daß kaum ein Längenverlust eintreten kann. In den letzten Jahren wurden auch Silikonimplantate entwickelt. Die Gelenkfunktion sowie das äußere Erscheinungsbild bleiben beinahe vollständig erhalten. Dennoch ist mit Infektion, Implantatbruch und Knochenüberproduktion zu rechnen.

Achillessehne: Tophi im Bereich der Achillessehne führen beim Gehen zu erheblichen Beschwerden. Uratablagerungen können hier eine Achillessehnenruptur herbeiführen. Rupturierte und rupturgefährdete Achillessehnen werden operiert. Tophöses Material wird entfernt und die Sehne wiederhergestellt.

Knie

Die Bursa suprapatellaris ist im Kniebereich wohl am häufigsten durch Uratablagerung verändert. Die Therapie besteht in einer Totalexzision der Bursa. Neben den Bursen sind die Synovialmembran sowie der Gelenkknorpel betroffen. Nicht selten sind auch die Menisci mit in das Krankheitsgeschehen einbezogen. Diese sind dann mitzuentfernen.

Hüfte

Bei Gichtpatienten kommt es relativ häufig zur Femurkopfnekrose. Diese ist nicht nur Folge der Uratablagerung im Knochen selbst, sondern Folge der gichtbedingten Gefäßveränderungen.

Quadrizepssehnenruptur: Eine beidseitige spontane Quadrizepssehnenruptur wurde von Levy et al. 1971 im *Journal of Bone and Joint Surgery* beschrieben. Der dort vorgestellte Patient war nierenkrank. Die Sehnenschwächung erfolgte durch fibrinoide Nekrosen mit chronisch-entzündlicher Reaktion. Durch eine subtile Nahttechnik läßt sich der Schaden beseitigen.

Zusammenfassend läßt sich sagen, daß die Gicht zunächst einer internistischen medikamentösen Behandlung zugeführt werden sollte. Nur wenn diese Therapie voll ausgeschöpft ist und dennoch Veränderungen an den Weichteilen, Sehnen, Nerven, Gelenken und Knochen zurückbleiben, ist ein operatives Vorgehen indiziert. Oberstes Gebot beim operativen Vorgehen ist die schonende Behandlung des gesunden umliegenden Gewebes, um zu vermeiden, daß die Funktion des betroffenen Extremitätenabschnitts operationsbedingt verschlechtert wird.

Das tophische Material sollte so umfassend wie nur möglich entfernt werden. Sind Gelenke oder Knochen zerstört, so können auch hier durch moderne Prothetik recht gute Ergebnisse erzielt werden.

Letztendlich stellt die Operation von tophösem Material eine flankierende Maßnahme zur medikamentösen und diätetischen Therapie dar. Diese ist maßgebend für den präoperativen Zustand sowie auch für den postoperativen Verlauf, wenn die chirurgische Indikation korrekt gestellt und die chirurgische Maßnahme fachgerecht durchgeführt wurde.

Literatur

Akizuki S, Matsui T (1984) Entrapment neuropathy caused by tophaceous gout. J Hand Surg [Br] 9: 331-332

Anderl H (1971) Die chirurgische Palliativbehandlung der Gichthand. Z Allgemeinmed 47: 1500-1501

Backmann L (1970) Chirurgische Behandlung rheumatischer Erkrankungen der Gicht. Ergeb Chir Orthop 54: 112-140

Backmann L (1973) Chirurgie der Gicht. Chirurg 44: 408-413

Cassagrande PA (1972) Surgery of tophaceous gout. Semin Arthritis Rheum 1: 262-273

Crasselt C (1979) Die Arthritis urica aus orthopädischer Sicht. Beitr Orthop Traumatol Jul 349-356

Frankel JP, Boysen TJ, Ochwat GF (1984) Surgery for tophaceous gout. J Foot Surg 23: 440-444

Gelberman RH, Doty DH, Hamer ML (1980) Tophaceous gout involving the proximal interphalangeal joint. Clin Orthop Mar-Apr 225-227

Göb A (1976) Die chirurgische Behandlung der Gicht. In: Zöllner N, Gröbner W (Hrsg) Gicht. Springer, Berlin Heidelberg New York (Handbuch der Inneren Medizin, 5. Aufl, Bd 7/3), S 579-586

Green EJ, Dilworth JH, Levitin PM (1977) Tophaceous gout. An unusual cause of bilateral carpal tunnel syndrom. JAMA 237: 2747-2748

Hofmeister F, Brandt H (1972) Die Lokalisation der Gicht im Hüftgelenk. Arch Orthop Unfallchir 73: 267-277

Landry JR, Schilero J (1986) The medical/surgical management of gout. J Foot Surg 160-175

Larmon WA (1970) Surgical management of tophaceous gout. Clin Orthop 71: 56-69

Levy M, Seelenfreund M, Maor P, Fried A, Lurie M (1971) Bilateral spontaneous and simultaneous rupture of the quadriceps tendon in gout. J Bone Jt Surg 53: 510-513

Martin SM, Gastwirth CM (1982) Surgical management of tophaceous gout: a literature review and case report. J Am Podiatry Assoc 72: 195-199

Moore JR, Weiland AJ (1985) Gouty tenosynovitis in the hand. J Hand Surg 10: 291-295

Phalen GS (1966) The carpal-tunnel-syndrome. J Bone Jt Surg 48: 211-228

Roper RB, Mozena JD, Boyce-Smith G (1984) The perioperative management of the gouty patient. Seventeen years' experience in diagnosis and treatment of six hundred fifty-four hands. J Am Podiatry Assoc 74: 168-172

Talbott JH (1967) Die Gicht. Hippokrates, Stuttgart

Walther B, Bauer H, Gröbner W, Zöllner N (1982) Karpaltunnelsyndrom bei Gicht. Dtsch Med Wochenschr 107: 942-944

Wolfensberger C (1976) Ein seltener chirurgischer Notfall: Akutes Karpaltunnelsyndrom bei Kalkgicht. Helv Chir Acta 43: 147-150

4.8 Physiotherapie und Ergotherapie

E. Senn

Es gibt keine gichtspezifische physikalische Therapie, schon gar keine besondere Gelenkbehandlungstechnik. Die funktionellen Behandlungsverfahren richten sich nach den erhobenen Befunden und den erfragten Beschwerden. Solche Beschwerden und Befunde kommen auch bei arthritischen und arthrotischen Gelenken vor. Es gibt deshalb keine wissenschaftlichen und darum auch keine statistisch gesicherten Untersuchungen über die Wirksamkeit bestimmter physikalischer Therapieformen speziell bei Gichtgelenken. Die anzuwendenden Verfahren lassen sich bei Kenntnis der grundsätzlichen Möglichkeiten durch logische Überlegungen aus dem klinisch und röntgenologisch erfaßbaren Gelenkzustand ableiten.

4.8.1 Stellenwert

Die physikalisch-funktionelle Behandlung der Gicht beschränkt sich im wesentlichen auf die Gelenke und die periartikulären Gewebe einschließlich der Haut. Ihre Bedeutung während eines akuten Arthritisanfalls ist bescheiden. Die Stärke der physikalischen Therapie samt Ergotherapie liegt in der weitestmöglichen *Verhinderung und Therapie von schweren sekundärarthrotischen Gelenkveränderungen.* Kurmäßige balneologische in Verbindung mit den diätetischen Maßnahmen müssen bei richtiger Indikation als eine zusätzliche Therapieform anerkannt werden; sie dürfen jedoch keinesfalls als Alternative zur Pharmakotherapie verstanden werden.

Alle Behandlungstechniken gehen primär von der *Gelenkstörung* aus. Die Muskulatur ist in jedem Falle nur mittelbar mitbetroffen. Trotz der heuti-

gen Tendenz, passiv-manipulative Techniken geringer als aktiv-kranken-
gymnastische einzustufen, müssen alle Maßnahmen, die an sich „passiv"
bzw. „passiv-manuell" die biomechanische Situation der betroffenen
Gelenke verbessern, mitberücksichtigt werden.

4.8.2 Der Gichtanfall

Eine vorsichtige, aber nachhaltige örtliche Kühlung eines entzündeten
Gelenks wirkt sofort analgetisch und nach einer Latenzzeit auch entzün-
dungshemmend. Die Kälte wird am schonendsten mittels eines kalten
Wickels appliziert, welcher in rascher Folge wiederholt wird. Die Schwie-
rigkeit liegt in der teils enormen Empfindlichkeit der mitentzündeten
Haut.

4.8.3 Sekundärarthrotische Veränderungen

Trotz der Kürze der Gichtarthritisschübe ist die direkte Zerstörung von
Knochen und Knorpelgewebe umfassender, schneller und nachhaltiger
als bei der chronischen Polyarthritis. Die Gefahr der raschen Entstehung
von schweren Gelenkdeformierungen und hartnäckigen Kontrakturen ist
groß. Aber auch während der Zwischenphasen ist auf eine möglicherweise schleichende Zunahme der Bewegungseinschränkungen zu achten.
Der Verschreibung einer physikalischen Therapie nach erfolgreich
behandeltem Gichtanfall muß eine *physikalische Untersuchung* der
betroffenen Gelenke vorausgehen. Es sind nicht nur das Ausmaß der
Bewegungseinschränkung und der Instabilität festzustellen bzw. das
Gelenkspiel zu beurteilen, sondern auch die an der Kontrakturentwick-
lung beteiligten Strukturen zu bestimmen. Obwohl meistens mehrere
Faktoren die Bewegungseinschränkung bedingen, ist die dominierende
bindegewebige, knorpelige, knöcherne oder muskuläre Struktur zu erkennen, um durch die Wahl der Technik bzw. Maßnahme einen Schwerpunkt in der physikalischen Therapie zu setzen. Manchmal können trotz
allgemein reduziertem Gelenkspiel Instabilitäten bei speziellen Gelenk-
stellungen in bestimmte Richtungen vorkommen, die es zu erkennen
gilt.
Je nach erhobenem Befund sind die folgenden physikalischen Maßnahmen angezeigt:

Bewegungslimitierende Deformation von Knorpel und Knochen: Möglichst
häufige Gelenkbewegungen unter dosierter Teilentlastung und Respek-

tierung des eingeschränkten Spielraums. Das Wasser kann als entlastendes Medium gute Rahmenbedingungen schaffen. Die häufigen Gelenkbewegungen wirken im Rahmen des Möglichen gestalt- und strukturbildend. Jeder Versuch der mehr oder weniger gewaltsamen Erweiterung des Bewegungsraums löst Schmerzen aus.

Kapsulär bedingte Einschränkungen des Gelenkspiels und damit der Beweglichkeit: Besondere krankengymnastische Kapseltechniken vermögen den Schrumpfungsprozeß und den damit verbundenen charakteristischen Kapselschmerz mit seiner typischen segmentalen Ausbreitung zu dämpfen und sogar zu behandeln. Beim Versuch der Erweiterung des eingeschränkten Bewegungsraums sind alle biomechanischen Prinzipien aus der manuellen Medizin zu berücksichtigen. Die ärztliche Verordnung muß auf die zu berücksichtigenden manuellen Mobilisationstechniken hinweisen.

Muskelkontrakturen: Sie setzen der bewegungserweiternden Kraft einen weich-elastischen, ja sogar zum Teil plastischen Widerstand entgegen. Die verkürzte Muskulatur läßt sich mit den heute üblichen Dehn- bzw. Stretchtechniken im Verlauf vieler Monate strukturell verlängern. Die Dehnreize wirken als Längenwachstumsreize. In einem vergleichbaren Ausmaß lassen sich auch die tieferen Bindegewebsschichten wie Muskelfaszien und Bänder verlängern.

Schrumpfungen, Verfestigung, Vermehrung des subkutanen bzw. eher oberflächlichen Bindegewebes: Ein harter, unelastischer und enger Hautschlauch samt dem dazugehörigen und benachbarten Bindegewebe vermag die Beweglichkeit eines Gelenks ebenfalls nachhaltig einzuschränken. Die Tophi stellen eine trophisch besonders ungünstige Komplikation der oberflächlichen dystrophen Gewebsprozesse dar. Die Bindegewebsschrumpfungen spielen im Bereich der Hand und des Ellenbogens eine besonders wichtige Rolle; sie sind aber häufig auch für eine unterschiedlich ausgeprägte Fixierung der Kniescheibe verantwortlich und limitieren damit indirekt die Kniegelenkbeweglichkeit. Eine konsequente, lokale (nicht reflektorische) Bindegewebsmassage vermag den Bindegewebsschlauch zu lockern, zu dehnen und mit der Zeit zu weiten. Gleichzeitig können mit dieser Technik tendoperiostotische Beschwerden gelindert werden. Diese Therapiemöglichkeit der Bindegewebsbehandlung wird gerne vergessen; obwohl sie nur eine Zusatzmaßnahme darstellt, ist sie dennoch nützlich, oft entscheidend.

Erst nach der Verbesserung bzw. Erarbeitung der biomechanischen Gelenksituation erfolgt die folgerichtige und meistens zusätzlich notwendige *Aktivierung der Willkürinnervierung der Muskeln* der vorbehandelten

Gelenke. Eine direkte Verbesserung der Muskeltrophik im Sinne einer Behandlung der Atrophie mit sog. Kräftigungsübungen ist unter Außerachtlassung der Gelenksituation nicht möglich und damit nicht sinnvoll. Es geht vielmehr darum, unter größtmöglicher Willküranstrengung und einer Konzentration auf die Empfindungen aus der geschwächten Muskulatur möglichst viele der zu den Gelenkmuskeln gehörenden Mononeurone derart therapeutisch zu aktivieren, daß sie den geplanten Willkürbewegungen wieder zur Verfügung stehen. Einfache Widerstandsübungen oder die etwas kompliziertere sog. Kabat-Technik der propriozeptiven neuromuskulären Förderung dienen in erster Linie dieser motorischen Muskelschulung. In hartnäckigen Fällen kann während weniger Male eine faradische Schwellstrombehandlung die Krankengymnastik unterstützen, wobei der Patient versucht, die elektrisch erzwungene Kontraktion willkürlich zu unterstützen, indem er sich ganz auf die Empfindungen aus dem gereizten Muskel konzentriert. Zum selben Zweck ist es möglich, aber meistens kaum notwendig, ein Myobiofeedback-System einzusetzen.

Im zweiten Schritt der krankengymnastischen Muskelbehandlung geht es darum, durch rhythmisch-dynamischen und fortgesetzten Einsatz der Muskulatur deren *Ausdauerleistungsfähigkeit* bzw. deren aerob-biochemische Ausstattung zu verbessern. „Kraftübungen" bzw. eine „Muskelkräftigung" sollen nicht verordnet werden.

Zusammengefaßt geht es zuerst um eine komplexe Gelenkbehandlung, dann um eine motorische Schulung und schließlich um die Förderung der Ausdauer.

Die krankengymnastischen Bemühungen zur Behandlung der sekundärarthrotischen Gelenk- und Muskelveränderungen können analog der physikalischen Therapie bei Arthrosen durch Wärme-, Kälte- und allenfalls elektrotherapeutische Maßnahmen vorbereitet oder erleichtert werden. Die Grundsätze zur Verordnung solcher *passiver Maßnahmen* sind identisch mit jenen bei der Arthrosebehandlung:

- Möglichst intensive, trockene, und damit betont oberflächlich wirksame, kurzfristige Kälteanwendungen reduzieren die akuten Schmerzen während der Mobilisation;
- milde und nachhaltig wirksame Kältepackungen - am besten in Form kalter Peloide - dämpfen die dumpfen, anhaltenden Schmerzzustände im Anschluß an Belastungen;
- feuchte Wärme als Vorbereitungsmaßnahme vor einer krankengymnastischen Behandlung, sofern die Wärme den etwa noch vorhandenen Entzündungszustand nicht aktiviert, wirkt als Bewegungsstarter;
- Gleichstrombehandlung reduziert irradiierende und in die Extremitäten projizierte Schmerzen, und Reizstrombehandlungen bekämpfen palpable Schmerz- und Triggerpunkte.

4.8.4 Ergotherapie

Die Ergotherapie ist wie bei den übrigen entzündlichen Gelenkerkrankungen für die folgenden Therapiemaßnahmen zuständig:

- Instruktion zum *Gelenkschutz:* Jeder chronische Gichtkranke mit einem Befall der Hände bedarf einer standardisierten, erläuternden und praktischen Instruktion über die allgemeingültigen Prinzipien, mit welchen die Überlastungen der Gelenke und damit verfrühte und beschleunigte Deformationen vermieden werden können.
- Abgabe von *Hilfsmitteln:* Falls es notwendig erscheint, einzelne betroffene Gelenke vor chronischen Belastungen durch die Berufs- bzw. Alltagstätigkeit zu schützen, müssen sich die Patienten über die Möglichkeiten des Einsatzes von einfachen, aber mechanisch wirksamen Hilfsmitteln beraten lassen; dazu gehört auch die Abgabe von Orthesen und Gehhilfen.
- Abgabe von *Lagerungsschienen* bei drohenden bzw. sich entwickelnden Gelenkdeformierungen bzw. Subluxierungen oder zur Unterstützung einer eigentlichen Kontrakturbehandlung; in vielen Fällen genügt es, die Schienen nur nachts zu tragen.

4.8.5 Kuren

Wie bei allen chronischen Stoffwechselkrankheiten spielen die Lebensumstände, beispielsweise die regelmäßige körperliche Aktivität, das Verhältnis zwischen Be- und Entlastung, der Tagesrhythmus ganz allgemein oder eine geordnete adäquate Ernährungsweise, eine bestimmte Rolle für den Schweregrad und die Komplikationen der Krankheit. Kuren sind bei gegebener Indikation geeignet, solche erschwerenden Umstände des Alltagsverhaltens bzw. des Lebensrhythmus zu korrigieren. Traditionellerweise setzen die Kuren für Gichtkranke folgende Therapieelemente ein:

- Diäten mit dem Ziel der langfristigen Umstellung auf eine adäquate Ernährungsweise;
- Trinkkuren mit Na- und Ca-Hydrogencarbonatwässern zur allgemeinen Förderung der Diurese und zur Verschiebung des pH-Werts des Urins auf die alkalische Seite;
- eine ausgleichende, regelmäßige Ganzkörperaktivität möglichst im Freien unter Ausnutzung von Klimafaktoren wie Sonne und kühle Luft zur Stärkung der Restgesundheit bzw. Hebung des Fitneßzustands;
- Bäder bzw. eine Bewegungstherapie im Wasser zur Entlastung der Gelenke, der allgemeinen Mobilisation und der Verbesserung des trophischen Zustandes der befallenen Gelenke.

Daneben wird dem Patienten die Gelegenheit gegeben, sich an einen geordneten Tagesablauf zu gewöhnen, der die Belastungen des Bewegungsapparats derart unterteilt bzw. auf den gesamten Tag verteilt, daß sie eher als Trainingsreiz denn als Überlastung wirksam werden, und der den Regenerations- und Restitutionsvorgängen die notwendige Zeit einräumt.

Die traditionelle balneologische Literatur hat den Schwerpunkt einerseits auf die Trinkkuren mit Natrium- oder Kalzium-Hydrogencarbonatwässern bzw. ganz allgemein mit alkalischen Wässern und andererseits auf die Benutzung von radiumemanationshaltigen Wässern gelegt, die in Form von Inhalationen, Bädern und Trinkkuren zur Anwendung gelangten. Die frühere Vorstellung einer auch nur halbwegs spezifischen und klinisch relevanten positiven Beeinflussung des Purinstoffwechsels mittels des natürlichen Gemisches aus verschiedenen Mineralien, welche in den empfohlenen Quellwässern enthalten sind, muß wohl fallen gelassen werden. Diese Bewertung der Trinkkuren aus heutiger Sicht gilt selbst angesichts der Tatsache, daß es in der Vergangenheit einer Reihe von Autoren gelang, für einige Trinkwässer erhöhte Harnsäureausscheidungsraten nachzuweisen; weder darf die quantitative Seite überschätzt werden, noch darf eine Spezifität der Wirkung angenommen werden. Die Aufnahme von radioaktivem Radium wird man so lange vermeiden, bis klare Vorstellungen über die Wirkungsweise und bewiesene klinische Resultate vorgelegt werden können. - Das Baden in schwefelhaltigen Wässern wurde zur positiven Beeinflussung der Qualität der Knorpelstruktur empfohlen; man weiß aber inzwischen, daß der tatsächlich über die Haut resorbierbare Schwefel neben den übrigen Wegen der Schwefelaufnahme nicht ins Gewicht fällt.

Aus dieser Sicht ergeben sich für den Gichtkranken folgende *Kurindikationen:*

- Schwer beeinträchtigter Allgemeinzustand nach Diagnosesicherung und festgelegter bzw. eingeleiteter medikamentöser und physikalischer Therapie;
- Notwendigkeit einer systematisierten Fortsetzung einer intensiven physikalischen Therapie bei Vorliegen wesentlicher Behinderungen durch multiple sekundärarthrotische Gelenkbefunde;
- körperlich und psychosozial belastende Lebenssituation mit erschwerten Möglichkeiten, den Tagesrhythmus entlastend, gelenkschonend und trainingswirksam zu gestalten.

Es ist entscheidend, daß sich der verordnende Arzt persönlich von der Kompetenz der behandelnden Kurärzte und den vorhandenen Behandlungskonzepten überzeugt.

5 Andere Hyperurikämieformen und Störungen des Purinstoffwechsels

5.1 Enzymdefekte des Purinstoffwechsels mit Gicht

W. Löffler, W. Gröbner

Die Entdeckung eines spezifischen Enzymdefekts, der zu vermehrter Harnsäurebildung führt (Kelley et al. 1967), beendete den alten Streit um die Pathogenese der Hyperurikämie. Es war damit erwiesen, daß die primäre Hyperurikämie Folge sowohl einer verminderten Ausscheidung (Thannhauser 1929) als auch einer vermehrten Bildung von Harnsäure (Gutman u. Yü 1957; Wyngaarden 1957) sein kann (Zöllner 1960). Es zeigte sich im Laufe der Jahre, daß die Häufigkeit der vermehrten Harnsäurebildung als Ursache einer primären Gicht erheblich überschätzt worden war. In der Literatur finden sich Werte bis zu 35% (Talbott 1981). Oft beruhen diese Zahlen auf Schätzungen und nicht auf eigenen Untersuchungen der Autoren. Dies trifft auch für die Angaben von Wyngaarden u. Kelley (1983) zu. Die Ansichten dieser Autoren änderten sich über die Jahre erheblich: Wyngaarden (1974) 5%, Wyngaarden u. Kelley (1978) 5–15%, Wyngaarden (1982) 2%, Wyngaarden u. Kelley (1983) 5–15%.

Aufgrund unserer eigenen Erfahrungen schätzen wir die Häufigkeit der vermehrten endogenen Harnsäurebildung auf weniger als 1% (Löffler et al. 1983a), möglicherweise weniger als 1‰. In 15 Jahren fanden wir unter unseren Patienten nur einen Erwachsenen mit vermehrter endogener Harnsäurebildung (Gröbner u. Zöllner 1979; Gröbner et al. 1981), entsprechend einer Häufigkeit von 0,0–0,3% ($p < 0,05$). Im übrigen bestätigte sich ein entsprechender Verdacht nie, wenn die Patienten unter stationärer Überwachung eine purinarme Diät erhielten.

Die Gicht durch angeborene vermehrte Harnsäurebildung unterscheidet sich von der familiären Hyperurikämie infolge eines renalen Ausscheidungsdefekts sowohl bezüglich der Parameter des Harnsäurestoffwechsels als auch nach dem klinischen Verlauf.

5.1.1 Diagnostik der vermehrten Harnsäurebildung

Die Höhe der Serumharnsäure erlaubt keine Rückschlüsse auf die Pathogenese der Hyperurikämie. Als erste diagnostische Maßnahme zum Nachweis der vermehrten Harnsäurebildung empfiehlt sich die Bestimmung der Harnsäureausscheidung im 24-h-Urin, ersatzweise – und sehr viel weniger zuverlässig – des Quotienten Harnsäure/Kreatinin im Spontanurin (Fujimoto et al. 1968; Kaufman et al. 1968). Bei einer renalen Harnsäureausscheidung unter Normalkost von mehr als 800 mg/Tag (entsprechend 4,75 mmol/Tag) bzw. einem Harnsäure-Kreatinin-Quotienten über 0,8 muß, nach Ausschluß sekundärer Ursachen (z. B. myeloproliferative Syndrome), ein Enzymdefekt in Betracht gezogen werden. Bei Kindern beträgt die normale renale Harnsäureausscheidung altersabhängig bis 18 mg/kg täglich, der Harnsäure-Kreatinin-Quotient bis 2,8 (Kaufman et al. 1968). Bei Enzymdefekten finden sich Werte bis 143 mg/kg (Michener 1967; Rosenberg et al. 1968). Gesunde Erwachsene scheiden unter purinfreier Diät $4,5 \pm 1,1$ mg/kg und Tag aus, wobei zwischen Männern und Frauen kein signifikanter Unterschied besteht (Löffler et al. 1983 b). Bei Enzymdefekten liegen diese Werte über 15 mg/kg.

Bei der Beurteilung der gemessenen renalen Harnsäureausscheidung ist zu berücksichtigen, daß durch diätetische Exzesse die genannten Grenzwerte überschritten werden können. Wir haben bei gesunden Versuchspersonen mit einer Harnsäuretagesmenge unter purinfreier Diät von weniger als 350 mg unter frei gewählter Kost Ausscheidungen bis 1600 mg/Tag bzw. 22 mg/kg gesehen, was einem Harnsäure-Kreatinin-Quotienten von 1 entsprach. Es kann aber auch bei Enzymdefekten dieser Quotient unter 0,8 liegen (Kelley 1980). Bestehen Zweifel an der Einhaltung diätetischer Vorschriften, so kann nur eine ständig über 1000 mg/Tag erhöhte Harnsäureausscheidung als sicher vermehrte endogene Harnsäurebildung gelten. In Ländern mit hohem Verbrauch an tierischem Eiweiß kann die unter „purinarmer" Standarddiät als normal angesehene Ausscheidung (Stafford u. Emmerson 1984) höher sein als die bei uns unter frei gewählter Kost gefundene (Löffler et al. 1983 b).

Patienten mit vermehrter endogener Harnsäurebildung haben primär eine normale Nierenfunktion. Sie sind im Gegensatz zu Patienten mit renalem Ausscheidungsdefekt in der Lage, ihre Harnsäureclearance dem erhöhten Angebot anzupassen. Ihre Clearance ist deshalb nicht nur im Vergleich zu diesen, sondern auch im Vergleich zu Gesunden erhöht. Serumkonzentration, renale Ausscheidung und Clearance der Harnsäure liegen in der Größenordnung von Gesunden, deren Harnsäurebildung durch hohe orale Purinzufuhr angehoben wurde. Bei Niereninsuffizienz können dann bei massiv erhöhter Ausscheidung unter Umständen normale Clearancewerte errechnet werden.

Niereninsuffizienz führt zu einer Umverteilung der Harnsäureausscheidung mit Verminderung der renalen und Zunahme der extrarenalen (instestinalen) Ausscheidung (Sorensen 1980; Löffler et al. 1983 a). Mit zunehmender Einschränkung der Nierenfunktion ist die dabei feststellbare Verminderung der Harnsäurebildung nicht mit den Retentionswerten, sondern mit dem klinischen Schweregrad der Urämie korreliert (Clarkson 1966). Zuverlässige Schätzungen der Gesamtharnsäurebildung aus der renalen Ausscheidung sind dann nicht mehr möglich. Untersuchungen nach dem Isotopenverdünnungsprinzip (i. v.-Injektion markierter Harnsäure) können nicht zwischen endogener und exogener Ursache vermehrter Harnsäurebildung unterscheiden. Dies gelingt durch Gabe eines markierten Vorläufers der Purinbiosynthese (Glyzin), derzeit die einzige Möglichkeit, den endogenen Ursprung vermehrter Harnsäurebildung zu beweisen, wenn einschlägige Enzymtests Normalbefunde ergeben haben. Solche technisch aufwendigen und teuren Untersuchungen (S. 59) erstrecken sich bis zum Vorliegen der Ergebnisse (mindestens) über Wochen und sind möglicherweise ebenfalls unzuverlässig, wenn eine Niereninsuffizienz fortgeschrittenen Stadiums vorliegt (Löffler et al. 1987).

Literatur zur Technik der Enzymdiagnostik sowie zur pränatalen Diagnostik von HPRT-Mangel und erhöhter katalytischer Aktivität der PRPP-S findet sich bei Shin-Buehring et al. (1980), Kelley u. Wyngaarden (1983), Löffler u. Gröbner (1983 c, 1988 a), Gibbs et al. (1984) sowie Simmonds et al. (1988).

5.1.2 Gemeinsame klinische Merkmale der primären Gicht bei angeborener vermehrter Harnsäurebildung

Bei erhöhter endogener Harnsäurebildung wird die Gicht frühzeitig manifest, der Verlauf ist besonders schwer, und frühzeitig treten renale Komplikationen auf. Gichtanfälle wurden in den ersten Lebenswochen (Mayer von Schopf 1930; Holland et al. 1983), aber auch erst in der 4. Dekade (Emmerson et al. 1972) oder im 65. Lebensjahr (Kelley u. Wyngaarden 1983) beobachtet. Ebenso kann eine akute Harnsäurenephropathie bereits in den ersten Wochen auftreten (Holland et al. 1983; Wingen et al. 1984). Bei etwa 50% gegenüber 20–40% bei Gicht infolge renaler Ausscheidungsstörung ist Nephrolithiasis das zuerst auftretende Symptom. Beim partiellen Mangel an Hypoxanthin-Phosphoribosyltransferase (HPRT) haben mehr als 75% der Patienten eine Nephrolithiasis in der Anamnese (Kelley u. Wyngaarden 1983).

Die hohe renale Clearance der Harnsäure bei Kindern und jungen Frauen führt dazu, daß bei diesen die obere Normgrenze der Serumharnsäure trotz massiv erhöhter Ausscheidung nicht immer überschritten wird (Hooft et al. 1968; Emmerson u. Wyngaarden 1969; Berman et al. 1969). Es muß in solchen Fällen immer die Möglichkeit in Betracht gezogen werden, daß eine über 6,5 mg/dl liegende Serumharnsäure Ausdruck einer eingeschränkten Nierenfunktion ist.

Die beiden bekannten Enzymdefekte des Purinstoffwechsels, die mit vermehrter Harnsäurebildung einhergehen und unbehandelt obligat zur Gicht führen, werden X-chromosomal vererbt. Es erkranken also nur Männer. In der angloamerikanischen Literatur findet sich dafür die Bezeichnung „X-linked gout". Heterozygote Überträgerinnen sind meist asymptomatisch, können aber auch eine erhöhte Harnsäurebildung aufweisen (Emmerson u. Wyngaarden 1969; Zoref et al. 1975).

5.1.3 Enzymdefekte des Purinstoffwechsels mit Gicht

Hypoxanthin-Phosphoribosyltransferase (HPRT)-Mangel

HPRT katalysiert die Bildung von Inosinmonophosphat und Guanosinmonophosphat aus den freien Basen und Phosphoribosylpyrophosphat (PRPP) unter Abspaltung von Pyrophosphat:

Hypoxanthin (Guanin) + PRPP
$$\rightarrow \text{Inosin (Guanosin) monophosphat} + \text{PPi.}$$

Diese und verwandte Reaktionen werden als Wiederverwertungsstoffwechsel („salvage pathway") bezeichnet. Der Nukleotidstoffwechsel ist auf ein geordnetes Zusammenspiel von Biosynthese und Wiederverwertung der Basen angewiesen. Wahrscheinlich können beim Menschen lediglich Planzenta und Leber ihren Nukleotidbedarf allein durch Biosynthese decken, alle anderen Organe sind in unterschiedlichem Maße auf die Wiederverwertung der Basen angewiesen. Fehlt die HPRT-Aktivität partiell oder vollständig, so entsteht ein Mangel an Nukleotiden, und es steht vermehrt PRPP für die Biosynthese zur Verfügung. Die Folge sind Steigerung der Purinbiosynthese und der Harnsäurebildung.

Weitgehender oder vollständiger Verlust der HPRT-Aktivität führt zusätzlich zur Gicht zu einem neurologischen Krankheitsbild mit Selbstverstümmelung durch Beißen, Choreoathetose, Spastik und verzögerter geistiger Entwicklung, das erstmals von Catel u. Schmidt (1959) beschrieben und nach Veröffentlichung der Kasuistik von Lesch u. Nyhan (1964) als Lesch-Nyhan-Syndrom bekannt wurde.

Patienten mit Lesch-Nyhan-Syndrom sind bei der Geburt klinisch unauffällig. Während der ersten 3 Monate können vereinzelt neurologische Symptome beobachtet werden (Lesch u. Nyhan 1964), mit Regelmäßigkeit tritt jedoch erst im Alter von 3–4 Monaten eine Verzögerung der motorischen Entwicklung ein. Zwischen dem 8. und 12. Monat kommen extrapyramidale Symptome in Form von feinen athetoiden Bewegungsstörungen der Hände und Füße, Dystonie und Chorea hinzu (Kelley u. Wyngaarden 1983). Die Athetose ist ähnlich derjenigen bei Asphyxie, Geburtstrauma oder Hyperbilirubinämie. Zumindest teilweise ist sie für die später hinzukommende Dysarthrie verantwortlich (Dreifuss et al. 1968). Zeichen der Pyramidenbahnläsion – Hyperreflexie, Klonus der Sprunggelenke, Spastik – finden sich ungefähr ab einem Jahr und sind bei älteren Kindern für die Unfähigkeit zu gehen verantwortlich (Kelley u. Wyngaarden 1983).

Das für das Lesch-Nyhan-Syndrom typische Symptom, die zwanghafte Selbstverstümmelung durch Beißen, tritt zwischen dem 2. und 16. Lebensjahr hinzu. Am häufigsten sind Finger, Lippen und Wangen betroffen. Der Zwang zum Beißen kann so weit gehen, daß Manschetten angelegt werden müssen. In Einzelfällen wußte man sich nicht anders als durch Zahnextraktion zu helfen. Im Gegensatz zu anderen neurologischen Störungen, die mit Selbstverstümmelung einhergehen, scheint die Verstümmelung bis hin zum Verlust größerer Organteile für das Lesch-Nyhan-Syndrom pathognomonisch zu sein (Kelley u. Wyngaarden 1983).

Die Aggressivität ist nicht nur gegen sich selbst, sondern auch gegen Angehörige und Fremde gerichtet. Sie kann von Patient zu Patient und bei einem bestimmten Patienten von Tag zu Tag sehr verschieden ausgeprägt sein, manchmal in Abhängigkeit von Ereignissen in der Umgebung. Aggressives Verhalten kann ein frühes, aber auch erst im Pubertätsalter auftretendes Symptom sein, bei anderen Patienten sich im Krankheitsverlauf bessern. Streßsituationen können die Aggressivität steigern und einen Opisthotonus auslösen. Bei etwa der Hälfte der Patienten wurden Krampfanfälle beobachtet, die nicht in allen Fällen mit Sicherheit auf den Enzymdefekt zurückzuführen waren.

Technische Untersuchungen wie Liquordiagnostik, Elektromyographie und Messung der Nervenleitgeschwindigkeit sowie bildgebende Verfahren waren ausnahmslos ohne pathologischen Befund. Die Testung des Intelligenzquotienten ergab Werte zwischen 39 und 65 (Kelley u. Wyngaarden 1983). In einem Einzelfall wurde nach Berücksichtigung der durch Dysarthrie und Choreoathetose verursachten Kommunikationsstörungen ein Normalbefund erhoben (Scherzer u. Ilson 1969).

Zwischen dem Vollbild des Lesch-Nyhan-Syndroms und Gicht ohne neurologische Störungen bei partiellem Enzymdefekt wurden vielfältige Übergangsformen beschrieben. Man beobachtete – einzeln oder in variabler Kombination – eine Verzögerung der geistigen Entwicklung, schwach ausgeprägte Quadriplegie, Dysarthrie, zerebellare Ataxie und Krampfanfälle. Die Patienten zeigten jedoch keine Tendenz zur Selbstverstümmelung. Insgesamt finden sich bei etwa 20% aller Patienten mit partiellem HPRT-Mangel neurologische Symptome (Kelley et al. 1969; Kelley u. Wyngaarden 1983). Der Zusammenhang zwischen Enzymdefekt und neurologischen Störungen ist unklar.

Es besteht eine gute Korrelation zwischen Schweregrad der neurologischen Symptomatik und Enzymaktivität in intakten Fibroblasten (Page et al. 1981), nicht aber in den der Diagnostik leicht zugänglichen Blutzellen (Emmerson u. Thompson 1973a; Rijksen et al. 1981). Bei minimaler oder fehlender Aktivität in Erythrozyten muß deshalb nicht in jedem Fall mit neurologischen Symptomen gerechnet werden, bei vergleichsweise hoher Restaktivität in Erythrozyten ist ihr Auftreten nicht mit Sicherheit ausgeschlossen. Bei Anämie und Polyglobulie kann die Aktivität in Hämolysat und intakten Erythrozyten falsch hoch sein (Löffler et al. 1986).

Patienten mit HPRT-Mangel weisen häufig ein makrozytäres Blutbild und megaloblastäre Veränderungen des Knochenmarks mit und ohne Anämie auf. Man vermutete einen relativen Mangel an Folsäure, nachdem einerseits bei einigen Patienten niedrige Folsäurespiegel gemessen wurden (Kelley et al. 1969), andererseits Folsäure bei der Purinbiosynthese benötigt wird. Die Zusammenhänge sind jedoch weder in vivo noch in Zellkulturen schlüssig. Bei einem Patienten konnte durch Gabe von Adenin das Blutbild normalisiert werden, während eine Folsäuresubstitution wirkungslos war (van der Zee et al. 1970).

Früher vermutete immunologische Defekte sind beim HPRT-Mangel nicht gesichert. Die Mehrzahl der Patienten mit Lesch-Nyhan-Syndrom stirbt in der 2. oder 3. Lebensdekade an Nierenversagen und an Infekten. Die häufigen Pneumonien und Harnwegsinfekte wurden auf Aspiration bzw. Harnwegsobstruktion durch Nephrolithiasis zurückgeführt. Patienten mit partiellem Defekt haben eine normale Lebenserwartung, wenn die Überproduktion von Harnsäure adäquat behandelt wird.

Hyperaktivität der Phosphoribosylpyrophosphat-Synthetase (PRPP-S)

Die PRPP-S katalysiert die Bildung von PRPP nach folgender Gleichung:

$$\text{Ribose-5-Phosphat} + \text{ATP} \rightarrow \text{PRPP} + \text{AMP}.$$

PRPP ist eine Schlüsselsubstanz im Purin- und Pyrimidinstoffwechsel und wird sowohl für die Biosynthese als auch die Wiederverwertung von

Basen, außerdem bei der Bildung mehrerer Koenzyme benötigt. Die vermehrte Bildung von PRPP bei Änderung der katalytischen Eigenschaften der PRPP-S verursacht eine Steigerung der Purinbiosynthese. Die vermehrt gebildeten Nukleotide werden zu freien Basen abgebaut. Die Kapazität der HPRT zur Wiederverwertung wird überschritten, die Basen zu Harnsäure oxidiert.

Eine Mutation der PRPP-S mit erhöhter katalytischer Aktivität wurde erstmals von Sperling et al. (1972) bei einem Gichtpatienten beschrieben. Der Defekt ist seltener als der HPRT-Mangel. Die Harnsäurebildung liegt in der gleichen Größenordnung wie bei diesem, die renale Harnsäureausscheidung kann 2,4 g/Tag erreichen (Sperling et al. 1972). Das klinische Bild ist deshalb, soweit es Gicht und renale Komplikationen betrifft, mit dem HPRT-Mangel vergleichbar.

Bei erhöhter PRPP-S-Aktivität scheint gehäuft, möglicherweise in kausalem Zusammenhang mit dem Enzymdefekt, sensorische Taubheit vorzukommen (Becker et al. 1980, 1988; Simmonds et al. 1982, 1988). Als gemeinsames biochemisches Merkmal der Patienten mit neurologischen Störungen bei Enzymdefekten des Purinstoffwechsels wurde eine Verminderung der Guanosintriphosphatkonzentration in Erythrozyten beschrieben (Simmonds et al. 1988).

Andere Enzymdefekte

Weitere Enzymdefekte des Purinstoffwechsels mit vermehrter endogener Harnsäurebildung sind bisher nicht zweifelsfrei nachgewiesen. In Fibroblastenkulturen zweier Patienten mit vermehrter Harnsäurebildung ergaben sich Hinweise auf eine mangelhafte Sensitivität der Glutamin-PRPP-Amidotransferase, des Schlüsselenzyms der Purinbiosynthese, gegenüber ihren physiologischen Inhibitoren (Henderson et al. 1968), die wahrscheinlich Folge erhöhter PRPP-Konzentrationen war (Holmes et al. 1973).

Das Auftreten einer Gicht bei Patienten mit verminderter Aktivität der Adenin-Phosphoribosyltransferase (APRT) (Delbarre et al. 1973; Emmerson et al. 1973 b) hat sich als zufälliges Zusammentreffen erwiesen. Fehlen der APRT führt nicht zu einer Steigerung der Harnsäurebildung (Simmonds u. van Acker 1983). Bei dem von Simmonds (1986) beschriebenen Fall von partiellem APRT-Mangel, vermehrter Harnsäurebildung und Gicht bei einem 11jährigen Mädchen ist ein kausaler Zusammenhang zwischen partiellem Enzymdefekt und vermehrter Harnsäurebildung nicht gesichert. Bei einem weiteren Fall von vermehrter Harnsäurebildung (Hooft et al. 1968) ist die Ursache ebenfalls unbekannt. Die erhöhte Aktivität der Leberxanthinoxidase bei Gicht (Carcassi et al. 1969) stellt eine sekundäre Veränderung bei vermehrter Harnsäurebildung jeglicher Ursache dar und ist durch purinreiche Diät induzierbar (Marcolongo et al. 1974). Die Bedeutung der bei Gichtpatienten vereinzelt festgestellten vermehrten Aktivität der Adenosindesaminase (van Maris et al. 1980) ist unklar. Auch die von Hers u. van den Berghe (1979) gefundenen veränderten kinetischen Eigenschaften der AMP-Desaminase der Leber bei einem Gichtpatienten wurde von anderen Arbeitsgruppen bisher nicht bestätigt.

5.1.4 Therapie

Die Behandlung der vermehrten Harnsäurebildung mit Allopurinol stellt bei adäquater Dosierung des Medikaments meist kein Problem dar. Die Behandlung anderer Symptome dieser Enzymdefekte ist dagegen bisher unbefriedigend oder völlig erfolglos geblieben.

Es wurde vielfach beschrieben, daß die Wirksamkeit von Allopurinol von der Höhe der Ausgangswerte abhängt. Wir konnten zeigen, daß nicht nur der absolute, sondern auch der relative Abfall von Serum- und Urinharnsäure größer ist, wenn unter standardisierten Ernährungsbedingungen bei gleicher Dosis von Allopurinol die Harnsäurebildung durch Zulage von Nahrungspurinen gesteigert wird (Löffler u. Gröbner 1988b). Bei gleicher Dosierung führen deshalb erhöhte Mengen von Purinbasen nur zu einer geringen Zunahme der Harnsäurebildung, jedoch einer starken Zunahme der Oxipurinausscheidung.

Patienten mit Enzymdefekten sprechen deshalb auf die Behandlung mit Allopurinol besser an als Patienten mit renalem Ausscheidungsdefekt. Oft reichen mittlere Dosen (300 mg/Tag) aus, auch wenn die Ausgangswerte im Serum um 15 mg/dl oder höher liegen. Die gute Wirksamkeit wird im Falle des HPRT-Mangels wahrscheinlich durch einen zusätzlichen Mechanismus unterstützt. Beim HPRT-Mangel sind die Hypoxanthinkonzentrationen in den Körperflüssigkeiten erhöht. In vitro wurde nachgewiesen, daß bei Vorliegen hoher Konzentrationen von Hypoxanthin zunächst dessen Konzentration absinken und diejenige von Xanthin ansteigen muß, ehe die Oxidation von Xanthin zu Harnsäure in Gang kommt (Jezewska 1973).

Diese gute Wirksamkeit birgt jedoch die Gefahr einer Komplikation, die bei Patienten mit normaler Harnsäurebildung bisher nicht beobachtet wurde. Die Zunahme der Oxipurinausscheidung ist vorwiegend auf eine Zunahme der Ausscheidung von Xanthin, weniger von Hypoxanthin zurückzuführen. Die Löslichkeit von Xanthin liegt bei pH 5 in der gleichen Größenordnung wie die der Harnsäure, nimmt aber im Gegensatz zu dieser bei Anstieg des pH nur unwesentlich zu (Klinenberg et al. 1965). Es können deshalb bei der Behandlung der vermehrten Harnsäurebildung mit Allopurinol Xanthinsteine entstehen oder eine akute Xanthinnephropathie auftreten. Dies wurde nicht nur bei Patienten mit Enzymdefekten (Greene et al. 1969; Sperling et al. 1978; Brock et al. 1983), sondern auch bei prophylaktischer Gabe von Allopurinol während zytostatischer Therapie beobachtet (Band et al. 1970; Gomez et al. 1978).

Als Konzequenz daraus ergibt sich die Forderung, Allopurinol noch strenger als bei normaler Harnsäurebildung ausreichend, aber so niedrig wie möglich zu dosieren. Die Flüssigkeitszufuhr muß hoch sein, auch wenn (noch) keine renalen Komplikationen bekannt sind. Eine Anhebung des Urin-pH auf Dauer durch Zitratgemische ist keine geeignete therapeutische Maßnahme. Sie kann allenfalls bei zufälligem Zusammentreffen mit einer Säurestarre des Urins empfohlen werden, wobei im 24-h-Profil pH-Werte von 6,5 nicht überschritten werden sollten.

Die Auflösung einmal entstandener Xanthinsteine durch Anheben des Urin-pH gelingt bei Enzymdefekten mit vermehrter Harnsäurebildung ebensowenig wie bei der Xanthinurie. Berechnet man die Löslichkeitsverhältnisse für Xanthin, so ergibt sich die theoretische Möglichkeit, daß dies bei einem Urinvolumen von mehreren Litern/Tag durch den Verdünnungseffekt erreicht werden könnte, wie auch in Einzelfällen von Zystinurie beschrieben. Eine invasive Therapie bzw. extrakorporale Stoßwellenlithotripsie dürfte jedoch bei Xanthinsteinen kaum einmal zu umgehen sein.

Medikamente zur Hemmung der vermehrten Harnsäurebildung, die der Behandlung mit Allopurinol vorzuziehen wären, gibt es nicht. Man hat beim HPRT-Mangel versucht, die Purinbiosynthese durch Gabe von Adenin zu vermindern. Dies gelingt auch, wie sich mittels Isotopentechniken sowohl bei Gesunden (Seegmiller at al. 1968) als auch beim Lesch-Nyhan-Syndrom (Demus et al. 1973) anhand der erheblichen Verminderung des Einbaus von Glyzin in die Harnsäure zeigen ließ. Die aus Adenin entstandenen Nukleotide werden jedoch sehr rasch zu Harnsäure abgebaut, so daß die Harnsäurebildung insgesamt eher noch zunahm, bestenfalls aber unverändert blieb.

Die beschriebene Anämie ist geringgradig und bedarf in der Regel keiner Therapie. Bezüglich der zentralnervösen Störungen waren bisher alle Therapieversuche erfolglos.

Literatur

Band PR, Silverberg DS, Henderson JF, Ulan RA, Wensel RH, Banerjee TK, Little AS (1970) Xanthine nephropathy in a patient with lymphosarcoma treated with allopurinol. N Engl J Med 283: 354–357

Becker MA, Raivio KO, Bakay B, Adams WB, Nyhan WL (1980) Variant human phosphoribosylpyrophosphate synthetase altered in regulatory and catalytic functions. J Clin Invest 65: 109–120

Becker MA, Puig JG, Mateos FA, Jimenez ML, Kim M, Simmonds HA (1988) Inherited superactivity of phophoribosylpyrophosphate synthetase: Association of uric acid overproduction and sensorineural deafness. Am J Med 85: 383–390

Berman PH, Balis ME, Dancis J (1969) Congenital hyperuricemia, an inborn error of purine metabolism associated with psychomotor retardation, athetosis, and self-mutilation. Arch Neurol 20: 44–50

Brock WA, Golden J, Kaplan GW (1983) Xanthine calculi in the Lesch-Nyhan syndrome. J Urol 130: 157–159

Carcassi A, Marcolongo R, Marinello E, Riario-Sforza G, Boggiano C (1969) Liver xanthine oxidase in gouty patients. Arthritis Rheum 12: 17–20

Catel W, Schmidt J (1959) Über familiäre gichtische Diathese in Verbindung mit zerebralen und renalen Symptomen bei einem Kleinkind. Dtsch Med Wochenschr 84: 2145–2148

Clarkson BA (1966) Uric acid related to uraemic symptoms. Proc EDTA 3: 3–7

Delbarre F, Auscher C, Amor B, de Gery A (1973) Gout with APRT deficiency. (Abstract) Isr J Med Sci 9: 1088

Demus A, Kaiser W, Schaub J (1973) The Lesch-Nyhan syndrome. Metabolic studies during administration of adenine. Z Kinderheilkd 114: 119–130

Dreifuss FE, Newcombe DS, Shapiro SL, Sheppard GL (1968) X-linked primary hyperuricemia (hypoxanthine-guanine phosphoribosyltransferase deficiency encephalopathy). J Ment Defic Res 12: 100–105

Emmerson BT, Wyngaarden JB (1969) Purine metabolism in heterozygous carriers of hypoxanthine-guanine phosphoribosyltransferase deficiency. Science 166: 1533–1534

Emmerson BT, Thompson CJ, Wallace DC (1972) Partial deficiency of hypoxanthine-guanine phosphoribosyltransferase: Intermediate enzyme deficiency in heterozygote red cells. Ann Intern Med 76: 285–287

Emmerson BT, Thompson L (1973a) The spectrum of hypoxanthine-guanine phosphoribosyltransferase deficiency. Q J Med 42: 423–440

Emmerson BT, Gordon RB, Thompson L (1973b) Adenine phosphoribosyltransferase deficiency in a female with gout. Isr J Med Sci 9: 1090–1091

Fujimoto WY, Greene ML, Seegmiller JE (1968) X-linked uric aciduria with neurological disease and self-mutilation: Diagnostic test for the enzyme defect. J Pediatr 73: 920–922

Gibbs DA, McFadyen IR, Crawfurd Md'A, de Muinck Keizer EE, Headhouse-Benson CM, Wilson TM, Farrant PH (1984) First-trimester diagnosis of Lesch-Nyhan syndrome. Lancet II: 1180–1183

Gomez GA, Stutzman L, Chu TM (1978) Xanthine nephropathy during chemotherapy in deficiency of hypoxanthine-guanine phosphoribosyltransferase. Arch Intern Med 138: 1017–1019

Greene ML, Fujimoto WY, Seegmiller JE (1969) Urinary xanthine stones – a rare complication of allopurinol therapy. N Engl J Med 280: 426–427

Gröbner W, Zöllner N (1979) Eigenschaften der Hypoxanthinguaninphosphoribosyltransferase bei einem Gichtpatienten mit verminderter Aktivität dieses Enzyms. Klin Wochenschr 57: 63–68

Gröbner W, Ritz E, Zöllner N (1981) Hypoxanthinguaninphosphoribosyltransferase (HGPRTase) aus Erythrozyten bei einem Gichtpatienten mit verminderter Aktivität dieses Enzyms und Niereninsuffizienz. Verh Dtsch Ges Inn Med 87: 1001-1002

Gutman AB, Yü TF (1957) Renal function in gout. Am J Med 23: 600-622

Henderson JF, Rosenbloom FM, Kelley WN, Seegmiller JE (1968) Variations in purine metabolism of cultured skin fibroblasts from patients with gout. J Clin Invest 47: 1511-1516

Hers H-G, van den Berghe G (1979) Enzyme defect in primary gout. Lancet I: 585-586

Holland PC, Dillon MJ, Pincott J, Simmonds HA, Barratt TM (1983) Hypoxanthine guanine phosphoribosyl transferase deficiency presenting with gout and renal failure in infancy. Arch Dis Child 58: 831-833

Holmes EW, Wyngaarden JB, Kelley WN (1973) The regulation of PRPP amidotransferase in man. Clin Res 21: 87 (Abstract)

Hooft C, Van Nevel C, De Schaepdryver AF (1968) Hyperuricosuric encephalopathy without hyperuricaemia. Arch Dis Child 43: 734-737

Jezewska MM (1973) Xanthine accumulation during hypoxanthine oxydation by milk xanthine oxidase. Eur J Biochem 36: 385-390

Kaufman JM, Greene ML, Seegmiller JE (1968) Urine uric acid to creatinine ratio - a screening test for disorders of purine metabolism. J Pediatr 73: 583-592

Kelley WN (1980) Gout and uric acid excretion levels. JAMA 243: 1271-1275

Kelley WN, Rosenbloom FM, Henderson JF, Seegmiller JE (1967) A specific enzyme defect in gout associated with overproduction of uric acid. Proc Natl Acad Sci USA 57: 1735-1739

Kelley WN, Greene ML, Rosenbloom FM, Henderson JF, Seegmiller JE (1969) Hypoxanthine-guanine phosphoribosyltransferase deficiency in gout. Ann Intern Med 70: 155-206

Kelley WN, Wyngaarden JB (1983) Clinical syndromes associated with hypoxanthine-guanine phosphoribosyltransferase deficiency. In: Stanbury JB, Wyngaarden JB, Fredrickson DS, Goldstein JL, Brown MS (eds) The metabolic basis of inherited disease, 5th edn McGraw-Hill, New York, pp 1115-1143

Klinenberg JR, Goldfinger SE, Seegmiller JE (1965) The effectiveness of the xanthine oxidase inhibitor allopurinol in the treatment of gout. Ann Intern Med 62: 639-647

Lesch M, Nyhan WL (1964) A familial disorder of uric acid metabolism and central nervous system function. Am J Med 36: 561-570

Löffler W, Simmonds HA, Gröbner W (1983b) Gout and uric acid nephropathy: Some new aspects in diagnosis and treatment. Klin Wochenschr 61: 1233-1239

Löffler W, Gröbner W, Wolfram G, Zöllner N (1983b) Die endogene Harnsäuresynthese des Menschen. Verh Dtsch Ges Inn Med 89: 678-679

Löffler W, Gröbner W (1983c) Hypoxanthine phosphoribosyltransferase. In: Bergmeyer H-U (ed) Methods of enzymatic analysis 3rd edn. Bd III Verlag Chemie, Weinheim, pp 399-407

Löffler W, Wingen A-M, Reiter S, Gröbner W, Zöllner N (1986) Stabilization against haemolysis during haemodialysis of a mutant HPRT. Adv Exp Med Biol 195A: 189-196

Löffler W, Simmonds HA, Metges C, Gibson T, Zöllner N, Fairbanks LD, Morris GS (1987) Uric acid production and turnover in patients with gout and renal insufficiency of rare origin. Klin Wochenschr 65 (Suppl X): 6-7

Löffler W, Gröbner W (1988a) Diagnostik von Enzymdefekten des Purinstoffwechsels bei der primären Gicht. Lab Med 12: 311-316

Löffler W, Gröbner W (1988b) A study of dose-response relationships of allopurinol in the presence of low or high purine turnover. Klin Wochenschr 66: 153-159

Marcolongo R, Marinello E, Pompucci G, Pagani R (1974) The role of xanthine oxidase in hyperuricemic states. Arthritis Rheum 17: 430-438

van Maris, AGCCM, Tax WJM, Oei TL et al. (1980) Phosphoribosylpyrophosphate and enzymes of purine metabolism in erythrocytes from young hyperuricemic males. Biochem Med 23: 263-271

Mayer von Schopf E (1930) Gicht bei einem 5 Wochen alten Säugling. Klin Wochenschr 9: 2148-2151

Michener WM (1967) Hyperuricemia and mental retardation with athetosis and self-mutilation. Am J Dis Child 113: 195-206

Page T, Bakay B, Nissinen E, Nyhan WL (1981) Hypoxanthine-guanine phosphoribosyltransferase variants: Correlation of clinical phenotype with enzyme activity. J Inherited Metab Dis 4: 203-206

Rijksen G, Staal GEJ, van der Vlist MJM et al. (1981) Partial hypoxanthine-guanine phosphoribosyl transferase deficiency with full expression of the Lesch-Nyhan syndrome. Hum Genet 57: 39-47

Rosenberg D, Monnet P, Mamelle JL, Colombel M, Salle B, Bovier-Lapierre M (1968) Encephalopathie avec troubles du metabolisme des purines. Presse Med 76: 2333-2338

Scherzer AL, Ilson JB (1969) Normal intelligence in the Lesch-Nyhan syndrome. Pediatrics 44: 116-119

Seegmiller JE, Klinenberg JR, Miller J, Watts RWE (1968) Suppression of glycine-15N incorporation into urinary uric acid by adenine-8-13C in normal and gouty subjects. J Clin Invest 47: 1193-1203

Shin-Buehring YS, Osang M, Wirtz A, Haas B, Rahm P, Schaub J (1980) Prenatal diagnosis of Lesch-Nyhan syndrome and some characteristics of hypoxanthine-guanine phosphoribosyltransferase and adenine phosphoribosyltransferase in human tissues and cultivated cells. Pediatr Res 14: 825-829

Simmonds HA (1986) 2,8-Dihydroxyadenine lithiasis - epidemiology, pathogenesis and therapy. Verh Dtsch Ges Inn Med 92: 503-508

Simmonds HA, Webster DR, Wilson J, Lingham S (1982) An X-linked syndrome characterised by hyperuricaemia, deafness, and neurodevelopmental abnormalities. Lancet II: 68-70

Simmonds HA, Van Acker KJ (1983) Adenine phosphoribosyltransferase deficiency: 2,8-dihydroxyadenine lithiasis. In: Stanbury JB, Wyngaarden JB, Fredrickson DS, Goldstein JL, Brown MS (eds) The metabolic basis of inherited disease, 5th edn. McGraw-Hill, New York, pp 1144-1156

Simmonds HA, Fairbanks LD, Morris GS, Webster DR, Harley EH (1988) Altered erythrocyte nucleotide patterns are characteristic of inherited disorders of purine or pyrimidine metabolism. Clin Chim Acta 171: 197-210

Sorensen LB (1980) Gout secondary to chronic renal disease: Studies on urate metabolism. Ann Rheum Dis 39: 424-430

Sperling O, Eilam G, Persky-Brosh S, de Vries A (1972) Accelerated erythrocyte 5-phosphoribosyl-1-pyrophosphate synthesis. A familial abnormality associated with excessive uric acid production and gout. Biochem Med 6: 310-316

Sperling O, Brosh S, Boer P, Liberman UA, de Vries A (1978) Urinary xanthine stones in an allopurinol-treated gouty patient with partial deficiency of hypoxanthine-guanine phosphoribosyltransferase. Isr J Med Sci 14: 288-292

Stafford W, Emmerson BT (1984) Effect of purine restriction on serum and urine urate in normal subjects. Adv Exp Med Biol 165A: 309-316

Talbott JH (1981) ‚It's gout until proven otherwise'. Curr Rheumatol 2: 1-7

Thannhauser SJ (1929) Lehrbuch des Stoffwechsels und der Stoffwechselkrankheiten. Bergmann, München

Wingen A-M, Löffler W, Waldherr R, Schärer K (1984) Acute renal failure in an infant with partial deficiency of hypoxanthine-guanine phosphoribosyltransferase. Proc EDTA-ERA 21: 751–756

Wyngaarden JB (1957) Overproduction of uric acid as the cause of hyperuricemia in primary gout. J Clin Invest 36: 1508–1515

Wyngaarden JB (1974) Metabolic defects of primary hyperuricemia and gout. Am J Med 56: 651–664

Wyngaarden JB (1982) Inherited disorders of purine metabolism. Verh Dtsch Ges Inn Med 88: 1254–1259

Wyngaarden JB, Kelley WN (1978) Gout. In: Stanbury JB, Wyngaarden JB, Fredrickson DS (eds) The metabolic basis of inherited disease, 4th edn. McGraw-Hill, New York, pp 916–1010

Wyngaarden JB, Kelley WN (1983) Gout. In: Stanbury JB, Wyngaarden JB, Fredrickson DS, Goldstein JL, Brown MS (eds) The metabolic basis of inherited disease, 5th edn. McGraw-Hill, New York, pp 1043–1114

van der Zee SPM, Lommen EJP, Trijbels JMF, Schretlen EDAM (1970) The influence of adenine on the clinical features and purine metabolism in the Lesch-Nyhan syndrome. Acta Paediatr Scand 59: 259–264

Zöllner N (1960) Moderne Gichtprobleme. Ätiologie, Pathogenese, Klinik. Ergeb Inn Med Kinderheilk 14: 321–389

Zoref E, De Vries A, Sperling O (1975) Mutant feedback-resistent phosphoribosylpyrophosphate synthetase associated with purine overproduction and gout. J Clin Invest 56: 1093–1099

5.2 Krankheiten mit Urolithiasis*

H. A. Simmonds

5.2.1 Purinbasen und Nephrolithiasis

Für die Nephrolithiasis beim Menschen sind die drei endogenen Purinbasen Harnsäure, Xanthin und 2,8-Dihydroxyadenin (2,8-DHA) von Bedeutung. Alle drei sind metabolische Endprodukte (s. Abb. 1.14). Die Harnsäure wird als Endprodukt des normalen Purinstoffwechsels im Urin ausgeschieden, während Xanthin und 2,8-DHA nur unter speziellen, im folgenden beschriebenen Bedingungen akkumulieren. Daher treten Harnsäuresteine am häufigsten auf und sind der Menschheit seit Jahrtausenden bekannt. Im Gegensatz dazu wurden Xanthinsteine erst im letzten Jahrhundert (Hitchings 1978) und 2,8-DHA Steine vor etwas mehr als einer Dekade (Simmonds et al. 1988a) zuerst beschrieben. Die potentielle Nephrotoxizität dieser drei Purinbasen ist durch ihre schlechte Löslichkeit im normalen pH-Bereich des menschlichen Urins

---

* Übersetzt von B. Gathof.

Tabelle 5.1. Löslichkeit verschiedener Purine im menschlichen Urin

pH	5,0		8,0	
	[mg/dl]	[mmol/l]	[mg/dl]	[mmol/l]
Harnsäure	15	0,9	200	12,0
Xanthin	8	0,5	13	0,9
Hypoxanthin	140	10,3	150	11,0
2,8-Dihydroxyadenin	0,3	0,02	0,5	0,03
Oxipurinol	20	1,32	70	4,6

bedingt (Tabelle 5.1). Bei pH 5,0 beträgt ihre Löslichkeit weniger als
1 mmol/l. Während die Ausscheidung von Harnsäure durch Alkalisierung um das 12fache gesteigert werden kann, ist die Exkretion von Xanthin und insbesondere 2,8-DHA dadurch nur wenig verändert. Alle Faktoren, die die Löslichkeit von Harnsäure und Xanthin im Urin vermindern, können Kristallurie und Nephrolithiasis verursachen. 2,8-DHA ist
so unlöslich, daß es immer zu Kristallurie führt und eine Nephrolithiasis
sehr wahrscheinlich macht.

5.2.2 Harnsäuresteine

Eine Vielzahl von Faktoren prädisponiert zur Bildung von Harnsäuresteinen. Hierzu zählen genetische Faktoren, die zur vermehrten Harnsäureausscheidung führen, ebenso wie Diät und Medikamente als sekundäre
Ursachen.

Genetische Defekte

HGPRTase-Mangel

Der zur Harnsäureüberproduktion führende molekulare Mechanismus
und die klinischen Korrelate, u. a. die Nephrolithiasis, dieses X-chromosomalen Defekts wurden im Kap. 3.1 beschrieben. HGPRTase-Mangel
führt zur Blockade der Wiederverwertung von Hypoxanthin und Guanin
und dadurch zu fehlender Kontrolle des Nukleotidfeedbacks (Abb. 5.1).
Außerdem kumuliert PP-Ribose-P und beschleunigt die Purinneusyn-
these. Abhängig von der Enzymmenge in intakten Zellen wurden ein partieller und ein kompletter HGPRTase-Mangel beschrieben. In lysierten
Erythrozyten, wo das Enzym oft nicht nachweisbar ist, können diese beiden Formen nicht unterschieden werden.

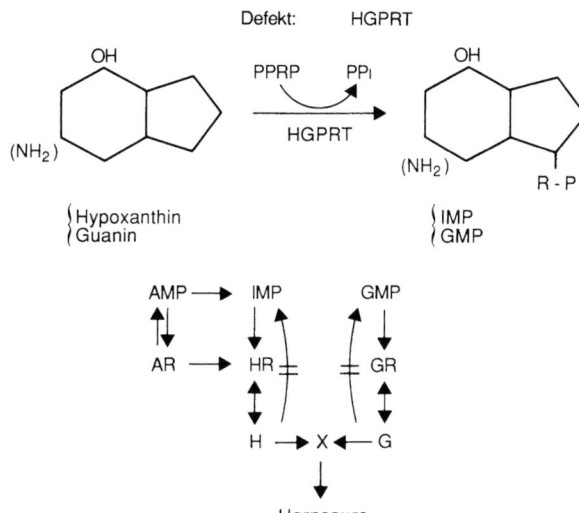

Defekt: HGPRT

Hypoxanthin
Guanin

IMP
GMP

AMP → IMP GMP

AR → HR ⫫ ⫫ GR

H → X ← G

Harnsaure

Abb. 5.1. Der HGPRT-Mangel führt zu einem Block bei der Reutilisierung der Purin-basen H und G. Daraus resultieren vermehrte Purinsynthese und Harnsäurebildung

Beide Defektformen – der komplette manifestiert sich in der Kindheit, der inkomplette beim Adoleszenten – sind mit einer ausgeprägten Purin-überproduktion und Hyperurikämie assoziiert. Es wurden Harnsäure-spiegel von bis zu 10 nmol (1600 mg) pro Tag beschrieben. Als Folge treten bei beiden Defekttypen häufig Urolithiasis und ein durch eine Harnsäurenephropathie verursachtes akutes Nierenversagen auf. Letzteres könnte eine zu wenig bekannte Manifestationsform sein; bis zu ein Drittel der Fälle in manchen Studien (Cameron u. Simmonds 1987) haben sich auf diese Weise gezeigt.

PP-Ribose-P-Synthetase-Überaktivität

Patienten mit PP-Ribose-P-Synthetase-Überaktivität, einer anderen X-chromosomalen Störung des Purinmetabolismus, die zur Harnsäurestein-bildung führt, haben eine normale HGPRTase-Aktivität. Sie werden durch eine ausgeprägte Harnsäuremehrausscheidung auf Kreatininbasis (Becker et al. 1988) erkannt. Die Urolithiasis ist häufig das erste Symptom dieses mittlerweile bei über 20 Familien beschriebenen Defekts. Hyperurikämie und Harnsäureausscheidung erreichen hier häufig die gleiche Größenordnung wie beim HGPRTase-Mangel. Purinüberproduktion und Urolithiasis treten auch häufig bei den heterozygoten Frauen auf.

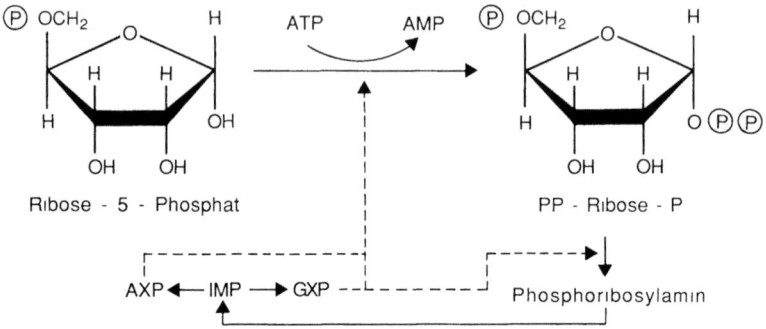

Abb. 5.2. Überaktivität der PP-Ribose-P-Synthetase führt zur Stimulation der Purinsynthese und Harnsäurebildung

Die PP-Ribose-P-Synthetase katalysiert die Reaktion von Ribose-5-Phosphat mit ATP zu PP-Ribose-P, einem allosterischen Regulator der Purin-Neusynthese (Abb. 5.2). Dieses Enzym benötigt als obligaten Aktivator Mg^{2+} und anorganisches Phosphat und wird durch ADP, GDP und andere Nukleotide gehemmt. Die Harnsäureüberproduktion ist nicht durch einen Mangel an Nukleotidinhibitoren, sondern durch verschiedene molekulare, regulatorische und katalytische Defekte bedingt und führt zu einer verminderten Feedbackhemmung mit Überproduktion unter physiologischen Bedingungen.

Wie bei dem HGPRTase-Mangel könnte auch bei dieser Störung eine Assoziation zwischen dem kinetischen Defekt und der Ausprägung des Phänotyps bestehen (Simmonds 1987). Die Mehrzahl der Fälle wird in der Adoleszenz diagnostiziert, wenn Gicht und Urolithiasis auftreten. Jedoch wurden kürzlich 4 Familien identifiziert, die in der Kindheit ein kombiniertes Syndrom von Purinüberproduktion und neurologischen Störungen einschließlich erblicher sensoneuraler Taubheit zeigten (Bekker et al. 1988); in neueren Studien wurde außerdem eine Familie mit intermediären (zwischen den beiden genannten Formen) metabolischen und neurologischen Störungen beschrieben.

Eine detaillierte Erforschung des PP-Ribose-P-Synthetase-Gens und der genetischen Grundlage für die Überaktivität werden eine mögliche Assoziation klären.

Hereditäre renale Hypourikämie

In diesem Fall ist eine Hypo-, nicht Hyperurikämie, mit einer gesteigerten Harnsäureausscheidung im Urin assoziiert. Dieser tubuläre Reabsorptionsdefekt wurde in etwa 33 Fällen beschrieben und wird autosomal rezessiv vererbt (Gaspar et al. 1986). Die Harnsäureausscheidung ist höher als üblich und reicht von 20% der GRF bis zu Werten über der GFR (normal etwa 10% der GFR). Das Ansprechen auf pharmakologische Inhibitoren war unterschiedlich. Bei einer Reihe von Fällen war die Reabsorption der filtrierten oder sekretierten Harnsäure gestört oder die Sekretion gesteigert. Die Inzidenz der Urolithiasis ist gering, außer wenn zusätzlich eine Hyperkalzurie besteht.

Genetische Defekte in Verbindung mit niedrigem Urin-pH

Idiopathische Harnsäure-Nephrolithiasis: Bei dieser Störung sind die Harnsäurespiegel in Plasma und Urin normal oder sogar niedrig, aber es wird häufig ein Urin-pH von 4,8–5,0 gefunden (De Vries u. Sperling 1977). Ein pH unter 5,5 führt zur Sättigung des Urins mit Harnsäure und dadurch zur Urolithiasis. Ein erblicher Defekt wurde erstmals in Israel beschrieben, die Anzahl der Fälle ist weltweit gering.
Andere tubuläre Defekte wie bei M. Wilson, M. Hartnup, dem Fanconi-Syndrom und renaler tubulärer Azidose, die mit einer erhöhten renalen Clearence für Harnsäure verbunden sind, haben ein ähnliches Potential für Urolithiasis.

Gicht: Die Prävalenz von Steinen bei Patienten mit Gicht ist viel höher als in der Normalbevölkerung und liegt zwischen 10 und 25% (Wyngaarden u. Kelley 1983). Sowohl beim Fasten wie auch im Tagesprofil haben Gichtpatienten die Tendenz zu einem vergleichsweise sauren Urin mit einem vermindertem Anstieg des pH auf Alkaligabe. Da die Mehrheit der Gichtpatienten bei kontrollierter Purinzufuhr eine normale Harnsäureausscheidung hat (Zöllner et al. 1977), mag die Ernährung ein zusätzlicher Faktor sein.

Nichtgenetische Faktoren

Medikamente und Ernährung

Die Steigerung der Harnsäureausscheidung durch verschiedene Pharmaka wie Probenecid und Benzbromaron wird in der Therapie der Gicht angewendet, allerdings sollte hier der Steinbildung vorgebeugt werden (Zöllner et al. 1970b). Über akute Gichtnephropathien, manchmal auch Urolithiasis wurde nach Therapie mit verschiedenen Urikosurika einschließlich Sulfinpyrazon, Röntgenkontrastmitteln etc. berichtet.
Eine purinreiche Ernährung kann zu Bildung von Harnsäuresteinen und Gicht prädisponieren (Zöllner et al. 1970a). Harnsäuresteine kommen relativ häufig in Australien und anderen Ländern vor, wo purinreiche

Speisen und Getränke (z. B. Fleisch und Bier) vermehrt konsumiert werden; ebenso in Bevölkerungen mit einem vermehrten Verbrauch von Hefetabletten und Vitaminen etc.; Vitamin C ist eine Urikosurikum. Die urikosurischen Effekte einer eiweißreichen Ernährung (Löffler et al. 1981) und die damit verbundene Prädisposition zu Kalziumsteinen sind noch nicht sehr bekannt.

Dehydratation

Patienten mit chronischer Diarrhö oder Ileostomie bei chronisch-entzündlichen Darmerkrankungen können ebenfalls geringe Urinvolumina mit niedrigem pH ausscheiden. Hier zeigt die Prävalenz der Steinbildung mit 7–12%, daß die Dehydrierung ein wichtiger Faktor bei der Harnsäuresteinbildung sein kann (De Vries u. Sperling 1977).

5.2.3 2,8-Dihydroxyadenin (2,8-DHA)-Steine

Die aus dem sehr unlöslichen Purin 2,8-DHA zusammengesetzen Steine wurden ursprünglich als „Harnsäuresteine" (fehl-) diagnostiziert (Simmonds et al. 1988). Ein Mangel des Enzyms Adenin-Phosphoribosyltransferase (APRT) ist die metabolische Grundlage dieser Steinbildung. Der Enzymdefekt führt zu einer Störung der Wiederverwertung der Purinbase Adenin, die über eine 8-Hydroxy-Zwischenform durch die Xanthinoxidase zu 2,8-DHA (Abb. 5.3) oxidiert wird. Die vermehrte Ausscheidung dieses unlöslichen Purins führt zu Kristallurie und in 85% der Fälle zu Nierensteinen. Akutes Nierenversagen trat bei bis zu einem Drittel dieser Fälle auf; zwei Drittel der Fälle waren Kinder. Klinische Symptome wie Koliken, Hämaturie, Infektionen der ableitenden Harnwege und Dysurie können von Geburt an bestehen. Andere biochemische Veränderungen wurden bisher nicht beobachtet.

APRT katalysiert normalerweise die Resynthese von Adenin mit PP-Ribose in Anwesenheit von Mg^{2+} zu AMP. Zwei Defekttypen konnten bei 2,8-DHA-Steinbildnern aufgrund der Spiegel des restlichen APRT in Erythrozytenlysaten identifiziert werden:

- Bisher wurden 35 Fälle in 12 Ländern mit praktisch keiner nachweisbaren Enzymaktivität (Typ I) gefunden. Sie sind homozygot oder gemischt heterozygot für das APRT*QO genannte Nullallel.
- Ausschließlich aus Japan wurden bisher 31 Fälle mit bis zu 25% der normalen APRT-Aktivität im Lysat gemeldet (Typ II). Diese sollen homozygot für das mutante, APRT*J genannte Allel sein. Das mutante Enzym von japanischen Patienten mit Typ-II-Defekt hat eine verminderte Affinität für PP-Ribose-P, eine veränderte Kinetik und Thermo-

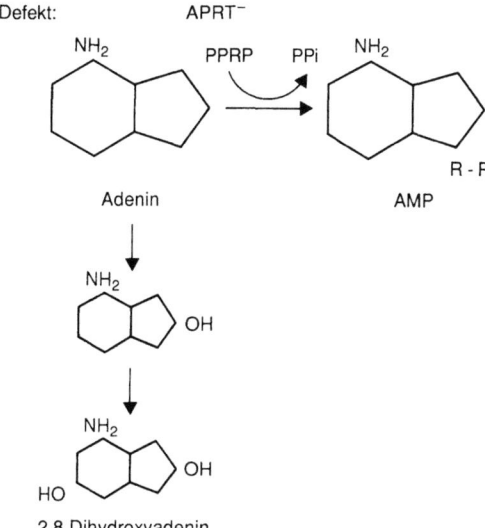

Defekt: APRT⁻

Adenin

AMP

2,8 Dihydroxyadenin

Abb. 5.3. Bei einem APRT-Mangel wird die Umwandlung von Adenin in AMP blokkiert. Infolge des Defekts akkumuliert Adenin und wird durch die Xanthinoxidase in 2,8-Dihydroxyadenin umgewandelt

stabilität. Der K_m für PP-Ribose-P ist auf das 10fache erhöht (Kamatani et al. 1987).

- Da heterozygote Typ-I-Defekte ebenfalls 25% der normalen Enzymaktivität in lysierten Erythrozyten haben, kann die Unterscheidung zum Typ II nur durch Untersuchungen an intakten Zellen erfolgen (Kamatani et al. 1987).

Die APRT wird von Allelen eines Genlokus auf Chromosom 16 kodiert. Die Defekte zeigen einen autosomal-rezessiven Erbgang und waren auf der molekularen Ebene Gegenstand großen Interesses. Das normale APRT-Gen ist geklont und sequenziert worden. Mutante Gene für den Typ-I-Defekt wurden kürzlich isoliert, charakterisiert und sequenziert, wobei verschiedene Veränderungen der Nukleotidsequenz auf allen Allelen entdeckt wurden (Hikada et al. 1987). Andererseits scheint eine einzige Mutation für den Typ-II-Defekt verantwortlich zu sein (Hikada et al. 1988).

Andere Ursachen für 2,8-Dihydroxyadeninsteine

Die Gabe von hohen Dosen Adenin hat bei Menschen und Tieren zu 2,8-DHA-Lithiasis und Nephrotoxizität (Bartlett 1977, Minkowski 1898) geführt. Adenin ist Patienten mit HGPRTase-Mangel im erfolglosen Versuch, dadurch die Purinüberproduktion zu drosseln, gegeben worden. Befunde bei Nierenbiopsien von Versuchstieren korrelierten gut mit den bei einem Patienten mit APRT-Mangel berichteten Veränderungen (Simmonds et al. 1988).

5.2.4 Xanthinsteine

Xanthinsteine werden hauptsächlich bei Patienten mit genetischen Defekten der Xanthinoxidase gefunden (Übersicht s. Simmonds 1987).

Genetische Faktoren

Der Mangel an Xanthinoxidase (XOD) führt zu einer Blockierung der normalen Oxidation von Hypoxanthin zu Xanthin und von diesem zu Harnsäure (Abb. 5.4). Da diese Blockierung praktisch vollständig ist, werden Xanthin und in geringerem Maß auch Hypoxanthin als Endprodukte im Urin ausgeschieden. Die Purinproduktion ist normal. 30% der Fälle manifestieren sich mit durch die vermehrte Ausscheidung von Xanthin verursachten Symptomen, Urolithiasis und Xanthinnephropathie. Die Mehrzahl der mehr als 100 bekannten Fälle wurde allerdings nur zufällig bei der Abklärung anderer klinischer Probleme entdeckt. Die Xanthinoxidase wird beim Menschen fast ausschließlich in Leber und intestinaler Mukosa gefunden (Eddy et al. 1987). Der Genlokus für die XOD ist bisher noch nicht bekannt, die Vererbung ist autosomal-rezessiv.
Ein kombinierter XOD-Sulfitosidase-Mangel wurde kürzlich bei einigen Kindern beschrieben, deren Xanthinurie mit schweren neurologischen Dysfunktionen und Sulfitoxidasemangel assoziiert war. Dieser Defekt beruht auf dem Fehlen des gemeinsamen, Molybdän enthaltenden Kofaktors und scheint durch die Unfähigkeit, die Untergruppe Pteridyl dieses Kofaktors zu synthetisieren, bedingt zu sein.

Nichtgenetische Faktoren

Eine iatrogene Xanthinsteinbildung und Xanthinnephropathie wurde bei Patienten mit Purinüberproduktion (HGPRTase-Mangel oder hämatologischen Erkrankungen), die mit Allopurinol behandelt wurden, berichtet. Hier traten an die Stelle der Harnsäure extrem hohe Xanthinspiegel. Bei dieser Therapie muß deshalb die Dosis sorgfältig eingestellt werden, um

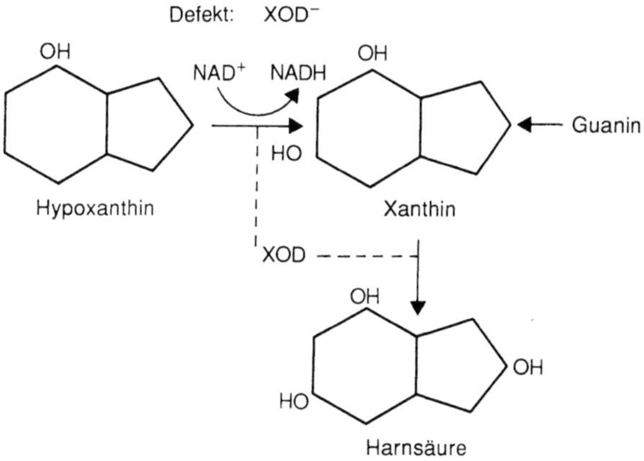

Abb. 5.4 Ein XOD-Mangel führt zu einem Block in der Umwandlung von Hypoxanthin zu Xanthin und von Xanthin zu Harnsäure

derartige Komplikationen zu vermeiden (Simmonds 1987). Xanthinsteine wurden außerdem bei Schafen von Weiden, denen das Spurenelement Molybdän fehlte (Easterfield u. Bruce 1930), gefunden, und auch bei Menschen mit Xanthinsteinen wird jetzt das Fehlen dieses essentiellen Kofaktors diskutiert.

5.2.5 Epidemiologie

Harnsäuresteine stellen in den meisten Ländern etwa 5% aller Steine, nur in Dürregebieten und in Mittelmeerländern können sie bis zu 50% der Steine ausmachen (De Vries u. Sperling 1977). Das Klima ist ein wichtiger Faktor für die Ausprägung der Xanthin-Nephrolithiasis. Obwohl diese selten ist, kommt sie häufiger in den mediterranen Ländern vor und hat bei Patienten aus dem Mittleren Osten schon zu Nephrektomie geführt. Bei der Ätiologie des 2,8-DHA-Mangels scheint die Geographie keine Rolle zu spielen, da dieser gleichmäßig in trockenem und gemäßigtem Klima auftritt. So wurden aus Island 4 Fälle berichtet und in Deutschland ein Fall entdeckt (Jung et al. 1987). Bisher ist unklar, warum das mit dem Typ II des 2,8-DHA-Mangels assoziierte mutante APRT*J-Allel nur in Japan gefunden wurde, wo es die häufigste Form dieses Mangels darstellt. Neuere Studien weisen auf seine Herkunft aus der japanischen Urbevölkerung hin (Hikada et al. 1988).

5.2.6 Diagnostik von Purinsteinen

Bei Verdacht auf Harnsäure-, Xanthin- oder 2,8-DHA-Steinbildung kann die Bestimmung der tatsächlichen Steinkomponente Klinik und Labor vor Probleme stellen. Alle drei Steinarten sind nicht röntgendicht. Bei Patienten mit akutem Nierenversagen ist die Ultraschalluntersuchung der Nieren hilfreich (Simmonds et al. 1988a). Sind Steine oder Grieß abgegangen, können Aussehen und physikalische Eigenschaften Rückschlüsse auf ihre Zusammensetzung ermöglichen. Harnsäuresteine sind üblicherweise gelblich, hart, glatt, rund und schwer zu zerstoßen. Xanthinsteine sind meist orange-braun, glatt, oval, haben einen schichtartigen Aufbau, wenn man sie zerschneidet, und zerbrechen leichter. Im Gegensatz dazu sind 2,8-DHA-Steine meist kittfarben, bröselig und leicht zu zerkleinern.

Ohne moderne Technologie führen Labortests nicht zum Ziel, da alle drei Steinarten gleichermaßen im Murexidtest, bei der thermogravimetrischen Analyse und in einigen kolorimetrischen Tests reagieren. Aus diesem Grund wurden früher 2,8-DHA-Steine unweigerlich als Harnsäuresteine diagnostiziert. Ohne hochtechnisierte Ausrüstung kann 2,8-DHA von Harnsäure durch seine Resistenz gegenüber Urikase und von Xanthin durch dessen Umwandlung in Harnsäure mittels der Xanthinoxidase, unterschieden werden. Alle drei Steintypen können mittels High-performance-Flüssigkeitschromatographie (HPLC), UV-, Infrarot- oder Massenspektrophotometrie leicht differenziert werden.

Falls bei Patienten kein Stein verfügbar ist, sind Untersuchungen der verschiedenen Purinenzyme in lysierten und intakten Erythrozyten erforderlich. Bei Patienten, die mit Bluttransfusionen vorbehandelt sind, führen diese nicht zum Ziel. Ein Xanthinoxidasemangel kann so nicht diagnostiziert werden, er erfordert eine Biopsie der Leber oder der intestinalen Mukosa. Indirekt kann er durch den Nachweis spezifischer Metaboliten (erhöhte Xanthinspiegel und Fehlen von Harnsäure) in Blut und Urin entdeckt werden. Diese Methode kann auch der Diagnose des APRT-Mangels (erhöhtes Adenin und Oxidationsprodukte im Urin), von genetischen Defekten, die mit einer Mehrsekretion von Harnsäure einhergehen (zur Abgrenzung gegenüber einer Harnsäuremehrsekretion bei erhöhtem Kreatinin) und von erhöhten Hypoxanthinspiegeln dienen. Das Verhältnis Xanthin/Harnsäure kann allerdings bei Patienten mit akutem oder chronischem Nierenversagen unverändert sein und zu Fehldiagnosen führen (Cameron u. Simmonds 1987).

5.2.7 Therapie

Wie bei allen Formen der Urolithiasis ist die effektivste Therapie eine adäquate Flüssigkeitszufuhr. Bei Xanthinsteinen ist dies tatsächlich die einzig mögliche Therapie. Bei allen drei Formen der Purinsteine ist die Ernährung gleichermaßen wichtig. Purinreiche (Harnsäure enthaltende oder zu Bildung von Adenin führende) Nahrungsmittel sollten vermieden und Medikamente, die eine Purinausscheidung fördern, gegeben werden. Alkaligaben sind nur bei Harnsäuresteinen effektiv; bei 2,8-DHA-Steinen sind sie kontraindiziert. Allopurinol, in einer sorgfältig der Purinüberproduktion oder der Nierenerkrankung angepaßten Dosierung, ist sowohl bei Harnsäure- als auch bei 2,8-DHA-Steinen wirksam (Simmonds et al. 1988).

5.2.8 Prognose

Die Prognose ist von der Nierenfunktion zum Zeitpunkt der Diagnose anhängig. Manche Patienten entwickelten ein terminales Nierenversagen, das chronische Dialyse erforderlich machte. Alle drei Steinarten können direkt oder indirekt zum Tod führen. Bei manchen Patienten mit Xanthinoxidasemangel war eine Nephrektomie erforderlich, bei einem Patienten mit 2,8-DHA-Steinen wurde eine erfolgreiche Nierentransplantation durchgeführt. Derartig schwere Komplikationen können durch ein rechtzeitiges Erkennen des zugrundeliegenden Defekts jedoch vermieden werden. Eine frühzeitige Diagnose ist daher wesentlich.

Literatur

Allsop J, Watts RWE (1985) Purine synthesis and salvage in brain and liver. Adv Exp Med Biol 195B: 21–26

Bartlett GR (1977) Biology of free and combined adenine distribution and metabolism. Transfusion 17: 339–353

Becker MA, Puig JG, Mateos FA, Jiminez ML, Kim M, Simmonds HA (1988) Inherited superactivity of phosphoribosylpyrophosphate synthetase: association of uric acid overproduction and sensorineural deafness. Am J Med 85: 383–390

Burian R, Schur H (1900, 1910) Über die Stellung der Purinkörper im menschlichen Stoffwechsel. Drei Untersuchungen. Pflugers Arch 80: 241, 187: 239

Cameron JS, Simmonds HA (1987) Use and abuse of allopurinol. Br Med J 294: 1504–1505

De Vries A, Sperling O (1977) Implications of disorders of purine metabolism for the kidney and urinary tract. In: Purine and pyrimidine metabolism in man. Ciba foundation Symposium 48, p 179–206

Duley JA, Simmonds HA, Hopkinson DA, Levinsky RJ (1990) Further evidence for a ‚new' purine defect, inosine triphosphate (ITP) pyrophosphohydrolase deficiency in a hindred with adenosine deaminase deficiency. Clin Chem Acta (in press)

Easterfield TE, Bruce A (1930) The occurrence of xanthine calculi in New Zealand Sheep. NZ J Sci Technol 11: 357–361

Eddy LJ, Stewart JR, Jones HP, Engerson TD, McCord JE, Downey JM (1987) Free radical-producing enzyme, xanthine oxidase, is undetectable in human hearts. Am J Physiol 253: H709–H711

Fischer E (1884) Über die Harnsäure I. Ber Dtsch Chem Ges 17: 828–838

Gaspar GS, Puig JG, Mateos FA, Cabanillas AJ (1986) Hypouricaemia due to renal tubular defect. Arch Intern Med 146: 1241–1243

Gerlach E, Becker BF (eds) (1987) Topics and perspectives in adenosine research. Springer, Berlin Heidelberg New York Tokyo

Henderson JF (1978) Purine nucleotide interconversions. In: Kelley WN, Weiner IM (eds) Uric acid. Springer, Berlin Heidelberg New York, pp 75–91

Hers H-G, van den Berghe G (1979) Enzyme defect in primary gout. Lancet 1: 585–588

Hershfield MS (1983) S-adenosylhomocysteine hydrolase as a target in genetic and drug-induced deficiency of adenosine deaminase. In: Berne RM, Rall TW, Rubio R (eds) Regulatory function of adenosine. Martinus Nijhoff, The Hague, pp 171–179

Holmes EW (1978) Regulation of purine biosynthesis de novo. Chapter 2. In: Kelley WN, Weiner IM (eds) Uric acid. Springer, Berlin Heidelberg New York, pp 21–41

Hikada Y, Palella TD, O'Toole T, Tarle SA, Kelley WN (1987) Human adenine phosphoribosyltransferase: Identification of allelic mutations at the nucleotide level as a cause of complete deficiency of the enzyme. J Clin Invest 80: 1409–1415

Hikada Y, Palella TD, O'Toole TE, Tarle SA, Kelley WN (1988) Human adenine phosphoribosyltransferase: demonstration of a single mutant allele common to the Japanese. J Clin Invest 81: 945–951

Hitchings GH (1978) Uric acid: chemistry and synthesis. In: Kelley WN, Weiner IM (eds) Uric acid. Springer, Berlin Heidelberg New York, pp 1–20

Kamatani N, Terai C, Kuroshima S, Nishioka K, Mikanagi K (1987) Genetic and clinical studies on 19 families with adenine phosphoribosyltransferase deficiencies. Hum Genet 75: 163–168

Jung P, Brommert R, Jesberger H-J (1987) 2,8-Dihydroxyadenine lithiasis: a case with a complete deficiency of adenine phosphoribosyltransferase. Klin Wochenschr 65 (Suppl X): 12–13

Löffler W, Gröbner W, Zöllner N (1981) Nutrition and uric acid metabolism: Plasma level, turnover, excretion. Fortschr Urol Nephrol 16: 8–18

Marcolongo R, Marinello E, Pompucci G, Pagani R (1974) The role of xanthine oxidase in hyperuricaemic states. Arthritis Rheum 17: 430–438

Minkowski O (1898) Untersuchungen zur Physiologie und Pathologie der Harnsäure bei Säugethieren. Archiv Exp Pathol Pharmacol 41: 375–420

Niklasson F (1983) Experimental and clinical studies on human purine metabolism. Acta Univ Uppsala (Abstracts of Uppsala Dissertations from the Faculty of Medicine) 473: 74

Reiter S, Simmonds HA, Zöllner N, Braun S, Knebel M (1988) On the role of aldehyde oxidase in the metabolism of allopurinol: demonstration of the combined deficiency of xanthine oxidase and aldehyde oxidase in xanthinuric patients not forming oxipurinol. Clin Chem Acta (in press)

Simmonds HA (1987) Purine and pyrimidine disorders. In: Holton JB (ed) The inherited metabolic diseases. Churchill Livingstone, Edinburgh, pp 215–225

Simmonds HA, Rising TJ, Cadenhead A, Hatfield PJ, Jones AS, Cameron JS (1973) Radioisotope studies of purine metabolism during the administration of guanine and allopurinol in the pig. Biochem Pharmacol 22: 2553–2563

Simmonds HA, Sahota AS, Van Acker KJ (1988a) Adenine phosphoribosyltransferase deficiency and 2,8-dihydroxyadenine lithiasis. In: Scriver CR, Beaudet AL, Sly WS,

Valle D (eds) The metabolic basis of inherited disease, 6th edn. McGraw-Hill, New York

Thompson LF (1986) Ecto-5'-nucleotidase can use IMP to provide the total purine requirements of mitogen-stimulated human T cells and human B lymphoblasts. Adv Exp Med Biol 195B: 467–473

Willis RC, Seegmiller JE (1980) Increases in purine excretion and rate of synthesis by drugs inhibiting IMP dehydrogenase and adenylosuccinate synthetase activities. Adv Exp Med Biol 122B: 237–241

Willis RC, Kaufman AH, Seegmiller JE (1984) Purine nucleotide reutilisation by human lymphoblast lines with abberrations of the inosinate cycle. J Biol Chem 259: 4157–4161

Wyngaarden JB, Kelley WN (1983) Gout. In: Stanbury JB, Wyngaarden JB, Fredrickson DS, Goldstein JL, Brown MS (eds) The metablic basis of inherited disease, 5th edn. McGraw-Hill, New York, pp 1043–1115

Zöllner N (1960) Moderne Gichtprobleme. Ätiologie, Pathogenese, Klinik. Ergeb Inn Med Kinderheilkd 14: 231–389

Zöllner N, Gröbner W (1970a) Effects of allopurinol on endogenous and exogenous urates. Eur J Clin Pharmacol 3: 56–58

Zöllner N, Dofel W, Gröbner W (1970b) Die Wirkung von Benzbromaron auf die renale Harnsäureausscheidung Gesunder. Klin Wochenschr 48: 426–432

Zöllner N, Gröbner W (1977) Dietary feedback regulation of purine and pyrimidine biosynthesis in man. In: Purine and pyrimidine metabolism in man. Ciba Foundation Symposium 48, pp 165–179

5.3 Prognose und Bedeutung der Hyperurikämie als Risikofaktor der koronaren Herzkrankheit*

J. D. Kark

Vor fast einem Vierteljahrhundert bemerkte Gresham (1965) in einem epidemiologischen Überblick über die Hyperurikämie, daß die Verbindung von Hyperurikämie und erhöhtem Risiko einer koronaren Herzerkrankung „ein kniffliges Problem mit vielen Quellen der Verwirrung" sei und daß die in der Vergangenheit durchgeführten Studien kein festes Bild geliefert hätten. Trotz zusätzlicher Arbeiten in der Folgezeit blieb das Problem anscheinend ungelöst. Die in verschiedenen Studien gefundenen Beziehungen zwischen Serumharnsäure (und Hyperurikämie) und Inzidenz der koronaren Herzerkrankung (KHK) sind miteinander unvereinbar; unklar bleibt auch die Eigenschaft eines erhöhten Harnsäurespiegels als Risikomarker.

Es besteht jedoch fast immer eine Beziehung zwischen der Serumharnsäure und einer Anzahl von Risikofaktoren für die koronare Herzerkran-

---

* Übersetzt von C. Stautner-Brückmann.

413

kung. Zur Zeit gibt es keine definitive Antwort auf die Frage, ob Harnsäure ein schwacher Marker für ein erhöhtes KHK-Risiko ist oder ob die Harnsäure eine ursächliche Rolle bei der koronaren Herzerkrankung spielt. Im folgenden werden bereits beschriebene Fälle des Zusammentreffens von Hyperurikämie mit koronarer Herzkrankheit und ihren Risikofaktoren – Blutdruck, Serumlipide, Diabetes, Übergewicht und Rauchen – dargestellt und der Frage nachgegangen, ob eine ursächliche Verbindung zwischen erhöhten Serumharnsäurespiegeln und KHK vorliegt. Dabei werden vordringlich einzelne wichtige Punkte erläutert und nicht der Versuch einer erschöpfenden Darstellung unternommen.

5.3.1 Serumharnsäure und Risikofaktoren für die koronare Herzkrankheit

Es ist offensichtlich, daß die Serumharnsäurespiegel zum Teil genetisch determiniert sind (Gulbrandsen et al. 1979; Rao et al. 1982; Friedlander et al. 1988). In einer Population aus Jerusalem wurde fast die Hälfte der Unterschiede bei der Serumharnsäure genetischer Vererbung zugeschrieben. Obwohl einzelne Studien an ein Hauptgen bei der Bestimmung des Serumharnsäurespiegels denken lassen, deuten die meisten Studien auf eine polygenetische Vererbung hin (Gulbrandsen et al. 1979; Rao et al. 1982; Friedlander et al. 1988; Hauge u. Harvald 1955; Neel et al. 1965; Morton 1979). Offensichtlich ist auch, daß Verhalten und andere Umweltfaktoren die Serumharnsäurespiegel beeinflussen. Zum Beispiel liefert die NI-HON-SAN Studie von Japanern, die in Japan, Hawaii und San Francisco leben, eindeutige Hinweise, daß Umweltveränderungen die Serumharnsäurespiegel bei Migranten verändern. Die Serumharnsäure war bei den japanischen Immigranten, die auf Hawaii und in Kalifornien lebten, wesentlich höher als bei den Japanern in ihrer Heimat (Kagan et al. 1974).
Die verschiedenartigen Beziehungen zwischen Serumharnsäurespiegel, Blutdruck, Übergewicht, Hypertriglyzeridämie, Diabetes und Fettabnormalitäten sind schwer zu überschauen. In den letzten Jahrzehnten war die Erklärung des „metabolischen Syndroms" eine Quelle von Studien wie von Spekulationen. Die Verbindungen von Serumharnsäure und den bekannten Risikofaktoren der koronaren Herzerkrankung sind es wert, eigens diskutiert zu werden, zusätzlich zu den verwirrenden Beziehungen zwischen Serumharnsäure und KHK. Kürzlich haben Modan et al. versucht, die Beziehungen zwischen Serumharnsäure, Übergewicht, Hypertonie, Glucoseintoleranz, antihypertensiver Medikation und erhöhten Plasmatriglizeriden durch Insulinresistenz und Hyperinsulinismus zu erklären (Modan et al. 1987a; Halkin et al. 1988; Modan et al. 1987b).

5.3.2 Serumharnsäure und Prävalenz der KHK

Eine große Anzahl von Prävalenzstudien - mit ihren bekannten Schwächen bei der Erklärung von Kausalzusammenhängen - über die Verbindung von Serumharnsäure oder Hyperurikämie und koronarer Herzerkrankung sind erschienen. Die Unmöglichkeit, Einblick in zeitliche Abfolgen zu gewinnen, welche eine Verbindung zwischen den angenommenen ursächlichen Variablen und dem vermeintlichen Ergebnis, also den Ursache-Wirkungs-Zusammenhang, erklären könnten, ist ein zentrales Problem bei der Prävalenzforschung. Insbesondere muß die Möglichkeit untersucht werden, daß die Krankheit (KHK) selbst, die Behandlung der Krankheit oder aber die Therapie ihrer Risikofaktoren ihrerseits die Serumharnsäurespiegel beeinflussen. Auch sollten die möglichen Folgerungen daraus, daß ein selektioniertes Krankengut betrachtet wird, nicht vergessen werden, denn bei Prävalenzstudien erfaßt man notwendigerweise nur die Überlebenden. Die möglichen vielfältigen Effekte bekannter (und unbekannter) Risikofaktoren der KHK könnten die Prävalenzstudien ebenso wie die Inzidenz- und Mortalitätsstudien beeinflussen. Die Serumharnsäure ist letztlich nur eine aus einer Vielzahl von Variablen, die in Beziehung zur KHK stehen, wie Körpergewicht, Blutdruck und antihypertensive Medikation, Serumlipide, Glukoseintoleranz, Zigarettenrauchen, körperliche Aktivität, Alkoholkonsum, soziale Schicht und Geschlecht.

Im folgenden soll eine Auswahl von Prävalenzstudien bei verschiedenen Populationen skizziert werden, um die Übereinstimmung (oder auch Unterschiede) zwischen den Studien, den Populationen, und den Geschlechtern sowie die Auswirkungen offensichtlicher Fehlerquellen zu beleuchten. Eine der ersten aus den zahlreichen in den letzten 40 Jahren publizierten Untersuchungen war eine Fall-Kontroll-Studie von Gertler et al. (1951), die einen 4-fach höheren Harnsäurewert bei jungen Überlebenden (unter 40) mit akutem Myokardinfarkt im Vergleich zu Kontrollpersonen zeigte.

Wenn ein gemeinsames Merkmal der Studien erkennbar ist, so ist das, daß die meisten eine univariante Beziehung zwischen KHK und erhöhter Serumharnsäure zeigen (oder eine bivariante Beziehung, wenn man das Alter noch in die Analyse miteinbezieht). Berücksichtigt man die Kovarianten, insbesondere Blutdruck und hypertensive Medikation, dann scheint dies die engen Zusammenhänge abzuschwächen. Bei Männern sind sie dann wenig ausgeprägt und gewöhnlich statistisch nicht mehr signifikant, während dies bei Frauen nicht immer der Fall zu sein scheint. Die Unterschiede zwischen den Geschlechtern bei der Beziehung zwischen Serumharnsäure und KHK sind ein interessantes und noch ungeklärtes Phänomen, wie sich auch bei den Inzidenz- und Mortalitätsstudien zeigen wird.

Bei einer japanischen Population (Okada et al. 1982) war die KHK, definiert als ST-Senkung im Ruhe-EKG, bei beiden Geschlechtern mit höheren Serumharnsäurewerten vergesellschaftet. Eine Kontrolle der Ergebnisse durch multiple Regression für verschiedene Kovarianten einschließlich Serumlipide, Übergewicht, Blutdruck und Hypertonie verminderte den Zusammenhang auf eine grenzwertige statistische Signifikanz bei Männern; bei den Frauen jedoch blieb die Beziehung signifikant. Unter 8006 amerikanischen Männern japanischer Abstammung auf Hawaii (Yano et al. 1977) war die Prävalenz zwischen Serumharnsäure und KHK bei einer Univarianzanalyse signifikant, bei einer Multivarianzanalyse aber statistisch nicht signifikant. Der Univarianzeffekt schien hauptsächlich auf Übergewicht und Hypertonie zurückzuführen zu sein. Bei 10059 israelischen Beamten lag der Serumharnsäurewert in Fällen von Angina pectoris und Myokardinfarkt (MI) ebenfalls höher, aber auch dieser Zusammenhang verschwand bei einer Multivarianzanalyse (Goldbourt et al. 1980).

Die univariante Beziehung zwischen Serumharnsäure und der Prävalenz von EKG-Abnormalitäten bei 25000 Weißen und Schwarzen zwischen 18 und 64 Jahren in einer Population von Berufstätigen in Chicago scheint bei Männern, nicht aber bei Frauen, durch Beziehungen zwischen Serumharnsäure und anderen Risikofaktoren überlagert zu werden. Bei Frauen war, wie in der japanischen Studie (Okada et al. 1982), die Beziehung unabhängig von anderen koronaren Risikofaktoren, die in die Analyse mit eingingen. In der Evans County Studie (Georgia, USA) (Klein et al. 1973) hatten Hyperurikämiker unter weißen und schwarzen Männern eine höhere Prävalenz der KHK als unter schwarzen Frauen. Unter Normotensiven, die keine kardiovaskuläre Medikation einnahmen, stieg die Prävalenz der KHK bei Weißen und Schwarzen mit steigenden Serumharnsäurespiegeln; und bei Hypertonikern, die keine medikamentöse Therapie hatten, stieg die Prävalenz bei den Weißen. Die Beziehung zwischen KHK und erhöhtem Serumharnsäurewert war nicht statistisch signifikant, wenn Blutdruck und kardiovaskuläre Medikation oder Übergewicht in die Analyse miteinbezogen wurden.

Eine schwedische Studie (Bengtssen u. Tibblin 1974) wies darauf hin, daß erhöhte Serumharnsäurespiegel bei 50- bis 54jährigen Frauen mit koronarer Herzerkrankung, definiert durch Ruhe-EKG-Kriterien, vorrangig auf Diuretikaeinnahme zurückzuführen waren. Dies steht allerdings nicht in Einklang mit den Berichten aus Hishayama (Okada et al. 1982), Japan und Chicago, USA (Persky et al. 1979).

5.3.3 Serumharnsäure und Inzidenz der koronaren Herzkrankheit

Studien bezüglich der Inzidenz von akutem Myokardinfarkt oder KHK sind nicht so zahlreich (Tabelle 5.2). Die detaillierteste und informativste Analyse wurde kürzlich aus Framingham publiziert (Brand et al. 1985). Hyperurikämie wurde darin als Serumharnsäurespiegel über der 90. Perzentile definiert, das waren über 6,2 mg/dl für Männer und 5,1 mg/dl für Frauen. Die Hyperurikämie war mit einem erhöhten Risiko assoziert, wie aus dem statistischen relativen Risiko von 1,4 für die Inzidenz der KHK und 1,5 für den Myokardinfarkt bei Männern und 1,7 bzw. 2,5 bei Frauen hervorgeht. Die engeren Beziehungen bei Frauen wurden bereits erwähnt. Bei jüngeren Untersuchten beider Geschlechter schienen die Zusammenhänge enger zu sein als bei älteren. Behandelt man bei der Analyse die Serumharnsäure als kontinuierliche Variable, dann bemerkt man eine signifikante Beziehung zu KHK und Myokardinfarkt. Bei Multivarianzanalysen unter Berücksichtigung von Alter, systolischem Blutdruck, relativem Gewicht, Serumcholesterin und Zigarettenrauchen ist die Beziehung bei beiden Geschlechtern nicht signifikant. Wahrscheinlich ist die univariante Beziehung zwischen Serumharnsäure und KHK bzw. Myokardinfarkt durch konventionelle KHK-Risikofaktoren bedingt, mit denen die Serumharnsäure korreliert ist.

In der großen israelischen Beamtenkohorte (Medalie et al. 1973) wurde keine univariante Korrelation zwischen Serumharnsäurespiegel bei Aufnahme in die Studie und der 5-Jahres-Inzidenz von Myokardinfarkten in der Studienpopulation (10059 Männer von 40–64 Jahren) offensichtlich.

Die Honolulu-Herzstudie zeigte keine multivariante Beziehung von Serumharnsäure mit KHK über den Untersuchungszeitraum von 6 Jahren (Yano et al. 1978), obwohl sich nach 2 Jahren signifikante Uni- und Multivarianzkoeffizienten ergaben (die Inzidenz der KHK-Fälle überschritt 100). Der Grund für die offensichtliche Diskrepanz in der Followup-Periode ist nicht klar. Es könnte sein, daß sich in der kurzen Beobachtungszeit die Effekte der Prävalenz widerspiegelten.

In der placebobehandelten Gruppe des Coronary Drug Projects (Jacobs 1976) zeigte sich 3 Jahre nach nichttödlichem Reinfarkt keine signifikante uni- oder multivariante Beziehung.

Zusammenfassend läßt sich feststellen, daß die Studien verschiedene univariante Beziehungen aufzeigten, jedoch übereinstimmend keine signifikante Beziehung bei der Multivarianzanalyse erbrachten. Bei jungen Frauen scheint ein stärkerer Zusammenhang von Serumharnsäurespiegel und KHK zu bestehen als bei jungen Männern.

Tabelle 5.2. Inzidenzstudien. (*MI* Myokardinfarkt, *OR* odds ratio, *B* Korrelationsfaktor)

Literatur	Population	Endpunkte Untersuchungszeitraum		Analyse	Ergebnisse der univarianten Analyse	p	multivarianten Analyse	p	Kommentar
Brand et al. 1985	2086 Männer in Framingham, 4. Untersuchung	18 J.	KHK MI	Mantel-Haenszel	OR=1,5 OR=1,5	<0,05	– –	– –	
	2718 Frauen in Framingham	18 J.	KHK MI KHK MI KHK MI	Logistisch Mantel-Haenszel Logistisch	OR=1,25 OR=1,21 OR=1,7 OR=2,5 OR=1,15 OR=1,29	<0,001 <0,01 <0,05 <0,05 <0,05 <0,01	1,1 1,12 – – 1,01 1,14	n.s. n.s. – – n.s. n.s.	
Medalie et al. 1973	10000 israelische Beamte	5 J.	MI		Keine Korrelation	n.s.			
Jacobs 1976	2789 Männer nach MI Placebogruppe d. Coronary Drug Project	3 J.	Nicht tödlicher Reinfarkt		SH <7 mg/dl:8,1% SH >7 mg/dl:7,5%	n.s.	–	n.s.	
Yano et al. 1977	8006 männl. Japaner auf Hawaii	2 J.	KHK	Logistische Regressionsanalyse	>7 mg/dl gegen <5 mg/dl OR=2	0,05	B=0,163 per mg/dl	<0,05	Risikofaktoren der KHK miteinbezogen, nicht aber antihypertensive Therapie
Yano et al. 1978	8006 männliche Amerikaner japanischer Abstammung	6 J.	KHK					n.s.	Bei Berücksichtigung von Kovariablen, einschließlich antihypertensiver Therapie besteht kein signifikanter Zusammenhang zwischen SH u. KHK mehr

5.3.4 Serumharnsäure und Mortalitätsstudien

Die Mortalitätsstudien stimmen tendenziell darin überein, daß eine erhöhte Todesrate mit erhöhten Serumharnsäurespiegeln einhergeht, unabhängig davon, ob sie sich auf alle Todesursachen oder auf kardiovaskuläre Todesursachen beziehen (Persky et al. 1979; Brand et al. 1985; Jacobs 1976; Langford et al. 1987; Bulpitt et al. 1979; Fessel 1980) (Tabelle 5.3). Bei der Multivarianzanalyse bestand bei Männern keine signifikante Korrelation. Bei 3 Studien in den USA, bei denen Frauen mit untersucht wurden – Framingham (Brand et al. 1985) Chicago Heart Association Detection Project in Industry (Persky et al. 1979) und Hypertension Detection and Follow up Project (Langford et al. 1987) – bestand jedoch eine Korrelation bei Frauen, selbst wenn die bei Aufnahme in die Studie behandelten Hypertoniker eingeschlossen wurden. In Framingham betrug der Mantel-Haenszel-Quotient des relativen Risikos, korrigiert für das Alter, lediglich 2,2. Während also bei Männern die Korrelation von Serumharnsäure mit kardiovaskulärer Mortalität gegenüber anderen Ursachen schwächer zu sein scheint, zeigt sich bei Frauen eine unabhängige Korrelation, die noch der Klärung bedarf.

Eine schwedische Studie (Petersson u. Trell 1981) zeigt, daß eine erhöhte Serumharnsäure mit erhöhter Krebsmortalität einhergeht. Dagegen bestand keine erhöhte Mortalität an KHK. Eine detailliertere Analyse erbrachte jedoch, daß die erhöhte Krebstodesrate mit hoher Serumharnsäure in den ersten 2,5 Jahren der Untersuchungsperiode auftrat, so daß wohl eher die Krebserkrankung die Serumharnsäurespiegel beeinflußte als umgekehrt. Dies stimmt allerdings nicht mit der Hypothese überein, daß erhöhte Serumharnsäurespiegel durch antioxidierende Effekte einen Schutz gegen Krebs darstellen (Ames et al. 1981).

5.3.5 Ergebnis

Die Stellung der Serumharnsäure als Risikofaktor oder als Marker bzw. Indikator eines erhöhten Risikos ist unklar. Univarianzanalysen von Ergebnissen bei KHK und Myokardinfarkt zeigen in den meisten Prävalenz- und Inzidenzstudien eine positive Beziehung. Zusätzlich zeigt die Mehrzahl der Mortalitätsstudien eine positive Beziehung zur Mortalität überhaupt und zum Tod durch kardiovaskuläre und koronare Herzerkrankungen. Das erhöhte Risiko ist gewöhnlich gering bis mäßig, was an ziemlich schwache Zusammenhänge denken läßt. Die univariante Korrelation hat bei Studien unterschiedlichen Designs, bei verschiedenen Populationen und wenn verschiedene Endpunkte betrachtet werden, tendenziell eine ähnliche Größenordnung.

Tabelle 5.3. Mortalitätsstudien

Literatur	Population	Untersuchungs-zeitraum	Endpunkte	Analyse
Brand et al. 1985	2086 Männer in Framingham	18 J.	Tod, alle Ursachen	Mantel-Haenszel bei SH über 90. Perzentile Logistisch
	2718 Frauen in Framingham	18 J.	Tod, alle Ursachen	Mantel-Haenszel Logistisch
Jacobs 1976	2789 Männer nach MI, Placebogruppe d.	3 J.	Tod, alle Ursachen	Raten nach SH-Kategorien
	Coronary Drug Project		Tod, alle Ursachen Krebs Herz-Kreislauf-versagen	Multiple lineare Regression
Persky et al. 1979	Chicago Heart Association Detection Project in Industry 4121 Männer zwischen 18 und 64 J.	5 J.	Tod, alle Ursachen kardiovask. Erkrankungen KHK	SH-Spiegel im Mittel bei Toten vs Überleben-den
	3532 Frauen zwischen 18 und 64 J.		Tod, alle Ursachen	SH-Spiegel im Mittel bei Toten vs Überleben-den
Langford et al. 1987	HDFD stepped care-group not treated at baseline for hypertension 2068 Männer	5 J.	Tod, alle Ursachen	Logistisch
	1625 Frauen	5 J.	Tod, alle Ursachen	Logistisch
Bulpitt et al. 1979	2587 behandelte weibl. u. männl. Hypertoniker	4 J.	alle Ursachen Mortalität	Mittelwertver-gleich
Petersson u. Trell 1981	Malmö, Schweden Männer 46–48 J.	bis zu 6 J.	Tod, alle Ursachen Tod an KHK Tod an Krebs	Quantil beide höhere vs beide niedrigere

Ergebnisse der univarianten Analyse	p	multivarianten Analyse	p	Kommentar
OR = 1,3 (Alter berücksichtigt)	< 0,05	–	–	
OR = 1,07	n. s.	1,0	n. s.	
OR = 2,2	< 0,05	–	–	
OR = 1,23	< 0,001	1,19	< 0,001	
r = 2,1 10,1 mg/dl gegen 4,5 mg/dl	< 0,01	r = 1,4	n. s.	
r = 1,3		Vermindert	n. s.	Keine Korrelation mehr unter
r = 0,9				Berücksichtigung diuretischer
r = 1,4		Vermindert	n. s.	Therapie
+ 0,3 mg/dl	< 0,05		n. s.	Bei Männern ist die Korrelation
+ 0,45 mg/dl	< 0,05		n. s.	auf Diuretika, Blutdruck
+ 0,47 mg/dl	< 0,05		n. s.	u. Übergewicht zurückzuführen
+ 0,64 mg/dl	< 0,05		< 0,05	
Nicht gezeigt		Nicht gezeigt	0,06	
Nicht gezeigt	< 0,05	Nicht gezeigt	< 0,01	
SH bei Toten 0,5 mg/dl höher	< 0,001	Nicht gezeigt	n. s.	Serumharnstoff wurde berücksichtigt
1,5	< 0,05			
0,9	n. s.			
2,4	< 0,01			Korrelation beruht auf den Krebstodesfällen in den ersten 2,5 Jahren

Tabelle 5.3 (Fortsetzung)

Literatur	Population	Untersuchungs-zeitraum	Endpunkte	Analyse
Reunanen et al. 1982	2758 finnische Männer zwischen 30 u. 59 J. 2011 Frauen	6 J.	Kardiovaskuläre Todesursachen	
Fessel 1980	1356 Männer zwischen 60 u. 69 J. (multiphasische Untersuchung)	10 J.	Kardiovaskuläre Todesursachen Tod an Krebs	einfach univariant Hyperurikämie gegen Normourikämie
	10940 männl. u. weibl. weiße u. schwarze Hypertoniker	5 J.	Mortalität, alle Ursachen	Raten, entsprechend Alter, Geschlecht und Rasse eingeteilt in $< 7,0$ mg/dl $\geqslant 7,0$ mg/dl stufenweise Betreuung regelmäßige Betreuung Bei Beschränkung auf diast. RR 90-104 und ohne hypertensive Therapie in der Vorphase stufenweise Betreuung regelmäßige Betreuung logistes Modell

Bei Männern ist die Korrelation der Serumharnsäure mit den Studienendpunkten in den meisten Studien nicht signifikant. Koronare Risikofaktoren, die mit Serumharnsäureerhöhungen korreliert sind, und die Behandlung mit Diuretika, die die Serumharnsäure erhöhen, scheinen die Beziehung von Serumharnsäurewerten und KHK zu überlagern. Die fehlende statistische Eindeutigkeit läßt es nicht sicher zu, die Serumharnsäure als ursächlichen Risikofaktor zu bezeichnen.

Ergebnisse der univarianten Analyse	p	multivarianten Analyse	p	Kommentar
				In der multiplen Regressions-analyse ist Hyperurikämie kein Risikofaktor für kardiovask. Erkrankungen
	<0,001	Nicht durchgeführt		
	n. s.	Nicht durchgeführt		
				Die Ergebnisse blieben auch unter Berücksichtigung der Serumkreatininspiegel unverändert
1,6				
1,4		$B=0,123$ per mg/dl	<0,001	Stärkere Korrelation (0,21) bei denen ohne Therapie
1,7				
1,5				

Die Tatsache, daß Serumharnsäure trotzdem signifikant mit der Mortalität bei Frauen·korreliert ist (z. B. stören koronare Risikofaktoren und Therapie mit Diuretika die Signifikanz der Korrelation nicht) deutet auf einen möglichen Unterschied in der Rolle der Serumharnsäure bei beiden Geschlechtern hin. Diese Frage bleibt noch zu klären. Biologisch ist es plausibel, daß die Serumharnsäure ein Risikofaktor ist. Über den Nachweis, daß Serumharnsäure die Adhäsion der Thrombozyten beeinflußt, die Thrombozytenaggregation stabilisiert und die Thromboseneigung erhöht, wurde versucht, die These zu erhärten, daß die Serumharnsäure einen möglichen ursächlichen Faktor darstellt (Brand et al. 1985; Emmerson 1979).

Letzlich ist der Nachweis, daß die Serumharnsäure ein ursächlicher Faktor ist, jedoch noch nicht erbracht.

Klassische Kriterien für einen Ursache-Wirkungs-Zusammenhang sind unter anderem das Ausmaß der Korrelation, ihre Übereinstimmung bei verschiedenen Populationen, verschiedenen Studien und unterschiedlichem Studienaufbau; die Signifikanz des Effekts des mutmaßlichen Risikofaktors bei Korrektur um die Effekte anderer bekannter Risikofaktoren für die KHK; die Beobachtung einer zeitlichen Abfolge, bei der das Auftreten des Risikofaktors dem Ausbruch der KHK vorausgeht; das Vorliegen einer dosisabhängigen Beziehung (z. B. erhöhte Spiegel der Serumharnsäure sind mit einem erhöhten Risiko von KHK assoziiert); eine biologisch plausible Erklärung für das Gefundene; und, sehr wichtig, ein experimenteller Nachweis des schützenden Effekts einer Verminderung des Risikofaktors. Die Verbindung von Serumharnsäure mit Hypertonie und auch der Einfluß der Thiazidtherapie auf die Serumharnsäure kompliziert und verwirrt die Interpretationen der univarianten Korrelationen. Das Fehlen enger Korrelationen und die Abhängigkeit von anderen bekannten Risikofaktoren für KHK sowie die diuretische Therapie sind starke Argumente gegen eine ursächliche Rolle. Es ist jedoch auch nicht möglich, zweifelsfrei nachzuweisen, daß die Serumharnsäure nur ein harmloser Risikoindikator ist, der einfach andere ursächliche Variable begleitet, d. h. ein nicht ursächlicher Risikomarker, dessen Verbindung zur KHK nur darin besteht, daß er mit anderen koronaren Risikofaktoren einhergeht.

Die Übereinstimmungen der Ergebnisse zwischen den Studien und bei verschiedenen Populationen sind nur gering. Inzidenz- und Mortalitätsstudien deuten generell auf einen zeitlichen Zusammenhang hin, der in Übereinstimmung mit einem Kausalzusammenhang stehen könnte. Die Ergebnisse bleiben aber widersprüchlich. So zeigte eine Prävalenzanalyse (Goldbourt et al. 1980) im Rahmen einer großen Inzidenzstudie (Medalie et al. 1973) eine Korrelation, während die Analsyse der Inzidenz keinen Zusammenhang erbrachte, was gegen eine ursächliche Rolle spricht. In einigen, jedoch nicht allen Studien wurden Hinweise auf eine Dosis-Wirkungs-Beziehung gefunden. Für einen biologisch plausiblen Mechanismus gibt es nur geringe Hinweise. Natürlich fehlt auch eine experimentelle Bestätigung. Zusammenfassend kann man den Schluß ziehen, daß es keine hinreichend sicheren Anhaltspunkte für eine ursächliche Rolle der Hyperurikämie bei der KHK gibt.

Literatur

Ames BN, Cathcart R, Schiewers E et al. (1981) Uric acid provides an antioxidant defence in humans against oxidant- and radical-causing aging and cancer: a hypothesis. Proc Natl Acad Sci USA 11: 6858–6862

Brand FN, McGee DL, Kannel WB et al. (1985) Hyperuricemia as a risk factor of coronary heart disease: the Framingham Study. Am J Epidemiol 121: 11–18

Bulpitt CJ, Clifton P, Dollery CT et al. (1979) Risk factors for death in treated hypertensive patients: Report from the D. H. S. S. hypertension care computing project. Lancet 2: 134–137

Emmerson BT (1979) Atherosclerosis and urate metabolism. Aust NZ J Med 9: 451

Fessel WJ (1980) High uric acid as an indicator of cardiovascular disease. Independence from obesity. Am J Med 68: 401–404

Friedlander Y, Kark JD, Stein Y (1988) Family resemblance for serum uric acid in a Jerusalem sample of families. Hum Genet 79: 58–63

Gertler MM, Garin SM, Levine SA (1951) Serum uric acid in relation to age and physique in health and in coronary heart disease. Ann Intern Med 34: 1421–1431

Goldbourt U, Medalie JH, Herman JB et al. (1980) Serum uric acid: Correlation with biochemical, anthropometric, clinical and behavioural parameters in 10000 Israeli men. J Chron Dis 33: 435–443

Gresham GE (1965) Hyperuricemia. An epidemiologic review. Arch Environ Health 11: 863–870

Gulbrandsen CL, Morton NE, Rao DC et al. (1979) Determinants of plasma uric acid. Hum Genet 50: 307–312

Halkin H, Modan M, Shifi M et al. (1988) Altered erythrocyte and plasma sodium and potassium in hypertension, a facet of hyperinsulinemia. Hypertension 11: 71–77

Hauge M, Harvald B (1955) Heredity in gout and hyperuricemia. Acta Med Scand 152: 247–257

Hypertension Detection and Follow-Up Program Cooperative Group (1985) Mortality findings for stepped care and referred care participants in the Hypertension Detection and Follow-Up Program stratified by other risk factors. Prev Med 14: 312–335

Jacobs DR (Coronary Drug Project Research Group) (1976) Serum uric acid: its association with other risk factors and mortality in coronary disease. J Chron Dis 29: 557–569

Kagan A, Harris BR, Winkelstein W et al. (1974) Epidemiologic studies of coronary heart disease and stroke in Japanese men living in Japan, Hawaii and California: demographic, physical, dietary and biochemical characteristics. J Chron Dis 27: 345–364

Kagan A, Gordon T, Rhoads GG et al. (1975) Some factors related to coronary heart disease-incidence in Honolulu Japanese men: The Honolulu Heart Study. Int J Epidemiol 4: 271–279

Klein R, Klein BE, Cornoni JC et al. (1973) Serum uric acid: its relationship to coronary heart disease risk factors and cardiovascular disease, Evans County, Georgia. Arch Intern Med 132: 401–410

Langford HG, Blaufox MD, Borhani NO et al. (1987) Is thiazide-produced uric acid elevation harmful? Arch Intern Med 147: 645–649

Medalie JH, Kahn HA, Neufeld HN et al. (1973) Five year myocardial infarction incidence. II. Association of single variable to age and birthplace. J Chron Dis 26: 329–349

Modan M, Halkin H, Karasik A et al. (1987a) Elevated serum uric acid - a facet of hyperuricemia. Diabetologia 30: 713–718

Modan M, Halkin H, Fuchs Z et al. (1987b) Hyperinsulinemia - a link between glucose intolerance, obesity, hypertension, dyslipoproteinemia, elevated serum uric acid and internal cation balance. Diabetes and Metabolism 13: 375–380

Morton NE (1979) Genetics of hyperuricemia in families with gout. Am J Med Genet 4: 103–106

Myers AR, Epstein FH, Dodge HJ et al. (1968) The relationship of serum uric acid to risk factors in coronary heart disease. Am J Med 34: 520–528

Neel JV, Rakic MT, Davidson RI et al. (1965) Studies on hyperuricemia II. A reconsideration of the distribution of serum uric acid values in the families of Smyth, Cotterman and Freyberg. Am J Hum Genet 17: 14–22

Okada M, Ueda K, Omae T et al. (1982) The relationship of serum uric acid to hypertension and ischemic heart disease in Hisayama population, Japan. J Chron Dis 35: 173–178

Persky VW, Dyer AR, Idris-Soven E et al. (1979) Uric acid: a risk factor for coronary heart disease? Circulation 59: 969–977

Petersson B, Trell E (1981) Raised serum urate concentration as risk factor for premature mortality in middle aged men: relation to death from cancer. Br Med J 287: 7–9

Rao DC, Laskerzewski PM, Morrison JA et al. (1982) The Cincinnati Lipid Research Clinic Family Study: familial determinants of plasma uric acid. Hum Genet 60: 257–261

Reunanen A, Takkunen H, Knekt P et al. (1982) Hyperuricemia as a risk factor for cardiovascular mortality. Acta Med Scand (Suppl.) 668: 49–59

Welborn TA, Cumpston GN, Cullen KJ et al. (1969) The prevalence of coronary heart disease and associated factors in an Australian rural community. Am J Epidemiol 89: 521–536

Yano K, Rhoads GG, Kagan A (1977) Epidemiology of serum uric acid among 8000 Japanese-American men in Hawaii. J Chron Dis 30: 171–184

Yano K, Kagan A, Rhoads GG (1978) Serum uric acid and the risk of coronary heart disease among Japanese men living in Hawaii. Presented at VIII World Congress of Cardiology. Tokyo, September 1978 (cited in Okada et al. 1982)

5.4 Beziehung der Hyperurikämie zu anderen Krankheiten

G. Wolfram, W. Gröbner

5.4.1 Abgrenzung der Wertigkeit einer Hyperurikämie für die Gicht und für andere Krankheiten

Die Bedeutung einer Hyperurikämie für die Entstehung der Gicht ist unbestritten. Mit zunehmender Höhe des Harnsäurespiegels steigt die Wahrscheinlichkeit klinischer Manifestationen der Gicht. Die Rolle der Hyperurikämie als Risikofaktor in diesem Sinne ist durch epidemiologische Untersuchungen in aller Welt an einer ausreichend großen Zahl von Personen bewiesen. Üppige Ernährungsweise bereitet jedoch auch den Boden für weitere Stoffwechselstörungen, z. B. den Diabetes oder die

Hyperlipidämie. Demzufolge gibt es viele Patienten, die nicht allein eine Gicht haben, sondern bereits vorher oder einige Zeit nach dem Auftreten der Gicht auch noch einen Diabetes und/oder eine Fettstoffwechselstörung entwickeln.

Das gehäuft gemeinsame Auftreten mehrerer Stoffwechselstörungen führt zu einer Verwirrung der Vorstellungen von Kausalbeziehungen, und es gibt zahlreiche Versuche, dieses „Stoffwechselsyndrom" auf eine einzige gemeinsame Ursache zurückzuführen. Zum einen verwischt jedoch das Wort „Stoffwechselsyndrom" die Unterschiede eindeutig abgrenzbarer Störungen des Harnsäurestoffwechsels, zum anderen sind die Beziehungen zwischen Hyperurikämie oder Gicht einerseits und Fettsucht, Fettleber, Diabetes mellitus und Hyperlipidämien andererseits keineswegs geklärt. Wir kennen zwar viele Patienten, die mehrere dieser Stoffwechselstörungen gleichzeitig haben, und durch Untersuchungen in beliebigen Kollektiven lassen sich diese Beziehungen auch statistisch sichern. Daraus ist jedoch kein Kausalzusammenhang abzuleiten. Hier fehlt noch die klare Unterscheidung zwischen Ursache und Wirkung.

Das gemeinsame Auftreten von mehreren Symptomen und Stoffwechselstörungen beim gleichen Patienten erschwert die Abgrenzung der pathogenetisch wichtigen, primären Merkmale von unbedeutenden sekundären Begleiterscheinungen und macht die Wertung des einzelnen Stoffwechseldefekts in seiner Bedeutung für die Prognose des Patienten so schwierig. Bei den genannten wichtigen Stoffwechselstörungen ist die vorzeitige Entstehung einer Koronarsklerose in der Mehrzahl der Fälle die entscheidende Konsequenz. Und gerade in dieser Hinsicht gilt die Gicht in der einen Untersuchung als wichtiger Risikofaktor und in der anderen Untersuchung als unbedeutende Nebenerscheinung. Die Aufklärung dieser Zusammenhänge wäre nicht nur von akademischem Interesse, sondern hätte unmittelbare praktische Konsequenzen für den Patienten, da das Risiko einer symptomlosen Hyperurikämie in Hinsicht auf die Manifestation einer Gicht heute relativ gut kalkulierbar, in Hinsicht auf andere Krankheiten jedoch noch unsicher ist.

So ist also die klinische Wertigkeit der Hyperurikämie oder Gicht gleichzeitig abhängig von dem Beweis oder der Widerlegung einer pathogenetischen Beziehung zu anderen Krankheiten. Der Nachweis eines einseitigen oder wechselseitigen Kausalzusammenhangs kann nur durch eine unvoreingenommene, isolierte Wertung der einzelnen beteiligten Faktoren erreicht werden. Voraussetzungen dafür sind ausreichend zuverlässige Studien, die eine solche faktorielle Betrachtung von Symptomen und Stoffwechselstörungen sowie eine Charakterisierung ihrer Wertigkeit für das gesamte Krankheitsbild eines bestimmten Patienten erlauben. Zu dieser Problematik gibt es zwar sehr viele Untersuchungen, aber nur wenige erfüllen diese Voraussetzungen. Im folgenden sollen die wichtigsten Befunde aus der Literatur dargestellt und der Zusammenhang zwischen Hyperurikämie oder Gicht und anderen Stoffwechselstörungen bewertet werden.

5.4.2 Hyperurikämie, Gicht und Fettsucht

Es entspricht der allgemeinen ärztlichen Erfahrung, daß Gichtkranke häufiger Übergewicht als Normalgewicht oder gar Untergewicht haben. Bei einer Verbreitung des Übergewichts in unserer Bevölkerung von 34% bei den erwachsenen Frauen und 37% bei den erwachsenen Männern ist dies nicht weiter verwunderlich. Man könnte sich auch auf den Standpunkt stellen, daß hier zwei häufige Krankheiten häufig gemeinsam auftreten.

Häufigkeit der Fettsucht bei Gicht

In der Literatur findet man nicht selten eine Häufigkeit des Übergewichts bei Gicht von 50% und mehr. Die Feststellung dieser Häufigkeit basiert in der Regel auf einem ausgewählten Patientengut und nicht auf randomisiert verteilten Ausgangskollektiven. So berichtet Brøchner-Mortensen (1958), daß von 100 Patienten mit Gicht die Mehrzahl Übergewicht hatte, davon lagen 7% mehr als 50% über dem Idealgewicht und nur bei 5% der Patienten lag das Körpergewicht 10% unter dem Idealgewicht. Bei 62 dieser 100 Patienten bestand Übergewicht. Ähnliche Ergebnisse erzielten auch Mertz u. Babucke (1971), die bei über 500 Patienten mit Gicht in über 60% eine Fettsucht fanden. Aus diesen Angaben über die Häufigkeit des Übergewichts in relativ kleinen Kollektiven von Gichtpatienten dürfen jedoch keine kausalen Beziehungen abgeleitet werden. Die Verwechslung von Ursache und Folge kann hier zu Fehlinterpretationen führen, und der Einfluß anderer Faktoren, etwa einer falschen Ernährung mit gleichzeitigen Störungen des Kohlenhydrat- oder Fettstoffwechsels darf nicht übersehen werden. In den genannten Studien liegen praktisch keine statistisch gesicherten Ergebnisse mit vergleichbaren Parametern vor. Daß bei einer relativ kleinen Gruppe von Gichtkranken nicht immer die Übergewichtigen vorherrschen müssen, zeigen frühere Untersuchungen von Talbott (1967), aber auch spätere Berichte von Günther et al. (1968) oder Frank (1974). Dennoch könnte man davon ausgehen, daß die Gicht häufiger als die symptomlose Hyperurikämie mit Fettsucht einhergeht.
Auch für diese Gruppe findet man unterschiedliche Angaben. Sie reichen von einer Häufigkeit des Übergewichts von 49% in der Untersu-

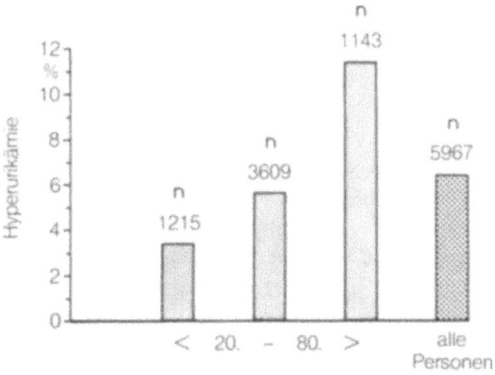

Abb. 5.5. Beziehung zwischen Hyperurikämie und dem relativen Körpergewicht aufgeteilt nach Gruppen: <20., 20.-80. und >80. Perzentile des relativen Körpergewichts. Zum Vergleich die Häufigkeit der Hyperurikämie in der gesamten Bevölkerung. (Nach Myers et al. 1968)

chung von Babucke u. Mertz (1974) über Ergebnisse mit geringgradiger Korrelation zwischen Harnsäurespiegel und Körpergewicht in den Untersuchungen von Paulus et al. (1970) bis zu einer sehr gut kontrollierten Studie an allerdings nur 50 Patienten mit Hyperurikämie und 50 vergleichbaren Kontrollpersonen, in der im Durchschnitt kein Unterschied des Körpergewichts von Hyperurikämikern ohne Gicht und Personen mit normalen Harnsäurewerten festgestellt werden konnte (Frank 1974).

Epidemiologische Studien

Epidemiologische Studien gehen von einem größeren Zahlenmaterial aus und bieten auch die Gelegenheit einer Longitudinalbeobachtung. Hier sei nur eine Auswahl dieser epidemiologischen Befunde angeführt. Hall et al. konnten (1967) in der Framingham-Studie an 5127 Männern und Frauen im Alter zwischen 30 und 59 Jahren, die über 14 Jahre beobachtet wurden, bei Männern eine statistisch gesicherte, positive Beziehung zwischen Harnsäurespiegel und Körpergewicht nachweisen. Auch die Ergebnisse von Myers et al. (1968) in der Framingham-Studie reihen sich hier gleichlautend ein (Abb. 5.5). Zalokar et al. (1974) legten an einem umfassenden Zahlenmaterial von über 10 000 Personen einen statistisch überzeugenden Beweis für die quantitative Beziehung zwischen Körpergewicht und Harnsäurekonzentration im Serum vor.

Gegenargumente

Vereinzelte Untersuchungen konnten diese Ergebnisse nicht voll bestätigen. Es zeigte sich zwar bei einzelnen Personen mit höherem Körpergewicht auch ein höherer Harnsäurespiegel, in den Gesamtkollektiven konnte jedoch keine statistisch signifikante Beziehung zwischen dem Körpergewicht und der Harnsäurekonzentration gefunden werden. Hier ist die sehr sorgfältige Studie von Griebsch u. Zöllner (1973) an 999 Blutspendern in München zu nennen. Es ist natürlich denkbar, daß für die statistische Sicherung der Beziehung zwischen Körpergewicht und Harnsäurewerten im Blut größere Personenzahlen, wie sie bei den epidemiologischen Studien vorlagen, notwendig gewesen wären. Dennoch bleiben die Befunde eines gehäuften Auftretens von Fettsucht bei Patienten mit Gicht in der Diskussion.

Pathogenese

Es liegt nahe, beim Fettsüchtigen eine Veränderung des Harnsäurestoffwechsels anzunehmen, die zur Hyperurikämie führt. Analoge Mechanismen sind bekannt von der Fettsucht als Manifestationsfaktor für den Diabetes oder für die Hypertriglyzeridämie. Während aber in diesen Fällen pathogenetische Mechanismen postuliert und zum großen Teil auch bereits nachgewiesen sind, ist die Beweislage bei der Fettsucht und dem Harnsäurestoffwechsel vorerst noch wesentlich ungünstiger. Übergewichtige haben zwar einen höheren Harnsäurespiegel als Normalgewichtige, und dieser sinkt auch bei Reduktion des Körpergewichts ab (Abb. 5.6). Befunde, die einen veränderten Harnsäurestoffwechsel des Fettsüchtigen beschreiben, stehen vorerst noch isoliert und warten auf Bestätigung. Die Befunde von Nicholls u. Scott (1972), daß Übergewichtige eine höhere Harnsäurekonzentration als Normalgewichtige haben, die bei Reduktion des Körpergewichts absinkt, legen aber auch die Deutung von Griebsch u. Zöllner (1973) nahe, daß übergewichtige Personen mehr Nahrung und damit mehr Purinkörper aufnehmen und deshalb die Harnsäurekonzentration im Serum ansteigt.

Schlußfolgerung

Zusammenfassend läßt sich sagen, daß aufgrund des Zahlenmaterials der epidemiologischen Studien eine statistisch geringgradig signifikante Beziehung zwischen Körpergewicht und Harnsäurekonzentration in der Bevölkerung zu bestehen scheint. Es ergibt sich aber aus den bisher vor-

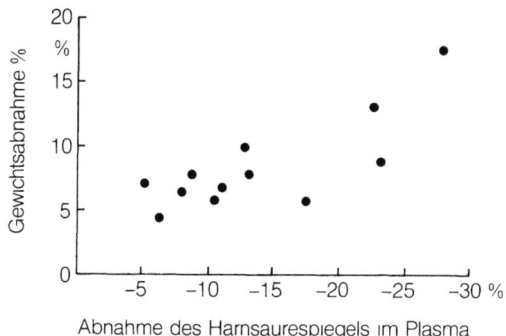

Abb. 5.6. Einfluß einer Gewichtsabnahme auf die Harnsäurekonzentration im Serum von Patienten mit Fettsucht. (Nach Nicholls u. Scott 1972)

liegenden Daten kein ausreichender Anhalt dafür, daß Fettsucht allein die Hyperurikämie begünstigt. Unterschiede im Puringehalt der Nahrung des Fettsüchtigen und des Normalgewichtigen könnten auch Unterschiede in der Harnsäurekonzentration erklären.

5.4.3 Hyperurikämie, Gicht und Leber

Die Leber ist das zentrale Stoffwechselorgan des Körpers, und es ist deshalb sinnvoll, bei Stoffwechselkrankheiten diesem Organ besondere Aufmerksamkeit zu widmen. Im Rahmen einer therapeutischen Studie fiel im Jahre 1966 bei Patienten mit Gicht eine pathologische Bromsulphaleinretention auf. Seit dieser Zeit erschienen immer wieder Arbeiten, die über eine auffällige Häufung von pathologischen Befunden an der Leber von Gichtkranken berichten (Tabelle 5.4; Zusammenfassung bei Wolfram 1976). Besonders bemerkenswert sind darunter die Befunde an jungen Patienten mit primärer Hyperurikämie (Henninges u. Mertz 1971). Das Spektrum der pathologischen Befunde wurde als Ausdruck einer Leberverfettung gedeutet. Bei einem Teil der Patienten konnte diese Diagnose auch histologisch belegt werden.

Klinik

Bei der klinischen Untersuchung von Patienten mit Hyperurikämie läßt sich häufig eine mäßige bis stärkere Vergrößerung der Leber nachweisen. Veränderungen der Konsistenz dieses Organs reichen von einer geringen Vermehrung bis zur deutlichen Verhärtung. Die Bilirubinkonzentration

Tabelle 5.4. Die Häufigkeit pathologischer Leberbefunde bei Patienten mit Hyperurikämie und Gicht. (Aus Wolfram 1981)

	Anzahl der Patienten [n]	Häufigkeit pathologischer Leberbefunde [%]	Histologische Befunde vorhanden [n]
Grahame et al. (1968)			
a) Gicht	73	75	–
b) Hyperurikämie	16	75	–
Knick et al. (1968)	52	83	35
Hennecke u. Südhof (1970)	100	86	19
Tremel u. Pohl (1971)	27	44	27
Klein (1971)	79	40	–
Henninges u. Mertz (1971)	50	64	7
Babucke u. Mertz (1974)	675	41	46

im Serum ist meist normal. Bei mesenchymalen Begleitreaktionen sind die Werte der SGOT und SGPT erhöht.

Histologie

Bisher schlugen alle Versuche fehl, in Analogie zu den histologischen Veränderungen einer Gichtniere gichtspezifische Veränderungen des Lebergewebes als pathologisch-anatomisches Substrat der klinischen und laborchemischen Veränderungen nachzuweisen. Der pathologisch-anatomische Befund an der Leber eines Gichtkranken entspricht dem einer Fettleber, wie er auch bei Diabetes, Hyperlipidämie oder Alkoholabusus beobachtet wird (Tremel u. Pohl 1971). Das histologische Bild reicht von geringgradigen, herdförmigen, mittel- oder großtropfigen Zellverfettungen bis zum ausgeprägten Bild einer unspezifischen Fettleber.

Pathogenese

In Zusammenhang mit der Entstehung einer Fettleber auf dem Boden einer Störung des Harnsäurestoffwechsels ist es interessant, daß pathologische Leberbefunde bei Gicht und bei symptomloser Hyperurikämie gleich häufig gesehen werden (Tremel u. Pohl 1971). Die Lebergröße nimmt nach Untersuchungen an einer großen Zahl von Personen nur scheinbar mit der Harnsäurekonzentration zu, da nach Korrektur um die Körperfettmasse beide Parameter nicht mehr korreliert sind (Zalokar et al. 1974).

Tabelle 5.5. Die Häufigkeit von Fehlernährung und Stoffwechselstörungen bei Patienten mit Hyperurikämie und Gicht. (Aus Wolfram 1981)

	Über-gewicht [%]	Alkohol-abusus [%]	Gesamt Lipid- oder Triglyzeridspiegel erhöht [%]	Latenter oder manifester Diabetes [%]
Grahame et al. (1968)				
a) Gicht	44	33	–	–
b) Hyperurikämie	44	19	–	–
Knick et al. (1968)	83	–	x̄260 mg/dl	60
Hennecke u. Südhof (1970)	56	–	87	–
Tremel u. Pohl (1971)	81	–	70	20
Klein (1971)	–	–	60 (n = 25)	87 (n = 39)
Henninges u. Mertz (1971)	78	–	–	18
Babucke u. Mertz (1974)	49	–	21	16

Da es bisher keine vernünftige Hypothese gibt, welche die Entstehung einer Fettleber durch eine Störung im Purinstoffwechsel erklären könnte, wird die Leberverfettung bei Gicht häufig mit Alkoholkomsum, Hyperlipidämie, diabetischer Stoffwechsellage oder Fettsucht in Beziehung gebracht. Diese Folgen der Fehlernährung und Stoffwechselstörungen sind bei Patienten mit Gicht auch häufig zu beobachten (Tabelle 5.5).

Alkoholkonsum

Da die Bevölkerung in der Bundesrepublik im Durchschnitt 8% der Energie in Form von Alkohol zu sich nimmt, ist die alkoholische Fettleber keine Seltenheit. Über den Alkoholkonsum von Gichtpatienten findet man jedoch nur selten genauere Angaben, obwohl diese Information wegen des Anstiegs der Harnsäurekonzentration im Serum nach Alkoholzufuhr auch beim einzelnen Patienten sehr wichtig wäre. Die Prozentzahlen der Patienten, die erhöhten Alkoholkonsum zugegeben haben, reichen von 6,5–33% (Paulus et al. 1970). Viele Autoren bleiben jedoch wegen der Unzuverlässigkeit derartiger Angaben diese wichtige Information schuldig. Alkoholkonsum führt natürlich auch zu einem Anstieg von Leberenzymen im Serum, z. B. γ-GT, und zu einem Anstieg der Triglyzeridkonzentration im Serum (Abb. 5.7).

Hyperlipidämie

Erhöhter Alkoholkonsum geht also nicht selten mit einer Hypertriglyzeridämie einher (s. Abb. 5.7), die ebenfalls die Entstehung einer Fettleber

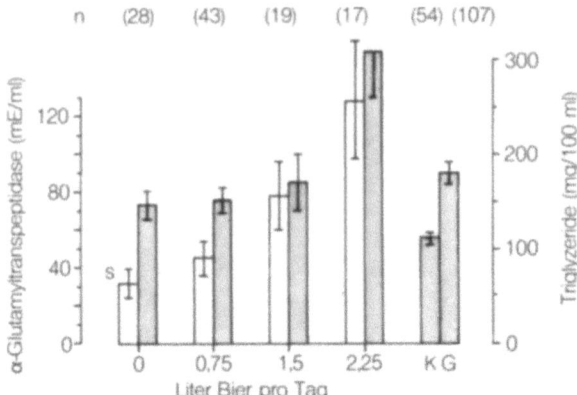

Abb. 5.7. Abhängigkeit der γ-Glutamyltranspeptidase-Aktivität und der Triglyzerid-konzentration im Serum von Patienten mit Gicht von der Höhe des Bierkonsums. Zum Vergleich die Triglyzeridkonzentrationen bei allen Gichtpatienten *(G)* dieser Studie und bei einer altersgleichen Kontrollgruppe *(K).* (Nach Nishida et al. 1975)

begünstigt. So findet man bei den primären Hyperlipidämien sehr oft auch vermehrt Fetteinlagerungen in der Leber. Die Häufigkeit einer Hyperlipidämie bei Gicht liegt je nach Krankengut zwischen 21 und 87% (Tabelle 5.5). Die Häufigkeit einer Kombination von Hyperlipidämie und Fettleber bei Gichtkranken läßt sich aus diesen Werten leider nicht repräsentiv ermitteln. Einzelne Untersucher finden bei den Patienten mit Leberzellverfettung auch stark erhöhte Serumlipidkonzentrationen, andere finden keine klare Beziehung zwischen Fettleber und Serumlipiden.

Diabetes

Ein Diabetes mellitus bei Gichtpatienten ist ebenfalls als mögliche Ursache einer Fettleber zu diskutieren, da bei diesen Patienten eine diabetische Stoffwechselstörung gehäuft auftritt (Tabelle 5.5). Die bekannte Korrelation zwischen Fettsucht und Diabetes gilt natürlich auch für Patienten mit Gicht.

Fettsucht

Die Korrelation zwischen Ausmaß der Fettsucht und dem Grad der Leberverfettung ist auch bei Gichtkranken statistisch auffällig. Aufgrund dieser Befunde und des hohen Anteils der Fettsüchtigen unter den Gichtkranken (Tabelle 5.5) muß die „Mastfettleber" als weitere mögliche Form der Fettleber bei Gichtkranken in Betracht gezogen werden. Dafür spricht auch die in einem großen Personenkreis festgestellte Korrelation zwischen Körpergewicht und Lebergröße (Zalokar et al. 1974).

Schlußfolgerung

Die Fettleber des Gichtpatienten scheint in vielen Fällen nicht durch einen, sondern durch eine Kombination verschiedener Faktoren verursacht zu sein. Bei Patienten mit Gicht sind in erster Linie Übergewicht, erhöhter Alkoholkonsum, Hyperlipidämie und Diabetes zu diskutieren, die allein oder in Kombination das Risiko des Gichtkranken für Fetteinlagerungen in der Leber stark erhöhen. Gichtkranke mit Fettleber, aber ohne wenigstens einen dieser für die Entstehung der Fettleber relevanten Faktoren sind relativ selten. Bisher gibt es keinen Beweis für spezifische pathologische Veränderungen in der Leber als Folge einer Störung des Purinstoffwechsels.

5.4.4 Hyperurikämie, Gicht und Diabetes

Über die Kombination von Gicht und Diabetes bestehen aufgrund einander widersprechender Befunde in der Literatur seit dem vorigen Jahrhundert sehr unterschiedliche Auffassungen. Manche Autoren sind der Ansicht, daß beide Krankheiten sehr selten gemeinsam auftreten. So fanden der bekannte Diabetologe Joslin et al. in den USA im Jahre 1952 unter 1500 Diabetikern nur einen einzigen Patienten mit einer Gicht, und der Gichtspezialist Talbott berichtete im Jahr 1953 in seinem Buch über die Gicht nur von zwei Patienten mit Gicht und Diabetes. Beckett u. Lewis fanden 1960 im Serum von 214 Diabetikern keine Häufung von Hyperurikämie (Abb. 5.8). Dagegen lassen sich heute bei bis zu 87% der Gichtkranken mäßige oder ausgeprägte Störungen des Kohlenhydratstoffwechsels nachweisen (Tabelle 5.5). Für eine direkte Verbindung zwischen Kohlenhydrat- und Purinstoffwechsel bei Patienten mit Gicht und Diabetes gibt es bisher keinen Beweis. Die Hyperurikämie bei diabetischer Ketoazidose ist für die chronische Hyperurikämie ohne Bedeutung. Die Hyperurikämie bei Niereninsuffizienz auf dem Boden einer diabetischen Nephropathie ist im Verhältnis zur Zahl der Diabetiker als selten zu bezeichnen. Die Angaben über eine mögliche Genkoppelung als Ursache der Kombination von Gicht und Diabetes konnten bisher nicht überzeugen (Beckett u. Lewis 1960). Als Ursache für das gemeinsame Auftreten von Diabetes und Gicht müssen deshalb andere Faktoren vermutet werden.

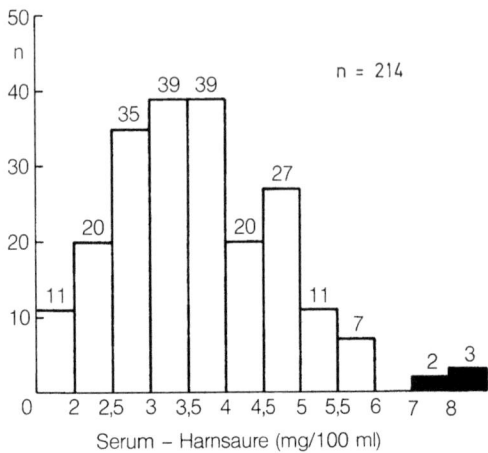

Abb. 5.8. Verteilung der Harnsäurekonzentrationen im Serum von Männern mit Diabetes. (Nach Beckett u. Lewis 1960)

Epidemiologische Studien

Bei der Häufigkeit der Stoffwechselkrankheiten Diabetes und Gicht liegt es nahe, zunächst in epidemiologischen Untersuchungen nach Korrelationen zwischen Harnsäure und Blutzuckerspiegel im Blut zu suchen. Trotz der vor allem in der Bevölkerung von Industrienationen gehäuft beobachteten Kombination von Diabetes und Gicht konnte in mehreren epidemiologischen Untersuchungen keine Beziehung zwischen dem Blutzucker- und Harnsäurespiegel in der Bevölkerung nachgewiesen werden. Dies gilt für sogenannte Entwicklungsländer wie auch für Bevölkerungsgruppen in Industrienationen (Hall et al. 1967; Myers et al. 1968; Zalokar et al. 1974). In den epidemiologischen Untersuchungen wurden allerdings keine Belastungstests durchgeführt, so daß ein latenter Diabetes nicht erfaßt werden konnte.

Für die Untersuchungen der Zusammenhänge zwischen diesen beiden Krankheiten scheint es wesentlich zu sein, ob es sich um einen Diabetes bei Gicht oder eine Gicht bei Diabetes handelt, d. h. welche Stoffwechselstörung zeitlich zuerst aufgetreten ist.

Gicht bei Diabetes

Diabetiker scheinen relativ selten zusätzlich eine Gicht zu entwickeln. Beckett und Lewis fanden unter 800 Diabetikern nur 19 Patienten mit

Hyperurikämie, darunter einen mit einer Gicht. Zwar berichtet Mikkelsen in seiner Übersichtsarbeit von einer Häufigkeit der Hyperurikämie bei Diabetikern zwischen 2 und 50% und der Gicht zwischen 0,1% und 9%, diese Zahlen sind jedoch sehr von der untersuchten Personengruppe beeinflußt.

Diabetes bei Gicht

Die Angaben zur Häufigkeit einer pathologischen Glukosetoleranz oder eines Diabetes bei Gicht reichen nach Literaturangaben von 16-87% (Tabelle 5.5). An dieser großen Streuung kann man ablesen, daß auch hier die Zusammensetzung des beobachteten Krankenguts das Ergebnis entscheidend beeinflußt. Dennoch kann man davon ausgehen, daß bei Gichtpatienten im Vergleich zur übrigen Bevölkerung ein Diabetes häufiger vorkommt. Fettsucht, eine häufige Begleiterscheinung der Gicht, begünstigt natürlich die Entstehung eines Diabetes (Tabelle 5.5).

Pathogenese

In erster Linie muß das Körpergewicht als Bindeglied zwischen diesen beiden Stoffwechselstörungen in Betracht gezogen werden, da Fettsucht ein sicherer diabetogener Faktor ist. Dies gilt auch für Patienten mit Gicht (Abb. 5.9). Die meisten Gichtkranken, bei denen eine Störung des Kohlenhydratstoffwechsels nachzuweisen ist, sind übergewichtig.
Mit zunehmendem Alter steigt die Häufigkeit des Diabetes an, auch bei Patienten mit Gicht. Bei jüngeren Patienten mit Gicht findet man seltener

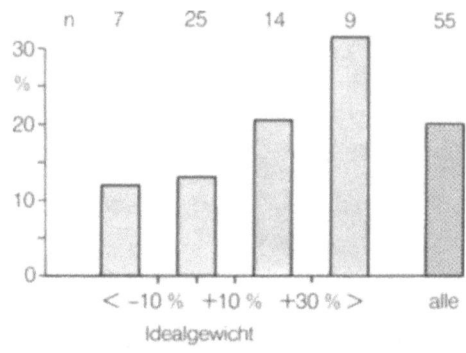

Abb. 5.9. Häufigkeit des manifesten Diabetes bei Patienten mit Gicht in Abhängigkeit vom Körpergewicht. (Nach Bernheim et al. 1968)

einen Diabetes als bei älteren. Bei über zwei Drittel der Patienten mit Gicht und Diabetes geht die Gicht dem Diabetes um Jahre voraus (Bernheim et al. 1968). Als weiterer diabetogener Faktor ist nach neueren Untersuchungen eine Insulinresistenz bei Hypertriglyzeridämie anzusehen.

Schlußfolgerung

Bei gesunden Erwachsenen unter üblicher Ernährung besteht keine statistisch signifikante Korrelation zwischen Blutzucker, Harnsäure und Triglyzeriden im Serum. Für eine direkte Verbindung zwischen Kohlenhydrat- und Purinstoffwechsel bei Patienten mit Gicht und Diabetes gibt es bisher keinen Beweis. Bei Diabetikern ist nicht mit einem vermehrten Auftreten von Hyperurikämie oder Gicht zu rechnen, während bei primärer Gicht relativ häufig ein Diabetes vorkommt. Als Ursache dafür müssen Manifestationsfaktoren für den Diabetes, vor allem die Begleitkrankheiten Fettsucht und Fettstoffwechselstörungen, in Betracht gezogen werden.

5.4.5 Hyperurikämie, Gicht und Hyperlipidämie

Über die Beziehung zwischen Gicht und Hyperlipidämie bestehen trotz einer Fülle von Veröffentlichungen immer noch unterschiedliche Auffassungen. Ein Teil der entgegengesetzten Aussagen läßt sich auf die unzureichende Definition des Begriffs Hyperlipidämie in der Vergangenheit zurückführen. Geht man allerdings davon aus, daß Gicht und familiäre Hyperlipidämien genetisch determinierte Krankheiten sind, so ist auch bereits das Konzept der Hyperlipoproteinämien nach Fredrickson überholt. Zur Zeit ist die genetische Definition einer Hyperlipidämie nur durch sehr aufwendige Familienuntersuchungen oder biochemische Untersuchungen an der Zellkultur möglich. Angesichts dieser Schwierigkeiten bei der Diagnostik ist es verständlich, daß über genetische Zusammenhänge vorerst keine genaueren Kenntnisse vorliegen.
Die Suche nach einer Erklärung für ein gehäuftes gemeinsames Auftreten von Gicht und Hyperlipidämie wird sich deshalb zunächst auf die Feststellung von Korrelationen beziehen und dann Manifestationsfaktoren für Hyperlipidämie oder Gicht berücksichtigen.

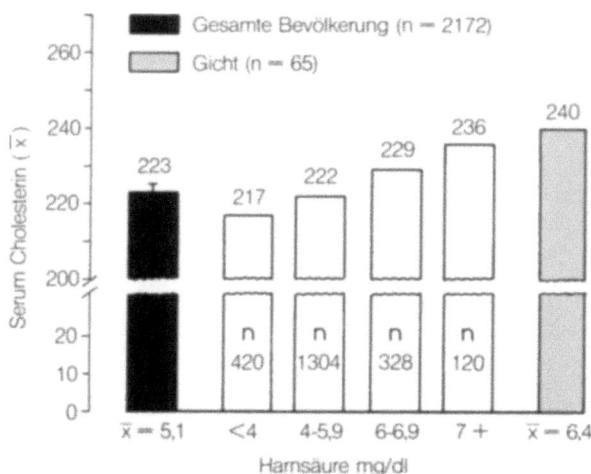

Abb. 5.10. Beziehung zwischen Harnsäurekonzentration und Cholesterinkonzentration bei Männern im Alter von 30–54 Jahren beim Beginn der Framingham-Studie. (Nach Hall 1965)

Hypercholesterinämie

Während in einigen früheren Arbeiten von einem gehäuften gemeinsamen Auftreten von Gicht und Hypercholesterinämie berichtet wird, finden andere Autoren in neuerer Zeit keine Korrelation zwischen Harnsäure- und Cholesterinkonzentration im Serum (Günther et al. 1968; Paulus et al. 1970).

In der Framingham-Studie fand Hall (1965) einen Anstieg der Cholesterinkonzentration mit zunehmender Harnsäurekonzentration, Patienten mit Gicht hatten die höchste durchschnittliche Cholesterinkonzentration (Abb. 5.10). In den epidemiologischen Untersuchungen von Tecumseh und Evans County ergab sich keine statistisch gesicherte Korrelation zwischen Cholesterin- und Harnsäurekonzentration im Serum (Myers et al. 1968; Klein et al. 1973). Diese Befunde werden durch die Ergebnisse einer epidemiologischen Untersuchung in Frankreich von Zalokar et al. (1974) gestützt, die ebenfalls keine Beziehung zwischen Harnsäure- und Cholesterinkonzentration, wohl aber zwischen Harnsäure- und Triglyzeridkonzentration feststellen. Dieses Ergebnis deckt sich wieder mit einer älteren Untersuchung von Berkowitz (1964), der bei Hypercholesterinämie im Vergleich zu Personen mit normalen Serumlipiden keine höheren Harnsäurewerte fand, wohl aber bei Personen mit Hypercholesterinämie und Hypertriglyzeridämie (Abb. 5.11).

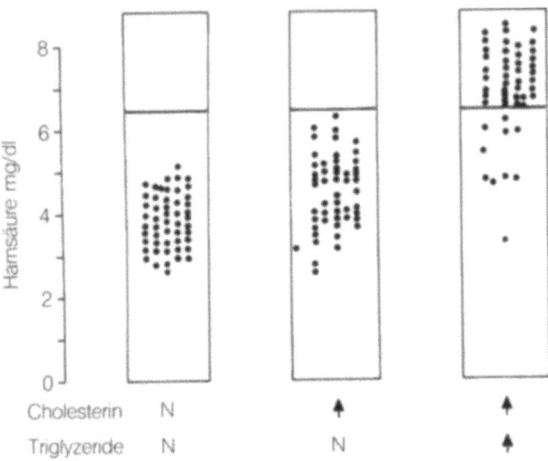

Abb. 5.11. Harnsäurekonzentrationen bei Patienten mit normalen Serumlipiden und Patienten mit Hypercholesterinämie mit und ohne Hypertriglyzeridämie. (Nach Berkowitz 1964)

Hypertriglyzeridämie

Bereits vor Zalokar et al. hatten mehrere Autoren über ein gehäuftes Auftreten einer Hypertriglyzeridämie und weitgehend normale Cholesterinkonzentrationen bei Patienten mit Hyperurikämie oder Gicht berichtet (Berkowitz 1964). Yü et al. (1978) beobachteten eine eindeutige Beziehung zwischen den Konzentrationen von Triglyzeriden und Harnsäure im Serum (Abb. 5.12). Andere Autoren fanden auch die Kombination Hypercholesterinämie und Hypertriglyzeridämie bei Patienten mit Hyperurikämie oder Gicht. Die Häufigkeit der Hypertriglyzeridämie bei Gichtpatienten wird mit 6–84% angegeben. Auch hier ist die Streuung der Angaben ein Hinweis auf die Inhomogenität des untersuchten Patientenguts. Die Häufigkeit der Hyperurikämie bei Patienten mit Hypertriglyzeridämie erreichte bis zu 82% (Berkowitz 1964; Abb. 5.11). Die häufige Kombination von Hyperurikämie und Hypertriglyzeridämie ist auch durch Arbeiten belegt, in denen Patienten mit Hyperurikämie oder Gicht in Hinsicht auf Alter, Größe, Gewicht und Alkoholkonsum vergleichbaren Kontrollgruppen gegenübergestellt wurden. Bei den Patienten mit Gicht trat eine Hypertriglyzeridämie signifikant häufiger auf, als bei den Kontrollpersonen (Frank 1974).

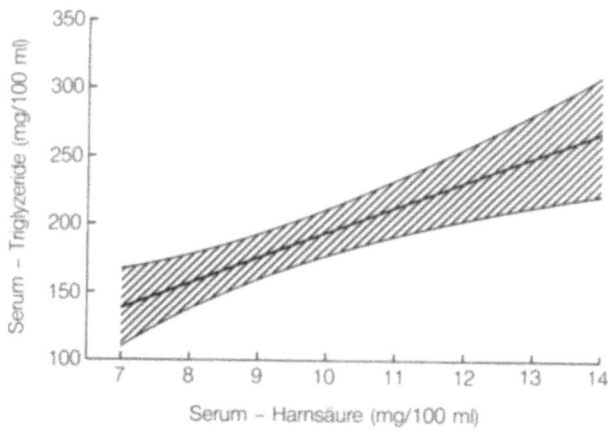

Abb. 5.12. Beziehung zwischen der Konzentration der Harnsäure im Serum von 619 Patienten mit Gicht und der Konzentration der Triglyzeride im Serum. (Nach Yü et al. 1978)

Hyperurikämie und Dyslipoproteinämie

Veränderungen des Lipoproteinmusters im Plasma gehen nicht nur mit einem Anstieg bestimmter Lipoproteine, z. B. der LDL oder VLDL, sondern auch mit einem Abfall, z. B. der HDL, einher. Weitere Veränderungen findet man auch bei einzelnen Komponenten der Lipoproteine wie Apolipoproteinen oder Lipiden. Man spricht dann von Dyslipoproteinämie. In neuerer Zeit wurden auch bei Patienten mit Hyperurikämie Untersuchungen einzelner Lipoproteine durchgeführt und eine Häufung von Dyslipoproteinämien festgestellt (Jiao et al. 1986; Kullich et al. 1988). Weitere Studien berichten von einer Verminderung des HDL-Cholesterins, insbesondere des als vasoprotektiv angesehenen HDL$_2$-Cholesterins. Daneben findet man aber auch eine Vermehrung der triglyzeridreichen VLDL und des Lp(a), das als atherogen gilt (Mertz u. Thuilot 1985). Eine sorgfältige Analyse der Lipoproteine fördert zwar weitere Besonderheiten zu Tage, zur Klärung der Zusammenhänge wären aber gut definierte Patientengruppen und der Ausschluß von Ursachen für die sekundäre Hyperurikämie wie auch die sekundäre Dyslipoproteinämie notwendig.

Primäre Hyperlipoproteinämien

Geht man von Patienten mit primären Hyperlipoproteinämien aus, berücksichtigt man also das Lipoproteinmuster bei Patienten, die keinen Anhalt für eine sekundäre Hyperlipoproteinämie bieten, so findet man

441

bei der Hyperlipoproteinämie Typ IIa nur sehr selten eine Hyperurikämie, während bei der Hyperlipoproteinämie vom Typ IV in etwa einem Drittel der Fälle eine Hyperurikämie beobachtet werden kann. Fredrickson nennt für die Häufigkeit von Hyperurikämie oder Gicht bei den verschiedenen Typen der Hyperlipoproteinämien folgende Zahlen: bei Typ I und II normale Häufigkeit, bei Typ III Hyperurikämie in etwa 16%, bei Typ IV und V je etwa 40%. In einem Kollektiv von 183 Patienten mit Gicht hatten 54% eine Hyperlipoproteinämie, wobei der Typ IV bei 44% und der Typ V nur bei 3% vorlagen (Lang 1974).

Pathogenese

Als mögliche Ursache einer gehäuften Kombination von Purin- und Lipoproteinstoffwechselstörungen werden folgende Hypothesen diskutiert:
- genetischer Zusammenhang,
- direkter metabolischer Zusammenhang,
- indirekte Zusammenhänge über Fettsucht, Störung des Kohlenhydratstoffwechsels, Fettleber, Nierenfunktionsstörungen.

Genetischer Zusammenhang

Bei einer familiären Hypercholesterinämie (Hyperlipoproteinämie Typ IIa) findet man nur sehr selten eine Hyperurikämie, so daß hier keine genetische Beziehung zu bestehen scheint. Die Hypothese von einer Genkoppelung als Ursache der häufigen Kombination von Gicht und Hypertriglyzeridämie wird bisher nur durch Vermutungen gestützt (Zalokar et al. 1974; Berkowitz 1966). Für ein Syndrom aus essentieller Hyperlipidämie, Hyperurikämie und Diabetes als genetisch gekoppelte schwere Stoffwechselstörung gibt es bisher keinen Beweis.

Direkter metabolischer Zusammenhang

Bei seltenen Enzymdefekten, die zu einer primären Gicht führen, wurden bereits Hypertriglyzeridämien beschrieben. Die Entstehung der Hypertriglyzeridämie ist aber auch bei diesen seltenen Enzymdefekten nicht geklärt.

Indirekte Zusammenhänge mit anderen Stoffwechselstörungen

In der Diskussion um die Pathogenese dürfen die Berichte nicht außer Acht gelassen werden, die bei Gichtpatienten mit Diabetes doppelt so häufig eine Hyperlipidämie beschreiben wie bei den Patienten ohne Diabetes, oder andere, die bei Gichtpatienten mit Hypertriglyzeridämie häufiger eine Fettsucht, eine pathologische Glukosetoleranz oder eine Hypercholesterinämie finden als bei Patienten mit normalen Triglyzeridkonzentrationen (Heidelmann u. Thiele 1973). Diese Befunde zeigen, daß indirekte Zusammenhänge bestehen. Durch Vergleiche an 40 Gichtpatienten mit Hyperlipidämie, 40 Gesunden mit gleichem Alter, Geschlecht und Grad des Übergewichts und 40 Gesunden mit geringerem Körpergewicht konnte gezeigt werden, daß die Hypertriglyzeridämie in diesen Fällen mit großer Wahrscheinlichkeit auf das Übergewicht und den Alkoholkonsum zurückzuführen war (Gibson u. Grahame 1974). Untersuchungen ergaben eine Herabsetzung von Glomerulumfiltrat und Nierenplasmastrom bei Patienten mit essentieller Hyperlipidämie; durch Beeinträchtigung der Nierenfunktion könnte sich so zur Hyperlipidämie eine Hyperurikämie gesellen. Weitere Ansatzpunkte für eine renale Genese der Hyperurikämie sind die Hemmung der Harnsäureausscheidung durch Ketonkörper, z. B. bei Nulldiät und durch Laktat bei Alkoholabusus. Neben einer Hyperurikämie kann Alkohol auch eine Hypertriglyzeridämie verursachen.

Klärung der Ursache ex iuvantibus

Auch Therapiestudien konnten ex iuvantibus keine Klärung eines direkten Zusammenhangs zwischen Gicht und Hyperlipidämie bringen. Arzneimittel, die den Harnsäurespiegel beeinflussen, senken den Triglyzeridspiegel nicht. Eine Behandlung der Hypertriglyzeridämie mit Clofibrat beeinflußt die primäre Hyperurikämie nur gelegentlich. Diese Substanz ist durch ihre partiell urikosurische Wirkung für diese Fragestellung auch nicht sehr geeignet. Eine Behandlung der Hypertriglyzeridämie mit einer kohlenhydratarmen Diät führt zu keiner Änderung des Harnsäurespiegels im Serum.

Schlußfolgerung

Aufgrund der vorliegenden Befunde geht eine Hyperurikämie oder Gicht manchmal mit einer Hypertriglyzeridämie einher, selten jedoch mit einer Hypercholesterinämie. Alkoholabusus und Fettsucht, die Folgen der Ernährung in unserer Wohlstandsgesellschaft, tragen sicher zu den erhöhten Triglyzeridwerten des Gichtkranken bei. Von den bisher aufgestellten Hypothesen über eine direkte Verbindung zwischen Purin- und Fettstoffwechsel ist noch keine bewiesen. Auf keinen Fall ist es gerechtfertigt, von einer sekundären Hypertriglyzeridämie bei Gicht zu sprechen.

5.4.6 Hyperurikämie, Gicht und assoziierte Krankheiten

Hier werden Stoffwechselstörungen aufgelistet, deren Einordnung bei den sekundären Hyperurikämien wegen der ungeklärten Pathogenese der Störung im Harnsäurestoffwechsel umstritten ist.

Zystinurie

Bei den Fallbeschreibungen von Zystinurie findet man immer wieder den Befund einer Hyperurikämie und einer Uratnephrolithiasis. Meloni u. Canary (1967) beschreiben bei 6 Patienten mit Zystinurie in 4 Fällen eine Hyperurikämie. Andere fanden bei der Anamnese von 17 Patienten mit Zystinsteinen in 12 Fällen auch Angaben über Harnsäuresteine. Die Pathogenese dieser Assoziation ist ungeklärt.

Primäre Hyperoxalurie

Bei 3 Kindern mit primärer Hyperoxalurie und normaler Nierenfunktion wurde von Aponte u. Fetter (1954) eine Hyperurikämie beobachtet. Auch in anderen Fallbeschreibungen dieser Krankheit findet man eine Hyperurikämie. Als Ursache wird eine kompetitive Hemmung der Harnsäureausscheidung durch Glykolsäure diskutiert, die bei primärer Hyperoxalurie vermehrt ausgeschieden wird.

Ostitis deformans Paget

Ein gemeinsames Auftreten des M. Paget und der Gicht wurde bereits von Garrod Ende des letzten Jahrhunderts beschrieben. Frank et al. (1974) fanden bei 55 Patienten mit M. Paget in 40% eine Hyperurikämie. Die Höhe der Harnsäurekonzentration stand in guter Korrelation zur Ausprägung des M. Paget. Bei den meisten dieser Patienten war die Nierenfunktion normal.

Down-Syndrom (Mongolismus)

Bei Patienten mit Mongolismus findet man höhere Serumharnsäurekonzentrationen als bei nach Alter und Geschlecht vergleichbaren Kontrollpersonen, die unter gleichen Ernährungsbedingungen leben (Kaufmann u. O'Brien 1967). Harnsäureumsatz und Harnsäureclearance sind normal. Die Ursache der Hyperurikämie ist bisher ungeklärt.

Hypoparathyreoidismus

Nach Thyreoidektomie beobachteten Dubin et al.(1956) bei 7 von 9 Frauen einen Hypoparathyreoidismus mit einer Hyperurikämie. Die Pathogenese ist nicht geklärt.

Zustand nach Adrenalektomie

Itsovitz u. Sellers (1963) beobachteten bei 171 Patienten, bei denen wegen einer schweren Hypertonie eine totale oder subtotale Adrenalektomie durchgeführt worden war, in 67% eine Hyperurikämie. Im Verlauf von 13 Jahren entwickelten 6% der Patienten eine Gicht. Da Auftreten und Ausmaß der Hyperurikämie am besten mit der Schwere der Hypertonie und der Ausprägung von Gefäßveränderungen übereinstimmten, bezogen die Autoren diese Hyperurikämie auf renale Gefäßveränderungen.

Literatur

Aponte GE, Fetter TR (1954) Familial idiopathic oxalate nephrocalcinosis. Am J Clin Pathol 24: 1363

Babucke G, Mertz DP (1974) Häufigkeit der primären Hyperurikämie unter ambulanten Patienten. Münch Med Wochenschr 116: 875–880

Beckett AG, Lewis JG (1960) Gout and the serum uric acid in diabetes mellitus. Q J Med 29: 443–458

Berkowitz D (1964) Blood lipid and uric acid interrelationships. JAMA 190: 856–858

Berkowitz D (1966) Gout hyperlipidemia and diabetes interrelationships. JAMA 197: 117–120

Bernheim C, Ott H, Zahnd G, Marten E (1968) Goutte Et diabète. I. La goutte et ses relations avec le diabète. Schweiz Med Wochenschr 98: 33–41

Brøchner-Mortensen K (1958) Gout. Ann Rheum Dis 17: 1–8

Dubin A, Kushner DS, Bronsky D, Pascale LR (1956) Hyperuricemia in hypoparathyreodism. Metabolism 5: 703

Frank O (1974) Untersuchungen über die Häufigkeit von Störungen des Lipid- und Kohlenhydratstoffwechsels bei primärer Gicht und symptomloser Hyperurikämie. Wien Klin Wochenschr 86: 252–256

Gibson T, Grahame R (1974) Gout and hyperlipidemia. Adv Exp Med Biol 41: 499–508

Griebsch A, Zöllner N (1973) Normalwerte der Plasmaharnsäure in Süddeutschland. Z Klin Chem 11: 346–356

Günther R, Knapp E, Siller K (1968) Gicht und Plasmalipidwerte. Wien Klin Wochenschr 80: 577–581

Hall AP (1965) Correlations among hyperuricemia, hypercholesterolemia, coronary disease and hypertension. Arthritis Rheum 8: 846–852

Hall AP, Barry PE, Dawber TR, McNamara PM (1967) Epidemiology of gout and hyperuricemia: a long-term population study. Am J Med 42: 27–37

Heidelmann G, Thiele P (1973) Das Gichtproblem. Steinkopff, Dresden

Henninges D, Mertz DP (1971) Urikopathie von Jugendlichen. Besonderheiten im klinischen Bild. MMW 113: 458–462

Itsovitz HD, Sellers AM (1963) Gout and hyperuricemia after adrenalectomy for hypertension. N Engl J Med 268: 1105

Jiao S, Kameda K, Matzuzawa Y, Tarni S (1986) Hyperlipoproteinemia primary gout: hyperlipoproteinämic phenotype and influence of alcohol intake and obesity in Japan. Ann Rheum Dis 46: 308ff.

Joslin EP, Root HF, White P, Marble A (1952) Treatment of diabetes mellitus, 9th edn. Lea & Febiger, Philadelphia, p 93

Kaufmann JW, O'Brien WM (1967) Hyperuricemia in mongolism. N Engl J Med 276: 953

Klein R, Klein BE, Cornoni JC, Maready J, Cassel JC, Tyroler HA (1973) Serum uric acid. Its relationship to coronary heart disease risk factors and cardiovascular disease. Evans County Georgia. Arch Intern Med 132: 401–410

Kullich W, Ulreich A, Klein G (1988) Hyperlipoproteinämie bei primärer Gicht und asymptomatischer Hyperurikämie. Wien Med Wochenschr 138: 221–225

Lang PD (1974) Fettstoffwechselstörungen bei Gicht. Münch Med Wochenschr 116: 909–912

Meloni CR, Canary JJ (1967) Cystinuria with hyperuricemia. JAMA 200: 169

Mertz DP (1987) Gicht, Grundlagen. Klinik und Therapie, 5. Aufl. Thieme, Stutgart

Mertz DP, Babucke G (1971) Epidemiologie und klinisches Bild der primären Gicht. Beobachtungen zwischen 1948 und 1968. Münch Med Wochenschr 113: 617–623

Mertz DP, Thuliot G (1985) HDL-Cholesterin und Lipoprotein Lp(a) bei Gicht und Hyperurikämie. Münch Med Wochenschr 1026–1030

Mikkelsen WM (1965) The possible association of hyperuricemia and/or gout with diabetes mellitus. Arthritis Rheum 8: 853–859

Myers AR, Epstein FH, Dodge HJ, Mikkelsen WM (1968) The relationship of serum uric acid to risk factors in coronary heart disease. Am J Med 45: 520–528

Nicholls A, Scott JT (1972) Effect of weight-loss on plasma and urinary levels of uric acid. Lancet 2: 1223–1224

Nishida Y, Akaoka I, Nishizawa T, Yoshimura T (1975) Hyperlipidaemia in gout. Clin Chim Acta 62: 103–106

Paulus HE, Coutts A, Calabro JJ, Klinenberg JR (1970) Clinical significance of hyperuricemia in routinely screened hospitalized men. JAMA 211: 277–281

Talbott JH (1953) Gout and gouty arthritis. Mod Med Monogr 7: 49

Talbott JH (1967) Gout, 3rd edn. Grune & Stratton, New York

Tremel R, Pohl W (1971) Leberbefunde bei Gicht. Med Klin 66: 777–781

Wolfram G (1976) Klinische Wertigkeit der Hyperurikämie. Beziehung zu anderen Krankheiten. In: Zöllner N, Gröbner W (Hrsg) Handbuch der inneren Medizin Gicht, Springer, Berlin Heidelberg New York

Wolfram G (1981) Hyperurikämie und Gicht-Beziehungen zu anderen Stoffwechselstörungen. In: Zöllner N (Hrsg) Hyperurikämie und Gicht. Springer, Berlin Heidelberg New York

Yü TF, Dorph DJ, Smith H (1978) Hyperlipidemia in primary gout. Semin Arthritis Rheum 7: 233–244

Zalokar J, Lellouch J, Claude JR, Kuntz D (1974) Epidemiology of serum uric acid and gout in Frenchmen. J Chronic Dis 27: 59–75

5.5 Hyperurikämie als Befund

W. Gröbner

5.5.1 Definition der Hyperurikämie

Der Serumharnsäurespiegel wird im allgemeinen im Rahmen einer Durchuntersuchung zur Abschätzung des Gesundheitsrisikos oder gezielt, z. B. bei Verdacht auf eine Gicht oder bei Vorliegen einer Nephrolithiasis, bestimmt. Von einer Hyperurikämie spricht man, wenn die Harnsäurekonzentration im Serum oder Plasma oberhalb des Normalbereichs liegt. Zwischen Serum- und Plasmaharnsäurekonzentration kann bei Bestimmung mit der gebräuchlichen enzymatischen Methode mit Urikase kein Unterschied nachgewiesen werden.

Die Grenzen des Normalen können verschieden definiert werden. Die eine Definition ist eine statistische, bei der die Ergebnisse an einer Bevölkerung, die nach den üblichen medizinischen Kriterien als gesund zu bezeichnen ist, gewonnen wurden. Eine zweite Definition kommt aus der klinischen Erfahrung, eine weitere Definition berücksichtigt die physiko-chemischen Eigenschaften der Harnsäure im Plasma.

Überprüft man die in großen epidemiologischen Studien gewonnenen Verteilungskurven der Harnsäurewerte im Serum, so läßt sich statistisch keine eindeutige Grenze zwischen normalen und erhöhen Werten festlegen. Schwankungen der Serumharnsäurekonzentration jeder Einzelperson, die mit steigendem Harnsäurespiegel zunehmen, und andere Faktoren sind die Ursache. Nach klinischer Erfahrung gelten im allgemeinen als obere Grenze der Norm für enzymatische Methoden Serumharnsäurewerte von 7,0 mg/dl für Männer und 6,0 mg/dl für Frauen vor der Menopause; während der Menopause steigt der Serumharnsäurespiegel geringgradig an. Jedenfalls sind Werte über 6,5–7,0 mg/dl mit einer mehr als 90%igen Wahrscheinlichkeit als erhöht anzusehen. Dieser Wert ist auch insofern interessant, als im gleichen Bereich die Löslichkeit des Natriumurats im Plasmawasser liegt. Im Gegensatz zur statistischen Methode kann die obere Normgrenze des Serumharnsäurespiegels unter Berücksichtigung der Löslichkeitsgrenze von Natriumurat im Plasma bei einer Körpertemperatur von 37 °C mit 6,4 mg/dl exakt angegeben werden. Eine Hyperurikämie liegt somit vor, wenn der Plasmaharnsäurespiegel 6,5 mg/dl und mehr beträgt. Eine Erhöhung des Plasmaharnsäurespiegels auf Werte oberhalb 6,4 mg/dl bedeutet das Vorliegen einer übersättigten Lösung mit der Neigung zu Harnsäureausfällungen bei Auftreten entsprechender physikalischer Voraussetzungen. In Übereinstimmung damit steht auch die klinische Erfahrung, daß Gichtanfälle bei

Serumharnsäurespiegeln unter 6,5 mg/dl äußerst selten auftreten. Zöllner (1980) beobachtete bis 1973 zwei Fälle, anschließend keine mehr. Heute geht man davon aus, daß bei einem Gichtanfall Werte unter 6,5 mg/dl nur dann gefunden werden, wenn der Patient akut oder chronisch unter einer Therapie steht oder wenn er kurz vor dem Anfall seine Ernährungsweise drastisch geändert hat. Eine Definition der Hyperurikämie nach physikochemischen Gesichtspunkten hat auch den Vorteil, daß bei Frauen und Männern keine unterschiedlichen oberen Grenzwerte für Harnsäure bestehen.

5.5.2 Enzymatische Harnsäurebestimmung

Bei der Bewertung des Serumharnsäurespiegels muß auch die Meßmethode berücksichtigt werden. Alle modernen Bestimmungsmethoden beruhen auf der Oxidation von Harnsäure zu Allantoin:

$$\text{Harnsäure} + 2\ H_2O + O_2 \xrightarrow{\text{Urikase}} \text{Allantoin} + CO_2 + H_2O_2.$$

Aus der Extinktionsabnahme im UV-Bereich bei 293 nm vor und nach Ablauf der enzymatischen Reaktion kann die Harnsäurekonzentration berechnet werden. Der enzymatischen Harnsäurebestimmung mit direkter Messung der Abnahme der Harnsäurekonzentration im UV-Bereich sollte aufgrund ihrer Spezifität, hohen Präzision und einfachen Handhabung gegenüber anderen Bestimmungsmethoden der Vorzug gegeben werden. Der hauptsächliche Nachteil der Methode beruht auf dem apparativen Aufwand, da im Ultraviolettbereich gemessen werden muß.

Aus dieser Situation heraus wurde von Kageyama (1971) eine direkte kolorimetrische Bestimmung der Harnsäure entwickelt. Hierbei oxidiert das bei der Urikasereaktion gebildete Wasserstoffperoxid mit Hilfe von Katalase Methanol zu Formaldehyd:

$$H_2O_2 + CH_2OH \xrightarrow{\text{Katalase}} 2\ H_2O + HCHO.$$

Formaldehyd wird anschließend zu einem photometrierbaren Farbkomplex umgewandelt, dessen Intensität der Harnsäurekonzentration proportional ist.

Die mit dieser Methode bestimmten Serumharnsäurewerte zeigen eine sehr gute Korrelation zu den üblichen Ultraviolett-Tests. Ein Nachteil der Methode ist die Erhöhung des Leerwerts durch Arzneimittel, die in der Gichtbehandlung eingesetzt werden, so daß bei der Analyse von Gichtikerseren sorgfältig und im Duplikat bestimmt werden sollte. Doppelwerte, die nicht ausreichend gut übereinstimmen, sollten, wie auch bei der spektrophotometrischen Bestimmung, verworfen werden.

5.5.3 Voraussetzungen für die Blutentnahme zur Harnsäurebestimmung

Die Serumharnsäurebestimmung sollte grundsätzlich aus dem Nüchternblut erfolgen. In den Tagen vor der Harnsäurebestimmung sollte sich der Patient wie gewohnt ernähren, jedoch 10–12 h vor der Blutentnahme jegliche Fettaufnahme unterlassen. Der Grund liegt darin, daß eine Trübung des Serums durch resorbierte Triglyzeride (Chylomikronen) die Bestimmungsgenauigkeit verringert; außerdem lassen sich infolge einer Tagesrhythmik der Harnsäure die Nüchternwerte besser vergleichen. Alkoholabusus am Tag vor der Blutentnahme ist zu vermeiden. Wichtig ist, daß bei der Bewertung des Serumharnsäurespiegels die vom Patienten eingenommenen Arzneimittel, die den Serumharnsäurespiegel beeinflussen, berücksichtigt werden. So führen zum Beispiel Allopurinol, Urikosurika, Salizylate (> 3 g/Tag), Phenylbutazon in höherer Dosierung und Cumarine zu einer Senkung, Zytostatika, Saluretika und Salizylate in niedriger Dosis zu einer Erhöhung des Serumharnsäurespiegels (Tabelle 5.6).

Tabelle 5.6. Der Einfluß von Arzneimitteln auf den Serumharnsäurespiegel

Senkung des Serumharnsäurespiegels	Erhöhung des Serumharnsäurespiegels
Xanthinoxidasehemmer (Allopurinol)	Zytostatika
Urikosurika Salizylate (> 3 g/Tag)	Saluretika Salizylate (< 3 g/die)
Phenylbutazon in höherer Dosierung Oxyphenbutazon in höherer Dosierung	Phenylbutazon in niedriger Dosierung Oxyphenbutazon in niedriger Dosierung
Phenylindandion Cumarine Kortikoide	Ethambutol Pyrazinamid Niridazol (niedrige Dosis) Probenecid (niedrige Dosis) Nikotinsäure Fruktoseinfusion Sorbit Xylit Cyclosporin

5.5.4 Vorgehen bei Feststellung einer Hyperurikämie

Wird eine Hyperurikämie festgestellt und durch Kontrolluntersuchungen bestätigt, so erheben sich folgende Fragen:

1) Welche Ursachen liegen der Hyperurikämie zugrunde?
2) Bestehen oder bestanden bereits klinische Komplikationen der Hyperurikämie?
3) Liegen weitere Stoffwechselstörungen vor?
4) Besteht eine Behandlungsindikation?

In Tabelle 5.7 sind zusammenfassend wichtige Untersuchungen, die bei einer Hyperurikämie durchgeführt werden sollten, dargestellt.

Untersuchungen zur Feststellung der Ursache einer Hyperurikämie

Eine mäßige Hyperurikämie ist häufig auf Ernährungsfaktoren zurückzuführen. Der differentialdiagnostische Wert ist dadurch stark eingeschränkt, und zwar insbesondere bei übergewichtigen Patienten und Personen mit reichlichem Alkoholkonsum.

Grundsätzlich unterscheidet man die familiäre Hyperurikämie, die auf einem angeborenen Stoffwechseldefekt beruht, von sekundären Formen (Tabelle 5.8). Zum Nachweis des angeborenen Stoffwechseldefekts dienen die Familienanamnese und Verwandtenuntersuchungen. Sekundäre Hyperurikämien beruhen entweder auf einer vermehrten Harnsäurebildung oder einer verminderten renalen Harnsäureausscheidung oder einer Kombination aus beiden Mechanismen wie z. B. bei der Glykogenspeicherkrankheit Typ I. In manchen Fällen ist eine eindeutige pathogenetische Zuordnung nicht möglich. Am häufigsten werden sekundäre Hyperurikämien bei hämatologischen Erkrankungen, bei Nierenkrankheiten sowie unter dem Einfluß von Arzneimitteln beobachtet.

Zum Nachweis von sekundären Hyperurikämien (s. Tabelle 5.8) bedient man sich eines vollständigen Blutbilds (einschließlich Differentialblutbild). Gegebenenfalls sind weiterführende Untersuchungen notwendig. Störungen der Niere sollten durch Untersuchung des Harns sowie durch die Bestimmung von Harnstoff, Kreatinin und Elektrolyten erfaßt werden. Manchmal kann nicht entschieden werden, ob die „Nierenschädigung" Ursache oder Folge der Hyperurikämie ist. Hyperlaktazidämien und Ketoazidosen sind ebenfalls laborchemisch zu erfassen. Wichtig ist, daß bei jeder Hyperurikämie eine präzise Arzneimittelanamnese (s. Tabelle 5.6) erhoben wird.

Bei jugendlichen Patienten mit ausgeprägter Hyperurikämie, schweren Verlaufsformen einer Gicht sowie rezidivierender Harnsäurenephroli-

Tabelle 5.7. Wichtige Untersuchungen bei Hyperurikämie

1) Diagnose bzw. Ausschluß sekundärer Hyperurikämien	Gesamtes Blutbild, Nierendiagnostik, Arzneimittelanamnese, ggf. spezielle Untersuchungen wie z. B. Laktatbestimmung im Serum
2) Diagnose bzw. Ausschluß von Enzymdefekten des Purinstoffwechsels bei familiärer Hyperurikämie	Quotient aus Harnsäure (mg/dl)/Kreatinin (mg/dl) im Spontanurin Renale Tagesharnsäureausscheidung unter Normalkost oder standardisierten Ernährungsbedingungen, evtl. unter isoenergetischer purinfreier Formeldiät Bestimmung der Aktivität von Schlüsselenzymen des Purinstoffwechsels (Hypoxanthinguaninphosphoribosyltransferase, 5-Phosphoribosylpyrophosphat-Synthetase) aus Erythrozyten (Speziallaboratorien)
3) Diagnose bzw. Ausschluß von Komplikationen einer Hyperurikämie	Anamnese (Gichtanfälle? Nephrolithiasis?) Tophi? (Weichteile, Knochen) Uratnephropathie? Nephrolithiasis? (Blutdruck, Harnstatus, Kreatinin, Harnstoff und Elektrolyte im Serum, Sonographie der Nieren, evtl. i. v.-Pyelogramm, Steinanalyse)
4) Diagnose bzw. Ausschluß von weiteren Stoffwechselstörungen	Cholesterin und Triglyzeride im Serum, Blutzucker, Harnzuckerausscheidung im 24-h-Urin, evtl. orale Glukosebelastung

Tabelle 5.8. Wichtige Ursachen (und Beispiele) sekundärer Hyperurikämien mit Gicht. Bei den eingeklammerten Angaben müssen wahrscheinlich für das Zustandekommen einer Gicht hereditäre Faktoren ebenfalls vorliegen. (Modifiziert nach Zöllner 1976)

Vermehrte Harnsäurebildung	Verminderte renale Harnsäureausscheidung
Chronische myeloische Leukämie	Nierenkrankheiten
Polycythaemia vera	Ketoazidose
Osteomyelosklerose	Fasten
(Sekundäre Polyglobulie bei Herz- und Lungenkrankheiten)	Entgleister Diabetes mellitus
(Hämolytische Anämien)	Hyperlaktazidämien
Glukose-6-Phosphatase-Mangel	Hohe Alkoholspiegel
(Vermehrte Zufuhr von Nahrungspurinen, Übergewicht)	Glucose-6-Phosphatase-Mangel
Zytostatische Therapie und Bestrahlungen	Arzneimittel
	z. B. Saluretika
	Vergiftungen
	Blei

thiasis sollte zur Feststellung einer Hyperurikämie infolge vermehrter endogener Harnsäuresynthese auf der Basis von Enzymdefekten des Purinstoffwechsels neben der Serumharnsäure auch die Harnsäureausscheidung im 24-h-Urin bestimmt werden (Normalbereich unter Normal-

451

kost 500–600 mg täglich) (Tabelle 5.7). Durch Bestimmung des Quotienten aus Harnsäure und Kreatinin im Spontanurin (Normalwert < 0,8) läßt sich ebenfalls auf eine vermehrte Harnsäurebildung schließen. Führen diese Untersuchungen nicht zu einer eindeutigen Klärung, so sollten sie unter stationären Bedingungen unter Verwendung einer standardisierten Diät, gegebenenfalls einer isoenergetischen purinfreien Formeldiät, wiederholt werden. Dabei ist auf die Einhaltung der Diätvorschriften sowie auf eine exakte Sammlung des 24-h-Urins zu achten. Der Patient muß genauestens über die Technik der Gewinnung des 24-h-Urins informiert werden; durch die Bestimmung der Kreatininausscheidung im Harn läßt sich die Genauigkeit der Sammlung kontrollieren.

Bei der Bestimmung der Harnsäureausscheidung im 24-h-Urin ist zu beachten, daß sich während der Urinsammelperiode Harnsäure auf dem Boden des Gefäßes absetzt. Es ist daher unbedingt erforderlich, den gesamten Harn vor der Harnsäurebestimmung gut umzurühren, um die Harnsäure gleichmäßig zu verteilen. Andernfalls würde bei der Probenentnahme vom Boden des Gefäßes eine zu hohe Harnsäurekonzentration gemessen, während bei Entnahme aus den oberen Urinschichten eine falsch-niedrige Konzentration resultieren würde. Zur Sammlung des Harns eignen sich Gefäße, die Harnsäure nicht adsorbieren, am besten Glasgefäße.

Ob während der Sammlung des Harns eine Hemmung des Bakterienwachstums nötig ist, ist nicht eindeutig geklärt (Zöllner 1980). Die wirksamste Bakteriostase erreicht man wahrscheinlich mit der Aufbewahrung der Probe im Kühlschrank. Die Zugabe von Verbindungen wie Toluol reicht nicht aus. Da die üblichen Bakterien, die im Harn vorkommen, als Stickstoffquelle den Harnstoff bevorzugen, wird die Bedeutung der Bakteriostase für die Bestimmung der Harnsäureausscheidung meist überschätzt (Zöllner 1980).

Untersuchungen zur Diagnose bzw. zum Ausschluß von Komplikationen einer Hyperurikämie

Bei Feststellung einer Hyperurikämie muß nicht nur nach deren Ursachen, sondern auch nach Komplikationen des erhöhten Harnsäurespiegels gesucht werden (s. Tabelle 5.7). Bereits die Anamnese gibt wichtige Anhaltspunkte. Jede akute Monarthritis ist gichtverdächtig, besonders wenn ähnliche Erkrankungen vor Wochen, Monaten oder Jahren bereits einmal aufgetreten und abgeheilt waren. Auch nach Nierenkoliken ist zu fragen. Bei der Inspektion des Patienten wird nach Weichteiltophi gesucht, am Ohr als „Gichtperlen", an Händen und Füßen als subkutane, mehr oder weniger knotige Harnsäureansammlungen. Harnsäure in

Weichteiltophi läßt sich mit Hilfe der Murexidprobe nachweisen (Rotfär-
bung bei Erhitzen mit einem Tropfen Salpetersäure). Diagnostisch weg-
weisend sind auch Knochentophi. Sie kommen am häufigsten an den
Großzehengrund- und Fingergelenken, meist in Form runder Defekte
ohne sklerosierten Randsaum vor. Die Knochentophi sitzen zunächst
subchondral, erreichen aber bald die Gelenkflächen und zerstören sie.
Nie unterlassen werden sollte bei einer Hyperurikämie die Untersuchung
der Niere (s. Tabelle 5.7).

Untersuchungen zur Diagnose bzw. zum Ausschluß von weiteren Stoffwechselstörungen

Zur Diagnose oder zum Ausschluß von weiteren Stoffwechselstörungen
sollten Cholesterin und Triglyzeride im Serum, Blutzucker, Glukoseaus-
scheidung im 24-h-Urin untersucht sowie eventuell eine orale Glukosebe-
lastung durchgeführt werden. Eine Hyperurikämie ist nicht selten mit
einer Hyperlipoproteinämie vergesellschaftet.

Literatur

Kageyama N (1971) A direct colorimetric determination of uric acid in serum and
urine with uricase-catalase-system. Clin Chim Acta 31: 421
Zöllner N (1976) Sekundäre Hyperurikämie und sekundäre Gicht. In: Zöllner N,
Gröbner W (Hrsg) Handbuch der Inneren Medizin, Bd. VII/3. Springer, Berlin Hei-
delberg New York, S 164
Zöllner N (1980) Definition, Diagnose und Differentialdiagnose der Hyperurikämie.
In: Zöllner N (Hrsg) Hyperurikämie und Gicht Bd. 2. Springer, Berlin Heidelberg
New York, S 1

5.6 Hypourikämie

W. Löffler

Als Hypourikämie werden Serumharnsäurekonzentrationen unter
2,0 mg/dl bezeichnet. Es handelt sich um eine willkürlich festgelegte
Grenze, die mittels biochemischer oder physikochemischer Methoden
nicht begründet werden kann. Dementsprechend halten sich nicht alle
Autoren daran. Bei mitteleuropäischen gesunden Männern liegt unter
Normalkost die Grenze zur Hypourikämie um mehr als drei Standardab-

Tabelle 5.9. Häufigkeit der Hypourikämie (Serumharnsäure < 2,0 mg/dl)

Literatur	Gesamtzahl der Untersuchten, Männer/Frauen	Häufigkeit der Hypourikämie, Männer/Frauen [%]
Gesamtbevölkerung		
Mikkelsen et al. (1965)	2987/3013	0,9/1,1
Yanase et al. (1988)[a]	8067/3432	0,16/0,23
Blutspender[b]		
Zöllner (1963)	265/119	0,75/5,0
Griebsch u. Zöllner (1973)	662/337	-/-
Löffler et al. (1989 b)	739/337	-/1,5
Patienten		
Ramsdell u. Kelley (1973 a)	6629 gesamt ("überwiegend Männer")	0,97 gesamt ("überwiegend Männer")
van Peenen (1973)	2200/2800	0,08/0,64
Schlosstein et al. (1974)[c]	4148 gesamt	0,53 gesamt
Weinberger et al. (1977)	1410/1580	0,49/0,63
Hisatome et al. (1989)	3258 gesamt	0,15 (gesamt) primäre renale Hypourikämie; weitere 0,25% inkonstante, sekundäre Form

[a] Serumharnsäure < 1,5 mg/dl.
[b] Die Untersuchungen bei Blutspendern wurden in den Jahren 1961, 1971 und 1984 mit gleicher Methodik von der gleichen Arbeitsgruppe durchgeführt und sind deshalb gut vergleichbar. Die mittlere Serumharnsäure war von 1961 bis 1971 erheblich angestiegen und lag 1984 zwischen den beiden Vorwerten. Die aufgeführte Häufigkeit der Hypourikämie legt nahe, daß diese ebenso wie die der Hyperurikämie ernährungsabhängig ist.
[c] Serumharnsäure < 2,2 mg/dl.

weichungen unterhalb des statistischen Mittelwerts der Serumharnsäure, bei Frauen nahe der unteren 2S-Grenze (Zöllner 1963; Griebsch u. Zöllner 1973; Löffler et al. 1989 b). Tabelle 5.9 gibt eine Übersicht über die Häufigkeit der Hypourikämie in verschiedenen Ländern und bei verschiedenen Bevölkerungsgruppen.

Dem Befund einer Hypourikämie kann zum einen eine verminderte Bildung von Harnsäure, zum anderen eine beschleunigte renale Ausscheidung zugrundeliegen (Tabelle 5.10). In beiden Fällen sind die angeborenen Ursachen sehr selten; bei den erworbenen Hypourikämien ist die beschleunigte Ausscheidung, also eine abnorm hohe renale Clearance, sehr viel häufiger als die verminderte Bildung. Eine dritte Möglichkeit, der beschleunigte Abbau von Harnsäure mittels i. v.-Infusion von Uri-

Tabelle 5.10. Ursachen der Hypourikämie

	Primär	Sekundär
Verminderte Harnsäurebildung	Xanthinurie, Molybdän-transportstörung, Purin-Nukleosidphos-phorylase-Mangel	Allopurinolbehandlung
Beschleunigte Harnsäure-ausscheidung	Renale Hypourikämie	Arzneimittel mit urikosurischer Nebenwirkung Toxische Tubulusschädigung Fanconi-Syndrom, Fanconi-ähnliche Syndrome M. Wilson Hartnup-Syndrom Malignome Inadäquate ADH-Sekretion Schwere Leberparenchymschäden Totale parenterale Ernährung Schwere Verbrennungen

kase ist bisher lediglich in Ausnahmefällen zur Senkung der Serumharn-säure verwendet worden. Nach Urikaseinfusion kann die Serumharn-säure über mehr als 24 h auf nicht meßbar niedrige Werte absinken (Davis et al. 1981). Bei einem Patienten mit Non-Hodgkin-Lymphom waren bei Beginn der zytostatischen Therapie dazu 4 intramuskuläre Injektionen von polyethylenglykolmodifizierter Urikase in einem Zeit-raum von 3 Wochen ausreichend (Chua et al. 1988). Durch Abbau der Harnsäure zum gut wasserlöslichen Allantoin wird sowohl der Gefahr der Harnsäurenephropathie als auch – bei prophylaktischer Gabe von Allopurinol – der Xanthinnephropathie vorgebeugt.

5.6.1 Hypourikämie durch verminderte Harnsäurebildung

Der Prototyp einer Krankheit mit verminderter Harnsäurebildung ist die hereditäre Xanthinurie, der angeborene Mangel an Xanthinoxidase. In jüngerer Zeit entdeckte angeborene Krankheiten sind der Purinnukleo-sidphosphorylasemangel sowie eine Transportstörung für Molybdän mit der Folge eines funktionellen Mangels an Xanthinoxidase und Sulfitoxi-dase, die beide Molybdän als Kofaktor benötigen (Beemer et al. 1985). Die Harnsäureausscheidung im Urin liegt bei diesen Krankheiten unter 80 und oft bei weniger als 20 mg/Tag.
Erworbene Hypourikämien durch verminderte Harnsäurebildung sind fast immer durch Allopurinolbehandlung bedingt. Während Allopurinol-

behandlung nähert sich bei Dosen von bis zu 1000 mg/Tag (Tagesdosis als Einzeldosis) die Serumharnsäure einem Minimum von 40–50% (purinfreie Diät) bzw. 30–35% des Ausgangswerts (purinreiche Diät; Löffler u. Gröbner 1988). Damit sind Serumharnsäurekonzentrationen unter 2 mg/dl als Folge üblicher therapeutischer Dosen von Allopurinol bei Patienten mit Hyperurikämie praktisch ausgeschlossen. Sie können aber auftreten, wenn z. B. wegen idiopathischer Harnsäuresteinbildung oder Adenin-Phosphoribosyltransferasemangel bei Ausgangswerten im mittleren oder unteren Normalwertbereich behandelt wird. Allopurinol und andere Arzneimittel, die die Harnsäurebildung hemmen, werden an anderer Stelle ausführlich beschrieben (s. S. 36 ff.).

Ramsdell u. Kelley (1973a) sowie Dwosh et al. (1977) stellten bei insgesamt 4 Patienten mit Hypourikämie gleichzeitig mit der erhöhten Harnsäureclearance eine erhöhte Ausscheidung von Oxipurinen (Hypoxanthin und Xanthin) fest. In einem Fall handelte es sich um einen abdominellen Abszeß, wobei sowohl die erhöhte Harnsäureclearance als auch die vermehrte Oxipurinausscheidung reversibel waren. Bei 3 Patienten bestanden verschiedene Adenokarzinome, davon 2 mit Verschlußikterus aufgrund von Metastasen. Die Xanthinoxidase verhindert normalerweise auch bei sehr hohem Anfall von Purinbasen (z. B. orale Zufuhr von 4 g Ribonukleinsäure pro Tag) eine Zunahme der Oxipurinausscheidung, es muß deshalb eine Funktionsstörung des Enzyms vorgelegen haben. Es ist unklar, welche Faktoren hierfür verantwortlich waren. Wir konnten bei einem Patienten mit metastasierendem Plattenepithelkarzinom präfinal während einer ausgeprägten Azidose eine erhöhte Hypoxanthinausscheidung feststellen. Körperliche Arbeit (Fahrradergometer) mit vermehrtem Anfall saurer Stoffwechselprodukte führt ebenfalls zum Anstieg der Hypoxanthinausscheidung (Harkness et al. 1983). Noch ausgeprägter ist dieser Anstieg während ischämischer Arbeit (Zöllner et al. 1986).

Guanidinbernsteinsäure, deren Serumkonzentration bei Niereninsuffizienz ansteigt, führt ebenfalls zu einer Verminderung der Harnsäurebildung (Dobbelstein et al. 1971), kommt unter diesen Umständen aber natürlich nicht als Ursache einer Hypourikämie in Betracht. Nach Clarkson (1966) ist bei Niereninsuffizienz die Harnsäurebildung in Abhängigkeit nicht von der glomerulären Filtration, sondern vom klinischen Stadium der Urämie reduziert. Nach Nierentransplantation steigen Harnsäurebildung und Serumharnsäure an (Simmonds, persönliche Mitteilung), wenn nicht mit hohen Dosen von Kortikoiden behandelt wird, was selbst wiederum Ursache einer Hypourikämie sein kann (Schmidt et al. 1973). Diätetisch bedingte Mangelzustände, die vergleichbar der Störung des Molybdäntransports zur Hypourikämie führen, sind beim Menschen nicht bekannt.

5.6.2 Renale Hypourikämie

Die Hypourikämie durch Steigerung der renalen Harnsäureclearance ist sehr viel häufiger als diejenige durch verminderte Bildung von Harnsäure. Die abnorm hohe Clearance kann angeboren oder erworben sein. In beiden Fällen kann die Harnsäure allein (primäre renale Hypourikämie, Medikamente mit urikosurischer Wirkung) oder gemeinsam mit anderen Substanzen (Fanconi- und Fanconi-ähnliche Syndrome, M. Wilson, Hartnup-Syndrom, toxische Tubulusschädigung, Malignome) betroffen sein.

Das Auftreten einer Hypourikämie bei Malignomen und anderen ernsten Erkrankungen zwingt zur gründlichen Abklärung jeder mehrfach bestätigten Hypourikämie. Dabei ist weniger die absolute Höhe der Serumharnsäure als vielmehr die Tatsache eines ausgeprägten Abfalls im Vergleich zu früheren Untersuchungen entscheidend. Als Minimalprogramm sollte außer üblichen Parametern der Nierenfunktion die renale Ausscheidung von Harnsäure, Glukose, Aminosäuren und Phosphat gemessen sowie die Phosphat- und Harnsäureclearance berechnet werden.

Primäre renale Hypourikämie

Als primäre renale Hypourikämie wird ein angeborener, isolierter Defekt des tubulären Harnsäuretransports bezeichnet, der zu abnorm niedriger Serumharnsäure führt. Auch bei der primären renalen Hypourikämie wird meist eine Serumharnsäurekonzentration von 2,0 mg/dl als Grenze angegeben. Mehrfach wurden allerdings Patienten mit höheren Werten beschrieben, die nach den von den Autoren aufgestellten Kriterien an einer Störung des tubulären Harnsäuretransports litten.

Der erste Bericht über eine primäre renale Hypourikämie stammt von Praetorius u. Kirk (1950). Sie berechneten bei ihrem Patienten eine renale Harnsäureclearance von 146% der glomerulären Filtrationsrate, damals der erste klinische Hinweis auf eine tubuläre Sekretion von Harnsäure. Am häufigsten wurden Patienten mit primärer renaler Hypourikämie in Israel und Japan beschrieben.

Die renale Harnsäureausscheidung ist bei der renalen Hypourikämie normal oder gering bis mäßig erhöht. Es wurden Ausscheidungen bis zu 1000 mg/Tag mitgeteilt. Die erhöhte Ausscheidung ist dabei nicht durch vermehrte Harnsäurebildung, sondern durch Abnahme der enteralen zugunsten der renalen Ausscheidung aufgrund der abnorm hohen renalen Clearance bedingt. Gesunde junge Männer scheiden im Mittel unter Normalkost 542 mg Harnsäure pro Tag aus (Löffler et al. 1983a). Geht man bei ihnen von einer fraktionellen renalen Ausscheidung von zwei

Dritteln der Gesamtausscheidung aus (Löffler et al. 1983b), so entspricht dieser Mittelwert bei Ausscheidung des Gesamtharnsäureumsatzes über die Nieren einer Ausscheidung von 813 mg/Tag.

Klinische Manifestationen der primären renalen Hypourikämie

Die primäre renale Hypourikämie bleibt eine biochemische Abnormität ohne Krankheitswert, sofern nicht renale Komplikationen auftreten. Es finden sich bei diesen Patienten häufig Harnsäuresteine (Kawabe et al. 1976; Akaoka et al. 1977; Frank et al. 1979; Smetana u. Bar-Khayim 1985; Sasaki et al. 1986; Kaneko et al. 1988), aber auch Kalziumoxalatsteine (Greene et al. 1972; Harkness et al. 1983; Sanz et al. 1983; de Ferrari et al. 1987) oder Mischsteine aus Harnsäure und Kalziumoxalat (Frank et al. 1979). Demnach liegt eine Konstellation wie bei der familiären Hyperurikämie vor, nämlich ein isolierter Defekt der tubulären Harnsäurebehandlung, der mit gehäuftem Auftreten sowohl von Harnsäure- als auch von Kalziumoxalatsteinen einhergeht.

Patienten mit Kalziumoxalatsteinen weisen häufig eine vermehrte Harnsäureausscheidung auf. Man hat versucht, diesen Zusammenhang mit heterogener Nukleation zu erklären (Robertson u. Peacock 1985). Doch ist die Fähigkeit zur Induktion der heterogenen Nukleation eine Eigenschaft vor allem des Urats, weniger der freien Harnsäure (Pak u. Arnold 1975; Hallson et al. 1982), und auch bei erhöhter Harnsäureausscheidung wird der Urin bezüglich des Urats niemals ausreichend übersättigt, um für Kalziumoxalat heterogener Nukleator sein zu können (Robertson et al. 1976; Tak et al. 1980). Die vermehrte Harnsäureausscheidung ist deshalb keine zufriedenstellende Erklärung für die Kalziumoxalatsteinbildung bei Defekten der tubulären Harnsäurebehandlung.

Bei einigen Patienten mit Hypourikämie und Kalziumoxalatsteinen wurde eine Hyperkalziurie beschrieben (Greene et al. 1972; Sperling et al. 1974; Frank et al. 1979; Mateos et al. 1984; Smetana u. Bar-Khayim 1985), die teils hyperabsorptiv, teils renal bedingt sein soll (Gaspar et al. 1986a). Möglicherweise treffen bei diesen Patienten zwei von einander unabhängige Defekte zufällig zusammen, wenn auch die Häufung bei einer so seltenen Störung wie der renalen Hypourikämie eine andere Deutung nahelegt. In einer von Sperling et al. (1974) beschriebenen Familie wiesen außerdem mehrere Mitglieder in verschiedenen Generationen eine verminderte Knochendichte auf, ein Symptom, das gemeinsam mit der Hypourikämie vererbt war.

In weiteren Berichten wurde Nephrolithiasis beschrieben, jedoch kein Ergebnis einer Steinanalyse mitgeteilt (Barrientos et al. 1979; Harkness et al. 1983; Kaneko et al. 1988). Insgesamt ist aber die Häufigkeit der Nephrolithiasis bei renaler Hypourikämie schwer abzuschätzen, da die

Träger des Defekts ohne renale Komplikationen nur zufällig oder im Rahmen von Familienuntersuchungen entdeckt werden.

Harnsteinbildung galt lange Zeit als die einzige Komplikation der primären renalen Hypourikämie. Kürzlich berichteten Erley et al. (1989) über eine weitere: Ein 23jähriger türkischer Patient kam wegen Niereninsuffizienz unklarer Ursache zur Aufnahme. Bei einem Serumkreatinin von 6,45 wurde eine Serumharnsäure von 1,4 mg/dl gemessen. Die Nierenfunktion verschlechterte sich während der Beobachtungszeit zunächst rasch, und bei einem Serumkreatinin von 12,1 betrug die Serumharnsäure 3,2 mg/dl. Nierenbioptisch wurde eine akute Harnsäurenephropathie gesichert. Nach adäquater Behandlung lag zuletzt bei normaler Kreatininclearance (100-120 ml/min) die Harnsäureausscheidung mit 345-387 mg/Tag im unteren Normbereich. Die Harnsäureclearance übertraf mit 100-300 ml/min die glomeruläre Filtrationsrate. Weitere tubuläre Funktionsstörungen oder Krankheiten, die vorübergehend zu vermehrter Harnsäureausscheidung hätten führen können, wurden nicht festgestellt. Es handelte sich demnach um eine primäre renale Hypourikämie.

Dies ist der erste dokumentierte Fall einer akuten Harnsäurenephropathie, der weder vermehrte Harnsäurebildung noch Ausschwemmung vorher retinierter Harnsäuremengen zugrunde lag. Er zeigt, daß eine akute Harnsäurenephropathie unter ungünstigen Bedingungen allein aufgrund einer isolierten intrarenalen Transportstörung für Harnsäure auftreten kann.

Die Behandlung der Harnsäurenephrolithiasis bei renaler Hypourikämie ist prinzipiell die gleiche wie bei anderen Ursachen, nämlich Senkung der Harnsäurekonzentration im Urin durch vermehrte Flüssigkeitszufuhr und Allopurinolbehandlung sowie Neutralisierung des Urin-pH. Frank et al. (1979) behandelten 2 Patienten mit renaler Hypourikämie nach diesem Schema und entdeckten die vorher im Urinsediment nachgewiesenen Harnsäurekristalle bei vielfacher Kontrolle nicht mehr.

Dies dürfte allein die Folge der höheren Trinkmenge und der Einstellung des Urin-pH gewesen sein. Wir konnten kürzlich zeigen, daß bei renaler Hypourikämie ebenso wie die Harnsäureclearance auch die Clearance von Oxipurinol, dem für die 24 h anhaltende Senkung der Serumharnsäure verantwortlichen Metaboliten, gesteigert ist. Bei dem von uns untersuchten Patienten lag die Oxipurinolclearance unter 300 und 600 mg Allopurinol pro Tag nur wenig unter der glomerulären Filtrationsrate (Normalwert ungefähr 15 ml/min), die Plasmaspiegel waren erheblich vermindert, die Zunahme der Ausscheidung von Hypoxanthin und Xanthin minimal (Löffler et al. 1989a). Renale Hypourikämie ist demnach das biochemische Merkmal eines renalen Arzneimittelverlustsyndroms.

Ausscheidung und Clearance der Harnsäure stellen Nettoergebnisse dar, die sich aus mehreren Einzelgrößen der Harnsäurebehandlung in den Nieren zusammensetzen. Mit Ausnahme der glomerulären Filtration können diese Einzelgrößen beim Menschen nur indirekt mittels pharmakologischer Manipulationen untersucht werden. Üblicherweise werden dazu Pyrazinamid, das die Ausscheidung in hohen Dosen massiv vermindert, und ein Urikosurikum verwendet.

Auch die primären renalen Hypourikämien werden meist nach den Wirkungen von Pyrazinamid und von Urikosurika auf die Harnsäureclearance eingeteilt. Die gängige Interpretation dieser Untersuchungen geht davon aus, daß 1) die Harnsäure glomerulär vollständig filtriert wird, 2) Pyrazinamid in den angewandten Dosen die tubuläre Sekretion vollständig oder fast vollständig hemmt und 3) Urikosurika die Rückresorption hemmen. Weiter wird vorausgesetzt, daß 4) Pyrazinamid die tubuläre Rückresorption und Urikosurika die Sekretion unbeeinflußt lassen und 5) bei gleichzeitiger Anwendung der beiden Arzneimittel die tubuläre Ausscheidung des einen nicht durch das andere verändert wird. In der Literatur besteht Einigkeit darüber, daß es sich dabei lediglich um näherungsweise Ermittlungen der genannten Größen handelt und daß vor allem die Sekretion bei der Verwendung von Pyrazinamid unterschätzt wird.

Die beiden Arzneimittel sind zu einem sehr hohen Prozentsatz an Plasmaproteine gebunden. Folgt man diesem einfachen Denkmodell, so gelangen sie an einer Stelle zwischen „präsekretorischer" und „postsekretorischer" Rückresorption ins Tubuluslumen, können in Höhe der präsekretorischen Rückresorption den Harnsäuretransport also nicht oder nur wenig beeinflussen. Die präsekretorische Rückresorption betrifft demnach im wesentlichen die filtrierte, die postsekretorische die sezernierte Harnsäure. Störungen der präsekretorischen Rückresorption lassen sich also nur indirekt ermitteln.

Wenn Pyrazinamid die Sekretion unterbindet, so entzieht es damit gleichzeitig – nachdem die präsekretorische Rückresorption bei Gesunden unter allen bisher untersuchten Bedingungen vollständig oder nahezu vollständig ist – der postsekretorischen Rückresorption das Substrat. Bei simultaner Anwendung von Pyrazinamid und einem Urikosurikum ist deshalb bei Gesunden das Ergebnis bezüglich der Harnsäureausscheidung das gleiche wie bei Anwendung von Pyrazinamid allein. Was bei Gesunden gilt, muß aber nicht zwangsläufig bei tubulären Defekten gelten. In diesem Fall können die Ergebnisse der pharmakologischen Manipulationen bezüglich der Rückresorption der sezernierten Harnsäure nicht mehr interpretiert werden.

Findet man während der maximalen Wirkung von Pyrazinamid keine oder eine zu geringe Verminderung der Harnsäureclearance, so handelt es sich entsprechend den genannten Voraussetzungen um einen Defekt der präsekretorischen Rückresorption (Fallbeispiele dazu siehe Greene et al. 1972; Sperling et al. 1974; Benjamin et al. 1977; Dwosh et al. 1977; Frank et al. 1979; Fujiwara et al. 1980; Weitz u. Sperling 1980; Garty et al. 1981; Tofuku et al. 1982; Smetana u. Bar-Khayim 1985). Ist der Abfall der Ausscheidung nach Pyrazinamidgabe normal und bleibt bei alleiniger Gabe eines Urikosurikums der Anstieg der Harnsäureclearance aus, so liegt ein Defekt der postsekretorischen Rückresorption vor (Bennett et al. 1972; Gibson et al. 1976; Barrientos et al. 1979; Sorensen u. Levinson 1980; Tofuku et al. 1982; Mateos et al. 1984; Smetana u. Bar-Khayim 1985). Bei fehlender Wirkung beider Medikamente soll ein Defekt beider Anteile der Rückresorption bestehen.

Bereits hier lassen sich allerdings die Störungen nicht mehr dem oben angegebenen Schema unterordnen. Eine fehlende oder erheblich verminderte Wirkung sowohl von Pyrazinamid als auch des Urikosurikums gibt es bei Clearancewerten der Harnsäure um 50-60 ml/min (Sperling et al. 1974; Akaoka et al. 1977; Benjamin et al. 1977; Fujiwara et al. 1980; Tofuku et al. 1982) ebenso wie bei Werten von 100-300 ml/min. Im letzten Fall kann die Clearance nach Gabe von Pyrazinamid immer noch höher als die glomeruläre Filtration sein (Simkin et al. 1974; Takeda et al. 1985; Erley et al. 1989). Simkin et al. (1974) haben gezeigt, daß die Antwort auch von der Art des verwendeten Hemmstoffs abhängen kann.

Bei dieser sowie einer weiteren Variante mit einer Clearance unterhalb der glomerulären Filtrationsrate (Shichiri et al. 1982; Sanz et al. 1983; Dumont u. Decaux 1983) soll es sich um verstärkte Sekretion von Harnsäure ins Tubuluslumen handeln. Dabei lassen sich die Schlußfolgerungen der Autoren nicht immer nachvollziehen. Die verstärkte Sekretion wird aus einer ausgeprägten Senkung der Clearance durch Pyrazinamid sowie einer übernormalen Zunahme nach Gabe eines Urikosurikums abgeleitet. Colussi et al. (1988) dagegen gehen davon aus, daß beim präsekretorischen Defekt eine normale Antwort auf Pyrazinamid zustandekommen kann, wenn die filtrierte und nicht rückresorbierte Harnsäure im postsekretorischen Abschnitt gemeinsam mit der sezernierten Harnsäure aus dem Tubulus entfernt wird. In diesem Fall ist eine gesteigerte Antwort bei Gabe eines Urikosurikums zu fordern.

In den genannten Arbeiten finden sich zum einen Zahlen von gesunden Kontrollpersonen, deren Untersuchungsergebnisse (in Relativwerten) erheblich variieren (Shichiri et al. 1982); dies ist unter Pyrazinamid nicht ungewöhnlich, denn bei Clearancewerten um oder unterhalb 1 ml/min führen sehr geringe absolute Differenzen zu großen relativen Unterschieden. Außerdem war der Clearanceanstieg nach Gabe von Probenecid zwar in Absolutwerten ungewöhnlich hoch, relativ aber in der gleichen Größenordnung wie bei Gesunden (Shichiri et al. 1982; Sanz et al. 1983); nach den Kriterien von Colussi et al. also nicht gesteigerte Sekretion, sondern ein präsekretorischer Rückresorptionsdefekt.

Die molekularen Mechanismen, die zur beschleunigten Harnsäureausscheidung führen, sind nicht geklärt. Ist die Harnsäureclearance höher als die glomeruläre Filtrationsrate, so kann nach den Untersuchungen mit Urikosurika und Pyrazinamid lediglich der Nachweis einer tubulären Nettosekretion von Harnsäure als gesichert gelten. Bei Gesunden wurde unter experimentellen Bedingungen eine Harnsäureausscheidung von bis zu 123% der glomerulär filtrierten Menge induziert (Gutman et al. 1959). Da eine vollständige Hemmung der tubulären Rückresorption dabei nicht wahrscheinlich war, kann man davon ausgehen, daß die tubuläre Harnsäuresekretion des Gesunden wesentlich höher als 23% der filtrierten Menge ist. Bei einem vollständigen Defekt der tubulären Harnsäurerückresorption muß deshalb bei intakter Sekretion die Harnsäureclearance über der glomerulären Filtrationsrate liegen. Es bedarf keineswegs einer „Hypersekretion" durch welche Mechanismen auch immer, um derart hohe Clearancewerte der Harnsäure zu erklären. Bei vollständigem Defekt der prä- und postsekretorischen Rückresorption und zusätzlicher Ausschaltung der Sekretion durch Pyrazinamid müssen also Harnsäureclearance und glomeruläre Filtrationsrate gleich groß sein, was in einigen Fällen annähernd erreicht wurde (Simkin et al. 1974; Takeda et al. 1985). Die Clearanceunterschiede waren jedoch manchmal nur geringfügig, wenn die Ergebnisse unter Pyrazinamid beim einen Patienten als Rückgang bis zur glomerulären Filtrationsrate, beim anderen als Nichtansprechen auf Pyrazinamid interpretiert wurden.

Nach der Vierkomponentenhypothese leuchtet ein, daß beim präsekretorischen Defekt, also völligem Fehlen einer präsekretorischen Rückresorption und damit zu geringem Substratangebot für die Sekretion, Pyrazinamid wenig oder nicht wirksam ist. Wenn aber die postsekretorische Rückresorption intakt ist, muß dort Harnsäure resorbiert werden, müssen also Urikosurika auch beim präsekretorischen Defekt eine – mindestens partielle – Wirkung haben (siehe Colussi et al.). Wirkungslosigkeit beider Medikamente wurde jedoch als Kriterium des vollständigen präsekretorischen Defekts beschrieben (Frank et al. 1979). Um die Unübersichtlichkeit noch zu erhöhen, fanden sich Patienten, deren Harnsäureclearance unter Pyrazinamid zunahm, und andere, deren Clearance unter urikosurischen Dosen von Probenecid abnahm (Simkin et al. 1974; Akaoka et al. 1977).

Dumont u. Decaux (1983) schließlich beschrieben eine Patientin mit einer Serumharnsäurekonzentration von 1,9 mg/dl, deren Reaktion sowohl auf Pyrazinamid als auch auf Sulfinpyrazon nach den aufgestellten Kriterien normal war, und interpretierten trotzdem ihre Ergebnisse als tubuläre Hypersekretion von Harnsäure. Es kann sich hier nur um das untere Ende der normalen Verteilungskurve der Serumharnsäurewerte bzw. das obere Ende der Bandbreite normaler Clearancewerte, nicht aber um einen Defekt handeln.

Beim postsekretorischen Defekt wird – unter den beschriebenen Voraussetzungen – die sezernierte Harnsäure nicht rückresorbiert, die Clearancesteigerung nach Gabe eines Urikosurikums ist vermindert oder bleibt aus. In diesem Fall muß bei Zunahme der Harnsäurebildung die zu erwartende Steigerung der Sekretion zu einer Zunahme der Clearance führen, wenn die Sekretionsmechanismen intakt sind. Die einzige Untersuchung, die diese Kriterien erfüllt, ist diejenige von Sorensen u. Levinson (1980). Sie beschrieben eine scheinbar gesunde Probandin, die auf die Gabe von Pyrazinamid mit einem normalen Abfall und auf orale Zufuhr von Ribonukleinsäure mit einer ungewöhnlich stark ausgeprägten Zunahme der Harnsäureclearance reagierte. Im Gegensatz dazu war bei allen untersuchten Serumspiegeln die Clearancezunahme nach Probenecid unzureichend.

Kann die sezernierte Harnsäure nicht mehr aus dem Tubulus entfernt werden (vollständiger Defekt der postsekretorischen Rückresorption), so drückt sich jede Steigerung der Sekretion ohne Abstriche in einer Zunahme der Clearance aus. Hier wurde also der Nachweis geführt, daß die tubuläre Harnsäuresekretion intakt ist. Diese Versuchsanordnung, die außer von Sorensen u. Levinson nur einmal angewandt wurde (Akaoka et al. 1977), ist – unter geeigneten Vorsichtsmaßnahmen – bei jeder Abklärung einer primären renalen Hypourikämie zu fordern. Es ist nach gegenwärtiger Lehrmeinung die einzige Möglichkeit nachzuweisen, daß die tubuläre Harnsäuresekretion intakt ist. Eine zusätzliche Verminderung der Sekretion kann in vielen Fällen von renaler Hypourikämie nicht ausgeschlossen werden. Es ist allerdings schwer vorstellbar, daß ein Defekt, der als isolierte Störung zur *Hyper*urikämie führt, in Kombination mit einem Rückresorptionsdefekt zur *Hypo*urikämie beitragen soll. Nicht zuletzt wurde bei Patienten mit einer Harnsäureclearance oberhalb der glomerulären Filtrationsrate eine völlige Wirkungslosigkeit von Pyrazinamid bisher nicht nachgewiesen. Wenn das oben erwähnte verstärkte Ansprechen auf Pyrazinamid auf Hypersekretion beruht, so würde dies voraussetzen, daß Pyrazinamid immer wirksam ist, wenn Harnsäure sezerniert wird. Hypersekretion muß jedoch als Folge eines tubulären Defekts gesehen werden, wenn die daraus resultierende Hypourikämie einen pathologischen Zustand darstellen soll. Es wird also impliziert, daß der defekte Transportmechanismus durch Hemmstoffe dieses Systems völlig normal beeinflußbar ist. Dies trifft sicher im einen oder anderen Fall zu, kann aber nicht als selbstverständlich vorausgesetzt werden.

Geht man nicht vom Vierkomponentensystem der tubulären Harnsäure-ausscheidung, sondern von dem nach neueren Untersuchungen wahrscheinlichen System von Natriumkotransport in Kopplung mit Anionenaustauschern an der luminalen und basolateralen Membran der Tubuluszelle aus (s. S. 36 ff.), so ergeben sich andere Möglichkeiten der Interpretation. Pyrazinamid bzw. sein Stoffwechselprodukt Pyrazinkarbonsäure gehört wahrscheinlich zu denjenigen Anionen, die in diesem Transportsystem gegen Harnsäure ausgetauscht werden können. Bei Fehlen des luminalen Austauschersystems für Harnsäure – d. h. bei fehlender Rückresorption – könnte Pyrazinamid intrazellulär in erhöhter Konzentration zum Austausch über die basolaterale Membran zur Verfügung stehen und damit die Sekretion beschleunigen (siehe Simkin et al. 1974; Akaoka et al. 1977), vorausgesetzt, der Transport von Pyrazinamid in die Zelle bleibt vom Fehlen des luminalen Anionenaustauschers unberührt. Konkurriert allerdings Pyrazinamid mit der Harnsäure um Bindungsstellen an der basolateralen Membran, so könnte dies die Zunahme der Sekretion wieder kompensieren und das teilweise Ansprechen auf Pyrazinamid in vivo bei Nettosekretion von Harnsäure (Harnsäureclearance/GFR > 1,0) erklären.

Aus den dargestellten Untersuchungen leiten wir die Hypothese ab, daß die renale Hypourikämie des Menschen durch Fehlen des luminalen Anionenaustauschers der Tubuluszelle zustande kommt, ähnlich den Verhältnissen bei Tierspezies mit Nettosekretion und Nichtansprechen auf Pyrazinamid (Werner et al. 1986).

Es hat sich auch gezeigt, daß bei verschiedenen Tierarten die zur Rückresorption oder Sekretion von Harnsäure befähigten Tubulusabschnitte in anatomisch unterschiedlicher Verteilung vorliegen (Roch-Ramel u. Weiner 1980). Unsere zweite Hypothese ist deshalb, daß zur Entstehung einer Hypourikämie das völlige Fehlen eines Transportmechanismus oder ein Defekt auf molekularer Ebene nicht in jedem Fall erforderlich ist. Eine Änderung der anatomischen Verteilung von Zellen mit der Fähigkeit zum Harnsäuretransport könnte zur Verkürzung der zur Rückresorption fähigen Abschnitte in Relation zu den sezernierenden und damit zu einer erhöhten Clearance führen. Die Verkürzung könnte am Anfang („präsekretorisch") oder distal im proximalen Tubulus („postsekretorisch") oder in beiden Bereichen liegen, womit das Vierkomponentensystem der Harnsäureausscheidung in anderer Weise bestätigt wäre.

Diese Überlegungen führen zwangsläufig zu einer dritten Hypothese, nämlich daß die familiäre *Hyper*urikämie die Folge einer Verkürzung der sezernierenden in Relation zu den rückresorbierenden Abschnitten sein kann. Verstärkte tubuläre Rückresorption von Harnsäure als Ursache der familiären Hyperurikämie wurde vereinzelt in der Literatur diskutiert (Stapleton et al. 1981).

Auf S. 37 sind die neueren Ergebnisse zur renalen Harnsäureausscheidung ausführlicher beschrieben. Danach sind die Interpretationsmöglichkeiten von In-vivo-Untersuchungen – und gleichzeitig die Schwierigkeiten bei der Interpretation von Arzneimittelinteraktionen – kaum abzusehen. Mit Hilfe dieser Ergebnisse läßt sich eine Hypersekretion gut erklären, es erscheint dagegen sehr fraglich, daß jemals eine Versuchsanordnung gefunden wird, die es erlaubt, mit Hilfe von Pyrazinamid eine pathologisch gesteigerte tubuläre Sekretion von Harnsäure beim Menschen zweifelsfrei zu belegen.

Nur wenige Autoren (Benjamin et al. 1978; Weitz u. Sperling 1980; Kitamura et al. 1984) haben aus den Unzulänglichkeiten der pharmakologischen In-vivo-Untersuchungen – insbesondere der Unsicherheit über die Interpretation der unter Pyrazinamid ermittelten Ergebnisse – die Konsequenzen gezogen und sich außerstande erklärt, den beschriebenen Defekt ihrer Patienten mit Hypourikämie in eines der gängigen Schemata (De Vries u. Sperling 1979; Smetana u. Bar Khayim 1985; Takeda et al. 1985; Gaspar et al. 1986b; Shichiri et al. 1987b) einzuordnen.

Wahrscheinlich liegt der primären renalen Hypourikämie eine Vielzahl verschiedener Defekte zugrunde. Man sollte deshalb, statt Unbeweisbares zu interpretieren, die objektiv festgestellten Tatsachen beschreiben. Und dies ist in vielen Fällen ein Nichtansprechen der tubulären Mechanismen des Harnsäuretransports auf ihre Hemmstoffe. Wobei noch zu berücksichtigen ist, daß im Falle eines Defektes das Nichtansprechen nicht für alle Hemmstoffe eines bestimmten Transportsystems gleichermaßen gelten muß oder daß, wie oben dargestellt, die gegenteilige Wirkung eintreten kann.

Ein grundlegendes Problem, nämlich die Frage: Was ist pathologisch?, wurde im Falle der Hypourikämie bisher überhaupt nicht bearbeitet. Ohne Zweifel handelt es sich bei einer Harnsäureclearance, die höher ist als die glomeruläre Filtrationsrate, um einen pathologischen Zustand. Es fehlen in der Literatur aber von der selben Arbeitsgruppe mit denselben Methoden erbrachte Beweise dafür, daß tatsächlich bei Serumharnsäurekonzentrationen um 2,0 mg/dl in einem bestimmten Fall ein tubulärer Defekt, in anderen Fällen ein Wert am Rande des Normalbereichs vorliegt. Es darf daran erinnert werden, daß die von Sorensen u. Levinson beschriebene Patientin zunächst als gesunde Kontrollperson bei einer experimentellen Untersuchung dienen sollte. Definitionen sowie die Bemühungen um eine Klärung der Pathogenese verschiedener Formen der renalen Hypourikämie werden ad absurdum geführt, wenn innerhalb einer Familie bei einer Serumharnsäure von 2,0 ± 0,1 mg/dl von Hypourikämie, also einem pathologischen Befund, bei 2,2 ± 0,1 mg/dl aber von einem Wert im unteren Normalbereich gesprochen wird (Nakajima et al. 1987).

Und nicht zuletzt sind Vergleiche von Ergebnissen, die mit unterschiedlichen Urikosurika erzielt wurden, nur mit Einschränkung statthaft. Probenecid unterscheidet sich von Benzbromaron durch paradoxe Harnsäureretention in niedriger Dosierung. Beim Sulfinpyrazon fehlt diese, doch beeinflußt es als Derivat eines nichtsteroidalen Antiphlogistikums die renale Natriumausscheidung und führt damit möglicherweise zu Größenänderungen des Extrazellulärraums. Diamond (1989) hat kürzlich erneut die Probleme der Interpretation pharmakologischer Manipulationen der Harnsäureausscheidung diskutiert.

Vererbung

Die Ergebnisse von Familienuntersuchungen sprechen für eine autosomal-rezessive Vererbung der primären renalen Hypourikämie (Sperling et al. 1974; Akaoka et al. 1977; Benjamin et al. 1978; Delevelle et al. 1980; Takeda et al. 1985).

Sekundäre renale Hypourikämie

Bei epidemiologischen Untersuchungen (s. Tabelle 5.9) war die sekundäre renale Hypourikämie meist sehr viel häufiger als die primäre, oft wurden primäre Hypourikämien überhaupt nicht gefunden. Lediglich bei einer Untersuchung (Hisatome et al. 1989) wiesen alle 5 Patienten mit konstanter Hypourikämie einen angeborenen tubulären Transportdefekt auf.

Die Höhe der Serumharnsäure hängt außer von Geschlecht und Alter auch von variablen Faktoren wie Ernährungsweise, Hydratationszustand, Größe des Extrazellulärraums, Übergewicht, medikamentöser Therapie und vielen weiteren ab. Vorübergehendes Absinken auf abnorm niedrige Werte ist deshalb nicht erstaunlich. Die häufigste Ursache einer sekundären renalen Hypourikämie ist die Einnahme von Medikamenten mit urikosurischer Nebenwirkung. Daneben können toxische Tubulusschädigungen, Krankheiten und totale parenterale Ernährung zu längerdauernder Hypourikämie führen.

Ernährungseinflüsse

Nahrungsbestandteile, die unter experimentellen Bedingungen eine urikosurische Wirkung aufweisen, z. B. Eiweiß oder Aminosäuren (Waslien et al. 1968; Bowering et al. 1969; Yü et al. 1970; Löffler et al. 1980), kommen als alleinige Ursache einer Hypourikämie nicht in Betracht. Kohlenhydrate bewirken bei Überschreiten der Nierenschwelle eine osmotische

Diurese. Diese führt zu erhöhter Stromstärke im Tubuluslumen und bewirkt so eine Verminderung der Rückresorption von Harnsäure und anderen Ionen. Die durch Glukose induzierte Diurese ist um den Faktor 3 größer als die von Mannit, wenn äquimolare Mengen verglichen werden (Skeith et al. 1967). Einige weitere untersuchte Kohlenhydrate, Fruktose, Galaktose und Xylit, übertreffen diesbezüglich noch die Glukose (Narins et al. 1974). Dies erklärt den Anstieg der Serumharnsäure bei Diabetikern mit Besserung der Stoffwechsellage, also mit Abnahme der Glukosurie (Herman u. Keynan 1969; Herman et al. 1976; Gotfredsen et al. 1982). Fruktose und andere Kohlenhydrate führen je nach Dosierung zusätzlich zu vermehrter Harnsäurebildung und eventuell Hemmung der tubulären Harnsäuresekretion. Die Serumharnsäure bleibt deshalb trotz der urikosurischen Wirkung dieser Substanzen konstant oder steigt sogar noch an. Shichiri et al. (1987a) beschrieben eine renale Hypourikämie bei Diabetespatienten, die vom Ausmaß der Glukosurie unabhängig war. Ob es sich dabei, wie von den Autoren postuliert, um eine spezifische Diabetesfolge handelt, bleibt noch zu beweisen.

Hypourikämie ist ein häufiger Laborbefund bei totaler parenteraler Ernährung (Al-Jurf u. Steiger 1980; Koretz 1981; Morichau-Beauchant et al. 1982; Peretz et al. 1983; Derus et al. 1987). Von Moricheau-Beauchant et al. (1982) wurde Hypourikämie auch bei enteraler (Sonden-)Ernährung beschrieben. Als Ursache wurden verminderte Harnsäurebildung aus exogenen Purinen, forcierte Diurese und weitere Faktoren angeboten. Eine einleuchtende Erklärung, nämlich die ausgeprägte urikosurische Wirkung von Aminosäuren (Yü et al. 1970; Matzkies u. Berg 1977) und Kohlenhydraten bei parenteraler Anwendung, blieb in diesen Arbeiten unerwähnt. Bei den von Al-Jurf u. Steiger untersuchten Patienten (ohne Diabetes mellitus) wurde eine Glukosurie während parenteraler Ernährung beobachtet.

Hypourikämie als Nebenwirkung von Arzneimitteln

Eine Erhöhung der renalen Harnsäureclearance ist eine Nebenwirkung vieler Medikamente. Möglicherweise führt heute die Unkenntnis dieser Nebenwirkung häufiger zu renalen Komplikationen als die urikosurische Dauerbehandlung der Hyperurikämie, deren Risiken gut bekannt sind.

Im Falle von nichtsteroidalen Antiphlogistika (Azapropazon, Ketophenylbutazon) wurde versucht, antiphlogistische und urikosurische Wirkungen zu kombinieren, um mit einer einzigen Substanz sowohl die Harnsäure zu senken als auch Gichtanfälle zu behandeln bzw. Prophylaxe zu betreiben (Templeton 1983; Heidelmann et al. 1986). Es zeigte sich jedoch, daß die zur Normalisierung der Serumharnsäure erforderlichen Dosen mit einer hohen Nebenwirkungsrate einhergehen. Nicht umsonst wurde auch die früher durchgeführte langfristige Therapie der Gicht mit Salizylaten verlassen. Ramsdell u. Kelley (1973 b) berichteten über 3 Patienten, deren Hypourikämie auf die Einnahme hoher Dosen von Aspirin zurückzuführen war – trotz wiederholter Versicherung seitens der Patienten, keine aspirinhaltigen Mittel einzunehmen. Bei diesen und einigen anderen Substanzen aus der Gruppe der nichtsteroidalen Antiphlogistika muß auf die paradoxe Harnsäureretention geachtet werden. Azetylsalizylsäure wirkt erst ab einer Dosis von etwa 1,5 g urikosurisch.

Das stark urikosurisch wirksame Acetohexamid (Yü et al., 1968), ein Sulfonylharnstoff, ist in Deutschland nicht im Handel. Eine lange Halbwertszeit mit der Gefahr prolongierter Hypoglykämien weist ein weiterer Sulfonylharnstoff, das Chlorpropamid auf. Dieses wirkt ausgeprägt antidiuretisch und wird zur Behandlung des Diabetes insipidus verwendet (Krans 1988; in Deutschland nicht mehr im Handel). Die Antidiurese geht mit einer Vergrößerung des Extrazellulärraums und deshalb erhöhter Harnsäureclearance einher. Eine antidiuretische Wirkung wurde auch für Tolbutamid beschrieben, während Acetohexamid und andere Sulfonylharnstoffe die Wasserausscheidung fördern, andere wie Glibenclamid diesbezüglich keine Wirkung zeigen (Krans, 1988), den Harnsäurestoffwechsel also unbeeinflußt lassen. Unter den Lipidsenkern ist die urikosurische Nebenwirkung im Falle des Procetofen (Drouin et al. 1976) und des Etofyllinclofibrat (Ziegler 1980; Mertz et al. 1983) für eine therapeutische Nutzung nicht ausreichend, im Gegensatz zum Halofenat (Dujovne et al. 1976; Keller et al. 1976; Kuntzen et al. 1978).

Gute urikosurische Wirkung hat Vitamin C (Weiner u. Mudge 1964). Bei oraler Gabe werden dazu mehrere Gramm benötigt (Stein et al. 1976), bei intravenöser Zufuhr wirken bereits 0,5 g urikosurisch (del Arbol 1976). Kortikoide bzw. ACTH führen zum Abfall der Serumharnsäure durch Natriumretention und Vergrößerung des Extrazellulärraums (Benedict et al. 1950). Für eine Verminderung der endogenen Harnsäurebildung sprechen lediglich Untersuchungen in vitro (Oliver 1972; Lalanne u. Henderson, 1975). In vivo wurde die Harnsäurebildung unter Kortikoidbehandlung nicht untersucht. Urikosurisch wirken auch das zur Behandlung der Bilharziose verwendete Niridazol (Gröbner et al. 1971) sowie Methicillin (Healey et al. 1974).

Einige Gallenkontrastmittel sind in ihrer urikosurischen Wirksamkeit den Urikosurika vergleichbar (Mudge 1971). Bei der abendlichen oralen Gabe muß für ausreichende Flüssigkeitszufuhr gesorgt werden, da das Maximum der urikosurischen Wirkung in die Nachtstunden fällt (Postlethwaite u. Kelley, 1971). Diese Maßnahme soll die Anreicherung der Kontrastmittel in der Galle nicht beeinträchtigen (Mertz 1987). Schließlich kann eine Hypourikämie durch Induktion inadäquater ADH-Sekre-

Tabelle 5.11. Medikamente mit urikosurischer Nebenwirkung. Wenn aus einer Gruppe chemisch verwandter und gleichartig wirkender Pharmaka nur einzelne aufgeführt sind, so bedeutet dies in vielen Fällen nicht, daß eine urikosurische Nebenwirkung fehlt, sondern daß die übrigen Substanzen diesbezüglich nicht untersucht sind

Acetohexamid	Indacrinon
ACTH	Ketophenylbutazon
ADH	Koffein
Adrenalin	Kortikoide
Ambroxol	
Aminosäuren	Methicillin
Azapropazon	Niridazol
Azauridin	
	Östrogene (therapeutische Dosen)
Cephalotin	Orotsäure
Chlorprothixen	Osmotische Diurese
Cinchophen	
	p-Nitrophenylbutazon
Dicumarol	Phenacetin
Diflumidon	Phenolrot
	Phenolsulfonphthalein
Ethylbiscumazetat	Phenylbutazon
Ethyl-p-chlorophenoxyisobuttersäure	Phenylindandion
Etofyllinclofibrat	Procetofen
FK 366 (Aldosereduktasehemmer)	Quecksilberdiuretika
Gallenkontrastmittel:	Renin
Calciumipodat	Salizylate
Diodrast	Sulfaethylthiadiazol
Iodopyarcet	
Iopansäure	Tetrazyklin
Megluminiodipamid	Theophyllin
Natriumdiatrizoat	Tienilsäure
Glycerylguajakol	Tridihexäthylchlorid
Glycopyrroniumbromid	
	Vitamin C
Halofenat	Zitrat
Hippursäure	
Hydroxyhexamid	

tion entstehen. Außer für die oben erwähnten Mittel ist dies für Carbamazepin, Cyclobenzaprin, Furosemid, Imipramin, Lorcainid, MAO-Hemmstoffe, Neuroleptika und Propafenon beschrieben (Dukes 1988). In Tabelle 5.11 sind weitere Arzneimittel mit urikosurischer Nebenwirkung ohne Anspruch auf Vollständigkeit aufgeführt. Literaturangaben dazu finden sich bei Kelley (1975), Gröbner u. Zöllner (1976), Lang et al. (1977) und Mertz (1987).

Hypourikämie durch toxische Tubulusschädigung

Hypourikämie ist ein typisches Merkmal der toxischen Tubulusschädigung durch Arzneimittel. Seit langem ist dies von älteren Tetrazyklinen bekannt (Fulop u. Drapkin 1965), wo Abbauprodukte verfallener Substanzen die Ursache sind. Chlorprothixen hat urikosurische Wirkung (Healey et al. 1965) und wirkt bei Überdosierung ebenfalls toxisch auf den proximalen Tubulus (Weinshilboum et al. 1975). Unter Valproinsäure wurde von Lenoir et al. (1981) das Vollbild eines Fanconi-Syndroms beobachtet, das nach Absetzen reversibel war. Intoxikation mit Kühlerflüssigkeit für Kraftfahrzeugmotoren kann ebenfalls ein Fanconiähnliches Syndrom hervorrufen (Rastogi et al. 1984).

Andere Ursachen sind Zytostatika und gleichzeitige antibiotische Behandlung (Löffler et al. 1989a). Auch bei dem von Gorshein u. Asbell (1976) beschriebenen Fall liegt der zeitliche Ablauf nahe, daß nicht wie von den Autoren angenommen das Bronchialkarzinom, sondern die zytostatische Behandlung Ursache der Hypourikämie war. In einer frühen Arbeit über die prophylaktische Anwendung von Allopurinol in der Tumorbehandlung finden sich 2 Patienten, deren Serumharnsäure unter Bestrahlung und gleichzeitiger Behandlung mit 400 mg Allopurinol pro Tag von 8,7 auf 1,1 bzw. 17,2 auf 1,4 mg/dl abgesunken war (Deconti u. Calabrese 1966). Nachdem mit Allopurinol ein derartiger Abfall der Serumharnsäure nicht zu erreichen ist (Löffler u. Gröbner 1988), dürfte dies ebenfalls auf eine Tubulusschädigung und nicht auf die Wirkung von Allopurinol zurückzuführen gewesen sein.

Keating et al. (1977) beschrieben ein durch Aminoglykoside verursachtes Syndrom mit Hypoparathyreoidismus und tubulären Funktionsstörungen inklusive Hypourikämie. Auch hier haben möglicherweise Chemotherapeutika zusätzlich eine Rolle gespielt.

Hypourikämie als Symptom einer Krankheit

Schon lange ist bekannt, daß beim Verschlußikterus und bei Leberparenchymschäden mit Ikterus die Serumharnsäure aufgrund einer Zunahme der renalen Clearance absinkt (Ullmann 1923; Pasero u. Masini 1958; Schlosstein et al. 1974). Nun ist beim Verschlußikterus die Resorption von Vitamin K vermindert, andererseits haben Vitamin-K-Antagonisten urikosurische Wirkung (Tabelle 5.11). Man hat daraus die Hypothese abgeleitet, daß Vitamin K eine Rolle bei der tubulären Harnsäurerückresorption spielen könnte (Zöllner u. Gröbner 1969). Nach tierexperimentellen Untersuchungen kommt im akuten Stadium eine durch renale Ausscheidung von Gallebestandteilen hervorgerufene Natriurese als Ursache in Betracht (Alon et al. 1982). Weiterhin können medikamentös indu-

zierte (Heidelmann et al. 1986) und andere schwere Leberparenchymschäden (Matz et al. 1969; Matz 1973) zur renalen Hypourikämie führen.

Leberzirrhose geht – unabhängig von der Ätiologie – mit niedrigen
Serumharnsäurekonzentrationen einher (Michelis et al. 1974; Higuchi et
al. 1981; Izumi et al. 1983; Decaux et al. 1984), was mit der Ausdehnung
des Extrazellulärraums erklärt werden kann. Higuchi et al. (1981) halten
die bei der Leberzirrhose auftretende Verminderung des Testosteronspie-
gels für einen wichtigen Faktor bei der Entstehung der Hypourikämie.
Bei der Untersuchung von Michelis et al. bestand eine umgekehrt pro-
portionale, hoch signifikante Beziehung zwischen Serumharnsäure und
Serumbilirubin. Izumi et al. (1985) beschrieben eine tubuläre Azidose als
Komplikation der primär biliären Zirrhose. Es ist deshalb wahrscheinlich, daß eine Vielzahl von Faktoren für die Entstehung der Hypourikämie bei Leberzirrhose verantwortlich ist. Eine vermehrte Oxipurinausscheidung, also Verminderung der Xanthinoxidaseaktivität, wurde bei
Leberparenchymschäden ebenfalls festgestellt (Ramsdell u. Kelley
1973a; Dwosh et al. 1977). Die zugrundeliegenden Mechanismen sind
unbekannt. Der von Kelley (1975) angeführte Verlust von Xanthinoxidase aus geschädigten Leberzellen stellt keine zufriedenstellende
Erklärung dar. Durch die unter diesen Umständen erhöhte Plasmaaktivi-
tät des Enzyms könnten Hypoxanthin und Xanthin extrazellulär zu
Harnsäure oxidiert werden.

Bei Krankheiten, die mit der Speicherung von Substanzen in den Tubulusepithelien einhergehen, scheint in allen bekannten Fällen allein die
Rückresorption betroffen zu sein, soweit dies anhand von In-vivo-Untersuchungen beurteilt werden kann. Eine Störung der Harnsäurerückresorption findet sich gemeinsam mit verminderter Rückresorption anderer
Substanzen wie Glukose, Aminosäuren, Phosphat, Bikarbonat in variabler Kombination beim Fanconi-Syndrom und Fanconi-ähnlichen Syndromen jeglicher Genese. Erhöhte Clearance von Harnsäure ist von den
Faktoren, die eine Tubulusschädigung anzeigen, möglicherweise der am
frühesten und am häufigsten positive, am besten reproduzierbare und
empfindlichste (Kelley 1975). Dafür sprechen ältere Untersuchungen bei
M. Wilson (Bishop et al. 1954; Bearn et al. 1957; Wilson u. Goldstein
1973), wo die erhöhte Harnsäureclearance teilweise der einzige eindeutig
pathologische Befund bezüglich der tubulären Funktion war. Zudem
kann durch Therapie mit D-Penicillamin die Harnsäureclearance gesenkt
werden (Kelley 1975).

Bei der idiopathischen Hämochromatose wurde bisher lediglich ein Fall
von renaler Hypourikämie berichtet, der keine weiteren tubulären Funktionsstörungen aufwies (Rosner et al. 1981). Ob die Ablagerung von
Eisenkomplexen in den Tubuluszellen verantwortlich war oder die Ursa-

che in einer Störung der Leberzellfunktion zu suchen ist (oder in einer Kombination beider Faktoren), darüber kann nur spekuliert werden. Es handelte sich zudem um einen atypischen Fall, was die Parameter des Eisenstoffwechsels anbelangt.

Jede Vergrößerung des Extrazellulärraums geht mit einer Zunahme der Harnsäureclearance einher. Hypourikämie kann demgemäß einen Hinweis auf inadäquate Sekretion von ADH liefern (Mees et al. 1971). Anhand der Hypourikämie läßt sich nach Beck (1979) zwischen inadäquater ADH-Sekretion und anderen Ursachen einer Hyponatriämie gut differenzieren. Bei Erwachsenen sind die häufigsten Ursachen erhöhter ADH-Konzentrationen Malignome mit paraneoplastischer Hormonproduktion, vor allem Bronchialkarzinome, und organische Hirnschäden (Tabelle 5.12).

Renale Hypourikämien wurden bei weiteren malignen Prozessen beschrieben, wobei eine Systematik nicht zu erkennen ist (Tabelle 5.12). Kalzitonin hat urikosurische Wirkung (Gatterau et al. 1979) und war bei einem Patienten mit medullärem Schilddrüsenkarzinom die Ursache der Hypourikämie (Puig et al. 1984).

Von Lugassy u. Michelis (1983) wurde ein Patient mit hypereosinophilem Syndrom und Hypourikämie beschrieben. Unter Kortikoidbehandlung normalisierte sich die Eosinophilenzahl, gleichzeitig stieg die Serumharnsäure wieder in den Normalbereich an. Vom Autor wurde diskutiert, daß die Hypourikämie Folge der Infiltration der Tubulusepithelien durch Eosinophile sein könnte. Auch bei einem Patienten mit M. Hodgkin und Hypourikämie normalisierte sich die Serumharnsäure unter Therapie (Kay u. Gottlieb 1973).

Histologische Untersuchungen von Patienten mit Malignomen und Hypourikämie wurden nicht veröffentlicht. Es kann deshalb nicht gesagt werden, ob Infiltration der Tubuluszellen durch maligne Zellen die Ursache der Rückresorptionsstörung war. Für andere Hypothesen gibt es ebenso wenig positive Anhaltspunkte. Mehrfach wurde die Produktion eines urikosurischen Faktors durch neoplastische Zellen postuliert. Kay u. Gottlieb infundierten im Tierversuch Plasma ihres Patienten, konnten dabei aber keine Änderung der renalen Harnsäureclearance feststellen.

Die bei Patienten mit Malignomen beschriebenen tubulären Funktionsstörungen erinnern in ihrer Variabilität an die Fanconi-ähnlichen Syndrome. Vermutlich liegen häufig mehrere Ursachen zugrunde. Es ist nicht auszuschließen, daß wie im Falle der inadäquaten ADH-Sekretion oder der Kalzitoninproduktion beim medullären Schilddrüsenkarzinom auch bei anderen Malignomen oftmals nicht dieses selbst, sondern andere Faktoren, wie medikamentöse Vorbehandlung oder Lebermetastasierung (Weinberger et al. 1977), für die Hypourikämie verantwortlich waren.

Tabelle 5.12. Krankheiten, bei denen eine Hypourikämie beobachtet wurde

Fanconi-Syndrom
Angeboren
Adult, idiopathisch

Fanconi-ähnliche Syndrome durch
M. Wilson
Multiples Myelom
Lungenkarzinom
Zystinose
Glukose-6-Phosphatasemangel
Galaktosämie
Hereditäre Fruktoseintoleranz
Schwere Leberfunktionsstörungen und Alkoholismus
Schwermetallintoxikation
Verfallene Tetrazykline
Chlorprothixen

Malignome
Astrozytom (mit inadäquater ADH-Sekretion)
Glioblastom
Zervixkarzinom
Zungenkarzinom
Pankreaskarzinom
Kleinzelliges Bronchialkarzinom (mit inadäquater ADH-Sekretion)
Anaplastischer kleinzelliger Trachealtumor
Adenokarzinom des Kolons mit Lebermetastasen
Leberzellkarzinom
Medulläres Schilddrüsenkarzinom
Malignes Melanom mit Lebermetastasen
Nichtdifferenziertes Karzinom
Nichtdifferenziertes Sarkom
M. Hodgkin
Eosinophiles Syndrom

Inadäquate ADH-Sekretion sonstiger Ursache

Andere Erkrankungen (z. T. Einzelbeobachtungen)
Chronisch-dekompensierte respiratorische Insuffizienz
Leberzirrhose
Verschlußikterus
Chronisch-aktive Hepatitis
Sonstige schwere Leberparenchymschäden
Perniziöse Anämie
Akute intermittierende Porphyrie
Schwere Verbrennungen (> 50%)

Ramsdell u. Kelley (1973a) weisen auf Allgemeinsymptome wie verminderte Nahrungs- und Purinaufnahme sowie niedrige Serumosmolalität hin, die zur Hypourikämie bei Malignomen beitragen könnten. Sie beschrieben außerdem eine intermittierende Hypourikämie bei so unter-

schiedlichen Krankheiten wie Karotisverschluß, Paraplegie mit Harnwegsinfekt, blutendem Magenulkus, Rocky Mountain spotted fever und
Fieber ungeklärter Ursache. Bei der Untersuchung von Weinberger et al.
(1977) fanden sich 5 Patienten mit schweren Verbrennungen ($>50\%$ der
Körperoberfläche), die eine Hypourikämie aufwiesen. Bei einer Untersuchung von Patienten mit intraabdominellen Abszessen bzw. bakterieller
Peritonitis (Abou-Mourad et al. 1979) war Hypourikämie mit einer
schlechten Prognose korreliert.

Charakterisierung der tubulären Transportstörung
bei sekundärer renaler Hypourikämie

Die Beeinflussung der Harnsäureausscheidung durch Pyrazinamid und
Urikosurika wurde nur in wenigen Fällen von sekundärer renaler
Hypourikämie untersucht. Bei einem Patienten mit idiopathischem adul-
tem Fanconi-Syndrom (Meisel u. Diamond 1977) sprachen die Ergeb-
nisse für eine isolierte Störung der postsekretorischen Rückresorption.
Bishop et al. (1954) sahen bei einer Patientin mit M. Wilson dagegen eine
Zunahme der Harnsäureclearance unter urikosurischen Dosen von Probenecid.
Die Erweiterung des Extrazellulärraums durch Infusion hypertoner
Kochsalzlösung führt zur Verminderung der postsekretorischen Rückresorption (Manuel u. Steele 1974). Bei Erweiterung durch inadäquate
ADH-Sekretion stellten Decaux et al. (1985) ebenfalls eine Störung der
postsekretorischen Rückresorption fest, während Weinberger et al. (1982)
ihre Ergebnisse als Nachweis einer Störung der präsekretorischen Rückresorption, Shichiri et al. (1985) als vermehrte Sekretion interpretierten,
Weinberger et al. (1982) führten die Zunahme der Harnsäureclearance
unter Pyrazinamid bei einem Kind mit inadäquater ADH-Sekretion
infolge eines Astrozytoms auf die bezogen auf das Körpergewicht doppelte Dosis zurück. Aus Tierversuchen ist bekannt, daß Pyrazinamid
auch die Rückresorption der Harnsäure beeinflussen kann.
Izumi et al. (1983) fanden bei Patienten mit primär-biliärer Zirrhose eine
ausgeprägte Verminderung der Harnsäureclearance unter Pyrazinamid,
während Probenecid die Clearance nicht veränderte. Nach üblicher
Interpretation handelte es sich also um einen Defekt der postsekretorischen Rückresorption.
Die Defekte bei sekundärer renaler Hypourikämie sind - außer im Falle
der urikosurischen Nebenwirkung von Medikamenten - ebenso schwierig einzuordnen wie bei der primären Form. Soweit ein den Tubulus
schädigendes Agens durch Sekretion dorthin gelangt, ist anzunehmen,
daß mittels pharmakologischer Untersuchungen in der Regel ein „postsekretorischer" Defekt beschrieben werden kann. „Postsekretorisch" muß

hier aber nicht zwangsläufig mit dem für die Harnsäure gültigen post-sekretorischen Bereich übereinstimmen, da es sich um Substanzen handeln kann, die über andere Transportmechanismen als die für die Harnsäure zuständigen ins Tubuluslumen gelangen. In anderen Fällen, wo eine tubuläre Sekretion keine Rolle spielt, ist eine Schädigung des gesamten proximalen Tubulus als Ursache der Hypourikämie anzunehmen.

Literatur

Abou-Mourad NN, Chamberlain BE, Ackerman NB (1979) Poor prognosis of patients with intra-abdominal sepsis and hypouricemia. Surg Gynecol Obstet 148: 358-360

Akaoka I, Nishizawa T, Yano E, Kamatani N, Nishida Y, Sasaki S (1977) Renal urate excretion in five cases of hypouricemia with an isolated renal defect of urate transport. J Rheumatol 4: 86-94

Al-Jurf A, Steiger E (1980) Hypouricemia in total parenteral nutrition. Am J Clin Nutr 33: 2630-2634

Alon U, Berant M, Mordechovitz D, Better OS (1982) The effect of intrarenal infusion of bile on kidney function in the dog. Clin Sci 62: 431-433

del Arbol JL (1976) Ascorbic acid and uricosuria (letter). Ann Int Med 84: 829

Barrientos A, Perez-Diaz V, Diaz-Gonzales R, Rodicio JL (1979) Hypouricemia by defect in the tubular reabsorption. Arch Intern Med 139: 787-789

Bearn AG, Yü TF, Gutman AB (1957) Renal function in Wilson's disease. J Clin Invest 36: 1107-1114

Beck LH (1979) Hypouricemia in the syndrome of inappropriate secretion of anti-diuretic hormone. N Engl J Med 301: 528-530

Beemer FA, Duran M, Wadman SK, Cats BP (1985) Absence of hepatic molybdenum cofactor. An inborn error of metabolism associated with lens dislocation. Ophthalmic Paediatr Genet 5: 191-195

Benedict JD, Forsham PH, Roche M, Soloway S, Stetten D (1950) The effect of salicylates and adrenocorticotropic hormone upon the miscible pool of uric acid in gout. J Clin Invest 29: 1104-1111

Benjamin D, Sperling O, Weinberger A, Pinkhas J de Vries A (1977) Familial hypouricemia due to isolated renal tubular defect. Attenuated response of uric acid clearance to probenecid and pyrazinamide. Nephron 18: 220-225

Benjamin D, Sperling O, Weinberger A, Pinkhas J (1978) Familial hypouricemia due to isolated renal tubular abnormality. Biomedicine 29: 54-56

Bennett JS, Bond J, Singer I, Gottlieb AJ (1972) Hypouricemia in Hodgkin's disease. Ann Int Med 76: 751-756

Bishop C, Zimdahl WT, Talbott JH (1954) Uric acid in two patients with Wilson's disease (Hepatolenticular degeneration). Proc Soc Exp Biol Med 86: 440-441

Bowering J, Calloway DH, Margen S, Kaufmann NA (1969) Dietary protein level and uric acid metabolism in normal man. J Nutr 100: 249-261

Chua CC, Greenberg ML, Viau AT, Nucci M, Brenckman WD, Hershfield MS (1988) Use of polyethylene glycol-modified uricase in a patient with non-Hodgkin lymphoma. Ann Int Med 109: 114-117

Clarkson BA (1966) Uric acid related to uraemic symptoms. Proc EDTA 3: 3-7

Colussi G, Rombola G, de Ferrari ME, Minetti L (1988) Hypouricemia due to increased tubular urate secretion. Nephron 48: 235-236

Davis S, Park YK, Abuchowski A, Davis FF (1981) Hypouricaemic effect of polyethyleneglycol modified urate oxidase. Lancet II: 281-282

Decaux G, Mols P, Naeije R, Reding P (1984) Hypouricemia in cirrhosis reflects hemodynamic alterations. Metabolism 33: 750-753

Decaux G, Dumont I, Waterlot Y, Hanson B (1985) Mechanisms of hypouricemia in the syndrome of inappropriate secretion of antidiuretic hormone. Nephron 39: 164-168

DeConti RC, Calabresi P (1966) Use of allopurinol for prevention and control of hyperuricemia in patients with neoplastic disease. N Engl J Med 274: 481-486

Delevelle F, Trombert JC, Bouvier MF, Canarelli G (1980) Hypouricemie renale idiopathique. 1 observation. Nouv Presse Med 9: 2578

Derus CL, Levinson DJ, Bowman B, Bengoa JM, Sitrin MD (1987) Altered fractional excretion of uric acid during total parenteral nutrition. J Rheumatol 14: 978-981

Diamond HS (1989) Interpretation of pharmacologic manipulation of urate transport in man. Nephron 51: 1-5

Dobbelstein H, Grunst J, Schubert G, Edel HH (1971) Guanidinbernsteinsäure und Urämie. Klin Wochenschr 49: 1077-1083

Drouin P, Mejean L, Sauvanet JP, Pointel JP, Gay G, Debry G (1976) Etude de l'action hypolipidemiante du procetofene chez des malades porteurs d'une H. L. P. du type IIa ou IIb. Gaz Med Fr 83: 3848-3851

Dujovne CA, Azarnoff DL, Huffman DH, Pentikaeinen P, Hurwitz A, Shoeman DW (1976) One-year trials with halofenate, clofibrate, and placebo. Clin Pharmacol Ther 19: 352-359

Dukes MNG (ed) (1988) Meyler's side effects of drugs, 11th edn. Elsevier, Amsterdam New York Oxford

Dumont I, Decaux G (1983) Hypouricemia related to a hypersecretional tubulopathy. Nephron 34: 256-259

Dwosh IL, Roncari DAK, Marliss E, Fox IH (1977) Hypouricemia in disease: A study of different mechanisms. J Lab Clin Med 90: 153-161

Erley CMM, Hirschberg RR, Hoefer W, Schaefer K (1989) Acute uric acid nephropathy with acute renal failure inspite of severe hypouricemia. Klin Wochenschr 67: 308-312

de Ferrari ME, Colussi G, Benazzi E, Rombola G, Surian M, Malberti F, Brenna S, Minetti L (1987) Calcium nephrolithiasis and renal tubular hypouricemia. Contrib Nephrol 58: 41-43

Frank M, Many M, Sperling O (1979) Familial renal hypouricaemia: Two additional cases with uric acid lithiasis. Br J Urol 51: 88-91

Fujiwara Y, Takamitsu Y, Ueda N, Orita Y, Abe H (1980) Hypouricemia due to an isolated defect in renal tubular urate reabsorption. Clin Nephrol 13: 44-48

Fulop M, Drapkin A (1965) Potassium depletion syndrome secondary to nephropathy apparently caused by „outdated" tetracycline. N Engl J Med 272: 986-989

Garty BZ, Nitzan M, Sperling O (1981) Inborn hypouricemia due to isolated defect in renal tubular uric acid transport. Isr J Med Sci 17: 295-297

Gaspar GAV, Puig JG, Mateos FA, Oria CR, Gomez MEM, Gil AA (1986a) Hypouricemia due to renal urate wasting: Different types of tubular transport defects. Adv Exp Med Biol 195A: 357-363

Gaspar GS, Puig JG, Mateos FA, Cabanillas AJ (1986b) Hypouricemia due to renal tubular defect (letter). Arch Intern Med 146: 1241-1243

Gattereau A, Vinay P, Bielmann P, Davignon J, Lemieux G, Gougoux A (1979) Effect of acute administration of salmon and human calcitonin on blood urate and renal excretion of uric acid in patients with Paget's disease of bone. J Clin Endocrinol Metab 49: 635-637

Gibson T, Sims HP, Jimenez SA (1976) Hypouricaemia and increased renal urate clearance associated with hyperparathyroidism. Ann Rheum Dis 35: 372–376

Gorshein D, Asbell S (1976) Ectopic production of hormones in tumors (letter). JAMA 235: 2716–2717

Gotfredsen A, McNair P, Christiansen C, Transbol I (1982) Renal hypouricaemia in insulin treated diabetes mellitus. Clin Chim Acta 120: 355–361

Greene ML, Marcus R, Aurbach GD, Kazam ES, Seegmiller JE (1972) Hypouricemia due to isolated renal tubular defect. Dalmatian dog mutation in man. Am J Med 53: 361–367

Griebsch A, Zöllner N (1973) Normalwerte der Plasmaharnsäure in Süddeutschland. Vergleich mit Bestimmungen vor zehn Jahren. Z Klin Chem Klin Biochem 11: 346–356

Gröbner W, Heimstädt P, Zöllner N (1971) Über die Wirkung von Niridazol (Ambilhar R) auf Serumharnsäure sowie renale Harnsäure- und Oxypurinausscheidung. Verh Dtsch Ges Inn Med 77: 183–185

Gröbner W, Zöllner N (1976) Uricosurica. In: Zöllner N, Gröbner W (eds) Gicht. Springer, Berlin Heidelberg New York (Handbuch der inneren Medizin, 5. Aufl, Bd 7/3)

Gutman AB, Yü TF, Berger L (1959) Tubular secretion of urate in man. J Clin Invest 38: 1778–1781

Hallson PC, Rose GA, Sulaiman S (1982) Urate does not influence the formation of calcium oxalate crystals in whole human urine at pH 5.3. Clin Sci 62: 421–425

Harkness RA, Coade SB, Walton KR, Wright D (1983) Xanthine oxidase deficiency and „Dalmatian" hypouricaemia: Incidence and effect of exercise. J Inher Metab Dis 6: 114–120

Healey LA, Hanson M, Decker JL (1965) Uricosuric effect of chlorproxithene. N Engl J Med 272: 526–527

Healey LA, Skeith MD, Simkin PA (1974) Hypouricemia. An incidental finding indicating xanthinuria or defective reabsorption of uric acid. Arch Intern Med 134: 46–47

Heidelmann G, Porst H, Liebscher K (1986) Ketazone hepatosis – a possibility for the development of secondary hypouricemia. Z Ärztl Fortbild (Jena) 80: 17–18

Herman JB, Keynan A (1969) Hyperglycemia and uric acid. Israel J Med Sci 5: 1048–1052

Herman JB, Medalie JH, Goldbourt U (1976) Diabetes, prediabetes and uricaemia. Diabetologia 12: 47–52

Higuchi T, Nakamura T, Uchino H (1981) Enhanced renal clearance of uric acid in hepatic cirrhosis. Isr J Med Sci 17: 1015–1018

Hisatome I, Ogino K, Kotake H et al. (1989) Cause of persistent hypouricemia in outpatients. Nephron 51: 13–16

Izumi N, Hasumura Y, Takeuchi J (1983) Hypouricemia and hyperuricosuria as expressions of renal tubular damage in primary biliary cirrhosis. Hepatology 3: 719–723

Izumi N, Sakai H, Shinohara S, Daiguji Y, Hasumura Y, Takeuchi J (1985) Hypouricemia and renal tubular acidosis in primary biliary cirrhosis. Gastroenterol Jpn 20: 374–379

Kaneko K, Fujimori S, Itoh H et al. (1988) Renal handling of hypoxanthine and xanthine in normal subjects and in four cases of idiopathic renal hypouricemia. J Rheumatol 15: 325–330

Kawabe K, Murayama T, Akaoka I (1976) A case of uric acid renal stone with hypouricemia caused by tubular reabsorptive defect of uric acid. J Urol 116: 690–692

Kay NE, Gottlieb AJ (1973) Hypouricemia in Hodgkin's disease. Report of an additional case. Cancer 32: 1508-1511

Keating MJ, Sethi MR, Bodey GP, Samaan NA (1977) Hypocalcemia with hypoparathyroidism and renal tubular dysfunction associated with aminoglycoside therapy. Cancer 39: 1410-1414

Keller C, Wolfram G, Zöllner N (1976) Die Behandlung von Hyperlipidämie und Hyperurikämie mit 2-Acetamidoäthyl-(4-chlorophenyl)-(3-trifluorometylphenoxy)-acetat (Halofenat), einem Derivat des Clofibrat. Arzneimittelforschung/Drug Res 26: 2221-2224

Kelley WN (1975) Hypouricemia. Arthritis Rheum 18: 731-737

Khachadurian AK, Arslanian MJ (1973) Hypouricemia due to renal uricosuria. A case study. Ann Intern Med 78: 547-550

Kitamura T, Homma Y, Nishimura Y (1984) A case of familial renal hypouricemia associated with bladder cancer. Nippon Hinyokika Gakkai Zasshi 75: 310-315

Koretz RL (1981) Hypouricemia - a transient biochemical phenomenon of total parenteral nutrition. Am J Clin Nutr 34: 2493-2498

Krans HMJ (1988) Insulin, glucagon and oral hypoglycemic drugs. In: Dukes MNG (ed) Meyler's side effects of drugs. 11th edn. Elsevier, Amsterdam New York Oxford, pp 889-902

Kuntzen O, Hehl FJ, Walter E, Zimmermann R (1978) Wirkung von Halofenat auf Triglycerid- und Harnsäurespiegel sowie auf Gerinnungs- und Thrombozytenverhalten bei Patienten mit Hyperlipoproteinämie Typ IV and Hyperurikämie. Arzneimittelforschung/Drug Res 28: 2349-2352

Lalanne M, Henderson JF (1975) Effects of hormones and drugs on phosphoribosyl pyrophosphate concentration in mouse liver. Can J Biochem 53: 394-399

Lang F, Greger R, Deetjen P (1977) Effect of diuretics on uric acid metabolism and excretion. In: Siegenthaler W, Beckerhoff R, Vetter W (eds) Diuretics in research and clinics. Thieme, Stuttgart, pp 213-224

Lenoir GR, Perignon JL, Gubler MC (1981) Valproic acid: A possible cause of proximal tubular renal syndrome. J Pediatr 98: 503-505

Löffler W, Gröbner W, Zöllner N (1980) Influence of dietary protein on serum and urinary uric acid. Adv Exp Med Biol 122A: 209-213

Löffler W, Gröbner W, Wolfram G, Zöllner N (1983a) Die endogene Harnsäuresynthese des Menschen. Verh Dtsch Ges Inn Med 89: 678-679

Löffler W, Simmonds HA, Gröbner W (1983b) Gout and uric acid nephropathy: Some new aspects in diagnosis and treatment. Klin Wochenschr 61: 1233-1239

Löffler W, Gröbner W (1988) A study of dose-response relationships of allopurinol in the presence of low or high purine turnover. Klin Wochenschr 66: 153-159

Löffler W, Seibke W, Seibke E, Reiter S, Jahn M, Hehlmann R, Zöllner N (1989a) Non-responsiveness to allopurinol in renal hypouricaemia. Klin Wochenschr 67: 47

Löffler W, Hartmann D, Hogh-Binder A, Schreiber E, Schewe S, Zöllner N (1989b) Trends in plasma uric acid levels in southern Germany, 1962-1984. Ann Nutr Metab 33: 219-220

Lugassy G, Michaelis J (1983) Hypouricemia in the hypereosinophilic syndrome. Response to treatment. JAMA 250: 937-938

Manuel MA, Steele TH (1974) Pyrazinamide suppression of the uricosuric response to sodium chloride infusion. J Lab Clin Med 83: 417-427

Mateos FA, Puig JG, Martinez EM, Gaspar G, Herrero E, Martinez Pineiro JA (1984) Evidence of abnormal renal handling of uric acid in patients with nephrolithiasis and hyperuricosuria. Adv Exp Med Biol 165A: 197-200

Matz R (1973) Causes of hypouricemia (letter). Ann Int Med 78: 978

Matz R, Christodoulou J, Vianna N et al. (1969) Renal tubular dysfunction associated with alcoholism and liver disease. NY State J Med 69: 1312-1314

Matzkies F, Berg G (1977) The uricosuric action of amino acids in man. Adv Exp Med Biol 76 B: 36-40

Mees EJD, van Assendelft PB, Nieuwenhuis MG (1971) Elevation of uric acid clearance caused by inappropriate antidiuretic hormone secretion. Acta Med Scand 189: 69-72

Meisel AD, Diamond HS (1977) Hyperuricosuria in the Fanconi syndrome. Am J Med Sci 273: 109-115

Mertz DP (1987) Gicht. Thieme, Stuttgart New York

Mertz DP, Göhmann E, Suermann I (1983) Zur harnsäuresenkenden Wirkung von Etofyllinclofibrat. Aktuel Endokrinol 4: 57-61

Michelis MF, Warms PC, Fusco RD, Davis BB (1974) Hypouricemia and hyperuricosuria in Laennec cirrhosis. Arch Intern Med 134: 681-683

Mikkelsen WM, Dodge HJ, Valkenburg H (1965) The distribution of serum uric acid values in a population unselected as to gout or hyperuricemia. Tecumseh, Michigan 1959-1960. Am J Med 39: 242-251

Morichau-Beauchant M, Beau P, Druart F, Matuchansky C (1982) Effects of prolonged, purine-free total parenteral and enteral nutrition on urate homeostasis in man. Am J Clin Nutr 35: 997-1002

Mudge GH (1971) Uricosuric action of cholecystographic agents. A possible factor in nephrotoxicity. N Engl J Med 284: 929-933

Nakajima H, Gomi M, Iida S, Kono N, Moriwaki K, Tarui S (1987) Familial renal hypouricemia with intact reabsorption of uric acid. Nephron 45: 40-42

Narins RG, Weisberg JS, Myers AR (1974) Effects of carbohydrates on uric acid metabolism. Metabolism 23: 455-465

Oliver JM (1972) A possible role for 5-phosphoribosyl-1-pyrophosphate in the stimulation of uterine nucleotide synthesis in response to oestradiol-17. Biochem J 128: 771-777

Pak CYC, Arnold LH (1975) Heterogenous nucleation of calcium oxalate by seeds of monosodium urate. Proc Soc Exp Biol Med 149: 930-932

Pasero G, Masini G (1958) L'ipouricemia negli itteri colurici. Minerva Med 49: 3155-3158

van Peenen HJ (1973) Causes of hypouricemia (letter). Ann Intern Med 78: 977-978

Peretz A, Decaux G, Famaey JP (1983) Hypouricemia and intravenous infusions. J Rheumatol 10: 66-70

Postlethwaite AE, Kelley WN (1971) Uricosuric effect of radiocontrast agents. A study in man of four commonly used preparations. Ann Int Med 74: 845-853

Praetorius E, Kirk JE (1950) Hypouricemia: With evidence for tubular elimination of uric acid. J Lab Clin Med 35: 865-868

Puig JG, Mateos AF, Gaspar G, Martinez EM, Ramos T, Lesmes A (1984) Hypouricemia and medullary carcinoma of the thyroid. Adv Exp Med Biol 165 A: 211-213

Ramsdell CM, Kelley WN (1973 a) The clinical significance of hypouricemia. Ann Intern Med 78: 239-42

Ramsdell CM, Kelley WN (1973 b) Causes of hypouricemia (letter). Ann Int Med 78: 978

Rastogi SP, Gold RM, Arruda JA (1984) Fanconi's syndrome associated with carburetor fluid intoxication. Am J Clin Pathol 82: 124-125

Robertson WG, Marshall RW, Peacock M, Knowles F (1976) The saturation of urine in recurrent, idiopathic calcium stone-formers. Urolthiasis Research, Plenum Press, New York, pp 335-338

Robertson WG, Peacock M (1985) Pathogenesis of urolithiasis. In: Schneider H-J (ed)

Urolithiasis: Etiology, Diagnosis. Handbook of Urology 17/I Springer, Berlin Heidelberg New York Tokyo, pp 185–334

Roch-Ramel F, Weiner IM (1980) Renal excretion of urate: Factors determining the actions of drugs. Kidney Intern 18: 665–676

Rosner IA, Askari AD, McLaren GD, Muir A (1981) Arthropathy, hypouricemia and normal serum iron studies in hereditary hemochromatosis. Am J Med 70: 870–874

Sanz AM, Vega GGA, Anton FM, Puig JG (1983) Hypouricemia and renal tubular urate secretion (letter). Arch Int Med 143: 1633–1634

Sasaki M, Takenawa J, Kanamaru H (1986) A case of idiopathic hypouricemia due to augmented renal tubular secretion of uric acid. Nippon Hinyokika Gakkai Zasshi 77: 1349–1352

Schlosstein L, Kippen I, Bluestone R, Whitehouse MW, Klinenberg JR (1974) Association between hypouricaemia and jaundice. Ann Rheum Dis 33: 308–312

Schmidt P, Zazgornik J, Kopsa H (1973) Hypouricemia after renal transplantation (letter). N Engl J Med 289: 1373

Shichiri M, Matsuda O, Shiigai T, Takeuchi J, Kanayama M (1982) Hypouricemia due to an increment in renal tubular urate secretion. Arch Intern Med 142: 1855–1857

Shichiri M, Shinoda T, Kijima Y, Shigaii T, Kanayama M (1985) Renal handling of urate in the syndrome of inappropriate secretion of antidiuretic hormone. Arch Int Med 145: 2045–2047

Shichiri M, Iwamoto H, Shiigai T (1987a) Diabetic renal hypouricemia. Arch Intern Med 147: 225–228

Shichiri M, Iwamoto H, Shiigai T (1987b) Hypouricemia due to increased tubular urate secretion. Nephron 45: 31–34

Simkin PA, Skeith MD, Healey LA (1974) Suppression of uric acid secretion in a patient with renal hypouricemia. Adv Exp Med Biol 41B: 723–728

Skeith MD, Healey LA, Cutler RE (1967) Urate excretion during mannitol and glucose diuresis. J Lab Clin Med 70: 213–220

Smetana SS, Bar-Khayim Y (1985) Hypouricemia due to renal tubular defect. A study with the probenecid-pyrazinamide test. Arch Intern Med 145: 1200–1203

Sorensen LB, Levinson DJ (1980) Isolated defect in postsecretory reabsorption of uric acid. Ann Rheum Dis 39: 180–183

Sperling O, Weinberger A, Oliver I, Liberman UA, de Vries A (1974) Hypouricemia, hypercalciuria, and decreased bone densitly: A hereditary syndrome. Ann Int Med 80: 482–487

Stapleton BF, Nyhan WL, Borden M, Kaufman IA (1981) Renal pathogenesis of familial hyperuricemia: Studies in two kindreds. Pediatr Res 15: 1447–1453

Stein HB, Hasan A, Fox IH (1976) Ascorbic acid-induced uricosuria. A consequence of megavitamin therapy. Ann Int Med 84: 385–388

Tak H-K, Cooper SM, Wilcox WR (1980) Studies on the nucleation of monosodium urate at 37 degree C. Arthritis Rheum 23: 574–580

Takeda E, Kuroda Y, Ito M et al. (1985) Hereditary renal hypouricemia in children. J Pediatr 107: 71–74

Templeton IS (1983) Long-term comparison of azapropazon with allopurinol in control of chronic gout and hyperuricaemia. Ann Rheum Dis 42 (Suppl 1): 92–93

Tofuku Y, Kuroda M, Takeda R (1982) Hypouricemia due to renal urate wasting. Two types of tubular transport defect. Nephron 30: 39–44

Ullmann H (1923) Zur Frage der Harnsäureausscheidung im Urin bei Ikteruskranken. Klin Wochenschr 2: 2174–2175

Vinay P, Gattereau A, Moulin B, Gougoux A, Lemieux G (1983) Normal urate transport into erythrocytes in familial renal hypouricemia and in the Dalmatian dog. Can Med Assoc J 28: 545–549 de Vries A, Sperling O (1979) Inborn hypouricemia due to isolated renal tubular defect. Biomedicine 30: 75-80

Waslien CI, Calloway DH, Margen S (1968) Uric acid production of men fed graded amounts of egg protein and yeast nucleic acid. Am J Clin Nutr 21: 892-897

Weinberger A, Pinkhas J, Sperling O, de Vries A (1977) Frequency and causes of hypouricemia in hospital patients. Isr J Med Sci 13: 529-530

Weinberger A, Santo M, Solomon F, Shalit M, Pinkhas J, Sperling O (1982) Abnormality in renal urate handling in the syndrome of inappropriate secretion of antidiuretic hormone. Israel J Med Sci 18: 711-713

Weiner IM, Mudge GH (1964) Renal tubular mechanisms for excretion of organic acids and bases. Am J Med 36: 743-753

Weinshilboum RM, Goldstein JL, Kelley WN (1975) Prolonged hypouricemia associated with acute chlorprothixene ingestion. Arthritis Rheum 18: 739-741

Weitz R, Sperling O (1980) Hereditary renal hypouricemia. Isolated tubular defect of urate reabsorption. J Pediatr 96: 850-853

Werner D, Martinez F, Roch-Ramel F (1986) Urate and p-aminohippurate transport in the brush border membrane of the pig kidney. J Pharmacol Exp Therap 237: 636-643

Wilson DM, Goldstein NP (1973) Renal urate excretion in patients with Wilson's disease. Kidney Intern 4: 331-336

Yanase M, Nakahama H, Mikami H, Fukuhara Y, Orita Y, Yoshikawa H (1988) Prevalence of hypouricemia in apparently normal population (letter). Nephron 48: 80

Yü TF, Berger L, Gutman AB (1968) Hypoglycemic and uricosuric properties of acetohexamide and hydroxy-hexamide. Metabolism 17: 309-314

Yü TF, Kaung C, Gutman AB (1970) Effect of glycine loading on plasma and urinary uric acid and amino acids in normal and gouty subjects. Am J Med 49: 352-359

Ziegler WJ (1980) Zur Frage der harnsäuresenkenden Wirkung von Etofyllinclofibrat. Arzneimittelforschung/Drug Res 30: 2053-2059

Zöllner N (1963) Eine einfache Modifikation der enzymatischen Harnsäurebestimmung. Normalwerte in der deutschen Bevölkerung. Z Klin Chem Klin Biochem 1: 178-182

Zöllner N, Gröbner W (1969) Die Wirkung von Cumarin-, Indandion- und Benzofuranderivaten auf die renale Harnsäureausscheidung. Dtsch Med Wochenschr 94: 2652-2654

Zöllner N, Reiter S, Gross M et al. (1986) Myoadenylate deaminase deficiency: Successful symptomatic therapy by high dose oral administration of ribose. Klin Wochenschr 64: 1281-1290

5.7 Primäre Immundefekte mit Adenosindeaminase (ADA)-Mangel und Purinnukleosidphosphorylase (PNP)-Mangel

B. H. Belohradsky

5.7.1 Einführung

Der angeborene Mangel von Adenosindeaminase (ADA) oder Purinnukleosidphosphorylase (PNP) verursacht Störungen im Purinnukleosidmetabolismus. Diese Veränderungen wirken sich selektiv auf Lymphozyten toxisch aus, es resultiert ein angeborener Immundefekt. Beide Enzymdefekte wurden erstmals von Giblett et al. 1972 bzw. 1975 bei Kindern beschrieben.

5.7.2 Purinnukleosidphosphorylase (PNP)-Mangel

Klinik und Labordaten

In etwa 15 Familien sind bisher über 20 Patienten mit einem PNP-Mangel beschrieben (Belohradsky 1986; Ammann u. Hong 1989). Allen gemeinsam ist ein progredienter T-Zell-Funktionsverlust. Dabei ist das B-Zell-System normal oder überaktiv und kann Autoantikörper bilden. Bei Krankheitsbeginn, der zwischen dem 6. Lebensmonat und ca. dem 6. Lebensjahr liegen kann, treten rezidivierende Infektionen, vor allem der oberen und unteren Luftwege auf. Häufigste Infektionserreger sind Candida albicans und Viren (Varizellen, Zytomegalie u. a.). In etwa 50% der Fälle kommen neurologische Veränderungen (spastische Diplegie, Ataxie, Tremor, mentale Retardierung u. a.) hinzu sowie Anämien (autoimmunhämolytische) und maligne Erkrankungen (B-Zell-Lymphom, Lymphosarkom). In Erythrozytenlysaten und anderen Geweben findet man nur Spuren oder überhaupt keine PNP-Aktivität. Meist bestehen Hypourikämie und Hypourikosurie bei extrem hohen Gesamtpurinspiegeln in Urin und Serum (Inosin, Guanosin, 2'-Desoxyinosin, 2'-Desoxyguanosin und Harnsäure-9-N-Ribosid).
Auf Stoffwechselebene ist die Ursache des T-Zell-Defekts noch nicht in allen Einzelheiten geklärt: Eine gesteigerte Phosphorylierung von Guanosin und Desoxyguanosin führt zur Anhäufung von GTP und dGTP in den Lymphozyten. Diese Metaboliten hemmen die Ribonukleotid-Reduktase und damit die DNA-Replikation bzw. die Zellteilung (s. Abb. 5.13).

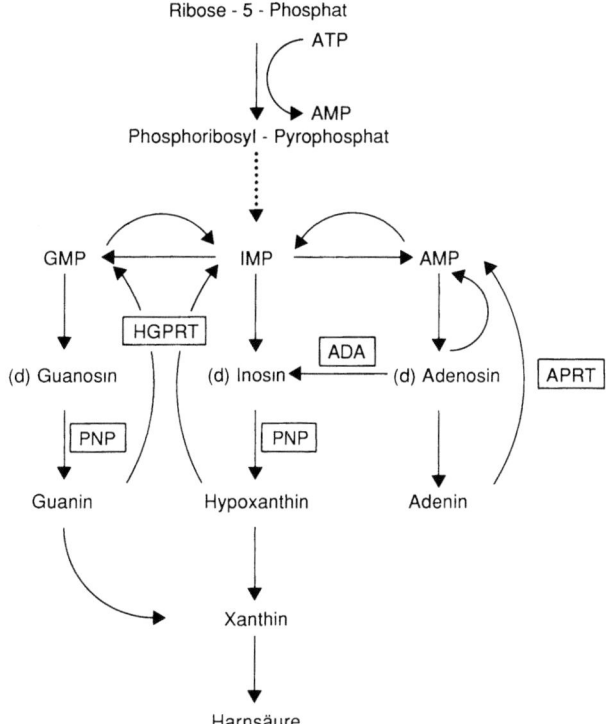

Abb. 5.13. Schema des Purinstoffwechsels mit Hinweis auf die Funktionen von Adenosindesaminase (ADA) und Purinnukleosidphosphorylase (PNP). (*ATP* Adenosintriphosphat, *AMP* Adenosinmonophosphat, *IMP* Inosinmonophosphat, *GMP* Guanosinmonophosphat, *HGPRT* Hypoxanthin-Guanin-Phosphoribosyl-Transferase, *APRT* Adeninphosphoribosyl-Transferase)

Genetik

Der PNP-Mangel ist eine sehr seltene autosomal-rezessiv vererbte Erkrankung. Heterozygote Merkmalsträger zeigen PNP-Aktivitäten, die bei 50% der Norm liegen. Die pränatale Diagnostik ist über die Enzymaktivitätsmessung an kultivierten Amnionzellen oder an Chorionzotten möglich.

Das Gen für PNP ist auf dem Chromosom 14 lokalisiert (14q13). cDNA-Sequenzen des Enzyms sind inzwischen geklont und sequenziert worden.

Therapie

Die Methode der Wahl zur Behandlung des Enzym- und Immundefekts ist die Knochenmarktransplantation von einem identischen oder haploidentischen Spender. Die Enzymsubstitution mit Bluttransfusionen oder der Ersatz von fehlenden Metaboliten haben keine anhaltenden Erfolge gezeigt.

5.7.3 Adenosindeaminase (ADA)-Mangel

Klinik und Labordaten

Die Kombination des ADA-Mangels mit einem schweren kombinierten Immundefekt („severe combined immunodeficiency", SCID) ist bisher in etwa 60 Familien an 60 Patienten beschrieben worden. Klinisch und immunologisch lassen sich SCID-Patienten mit oder ohne ADA-Mangel nicht unterscheiden. Der kombinierte Immundefekt, der das T- und B-Zell-System betrifft, manifestiert sich meist schon in den ersten Lebensmonaten. Dabei stehen Infektionen der am stärksten exponierten Organe (Atemwege, Haut, Gastrointestinaltrakt) zunächst im Vordergrund. Pilze, Viren und Protozoen sind dabei relativ häufigere Infektionserreger als Bakterien. Lebendimpfungen können tödlich enden und geben oft anamnestisch den wichtigsten Hinweis auf einen möglichen genetisch fixierten Immundefekt in einer Familie, nämlich über Säuglingstodesfälle durch BCGitis, Vakzinia, Impfpoliomyelitis. Transfusionen mit unbestrahltem Blut können eine meist tödlich verlaufende Graft-versus-host-Reaktion auslösen.

Kinder mit SCID sterben unbehandelt ausnahmslos im 1. Lebensjahr. Die von einigen Autoren beschriebenen Knochenveränderungen, die röntgenologisch an Rippen, Wirbelkörpern und dem Becken nachgewiesen wurden, sind nicht für den ADA-Mangel spezifisch und werden ebenso bei anderen Immundefekten oder unterernährten Kindern angetroffen. Dagegen sind die neurologischen Auffälligkeiten (Ataxie, spastische Diplegie u. a.), die bei einigen wenigen Patienten mit ADA-Mangel beschrieben wurden, doch stoffwechselbedingt, da sich das klinische Bild durch Erythrozytentransfusionen bessern ließ, parallel zum Abfall von Purinmetaboliten, die sich durch den ADA-Mangel in Zellen (des Gehirns?) angesammelt hatten.

In der Laboruntersuchung findet sich beim SCID mit ADA-Mangel meist eine absolute Lymphopenie (< 500 Lymphozyten/μl). Den verbleibenden Lymphozyten im peripheren Blut fehlen typischerweise die Oberflächenmarker für T- und B-Zellen. Desgleichen reagieren diese

Zellpopulationen in vitro nicht mit Antigenen oder Mitogenen bzw. allogenen Zellen. Mit dem Verlust der mütterlichen IgG-Antikörper finden
sich wenige Monate nach der Geburt nur noch pathologisch niedrige
oder keine Serumspiegel von IgG, IgA und IgM. Antikörper auf Impfan-
tigene (z. B. Tetanustoxoid) oder nach durchgemachten Infektionen finden sich ebensowenig wie „natürliche" Antikörper der IgM-Klasse, z. B.
Isoagglutinine.

In Erythrozytenlysaten fehlt die ADA-Aktivität, oder sie ist bis auf
wenige Prozent der normalen Aktivität reduziert. Bei einer solchen
Bestimmung muß gesichert sein, daß der Patient zuvor keine Erythrozytentransfusionen erhalten hat. In diesem Fall müssen die erythrozytären
Spiegel von dATP bestimmt werden, wobei Werte über 20 µmol/ml
gepackter Erythrozyten auf einen ADA-Mangel verdächtig sind.

ADA katalysiert die irreversible Desaminierung von Adenosin und
2'-Desoxyadenosin zu Inosin und 2'-Desoxyinosin (s. Abb. 12.1). Für den
ADA-Mangel und seine Auswirkungen auf die Immunsysteme werden
verschiedene Entstehungsmechanismen diskutiert. Im wesentlichen
dürfte es sich um die Akkumulation lymphotoxischer Metaboliten handeln (Adenosin, Deoxy-ATP, Adeninnukleoside).

Genetik

Die Vererbung des ADA-Mangels erfolgt autosomal-rezessiv. Demnach
sind die gesunden Eltern eines betroffenen Kindes heterozygote Träger
des Gendefekts und weisen etwa 50% der normalen ADA-Aktivität
auf.

In den Fibroblasten von Amnionflüssigkeit, in fetalen Blutzellen sowie in
Chorionzottenbiopsiematerial kann ADA zur pränatalen Diagnostik
bestimmt werden.

Das ADA-Gen liegt auf dem Chromosom 20 (20q) und ist sowohl klo-
niert als auch in seiner Sequenz analysiert worden. Bisher sind 6 Mutanten in defekten ADA-Allelen bekannt; es scheint sich vor allem um
Punktmutationen zu handeln.

Therapie

Bis zur Knochenmarktransplantation, die bisher die einzige kausale und
kurative Behandlungsmethode darstellt, sind Isolation und Immunglobu-
lingaben nutzvolle prophylaktische Maßnahmen vor Infektionen. Fetale
Leber- und Thymustransplantationen zeigten meist nur einen begrenzten
therapeutischen Effekt, ebenso die Gaben von Thymushormonen. Der

Enzymersatz mit bestrahlten Erythrozyten oder mit Polyäthylenglykol (PEG)-gebundenem ADA können derzeit nur als überbrückende Maßnahmen betrachtet werden, bis eine Knochenmarktransplantation durchgeführt wird, die – wenn früh vorgenommen – Erfolgsaussichten von weit über 50% aufweist.

Große Hoffnung wird auch auf die Gentherapie mit somatischen Zellen gesetzt. Dabei wird ein intaktes menschliches ADA-Gen mit Hilfe eines retroviralen Vektors in die Knochenmarkstammzellen eines ADA-SCID-Patienten eingebracht. An Zellinien waren die ersten Experimente erfolgversprechend.

Literatur

Ammann AJ, Hong R (1989) Disorders of the T-cell system. In: Stiehm ER (ed) Immunologic disorders in infants and children, 3rd edn. Saunders, Philadelphia London Toronto Montreal Sydney Tokyo pp 268–274

Belohradsky BH (1986) Primäre Immundefekte. Klinik, Immunologie und Genetik. Kohlhammer, Stuttgart Berlin Köln Mainz

Giblett ER, Anderson JE, Cohen F, Pollara B, Meuwissen HJ (1972) Adenosinedeaminase deficiency in two patients with severely impaired cellular immunity. Lancet II: 1067–1069

Giblett ER, Ammann AJ, Wara DW, Sandman R, Diamond LK (1975) Nucleoside phosphorylase deficiency in a child with severely defective T-cell immunity and normal B-cell immunity. Lancet I: 1010–1013

5.8 Der Myoadenylatdeaminase-Mangel

S. Reiter, M. Gross

Ein Mangel an Myoadenylatdeaminase (MAD), dem muskelspezifischen Isoenzym der Adenylatdeaminase, wurde erstmals 1964 bei einem Fall von periodischer hypokaliämischer Paralyse (Engel et al. 1964) und 1978 als eigenständiges Krankheitsbild beschrieben (Fishbein et al. 1978). Nach umfangreichen Studien findet er sich in ca. 2% aller Muskelbiopsien (Fishbein et al. 1978; Shumate et al. 1979; Heffner 1980; Kar u. Pearson 1981; Kelemen et al. 1982; Mercelis et al. 1987) und scheint der häufigste bekannte Muskelenzymdefekt zu sein (Fishbein et al. 1984). Das klinische Bild ist typischerweise durch belastungsabhängige Schmerzen, vorzeitige Ermüdbarkeit und Krämpfe der Skelettmuskulatur

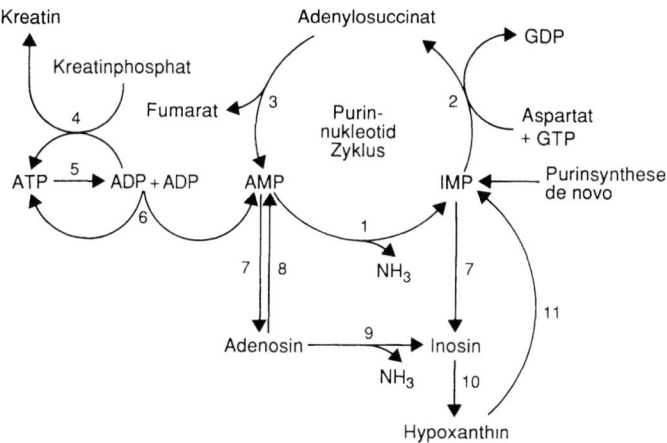

Abb. 5.14. Der Purinnukleotidzyklus: Enzyme des Purinstoffwechsels in der arbeitenden Skelettmuskulatur. *1* Myoadenylatdeaminase (MAD), *2* Adenylosuccinatsynthetase, *3* Adenylosuccinatlyase, *4* Kreatinkinase, *5* Actomyosinadenosintriphosphatase (ATPase), *6* Adenylatkinase (Myokinase), *7* 5'-Nukleotidase, *8* Adenosinkinase, *9* Adenosindeaminase, *10* Purinnukleosidphosphorylase, *11* Hypoxanthinguaninphosphoribosyltransferase

gekennzeichnet; diese Symptome sind als Folge des Enzymdefekts anzusehen, da morphologische Veränderungen der Muskulatur fehlen.

5.8.1 Rolle der Myoadenylatdeaminase im Purinnukleotidzyklus (Abb. 5.14)

Bei der Muskeltätigkeit verbrauchtes ATP wird bei ausreichender oxidativer Phosphorylierung über Kreatinphosphat wiederhergestellt. Übersteigt der ATP-Verbrauch die Kreatinphosphatbildung, fällt vermehrt ADP an, das durch die Adenylatkinase zu ATP und AMP umgesetzt wird. Durch den Abfall von ATP und den Anstieg von AMP und ADP wird die Myoadenylatdeaminase (EC 3.5.4.6) aktiviert, die AMP unter Freisetzung von Ammoniak zu IMP umwandelt. Die Entfernung von AMP aus dem Reaktionsgleichgewicht begünstigt einerseits die Adenylatkinasereaktion und erhält andererseits ein hohes „adenylate energy charge" (ATP+0.5ADP/ATP+ADP+AMP; Atkinson 1968), das für den Kontraktionsvorgang erforderlich ist (Sahlin et al. 1978).

Die Desaminierung von AMP stellt die hauptsächliche Quelle der Ammoniakfreisetzung aus der arbeitenden Muskulatur dar (Lowenstein 1972; Tornheim u. Lowenstein 1972). Ammoniak kann die bei der ATP-

Hydrolyse anfallende Phosphorsäure puffern und damit den intracellulären pH-Abfall verhindern, durch den die Actomyosin-ATPase (Hochachka u. Mommsen 1983) und die geschwindigkeitsbestimmenden Enzyme der Glycogenolyse (Glycogenphosphorylase) und der Glycolyse (Phosphofructokinase) gehemmt werden (Danforth 1965; Trivedi u. Danforth 1966). Ammoniak hat darüber hinaus einen direkten aktivierenden Effekt auf die Phosphofructokinase (Sugden u. Newsholme 1975; Passonneau u. Lowry 1962).

Das durch die MAD gebildete IMP aktiviert die Phosphorylase a und b (Aragon et al. 1980) und damit die Glykogenolyse. Noch während der Muskeltätigkeit wird ein Teil des gebildeten IMP in zwei Reaktionsschritten in AMP zurückverwandelt, wodurch der Purinnukleotidzyklus (PNZ) geschlossen wird: Im ersten Reaktionsschritt wird IMP durch die Adenylosuccinat-Synthetase (EC 6.3.4.4) unter Verbrauch von Aspartat und GTP zu Adenylosuccinat umgesetzt; aus diesem wird sodann von der Adenylosuccinat-Lyase (EC 4.3.2.2) AMP und Fumarat freigesetzt. Fumarat wird in den Zitronensäurezyklus eingeschleust, wodurch dieser und über ihn die oxidative Phosphorylierung stark aktiviert werden (Aragon u. Lowenstein 1980; Aragon et al. 1981). Die Bedeutung dieses Mechanismus konnte im Tierexperiment durch Hemmung der Adenylosuccinat-Lyase gezeigt werden (Hines et al. 1983; Swain et al. 1984).

Die beschriebene Wirkung der MAD auf die Aktivierung von Glykogenolyse, Glykolyse und Zitronensäurezyklus in der arbeitenden Muskulatur ist nicht in allen Muskelfasertypen von gleicher Bedeutung. Die Enzymaktivität ist in den Fasern vom Typ II (schnelle, nichtoxidative Fasern) um den Faktor 2–3 höher als in den langsamen oxidativen Fasern vom Typ I (Meyer u. Terjung 1979; Winder et al. 1974; Fishbein 1984). Selbst bei maximaler Belastung von Typ-I-Fasern fällt ATP nur gering und steigen ADP und AMP nur leicht an, IMP und Ammoniak werden nicht gebildet (Meyer u. Terjung 1980). Innerhalb der Typ-II-Fasern besitzen die weißen Fasern (IIb) eine höhere MAD-Aktivität als die intermediären oxidativen Fasern (IIa) (Meyer u. Terjung 1979; Meyer et al. 1980; Meyer u. Terjung 1980). Dies läßt darauf schließen, daß Muskelfasern mit hoher oxidativer Stoffwechselkapazität ihren ATP-Spiegel ohne Aktivitätssteigerung der Adenlyat-Kinase und des PNZ aufrecht erhalten können.

5.8.2 Isoenzyme der Adenylatdeaminase

Bei Patienten mit MAD-Mangel ist ausschließlich die Muskel-Adenylatdeaminase betroffen. In allen anderen Organen einschließlich der korpuskulären Blutbestandteile findet sich hingegen eine normale Adenylatdeaminase-Aktivität (Fishbein et al. 1978; Fishbein et al. 1979; Fishbein et al. 1980a; DiMauro et al. 1980). Dieses Phänomen beruht auf der Bildung von Isoenzymen, die sich sowohl kinetisch als auch immunologisch und chromatographisch unterscheiden (Solano u. Coffee 1978; Fishbein et al. 1980a; Kaletha 1982). Sogar in der Skelettmuskulatur finden sich im Verlauf der Ontogenese unterschiedliche Isoenzyme: Bei der Ratte konnten mindestens drei verschiedene Isoenzyme der MAD nachgewiesen werden (embryonale, fötale und reife MAD: Marquetant et al. 1987). Beim Menschen wurde ein fetales und ein adultes Isoenzym gefunden (Kaletha et al. 1987; Kaletha u. Nowak 1988). In Muskelzellkulturen von Patienten mit MAD-Mangel wird offensichtlich das fetale Isoenzym der MAD wieder ausgebildet, wodurch eine normale MAD-Aktivität resultiert (DiMauro et al. 1980); der MAD-Mangel betrifft somit nur das adulte Isoenzym der Skelettmuskulatur.

5.8.3 Metabolische Veränderungen bei MAD-Mangel

Aufgrund der Bestimmung der Purinnukleotidkonzentrationen in Muskelbiopsien einer Patientin mit MAD-Mangel, die vor und nach 15minütigem Treppensteigen gewonnen wurden, vermuteten Sabina et al. (1980) zunächst, daß der MAD-Mangel zu einem massiven Verlust von Purinnukleotiden aus der arbeitenden Muskulatur führt: Sie fanden einen Abfall von ATP und ADP auf unter 10% der Ruhewerte sowie einen Abfall des Gesamtpuringehalts auf 21%. Die Autoren nahmen daher an, daß eine Hauptfunktion der MAD darin bestehe, die Dephosphorylierung von AMP zu membrangängigen Nukleosiden und Basen und damit den Verlust von Purinen aus der Muskelzelle durch Umwandlung in das Nucleotid IMP zu verhindern. Ein erhöhter Verlust von Purinen aus den Muskelzellen würde zu einer vermehrten Harnsäurebildung führen und könnte die bei einigen MAD-Patienten bestehende Hyperurikämie verursachen. Fishbein (1986) fand bei 4 von 14 Patienten, Kelemen et al. (1982) bei einem von 6 Patienten erhöhte Harnsäurespiegel; die hyperurikämischen Patienten von DiMauro et al. (1980) und Zöllner et al. (1986) stellen Einzelbeobachtungen dar.

In weiteren Untersuchungen (Sabina et al. 1984), bei denen 4 Patienten und 10 Kontrollpersonen mittels Fahrradergometer bis zur Erschöpfung belastet wurden, fand sich jedoch in den Muskelbiopsien der Patienten kein Abfall der Summe von Adeninnucleotiden und IMP. Der ATP-Spiegel fiel bei den Patienten sogar signifikant geringer ab als bei der Kontrollgruppe (Abfall um 6% vs. 34%); der Abfall des CP war hingegen größer (66% vs. 55%). Da die bis zur Erschöpfung geleistete Arbeit bei den Patienten mit MAD-Mangel deutlich geringer war als bei den Kontrollpersonen, ergab sich bei ihnen ein stärkerer Abfall der energiereichen Phosphate (ATP und CP) pro Arbeitseinheit. Dieser Befund bestätigt die oben dargestellte Funktion der MAD bzw. des PNZ für die Steigerung der Bildung energiereicher Phosphate in der arbeitenden Muskulatur.

In ihrer Untersuchung an Muskelbiopsien von 5 Patienten mit MAD-Mangel und 10 Kontrollpersonen fanden Sinkeler et al. (1987) nach isometrischer Belastung des M. quadriceps femoris bis zur Erschöpfung (47-93 s) unter ischämischen Bedingungen bei beiden Gruppen einen massiven Abfall von CP. Bei beiden Gruppen kam es zu einem ausgeprägten, gleich großen Anstieg der Laktatkonzentration im Muskel. Diese Beobachtung ist als Hinweis dafür zu werten, daß sich der MAD-Mangel nicht wesentlich auf die anaerobe Energiegewinnung durch Glykogenolyse und Glykolyse, sondern in erster Linie über die fehlende Aktivierung des Zitronensäurezyklus auf die oxidative Phosphorylierung auswirkt.

5.8.4 Primärer und sekundärer MAD-Mangel

Bei 40-45% der bisher publizierten Fälle von MAD-Mangel war der Enzymdefekt die einzige nachweisbare Störung der Muskulatur, d. h. es fanden sich keine wesentlichen licht- und elektronenmikroskopischen Strukturveränderungen, keine weiteren Enzymdefekte und keine wesentlichen elektromyographischen Veränderungen. Diese Fälle wurden daher als primärer MAD-Mangel bezeichnet (Fishbein 1985).

Aufgrund der Ergebnisse von Familienuntersuchungen (Kelemen et al. 1980; Scholte et al. 1981; Hayes et al. 1982; Fishbein 1982; Joosten et al. 1982; Kelemen et al. 1982; Fishbein et al. 1984; Sinkeler et al. 1988) scheint es sich hierbei um ein autosomal-rezessiv vererbtes Krankheitsbild zu handeln. Entsprechend wurden Familienangehörige mit intermediärer Enzymaktivität gefunden, bei denen es sich um heterozygote Träger des Enzymdefekts handeln dürfte (Sinkeler et al. 1988). Sie sind in der Regel klinisch asymptomatisch.

Zu einem sekundären MAD-Mangel kommt es bei zahlreichen neuromuskulären Erkrankungen und Myositiden (Fishbein et al. 1984; Fishbein 1985; Goebel u. Bardosi 1987). Fishbein (1985) zeigte bei Patienten mit spinaler Muskelatrophie (Werdnig-Hoffmann), Muskeldystrophie (Typ Becker) und Polymyositis einen gleichzeitigen Aktivitätsabfall von MAD, CPK und Adenosinkinase. Die MAD-Restaktivität betrug bis zu 10% der Normalaktivität und zeigte eine ausgeprägte Reaktion mit MAD-Antikörpern; demgegenüber wiesen die primären MAD-Fälle eine Restaktivität von weniger als 3% und keine Reaktion mit MAD-Antikörpern auf. Nagao et al. (1986) zeigten bei unterschiedlichen Muskeldystrophien, daß die Abnahme der MAD-Aktivität mit der Intensität der morphologischen Veränderungen korreliert; die niedrigste MAD-Aktivität im untersuchten Kollektiv von 19 Patienten betrug allerdings noch 19% der normalen Durchschnittsaktivität. Der vollständige MAD-Mangel (0–5,7% der normalen Durchschnittsaktivität), den Mercelis et al. (1987) bei 13 von 341 Patienten mit Neuro- und Myopathien fanden, dürfte daher Ausdruck eines primären MAD-Mangels sein, der zufällig mit der Neuro- oder Myopathie assoziiert ist. Dementsprechend identifizierten Kar u. Pearson (1981) bei 6 Patienten mit MAD-Mangel und verschiedenen Muskelerkrankungen einen primären MAD-Mangel, da die Muskelbiopsien eine normale Aktivität der CPK und eine normale Konzentration des Nicht-Kollagen-Proteins aufwiesen.

In zahlreichen weiteren publizierten Fällen von MAD-Mangel mit gleichzeitigen neuromuskulären und anderen Erkrankungen finden sich keine Angaben über das Ausmaß der morphologischen Veränderungen oder die Aktivität weiterer Muskelenzyme. In diesen Fällen läßt sich nicht entscheiden, ob der MAD-Mangel durch die Begleiterkrankung verursacht wird oder ob es sich um eine zufällige Assoziation des häufigen Enzymdefekts handelt.

5.8.5 Klinik und Diagnostik des MAD-Mangels

Aufgrund der häufigen Assoziation des MAD-Mangels mit neuromuskulären und anderen Erkrankungen ist die in zahlreichen Fallberichten beschriebene klinische Symptomatologie sehr variabel. Geht man von Fällen mit isoliertem primärem MAD-Mangel und den oben dargelegten pathophysiologischen Mechanismen aus, so beschränkt sich das Beschwerdebild auf vorzeitige Ermüdung, Schwäche und anhaltende Muskelschmerzen bis -krämpfe nach größerer muskulärer Belastung. Diese Beschwerden können alle Anteile der Skelettmuskulatur betreffen. Wird die Muskelbelastung trotz bestehender Beschwerden fortgesetzt oder wiederholt, so kommt es im Gegensatz zum Muskelkater zu einer Exazerbation der Schmerzen bis hin zu völliger Bewegungsunfähigkeit; der Patient benötigt dann u. U. mehrere Tage völliger Ruhe, um wieder beschwerdefrei zu werden.

Obwohl es sich beim primären MAD-Mangel um einen angeborenen Enzymdefekt handelt, kommt es nur bei einem kleinen Prozentsatz der Patienten bereits im Kindesalter zur Manifestation. Die meisten Patienten leiden erstmals im mittleren Erwachsenenalter an typischen Beschwerden. Als mögliche Erklärung kommt der unterschiedliche Anteil weißer Muskelfasern (Typ IIb) an der gesamten Muskelmasse in Betracht: Wie oben dargestellt, ist der Energiestoffwechsel dieser Fasern von einer hohen MAD-Aktivität abhängig. Saltin et al. (1977) haben gezeigt, daß der Anteil der Typ-IIb-Fasern durch körperliche Aktivität bzw. Training zugunsten der roten Fasern (Typ I) reduziert wird, was bei den in der Regel physisch aktiven Kindern und Jugendlichen der Fall sein dürfte.

Die Diagnose des MAD-Mangels geht von der typischen Anamnese belastungsabhängiger Muskelbeschwerden aus. Klinisch sind die Patienten unauffällig, sofern keine belastungsinduzierten Muskelverhärtungen vorliegen; insbesondere findet sich keine Muskelatrophie. Die Laboruntersuchungen zeigen nur in der Hälfte der Fälle eine meist geringe Erhöhung der CPK-Aktivität im Serum. Das EMG weist ebenfalls nur bei Hälfte der Patienten geringe unspezifische Veränderungen auf (Fishbein 1986). Die klinische Verdachtsdiagnose kann durch einen ischämischen Unterarmbelastungstest (Munsat 1970; Patterson et al. 1983; Gertler u. Jacobs 1984; Sinkeler et al. 1986a, b, 1987; Valen et al. 1987) weiter erhärtet werden: Hierbei wird mittels einer am Oberarm angelegten Blutdruckmanschette eine Ischämie des Unterarms erzeugt; der Patient führt sodann innerhalb einer Minute 30 Faustschlüsse gegen einen Gummiball oder eine Federhantel durch. Vor Anlegen der Ischämie sowie mehrmals in 1- bis 2minütigen Abständen nach Ende der Belastung werden venöse Blutproben vom belasteten Arm entnommen, in denen die Konzentrationen von Ammoniak und Laktat bestimmt werden. Von einer ausreichenden Belastung kann ausgegangen werden, wenn der Laktatspiegel um mindestens 4 mmol/l ansteigt. Beträgt der Anstieg des Ammoniakspiegels weniger als 0,4% des Laktatanstiegs, liegt ein MAD-Mangel vor (Fishbein 1984, 1985). Bei unzureichender Belastung steigt der Ammoniakspiegel auch bei gesunden Personen nur gering an, wodurch falschpositive Ergebnisse möglich sind (Wortmann et al. 1983; Valen et al. 1985, 1987).

Im Hinblick hierauf und auf die technischen Unzulänglichkeiten der Ammoniakbestimmung sollte der Unterarmtest nach Möglichkeit durch eine Bestimmung der Hypoxanthin- und Inosinkonzentration im Plasma ergänzt werden: Beim Gesunden steigt die Konzentration dieser ATP-Abbauprodukte nach ischämischer Belastung prozentual wesentlich stärker an als die Ammoniakkonzentration und liegt auch bei ungenügender Belastung um ein Mehrfaches über den Ausgangswerten. Da sich beim MAD-Mangel nur ein minimaler Anstieg der Hypoxanthin- und Inosinkonzentration findet, ist mit dieser Methode in den meisten Fällen eine eindeutige Aussage möglich (Patterson et al. 1983; Sinkeler et al. 1985, 1986a; Valen et al. 1987).

Zur Sicherung der Diagnose und zur Unterscheidung zwischen primären und sekundären Fällen sollte schließlich eine Muskelbiopsie durchgeführt werden. Der Nachweis des MAD-Mangels kann sowohl histochemisch (Fishbein et al. 1980b) als auch biochemisch im Homogenat der Muskelprobe (Fishbein 1979; DiMauro et al. 1980; Zöllner et al. 1986) geführt werden, wobei die Thermolabilität des Enzyms zu berücksichtigen ist (Zöllner et al. 1986).

Ausgehend vom Symptom belastungsabhängiger Muskelschmerzen fanden Kelemen et al. (1982) ebenso wie Joosten et al. (1984) bei 3 von 36 Patienten einen MAD-Mangel.

5.8.6 Therapie

Die Frage der Therapiebedürftigkeit wird von den verschiedenen Autoren unterschiedlich beantwortet. Fishbein verneint vor dem Hintergrund einer als mild eingeschätzten Symptomatik, fehlender Progression und Muskeldestruktion bei primärem MAD-Mangel die Notwendigkeit einer medikamentösen Therapie (Fishbein 1984, 1985, 1986). Andere Autoren hielten die Beschwerden ihrer Patienten jedoch für so gravierend, daß sie Therapieversuche für angebracht hielten: Swain et al. (1983) empfahlen Muskeltraining zur Erhöhung des relativen Anteils an Typ IIa- und Typ-I-Fasern; nach der Erfahrung unserer Arbeitsgruppe ist jedoch nach Manifestation der Erkrankung ein Muskeltraining nicht mehr möglich, da längerdauernde oder wiederholte Muskelbelastung zu progredienten Beschwerden führt. Scholte et al. (1981) empfahlen eiweißreiche Diät mit Zusatz von Biotin und Carnitin, Lally et al. (1985) physikalische Therapie, Kortikoide, nichtsteroidale Antiphlogistika, Muskelrelaxantien, Analgetika, Antidepressiva und Psychotherapie. Ergebnisse dieser Maßnahmen wurden von den Autoren jedoch nicht berichtet.

Patten (1982) zeigte erstmals einen positiven Effekt von D-Ribose beim MAD-Mangel: Nach oraler Gabe von 4mal 470 mg/Tag kam es zu einer mäßigen Verbesserung der statischen Muskelkraft. Grundlage dieser Therapie war die Beobachtung einer Verarmung der Muskulatur an Adeninnukleotiden unter Belastung (Sabina et al. 1980, s. o.), weshalb die Resynthese aus Hypoxanthin bzw. die De-novo-Synthese von Purinnukleotiden gesteigert werden sollte. Beide Synthesewege sind von der Phosphoribosylpyrophosphatkonzentration abhängig und lassen sich daher durch Ribosegabe aktivieren, wie Zimmer (1980) an Rattenmyokard gezeigt hat: Der Wiederanstieg des ATP-Spiegels nach Ischämie wurde hier durch Ribosezufuhr wesentlich beschleunigt.

Eine Wiederholung dieses Therapieansatzes bei drei anderen Patienten mit MAD-Mangel ergab jedoch keinen Effekt (Lecky 1983). Dagegen erwies sich D-Ribose in einem anderen Dosierungsschema bei einem Patienten von Zöllner et al. (1986) seit mittlerweile 4 Jahren als äußerst wirkungsvoll: Unmittelbar nach Beginn einer größeren körperlichen

Belastung, wie z. B. Bergsteigen, Skifahren, Radfahren etc., nimmt der Patient 1-2 g Ribose in gelöster Form ein; je nach Ausmaß der Belastung wiederholt er die Riboseeinnahme alle 10-20 min bis zu einer Gesamtdosis von 50-60 g pro Tag. Mit dieser Therapieform kann der Patient die genannten Belastungen beschwerdefrei und an aufeinanderfolgenden Tagen wiederholt durchführen; ohne Ribose kann er kleinere Berg- oder Skitouren nur einmal unternehmen und muß dann eine mehrtägige Ruhepause einhalten, um wieder beschwerdefrei zu werden. Die positive Wirkung von Ribose wird vom Patienten nur dann beobachtet, wenn sie gleichzeitig mit der Belastung eingenommen wird; eine gleichmäßig über den Tag verteilte Einnahme in größeren Zeitabständen ist dagegen wirkungslos, was auf die kurze Serumhalbwertszeit von Ribose zurückzuführen sein dürfte (Segal u. Foley 1958).

An Nebenwirkungen der Ribosegabe ist lediglich das Auftreten einer wahrscheinlich osmotisch bedingten Diarrhö bei Gabe von mehr als 20 g/h sowie ein ungeklärter Abfall des Blutglukosespiegels bekannt, der jedoch stets asymptomatisch blieb (Segal et al. 1957; Gross et al. 1987, 1989). In-vitro-Experimente mit Inkubation von Zellkulturen über 24 h in hohen Ribosekonzentrationen (20-50 mmol/l) zeigten zytotoxische Effekte insbesondere auf Lymphozyten (Ulrich 1983; Stankova u. Rola-Pleszczynski 1984; Marini et al. 1985; Zunica et al. 1986). Bei oraler Dauerzufuhr von Ribose nach dem oben angegebenen Dosierungsschema werden jedoch nur Plasmakonzentrationen von 3-4 mmol/l erreicht, die außerdem nach Ende der Zufuhr sehr rasch abfallen (Gross et al. 1987, 1989). Entsprechend wurden bei unserem Patienten bisher keine Blutbildveränderungen festgestellt.

In einem Doppelblindversuch mit Glukose, Sorbit, Ribose und Xylit erwiesen sich Ribose und Xylit als gleich wirksam, während Glukose und Sorbit ohne Effekt waren. Ein Nachteil der Einnahme von Xylit ist jedoch die deutliche Erhöhung des Serumharnsäurespiegels (Heuckenkamp u. Zöllner 1972), weshalb keine Dauerbehandlung durchgeführt wurde.

Weitere Behandlungserfolge mit D-Ribose in Tagesdosen von 40-60 g wurden von Pongratz und Reimers et al. bei Patienten mit isoliertem primärem MAD-Mangel und typischen belastungsabhängigen Muskelbeschwerden berichtet (Pongratz 1987; Pongratz et al. 1987; Reimers et al. 1987a, 1987b, 1988).

Als Wirkmechanismus der Ribose war ursprünglich eine Steigerung der Purinnukleotidsynthese angenommen worden. Nachfolgende Untersuchungen haben jedoch gezeigt, daß bei MAD-Mangel die ATP-Spiegel im Muskel unter Belastung weniger stark abfallen (Sabina et al. 1984) bzw. die Muskeln bei ischämischer Belastung weniger Purine abgeben (Patterson et al. 1983; Sinkeler et al. 1985, 1986a; Valen et al. 1987) als bei Normalpersonen. Der Effekt der Ribose beim MAD-Mangel kann daher im Gegensatz zum Myokard nach Ischämie höchstwahrscheinlich nicht über einen Einfluß auf Resynthese und De-novo-Synthese von Purinnukleotiden erklärt werden.

Aufgrund von Versuchen mit unserem Patienten nehmen wir vielmehr an, daß Ribose in der Muskulatur über den Pentosephosphatzyklus in die Glykolyse eingeschleust wird und somit als Energiequelle dient: Bei einer 30minütigen Fahrradergometerbelastung mit 125 Watt kam es bei einer gesunden Versuchsperson nur zu einem kurzdauernden Anstieg des Laktatspiegels im Plasma um maximal 1.68 mmol/l; bei unserem Patienten stieg der Laktatspiegel hingegen während des Belastungszeitraums kontinuierlich an und lag am Ende des Versuchs bis zu 7,5 mmol/l über dem Ausgangswert. Dieser Unterschied belegt die eingangs beschriebene Funktion des Purinnukleotidzyklus: Während die gesunde Versuchsperson ihren Zitronensäurezyklus aktivieren und damit die Laktatbildung reduzieren kann, ist der Patient während der gesamten Belastungsdauer in größerem Maße auf die anaerobe Glykolyse zur Energiegewinnung angewiesen. Da die ATP-Ausbeute aus der anaeroben Glykolyse nur 2 mol pro mol Glukose bzw. 3 mol bei Glukosefreisetzung aus Glykogen beträgt, durch die weitere Umsetzung im Zitronensäurezyklus mit oxidativer Phosphorylierung aber insgesamt 38 mol ATP pro mol Glukose erzeugt werden, verbraucht der Patient bei gleicher Muskelleistung wesentlich mehr Muskelglykogen als die Versuchsperson. Nachdem die Kapazität für längere anstrengende Arbeit vom Glykogenvorrat der Muskulatur abhängt (Hermansen et al. 1967), dürfte es beim Patienten mit MAD-Mangel durch den vermehrten Glykogenverbrauch zur vorzeitigen Erschöpfung der Muskulatur kommen. Der Effekt der hochdosierten oralen Ribosegabe könnte daher damit zu erklären sein, daß Ribose als zusätzliches Kohlenhydrat in die Glykolyse eingeschleust wird und hierdurch den vorzeitigen Glykogenaufbrauch verhindert. Die Wirksamkeit von oral zugeführter Ribose im Gegensatz zu Glukose könnte darauf zurückzuführen sein, daß die Glukoseaufnahme der arbeitenden Muskulatur limitiert ist und die Riboseextraktion durch die Leber relativ gering zu sein scheint, so daß sich mit den verwendeten Ribosedosen Plasmaspiegel bis 40 mg/dl (Gross et al. 1987, 1989) erzielen lassen.

Für einen anderen Wirkmechanismus der Ribose ergaben unsere Untersuchungen keinen Anhalt. Wurde die oben beschriebene Fahrradergometerbelastung unter Gabe von Ribose (2 g alle 5 min) durchgeführt, fand sich unverändert ein kontinuierlicher Anstieg des Laktatspiegels um bis zu 9 mmol/l, was eine Aktivierung des Zitronensäurezyklus z. B. über Fumaratbildung durch Steigerung der De-novo-Synthese von AMP ausschließt. Auch für eine vermehrte Resynthese von Purinnukleotiden aus Hypoxanthin fand sich kein Anhalt. Bei Belastung mit Ribose war der gleiche Anstieg der Hypoxanthinausscheidung im Sammelurin auf Werte bis 7 µmol/h zu beobachten wie bei Belastung ohne Ribose und wie bei der gesunden Versuchsperson (vgl. Harkness et al. 1983). Dieser Befund belegt die Beobachtung, daß der MAD-Mangel zu keinem vermehrten Purinverlust aus der arbeitenden Muskulatur führt und daher nicht als Ursache für eine Hyperurikämie oder Gicht anzusehen ist.

Literatur

Aragon JJ, Lowenstein JM (1980) The purine-nucleotide cycle. Comparison of the levels of citric acid cycle intermediates with the operation of the purine nucleotide cycle in rat skeletal muscle during exercise and recovery from exercise. Eur J Biochem 110: 371–377

Aragon JJ, Tornheim K, Lowenstein JM (1980) On a possible role of IMP in the regulation of phosphorylase activity in skeletal muscle. FEBS Lett 117: K56–K64

Aragon JJ, Tornheim K, Goodman MN, Lowenstein JM (1981) Replenishment of citric acid cycle intermediates by the purine nucleotide cycle in rat skeletal muscle. Curr Top Cell Regul 18: 131–149

Atkinson DE (1968) The energy charge of the adenylate pool as a regulatory parameter. Interaction with feedback modifiers. Biochemistry 7: 4030–4034

Danforth WH (1965) Activation of glycolytic pathway in muscle. In: Chance B, Estabrook RW (eds) Control of energy metabolism. Academic Press, New York, pp 287–297

DiMauro S, Miranda AF, Hays AP, Franck WA, Hoffman GS, Schoenfeldt RS, Singh N (1980) Myoadenylate deaminase deficiency. Muscle biopsy and muscle culture in a patient with gout. J Neurol Sci 47: 191–202

Engel AG, Potter CS, Rosevear JW (1964) Nucleotides and adenosine monophosphate deaminase activity of muscle in primary hypokalaemic paralysis. Nature 202: 670–672

Fishbein WN (1979) Indicator enzyme assays: I. Adenylate deaminase: Principles and application to human muscle biopsies and blood cells. Biochem Med 22: 307–322

Fishbein WN (1982) Human myoadenylate deaminase deficiency. J Clin Chem 20: 367

Fishbein WN (1984) Human myoadenylate deaminase deficiency. Adv Exp Med Biol 165 A: 77–84

Fishbein WN (1985) Myoadenylate deaminase deficiency: Inherited and acquired forms. Biochem Med 33: 158–169

Fishbein WN (1986) Myoadenylate deaminase deficiency. In: Engel AG, Banker BQ (eds) Myology. McGraw-Hill, New York, pp 1745–1762

Fishbein WN, Armbrustmacher VW, Griffin JL (1978) Myoadenylate deaminase deficiency: A new disease of muscle. Science 200: 545–548

Fishbein WN, Griffin JL, Nagarajan K, Winkert JW, Armbrustmacher VW (1979) Myo-adenylate deaminase deficiency: association with collagen disease. Clin Res 27: 37 A

Fishbein WN, Davis JI, Nagarajan K, Winkert JW, Foellmer JW (1980 a) Immunologic distinction of human muscle adenylate deaminase from the isozyme(s) in human peripheral blood cells: Implications for myoadenylate deaminase deficiency. Arch Biochem Biophys 205: 360–364

Fishbein WN, Griffin JL, Armbrustmacher VW (1980 b) Stain for skeletal muscle adenylate deaminase. An effective tetrazolium stain for frozen biopsy specimens. Arch Pathol Lab Med 104: 462–466

Fishbein WN, Armbrustmacher VW, Griffin JL, Davis JI, Foster WD (1984) Levels of adenylate deaminase, adenylate kinase, and creatine kinase in frozen human muscle biopsy specimens relative to type 1/type 2 fiber distribution: Evidence for a carrier state of myoadenlyte deaminase deficiency. Ann Neurol 15: 271–277

Gertler PA, Jacobs RP (1984) Lactate-Ammonia exercise test (LAET) as a screen for myoadenylate deaminase (AMPDA) deficiency in connective tissue disease (CTD). Clin Res 32: 719 A

Goebel HH, Bardosi A (1987) Myoadenylate deaminase deficiency. Klin Wochenschr 65: 1023–1033

Gross M, Reiter S, Zöllner N (1987) Untersuchungen über den Ribosestoffwechsel des Menschen bei mehrstündiger kontinuierlicher Zufuhr. Klin Wochenschr (Suppl IX) 65: 12

Gross M, Reiter S, Zöllner N (1989) Metabolism of D-ribose administered continuously to healthy persons and to patients with myoadenylate deaminase deficiency. Klin Wochenschr 67: 1205–1213

Harkness RA, Simmonds RJ, Coade SB (1983) Purine transport and metabolism in man: the effect of exercise on concentrations of purine bases, nucleosides and nucleotides in plasma, urine, leucocytes and erythrocytes. Clin Sci 64: 333–340

Hayes DJ, Summers BA, Morgan-Hughes JA (1982) Myoadenylate deaminase deficiency or not? Observations on two brothers with exercise-induced muscle pain. J Neurol Sci 53: 125–136

Heffner RR (1980) Myoadenylate deaminase deficiency. J Neuropathol Exp Neurol 39: 360

Hermansen L, Hultman E, Saltin B (1967) Muscle glycogen during prolonged severe exercise. Acta Physiol Scand 71: 129–139

Heuckenkamp PU, Zöllner N (1972) Xylitbilanz während mehrstündiger Infusionen mit konstanten Zufuhrraten bei gesunden Menschen. Klin Wochenschr 50: 1063–1065

Hines JJ, Harbury OL, Holmes EW, Swain JL (1983) Disruption of the purine nucleotide cycle produces muscle dysfunction. Clin Res 31: 520 A

Hochachka PW, Mommsen TP (1983) Protons and anaerobiosis. Science 219: 1391–1397

Joosten EMG, van Bennekom CA, Oerlemans FTJ, de Bruyn CHMM, Oei TL, Trijbels JMF (1982) Two clinically different cases of myoadenylate deaminase deficiency: An enzyme defect in search of a disease. J Clin Chem 20: 381

Joosten E, van Bennekom C, Oerlemans F, de Bruyn C, Oei T, Trijbels J (1984) Myoadenylate deaminase deficiency: an enzyme defect in search of a disease. Adv Exp Med Biol 165 A: 85–89

Kaletha K (1982) Kinetic and regulatory properties of chicken heart AMP-deaminase in three different stages of development. J Clin Chem 20: 381

Kaletha K, Spychala J, Nowak G (1987) Developmental forms of human skeletal muscle AMP-deaminase. Experientia 43: 440–443

Kaletha K, Nowak G (1988) Developmental forms of human skeletal-muscle AMP deaminase. The kinetic and regulatory properties of the enzyme. Biochem J 249: 255–261

Kar NC, Pearson CM (1981) Muscle adenylate deaminase deficiency. Report of six new cases. Arch Neurol 38: 279–281

Kelemen J, Rice DR, Bradley WG, Munsat TL, DiMauro S, Hogan EL (1980) Familial „aches, cramps, and pains" syndrome – failure to correlate with myoadenylate deaminase activity. Neurology 30: 401

Kelemen J, Rice DR, Bradley WG, Munsat TL, DiMauro S, Hogan EL (1982) Familial myoadenylate deaminase deficiency and exertional myalgia. Neurology 32: 857–863

Lally EV, Friedman JH, Kaplan SR (1985) Progressive myalgias and polyarthralgias in a patient with myoadenylate deaminase deficiency. Arthritis Rheum 28: 1298–1302

Lecky BRF (1983) Failure of D-ribose in myoadenylate deaminase deficiency. Lancet i: 193

Lowenstein JM (1972) Ammonia production in muscle and other tissues: the purine nucleotide cycle. Physiol Rev 52: 382–414

Marini M, Zunica G, Franceschi C (1985) Inhibition of cell proliferation by D-ribose and deoxy-D-ribose. Proc Soc Exp Biol Med 180: 246–257

Marquetant R, Desai NM, Sabina RL, Holmes EW (1987) Evidence for sequential expression of multiple AMP deaminase isoforms during skeletal muscle development. Proc Natl Acad Sci USA 84: 2345–2349

Mercelis R, Martin JJ, de Barsy T, Van de Berghe G (1987) Myoadenylate deaminase deficiency: absense of correlation with exercise intolerance in 452 muscle biopsies. J Neurol 234: 385–389

Meyer RA, Terjung RL (1979) Differences in ammonia and adenylate metabolism in contracting fast and slow muscle. Am J Physiol 237: C111–C118

Meyer RA, Terjung RL (1980) AMP deamination and IMP reamination in working skeletal muscle. Am J Physiol 239: C32–C38

Meyer RA, Dudley GA, Terjung RL (1980) Ammonia and IMP in different skeletal muscle fibers after exercise in rats. J Appl Physiol 49: 1037–1041

Munsat TL (1970) A standardized forearm ischemic exercise test. Neurology 20: 1171–1178

Nagao H, Habara S, Morimoto T, Sano N, Takahashi M, Kida K, Matsuda H (1986) AMP deaminase activity of skeletal muscle in neuromuscular disorders in childhood. Histochemical and biochemical studies. Neuropediatrics 17: 193–198

Passonneau JV, Lowry OH (1962) Phosphofructokinase and the pasteur effect. Biochem Biophys Res Comm 7: 10–15

Patten BM (1982) Beneficial effect of D-ribose in patient with myoadenylate deaminase deficiency. Lancet i: 107

Patterson VH, Kaiser KK, Brooke MH (1983) Exercising muscle does not produce hypoxanthine in adenylate deaminase deficiency. Neurology 33: 784–786

Pongratz D (1987) Successful symptomatic treatment in myoadenylate deaminase deficiency. Klin Wochenschr (Suppl X) 65: 26–27

Pongratz DE, Reimers CD, Gross M, Paetzke I, Zimmer HG (1987) Symptomatische Therapie des primären Myoadenylat-Deaminase-Mangels sowie der Glykogenose Typ V mit D-Ribose. Fortschritte der Myologie IX: 42

Reimers CD, Pongratz DE, Gross M, Paetzke I, Zimmer HG (1987a) Behandlung des Myoadenylatdeaminase-Mangels mit D-Ribose: Bericht über 8 Fälle. Arbeitstagung der Deutschen Gesellschaft für Neurologie, Essen

Reimers CD, Pongratz D, Paetzke I, Zöllner N (1987b) Therapeutische Beeinflußbarkeit des Myoadenylatdeaminase-Mangels durch D-Ribose. Bericht über 7 Fälle. Klin Wochenschr (Suppl IX) 65: 75–76

Reimers CD, Pongratz DE, Gross M, Paetzke I, Zimmer HG (1988) Symptomatische Therapie des primären Myoadenylat-Deaminase-Mangels sowie der Glykogenose Typ V mit D-Ribose. In: Mortier W, Pothmann R, Kunze K (Hrsg) Aktuelle Aspekte neuromuskulärer Erkrankungen. Thieme, Stuttgart, New York, pp 127–130

Sabina RL, Swain JL, Patten BM, Ashizawa T, O'Brien WE, Holmes EW (1980) Disruption of the purine nucleotide cycle. A potential explanation for muscle dysfunction in myoadenylate deaminase deficiency. J Clin Invest 66: 1419–1423

Sabina RL, Swain JL, Olanow CW, Bradley WG, Fishbein WN, DiMauro S, Holmes EW (1984) Myoadenylate deaminase deficiency. Functional and metabolic abnormalities associated with disruption of the purine nucleotide cycle. J Clin Invest 73: 720–730

Sahlin K, Palmskog G, Hultman E (1978) Adenine nucleotide and IMP contents of the quadriceps muscle in man after exercise. Pflügers Arch 374: 193–198

Saltin B, Henriksson J, Nygaard E, Andersen P, Jansson E (1977) Fiber types and metabolic potentials of skeletal muscles in sedentary man and endurance runners. Ann NY Acad Sci 301: 3–29

Scholte HR, Busch HFM, Luyt-Houwen IEM (1981) Familial AMP deaminase deficiency with skeletal muscle type I atrophy and fatal cardiomyopathy. J Inherited Metab Dis 4: 169–170

Segal S, Foley J (1958) The metabolism of D-ribose in man. J Clin Invest 37: 719–735

Segal S, Foley J, Wyngaarden JB (1957) Hypoglycemic effect of D-ribose in man. Proc Soc Exp Biol Med 95: 551–555

Shumate JB, Katnik R, Ruiz M, Kaiser K, Frieden C, Brooke MH, Carroll JE (1979) Myoadenylate deaminase deficiency. Muscle Nerve 2: 213–216

Sinkeler SPT, Joosten EMG, Wevers RA, Binkhorst RA, Oei TL (1985) Myoadenylate deaminase deficiency and McArdle's disease: plasma adenosine, inosine and hypoxanthine after ischemic forearm exercise. Pediatr Res 19: 776

Sinkeler SPT, Joosten EMG, Wevers RA, Binkhorst RA, Oerlemans FT, van Bennekom CA, Coerwinkel MM, Oei TL (1986a) Ischaemic exercise test in myoadenylate deaminase deficiency and McArdle's disease: measurement of plasma adenosine, inosine and hypoxanthine. Clin Sci 70: 399–401

Sinkeler SP, Wevers RA, Joosten EM, Binkhorst RA, Oei LT, Van't Hof MA, de Haan AF (1986b) Improvement of screening in exertional myalgia with a standardized ischemic forearm test. Muscle Nerve 9: 731–737

Sinkeler SPT, Binkhorst RA, Joosten EMG, Wevers RA, Coerwinkel MM, Oei TL (1987) AMP deaminase deficiency: study of the human skeletal muscle purine metabolism during ischaemic isometric exercise. Clin Sci 72: 475–482

Sinkeler SPT, Joosten EMG, Wevers RA, Oei TL, Jacobs AEM, Veerkamp JH, Hamel BCJ (1988) Myoadenylate deaminase deficiency: A clinical, genetic, and biochemical study in nine families. Muscle Nerve 2: 312–317

Solano C, Coffee CJ (1978) Differential response of AMP deaminase isozymes to changes in the adenylate energy charge. Biochem Biophys Res Commun 85: 564–571

Stankova J, Rola-Pleszczynski M (1984) Alpha-Fucose inhibits human mixed-lymphocyte culture reactions and subsequent suppressor cell generation. Cell Immunol 83: 83–91

Sugden PH, Newsholme EA (1975) The effects of ammonium, inorganic phosphate and potassium ions on the activity of phosphofructokinases from muscle and nervous tissues of vertebrates and invertebrates. Biochem J 150: 113–122

Swain JL, Sabina RL, Holmes EW (1983) Myoadenylate deaminase deficiency. In: Stanbury JB, Wyngaarden JB, Fredrickson DS, Goldstein JL, Brown MS (eds) The metabolic basis of inherited disease, 5th edn. McGraw-Hill, New York, pp 1184–1191

Swain JL, Hines JJ, Sabina RL, Harbury OL, Holmes EW (1984) Disruption of the purine nucleotide cycle by inhibition of adenylosuccinate lyase produces skeletal muscle dysfunction. J Clin Invest 74: 1422–1427

Tornheim K, Lowenstein JM (1972) The purine nucleotide cycle. The production of ammionia from aspartate by extracts of rat skeletal muscle. J Biol Chem 247: 162–169

Trivedi B, Danforth WH (1966) Effect of pH on the kinetics of frog muscle phospho-fructokinase. J Biol Chem 241: 4110–4114

Ulrich F (1983) Inhibition by specific monosaccharides of interleukin 2-induced thymocyte proliferation. Cell Immunol 80: 241–256

Valen PA, Nakayama DA, Veum JA, Wortmann RL (1985) Myoadenylate deaminase deficiency: Diagnosis by forearm ischemic exercise testing and plasma purine measurements. Pediatr Res 19: 779

Valen PA, Nakayama DA, Veum J, Sulaiman AR, Wortmann RL (1987) Myoadenylate deaminase deficiency and forearm ischemic exercise testing. Arthritis Rheum 30: 661–668

Winder WW, Terjung RL, Baldwin KM, Holloszy JO (1974) Effect of exercise on AMP deaminase and adenylosuccinase in rat skeletal muscle. Am J Physiol 227: 1411–1414

Wortmann RL, Nakayama DA, Veum JA (1983) Myoadenylate deaminase deficiency: Interpretation of the forearm ischemic exercise test. Clin Res 31: 808 A

Zimmer HG (1980) Restitution of myocardial adenine nucleotides: acceleration by administration of ribose. J Physiol (Paris) 76: 769–775

Zöllner N, Reiter S, Gross M, Pongratz D, Reimers CD, Gerbitz K, Paetzke I, Deufel T, Hübner G (1986) Myoadenylate deaminase deficiency: Successful symptomatic therapy by high dose oral administration of ribose. Klin Wochenschr 64: 1281–1290

Zunica G, Marini M, Brunelli MA, Chiricolo M, Franceschi C (1986) D-ribose inhibits DNA repair synthesis in human lymphocytes. Biochem Biophys Res Comm 138: 673–678

5.9 Störungen des Purinstoffwechsels bei Leukämien und Tumoren

W. Wilmanns

Bei malignen Tumoren und insbesondere Neoplasien des hämatopoetischen Systems sind häufig Zellumsatz und im Zusammenhang damit Bildung und Abbau von Nukleinsäuren erheblich gesteigert. Dabei kann es als Folge eines erhöhten Stoffwechsels von Purinen bzw. Purinnukleotiden zu einem vermehrten Anfall von Harnsäure mit Hyperurikämie kommen. Die Voraussetzungen hierzu sind insbesondere bei folgenden Neoplasien gegeben:

- akute Leukämien,
- chronische Myelose (chronische myeloische Leukämie),
- myeloproliferative Störungen (insbesondere Polycythaemia vera),
- rasch wachsende solide Tumoren,
- große chemotherapiesensible Malignome (besonders Thymom mit hohem Lymphozytenanteil).

Im Vergleich zu diesen Neoplasien ist die Gefahr einer durch Hyperurikämie bedingten Komplikation erheblich geringer, aber doch beachtenswert bei folgenden Tumoren:

- Non Hodgkin-Lymphome,
- Hodgkin-Lymphome,
- chronische lymphatische Leukämie,
- multiple Myelome.

5.9.1 Pathogenese der Hyperurikämie

Eine Hyperurikämie kann als Komplikation der Grunderkrankung spontan auftreten, insbesondere aber bei Zerstörung von Tumorzellen unter zytotoxischer Chemotherapie bzw. Strahlentherapie. Ist unter den zuletzt genannten Bedingungen die Hyperurikämie mit anderen Stoffwechselentgleisungen (Hyperkaliämie, Hyperphosphatämie, Hypokalzämie) vergesellschaftet, so spricht man von einem *Tumorlysesyndrom*.
Der zweite entscheidende Faktor, der bei Leukämien und Tumoren eine Hyperurikämie bedingen kann, ist die Niereninsuffizienz. Diese ist insbesondere beim *multiplen Myelom* (Plasmozytom) durch Ablagerungen von Leichtkettenimmunglobulinen (Myleomniere) – im späteren Stadium ggf. auch von Amyloid – die entscheidende Ursache. Dies ist auch in Betracht zu ziehen bei Karzinomen in fortgeschrittenen Stadien und unter Behandlung mit Diuretika (Thiazide, Furosemid, Ethacrynsäure), Antibiotika (besonders Aminoglykoside) und Zytostatika (in erster Linie Cisplatin und Methotrexat).

5.9.2 Klinische Manifestationen der Hyperurikämie

- *Harnsäurenephropathie:* Wesentliche klinische Manifestation ist die Uratnephropathie, deren Ausbildung durch erhöhte Harnsäurewerte im Serum (über 10 mg/dl) und sauren Urin (pH 5,4 oder weniger) begünstigt wird.
- *Harnsäurenephrolithiasis:* Bei lang anhaltender Hyperurikämie – zusätzlich begünstigt durch sauren Urin – können auch Harnsäuresteine in den Nierenbecken und in den ableitenden Harnwegen, die zu entsprechenden typischen Beschwerden führen, entstehen.
- *Gichtarthritis:* Eine Gichtarthritis als Folge des bei Leukämien und Tumoren gesteigerten Purinstoffwechsels ist extrem selten. Die bei der primären Gicht typischen Tophi werden praktisch nicht beobachtet. Dieses ist zurückzuführen auf die im Vergleich zur idiopathischen

Gicht relativ kurze Zeitdauer einer Hyperurikämie bei Leukämien und Tumoren.

5.9.3 Prophylaxe und Therapie der Uratnephropathie

Die Behandlung einer manifesten Uratnephropathie sollte heute eigentlich nicht mehr erforderlich sein, da effektive prophylaktische Maßnahmen zur Verfügung stehen. Entscheidende Maßnahme ist die Gabe von Allopurinol (Zyloric) - anfangs in einer Dosis von 300–600 mg täglich - vor oder gleichzeitig mit dem Beginn einer zytostatischen Therapie. Häufig ist im weiteren Verlauf eine Dosisreduktion auf 100 mg täglich möglich. Allopurinol ist eine dem Hypoxanthin in ihrer chemischen Struktur ähnliche Verbindung. Es unterdrückt die Harnsäurebildung aus Hypoxanthin durch Hemmung der Xanthinoxidase (Einzelheiten s. 4.3). Allopurinol ist selbst nicht zytostatisch wirksam; jedoch kann die Wirkung von 6-Mercaptopurin bei gleichzeitiger Gabe von Allupurinol verstärkt werden, da 6-Mercaptopurin ebenfalls durch die Xanthinoxidase zur Thioharnsäure inaktiviert werden kann. Die Zusammenhänge sind aus Abb. 5.15 ersichtlich. Deshalb sollte bei gleichzeitiger Gabe von Allopurinol eine Behandlung mit 6-Mercaptopurin (Purinethol) und auch mit Azathioprin (Imurek) bei der medikamentösen Immunsuppression immer unter besonders sorgfältiger Kontrolle des Blutbildes erfolgen.

Weitere Maßnahmen sind:
- Diurese von mindestens 2 l täglich durch genügende Flüssigkeitszufuhr,
- Alkalisierung des Urins durch Gabe von Natriumbikarbonat oder Kalium-Natrium-Hydrogencitrat (Uralyt-U).

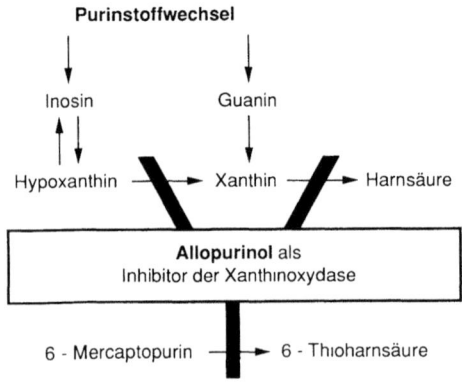

Abb. 5.15. Wirkungsmechanismus von Allopurinol. Interaktion mit 6-Mercaptopurin

Bei bestehender Hyperurikämie sollte die Behandlung mit Allopurinol und Hyperhydratation 2-3 Tage vor Beginn einer zytostatischen Therapie eingeleitet werden. Wenn diese Empfehlungen beachtet werden, ist die Komplikation einer Uratnephropathie praktisch ausgeschlossen. Sollte sich bei Leukämien und malignen Tumoren – insbesondere unter zytostatischer Therapie – als Folge des gesteigerten Purinstoffwechsels dennoch eine Uratnephropathie entwickeln, so folgt die Behandlung den in den Kap. 6 und 9 gegebenen Empfehlungen. Dabei sollte bei schweren Formen mit Harnsäurewerten im Serum über 12 mg/dl die Chemotherapie bis zur Behebung der Komplikation unterbrochen werden.

Literatur

Fields ALA, Josse RG, Bergsagel DE (1985) Metabolic emergencies. In: De Vita jr VT, Hellmann S, Rosenberg StA (eds) Cancer principals and practice of oncology. 2nd edn Lippincott, Philadelphia, 1866-1881
Schmoll HJ, Peters HD (1986) Prophylaxe der Uratnephropathie. In: Schmoll HJ, Peters HD, Fink U (Hrsg) Kompendium Internistische Onkologie, Teil 1. Springer Berlin Heidelberg New York Tokyo, 307-308
Wilmanns W (1989) Antimetaboliten der Nucleinsäuresynthese in der Behandlung von malignen Tumoren, Autoimmunerkrankungen und Infektionen. Dtsch Med Wochenschr 114: 73-75
Wintrobe MM (1981) Clinical hematology. 8th edn Lea & Febiger, Philadelphia

5.10 Purin- und Pyrimidinanaloga als Virostatika*

K. L. Powell**

5.10.1 Einleitung

Inhalt dieses Kapitels sind diejenigen Nukleosidanaloga, die als antivirale Substanzen eingesetzt werden. Daß die erfolgreichen Virostatika zu den Nukleosiden gehören, ist ein Ergebnis der intensiven virologischen Forschung innerhalb der letzten 20 Jahre. Es wurde entdeckt, daß die meisten Viren Enzyme besitzen, die eine Synthese eigener Nukleinsäuren ermöglichen. Diese Enzyme können mit Nukleosiden reagieren, die

---

* Übersetzt von B. Heinrich.
** Mein Dank gilt Frau Maria Parkinson für die Hilfe bei der Ausarbeitung des Manuskripts.

ihrerseits als niedrigmolekulare Substanzen ideale Ausgangspunkte für die Synthese künstlicher Analoga sind.

Das anfängliche Konzept der antiviralen Substanzen wurde oft kritisiert, und bis 1976 zeigte sich auch in renommierten virologischen Standardwerken deutliche Skepsis. So behaupten Fenner u. White z. B. in *Medical Virology* (1976): „Selbst wenn solche Medikamente entdeckt werden sollten, ist aus gutem Grund zu erwarten, daß eine Einschränkung der Anwendbarkeit durch eine auf wenige Viren beschränkte Spezifität besteht und durch die schnelle Entstehung resistenter Mutanten die Wirksamkeit praktisch gegen Null gehen wird". Glücklicherweise hat die Erfahrung diese Vorhersage widerlegt.

5.10.2 Pyrimidine

Die ersten (und bis jetzt auch zahlreichsten) antiviralen Medikamente im klinischen Gebrauch gehören zur Gruppe der Pyrimidine, sie sollen daher zuerst behandelt werden. Die größte Gruppe dieser Substanzen ist an der 5'-Position der Base substituiert. Viele dieser Substanzen wurden bis jetzt synthetisiert und insbesondere als Hemmer der Herpesviren getestet. Es ist sinnvoll, sie in zwei Gruppen zu unterteilen, nämlich die weniger selektiven Substanzen mit kleinen substituierten Gruppen und die Substanzen mit höherer Selektivität und größeren substituierten Gruppen.

5'-substituierte nichtselektive Pyrimidine

Von den vielen Substanzen dieser Klasse sollen diejenigen vorgestellt werden, die klinische Relevanz besitzen. Weit verbreitet ist der Gebrauch von 5-iodo-2'-deoxyuridin (IDU) und 5-trifluoromethyl-2'-deoxyuridin (TFT) (Kaufman 1962; Kaufman u. Heidelberger 1964) als Augentropfen bei herpetischen Augeninfektionen. In ähnlicher Weise wird in der Bundesrepublik Deutschland 5-ethyl-2'-deoxyuridin und in Frankreich 5-iodo-2'-deoxycytidin benutzt (De Clercq 1984). Diese Substanzen konnten aufgrund der einzigartigen Situation eingesetzt werden, daß bei der herpetischen Keratitis das Virus an einer oberflächlichen Struktur eine schwere Erkrankung auslöst (das Herpes-simplex-Virus Typ 1 ist der typische Erreger dieser Infektionen und damit in vielen Ländern einer der Hauptverursacher von Erblindungen). Alle diese Substanzen besitzen nur eine geringe Spezifität, wobei sich TFT als am wenigsten toxisch und am wirkungsvollsten vor der Einführung von Acyclovir erwiesen hat. Mit dem Erscheinen spezifischerer Therapien ist ein langsames Verschwinden dieser einfachen Medikamente vorauszusehen.

Selektive 5'-substituierte Pyrimidine

Weitere Arbeiten auf dem Gebiet der Pyrimidine haben zu spezifischeren, gegen Herpesviren wirksamen Substanzen geführt, wie 5-(2 Bromovinyl)-dUrd (De Clercq et al. 1979) und 2'-fluoro-5-iodo-1-β-D-arabinofurosanyl-cytosin (FIAC) (Lopez et al. 1980). Die Spezifität dieser Substanzen gründet sich darauf, daß die virale Thymidinkinase sie als Substrat erkennt, während sie von zellulären Thymidinkinasen nicht als Substrat angenommen werden. Toxikologische und metabolische Probleme haben einen Einzug in die Therapie der Herpesvirusinfektionen bisher verhindert. Trotzdem gibt es keinen triftigen Grund, warum Substanzen dieser Klasse nicht weiter erforscht und entwickelt werden sollten.

Andere aktive Pyrimidine

Auch hier soll nur auf diejenigen Substanzen eingegangen werden, die zumindest in einigen klinischen Studien eingesetzt wurden. Viele weitere interessante Substanzen haben das experimentelle Stadium noch nicht verlassen. Mit Abstand am interessantesten erscheint Azidothymidin (Zidovudin, AZT), das eine Aktivität gegen das HIV-Virus besitzt (Mitsuya et al. 1985). Diese Substanz ist ein Thymidinanalogon, bei dem die 3'-Hydroxy-Gruppe durch eine Azidgruppe ersetzt ist. AZT wird von zellulären Kinasen erkannt und in mehreren Schritten zu Triphosphat phosphoryliert. Diese Form des Medikaments ist ein starker Hemmstoff für die reverse Transkriptase von HIV, während zelluläre α-Polymerasen nur wenig betroffen werden (Furman et al. 1986). AZT hemmt bereits in niedrigen Dosen *in vitro* die Replikation von HIV. In klinischen Studien konnte ein positiver Effekt bei AIDS-Patienten festgestellt werden. Zur Zeit laufen Studien zur Langzeitwirkung auch bei Einsatz in früheren Stadien der HIV-Infektion (Fischl et al. 1987). Da AZT nicht hundertprozentig spezifisch für HIV ist, kommt es zum Auftreten von Nebenwirkungen, die eine sorgfältige Überwachung jedes Patienten erfordern (Richman et al. 1987).

5.10.3 Purine

Obwohl etwas weniger gut untersucht als die Pyrimidine werden doch einige Purine mit größtem Erfolg als antivirale Medikamente eingesetzt.

Vidarabin (9-β-D-arabinofuranosyladenin: Ara-A)

Hier handelt es sich um die erste Substanz, für die sowohl lokal am Auge als auch bei systemischer Applikation eine Wirksamkeit bei Herpesvirusinfektionen gezeigt werden konnte (Pavan-Langston et al. 1975). Trotz des Arabinosidanteils wird die Substanz durch zelluläre oder virale Enzyme phosphoryliert. Das entstehende Triphosphat wirkt dann im Vergleich zur zellulären DNA-Synthese wesentlich stärker negativ auf die virale DNA-Synthese. Der genaue Mechanismus der Spezifität von Ara-A wird noch diskutiert, eine wichtige Rolle scheint aber die Sensitivität der viralen DNA-Polymerase gegenüber dem Triphosphat zu spielen (Drach 1984).

Hauptprobleme beim Einsatz von Ara-A sind schlechte Löslichkeit, fehlende orale und perkutane Resorption und schnelle Verstoffwechselung (Drach 1984). Obwohl viele Versuche unternommen wurden, diese Probleme zu umgehen, konnte keine Lösung, die dem Aciclovir nahekommt, gefunden werden.

Acyclovir (9-(2-hydroxymethyl)guanin, Azycloguanosine, Zovirax oder ACV)

Acyclovir hat die Einstellung zur antiviralen Forschung völlig verändert, da erstmals ein potenter und hochselektiver Hemmstoff der Herpesviren zur Verfügung stand (Schaeffer et al. 1978). Die Struktur von Acyclovir ist in Abb. 5.16 dargestellt. Es ähnelt dem Deoxyguanosin, wobei nur die 2'- und 3'-Kohlenstoff/Hydroxylgruppen fehlen. Der Wirkmechanismus wurde weitgehend aufgeklärt: Die Substanz wird durch die virale Thymidinkinase zu Monophosphat und durch zelluläre Enzyme zu Di- und Triphosphat phosphoryliert (Fyfe et al. 1978; Miller u. Miller 1980, 1982). Das Triphosphat hemmt die virale DNA-Polymerase in wesentlich höherem Maße als die zellulären DNA-Polymerasen (Furman et al. 1979, 1984).

Die Wirksamkeit von Acyclovir konnte für viele Manifestationen der HSV-Infektion gezeigt werden. Aciclovir ist erstaunlich wenig toxisch und ist oral wirksam. Diese Eigenschaften führten zu einem breiten Einsatz, weshalb es zum ersten auch wirtschaftlich interessanten antiviralen Medikament wurde. Der breite Einsatz hat nun eigene Probleme geschaffen. Insbesondere bestehen Bedenken bezüglich der Entwicklung von resistenten Virusstämmen. Diese resistenten Stämme sind in der Allgemeinbevölkerung ohne Bedeutung, sie wurden aber bei immunsupprimierten Patienten beobachtet. Acyclovirresistente Viren solcher Patienten haben entweder die Fähigkeit verloren, ihre Thymidinkinase zu exprimieren, oder sie haben das Substrat ihrer Thymidinkinase geändert, oder

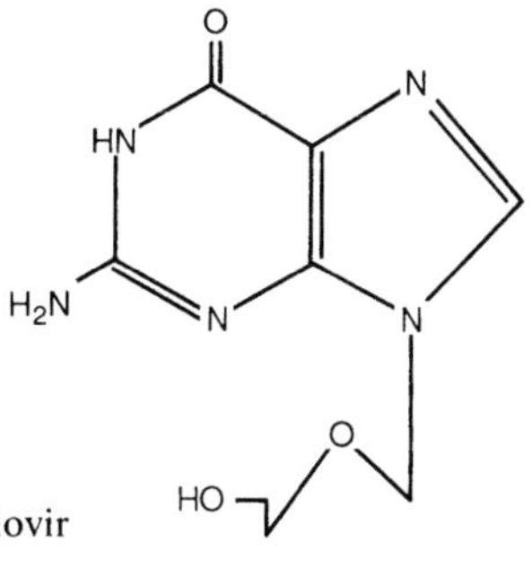

Abb. 5.16. Acyclovir

sie besitzen eine andere DNS-Polymerase (Collins 1988). Diese Mutanten sind aufgrund von In-vitro-Versuchen an Gewebskulturen vorhersehbar gewesen (Field et al. 1980; Darby et al. 1981; Larder u. Darby 1985). Thymidinkinase-negative Mutanten werden bezüglich der Pathogenität als abgeschwächt angesehen. Bei Mutanten mit veränderter Thymidinkinase bzw. DNS-Polymerasen ist die Pathogenität dagegen noch unklar (Larder u. Darby 1984). Die Zukunft wird zeigen, ob solche Mutanten ein wichtiges Problem werden, zur Zeit sind sie jedoch von untergeordneter klinischer Bedeutung.

Acycloviranaloga

Unterschiedliche Analoga zu Acyclovir wurden synthetisiert, um die eindrucksvollen Erfolge dieser Substanz zu erreichen und auszubauen. Von diesen Substanzen ist 9-(1,1-dihydroxy-2-propoxymethyl)guanin, DHPG (s. Robins u. Revankar 1988) am besten untersucht. Diese Substanz ist wegen ihrer Aktivität gegen das humane Zytomegalievirus von großem Interesse, insbesondere da hier Acyclovir wirkungslos ist. Unglücklicherweise hat DHPG schwere Nebenwirkungen und wird wahrscheinlich nur bei lebensbedrohlichen Infektionen in Frage kommen (Laskin et al. 1987).

5.10.4 Purinähnliche Nukleoside

Ribavirin (1-β-D-ribofuranosyl-1,2,4-triazol-3-carboxamid, Virazol)

Ribavirin ist ein künstliches verstümmeltes Purin mit gut bekannter, breitgefächerter antiviraler Aktivität (Robbins u. Revankor 1988). Im allgemeinen wird es als relativ nebenwirkungsarm angesehen. Das Wirk-

507

prinzip ist unklar. Die klinischen Studien schließen ein breites Spektrum der Viruserkrankungen ein. Eine Zulassung in den USA besteht jedoch nur für die Anwendung als Aerosol bei der Respiratory-Synzytium-Infektion bei Kindern. Einige vielversprechende Erfolge wurden mit Ribavirin bei exotischen Virusinfektionen erzielt, die in einigen geographischen Gebieten von nicht zu unterschätzender Bedeutung sind (Mc Cormick et al. 1986; Canonico 1988).

5.10.5 Schlußfolgerungen

Antivirale Substanzen sind trotz nur langsamer Fortschritte innerhalb der letzten 20 Jahre Wirklichkeit geworden. Es ist jedoch schwierig, die klinisch bewährten Substanzen ohne gleichzeitige Berücksichtigung der experimentellen Substanzen zu bewerten. Sicher ist auf jeden Fall, daß mit dem Fortschritt der Virologie innerhalb der nächsten Jahre neue antivirale Substanzen gefunden werden.

Literatur

Canonico PG (1988) Antivirals for high hazard viruses. In: De Clercq E, Walker RT (eds) Antiviral drug development – a multidisciplinary approach. Plenum, New York

Collins P (1988) Viral sensitivity following the introduction of acyclovir. Am J Med 85 [Suppl 2A]: 129–134

Darby G, Field HJ, Salisbury SA (1981) Altered substrate specificity of herpes simplex virus thymidine kinase confers acyclovir resistance. Nature 289: 81

De Clercq E (1984) Pyrimidine nucleoside analogues as antiviral agents. In: De Clercq E, Walker RT (eds) Targets for the design of antiviral agents. Plenum, New York

De Clercq E, Descamps J, DeSarner P, Barr PJ, Jones AS, Walker RT (1979) (E)-5-(2-bromovinyl)-2-deoxyuridine: a potent and selective antiherpes agent. Proc Natl Acad Sci USA 76: 2947

Drach J (1984) Purine nucleoside analogues. In: De Clercq E, Walker RT (eds) Targets for the design of antiviral agents. Plenum, New York

Fenner F, White DO (1976) Medical virology, 2nd edn. Academic Press, New York

Field HJ, Darby G, Wildy P (1980) Isolation and characterisation of acyclovir resistant mutants of herpes simplex. J Gen Virol 49: 115

Fischl MA, Richman DD, Grieco MH et al. (1987) The efficacy of azidothymidine in the treatment of patients with AIDS and AIDS related complex. N Engl J Med 317: 185

Furman PA, St Clair MH, Fyfe JA, Rideout JL, Keller PM, Elion G (1979) Inhibition of herpes simplex virus induced DNA Polymerase and viral DNA replication by 9-(2-hydroxyethoxymethyl) guanine and its triphosphate. J Virol 32, 72

Furman PA, St Clair MH, Spector T (1984) Acyclovir triphosphate is a suicide inactivator of the herpes simplex virus DNA polymerase. J Biol Chem 259: 9575

Furman PA, Fyfe JA, St Clair MH et al. (1986) Phosphorylation of 3' azido-3' deoxy-thymidine and selective interaction of the 5'-triphosphate with human immunodeficiency virus reverse transcriptase. Proc Natl Acad Sci USA 83: 8333

Fyfe JA, Keller PA, Furman PA, Miller RL, Elion GB (1978) Thymidine kinase from herpes simplex virus phosphorylates the new antiviral compound 9-(2-hydroxy-ethoxymethoxy)-guanine. J Biol Chem 253: 8721

Kaufman HE (1962) Clinical care of herpes simplex keratitis by 5'-iodo-2'-deoxyuridine. Proc Soc Biol Med 109: 251

Kaufman HE, Heidelberger C (1964) Therapeutic antiviral action of 5-trifluoromethyl-2'-deoxyuridine in herpes simplex keratitis. Science 145: 585

Larder BA, Darby GK (1984) Virus drug-resistance: mechanisms and consequences. Antiviral Res 4: 1

Larder BA, Darby GK (1985) Selection and characterisation of acyclovir-resistant herpes simplex virus type 1 mutants inducing altered DNA polymerase activities. Virology 146: 262

Laskin OL, Stahl-Bayliss CM, Kalman CM, Rosecan LR (1987) Use of ganciclovir to treat serious cytomegalovirus infection in patients with AIDS. J Infect Dis 155: 323

Lopez C, Watanabe KA, Fox JA (1980) 2'-Fluoro-5-iodo-aracytosine a potent and selective anti-herpesvirus agent. Antimicrob Agents Chemother 17: 803

McCormick JB, King IJ, Webb PA et al. (1986) Lassa-fever: effective therapy with ribavirin. N Engl J Med 314: 20

Miller WH, Miller RL (1980) Phosphorylation of acyclovir monophosphate by GMP kinase. J Biol Chem 253: 7204

Miller WH, Miller RL (1982) Phosphorylation of acyclovir diphosphate by cellular enzymes. Biochem Pharmacol 31: 3879

Mitsuya H, Weinhold KJ, Furman PA et al. (1985) 3' Azido-3'deoxythymidine (BW A509U): an antiviral agent that inhibits the infectivity and cytopathic effect of human -T lymphotropic virus III/lymphoadenopathy-associated virus in vitro. Proc Natl Acad Sci USA 82: 7096

Pavan-Langston D, Buchanan RA, Alford CA (eds) (1975) Adenine arabinoside: an antiviral agent. Raven Press, New York

Richman DD, Fischl MA, Grieco MH et al. (1987) The toxicity of azidothymidine (AZT) in the treatment of patients with AIDS and AIDS-related complex. N Engl J Med 317: 192

Robins RK, Revankar GR (1988) Design of nucleoside analogues as potential antiviral agents In: De Clercq, Walker RT (eds) Antiviral drug development – a multidisciplinary approach. Plenum, New York

Schaeffer HJ, Beauchamp L, De Miranda P, Elion GB, Bauer DJ, Collins P (1978) 9-(2-Hydroxyethoxymethyl) guanine activity against viruses of the herpes group. Nature 272: 583

6 Störungen des Pyrimidinstoffwechsels*

R. W. E. Watts

Von 5 Enzymen, die Einzelschritte des Pyrimidinstoffwechselwegs katalysieren, sind Störungen bekannt, die mit klinisch identifizierbaren Syndromen assoziiert sind (Tabelle 6.1).

6.1 Biochemie

Die Reaktionen des Pyrimidinstoffwechsels werden üblicherweise eingeteilt in die Pyrimidinnukleotid-Neusynthese, die Umwandlungen zwischen den Pyrimidinnukleotiden, den Abbau und die Wiederverwertungssynthese (Salvageweg).

6.1.1 Pyrimidinnukleotid-Neusynthese

Abbildung 6.1 zeigt den Stoffwechselweg für die Synthese der Pyrimidinnukleotide aus den kleinmolekularen Vorstufen, den De-novo-Syntheseweg. Die Carbamylierung von Aspartat ist der erste spezifische Schritt der Pyrimidinsynthese de novo und erfordert die Bereitstellung des energiereichen Carbamylphosphats. Der mitochondriale Teil des Krebs-Hanseleit-Harnstoffzyklus verbraucht ebenfalls Carbamylphosphat für die Carbamylierung von Ornithin zu Citrullin. Das Carbamylphosphat für die Biosynthese der Pyrimidine wird im Zytosol durch eine Reaktion gebildet, die Glutamin als Quelle des Aminostickstoffs verwendet, und die durch die Carbamylphosphatsynthetase II (EC 2.7.2.9) katalysiert wird. Die Synthese von Carbamylphosphat für die Harnstoffsynthese wird durch ein eigenes Enzym, die Carbamylphosphatsynthetase I (EC 2.7.2.5) innerhalb der Mitochondrien katalysiert. Diese Reaktion verwendet das Ammoniakion als Stickstoffquelle. Beide Isoenzyme sind ATP-abhängig. Die vermehrte Ausscheidung von Orotsäure bei Hyperammonämie Typ II [Ornithin-Carbamyl-Transferase (EC 2.1.3.3)-Mangel] spie-

---

* Übersetzt von M. Gross.

Tabelle 6.1. Enzyme des Pyrimidinstoffwechsels, deren Defekte zu Krankheitsbildern führen

Enzym	Klinische Syndrome
Uridinmonophosphat (UMP) – Synthetase: Ein Protein mit zwei Enzymaktivitäten: Orotatphosphoribosyltransferase (OPRT; EC 2.4.2.10) und Orotidinmonophosphat (OMP) – Decarboxylase (EC 4.1.1.23)	Orotazidurie
Dihydropyrimidindehydrogenase: Dihydrouracildehydrogenase (NADP$^+$); EC 1.3.1.2)	Thymin-Uracilurie
Pyrimidin-5'-Nucleotidase (EC 3.1.3.5)	Nichtsphärozytäre hämolytische Anämie
Cytidindeaminase (EC 3.5.4.5)	Immundefekt
Uridinmonophosphat (UMP) – Kinase (EC 2.7.4.4)	Immundefekt

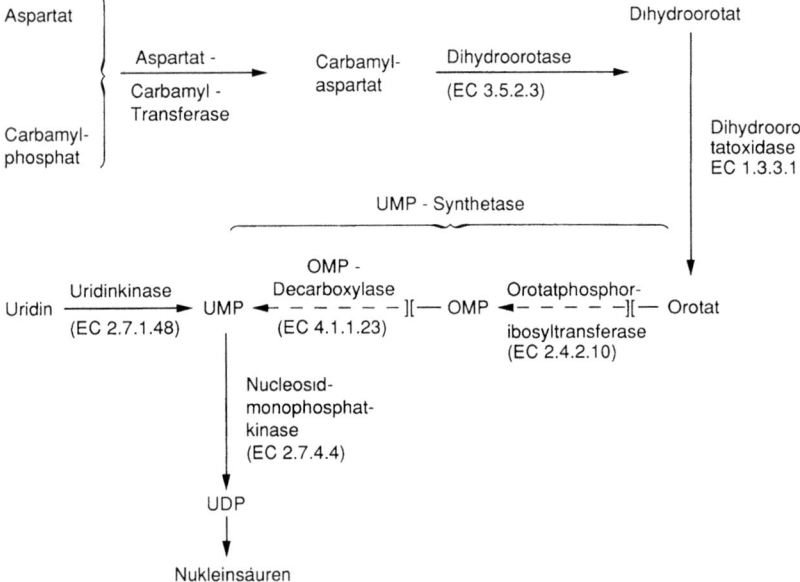

Abb. 6.1. Die Pyrimidinbiosynthese. Die Stellen der metabolischen Defekte bei der angeborenen Orotazidurie sind mit unterbrochenen Pfeilen dargestellt

gelt wahrscheinlich eine Vermischung zwischen dem mitochondrialen und dem zytoplasmatischen Pool von Carbamylphosphat wieder. Die Carbamylphosphatsynthetase II liegt in Form eines makromolekularen Komplexes mit der Aspartatcarbamyltransferase (EC 2.1.3.2) und der Dihydroorotase (EC 3.5.2.3) vor. Die Aspartatcarbamyltransferase ist das geschwindigkeitsbegrenzende Enzym der Pyrimidinneusynthese in Bakterien, aber dies scheint bei Säugetiergeweben nicht der Fall zu sein. Die Dihydroorotatoxidase (EC 1.3.3.1) ist ein NAD^+-erforderndes und H_2O_2-bildendes Flavoprotein, das die Dehydrogenierung von L-5,6-Dihydroorotat zu Orotat katalysiert. Das zwei Funktionen erfüllende Protein Uridinmonophosphat(UMP)-Synthetase katalysiert die Umwandlung von Orotat zu UMP. Die erste aktive Stelle auf dem Protein weist eine Orotatphosphoribosyltransferase (OPRT; EC 2.4.2.10)-Aktivität auf. Diese Reaktion führt zur Bildung von Orotidin-5'-Phosphat (OMP), das dann enzymatisch an der zweiten aktiven Stelle mit OMP-Decarboxylaseaktivität (EC 4.1.1.23) zu Uridin-5'-Phosphat (UMP) decarboxyliert wird.

Es wurde angenommen, daß Phosphoribosylpyrophosphat (PRPP) eine spezifische regulierende Funktion in bezug auf die Geschwindigkeit der Pyrimidinbiosynthese hat und daß diese seiner regulierenden Rolle in bezug auf die Purinbiosynthese gleicht. PRPP könnte von daher das Bindeglied darstellen, das die Bildungsraten dieser zwei funktionell eng miteinander verknüpften Stoffwechselwege aufeinander abstimmt. Die Bildung von PRPP hängt von der Aktivität der Ribosephosphatpyrophosphokinase (PRPP-Synthetase; EC 2.7.6.1) ab, die ihrerseits allosterisch durch PRPP, 2,3-Diphosphoglycerat, ADP und andere Nukleotide beeinflußt wird.

6.1.2 Abbau und Umwandlung der Pyrimidinnukleotide

Abbildung 6.2 zeigte die Stoffwechselwege, durch die die Pyrimidinnukleotide ineinander umgewandelt werden, um Desoxycytidintriphosphat (dCTP) und Desoxythymidintriphosphat (dTTP), Cytosintriphosphat (CTP) und Uridintriphosphat (UTP) zu erhalten, die Substrate für die DNA- und RNA-Nucleotidyltransferasen (DNA- und RNA-Polymerasen; EC 2.7.7.7, EC 2.7.7.6) darstellen. Die Reaktionen, durch die die Pyrimidinmononukleotide zu den entsprechenden Nukleosiden und weiter zu den freien Purinbasen Uracil, Cytosin und Thymin abgebaut werden, sind ebenfalls in Abb. 6.2 dargestellt.

Die Bildung von dTTP zur DNA-Synthese hängt von der Methylierung von dUMP zu dTMP (Abb. 6.2, Reaktion 13) ab, wobei die Methylgruppe von 5,10-Methylen-5,6,7,8-Tetrahydrofolat stammt. Daher kann

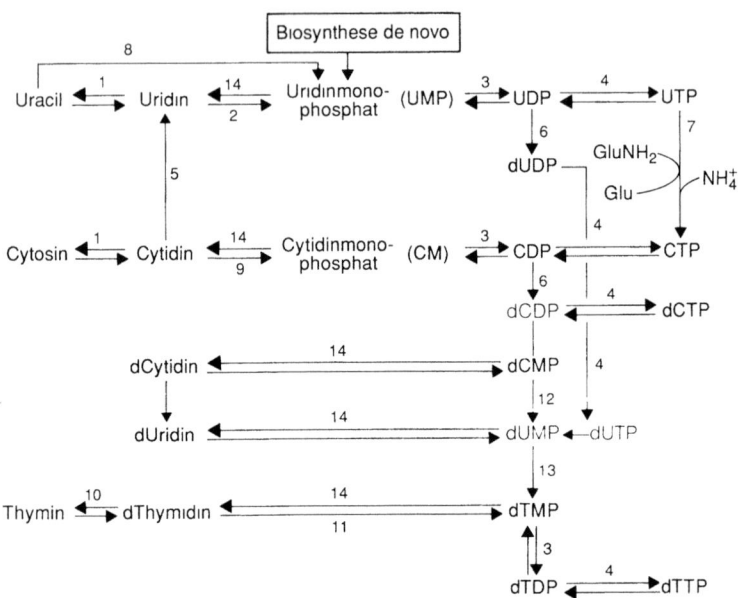

Abb. 6.2. Die Stoffwechselwege der Umwandlungen und des Abbaus der Pyrimidin-nukleotide und -nukleoside

GluNH₂ Glutamin, *Glu* Glutamat, *d* desoxy-, *UDP* Uridin-5'-diphosphat,
UTP Uridin-5'-triphosphat, *dUDP* Desoxyuridin-5'-diphosphat,
CDP Cytidin-5'-diphosphat, *CTP* Cytidin-5'-triphosphat,
dCDP Desoxycytidin-5'-diphosphat, *dCTP* Desoxycytidin-5'-triphosphat,
dCMP Desoxycytidin-5'-phosphat, *dUMP* Desoxyuridin-5'-phosphat,
dTMP Desoxythymidin-5'-phosphat, *dTDP* Desoxythymidin-5'-diphosphat,
pTTP Desoxythymidin-5'-triphosphat.

1 Pyrimidinnukleosidphospharylase (EC 2.4.2.2)
2 Uridinkinase (EC 2.7.1.48)
3 Nukleosidmonophosphatkinase (EC 2.7.4.4)
4 Nukleosiddiphosphatkinase (EC 2.7.4.6)
5 Cytidindeaminase (EC 3.5.4.5)
6 Ribonukleosiddiphosphatreduktase (Ribonukleotidreductase; EC 1.17.4.1)
7 CTP-Synthetase (EC 6.3.4.2)
8 Orotatphosphoribosyltransferase (EC 2.4.2.10)
9 Cytidylatkinase (EC 2.7.4.14)
10 Desoxythymidinphosphorylase (EC 2.4.2.4)
11 Desoxythymidinkinase (EC 2.7.1.15)
12 Desoxycytidylatdeaminase
13 Desoxythymidylatsynthetase
14 5'-Nukleotidase (EC 3.1.3.5)

Die Tri- und Diphosphate werden außerdem durch wenig spezifische Phosphatasen abgebaut

514

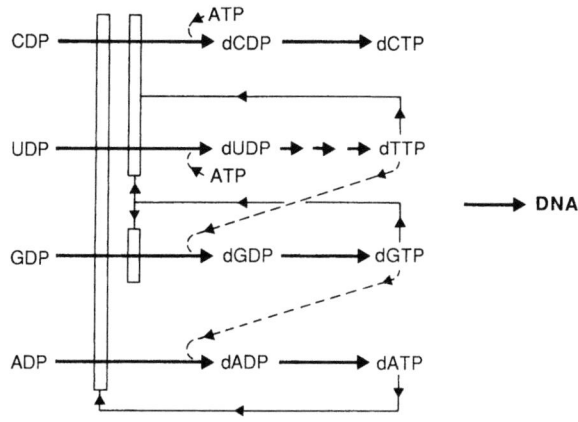

Abb. 6.3. Die Regulation der Ribonukleosiddiphosphatreduktase (Ribonukleotidreduktase). Dieses Enzym katalysiert die Umwandlung von Ribonukleosiddiphosphaten zu Desoxyribonukleosiddiphosphaten, die dann katalytisch zu den entsprechenden Desoxynukleosidtriphosphaten phosphoryliert werden. Diese sind die Substrate der DNA-Nukleotidyltransferase (DNA-Polymerase). Die Desoxynukleosidtriphosphate beeinflussen die Aktivität der Ribonukleosiddiphosphatreduktase wie in der Abbildung dargestellt. Die *durchgezogenen Pfeile* und die *Balken* stellen Hemmungen und die *gestrichelten Pfeile* Aktivitätssteigerungen dar. (Aus: Thelander u. Reichard 1979)

die Verfügbarkeit von Folatderivaten den Umsatz durch diesen entscheidenden Stoffwechselweg beeinflussen. Ein anderer kritischer Stoffwechselschritt ist die Reduktion der riboseenthaltenden Pyrimidin- und Purinnukleosiddiphosphate zu den entsprechenden Desoxyprodukten. Sie wird katalysiert durch die Ribonukleosiddiphosphatreduktase (Ribonukleotidreduktase, EC 1.17.4.1, Abb. 6.2, Enzym 6). Dieses Enzym ist gekoppelt an das eine Sulfhydrylgruppe tragende Protein Kofaktor Thioredoxin, das bei der Reduktion des Riboseteils zu seiner Disulfidform oxidiert und dann bei Überschuß von NADPH durch die Thioredoxinreduktase (EC 1.6.4.5) wieder zu seiner Sulfhydrylform reduziert wird. Die Ribonukleosiddiphosphatreduktase katalysiert die Reduktion von CDP, UDP, Guanosindiphosphat (GDP) und Adenosindiphosphat (ADP) in einer aufeinander abgestimmten Weise. Abbildung 6.3 faßt die Regulation der Ribonukleotiddiphosphatreduktase durch die Desoxyribonukleotidtriphosphate zusammen. Die Bildung von Desoxyribonukleotiden beginnt mit der Reduktion von CDP zu dCDP und von UDP zu dUDP durch einen ATP-abhängigen Mechanismus, geht dann weiter zur GDP-Reduktion durch einen dTTP-abhängigen Schritt, und endet mit der ADP-Reduktion durch einen dGTP-aktivierten Schritt. Die Akkumulation von dATP unterdrückt die Aktivität des ganzen Reduktionsprozesses. Die Akkumulation von dTTP unterdrückt die Reduktion von CDP und UDP, und die Anhäufung von dGTP verhindert die Reduktion von GDP ebenso wie die von CDP und UDP. Thelander u. Reichard (1979) stellten zusammenfassend die Biochemie der Ribonukleosiddiphosphatreduktase dar. Die regulierenden Funktionen von dATP und dGTP sind in Bezug auf die Pathophysiologie des Adenosindeaminase (EC 3.5.4.4)- und des Purinnukleosidphosphorylase (EC 2.4.2.1)-Mangels von Bedeutung, bei denen unphysiologische Mengen von dATP und dGTP akkumulieren (Thelander u. Reichard 1979; Watts 1987).

6.1.3 Abbau der Pyrimidinbasen

Abbildung 6.4 zeigt die Stoffwechselwege, durch die die freien Pyrimidinbasen zu ihren Ausscheidungsprodukten β-Alanin und β-Aminoisobutyrat, die im Urin erscheinen, umgewandelt werden.

6.1.4 Salvage der Pyrimidinnukleoside und der freien Basen

Der Ausdruck Salvage bezieht sich auf die Mechanismen, durch die die Pyrimidinnukleoside und die freien Basen statt eines vollständigen Abbaus wieder zu den Nukleotiden zurückverwandelt werden. Diese Mechanismen sind: 1) OPRT-katalysierte Pyrophosphorylierung von Uracil zu UMP; 2) Ribosylierung von Uracil durch die spezifische Pentosyltransferase (EC 2.4.2.3) sowie durch die reverse Reaktion der Pyrimidinnucleosidphosphorylase (EC 2.4.2.2); 3) Desoxythymidinphosphorylase-katalysierte Umwandlung von Uracil oder Thymin zu den Desoxynukleosiden bei Anwesenheit von Desoxyribose-1-Phosphat; 4) die

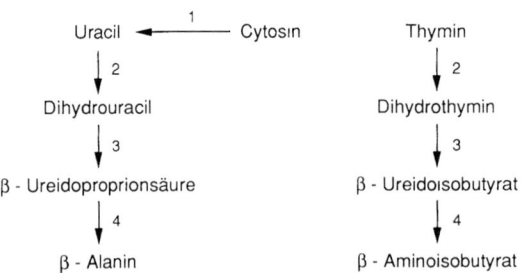

Abb. 6.4. Der Abbauweg der freien Pyrimidinbasen *1* Cytosindeaminase (EC 3.5.4.1), *2* Dihydropyrimidindehydrogenase (Dihydrouracildehydrogenase (NADP$^+$) EC 1.3.1.2), *3* Dihydropyrimidinase (EC 3.5.2.2), *4* β-Ureidopropionase (EC 3.5.1.6)

Reaktion zwischen Thymin und Desoxyuridin, die zur Bildung von Desoxythymidin und Uracil führt; 5) die durch die Uridinkinase (EC 2.7.1.48) katalysierte Phosphorylierung von Uridin zu UMP; 6) die durch die Thymidinkinase (EC 2.7.1.45) katalysierte Phosphorylierung von Desoxythymidin zu dTMP; 7) die durch die Desoxycytidinkinase (EC 2.7.1.74) katalysierte Phosphorylierung von Desoxycytidin zu dCMP.

6.2 Angeborene Orotazidurien

Es gibt zwei Arten der angeborenen Orotazidurie: Typ I mit fehlender Aktivität sowohl der OPRT als auch der OMP-Decarboxylase und Typ II, bei dem nur die Aktivität der OMP-Decarboxylase fehlt und die OPRT-Aktivität erhöht ist. Abbildung 6.1 zeigte den Ort dieser metabolischen Störungen im Stoffwechselweg der Pyrimidin-de-novo-Synthese. Die Typ-I-Variante ist der Zustand, der erstmals durch Huguley et al. (1959) beschrieben wurde; ein zweiter Fallbericht stammte von Becroft u. Phillips (1965). Fox et al. (1969) beschrieben den Typ II; weitere Untersuchungen über denselben Patienten folgten (Fox et al. 1973). Beide Formen sind extrem selten. Möglicherweise führt der Stoffwechseldefekt zu intrauterinen oder perinatalen Todesfällen, deren Ursache unentdeckt bleibt. Harden u. Robinson (1987) beschrieben eine Rasse von Holsteiner Milchkühen mit Orotazidurie und verringerter Aktivität der UMP-Synthetase. Bei diesen Tieren fehlten die katalytischen Aktivitäten sowohl der OPRT- als auch der OMP-Decarboxylase-aktiven Stelle.

6.2.1 Biochemie und Genetik

Das Gen der UMP-Synthetase liegt auf dem Chromosom 3 (Petterson et al. 1983) an der Lokalisation mit der Bezeichnung 3-cen-3q-21. Die UMP-Synthetase liegt entweder in monomerer oder dimerer Form vor. Beide Formen zeigen OPRT-Aktivität, aber nur die dimere Form weist OMP-Decarboxylaseaktivität auf. Positive Effektoren, von denen OMP den physiologisch bedeutendsten darstellt, bewirken die Bildung des Dimers und eine Änderung der Konfiguration zur aktiven Form (Traut 1982; Traut et al. 1980, 1986; Traut u. Payne 1980). OMP wird als primärer positiver Effektor bezeichnet und bindet an eine spezifische allosterische Stelle, von der es durch Orthophosphat (Pi), das einen sekundären negativen Effektor darstellt (Traut et al. 1986), verdrängt werden kann. Davis et al. (1986) haben kürzlich über die Klonierung des UMP-Synthetase-Gens berichtet. Ihre ersten Daten lassen vermuten, daß für den

Enzymdefekt bei den Orotazidurien keine größeren Strukturänderungen oder Deletionen verantwortlich sind, sondern daß die genomischen Läsionen unter der Nachweismöglichkeit der Southern-Analyse liegen. Solche Abweichungen könnten Punktmutationen und kleine Deletionen, Insertionen und Duplikationen beinhalten, die entweder die katalytische oder die allosterische Stelle oder die Strukturierung des Proteins in Untereinheiten beeinflussen könnten. In Fällen mit Typ-I-Mangel könnte ein Strukturdefekt vorliegen, der die Aktivität beider aktiver Zentren beeinträchtigt, indem Änderungen der Konfiguration erzeugt werden, die diese Zentren abnorm weit auseinander halten und die Bindung von Orotsäure an die OPRT-aktive Stelle und von OMP entweder an die aktive oder die allosterische Stelle verhindern. Die Typ-II-Krankheit könnte Folge einer Mutation sein, die die Bindungsstelle zwischen beiden Untereinheiten betrifft und die Bildung des Dimers verhindert, so daß OMP nicht von der ersten zur zweiten aktiven Stelle weitergegeben werden kann und die OPRT-Aktivität des Monomers erhalten, aber die OMP-Decarboxylaseaktivität zerstört wird. Eine andere Erklärung für den selektiven Verlust der OMP-Decarboxylaseaktivität bei der Typ-II-Orotazidurie könnte darin bestehen, daß die Mutation entweder die OMP-allosterische Stelle oder die OMP-Decarboxylase-aktive Stelle beeinflußt, so daß bei erhaltener Dimerisation des Proteins die katalytische Aktivität für die OMP-Decarboxylierung verloren wird. Angeborene Orotazidurien werden sowohl beim Menschen als auch bei Rindern autosomal-rezessiv vererbt. Heterozygote haben im Urin Spiegel von Orotsäure und eine Restenzymaktivität, die zwischen den Werten normaler Kontrollen und betroffener Homozygoter liegen. Harden u. Robinson (1987) fanden keine Homozygoten für das mutante UMP-Synthetasegen bei 1500 Holsteiner Kühen oder in der Nachkommenschaft von 20 bekannten heterozygoten Paaren, die 5 normale und 5 heterozygote Rinder austrugen, und bei denen in 6 Fällen ein intrauteriner Tod innerhalb von 60 Tagen nach der Konzeption eintrat. Diese Befunde sprechen für einen hohen Grad von Letalität bei dieser Mutation und passen zu den Ergebnissen einer Untersuchung der OPRT- und OMP-Decarboxylaseaktivität an einer Gruppe von 1358 geistig behinderten Personen, bei denen mehr Heterozygote gefunden wurden, als die Inzidenz der homozygoten Fälle hätte vermuten lassen (Rogers et al. 1975).

6.2.2 Klinische Aspekte

Typ I und Typ II der angeborenen Orotazidurie haben denselben klinischen Phänotyp. Die meisten Patienten fallen zwischen dem 3. und 6. Lebensmonat mit Wachstumsverzögerung, hypochromer Anämie, Leukopenie, Thrombozytopenie und einem megaloblastären Knochenmark auf. Sie sind anfällig für potentiell tödliche, interkurrierende Infektionen und weisen eine Splenomegalie, schütteres Haar und träges Nagelwachstum auf. Girot et al. (1983) berichteten über 2 Patienten, bei denen immunologische Untersuchungen eine gestörte zellulär vermittelte Immunität bei normaler humoraler Immunität zeigten. Die psychomotorische Entwicklung verläuft verlangsamt, und sie werden geistig und körperlich retardiert. Einige Fälle weisen größere Entwicklungsstörungen wie intraventrikuläre Septumdefekte auf, und diese Störungen können multipel wie in dem von Fox et al. (1969) beschriebenen Fall vorkommen. Einige Patienten sterben in der frühen Kindheit, und eine Minderheit fällt in der späten Kindheit mit einer megaloblastären Anämie und Symptomen von seiten des Harntrakts auf, die auf lose Aggregate von Orotsäurekristallen oder auf Orotsäuresteine zurückgeführt werden können.

6.2.3 Labordiagnose

Orotsäure kristallisiert im Harntrakt als lange Nadeln. Diese können auf der Grundlage ihres UV-Absorptionsspektrums identifiziert werden. Die Harnausscheidung an Orotsäure ist etwa 1000mal größer als der Normalwert von 6-10 μmol/24 h. Der Enzymdefekt kann in Erythrozyten, Leukozyten und Fibroblasten nachgewiesen werden.

6.2.4 Behandlung

Uridin umgeht den Stoffwechselblock, und 100-150 mg/kg/Tag, in Einzeldosen aufgeteilt, sind ausreichend, um die megaloblastären Veränderungen des Knochenmarks auszugleichen. Beginnt die Behandlung im frühen Lebensalter, so erfolgt ein normales Wachstum und eine normale Entwicklung. Becroft et al. (1986) berichteten über die Nachuntersuchungen des zweiten beschriebenen Falls, als der Patient 23 Jahre alt war. Er wurde seit dem 17. Lebensmonat mit Uridin behandelt, befand sich bei guter Gesundheit und ging einer normalen Beschäftigung nach. Alle klinischen, hämatologischen und biochemischen Auffälligkeiten erschienen wieder, als dieser Patient mit der Einnahme von Uridin aufhörte, aber es fanden sich keine Zeichen einer gestörten zellulär vermittelten Immunität.

6.3 Thymin-Uracilurie

Berglund et al. (1979) berichteten über den Fall eines Kindes mit einem zerebralen Tumor, das große Mengen von Thymin und Uracil ausschied. Sie nahmen an, daß die Pyrimidine im Urin aus dem Tumor stammten, aber möglicherweise handelte es sich um den ersten Fall einer Thymin-Uracilurie.

6.3.1 Biochemie und Genetik

Die Thymin-Uracilurie ist ein autosomal-rezzesiv vererbter Stoffwechsel-defekt als Folge eines Mangels an Dihydropyrimidindehydrogenase [Dihydrouracildehydrogenase (NADP$^+$); EC 1.3.1.2]. Dieses Enzym (s. Abb. 6.4) katalysiert die Hydrogenierung sowohl von Uracil als auch von Thymin. Die Patienten scheiden exzessiv Uracil, Thymin und 5-Hydroxymethyluracil aus. Die typischen Werte für die Ausscheidung, die von Berger et al. (1984) berichtet wurden, betragen für Uracil 2,0-10,5, für Thymin 2,3-7,5 und für 5-Hydroxymethyluracil 0,2-0,9 mmol pro Gramm Kreatinin. Der Enzymdefekt kann sowohl in Leukozyten als auch in Fibroblasten nachgewiesen werden. Enzymaktivi-täten, die zwischen denen von Gesunden und Homozygoten lagen, konn-ten in Fibroblasten von Heterozygoten nachgewiesen werden (Berger et al. 1984). Die kürzlich durchgeführte Untersuchung von Van Gennip et al. (1987), in der der Patient mit Thymin belastet wurde (1 mmol/kg KG) und vermehrt sowohl Betaaminoisobuttersäure als auch Thymin und 5-Hydroxymethyluracil ausschied, läßt annehmen, daß der Stoffwechsel-block unvollständig ist, selbst wenn die Dihydropyrimidindehydrogena-seaktivität in den Leukozyten des Patienten fehlte. Thymin-Uracilurie kann mit Hilfe des gaschromatographischen Screenings auf organische Säuren im Urin entdeckt und mittels massenspektrometrischer Untersu-chung bestätigt werden. Zweidimensionale dünnschichtchromatographi-sche Methoden stehen ebenfalls für Screeninguntersuchungen zur Verfü-gung. Mittels HPLC („high performance liquid chromatography") ist eine gute Trennung und Quantifizierung der Pyrimidinbasen im Urin, im Blut und im Liquor möglich (Bakkeren et al. 1984).

6.3.2 Klinische Aspekte

Die publizierten Fälle dieser offensichtlich sehr seltenen Störung (Bakke-ren et al. 1984; Berger et al. 1984; Van Gennip et al. 1987) waren bei der Geburt und in den ersten Lebensmonaten unauffällig, und fielen dann

Tabelle 6.2. Klinische Befunde bei 5 Fällen mit Thymin-Uracilurie

Fallnummer	1	2	3	4	5
Quelle	Bakkeren et al. (1984)	Berger et al. (1984)	Berger et al. (1984)	Berger et al. (1984)	Van Gennip et al. (1987)
Gesundheitszustand bei der Geburt	Normal	Normal	Normal	Normal	Normal
Alter bei Auftreten der ersten Symptome	3 Jahre	1½ Jahre	4 Jahre	9 Monate	1 Jahr 10 Monate
Alter bei Diagnosestellung	6 Jahre	4 Jahre	14 Jahre	15 Monate	1 Jahr 10 Monate
Alter zum Zeitpunkt der Publikation	6 Jahre	9 Jahre	15 Jahre	3 Jahre	1 Jahr 10 Monate
Symptome bei Erstvorstellung	Epilepsie (generalisierte Anfälle)	Epilepsie (petit mal)	Einzelgängertum	Schwierigkeiten mit der Ernährung	Entwicklungsverzögerung
Andere klinische Befunde	Microzephalie Gesteigerte Tiefenreflexe IQ normal	Verzögerte Sprachentwicklung Autismus IQ normal	Epilepsie Geistige Entwicklungsstörung	Verzögertes Wachstum Geistige Entwicklungsstörung	Leichte Mißbildungen[a] Verzögerte motorische und geistige Entwicklung
Geschlecht	w.	w.	w.	m.	w.
Verwandtschaft der Eltern	Nein	Nein	Vetter/Base	Nicht erwähnt	Nein

[a] Diese leichten Mißbildungen umfassen: breite Nase, nach vorne liegende Nasenlöcher, Hyperteleorismus, ein flaches Lippenphiltrum, dünne Oberlippen und fehlentwickelte Zähne.

521

im Alter zwischen 9 Monaten und 4 Jahren mit Epilepsie, Verhaltensstörungen oder Entwicklungsverzögerungen auf (Tabelle 6.2).

6.3.4 Behandlung

Bislang ist keine spezifische Therapie des Stoffwechseldefekts bekannt. Die Epilepsie wird in üblicher Weise behandelt.

6.4 Pyrimidin-5'-Nucleotidase-Mangel

Valentine et al. (1972, 1973) beschrieben einen Einzelfall sowie zwei Verwandte mit hämolytischer Anämie, basophiler Tüpfelung und erhöhten ATP-Spiegeln in den Erythrozyten, was auf einen PRPP-Synthetasemangel zurückgeführt wurde. Spätere Arbeiten derselben Gruppe (Valentine et al. 1974) zeigten, daß dieser Enzymdefekt ein Epiphänomen war und daß der metabolische Defekt in einem Mangel der Pyrimidin-5-Nucleotidase (EC 3.1.3.5) bestand; die akkumulierenden Nukleotide waren Cytidin und Uridin. De Korte et al. (1987) zeigten, daß der Enzymdefekt in den Granulozyten und mononukleären Zellen nachweisbar ist. Schwere Bleivergiftungen verursachen denselben Enzymdefekt.

6.4.1 Biochemie und Genetik

Harley et al. (1986) zeigten, daß Erythrozyten Orotat aktiv aufnehmen und zu Pyrimidinnukleotiden umsetzen. Die Kinetik der Orotataufnahme spricht für ein Transportsystem mit hoher Kapazität, das nicht gesättigt wird; der limitierende Schritt ist die Umwandlung von Orotat zu UMP. Harley et al. (1986) nehmen an, daß die Erythrozyten für den Transport der Pyrimidinderivate von ihren Bildungsorten zur Leber oder anderen Geweben von Bedeutung sind. Es wird vermutet, daß die Erythrozyten Orotat aufnehmen und es zu UMP umsetzen, das zunächst in den Erythrozyten verbleibt und später zu Uridin umgesetzt wird, das die Erythrozytenplasmamembran durchdringen kann und damit für die peripheren Gewebe zur Verfügung steht. Im Falle des Pyrimidin-5'-Nucleotidasemangels enthalten die Erythrozyten große Mengen an Pyrimidinnukleotiden, die nicht zu den entsprechenden Nukleosiden abgebaut werden können. Die Erkrankung ist genetisch heterogen, wie durch elektrophoretische Untersuchungen des Enzyms und durch den Nachweis von thermostabilen und thermolabilen Varianten (Hirono et al. 1983) gezeigt werden konnte.

6.4.2 Klinische Aspekte und Pathogenese der hämolytischen Anämie

Der Enzymdefekt erzeugt eine nichtsphärozytäre hämolytische Anämie unterschiedlicher Schwere. Die Erythrozyten zeigen eine ausgeprägte basophile Tüpfelung und es besteht eine Splenomegalie. Es gibt keine spezifische Behandlung, eine Splenektomie scheint keinen Erfolg zu bringen (Weatherall u. Gordon-Smith 1987).

Oda et al. (1984) untersuchten die Konzentrationen der Metaboliten der Glykolyse in den Erythrozyten eines Patienten mit angeborenem Pyrimidin-5'-Nucleotidasemangel und den Effekt von Cytidin- und Uridinnukleotiden auf die Aktivität der Schlüsselenzyme des Embden-Meyerhof-Zyklus (Glykolyse). Sie fanden keinen Hinweis auf einen metabolischen Block in diesem Stoffwechselweg. Die Ursache der hämolytischen Anämie bleibt somit unklar.

Tomoda et al. (1982) berichteten, daß die Aktivität des Pentosestoffwechsels in den Erythrozyten reduziert ist, und nahmen an, daß dies die Folge einer Hemmung durch Pyrimidinnukleotide ist und daß dies zur Pathogenese der hämolytischen Anämie beiträgt.

6.5 Cytidindeaminase-Mangel

Es gibt bisher einen einzigen Fallbericht über einen Jungen mit einem kombinierten Defekt sowohl der Funktion von T- als auch von B-Lymphozyten und sehr niedrigen Spiegeln von Cytidindeaminaseaktivität sowohl in peripheren mononukleären Leukozyten als auch in polymorphkernigen Zellen (Perignon et al. 1986). Das Kind war der vierte Nachkomme von gesunden tunesischen Eltern, die als Cousin/Cousine miteinander verwandt waren. Die drei älteren Geschwister waren an Infektionen gestorben, der Patient wurde im Alter von 4 Monaten mit einem Atemwegsinfekt, einer generalisierten Lymphadenopathie sowie mit einer Lymphknotenschwellung im Zusammenhang mit einer Narbe nach BCG-Impfung, Hepatosplenomegalie und Hypotonie klinisch auffällig.

Der Patient hatte eine Anämie, Thrombozytopenie und eine Leukozytose. Im Serum wurden antierythrozytäre Antikörper und Antikörper gegen Thrombozyten und gegen glatte Muskulatur sowie antinukleäre Antikörper gefunden. Trotz normaler Anzahl an B-Lymphozyten bildete er keine Antikörper gegen Diphtherie, Tetanus, Polioviren und Influenzavirusantigen oder nach Infektionen. Ebenso waren bei normaler Zahl der T-Lymphozyten und normaler Verteilung auf die Untergruppen Hauttests und Proliferationsuntersuchungen *in vitro* negativ. Die Ergebnisse von *In-vitro*-Lymphozytenstimulationen entweder mit Phythämag-glutinin (PHA) oder mit allogenen Zellen waren gering. Die PHA- und SEA-induzierte Freisetzung von IL2 und IFN-γ fehlte völlig, obwohl die IL2-induzierte Sekretion von IFN-γ und die IL2-induzierte Proliferation normal waren. Untersuchungen an PHA-stimulierten Lymphozyten zeigten, daß in den Blasten des Kindes die Cytidindeaminaseaktivität völlig fehlte, während sie bei entsprechender Untersuchung der Eltern im Normbereich lag. Sowohl die Eltern als auch das Kind hatten deutlich reduzierte Aktivitäten der Cytidindeaminase in den mononukleären Zellen des peripheren Bluts sowie in den polymorphkernigen Zellen.

Da die Cytidindeaminase bei den anderen Kindern nicht untersucht wurde, ist es nicht möglich, den Cytidindeaminasemangel als Ursache dieses ungewöhnlichen Typs des kombinierten Immundefektsyndroms, an dem dieses Kind litt, anzusehen, obwohl die Familienanamnese annehmen läßt, daß sich ein autosomal-rezessiver Typ eines Immundefekts ausgebildet hat. Es gibt bei dem Patienten keinen Hinweis auf das Vorliegen einer der anderen biochemisch identifizierbaren Formen des schweren kombinierten Immundefekts. Das Kind wurde mit Knochenmarktransplantation behandelt, starb aber 4 Monate später.

6.6 Uridinmonophosphatkinasevarianten

Die Uridinmonophosphatkinase katalysiert die Umwandlung von UMP zu UDP und ist in Abb. 16.2 unter der allgemeinen Bezeichnung Nucleosidmonophosphatkinase (EC 2.7.4.4) dargestellt. Giblett et al. (1974) wiesen die Existenz von drei allelen Mutationen am Uridinmonophosphatlokus nach. Sie nannten die genetischen Varianten UMPK-1, UMPK-2 und UMPK-3 und die möglichen elektrophoretischen Varianten 1-2, 2-1, 3-1, 2-2, 2-3 und 3-3. Zwei Geschwister mit der Variante UMPK-2 hatten ungewöhnlich häufig und anhaltend Atemwegsinfekte, und die Autoren vermuteten, daß UMPK-2 ein genetischer Marker für eine leichte Form eines Immundefekts sein könnte.

Petersen et al. (1985) untersuchten Patienten mit invasiver Haemophilus-influenzae Typ Hib bei Eskimos in Alaska, wo die höchste bekannte Prävalenz dieser Erkrankung vorliegt. Sie fanden eine signifikante Assoziation zwischen diesem Typ der Haemophilus-influenzae-Infektion und dem UMPK-3-Allel, und sie vermuteten, daß das UMPK-3-Allel in dieser Population einen Marker für erhöhtes Risiko für diese Krankheit darstellt. Die niedrigen Spiegel der Hib-Antikörper waren nicht verantwortlich für die vermehrte Anfälligkeit, was vermuten läßt, daß UMPK-3 eine Rolle in der nicht-humoralen Immunität gegen Hib spielen kann.

Die gegenwärtig noch begrenzten Befunde lassen vermuten, daß die bislang lokalisierten Mutationen der UMPK-Gene nur geringe Veränderungen in der allgemeinen Widerstandsfähigkeit des Körpers gegenüber Infektionen hervorrufen. Varianten mit einer ausgeprägten klinischen Manifestation werden künftig vielleicht ebenso beschrieben werden, wie die klinisch milderen Varianten des Adenosindeaminasemangels erkannt wurden (Hirschhorn et al. 1979), nachdem der klassische Typ, assoziiert mit schwerem kombiniertem Immundefektsyndrom (SCID) bei Kindern, beschrieben wurde.

Literatur

Bakkeren JAJM, De Abreu RA, Sengers RCA, Gabreels FJM, Maas JM, Renier WO (1984) Elevated urine, blood cerebrospinal fluid levels of uracil and thymine in a child with dihydrothymine dehydrogenase deficiency. Clin Chim Acta 140: 247–256

Becroft DMO, Phillips LI (1965) Hereditary orotic aciduria and megaloblastic anaemia: a second case with response to uridine. Br Med J i: 547–552

Becroft DMO, Webster DR, Simmonds HA, Fairbanks LD, Wilson JD, Phillips LI (1986) Hereditary orotic aciduria: further biochemistry. Adv Exp Med Biol 195 A: 67–70

Berger R, Stoker-de Vries SA, Wadman SK et al. (1984) Dihydropyrimidine dehydrogenase deficiency leading to thymine uraciluria. An inborn error of pyrimidine metabolism. Clin Chim Acta 141: 227–234

Berglund G, Greter J, Lindstedt S, Steen G, Waldenstrom J, Weiss U (1979) Urinary excretion of thymine and uracil in a two year old with a malignant tumor of the brain. Clin Chim 25: 1325–1328

Corrons JLV, Pujades A, Aguilar I, Bascompte JL, Montserrat E (1983) Electrophoretic and kinetic studies of a new mutant red cell pyrimidine 5'-nucleotidase. Enzyme 30: 149–154

Davis R, Bleskan J, Patterson D (1986) Gene transfer, amplification and an analysis of mutants in the UMP synthase gene. Adv Exp Med Biol 195 A: 237

De Korte D, Haverkort WA, Van Doorn R, Van Gennip AH, Sijstermanns JMJ, Roos D (1987) Diminished pyrimidine 5'-nucleotidase activity in leukocytes of a patient with erythrocyte pyrimidine 5'-nucleotidase deficiency. Klin Wochenschr 65 (Suppl 10): 14

Fox RM, O'Sullivan WJ, Firkin BG (1969) Orotic aciduria: differing enzyme patterns. Am J Med 47: 332–336

Fox RM, Wood MH, Royse-Smith D, Sullivan WJ (1973) Hereditary orotic aciduria: types I and II. Am J Med 55: 791–798

Giblett ER, Anderson JE, Chen SH, Teng YS, Cohen F (1974) Uridine monophosphate kinase: a new genetic polymorphism with possible clinical implications. Am J Hum Genet 26: 627–635

Girot R, Hamet M, Perignon J-L, Guesnu M, Fox RM, Cartier P, Durandy A, Griscelli C (1983) Cellular immune deficiency in two siblings with hereditary orotic aciduria. N Eng J Med 308: 700–704

Harden KK, Robinson JL (1987) Deficiency of UMP synthase in dairy cattle: a model for hereditary orotic aciduria. J Inherited Metab Dis 10: 201–209

Harley EH, Sacks S, Berman P, Cohen L, Simmonds HA, Fairbanks LD, Black D (1986) Source and fate of circulating pyrimidines. Adv Exp Med Biol 195 A: 109-113

Hirono A, Fujii H, Miyajima H, Kawakatsu T, Hiyoshi Y, Miwa S (1983) Three families with hereditary hemolytic anemia and pyrimidine 5'-nucleotidase deficiency. Clin Chim Acta 130: 189-197

Hirschhorn R, Roeger V, Jenkman T, Seaman C, Piomelli S, Borkowsky W (1979) Erythrocyte adenosine deaminase deficiency without immuno-deficiency. Evidence for an unstable enzyme. J Clin Invest 64: 1130-1139

Huguley CM, Jr, Bain JA, Rivers C, Scoggins R (1959) Refractory megaloblastic anaemia associated with excretion of orotic acid. Blood 14: 615-634

Lachant NA, Tanaka KR (1984) CDP-choline does not inhibit erythrocyte glycolytic or pentose phosphate pathway enzyme activity. Enzyme 32: 228-231

Oda I, Oda S, Tomoda A, Lachant NA, Tamaka KR (1984) Hemolytic anaemia in hereditary pyrimidine 5'-nucleotidase deficiency II. Effect of pyrimidine nucleotides and their derivatives of glycolytic and pentose phosphate shunt enzyme activity. Clin Chem Acta 141: 93-100

Patterson D, Jones C, Morse H, Rumsby P, Miller Y, Davis R (1983) Structural gene coding for multifunctional protein carrying orotate phosphoribosyltransferase and OMP decarboxylase activity is located on a long arm of human chromosome 3. Somatic Cell Mol Genet 9: 359-374

Perignon JL, Le Deist F, Arenzana-Seisdedos F, Thullier L, Fischer A, Cartier P, Griscelle C (1986) Cytidine deaminase deficiency in a child with combined immunodeficiency; more than a coincidence? Adv Exp Med Biol 195 A: 129-135

Petersen GM, Silimperi DR, Scott EM, Hall DB, Rotter JI, Ward JI (1985) Uridine monophosphate kinase 3: a genetic marker for susceptibility to *Haemophilus influenza* type B disease. Lancet ii: 417-418

Regional localisations of genes and genetic markers to chromosomes and subregions of chromosomes. No. 1, HGM8. Howard Hughes Medical Institute Human Gene Mapping Library, New Haven, 1986

Rogers LE, Nicolaisen AK, Holt JG (1975) Hereditary orotic aciduria: results of a screening survey. J Lab Clin Med 85: 287-291

Thelander L, Reichard P (1979) Reduction of ribonucleotides. Ann Rev Biochem 48: 133-158

Tomoda A, Noble NA, Lachant NA, Tanaka KR (1982) Hemolytic anemia in hereditary pyrimidine 5'-nucleotidase deficiency: nucleotide inhibition of G6PD and the pentose phosphate shunt. Blood 60: 1212-1218

Traut TW (1982) UMP synthase: the importance of quaternary structure in channelling intermediates. Trends Biochem Sci 7: 255-257

Traut TW, Payne RC (1980) Dependence of the catalytic activities on the aggregation and conformation states of uridine 5'-phosphate synthase. Biochemistry 19: 6068-6074

Traut TW, Payne RC, Jones ME (1980) Dependence of the aggregation and conformation states of uridine 5'-phosphate synthetase on pyrimidine nucleotides. Evidence for a regulatory site. Biochemistry 19: 6062-6068

Traut TW, Cheng N, Matthews MM (1986) Regulation of enzymes by ligand induced change in polymerisation. Adv Exp Med Biol 195 B: 249-254

Valentine WN, Anderson HM, Paglia DE, Jaffe ER, Konrad PN, Harris SR (1972) Studies on human erythrocyte nucleotide metabolism. II Nonspherocytic haemolytic anaemia, high red cell ATP and ribosephosphate pyrophosphokinase. (PRPP-synthetase, EC 2.7.6.1) deficiency. Blood 39: 674-684

Valentine WN, Bennett JM, Krivit W, Konrad PN, Lowman JT, Paglia DE, Wakem CJ

(1973) Nonspherocytic haemolytic anaemia with increased red cell adenine nucleotides, glutathione and basophilic stippling and ribosephosphate pyrophosphokinase (RPK) deficiency: studies on two new kindreds. Br J Haematol 24: 157–167

Valentine WN, Fink K, Paglia DE, Harris SR, Adams WS (1974) Hereditary hemolytic anemia with human erythrocyte pyrimidine 5'-nucleotidase deficiency. J Clin Invest 54: 866–879

Van Gennip AH, Bakker HD, Zoetekouw A, Abeling NGGM (1987) A new case of thymine-uraciluria. Klin Wochenschr 65 (Suppl 10): 14

Watts RWE (1987) Purine enzymes and immune function. Clin Biochem 1: 239–265

Weatherall DJ, Gordon-Smith EC (1987) Haemolytic anaemias. In: Weatherall DJ, Ledingham JGG, Warrell DA (eds) Oxford textbook of medicine. 2nd edn. Oxford University Press, Oxford, pp 19.134–19.152

Farbabbildungen

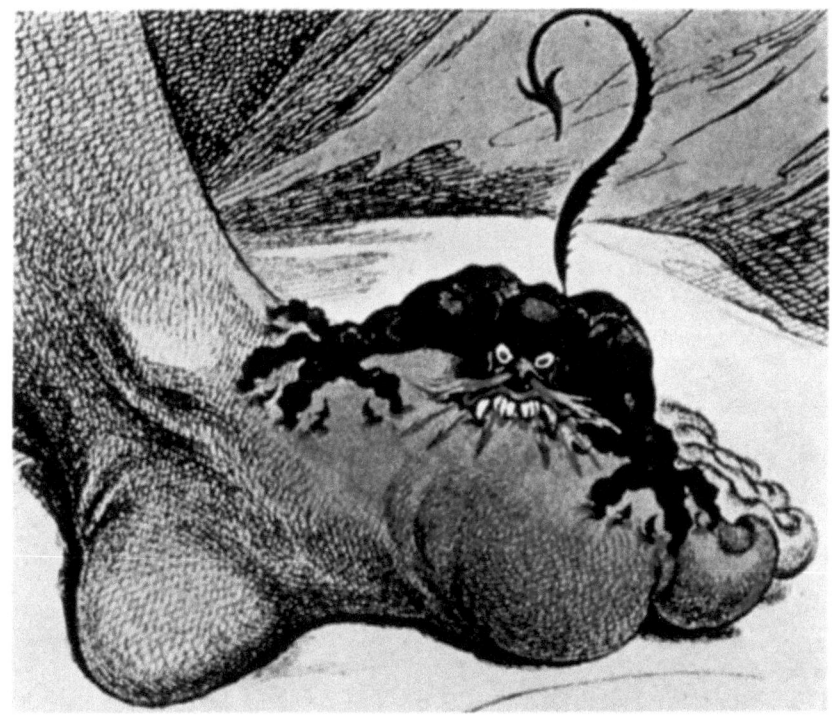

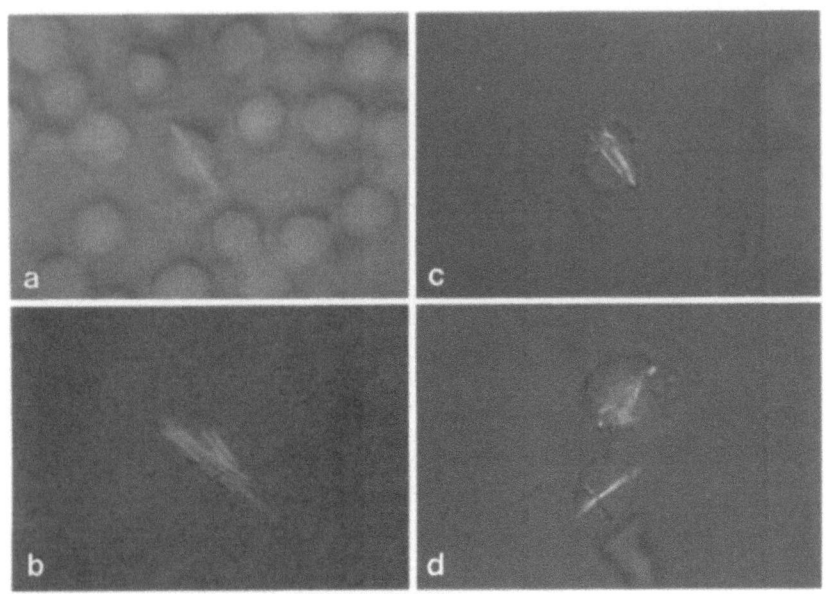

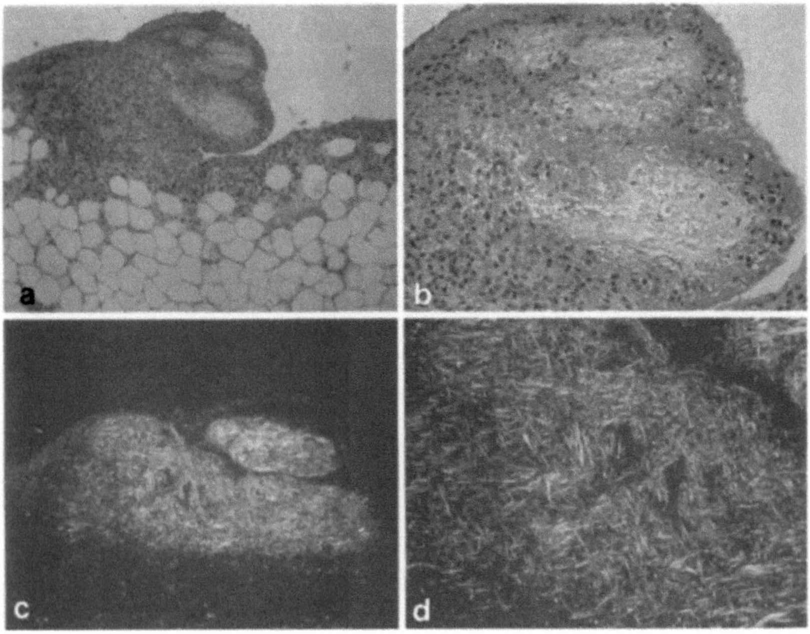

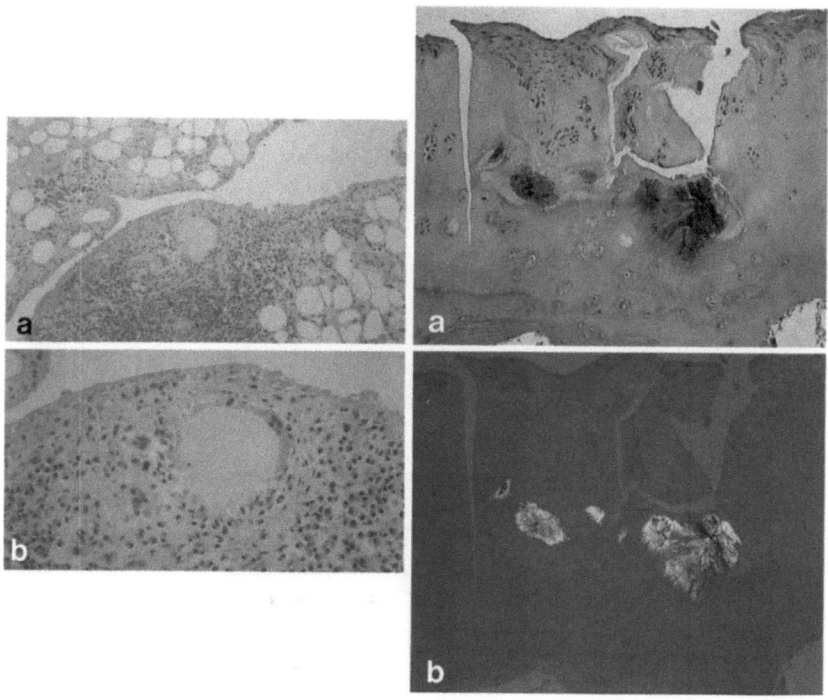

Abb. 3.20a, b *(links).* Frischer Mikrotophus im HE-gefärbten Präparat . . . s. S. 130

Abb. 3.21a, b *(rechts).* Uratkristalle im fissurierten Knorpel mit Brutkapselbildung . . . s. S. 130

◀ **Abb. 3.18a-d** *(oben).* Uratkristalle im Zytoplasma von polymorphkernigen Leukozyten in der Synovialflüssigkeit . . . s. S. 128

Abb. 3.19a-d *(unten).* Frischer Gichtanfall mit Uratablagerung in der Synovialmembran . . . s. S. 129

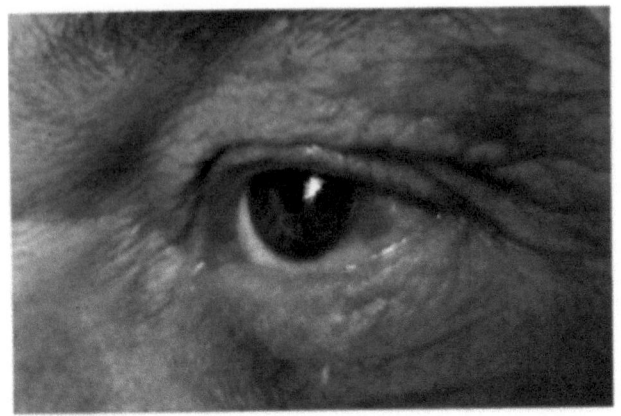

Abb. 3.23. Gicht-
anfall am Auge . . .
s. S. 137

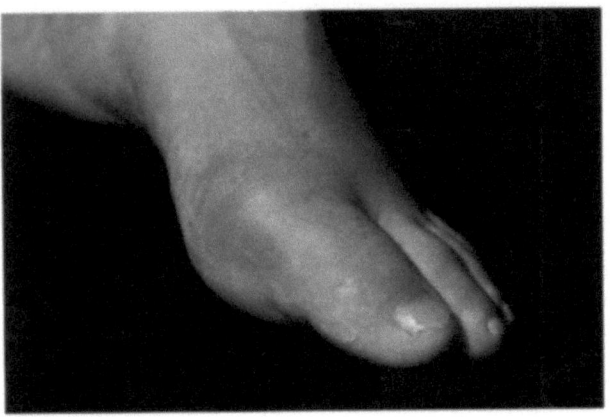

Abb. 3.24. Gicht-
anfall am Groß-
zehengrundge-
lenk . . .
s. S. 137

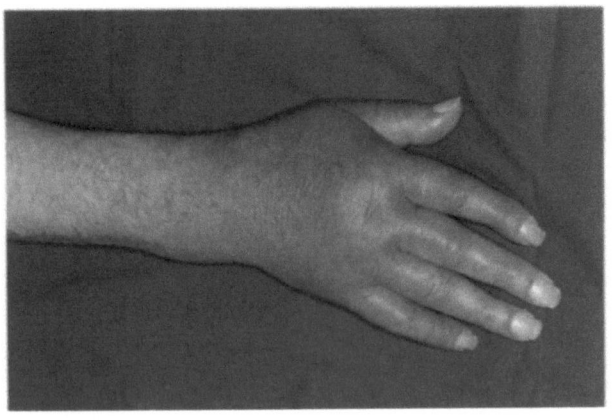

Abb. 3.25. Gicht-
anfall mit einer
5jährigen Gicht-
anamnese . . .
s. S. 139

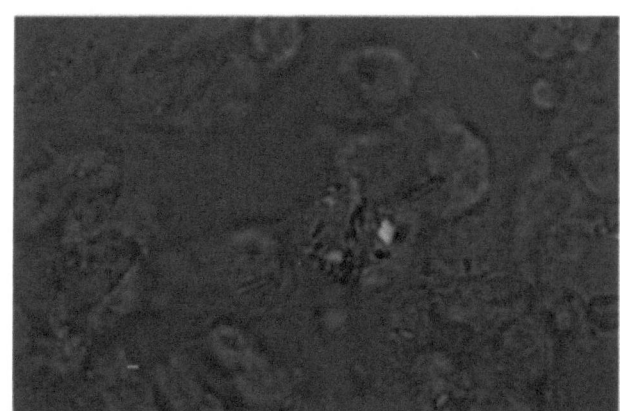

Abb. 3.27. Rhombische Calciumpyrophosphatkristalle . . .
s. S. 148

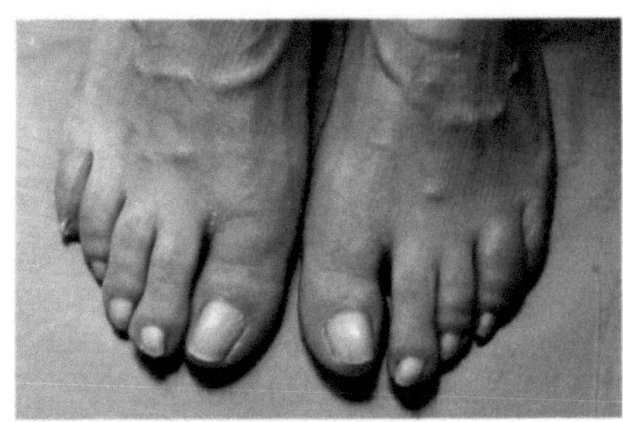

Abb. 3.29. Akute Daktylitis . . .
s. S. 152

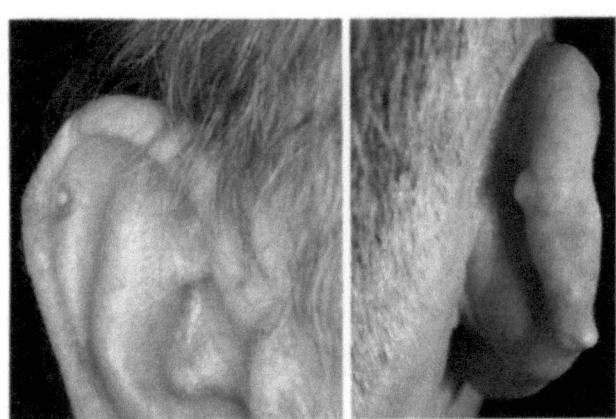

Abb. 3.30 (links)

Abb. 3.31 (rechts)
Tophus am Ohr . . .
s. S. 161

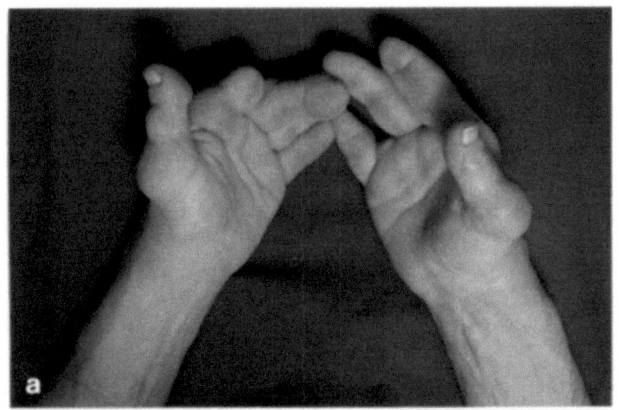

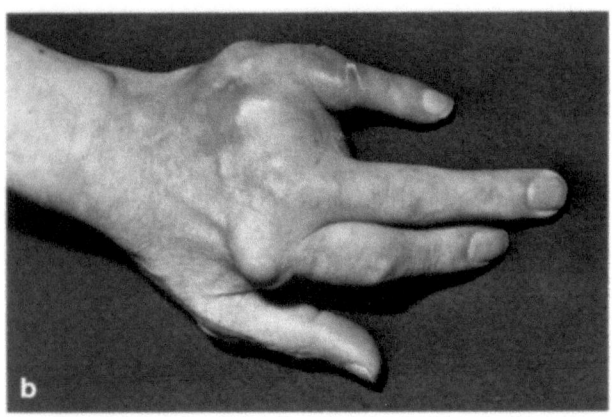

Abb. 3.32 a, b.
Deformierung an
den Händen . . .
s. S. 162

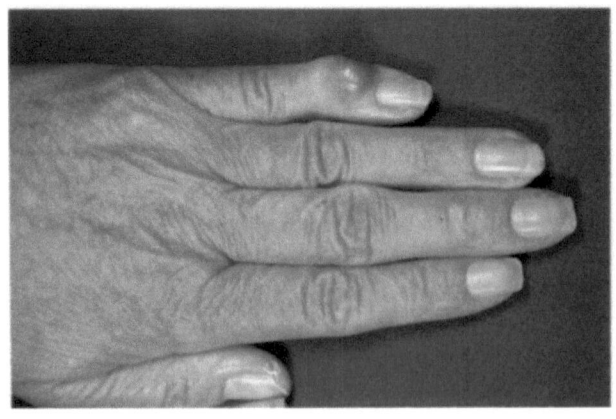

Abb. 3.33.
Gelenknaher
Tophus . . .
s. S. 163

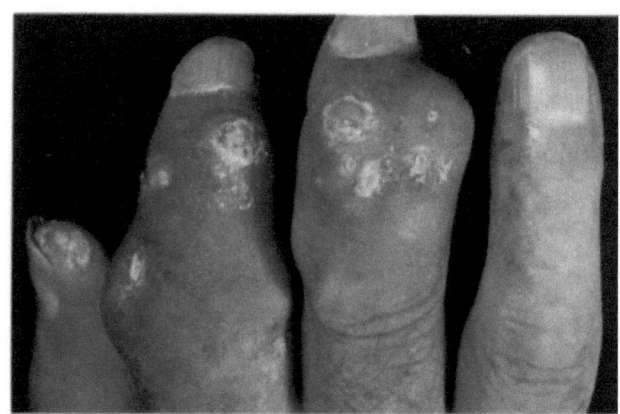

Abb. 3.34. Ausge-
dehnte subkutane
Tophi . . .
s. S. 163

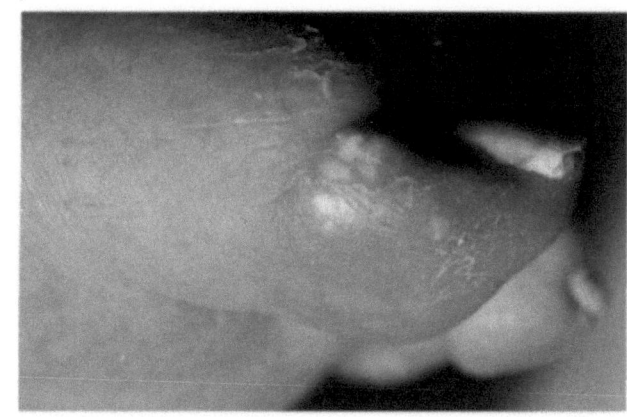

Abb. 3.35.
Gelenknaher sub-
kutaner Tophus
s. S. 164

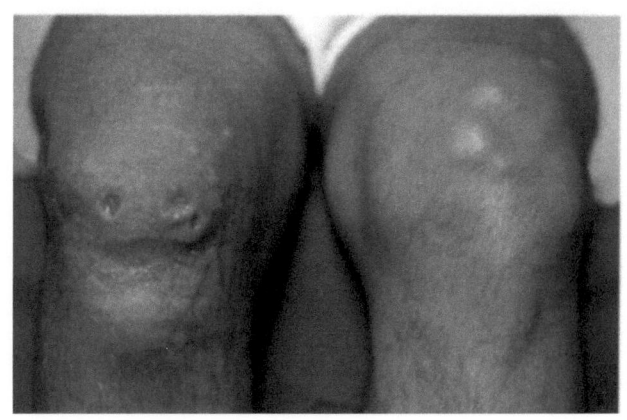

Abb. 3.36. An den
Knien Geschwüre
und subkutane
Tophi . . .
s. S. 164

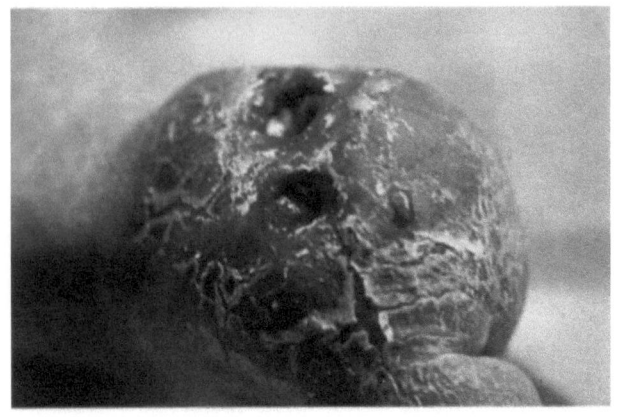

Abb. 3.37. Gicht-
geschwür am
Großzehenballen
. . . s. S. 164

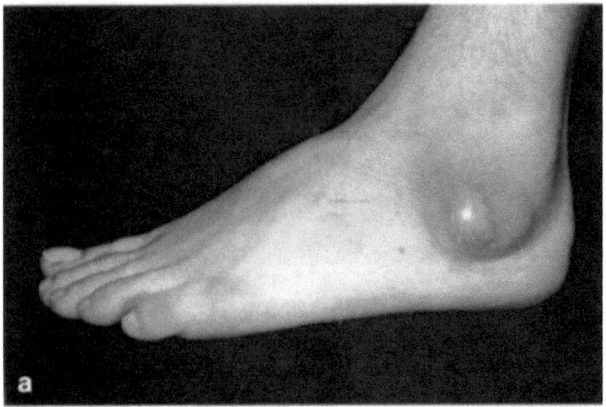

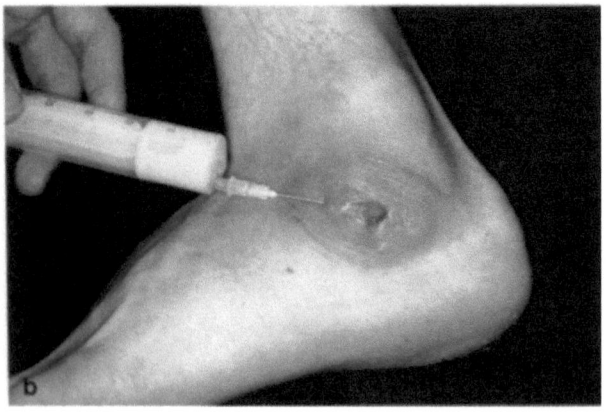

Abb. 3.38 a, b.
Tophöse Bursitis
. . . s. S. 165

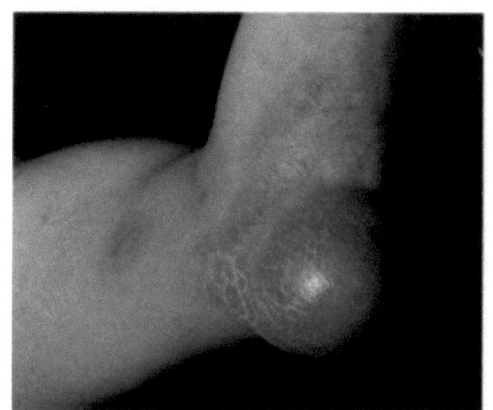

Abb. 3.39.
Schleimbeutel-
tophus . . .
s. S. 166

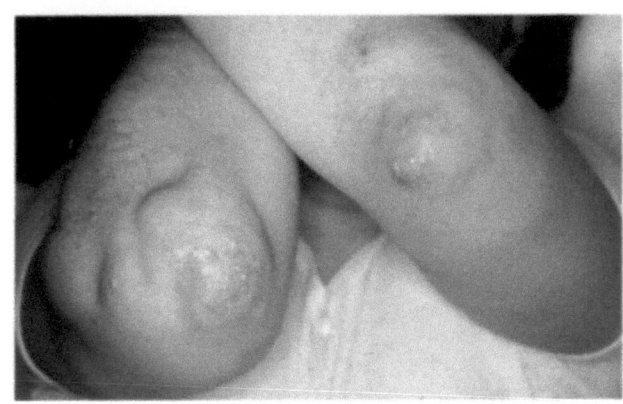

Abb. 3.40.
Schleimbeutel-
tophus und sub-
kutane Tophi . . .
s. S. 166

Sachverzeichnis

R. Klußmann, Universität München (Hrsg.)

Stoffwechsel

Der Kranke mit Adipositas, Anorexia nervosa, Bulimie, Diabetes mellitus, Gicht

1988. X, 123 S. 22 Abb. 5 Tab. (Psychosomatische Medizin im interdisziplinären Gespräch) Brosch. DM 58,– ISBN 3-540-18264-0

Wichtige Krankheitsbilder aus der inneren Medizin sind oft nur über einen psychosomatischen Denkansatz zu verstehen. Im zweiten Band der Reihe „Psychosomatische Medizin im interdisziplinären Gespräch" werden die Probleme von Patienten mit Stoffwechselerkrankungen aus internistischer und psychosomatischer Sicht dargestellt und im Sinne eines ganzheitlichen Zugangs zum Patienten diskutiert.

Die Anzahl der Adipösen hat trotz intensiver Bemühungen von seiten der Ärzte nicht abgenommen. Gesellschaftliche und individuelle Bedingungen haben dazu geführt, daß die Bulimie als relativ neues Krankheitsbild hinzugekommen ist und die Rate der Anorexiepatientinnen sich eher erhöht hat. Das Risiko eines Gichtpatienten, an einer oder mehrerer der gravierenden Folgeerscheinungen zu erkranken, ist nach wie vor groß.

Das Buch will in einem psychosomatischen Ganzheitsverständnis auf die Probleme des Patienten mit Stoffwechselerkrankungen sowie auf Lösungsmöglichkeiten eingehen.

Springer-Verlag Berlin
Heidelberg New York London
Paris Tokyo Hong Kong

Springer

If you have any concerns about our products,
you can contact us on
ProductSafety@springernature.com

In case Publisher is established outside the EU,
the EU authorized representative is:
**Springer Nature Customer Service Center GmbH
Europaplatz 3, 69115 Heidelberg, Germany**

Printed by Libri Plureos GmbH
in Hamburg, Germany